普通高等教育“十二五”系列教材（高职高专教育）

（下册）

建筑施工技术

主　编　陈杭旭　彭根堂
副主编　沈万岳　杨惠忠
　　　　蔡祖炼　梁　群
编　写　张小建　谢春江
　　　　瞿　龙　陈　亮
主　审　沈克仁　项建国

中国电力出版社
CHINA ELECTRIC POWER PRESS

内 容 提 要

本书为普通高等教育“十二五”系列教材（高职高专教育）。

本书取材力图反映较基础、较实用的建筑施工技术，融合了最新出版的施工技术规范、施工质量验收规范和设计规范，以够用、适度为原则，适应教学需要和社会普及需要。根据建筑节能的发展需要增加了较前沿的建筑节能内容。在每章的章首有本章学习要求，且每章均有独立成节的经典施工成败案例，一方面启发学生，另一方面便于现场施工技术人员参考。

本书由浙江建设职业技术学院、浙江诚达建设有限公司、浙江五洲工程项目管理有限公司、浙江亚厦装饰股份有限公司、杭州第四建筑工程公司、杭州绿谷建筑技术咨询有限公司等校企教授、高工合作编写，编者均为多年从事教育及具有施工实际经验的中高级职称人员，因此在内容上较贴近实际性和强调实用性。

本书主要作为高职高专院校土建施工类、工程管理类、市政工程类、建筑设备类等专业教材。

图书在版编目（CIP）数据

建筑施工技术：全2册/陈杭旭，彭根堂主编. —北京：中国电力出版社，2015.2（2023.8重印）

普通高等教育“十二五”规划教材. 高职高专教育

ISBN 978-7-5123-6825-5

Ⅰ. ①建… Ⅱ. ①陈…②彭… Ⅲ. ①建筑工程-工程施工-高等职业教育-教材 Ⅳ. ①TU74

中国版本图书馆CIP数据核字（2015）第026876号

中国电力出版社出版、发行

（北京市东城区北京站西街19号 100005 http://www.cepp.sgcc.com.cn）

三河市航远印刷有限公司印刷

各地新华书店经售

*

2015年2月第一版 2023年8月北京第六次印刷

787毫米×1092毫米 16开本 40印张 862千字 5插页

定价95.00元

前言

一、《建筑施工技术》课程的性质

《建筑施工技术》是根据建筑工程技术专业或土木工程专业的人才培养定位及职业岗位的知识、能力、素质要求而设置的一门核心课程。它是以传授土建各主要分部分项工程的施工工艺、施工方法、施工质量验收知识和施工计算方法的一门课程。该课程具有较强的综合性及应用性，可培养学生综合应用先前学过的建筑材料、建筑测量、建筑力学、建筑构造与识图、建筑结构和地基基础课程知识，根据一般施工图和施工现场环境条件选择土建各主要分部分项工程的适当施工工艺和施工方法的能力，选择合适的建筑材料和施工机械能力，培养学生在土建各主要分部分项工程中必要施工计算能力和施工质量验收能力，这些能力多少也是建筑施工现场专业人员包括施工员、质量员、安全员、标准员、材料员、机械员、劳务员和资料员“八大员”所必须具备的基本知识和基本技能。

二、建筑工程施工质量验收的划分

任何一栋建筑物的施工都是一个系统工程，为了有效杜绝和防范质量安全事故，《建筑工程施工质量验收统一标准》(GB 50300—2013）在基本规定的第一条就明确规定：在开工前的施工现场应具有健全的质量管理体系、相应的施工技术标准、施工质量检验制度和综合施工质量水平评定考核制度。施工现场质量管理可按附录 A 的要求进行检查记录，由总监理工程师下检查结论。同时，一栋建筑的施工也是一个复杂的过程，为了便于组织施工和验收，《建筑工程施工质量验收统一标准》(GB 50300—2013）将单位工程的施工按工程部位和专业性质划分为十大分部（见附录 B）。这十大分部分别是地基与基础、主体结构、建筑装饰装修、建筑屋面、建筑节能、建筑给排水及采暖、建筑电气、智能建筑、通风与空调、电梯分部。前五大分部（俗称土建五大分部）主要由土建施工人员来完成，是本书所研究的对象；后五大分部（俗称安装分部）是由各专业工程技术管理人员配合协调施工完成的。分部工程一般较大或较复杂，通常按材料种类、施工特点、施工程序、专业系统及类别将其划分为若干子分部工程，如主体分部就是按材料分为混凝土结构、砌体结构、钢结构、钢管混凝土结构、型钢混凝土结构、铝合金结构和木结构 7 个子分部，其中量大面广的混凝土结构和砌体结构施工也是本书所研究的对象。为了进一步便于组织施工和验收的需要，在子分部下又按主要工种、材料、施工工艺、设备类别划分为各个分项工程，如地基与基础分部工程下的基坑支护子分部就是按基坑支护施工工艺分为灌注桩排桩围护墙、型钢水泥土搅拌墙、土钉墙、水泥土重力挡墙等各个分项工程；主体分部下的混凝土子分部则按主要工种和施工工艺分为模板、钢筋、混凝土、预应力、现浇结构、装配式结构 6 个分项工程。

另外，室外工程的划分见附录 C。

一栋建筑物的施工过程本身就是一个质量验收过程，过程控制必须贯穿始终，因此在建筑施工技术课程中两部分内容必须合并学习。分项工程一般划分为检验批进行验收，这样有助于及时纠正施工中出现的质量问题，确保工程质量符合施工实际需要。例如，多层及高层建筑工程中主体分部的分项工程是按楼层、施工段或工程量来划分检验批，单层建筑工程中的分项工程则按变形缝等划分检验批。检验批的施工质量验收表格具体实例见附录 D、E、F。

三、学好《建筑施工技术》这门课程的建议

《建筑施工技术》这门课程的特点是实践性强，综合性大，社会性广，施工工艺和施工方法发展快、更新快，教材内容有时跟不上现场施工技术的变化。如何学好这门课程呢？笔者提出5条建议：第一，在保证安全的前提下，利用课余、节假日、寒暑假，深入工地进行认识和实践；第二，充分利用校内资源（如图书馆和精品课程网）和校外资源（如互联网包括筑龙网和一、二级建造师相关网站的大量视频与照片）；第三，认真完成建筑施工技术精品课程网或资源库的习题库和二级建造师相关建筑施工技术部分的习题库作业，进一步加深理解各知识点；第四，伴随着课程的深入，精读相关建筑工程各专业施工质量验收规范、各专业施工技术规范的内容和设计规范的构造部分内容，特别是相关条款的解释说明部分会让人有受益匪浅、触类旁通之感；第五，加强学习相关重要课程知识，特别是建筑结构中的混凝土结构施工图平面整体表示方法制图规则和构造详图16G101－1（现浇混凝土框架、剪力墙、梁、板）、16G101－2（板式楼梯）、16G101－3（独立基础、条形基础、筏形基础及桩基承台），当然还要学习一些重要标准图集，如预应力管桩和钻孔灌注桩标准图集、预应力吊车梁和屋架标准图集等，按图施工是施工的最重要原则，基坑支护施工图、建筑与结构施工图和相关各种标准图集是建筑工程施工的最重要依据，只有循序渐进读懂读通图纸表达内容和相关节点构造，才能为学习和掌握建筑施工技术夯下坚实的基础。此外，每套施工图纸的建筑总说明和结构总说明也有大量的施工技术信息需要仔细阅读领会，如屋面与地下防水做法、各部位装饰工程做法、材料选择、抗震等级、各种特殊结构节点做法、过梁构造柱做法交代等，见附录G、H。

四、本书特点与教材的编审人员

本书在编写时，取材上力图反映较基础、较实用的建筑施工技术，融合了最新出版的施工规范、施工技术规范、施工质量验收规范和设计规范，以足够适用为原则，以适应教学需要和社会普及需要，由于建筑节能的发展需要增加了较前沿的第九章建筑节能内容。在每章的章首都有本章学习要求，且每章均有独立成节的住建部要求的经典施工成败案例，一方面启发学生，另一方面便于现场施工技术人员参考。

本书的编写人员均为多年从事教育及具有施工实践经验的中高级职称人员，因此在内容上较贴近实际性和强调实用性。本书由浙江建设职业技术学院陈杭旭副教授担任第一主编，彭根堂高工担任第二主编。教材编写人员：第一章由陈杭旭与浙江诚达建设有限公司谢春江高工编写，第二章由陈杭旭编写，第三章由彭根堂与浙江五洲工程项目管理有限公司瞿龙编写，第四章由陈杭旭和张小建教授级高工编写，第五章由蔡祖炼高工编写，第六章由杭州第四建筑工程公司梁群高工编写，第七章由彭根堂与浙江亚厦装饰股份有限公司陈亮编写，第八章由沈万岳高工编写，第九章由杭州绿谷建筑技术咨询有限公司建筑节能专家杨惠忠编写。本书由资深高级工程师沈克仁、项建国教授主审。

本书在编写过程中得到了原浙江宝业建设集团有限公司总工程师俞增民、浙江一建建设集团有限公司俞宏高级工程师、浙江建院资深高级工程师王云江的全程参与和指导，得到了浙江建院何辉院长、建工系副主任沙玲教授、浙江建院成教学院蔡昌辉院长和管雪妹副院长的大力支持，还得到了浙江宝业建设集团有限公司、浙江诚达建设有限公司、浙江明康工程咨询有限公司等知名企业的鼎力相助。附录建筑与结构说明由浙江省建筑设计研究院陈杭生教授级高工提供。在这里一并表示衷心的感谢！

编　者

目录

第五章　预应力混凝土工程

本章学习要求

掌握预应力混凝土的概念和了解预应力混凝土的发展简史。

熟悉预应力钢筋的种类和适用范围。

熟悉先张法施工的施工工艺、主要设备、施工要点和应用构件。

掌握后张法施工的施工工艺、施工要点和应用构件。

熟悉后张法施工的锚具和配套张拉设备。

掌握现浇框架梁有黏结后张法施工时的预应力筋布置方式和分段布置方法。

掌握有黏结后张法施工的简单计算。

掌握无黏结后张法的施工原理和应用范围。

掌握预应力平板的无黏结后张法施工工艺。

熟悉预应力混凝土的构造规定。

掌握预应力分项工程的施工质量验收规定。

第一节　预应力混凝土工程概述

一、概念

普通钢筋混凝土构件的抗拉极限应变值只有 0.0001～0.000 15，即相当于每米拉长 0.1～0.15mm，构件就会开裂出现第一条裂缝。此时此刻，普通钢筋混凝土构件中的钢筋应力是多少呢？我们可以做一个简单的计算，由于钢筋嵌固在混凝土中，钢筋的应变等于构件的应变即 0.0001～0.000 15，那么钢筋的应力根据虎克定律

$$\sigma = E \times \varepsilon = 2.05 \times 10^5 \times (0.0001 \sim 0.000\,15) = 20 \sim 30\ (\text{N/mm}^2)$$

而 HPB300 热轧钢筋的设计强度 f 即达 270N/mm^2，因此实际上普通钢筋混凝土构件是带裂缝工作的，只要裂缝宽度根据不同环境限制在 0.2 或 0.3mm 以内都是正常的，即使这样，构件内的受拉钢筋应力也只能达到 200～400MPa。也就是说，目前普通钢筋混凝土的钢筋最大只能用到 HRB500，其设计强度也仅有 435MPa，超过此强度，普通钢筋混凝土构件很可能因过大裂缝宽度而报废失效。

能否推迟或杜绝钢筋混凝土构件裂缝的产生，并让高强钢筋也充分发挥作用呢？采用预应力混凝土结构是解决这一矛盾的有效办法。所谓预应力混凝土结构（构件），就是在结构（构件）受拉区预先伸长钢筋然后端部卡住后回弹，即对端部施加压力产生预压应力，从而使结构（构件）在使用阶段产生的拉应力首先抵消预压应力，推迟了裂缝的出现和限制裂缝的开展，提高了结构（构件）的抗裂度和刚度。这种施加预应力的混凝土，称为预应力混凝土。可通过下面简单的计算就明白了。

假如有一截面为 120mm×300mm 的轴心受拉构件，配筋 4Φ16 钢筋，混凝土的强度等级为 C30。如果是普通钢筋混凝土构件即不施加预应力，构件不产生开裂的最大拉力

$$F_{拉1} = 2 \times 120 \times 300(\text{混凝土}) + 30 \times 4 \times 3.14/4 \times 16^2 = 72\,000 + 24\,115 = 96\,115\ (\text{N})$$

如果对构件预先施加一个 450kN 的压力，外加荷载作用下使构件产生拉力的话，该拉力首先必须卸除预施的 450kN 压力，然后混凝土本身才受拉，这样，当混凝土出现裂缝时，构件受力可

提高至 $F_{拉2}$＝450 000＋96 115＝546 115（N），约是 $F_{拉1}$的 5 倍。

可见，施加预压应力后，构件抗裂能力提高相当惊人，而且只要混凝土不被压坏，钢筋强度越高，张拉力和回弹力越大，施加的预压应力就越高。因此，预应力混凝土的强度等级一般较高至少 C30，而且只有在预应力混凝土结构（构件）中，高强钢筋才有用武之地。

预应力除了明显提高混凝土构件的抗裂性和刚度外，由于施加了强大的预压应力，在使用阶段，大大减小了受弯混凝土构件的主拉应力，曲线布置钢筋又使构件承受的剪力减小，更重要的是使沿构件各个截面的内力趋向平均，各截面混凝土均基本上发挥作用，因而可以减少钢筋用量和减小构件截面尺寸，节省钢材和混凝土用量，从而降低结构物自重。实践证明，预应力混凝土结构可节约钢材 40%～50%，节省混凝土 20%～40%。当前应用较多的无黏结后张预应力楼盖结构，梁板的经济跨度比钢筋混凝土的要大 50%～100%，现浇后张无黏结预应力平板的厚度可以做到普通钢筋混凝土梁板结构的 1/2 或更薄，因此有利于降低高层建筑的层高与总高度。例如，新加坡的 UICD 办公大楼高 40 层，原采用的梁板结构厚 500mm，改成 200mm 厚的无黏结预应力平板，总高度降低 12m，也即在同样的总高度下可多建 4 层。

日常生活中，木桶就是预加压应力抵抗拉应力的一个典型例子。采用藤、竹或铁箍的木桶（图 5－1），当其被箍紧时便受到了一个环向压应力，如这个环向压应力超过了水压力引起的环向拉应力，木桶就不会开裂和漏水。现代预应力混凝土圆形水池（图 5－2）的工作原理与上述带箍木桶是一样的，所以带箍木桶实质上是一种预应力木结构。

图 5－1　带箍的木桶

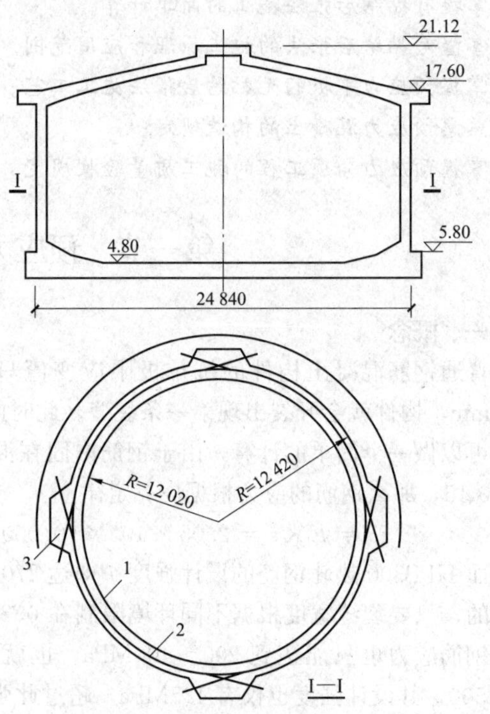

图 5－2　预应力混凝土圆形污泥消化池

1—池壁；2—无黏结预应力筋；3— 扶壁

木锯是利用预拉应力抵抗压应力的一个典型例子。采用线绳绞拧而紧的木锯给锯条施加了一个拉应力，使其挺直而能承受锯木来回运动产生的拉力和压力，避免了抗弯能力很低的锯条失稳或弯折破坏。

在第一章的土层锚杆支护结构中，张拉锚固回弹的钢绞线由于对冠梁或围檩事先施加了强大的预压应力，使开挖后基坑的水平位移大大减小，从而保证了深基坑支护的安全。

二、预应力混凝土的发展简史

1866 年美国工程师杰克逊（P. H. Jackson）及 1888 年德国的道克林（C. E. W. Dochring）首先把预应力用于混凝土结构，但这些最初的运用并不成功，量值较小的预应力很快在混凝土徐变和收缩后丧失。

预应力混凝土技术进入实用阶段，归功于法国工程师弗莱西奈（E. Freyssinet），他在对混凝土和钢材性能进行大量研究的基础上，于1928年指出了预应力混凝土必须采用高强钢材和高强混凝土的论断，这是预应力混凝土在理论上的关键性突破。1938年德国的霍友（E. Ho-yer）研究成功了不靠专用锚具传力的先张法预应力工艺，为预应力混凝土构件工厂化生产提供了简单可靠的方法；1939年弗莱西奈创制了锥型锚具及双作用千斤顶，1940年比利时的麦尼尔（G. Magnel）研制的麦式楔型锚具，都大大促进了后张预应力混凝土技术发展，为预应力技术在更大范围发展作出了贡献。

第二次世界大战后，由于钢材紧缺，预应力混凝土结构大量代替钢结构以修复战争破坏的结构，这使预应力混凝土技术得到了蓬勃发展。近30年来，预应力混凝土技术在土建结构的各个领域扮演着重要的角色。

我国于1956年开始推广预应力混凝土。20世纪50年代后期，主要是采用冷拉钢筋作为预应力筋，生产预制预应力混凝土屋架、吊车梁等工业厂房构件。70年代，在民用建筑中开始推广冷拔低碳钢丝配筋的预应力混凝土中小型构件。

20世纪80年代以来，随大型公共建筑工程、高层及超高层建筑、大跨度桥梁和多层工业厂房等现代工程大量涌现，特别是对部分预应力、无黏结预应力和多跨连续折线预应力等先进设计思想和工艺技术的深入研究，高强混凝土的生产和现浇施工技术的提高，单根钢绞线无黏结小吨位后张束张锚体系和多根钢绞线大吨位后张束群锚体系等成果研制和应用，预应力技术在我国得到快速的发展。

经过50多年的努力探索，我国在预应力混凝土的设计理论、计算方法、构件系列、结构体系、张拉锚固体系、预应力工艺、预应力筋和混凝土材料等方面，已经形成一套独特的体系；在预应力混凝土的施工技术与施工管理方面，积累了丰富的经验。预应力混凝土技术已广泛地应用在单层厂房、高层建筑、电视塔、大型桥梁、特种工程、体育场馆、大悬挑等工程结构中。

第二节　预应力钢筋

普通钢筋混凝土主要用的钢筋是热轧钢筋，最大屈服强度500MPa，而从预应力发展转折点可以知道预应力钢筋的特点就是高强，实际上用于预应力的较粗冷拉钢筋最低屈服强度500MPa，碳素钢丝最低抗拉强度1570MPa，当然为了充分发挥钢筋强度，与之配套的预应力混凝土强度等级也较高，从C30到C80不等。

预应力钢筋按材料类型可分为：钢丝、钢绞线、钢筋和钢棒、非金属预应力筋等。其中，钢绞线用途最广，非金属预应力筋主要有碳纤维增强塑料筋（CFRP）、玻璃纤维增强塑料筋（GFRP）等，目前还处于开发研究手段。

预应力钢筋的发展趋势为超高强、大直径、低松弛、高延性和耐腐蚀。

根据《混凝土结构设计规范》（GB 50010）的规定：推荐的预应力筋和强度标准值、抗拉强度设计值见表5-1。设计规范虽没有推荐，但目前使用的预应力钢筋还有冷轧带肋钢筋、冷拉钢筋和冷拉钢丝、预应力混凝土用钢棒。

表5-1　预应力筋强度标准值与设计值

种类		符号	公称直径 DN（mm）	屈服强度标准值 f_{pyk}	极限强度标准值 f_{ptk}	抗拉强度设计值 f_{pk}
中强度预应力钢丝	光面 螺旋肋	ϕ^{PM} ϕ^{HM}	5、7、9	620	800	510
				780	970	650
				980	1270	810

续表

种类		符号	公称直径 DN（mm）	屈服强度标准值 f_{pyk}	极限强度标准值 f_{ptk}	抗拉强度设计值 f_{pk}
预应力螺纹钢筋	螺纹	ϕ^{T}	18、25、32、40、50	785	980	650
				930	1080	770
				1080	1230	900
消除应力钢丝	光面 螺旋肋	ϕ^{P} ϕ^{H}	5	—	1570	1110
				—	1860	1320
			7	—	1570	1110
			9	—	1470	1040
				—	1570	1110
钢绞线	1×3（三股）	ϕ^{S}	8.6、10.8、12.9	—	1570	1110
				—	1860	1320
				—	1960	1390
	1×7（七股）		9.5、12.7、15.2、17.8	—	1720	1220
				—	1860	1320
				—	1960	1390
			21.6		1860	1320

注　极限强度标准值为 1960N/mm² 的钢绞线作后张预应力配筋时，应有可靠的工程经验。

一、中强度预应力钢丝

中强度预应力混凝土用钢丝，是强度等级为 800～1370MPa 的热轧圆盘条经过冷加工或冷加工后热处理钢丝。中强度预应力钢丝按其表面形状分为光面钢丝和变形钢丝两类，变形钢丝有三面刻痕钢丝与螺旋肋钢丝。所谓中强度螺旋肋钢丝，就是热轧圆盘条在拉拔过程中经螺旋模具旋转，沿钢丝表面长度方向上具有连续规则螺旋肋条的冷拉或冷拉后热处理钢丝。

按照钢丝的规定非比例伸长应力与抗拉强度的对应值，中强度预应力钢丝分为四类，分别为：620/800、780/970、980/1270、1080/1370，前三类也是《混凝土结构设计规范》（GB 50010）推荐的中强度预应力钢丝。中强度预应力混凝土用钢丝的代号，光面钢丝为 PW，变形钢丝为 DW。

多年实践证明，中强度预应力混凝土用钢丝与已淘汰的低碳冷拔钢丝相比，具有强度高、延性好的优点，是一种很有发展前途的预应力钢材。在不改变现有施工设备、工艺的条件下，代替冷拔低碳钢丝和预应力混凝土水管、电杆中的高强钢丝，不仅施工更为方便，工艺更易控制，而且能提高构件质量和结构安全度。

二、预应力螺纹钢筋（精轧螺纹钢筋）

预应力螺纹钢筋，又称精轧螺纹钢筋，是一种用热轧方法在整根钢筋表面上轧出不带纵肋而横肋为不连接的梯形螺纹的直条钢筋（图 5-3）。该钢筋在任意截面处都能拧上带内螺纹的连接器进行接长，或拧上特制的螺母进行锚固，即具有锚固简单、施工方便、无需焊接等优点，主要用于房屋、桥梁与构筑物等直线筋。我国标准中螺纹钢筋的公称直径有 18mm、25mm、32mm、40mm、50mm 五种，其级别用 PSB（prestressing screw bars）加屈服强度最小值表示，详见《预应力混凝土用螺纹钢筋》（GB/T

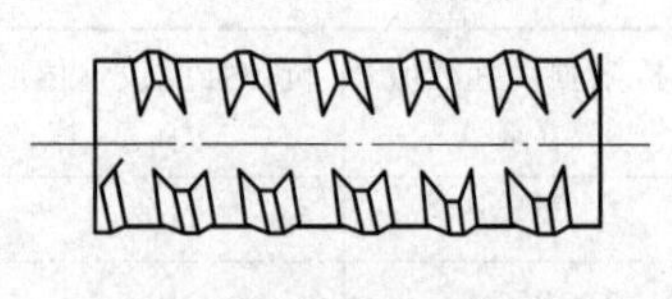
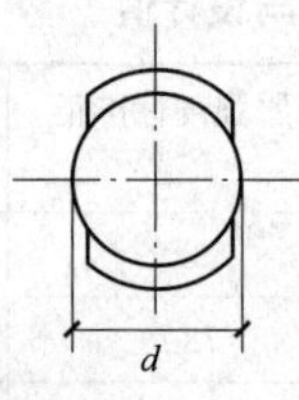

图 5-3　精轧螺纹钢筋的外形

20065），屈服点有 785MPa、930MPa 和 1080MPa 三种。

三、消除应力钢丝

高强度钢丝是专用于预应力混凝土结构构件的，它是由高碳钢盘条拉拔制成的，未经处理的钢丝称为冷拉钢丝，这种钢丝存在残余应力，屈强比低，伸长率小，为改善它的伸长性能而经矫直回火处理的称为矫直回火钢丝或消除应力钢丝，由于冷拉钢丝的变形性能较差，不列入设计规范，所以实际上只应用消除应力钢丝，一般称为碳素钢丝。碳素钢丝直径为 5～9mm，强度等级有 1470MPa、1570MPa、1860MPa3 个级别，碳素钢丝的外形有光面、刻痕（图 5-4）及螺旋肋（图 5-5）3 种。

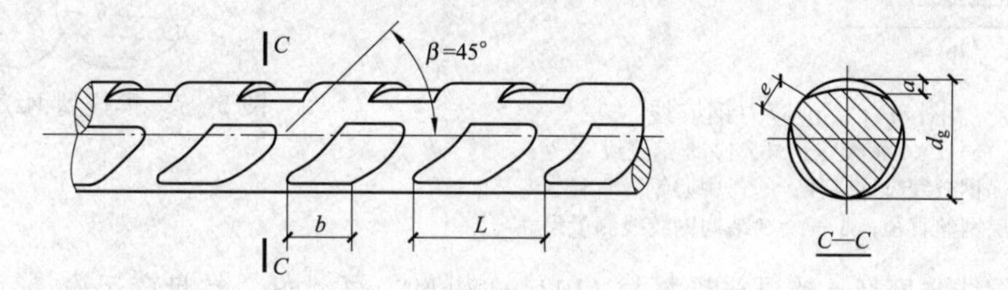

图 5-4　预应力刻痕钢丝外形图

d_g—公称直径；b—刻痕宽度；a—刻痕深度；L—节距；e—肋宽

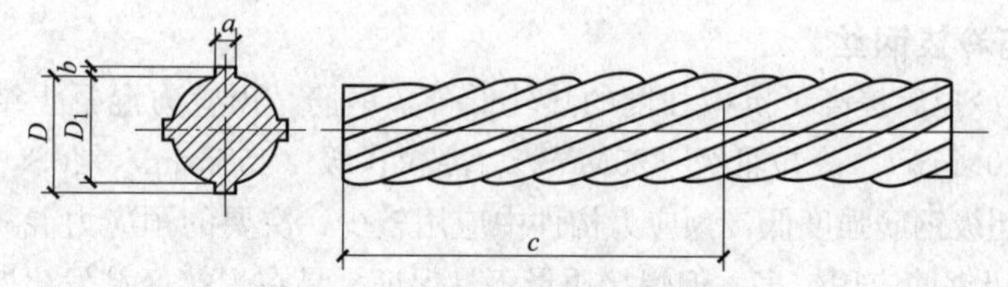

图 5-5　螺旋肋钢丝外形图

D_1—基圆直径；D—外轮廓直径

a—单肋宽度；b—肋高；c—螺旋肋导程

刻痕钢丝是用冷轧或冷拔方法使钢丝表面产生周期变化的凹痕或凸纹的钢丝。钢丝表面凹痕或凸纹可增加与混凝土的握裹力。

螺旋肋钢丝是通过专用拔丝模冷拔方法使钢丝表面沿着长度方向上具有规则间隔肋条的钢丝。钢丝表面螺旋肋可增加与混凝土的握裹力。

消除应力钢丝即碳素钢丝具有以下特点：钢丝强度高；易于制备，便于运输；应用灵活，可以根据需要组成不同钢丝根数的预应力束；柔性好，便于成形或穿束，特别适用于曲线形预应力筋；可以用 7 根平行钢丝为一组制备成无黏结束。由于高强钢丝具有上述优点，因此得到了广泛的应用。它主要用于：屋架、托架、吊车梁、屋面梁等后张预应力混凝土构件；框架梁、井式楼盖、平板等现浇预应力混凝土结构；环向、竖向预应力构件等。

四、钢绞线

预应力混凝土用钢绞线，是采用 3 根或 7 根圆形冷拉钢丝在绞丝机上左向捻制而成，捻制后进行热处理以消除应力，其结构分别为 1×3、1×7 两种形式。1×7 钢绞线是由 6 根外层钢丝围绕着 1 根中心钢丝（其直径比外层钢丝加大 2.5%）绞成，称为标准型；捻制后经过模拔处理而成的钢绞线，称为模拔型。模拔型钢绞线在横拔时被压扁，各根钢丝之间成为面接触，使钢绞线的密度提高约 18%，因此，在与标准型具有相同截面时，其外径较小，相应地可减少孔道直径；或者在同样的孔道内可布置较多的钢绞线。模拔型钢绞线与锚具的接触面积较大，易于锚固。1×3、1×7 标准型钢绞线示于图 5-6，1×7 模拔型钢绞线截面形状示于图 5-7。

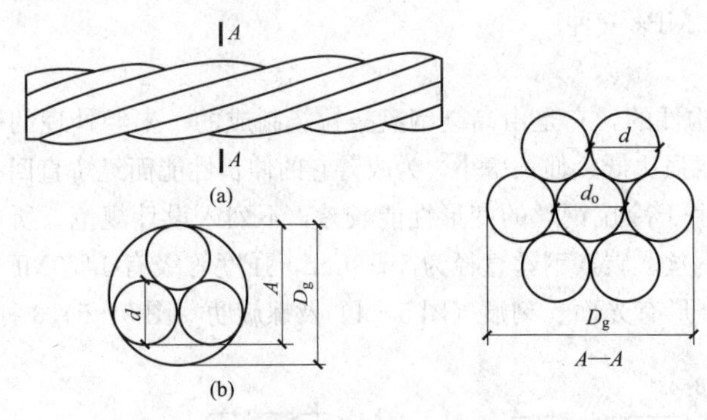

图 5-6 预应力钢绞线
(a) 1×7 钢绞线；(b) 1×3 钢绞线
D_g—钢绞线公称直径；d_0—中心钢丝直径；
d—外层钢丝直径；A—1×3 结构钢绞线测量尺寸

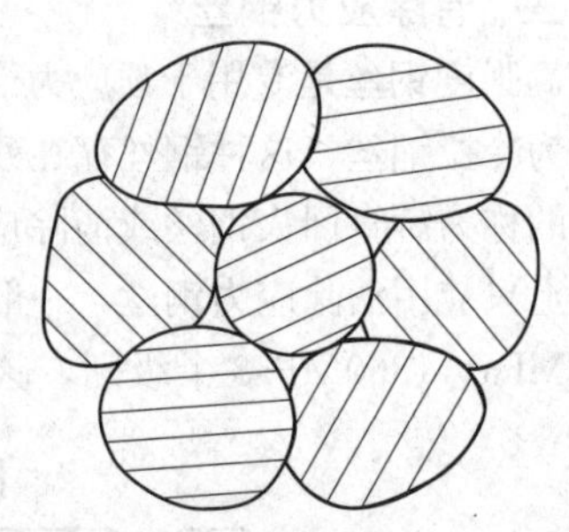

图 5-7 模拔型钢绞线截面形状

预应力钢绞线强度高，整根破断力大（102～300kN），柔性好、易盘弯运输，简化成束、施工方便，特别是 7 股钢绞线，被广泛应用于房屋建筑、特种结构、水工建筑、桥梁等有黏结及无黏结预应力构件，成为我国当前预应力混凝土结构的主力钢材。

五、冷拉钢筋与冷拔钢丝

冷拉钢筋是经过冷拉后提高了抗拉强度的热轧低合金钢筋。预应力混凝土结构中可选用的冷拉钢筋有：冷拉Ⅱ级（20MnSi）、冷拉Ⅲ级（25MnSi）、冷拉Ⅳ级（45SiMnV、$40Si_2MnV$、$45Si_2MnTi$ 等合金钢）钢筋。冷拉Ⅱ级钢筋强度低，预应力构件中应用较少，次要的预应力混凝土构件中可采用冷拉Ⅲ级钢筋，冷拉Ⅳ级钢筋应用较多，但焊接质量不易保证，易在焊接区域发生断筋现象，仅在不用焊接的情况下才能用于承受重复荷载的构件。冷拉钢筋主要用作先张或后张预应力混凝土构件的直线形预应力筋，直径为 12mm 的冷拉Ⅳ级钢筋束可用作后张构件的曲线形预应力筋。由于冷拉钢筋单位抗拉强度较低且可焊性差，随着高强度预应力钢材的快速发展，冷拉钢筋的应用已日益减少。

冷拔钢丝包括冷拔低碳钢丝和冷拔低合金钢丝。它是对Ⅰ级钢筋或低合金钢筋多次冷拔加工而成的钢丝，以前多用于先张法生产的中小型预应力构件中，但由于光面钢丝和混凝土黏结锚固性能差已逐步淘汰，在圆孔板已被直径 5mm 的 CRB650 级冷轧带肋钢筋取代。

六、冷轧带肋钢筋

冷轧带肋钢筋（Cold rolled ribbed steel wire and bars，CRB）是热轧圆盘条经冷轧后，在其表面带有沿长度方向均匀分布的三面横肋或两面横肋的钢筋。该钢筋 1968 年首先在德国、荷兰、比利时研制成功，1973 年在欧洲推广使用。冷轧带肋钢筋的表面及截面形状如图 5-8 及图 5-9 所示。

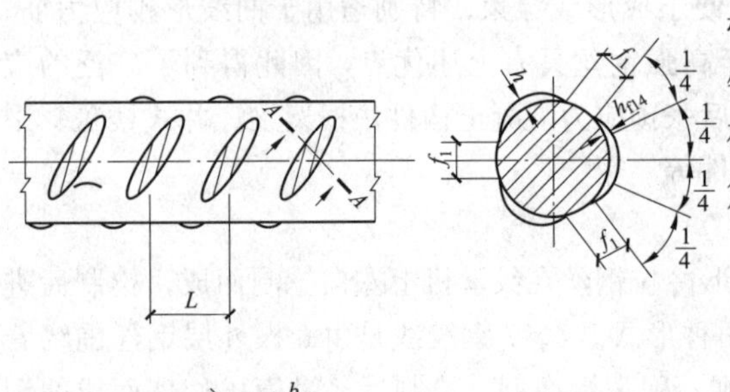

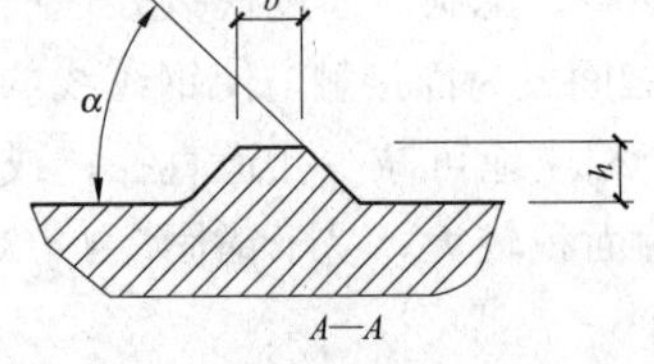

图 5-8 冷轧三面带肋钢筋表面及截面形状

图 5-9 冷轧带肋

冷轧带肋钢筋中的CRB550级钢筋，设计强度360MPa，主要以钢筋焊接网的形式用于普通钢筋混凝土楼板、地面、墙面和市政桥面。其他冷轧带肋钢筋均用作预应力钢筋，共有4个牌号：CRB650、CRB800、CRB970和CRB1170，其公称直径为4mm、5mm、6mm。牌号CRB550的冷轧带肋钢筋为普通钢筋混凝土用钢筋，其公称直径范围为4～12mm，设计强度430～780MPa。

冷轧带肋钢筋（CRB650及以上级别）大量用于先张法预应力混凝土中、小型结构构件的受力主筋，如预应力空心板、输排水管道、预应力混凝土电杆、预应力混凝土叠合板，等等。近20年的使用经验表明，冷轧带肋钢筋由于与混凝土有良好的黏结锚固性能，其在构件端部的锚固长度仅为以前光面钢丝的1/3左右，使光面钢丝由于黏结锚固性能差而产生的一些空心板质量问题得到很大的改善，并可适当降低空心板的混凝土强度，每立方米混凝土节省水泥约40kg，缩短预应力筋放张时间，加速模板周转率，截至1999年全国停止使用冷拔丝空心板，已改用冷轧带肋钢筋空心板，目前绝大部分采用直径5mm的CRB650级钢筋。

七、预应力混凝土用钢棒

热处理钢筋是由普通热轧中碳合金钢筋经淬火和回火调质热处理后制成。具有高强度、高韧性、高黏结力、应力松弛低、成本低等优点，但易出现匀质性差，直径为6～16mm。具体详见《预应力混凝土用钢棒》(GB/T 5223.3)，我国国家标准将上述热处理钢筋归为钢棒，按钢棒表面形状分为光圆钢棒、螺旋槽钢棒（图5-10）、螺旋肋钢棒（图5-11）和带肋钢棒四种，抗拉强度为1080～1570MPa。带肋钢棒分为有带纵肋（图5-12）和无纵肋（图5-13）两种，成品钢筋为直径6～16mm、长度2m的弹性盘卷，开盘后自行伸直，每盘长度为100～120m。这种钢筋在中国主要用于铁路轨枕和先张法预应力管桩等中小型预应力构件，目前先张法预应力管桩就是采用抗拉强度不小于1420MPa、35级延性的低松弛预应力混凝土用螺旋槽钢棒（代号PCB-1420-35-L-HG）。

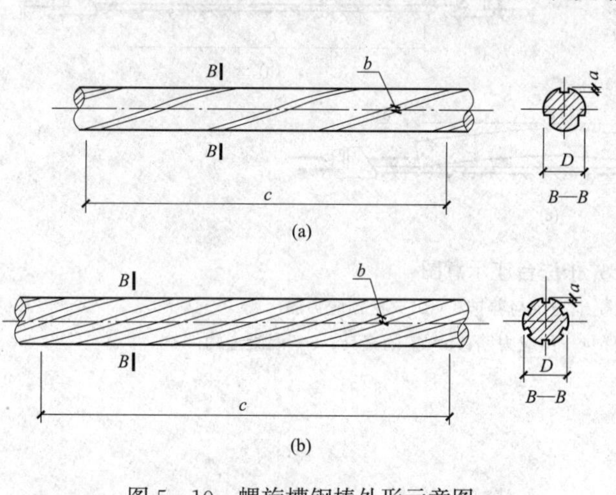

图5-10　螺旋槽钢棒外形示意图
(a) 3条螺旋槽；(b) 6条螺旋槽

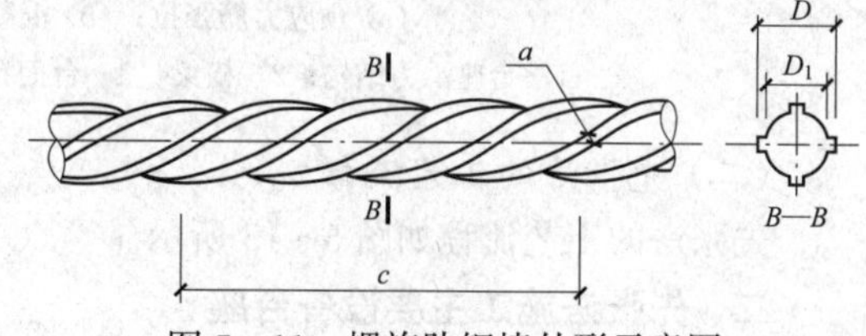

图5-11　螺旋肋钢棒外形示意图

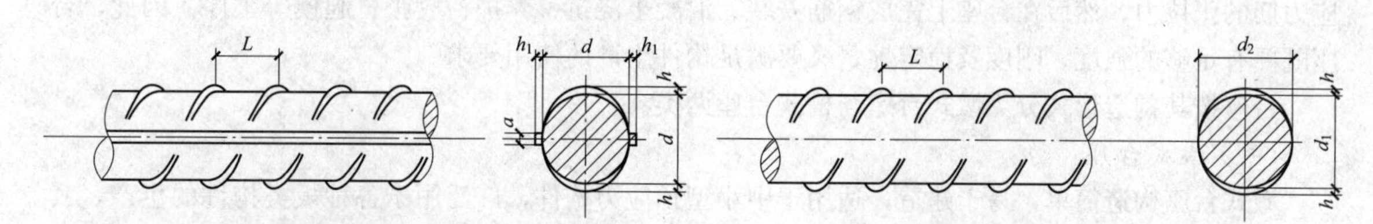

图5-12　有纵肋带肋钢棒示意图　　图5-13　无纵肋带肋钢棒示意图

八、复合材料预应力筋

复合材料预应力筋主要是指纤维增强聚合物（简称FRP）制成的预应力筋，如玻璃纤维增强聚合物（GFRP）预应力筋、芳纶纤维增强聚合物（AFRP）预应力筋及碳素纤维增强聚合物（CFRP）预应力筋。这些预应力筋具有轻质、高强（强度接近或大于预应力筋）、耐腐蚀、耐疲劳、非磁性等优点，表面形态可以是光滑的、螺纹或网状的，形状包括棒状、绞线形及编织物形。这些复合材料预应力筋的强度虽大，但由于纤维受力不均匀性、很低的抗剪强度（仅为钢材的1/3）、长期与短期荷载强度比较低、极限延伸性差和不能采用常规锚具锚固，纤维的抗拉强度在实际工程中得不到充分利用。

当前，复合材料预应力筋还处于试用阶段，其力学性能，如延性、黏结、锚具、松弛、疲劳等性能，仍需要继续研究，相应的测试标准也有待规范。由于价格等原因复合材料预应力筋在一定时期内无法与预应力筋竞争，但其应用前景是广阔的。

第三节 先张法施工

一、先张法施工工艺

(一) 先张法的工艺原理

先张法是在浇筑混凝土前张拉预应力筋，并用夹具将张拉完毕的预应力钢筋临时固定在台座的横梁上或钢模上，然后浇筑混凝土。待混凝土达到一定强度后，放松预应力筋，通过混凝土与预应力筋之间的黏结力使混凝土构件获得预压应力（图5-14）。

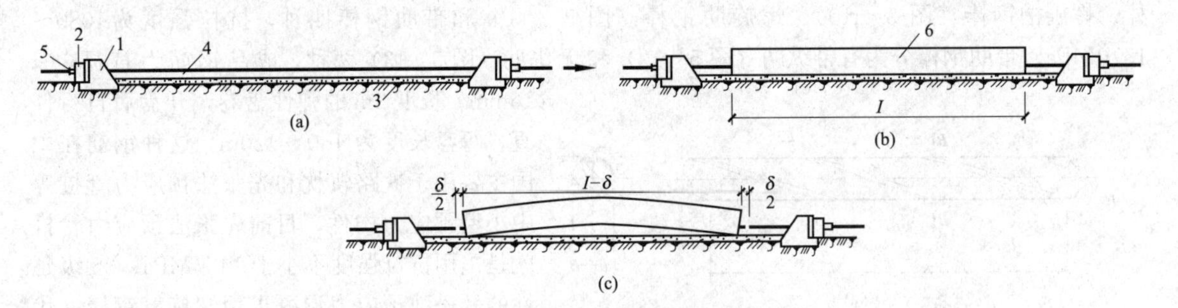

图5-14 先张法台座示意图

(a) 预应力筋张拉；(b) 混凝土浇筑与养护；(c) 放松预应力筋

1—台座承力结构；2—横梁；3—台面；4—预应力筋；5—锚固夹具；6—混凝土构件

(二) 先张法的工艺流程

先张法的工艺流程如图5-15所示。

二、先张法施工主要设备台座

台座是先张法构件的主要设备。预应力筋张拉后通过夹具被临时固定在台座上，由台座承受预应力筋的张拉力。然后在台座上完成钢筋安装、混凝土浇筑、养护、放张、起模等工序。因此，台座既要有足够的强度、刚度及稳定性，又要满足构件生产的使用要求。

台座按其构造形式分为墩式台座与槽式台座两类。

(一) 墩式台座

墩式台座构造简单，易于建造，适用于中小型预应力构件，广泛用于各种板类构件的生产，其适用的张拉力一般为500～1000kN。墩式台座由台墩、台面、牛腿、横梁等组成（图5-16），主要靠台座的自重力抵抗由张拉力产生的倾覆力矩。

1. 台墩

台墩一般为现浇混凝土结构。为了提高台座抗倾覆、抗滑移的能力，可采用如下措施：增加台墩底板长度，使其重心后移；台墩后部加深；台面局部加厚，使台面与台墩共同受力；台墩尾部增设伸臂板等。

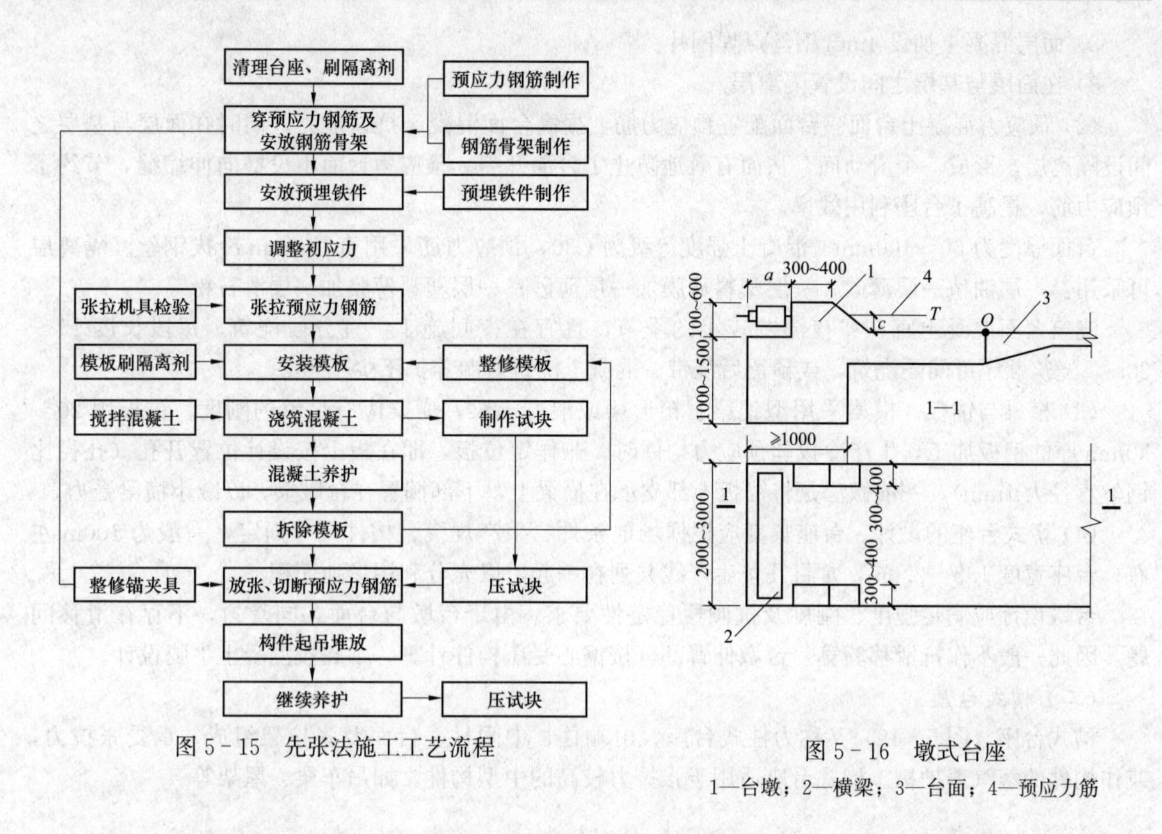

图 5-15　先张法施工工艺流程

图 5-16　墩式台座

1—台墩；2—横梁；3—台面；4—预应力筋

牛腿一般为现浇混凝土，与台墩整浇在一起。也可用钢牛腿——型钢或型钢与钢板组焊。钢牛腿可组成埋入式（图 5-17、图 5-18），也可做成装配式，即将钢牛腿插入到台墩的预留洞槽内。

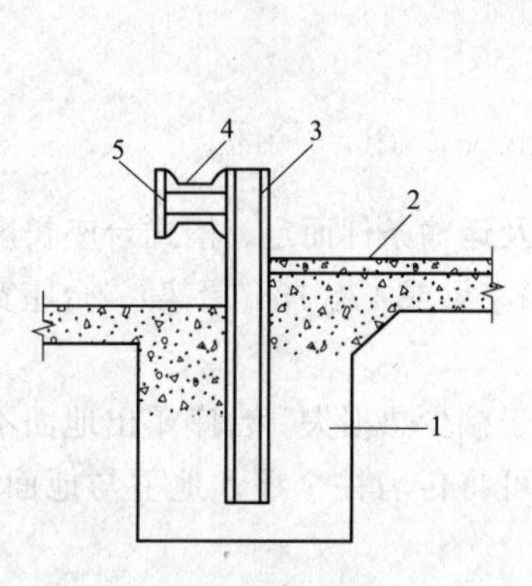

图 5-17　埋入式钢牛腿

1—台墩；2—台面；3—钢柱；

4—钢横梁；5—定位板

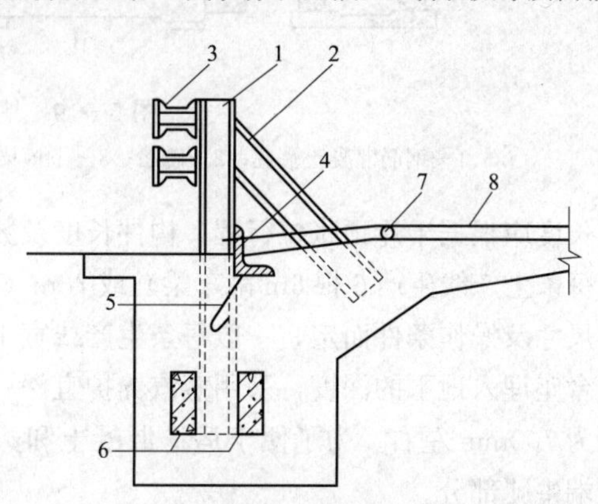

图 5-18　生产叠层构件的埋入式钢牛腿

1—钢柱；2—斜撑；3—钢梁；4—角钢；5—锚爪；

6—混凝土梁；7—垫筋圆钢；8—预应力筋

2. 台面

(1) 普通混凝土台面。一般做法是在夯实地基上铺设碎石垫层，上面浇筑 80mm 厚的 C20 混凝土，再用 1∶3 水泥砂浆抹面，抹面时可将砂浆抹过伸缩缝，初步收光后再截去缝内多余的砂浆，以防缝边台面翘曲不平。对于普通混凝土台面，由于收缩及温差变形受到底层约束，易使台面产生横向裂缝。减少开裂的措施如下。

1）伸缩缝间距视温差情况而定。伸缩缝的布置应考虑构件长度，使构件避开伸缩缝。

2）面层混凝土加设 4mm 钢丝点焊网片。

3）在面层与基层之间设置隔离层。

(2) 预应力混凝土台面。台面配置预应力筋，提高台面混凝土抗裂能力，同时在面层与基层之间设隔离层，形成一个滑动面，从而有效地防止了台面开裂。预应力台面不设横向伸缩缝，节约了预应力筋，提高了台座利用效率。

台面厚度为 60～100mm，混凝土强度等级为 C30，预应力筋采用直径 4mm 冷拔钢丝。隔离层可采用：一层油毡一层薄砂；一层塑料薄膜加一层薄砂；一层塑料薄膜加一层滑石粉等。

浇筑台面混凝土宜在昼夜温差较小的季节，且宜在夜间施工。宜分段浇筑，每段长度 15～20m，浇筑顺序可间隔浇筑，或预留后浇带。混凝土浇筑后湿养护不少于 14d。

(3) 横梁与锚板。横梁采用型钢梁、箱形梁或混凝土梁，横梁应有足够的刚度。锚板用 20～30mm 厚的钢板加工，生产冷拔丝预应力构件时，兼作定位板，即在板上按设计位置开孔（孔径比钢丝直径大 1mm）。一般做法是将锚板上部支承在横梁上，下部搁置在台墩上，以减小横梁受力。

(4) 墩式台座的设计。台座长度应根据场地条件、生产规模、构件尺寸而定，一般为 100m 左右；台座宽度 1.5～2.0m，常将几条生产线并列在一起，以充分利用场地面积。

台墩设计应满足强度、刚度及抗倾覆稳定性要求。由于台墩与台面共同受力，不存在滑移问题，因此一般不作抗滑移验算。台墩伸臂部分按偏心受压构件计算，牛腿按混凝土牛腿设计。

（二）槽式台座

槽式台座（图 5-19）又称为柱式台座，由端柱、中间柱、台面及张拉架组成，承受张拉力，兼作构件的蒸汽养护槽。槽式台座适用于张拉力较高的中型构件，如吊车梁、屋架等。

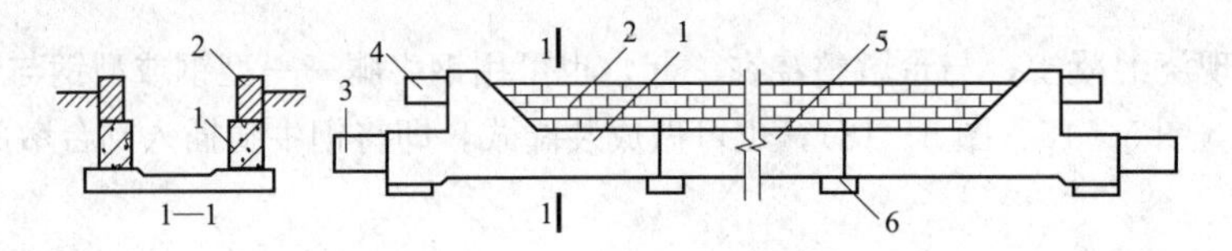

图 5-19　槽式台座

1—钢筋混凝土端柱；2—砖墙；3—下横梁；4—上横梁；5—传力柱；6—柱垫

台座长度应根据千斤顶张拉行程、构件长度及数量、生产及运输条件而定。槽式台座长度一般为 45m（每条生产线生产 6 根 6m 吊车梁）或 76m（10 根 6m 吊车梁或 4 榀 18m 屋架）。台座宽度按构件外形尺寸及操作条件而定，一般每条生产线宽 1～1.5m。

槽式台座埋入地下的深度，采用蒸汽养护宜深一些，有利于减少热损失。台座露出地面不宜太高，一般为 700mm 左右。为了便于运送混凝土和蒸汽养护，可将传力柱全埋入地下与地面相平，只露出两端牛腿部分。

槽式台座的构造可分为整体式和装配式两种。整体式台座的传力柱为现浇混凝土结构，装配式台座的传力柱用预制柱装配而成。

张拉架又叫传力架，有两横梁式及四横梁式两种构造形式。两横梁张拉架利用拉杆式千斤顶逐根张拉；四横梁张拉架可利用液压千斤顶成组张拉。

传力柱受力按偏心受压柱计算。装配式槽式台座的端柱应进行抗倾覆验算。

三、先张法构件的施工要点

（一）预应力筋的张拉应力和张拉程序的确定

(1) 预应力筋铺设前先做好台面的隔离层，应选用非油类模板隔离剂，隔离剂不得使预应力筋受污。以免影响预应力筋与混凝土的黏结。

（2）预应力筋张拉应力的确定。预应力筋的张拉控制应力 σ_{con} 按照《混凝土结构设计规范》（GB 50010）规定不宜超过表 5-2的数据。

表 5-2　张拉控制应力 σ_{con} 允许值

项　次	预应力筋种类	张拉方法	
		先张法	后张法
1	消除应力钢丝、钢绞线	$0.75f_{ptk}$	$0.75f_{ptk}$
2	中强度预应力钢丝	$0.70f_{ptk}$	$0.70f_{ptk}$
3	预应力螺纹钢筋	—	$0.85f_{pyk}$

注　f_{ptk} 为预应力筋极限强度标准值；f_{pyk} 为预应力螺纹钢筋屈服强度标准值。

消除应力钢丝、钢绞线、中强度预应力钢丝的张拉控制应力值不应小于 $0.4f_{ptk}$；预应力螺纹钢筋的张拉应力控制值不宜小于 $0.5f_{pyk}$。

当符合下列情况之一时，表中 σ_{con} 允许提高 $0.05f_{ptk}$ 或 $0.05f_{pyk}$。

（1）要求提高构件在施工阶段的抗裂性能而在使用阶段受压区内设置的预应力筋。

（2）要求部分抵消由于应力松弛、摩擦、钢筋分批张拉以及预应力筋与张拉台座之间的温差等因素产生的预应力损失。

对于《混凝土结构设计规范》（GB 50010）不推荐的但目前还在使用的预应力钢筋，预应力筋的张拉控制应力 σ_{con} 按旧版设计规范摘录如下，见表 5-3。

表 5-3　旧版规范张拉控制应力 σ_{con} 允许值

项　次	预应力筋种类	张拉方法	
		先张法	后张法
1	冷轧带肋钢筋	$0.70f_{ptk}$	
2	冷拉钢筋	$0.90f_{pyk}$	$0.85f_{pyk}$
3	预应力混凝土用钢棒、冷拔钢丝	$0.70f_{ptk}$	$0.65f_{ptk}$

（3）张拉程序与预应力筋张拉力的计算。钢筋在受拉高应力状态下会发生松弛现象造成受拉应力损失即预应力损失，钢筋松弛的数值与控制应力、延续时间有关，控制应力越高，松弛也就越大，同时还随着时间的延续不在增加，但在第一分钟内完成损失总值的 50%左右，24 小时内则完成 80%。针对这种松弛现象，为了弥补预应力松弛损失，一般采取以下两种张拉程序之一应对。

程序一：直接超张拉 3%弥补预应力筋的松弛损失，既满足要求，又施工简便，一般多采用，即 $0 \longrightarrow 103\%\sigma_{con}$。

程序二：先超张拉 105%σ_{con} 并坚持 2 分钟时间，再回到事先确定的张拉控制应力，可以减少至少 50%以上的松弛应力损失，即 $0 \longrightarrow 105\%\sigma_{con} \xrightarrow{\text{持荷 2min}} \sigma_{con}$。

预应力筋张拉力 P 按下式计算：

$$P = (1+m)\sigma_{con}A_P \tag{5-1}$$

式中：m 为超张拉百分率，%；σ_{con} 为张拉控制应力，MPa；A_P 为预应力筋截面面积，mm^2。

（二）张拉操作要点

（1）张拉前，按照设计要求的张拉控制应力及张拉机具的标定数据计算张拉力或张拉值，计算预应力筋的伸长值。当采用应力控制方法张拉时，应校核预应力筋的伸长值。实测伸长值与设计计算理论伸长值的相对允许偏差为±6%，如超过应暂停张拉，查明原因并采取措施予以调整后，方可继续张拉。预应力筋的伸长值 ΔL 按下式计算：

$$\sigma = E_s\varepsilon \Rightarrow \frac{F_P}{A_P} = E_s\frac{\Delta L}{L} \Rightarrow \Delta L = \frac{F_P L}{A_P E_s} \tag{5-2}$$

式中：F_P为预应力筋张拉力，N；L为预应力筋长度，mm；A_P为预应力筋截面面积，mm^2；E_s为预应力筋的弹性模量，N/mm^2。

预应力筋的实际伸长值，宜在初应力约为$10\%\sigma_{con}$时开始测量，但必须加上初应力以下的推算伸长值。

采用钢丝作为预应力筋时，不做伸长值校核，但应在钢丝锚固后，用钢丝测力计或半导体频率记数测力计测定其钢丝应力，其偏差不得大于或小于按一个构件全部钢丝预应力总值的5%。

（2）先张法预应力构件中的预应力筋不允许出现断裂或滑脱，因此在张拉过程中，应采取措施避免出现断筋或滑脱现象。如在浇筑混凝土前发生断筋或滑丝，应予以更换新预应力筋重新张拉。如连续发生断筋或滑丝现象，应暂停施工，认真检查找出原因，采取相应措施后继续张拉。

（3）预应力筋张拉锚固后，实际建立的预应力值对结构受力性能影响很大，必须予以保证。实际建立的预应力值与工程设计规定检验值的相对偏差不得超过±5%。

检查方法：采用应力测定仪直接测定张拉锚固后预应力筋的应力值；每工作班抽查预应力筋总数的1%，且不少于3根。

（4）预应力筋张拉锚固后其实际位置对设计位置的偏差不得大于5mm，且不得大于构件截面短边边长的4%。

（三）混凝土浇筑与养护

为了减少预应力损失，在设计配合比时应考虑减少混凝土的收缩和徐变。应采用低水化比，控制水泥用量，采用良好的骨料级配并振捣密实。

构件预应力筋张拉完成并经检验合格后，应尽快浇筑混凝土。振捣混凝土时，振动器不得碰撞预应力钢筋。混凝土未达到一定强度前也不允许碰撞和踩动预应力筋，以保证预应力筋与混凝土有良好的黏结力。台座每条生产线上的构件，混凝土浇筑应一次连续完成，以免相邻构件钢筋受振动。

预应力混凝土构件可采用自然养护、太阳能养护和蒸汽养护。当采用蒸汽养护时应采取正确的养护制度，减少由于温差引起的预应力损失。在台座生产的构件采用蒸汽养护时，由于温度升高后，预应力筋膨胀而台座长度并无变化，因而预应力筋的应力减少。在这种情况下混凝土逐渐硬结，则在混凝土硬化前预应力筋由于温度升高而引起的应力降低将无法恢复，形成温差应力损失。因此，为了减少温差应力损失，蒸汽养护时应采用二阶段升温法，将第一阶段温度升高限制在20℃以内，待混凝土达到$10N/mm^2$以上时，再按常规升温制度养护。用机组流水法钢模制作预应力构件，因蒸汽养护时钢模与预应力筋同样伸缩，所以不存在因温差引起的预应力损失。

（四）预应力筋的放张

1. 放张要求

预应力筋放张时的混凝土强度应符合设计要求；当设计无具体要求时，不应低于设计的混凝土立方体抗压强度标准值的75%。如过早地对混凝土施加预应力，会引起较大的收缩和徐变预应力损失，影响有效预应力值的建立，而且能够因局部承压过大而造成构件混凝土损伤。

放张预应力筋前应拆除构件的侧模使放张时构件能自由压缩，以免模板损坏或造成构件开裂。对有横肋的构件（如大型屋面板），其横肋断面应有适宜的斜度，也可以采用活动模板以免放张时构件端肋开裂。

2. 放张方法

配筋不多的中小型构件，钢丝可用砂轮锯或切断机等方法放张。配筋多的钢筋混凝土构件，钢丝应同时放张，如逐根放张，最后几根钢丝将由于承受过大的拉力而突然断裂，使得构件端部容易开裂。

对钢丝、热处理钢筋不得用电弧切割，宜用砂轮锯或切断机切断。预应力钢筋数量较多时，可用千斤顶、螺杆传力架、楔块等或砂箱装置同时放张，如图 5－20 所示。

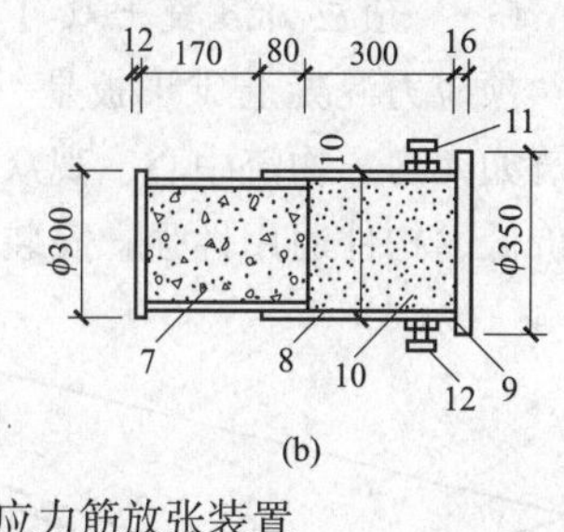

图 5－20　预应力筋放张装置

(a) 千斤顶放张装置；(b) 砂箱放张装置

1—横梁；2—千斤顶；3—承力架；4—夹具；5—钢丝；6—构件；7—活塞；8—套箱；9—套箱底板；10—砂；11—进砂口；12—出砂口

3. 放张顺序

预应力筋的放张顺序，应满足设计要求，如设计无要求时应满足下列规定。

(1) 宜采取缓慢放张工艺进行逐根或整体放张。

(2) 对轴心受预压构件，如拉杆、桩等，所有预应力筋宜同时放张。

(3) 对受弯或偏心受压的构件，应先同时放张预压应力较小区域的预应力筋，再同时放张预压应力较大区域的预应力筋。

(4) 如不能按上述规定放张时，应分阶段、对称、相互交错地放张，以防止在放张过程中构件发生翘曲、裂纹及预应力筋断裂等现象。

(5) 放张后，预应力筋的切断顺序，宜从张拉端开始依次切向另一端。

四、先张法构件的应用

先张法预应力混凝土构件，常用的有：预应力多孔板（图 5－21）、中小型预应力吊车梁（图 5－22）、预应力屋面板（图 5－23）、预应力混凝土排水管（图 5－24）、预应力管桩（图 5－25）、预应力 T 形板（图 5－26）、预应力薄板、薄腹梁、水泥电线杆、檩条、墙板、走道板及其他槽形板，等等。

图 5－21　预应力多孔板

图 5－22　预应力吊车梁

图 5－23　预应力屋面板

图 5－24　预应力混凝土排水管

图 5－25　预应力管桩

图 5－26　预应力 T 形板

（一）预应力混凝土双T板

预应力混凝土T形板是一种板梁合一的楼面或屋面构件，适用于单层及多层工业厂房或民用建筑如库房、物流中心、观众厅、候车厅、站台、各类体育场馆等。T形板结构合理、承载力大，造价低、构件通用性强，安装速度快，有利于实现标准化设计与机械化施工。预应力混凝土T形板的截面形状有单形板及双T形板，其跨度最大可达33m。T形板的构造特点：有一条或两条纵肋，无横肋，肋的高度及翼板的宽度都比较大（图5-27）。预应力T形板一般采用先张法台座生产，也有少数大跨度采用后张法施工。先张法施工目前常用的预应力筋是钢绞线，后张法施工采用的是直径5mm的消除应力钢丝束。下面介绍双T形板的关键工序——胎膜制作。

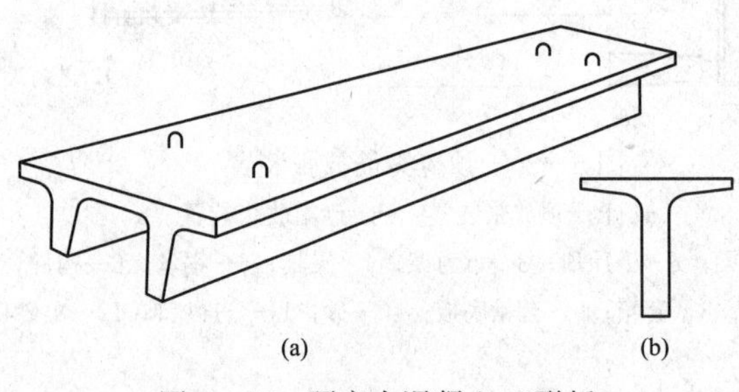

图5-27 预应力混凝土T形板
(a) 双T形板；(b) 单T形板

由于生产双T板的胎膜其肋槽深而窄，制作尺寸不易保证，圆弧部分不宜控制；翼板面积大，胎膜平整度较难控制，构件放张时易于产生裂缝。因此，选择适宜的胎膜构造并保证其制作质量，是生产合格双T形板的关键。

双T形板采用的胎膜有木模、混凝土胎膜、砖石砌体胎膜等。

当构件批量大，在预制厂生产时一般采用混凝土胎膜，胎膜中心部分可用砖石砌筑，上面浇筑C15混凝土。按照双T形板断面轮廓尺寸加工样板，用以控制胎膜的外形尺寸（图5-28）。混凝土胎膜坚固耐久，周转次数多，但胎膜制作较困难，构件不易脱模，放张时易产生裂缝。

砖石砌体胎膜（图5-29）适合于工地生产双T形板。胎膜制作方法：先砌筑肋槽部分的砌体，中间部位填土夯实，表面用水泥砂浆抹实压光。

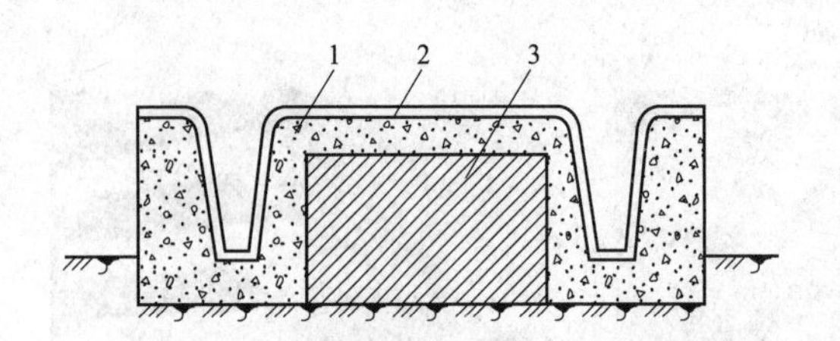

图5-28 预应力双T形板混凝土胎膜
1—C15混凝土；2—砂浆抹面；3—砖砌体

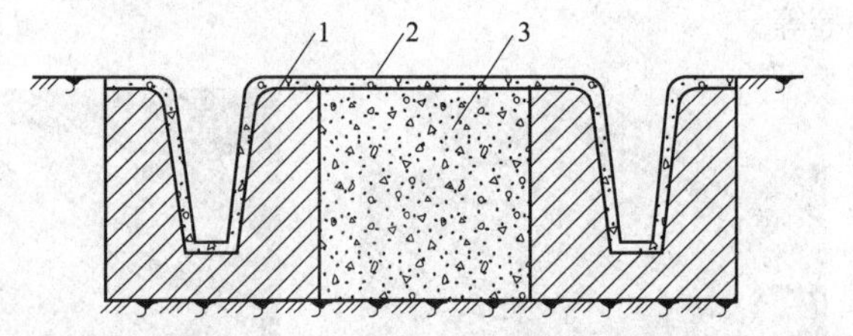

图5-29 双T形板砖石砌体胎膜
1—砖石砌体；2—砂浆抹面；3—素土填实

（二）预应力混凝土屋面板

预应力混凝土屋面板是以前应用较广泛的先张法屋面构件，主要用于单层装配式钢筋混凝土排架结构厂房。由于单层装配式厂房建安成本较高、占地大和不能拆卸运输，逐渐被钢筋混凝土多层框架结构和钢结构代替，预应力混凝土屋面板的应用已大幅度减少。

预应力混凝土屋面板平面尺寸有1.5m×6m、3m×6m、3m×9m等。在工业厂房中得到广泛应用的G410标准图集的屋面板，板宽1.5m，板长6.0m，板高240mm，板面厚度30mm。按承载能力屋面板分为4级，其型号为Y-WB-1～4（图5-30）。92G410图集还包括与之配套的开洞板、预应力混凝土挑檐板、预应力混凝土嵌板及檐口板，以及钢筋混凝土嵌板、檐口板与天沟板。预应力混凝土屋面板的预应力筋有3种配置方案：冷拉Ⅱ级、冷拉Ⅲ级及冷拉Ⅳ级带肋钢筋，混凝土强度等级为C30、C40。

预应力混凝土屋面板的生产工艺有长线台座法及钢模机组流水法。

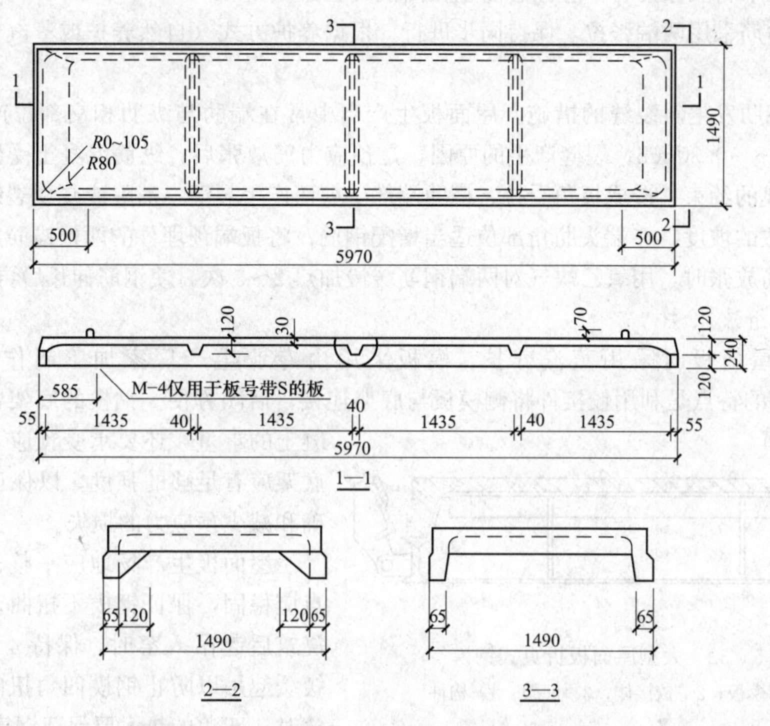

图 5-30　1.5m×6.0m 预应力混凝土屋面板

1. 长线台座法

长线台座生产钢模时，可采用自然养护或蒸汽养护。

模板构造（图 5-31）：芯胎模采用砖石砌体，表面砂浆层抹实层抹实压光，也可用混凝土芯胎膜。侧模板及端模板采用木模（外包铁皮）或定型钢模板。

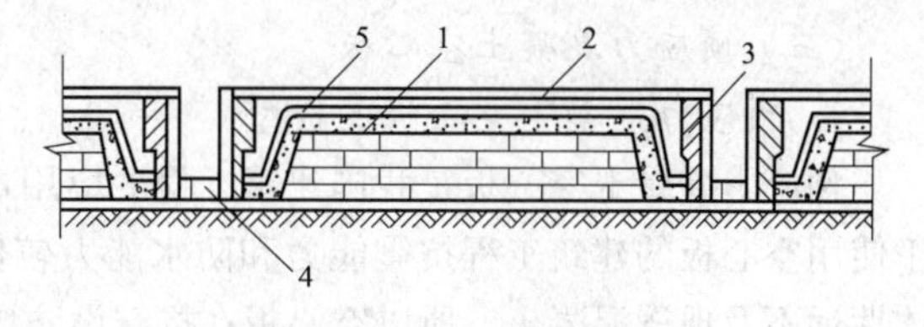

图 5-31　大型屋面板砖胎膜

1—砖胎膜上 C15 混凝土；2—工具式夹箍；3—侧模板；4—木楔；5—水泥砂浆抹面

预应力钢筋采用对焊连接，对焊后进行冷拉。预应力筋张拉采用拉杆式千斤顶、螺栓端杆夹具。

台座生产屋面板时的操作要点及注意事项如下。

(1) 根据台座长度、生产线上屋面板的布置及预应力筋的伸长计算值，安排好每节预应力筋的长度，以控制钢筋对焊接头的位置。当预应力钢筋为冷拉Ⅱ级、Ⅲ级钢筋时，每根纵筋允许有一个接头，接头位于距板端 1/4 跨度的范围内，但同一块板两条纵筋的钢筋接头不得设在板的同一端。Ⅳ级钢筋的焊接性差，一般不允许在板内有接头。在屋面板制作现场，如Ⅳ级钢筋有系统的试验资料和一定的生产实践经验，并有保证焊接质量的可靠措施时，才允许在距板端跨度 1/4 的范围内有对焊接头。

(2) 制作芯胎膜时，使用木样板控制好其尺寸与形状。芯模上表面面积较大，必须认真找平，保证平整度合乎要求。这对于控制屋面板的面板厚度非常重要。底模端部构造要按图纸要求制作，坡度及圆弧尺寸应予保证。

(3) 铺放预应力筋时，下面应垫砂浆垫块。

(4) 混凝土下料及振捣时，应注意防止板面混凝土超厚。

(5) 预应力筋采用两端张拉，保持同步进行。根据养护方式（自然养护或蒸汽养护）而采用不同的张拉力值。

(6) 防止端肋发生斜裂缝的措施。屋面板生产当中常在端肋与纵肋相交部位产生倒八字形裂缝，缝宽为0.15～0.30mm。裂缝产生的原因，是预应力筋放张后，纵筋混凝土受到压缩，其变形受端横肋及底模的约束，造成板角受拉、横肋端部受剪而产生裂缝。消除或减少裂缝的措施有：减小底模端角部位的坡度，在端头肋角部位适当增配钢筋；将板端预埋件的两根锚筋加长，伸入到端肋内；预应力筋放张时，用氧乙炔气对两端钢筋缓慢加热2～3次，使钢筋伸长后再切断放松。

2. 钢模机组流水法

钢模生产屋面板时采用蒸汽养护。模板采用由专业生产厂家加工制作的折页式钢模(图5-32)，它的特点是利用铰接件将侧模板与底架连接，启闭方便。钢模的底架要承受运输时混凝土的重量，还要承受预应力筋的作用。故底架应有足够的强度，以保证构件尺寸的准确和减少预应力的损失。

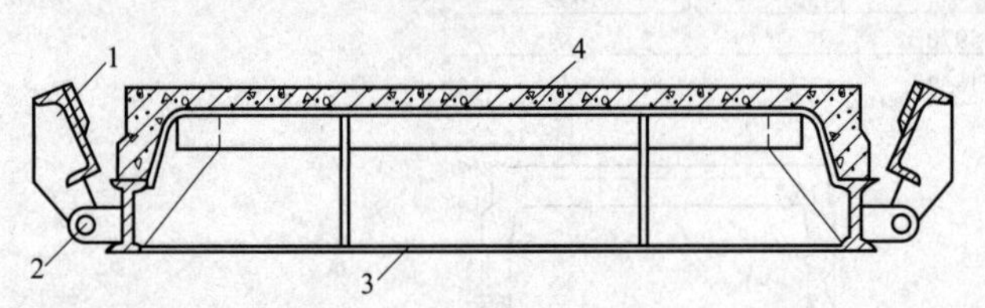

图5-32 大型屋面板折页式钢模

1—侧模板；2—铰接体；3—底架；4—构件

屋面板生产场地应平整、坚实，钢模垫点应稳固，保证钢模不扭曲。屋面板混凝土浇筑后起吊入窑时，保持4吊点受力均匀，缓缓起吊以防止钢模四角扭曲。钢模入窑码放时，四角的垫木要保证钢模稳固、持平。

蒸汽养护应根据所用的水泥品种确定养护制度，选用适宜的静停、升温、恒温、降温等参数。当气温较低时，屋面板蒸养后应延长出窑时间，防止板面发生裂缝。

预应力筋张拉可采用墩头端杆夹具、拉杆式千斤顶进行张拉。墩头端杆的开口式垫板应事先准备好，一个夹具尽量只用1～2块垫板，以减少预应力损失。

(三) 预应力混凝土空心板

1. 预应力混凝土空心板的板型

预应力混凝土空心板是我国建筑工程上应用最早和最广泛的先张法构件。进入21世纪后，由于使用空心板的建筑工程抗震能力和防水能力较低，“坐浆连接”即与墙梁的水泥砂浆连接节点整体性远不及现浇混凝土，所以空心板在抗震设防城市的多层建筑禁用或限制使用，应用范围已大大缩小。常用的圆形孔空心板的规格、尺寸见表5-4。

表5-4 预应力混凝土空心板规格、尺寸

板 型	板厚 (mm)	孔径 (mm)	常用跨度 (m)
小孔板	120	Φ76	2.4～4.2
中孔板	180	Φ133	4.5～6.6
大孔板	244	Φ194	6.0～9.0

预应力混凝土空心板的预应力钢筋有两种配置方案：冷拉钢筋、冷轧带肋钢筋。以前常用的甲级冷拔钢丝由于黏结锚固性能差而遭淘汰。目前绝大部分采用直径5mm的CRB650级钢筋。

2. 预应力混凝土空心板的制作

预应力混凝土空心板的生产与前述预应力混凝土屋面板类似，可采用长线台座法或钢模机组流水法。采用长线台座法时，其生产工艺有倒模、外振拉模、内振拉模、挤压机成形及推压机成形等。

(1) 长线台座法倒模工艺。

倒模工艺，即在台座上安装模板、浇筑混凝土，用平板振动器振实，然后人工或机械牵引倒模至下一个模位。倒模法工艺简单、投资少，适用于小型构件厂或小批量预制，但劳动强度大、生产效率低。

长线台座法倒模工艺平面布置如图 5 - 33 所示，其生产工艺流程为：

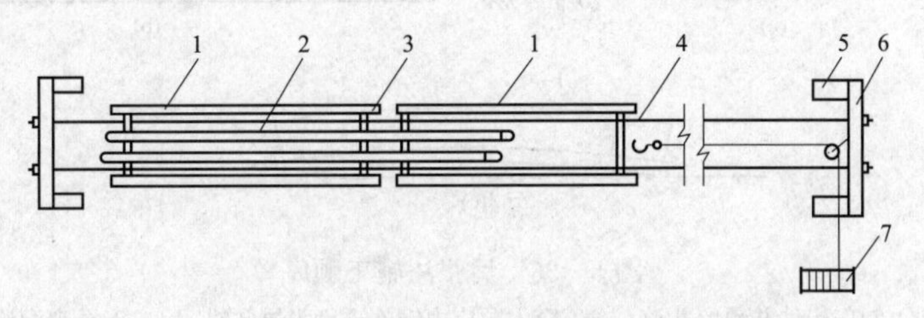

图 5 - 33　倒模工艺平面布置示意图

1—侧模；2—芯管；3—堵头板；4—预应力筋；5—台墩；6—钢梁；7—卷扬机

清理台座→涂隔离剂→铺放预应力筋→张拉→安装模板→浇筑混凝土→抹平→抽芯→拆模→修整→养护→放张→起模

空心板的侧模板可采用木模或钢模，采用木模时其构造如图 5 - 34 所示。侧模为 100mm 厚木板外包白布；堵头板用 12～14mm 厚的钢板加工，每个堵头板加工成上、下两片，以便于安装芯管。芯管用无缝钢管，一端加工成锥形，另一端钻有两对圆孔，架转管用，并焊有牵引用的钢筋环。

当采用钢侧模时，一般使用槽钢做成拼装式模板，构造简单，拆装方便。在侧模端部焊有一块带孔插板，连接时插板插入端模的槽孔中，用楔形板楔紧即可（图 5 - 35）。

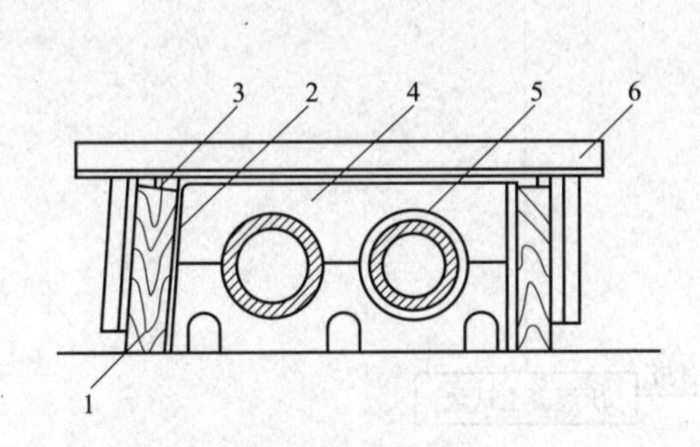

图 5 - 34　预应力空心板倒模法模板构造

1—木侧模；2—外包白布；3— 2mm 钢板压条；4—堵头板；5—芯管；6—卡具

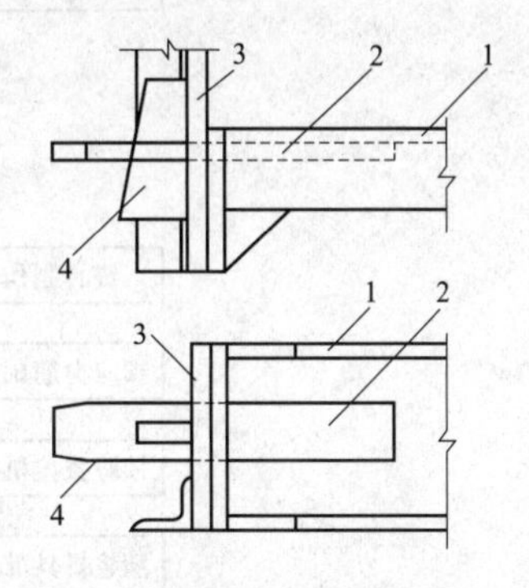

图 5 - 35　空心板钢模板拼接点构造

1—侧模；2—插板；3—端模板；4—楔形板

(2) 钢模机组流水法。

预应力空心板如采用钢模生产，宜采购专业生产的钢模板，如自行加工制作，应经过设计计算，保证模板的强度、刚度符合设计要求。空心板钢模一般用槽钢与钢板组焊而成。

第四节　有黏结后张法施工

一、有黏结后张法施工工艺

(一) 后张法的工艺原理

后张法（图 5 - 36）是先制作构件，预留孔道，待构件混凝土强度达到设计规定的数值后，在孔道内穿入预应力筋进行张拉，并用锚具在构件端部将预应力筋锚固，最后进行孔道灌浆。预应力筋的张拉力主要是靠构件端部的锚具传递给混凝土，使混凝土产生预压应力。

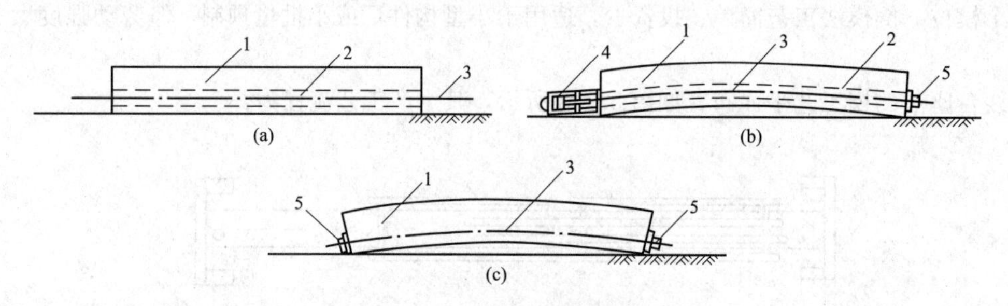

图 5－36　后张法施工顺序

(a) 制作构件并预留孔道；(b) 穿入预应力钢筋进行张拉并锚固；(c) 孔道灌浆

1—混凝土构件；2—预留孔道；3—预应力筋；4—千斤顶；5—锚具

(二) 有黏结后张法的工艺流程

后张法施工工艺流程如图 5－37 所示。

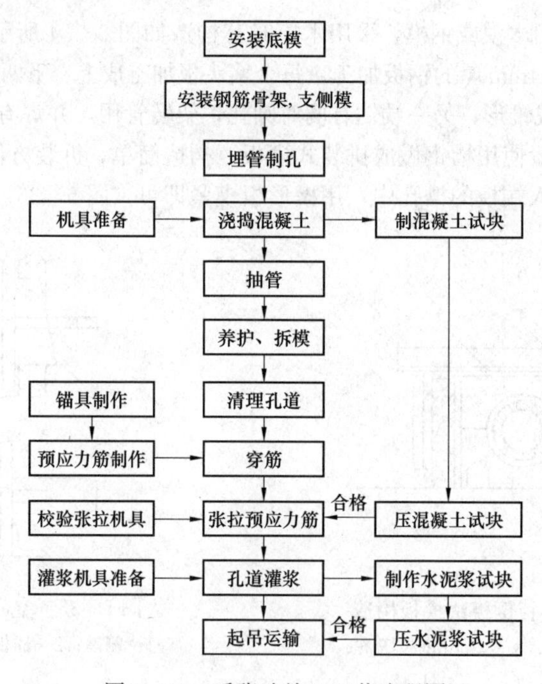

图 5－37　后张法施工工艺流程图

二、后张法施工锚具和相配套的张拉设备

(一) 锚具的要求

锚具是预应力筋张拉和永久固定的预应力混凝土构件上的传递预应力的工具。夹具是先张法构件施工时为保持预应力筋拉力并将其固定在张拉台座（或钢模）上用的临时性锚固装置。后张法张拉用的夹具又称工具锚，是将千斤顶（或其他张拉设备）的张拉力传递到预应力筋的装置。连接器是先张法或后张法施工中将预应力从一根预应力筋传递到另一根预应力筋的装置。在后张法施工中，预应力筋锚固体系包括锚具、锚垫板和螺旋筋等。

按锚固性能不同，可分为Ⅰ类锚具和Ⅱ类锚具。Ⅰ类锚具适用于承受静载、动载的所有预应力混凝土结构；Ⅱ类锚具仅适用于有黏结预应力混凝土结构，且锚具只能处于预应力筋变化不大的部位。

锚具、夹具和连接器的性能应符合行业标准《预应力筋用锚具、夹具和连接器应用技术规程》（JGJ 85）的规定。其中，预应力筋—锚具组装件的锚固性能是评定锚具是否安全可靠的重要指标。

1. 锚具的静载锚固性能

锚具的静载锚固性能应由预应力锚具组装件静载试验测定的锚具效率系数 η_a 和达到的实测极限拉力的总应变 ε_{apu} 确定，其值应符合表 5-5 规定。

表 5-5　**锚具效率系数与总应变**

锚具类型	锚具效率系数 η_a	实测极限拉力时的总应变 ε_{apu}（%）
Ⅰ	≥0.95	≥2.0
Ⅱ	≥0.90	≥1.7

锚具效率系数 η_a 按下式计算

$$\eta_a = \frac{F_{apu}}{\eta_P \cdot F_{pm}} \tag{5-3}$$

式中：F_{apu} 为预应力筋—锚具组装件的实测极限拉力，kN；F_{pm} 为预应力筋的实际平均极限抗拉力，由预应力筋试件实测破断荷载平均值计算得出，kN；η_P 为预应力筋的效率系数，应按下列规定取用：预应力筋—锚具组装件中预应力筋为 1～5 根时 $\eta_P=1.0$，6～12 根时 $\eta_P=0.99$，13～19 根时 $\eta_P=0.98$，20 根以上时 $\eta_P=0.97$。

当预应力筋—锚具（或连接器）组装件达到实测极限拉力 F_{apu} 时，应当是由预应力筋的断裂，而不应由锚具（或连接器）的破坏导致试验的终结。

对于一般预应力混凝土结构工程使用的锚具，当预应力筋为钢丝、钢绞线或热处理钢筋时，预应力筋的效率系数 η_P 取 0.97。

除满足上述要求，锚具尚应满足下列规定。

(1) 当预应力筋—锚具组装件达到实测极限拉力时，除锚具设计允许的现象外，全部零件均不得出现肉眼可见的裂缝或破坏。

(2) 除能满足分级张拉及补张拉工艺外，宜具有能放松预应力筋的性能。

(3) 锚具或其附件上宜设置灌浆孔道，灌浆孔道应有使浆液通畅的截面积。

2. 夹具的静载锚固性能

先张法夹具的静载锚固性能，则应由预应力筋—夹具组装件静载试验测定的夹具效率系数 η_g 确定。夹具的效率系数 η_g 应按下式计算

$$\eta_g = \frac{F_{gpu}}{F_{pu}} \tag{5-4}$$

式中：F_{gpu} 为预应力筋—夹具组装件的实测极限拉力。实验结果应满足：$\eta_g \geq 0.92$。

永久留在混凝土结构或构件中的预应力筋连接器，应符合锚具的性能要求；用于先张法施工且在张拉后还将放张和拆除的连接器，应符合夹具的性能要求。

3. 锚具的动载锚固性能

用于承受一般静、动荷载的预应力混凝土结构，其预应力筋—锚具（连接器）组装件除应满足静载锚固性能要求外，尚应满足循环次数为 200 万次的疲劳性能试验要求。疲劳应力上限为预应力钢丝或钢绞线抗拉强度标准值 f_{ptk} 的 65%（当为精轧螺纹钢筋时，疲劳应力上限为屈服强度的

80%），应力幅度不小于80MPa。对于主要承受较大动荷载的预应力混凝土结构，要求所选锚具能承受的应力幅度可适当增加，具体数值由工程设计单位根据需要确定。

在抗震结构中，预应力筋—锚具（连接器）组装件还应满足循环次数为50次的周期荷载试验。组装件用钢丝或钢绞线时，试验应力上限为$0.8f_{ptk}$；用精轧螺纹钢筋时，应力上限为其屈服强度的90%，应力上限均为相应强度的40%。

4. 锚具工艺性能

预应力钢筋用锚具的工艺性能，应满足分级张拉、补张拉和放松预应力钢筋等张拉工艺要求，锚固多根预应力钢筋用的锚具，除具有整束张拉的性能外，还宜具有单根张拉的可能性；预应力钢筋用夹具应具有良好的自锚性能、松锚性能和安全的重复使用性能。主要锚固零件宜采取镀膜防锈。

（二）锚具的种类与匹配千斤顶

后张法所用锚具根据其锚固原理和构造形式不同，分为螺杆锚具、夹片锚具、锥销式锚具和镦头锚具4种体系；在预应力筋张拉过程中，锚具根据其所在位置与作用不同，又可分为张拉端锚具和固定端锚具；预应力钢筋的种类有冷拉钢筋、热处理钢筋、消除应力钢筋束、钢丝束或钢绞线束，因此按锚具锚固钢筋或钢丝的数量，可分为单根粗钢筋锚具、钢丝束锚具和钢筋束、钢绞线束锚具，目前常用的有螺栓端杆、JM型、KT-Z型、XM型、QM型和镦头锚具等。

1. 单根粗钢筋锚具、镦头锚具与拉杆式千斤顶

根据构件的长度和张拉工艺的要求，单根预应力钢筋可在一端或两端张拉。一般张拉端均采用螺栓端杆锚具；而固定端除了采用螺栓端杆锚具外，还可采用帮条锚具或镦头锚具。

（1）螺栓端杆锚具。由螺栓端杆、螺母和垫板三部分组成。型号有LM18—LM36，适用于直径18～36mm的Ⅱ、Ⅲ级冷拉预应力钢筋，如图5-38所示。

螺栓端杆与预应力筋用对焊连接。焊接应在预应力筋冷拉之前进行。预应力钢筋冷拉时，螺母置于端杆顶部，拉力应由螺母传递至螺栓端杆和预应力筋上。

螺栓端杆可用冷拉的同类钢材、冷拉45号钢或热处理45号钢制作。用冷拉钢材制作时，先冷拉后切削加工，冷拉后的机械性能不能低于对焊的预应力钢筋冷拉后的性能。用热处理45号钢制作时，先粗加工至接近设计尺寸，再调质热处理，然后精加工至设计尺寸，热处理后不能有裂纹和伤痕，硬度为HB251～283，抗拉极限强度不小于700N/mm²，伸长率$\delta_5 \geqslant 14\%$。螺母可用3号钢制作。

如果采用一端张拉，另一端仅作为预应力筋的固定端，则一般使用帮条锚具或镦头锚具。

帮条锚具由帮条和衬板组成。帮条采用与预应力筋同级别的钢筋，衬板采用普通低碳钢的钢板。帮条锚具的三根帮条应成120°均匀布置，并垂直于衬板与预应力筋焊接牢固，如图5-39所示。帮条焊接也宜在钢筋冷拉前进行，焊接时需防止烧伤预应力筋。镦头锚具则一般直接在预应力筋端部热镦、冷镦或锻打成型。

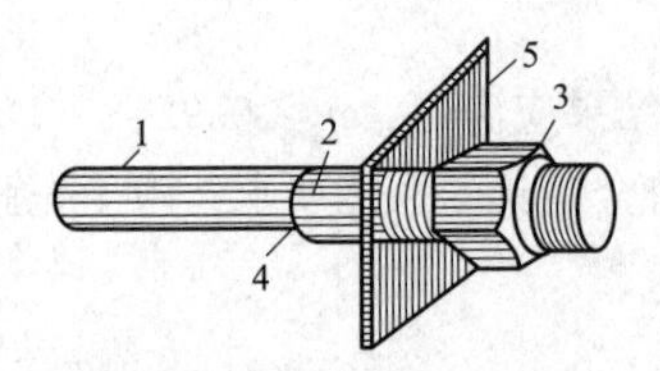

图5-38 螺栓端杆锚具

1—钢筋；2—螺栓端杆；3—螺母；4—焊接接头；5—垫板

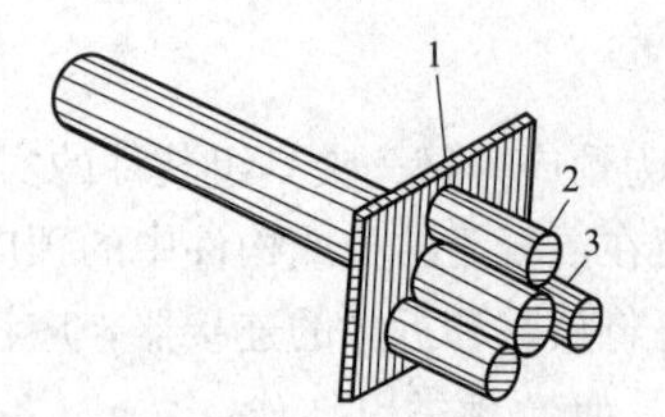

图5-39 帮条锚具

1—衬板；2—帮条；3—主筋

(2) 钢丝束镦头锚具。钢丝束镦头锚具适用于锚固任意根数$\phi^{p}5$与$\phi^{p}7$钢丝束。镦头锚具的形式与规格，可根据需要自行设计。锚固5mm钢丝的锚具分为DM5A型和DM5B型两种，A型用于张拉端，由锚环和螺母组成，B型用于固定端，仅有一块锚板。

锚环的内外壁均有丝扣，内丝扣用于连接张拉螺杆，外丝扣用拧紧螺母锚固钢丝束。锚环和锚板四周钻孔，以固定镦头的钢丝。孔数和间距由钢丝根数确定。钢丝可用液压冷镦器进行镦头。钢丝束一端可在制束时将头镦好，另一端则待穿束后镦头，但构件孔道端部要设置扩孔。

张拉时，张拉螺丝杆一端与锚环内丝扣连接，另一端与拉杆式千斤顶的拉头连接，当张拉到控制应力时，锚环被拉出，则拧紧锚环外丝扣上的螺母加以锚固。采用钢丝束镦头锚具的预应力钢丝由于长度被限定，其下料长度应力求精确。

(3) 拉杆式千斤顶。预应力用液压千斤顶的型号标记，依次由组型代号、公称张拉力（kN）、公称张拉行程等组成。例如，公称张拉力650kN、张拉行程150mm的拉杆式液压千斤顶，其型号标记为：YDL650—150型液压千斤顶。YDL650—150型液压千斤顶，原型为YL60型千斤顶，曾是应用最广泛的拉杆式千斤顶，主要用于张拉上述带有螺杆式或镦头式锚夹具的粗钢筋或钢丝束，具有回程迅速、使用性能好、经久耐用及便于维修等优点。

拉杆式千斤顶构造如图5-40所示，由主缸1、主缸活塞2、副缸4、副缸活塞5、连接器7、顶杆8和拉杆9等组成。张拉预应力筋时，首先使连接器7与预应力筋11的螺栓端杆14连接，并使顶杆8支承在构件端部的预埋钢板13上。当高压油泵将油液从主缸油嘴3进入主缸时，推动主缸活塞向左移动，带动拉杆9和连接在拉杆末端的螺栓端杆，预应力筋即被拉伸，当达到张拉力后，拧紧预应力筋端部的螺母10，使预应力筋锚固在构件端部。锚固完毕后，改用副缸油嘴6进油，推动副缸活塞和拉杆向右移动，回到开始张拉的位置，与此同时，主缸1的高压油也回到油泵中。

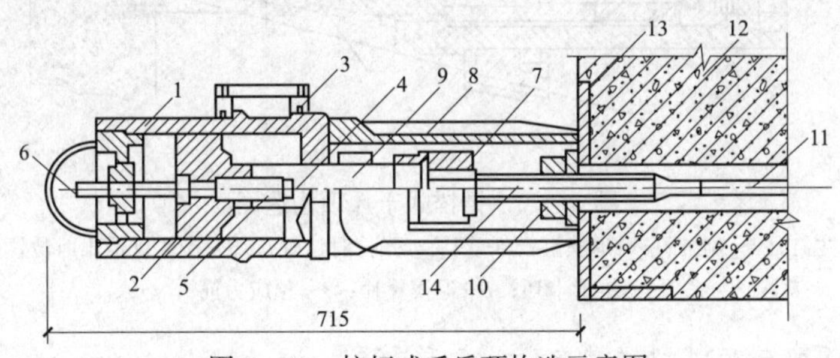

图5-40　拉杆式千斤顶构造示意图

1—主缸；2—主缸活塞；3—主缸油嘴；4—副缸；5—副缸活塞；6—副缸油嘴；
7—连接器；8—顶杆；9—拉杆；10—螺母；11—预应力筋；
12—混凝土杆件；13—预埋钢板；14—螺栓端杆

2. 钢质锥形、KT—Z型锚具与锥锚式千斤顶

(1) 钢质锥形锚具（又称弗氏锚具）。钢质锥形锚具适用于锚固6～30根$\phi^{p}5$和12～24根$\phi^{p}7$钢丝束，由锚环和锚塞组成，如图5-41所示。钢丝分布在锚环锥孔内侧，由锚塞塞紧锚固。锚环内孔的锥度应与锚塞的锥度一致，锚塞上刻有细齿槽，可以夹紧钢丝防止滑移。

锥形锚具的缺点是当钢丝直径误差较大时，易产生单根滑丝现象，且很难补救。如用加大顶锚力的办法来防止滑丝，又易使钢丝被咬伤。此外，钢丝锚固时呈辐射状态，弯折处受力较大。目前在国外已很少采用。

(2) KT—Z型锚具。KT—Z型锚具为可锻铸铁性锚具，由锚环和锚塞组成。如图5-42所示，由于锚塞做成齿形可以克服锥形锚具的单根滑丝弊病。KT—Z型锚具分为A型和B型两种，当预应力钢筋的最大张拉力超过450kN时采用A型，不超过450kN时，采用B型。KT—Z型锚具适用

锚固 3～6 根直径为 12mm 的钢筋束或钢绞线束，该锚具为半埋式，使用时先将锚环小头嵌入承压钢板中，并用断续焊缝焊牢，然后共同预埋在构件端部。预应力筋的锚固需借千斤顶将锚塞顶入锚环，其顶压力为预应力筋张拉力的 50%～60%。使用 KT—Z 型锚具时，预应力筋在锚环小口处形成弯折，因而产生摩擦损失。预应力筋的损失值为：钢筋束约 4‰σ_{con}；钢绞线约 2‰σ_{con}。

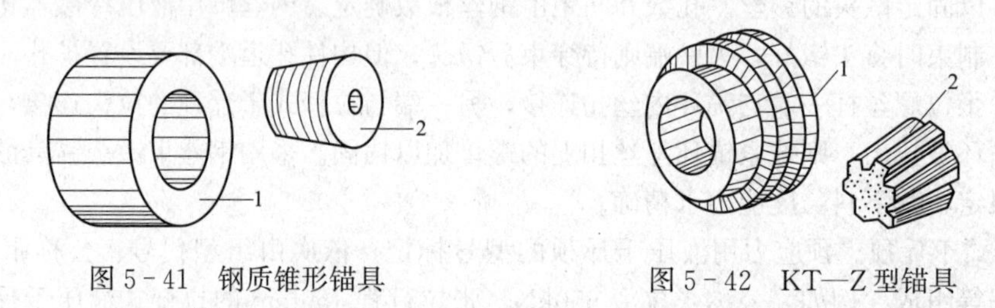

图 5-41　钢质锥形锚具

1—锚环；2—锚塞

图 5-42　KT—Z 型锚具

1—锚环；2—锚塞

(3) 锥锚式千斤顶主要用于张拉 KT—Z 型锚具锚固的钢筋束和使用锥形锚具的预应力钢丝束。其张拉油缸用以张拉预应力筋，顶压油缸用以顶压锚塞，因此又称双作用千斤顶，如图 5-43 所示。

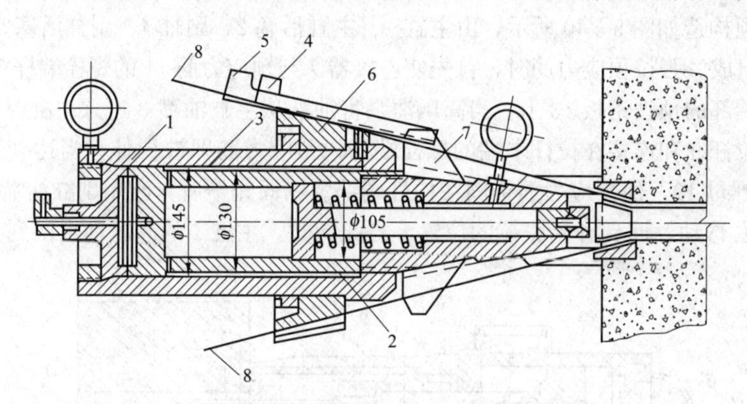

图 5-43　锥锚式千斤顶构造图

1—主缸；2—副缸；3—退楔缸；4—楔块（张拉时位置）；5—楔块（退出时位置）；6—锥形卡环；7—退楔翼片；8—预应力筋

3. JM 型、XM 型与 QM 型锚具与穿心式千斤顶

(1) JM 型锚具。JM 型锚具由锚环与夹片组成，如图 5-44 所示，夹片呈扇形，靠两侧的半圆槽锚固预应力钢筋。为增加夹片与预应力钢筋之间的摩擦力，在半圆槽内刻有截面为梯形的齿痕，夹片背面的坡度与锚环一致。锚环分为甲型和乙型两种，甲型锚环为一个具有锥形内孔的圆柱体，外形比较简单，使用时直接放置在构件端部的垫板上。乙型锚环在圆柱体外部增添正方形肋板，使用时锚环预埋在构件端部不另设垫板。锚环和夹片均用 45 号钢制造，甲型锚环和夹片必须经过热处理，乙型锚环可不必进行热处理。

JM 型锚具可用于锚固 3～6 根直径为 12mm 的光圆或螺纹钢筋束。也可以用于锚固 5～6 根直径为 12mm 的钢绞线束。它可以作为张拉端或固定端锚具，也可作为重复使用的工具锚。

(2) QM 型锚具。QM 型锚具有单孔夹片与多孔夹片之分，其中单孔夹片锚具适用于锚固单根无黏结预应力钢绞线，也可用作先张法夹具。QM 多孔夹片锚具由多孔夹片锚具、锚垫板（也称铸铁喇叭管、锚座）、螺旋筋等组成，如图 5-45 所示。QM 多孔夹片锚具是在一块多孔的锚板上，利用每个锥形孔装一副夹片，夹持一根钢绞线。其优点是任何一根钢绞线锚固失效，都不会引起整体锚固失效。每束钢绞线的根数不受限制。它与前述 JM 型锚具均属于多孔夹片锚固体系。

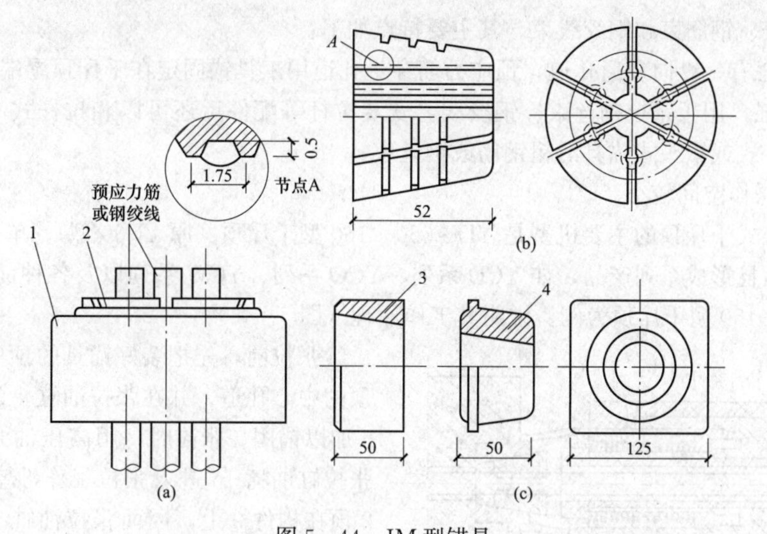

图 5-44　JM 型锚具

(a) JM 型锚具；(b) JM 型锚具的夹片；(c) JM 型锚具的锚环

1—锚环；2—夹片；3—圆锚环；4—方锚环

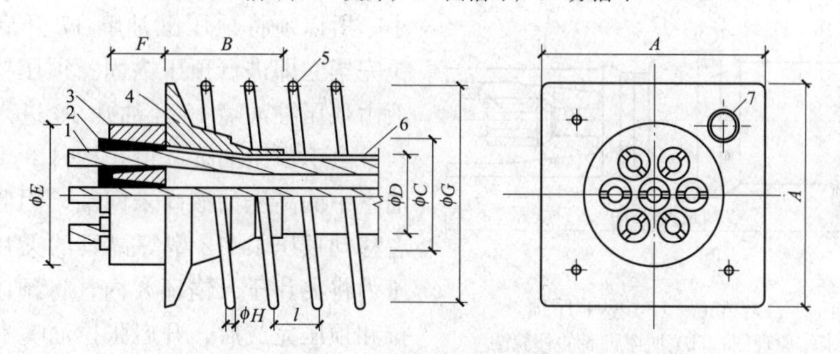

图 5-45　QM 型锚具

1—钢绞线；2—夹片；3—锚板；4—锚垫板（铸铁喇叭管）；5—螺旋筋；6—金属波纹管；7—灌浆孔

锚板与夹板的要求：锚环采用 45 号钢，调质热处理硬度为 32～35HRC。夹片采用 20CrMnTi 合金钢，齿形宜为斜向细齿，齿距为 1mm，齿高不大于 0.5mm，齿形角较大；夹片应采取心软齿硬做法，表面热处理后的齿面硬度应为 60～62HRC。夹片的质量必须严格控制，以保证钢绞线锚固可靠。

由于钢绞线本身在预应力结构中应用较多且锚具锚固可靠，多孔夹片锚固体系在后张法有黏结预应力混凝土结构中用途最广，仅 QMV15 就可锚固 3～61 根 15mm 直径钢绞线ϕ^{j}15。国内生产厂家已有数十家，功能类似主要品牌除了 QM 还有：OVM、HVM、B&S、YM、YLM、TM 等。

(3) XM 型锚具。XM 型锚具属新型大吨位群锚体系锚具，由锚板与三夹片组成，也属于多孔夹片锚固体系。它既适用于锚固钢绞线束，又适用于锚固钢丝束；既可锚固单根预应力筋，又可锚固多根预应力筋。当用于锚固多根预应力筋时，既可单根张拉、逐根锚固，又可成组张拉，成组锚固。另外它还可用作工作锚具和工具锚具。近年来，随着预应力混凝土结构和无黏结预应力结构的发展，XM 型锚具具有通用性强、性能可靠、施工方便、便于高空作业的特点。

XM 型锚具的锚板采用 45 号钢，经调质热处理硬度达 HB＝285±15。锚孔沿圆周排列，间距不小于 36mm，锚孔中心线的倾角 1∶20。锚板顶面应垂直于锚孔中心线，以利于夹片均匀塞入。夹片采用三片式，按 120°均分开缝、沿轴向有倾斜偏转角，倾斜偏转角的方向与钢绞线的扭角相反，以确保夹片能夹紧钢绞线或钢丝束的每一根外围钢丝，形成可靠的锚固。

(4) 穿心式千斤顶。穿心式千斤顶适用性很强，它适用于张拉采用 JM12 型、QM 型、XM 型的预应力钢丝束、钢筋束和钢绞线束。其主要特点如下：

1）机体中心有一纵向贯通孔道，预应力筋穿过孔道用工具锚固定在千斤顶尾端。

2）适应性强，用于张拉钢丝束、钢绞线，安装拉杆等配件后还可以和拉杆式千斤顶一样，用于张拉带有螺杆式或镦头式锚具的粗钢筋或钢丝束。

3）所需的操作空间较小。

双作用穿心式千斤顶的主要机型是 YDC 650—150 型千斤顶（原 YC60 型），单作用穿心式千斤顶品种繁多，而且形成系列产品，如 YCD 系列、YCQ 系列、YCW 系列以及各种前卡式千斤顶等。现以 YDC 650—150 型千斤顶为例，说明其工作原理（图 5-46）。

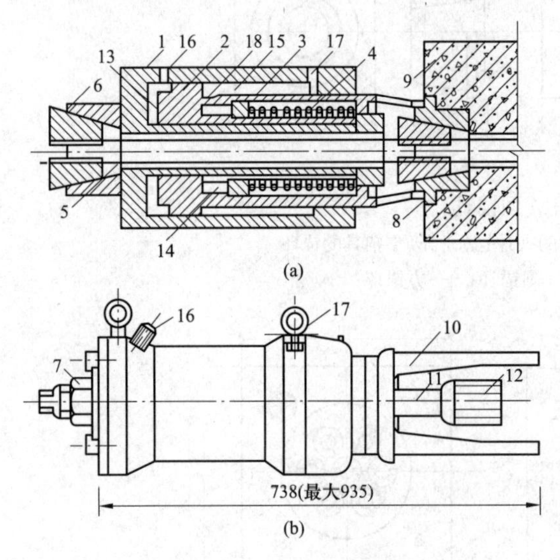

图 5-46 YDC 650—150 型千斤顶

(a) 构造与工作原理图；(b) 加撑脚后的外貌图

1—张拉油缸；2—顶压油缸（即张拉活塞）；3—顶压活塞；4—弹簧；5—预应力筋；6—工具锚；7—螺母；8—锚环；9—构件；10—撑脚；11—张拉杆；12—连接器；13—张拉工作油室；14—顶压工作油室；15—张拉回程油室；16—张拉缸油嘴；17—顶压缸油嘴；18—油孔

张拉前，先把装好锚具的预应力筋穿入千斤顶的中心孔道，并在张拉油缸 1 的端部用工具锚 6 加以锚固。张拉时，用高压油泵将高压油液由张拉缸油嘴 16 进入张拉工作油室 13，由于活塞 2 顶在构件 9 上，因而张拉油缸 1 逐渐向左移动而张拉预应力筋。在张拉过程中，由于张拉油缸 1 向左移动而使张拉回程油室 15 的容积逐渐减小，所以须将顶压缸油嘴 17 开启以便回油。张拉完毕立即进行顶压锚固。顶压锚固时，高压油液由顶压缸油嘴 17 经油孔 18 进入顶压工作油室 14，由于顶压油缸 2 顶在构件 9 上，且张拉工作油室中的高压油液尚未回油，因此顶压活塞 3 向右移动顶压 JM12 型等锚具的夹片，按规定的顶压力将夹片压入锚环 8 内，将预应力筋锚固。张拉和顶压完成后，开启张拉油嘴 16，同时顶压油嘴 17 继续进油，由于顶压活塞 3 仍顶住夹片，顶压工作油室 14 的容积不变，进入的高压油液全部进入张拉回程油室 15，因而张拉油缸 1 逐渐向右移动进行复位，然后油泵停止工作，开启油嘴门，利用弹簧 4 使顶压活塞 3 复位，并使顶压工作油室 14、张拉回程油室 15 回油卸荷。

4. 扁锚、Z 形环锚与常用固定端锚具

(1) 扁锚。BM 型扁锚体系是由扁形夹片锚具、扁形锚垫板等组成，如图 5-47 所示。

扁锚的优点：张拉槽口扁小，可减少混凝土板厚，钢绞线单根张拉，施工方便；主要适用于楼板、城市低高度箱梁，以及桥面横向预应力等。

(2) Z 形环锚。Z 形环锚又称游动锚具，应用于圆形结构的环状钢绞线束，或应用在两端不能安装普通张拉锚具的钢绞线上。

该锚具的预应力筋首尾锚固在一块锚板上，张拉时需加变角块在一个方向进行张拉，如图 5-48 所示。

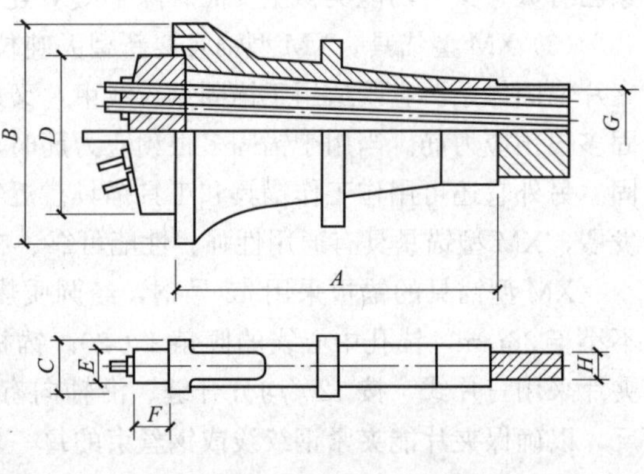

图 5-47 扁锚结构示意图

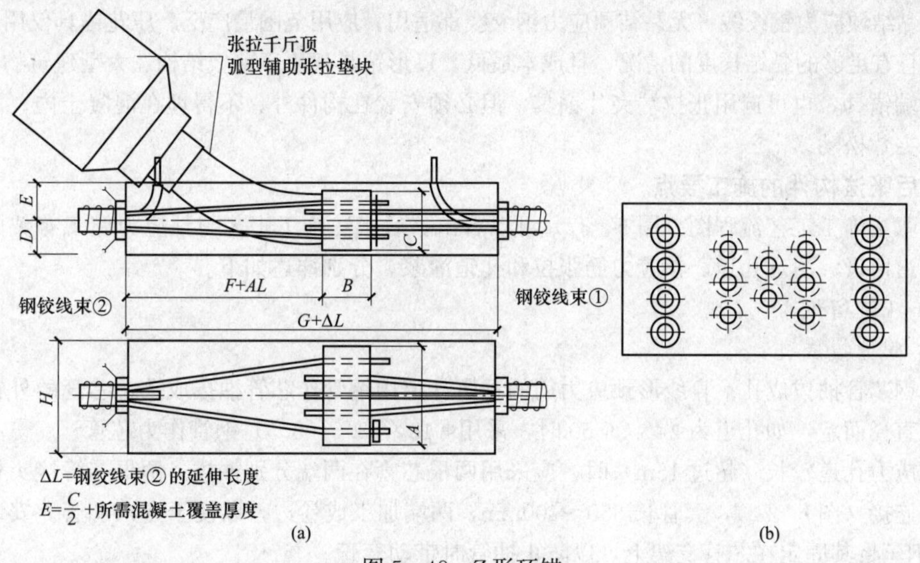

图 5-48　Z形环锚

(a) 环锚有关尺寸；(b) 环锚锥孔

(3) 常用固定端锚具。固定端锚具有以下几种类型：挤压锚具（图 5-49）、压花锚具（图 5-50）、U形锚具（图 5-51）等。其中，挤压锚具既可埋在混凝土结构内，也可安装在结构之

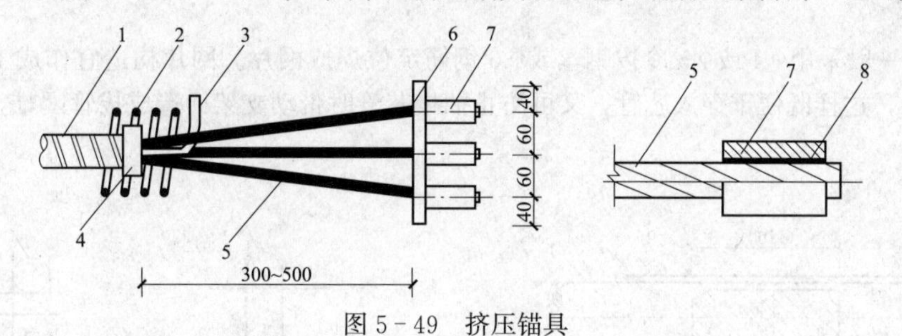

图 5-49　挤压锚具

1—金属波纹管；2—螺旋筋；3—排气管；4—约束圈；5—钢绞线；6—锚垫板；7—挤压锚具；8—异形钢丝衬圈

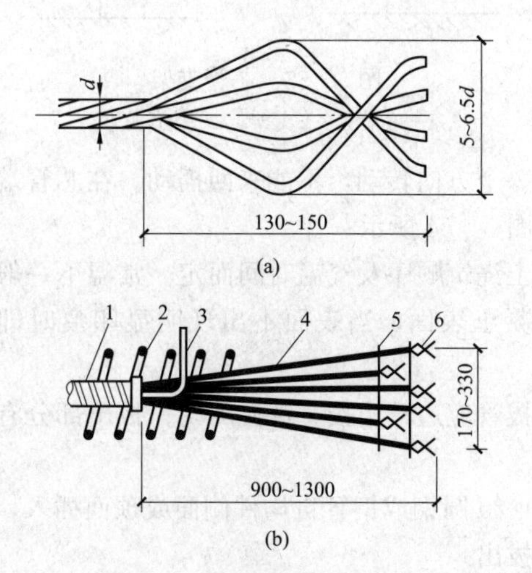

图 5-50　两种压花锚具

1—波纹管；2—螺旋筋；3—排气管；
4—钢绞线；5—构造筋；6—压花锚具

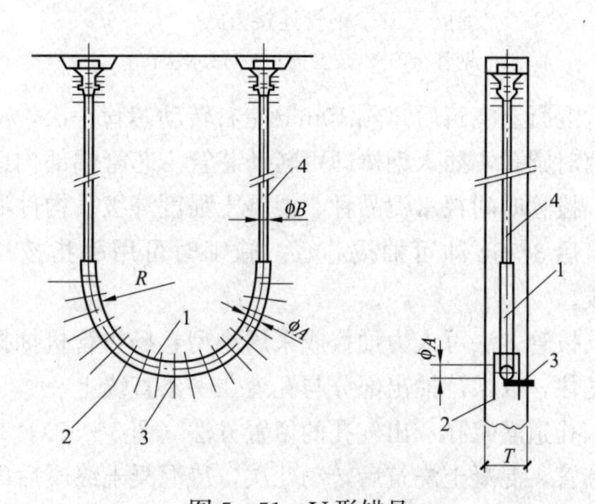

图 5-51　U形锚具

1—ϕA环形波纹管；2—U形加固筋；
3—灌浆管；4—ϕB直线波纹管

外，对有黏结预应力钢绞线、无黏结预应力钢绞线都适用，应用范围最广泛。压花锚具仅用于固定端空间较大且有足够的黏结长度的情况，且成本最低。U形锚具仅用于薄板结构、大型建筑物、墩等。

固定端锚具，也可选用张拉端夹片锚具，但必须安装在构件外，不得埋在混凝土内，以免浇筑混凝土时夹片松动。

三、后张法构件的施工要点

从后张法施工工艺流程图（图5-37）可以看出：后张法施工工艺与预应力施工有关的主要工序包括孔道留设、清理孔道、预应力筋张拉和孔道灌浆，分别详述如下。

（一）孔道留设

1. 芯管抽拔成孔

（1）钢芯管抽拔成孔。直线形预应力筋的预留孔道用钢管作芯管抽拔成孔，芯管的外径按照设计的孔道直径而定，如孔道为Φ48～Φ50时，采用Φ48×(3.0～3.5) 钢管作为芯管。

当预应力孔道较长（超过15m）时，应采用两根芯管在两端分别抽拔。两根芯管接头处用镀锌钢管套管连接（图5-52），套管长350～400mm，两端加工成卷边，以便于穿入芯管。安装套管时用20号钢丝将其固定在芯管支架上，以防止抽管时带动套管。

当钢管长度不足以作一根芯管时，可将两节钢管拼接成一根。连接处内衬一段短钢管（长度200mm左右），钢管坡口焊接，然后将焊口处打平磨光。

为了保证孔道位置准确，芯管用钢筋支架支托，支架间距2～3m，支架用22号钢丝绑在钢筋骨架上。

芯管支架一般采用Φ4或Φ5冷拔钢丝或Φ6钢筋定位焊成网片。网片构造宜作成上面开口的形式（图5-53），这样既便于穿入芯管，又可防止抽拔芯管时带动支架而造成拔管困难，或将混凝土拉裂。

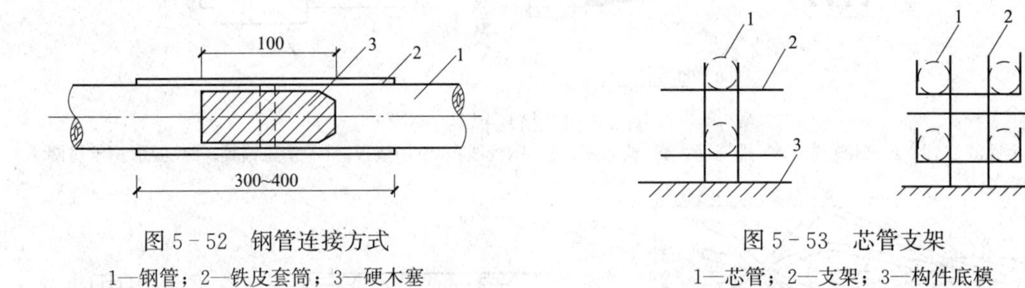

图5-52 钢管连接方式

1—钢管；2—铁皮套筒；3—硬木塞

图5-53 芯管支架

1—芯管；2—支架；3—构件底模

混凝土浇筑后每隔10min左右转动芯管一次，应朝一个方向转动，不能来回摇动。在芯管端部钻两对圆孔，插入钢棒即可转动芯管。芯管端部构造如图5-54所示。

拔管时间视水泥品种、混凝土强度等级、构件混凝土浇筑顺序及气温时间而定。常温下一般在浇筑后3～6h即可抽拔芯管。施工时可用手指按压混凝土表面，当表面不出现明显印痕时即可抽拔。

拔管方法可人力抽拔或采用小型卷扬拔管机抽拔。拔管应边转边拔，缓慢均匀；拔出部分有专人托住，以保持抽出部分与孔道在一条直线上。

孔道灌浆孔、出气孔的留置方法（图5-55），是用Φ20圆钢或钢管自构件侧面或顶面插入，紧贴芯管，混凝土浇筑后转动几次，待混凝土终凝后即可拔出。

按时转动芯管与掌握好拔管时间是成孔的关键环节，必须有专人负责，防止堵孔或拔不出芯管而造成质量事故。

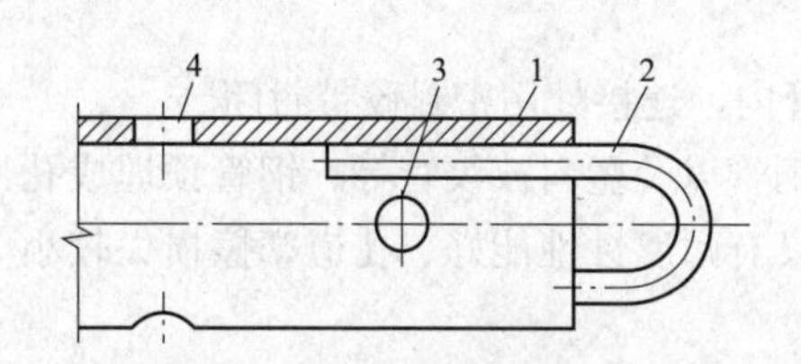

图 5-54 芯管端部构造

1—芯管；2—拉环（抽拔芯管用）；3、4—圆孔

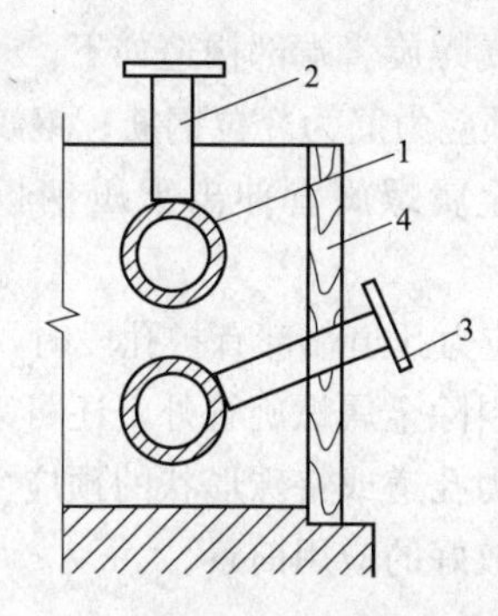

图 5-55 灌浆孔、出气孔留置方法

1—芯管；2—φ20 圆钢或钢管；3—φ6 手柄；4—侧模

(2) 胶管抽拔成孔。用充水胶管作芯管抽拔成孔适用于曲线形与折线形预应力孔道或直线孔道。胶管采用有 5～7 层帆布夹层、壁厚 6～7mm 的普通胶管。胶管一端安装阀门，另一端封头。其具体做法为：将胶管端部削去外胶层及 1～2 层帆布，插入安有阀门的钢管（为了连接紧密，钢管端部外表面车几道环向槽），然后用 10～12 号钢丝缠牢系紧。胶管封端时插入一段焊有堵头板的短钢管，再用 10～12 号钢丝扎紧系牢。

两根胶管芯管接头处外加镀锌钢管套管，套管长 400～500mm，其内径应比胶管外径大 3～4mm。管道支架间距：直线段长为 1～1.5m，曲线段为 0.6～1m。

胶管安好支牢后，用加压泵向胶管内充水加压（压力 0.6～0.8N/mm²），胶管膨胀。浇筑混凝土时，振动棒不得接触胶管，以免碰伤芯管。混凝土初凝以后，胶管放水，管径缩小，即可抽拔胶管。抽管顺序一般先上后下，先曲后直。

预应力钢丝束采用墩头锚具时，构件张拉端需要扩孔，扩孔段采用短钢管作芯管，安装应保持扩孔段芯管与孔道芯管同心。抽管时先抽出孔道芯管，再抽扩孔段芯管。

2. 预埋成孔材料成孔

目前，应用最广泛的成孔材料是金属螺旋管，其截面形状有圆形及扁形。金属螺旋管是用薄钢带压波卷制而成，适用于各种形状预应力筋的成孔，使用方便，重量轻，与混凝土黏结力强。当金属螺旋管需要量较大时，可将制管机运至工地现场加工。

两节金属螺旋管的连接方法：用大两号的螺旋管作套管（套管内径比螺旋管外径大 1mm），套管长度 200～300mm，接头两端用密封胶带封严（图 5-56）。

在金属螺旋管上预留灌浆孔、泌水孔或出气孔的方法示于图 5-57。先在螺旋管上开口，盖以待嘴的弧形塑料压板与海绵垫片，用钢丝扎牢；嘴上再接一段塑料管（外径 20mm，内径为 16mm），用钢丝扎牢。浇筑混凝土前在塑料内插入一段短钢筋，混凝土浇筑完初凝后拔去钢筋即形成灌浆孔。

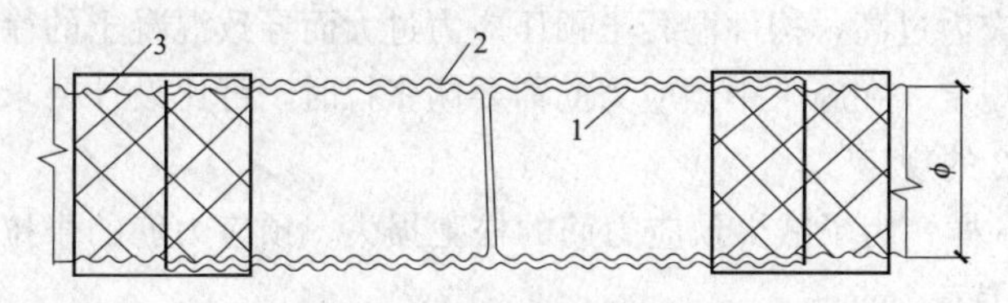

图 5-56 金属螺旋管的连接

1—螺旋管；2—套管；3—密封胶带

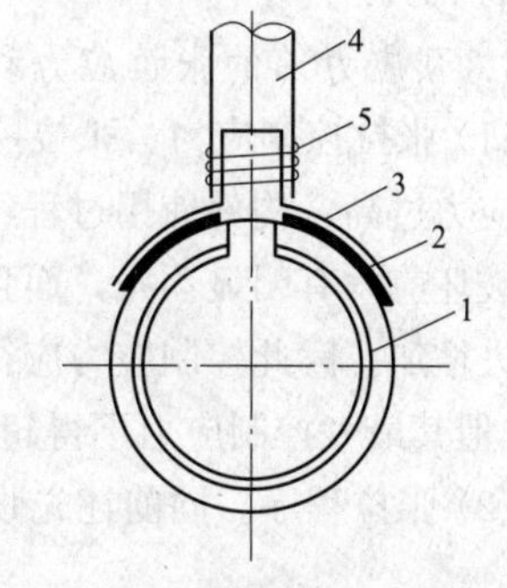

图 5-57 金属螺旋管上留置灌浆孔

1—螺旋管；2—海绵垫；3—塑料压板；4—塑料管；5—钢丝

预埋金属螺旋管端部构造如下。

(1) 当预应力筋为冷拉钢筋、钢绞线采用JM型锚具、钢丝束采用锥形锚具或采用镦头锚具的固定端时，金属螺旋管伸出承压钢板外150～200mm，构件混凝土浇筑后将外露的螺旋管凿击剔平。

(2) 预应力孔道端部有扩孔段时，螺旋管伸入扩孔芯管内，连接处用密封胶带封闭。

成孔材料除金属螺旋管外，还可采用薄壁钢管、镀锌钢管以及塑料波纹管等。钢管预埋成孔用于竖向预应力孔道或特殊形状的预应力孔道。塑料波纹管具有耐腐蚀性能好、孔道摩擦损失较小等优点，有着较好的应用前景。

(二) 清孔与穿束

预应力孔道成形之后，应及时检查孔道是否畅通，如有坍陷堵塞现象应及时进行处理。

孔道检查方法：对于直线形孔道，可在孔道一端向孔内观察，如能看到另一端的光亮，说明该孔道畅通；如果看不到一点亮光，则此孔有堵塞现象。对于曲线形孔道，可用一根长钢筋（直径14～16mm）穿入孔内检查，或用自制的清孔器检查。

发现孔道堵塞时，可用一根Φ16～Φ20的螺纹钢筋穿入孔道，往复抽动、反复冲击堵塞处直至打通。如在钢筋端部焊一个钢制的圆锥体，可以提高清孔的效率。

如果孔道局部堵塞严重无法打通时，则需要凿开混凝土，清除掉堵塞部分，然后用薄铁皮卷成半圆形衬模，补浇该部位的混凝土（用高一个等级的细石混凝土）重新塑造一段孔道。

预应力孔道内穿束方法，对直线形孔道或长度较短的曲线形孔道，一般使用人力即可顺利完成。预应力钢丝束、钢绞线束、冷拉钢筋束在穿束前，应将预应力钢筋端部理顺后用钢丝捆扎系牢。

冷拉粗钢筋穿束时，应采取措施保护端杆螺纹，一般可用水泥袋纸包裹再用钢丝扎紧，也可加工一个带有内螺纹的工具式保护套，套在螺栓端杆上，保护螺纹不受损伤。

对于多波曲线束用人力穿束时，可先穿入一根细钢筋，通过特制的牵引头连接预应力束，人力前拉后推穿入孔道。

超长束、多波曲线束等重型预应力束，则采用慢束卷扬机牵引穿入孔道，或用穿束机穿束。

采用镦头式锚具的钢丝束，应先一端锚环套上，对钢丝墩头，并将各根钢丝比齐，镦头退到环底；另一端用钢丝扎紧穿过孔道后套上锚环，再进行镦头。

(三) 预应力筋张拉

用后张法张拉预应力筋时，混凝土强度应符合设计要求，如设计无规定时，不应低于设计强度等级的75%。

1. 预应力筋的张拉应力和张拉程序的确定

(1) 张拉控制应力。张拉控制应力越高，建立的预应力值就越大，构件抗裂性越好。但是张拉控制应力过高，构件使用过程经常处于高应力状态，构件出现裂缝的荷载与破坏荷载很接近，往往构件破坏前没有明显预兆，而且当控制应力过高，构件混凝土预压应力过大而导致混凝土的徐变应力损失增加。因此控制应力应符合设计规定。在施工中预应力筋需要超张拉时，可比设计要求提高5%，但其最大控制应力不得超过表5-2的规定。

(2) 张拉程序。同前述先张法施工一样，为了减少预应力筋的松弛损失，预应力筋的张拉程序可为：$0 \longrightarrow 103\%\sigma_{con}$ 或 $0 \longrightarrow 105\%\sigma_{con} \xrightarrow{\text{持荷 2min}} \sigma_{con}$。

2. 张拉端的设置

根据《混凝土结构工程施工规范》(GB 50666) 的规定：后张预应力筋应根据设计和专项施工

方案的要求采用一端或两端张拉。采用两端张拉时，宜两端同时张拉，也可一端先张拉锚固，另一端补张拉。当设计无具体要求时，应符合下列规定。

(1) 有黏结预应力筋长度不大于20m时，可一端张拉，大于20m时，宜两端张拉；预应力筋为直线形时，一端张拉的长度可延长至35m。

(2) 无黏结预应力筋长度不大于40m时，可一端张拉，大于40m时，宜两端张拉。

3. 预应力筋的张拉顺序

(1) 预应力筋张拉顺序。

1) 应根据结构受力特点、施工方便及操作安全等因素确定张拉顺序。

2) 预应力筋的张拉顺序，应遵循对称张拉的原则（见图5-58、图5-59），使构件受力均匀，防止或减少构件产生扭转或侧弯变形，尤其是大跨度的预应力屋架等构件，必须对称张拉、保持同步。同时，还应考虑到尽量减少张拉设备的移动次数。

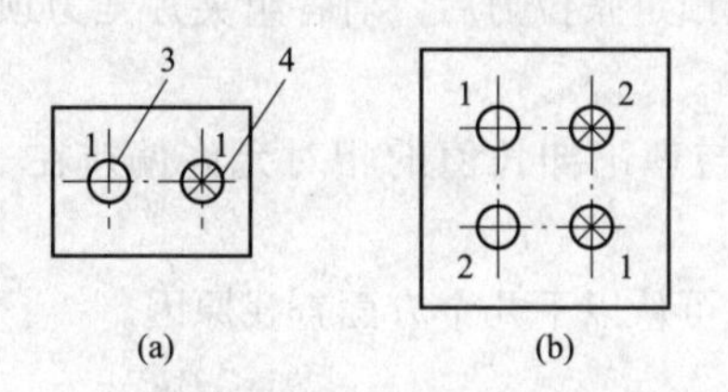

图5-58　屋架下弦杆预应力筋张拉顺序
(a) 两束；(b) 四束
1、2—预应力筋分批张拉顺序；3—张拉端；4—固定端

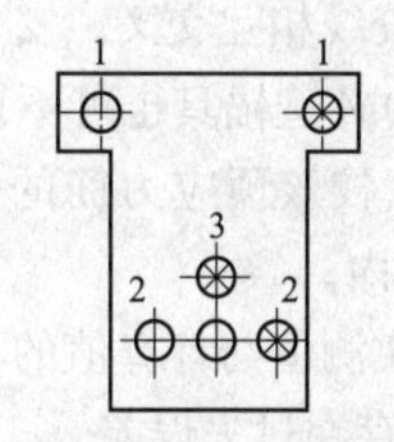

图5-59　吊车梁预应力筋的张拉顺序
1、2、3—预应力筋的分批张拉顺序

3) 采用两端张拉方法时，如果预应力筋的锚具为螺杆式锚具（螺栓端杆锚具、锥形螺杆锚具等）以及镦头式锚具，同批张拉的两束可先分别在一端张拉，然后再分别在另一端补足张拉力后再进行锚固，以减少预应力损失。

4) 如是逐根张拉时，靠近截面重心处的预应力筋应先张拉，逐步向外对称地进行。对于受弯构件，应先张拉受压区的预应力筋。

5) 现浇预应力混凝土楼盖，宜先张拉楼板、次梁的预应力筋，后张拉主梁的预应力筋。

(2) 预应力筋分批张拉时的张拉力。预应力筋采用分批张拉时，应考虑后批张拉的筋（束）使构件混凝土产生弹性压缩，引起先批张拉的筋（束）的预应力损失，此项预应力损失值应分别加到先张拉各批筋（束）的张拉控制应力值内，但其实际张拉应力值不得大于有关“超张拉”中规定的数值。这样，在预应力完成后所有的预应力筋具有相同的预应力，但张拉增加了麻烦。在实际工作中，一般采取下列三种办法之一解决。

1) 采用同一张拉值，逐根复位补足。

2) 采用同一张拉值，在设计中扣除弹性压缩损失平均值。

3) 统一提高拉力即在张拉力中增加弹性压缩损失平均值，增加值的计算见后小节的有黏结后张法计算。

(3) 平卧叠浇浇筑的预制构件的张拉顺序。屋架、托架等预应力混凝土构件常采用叠层浇筑，张拉后再脱模起吊。叠层构件的张拉顺序宜自上而下逐层张拉。为了减少层间摩阻引起的预应力损失，可自上而下逐层增加张拉力，其增加的数值因预应力筋品种及隔离剂类型而异，一般可按逐层增加1.5%～2.0%σ_{con}考虑。

对于带螺杆式锚具的预应力筋，也可采用反复张拉、补足张拉力值的方法进行张拉，即自上而下张拉之后，再自上而下补张一次。

4. 张拉操作注意事项

(1) 张拉时应保持孔道、锚具与千斤顶对中良好，以保证张拉顺序进行。构件端部承压钢板应与孔道中心线保持垂直，如有偏斜应处理之后再进行张拉。

(2) 张拉钢丝束、钢绞线束、细钢筋束时，应注意保持各根预应力筋的相对排列顺序，不得有交叉现象。

(3) 采用锥锚式千斤顶张拉钢丝束时，先向千斤顶张拉缸进油，压力表指针略有起动时暂停，检查钢丝的松紧程度并予以调整，之后再打紧楔块。张拉过程中如需卸荷回油时，应仔细用小钎棍拨住锚塞，防止锚塞被回缩的钢丝束带入锚环孔内。

(4) 张拉带有螺栓杆的锚具（螺栓端杆锚具、锥形螺杆锚具、镦头式锚具等）时，张拉过程中宜随时拧动螺母使其靠近承压垫板，达到预定张拉力时及时拧紧锚固。

(5) 使用穿心式千斤顶张拉钢绞线束时，千斤顶工具锚的孔位应与预应力筋工作锚的孔位相对应，防止钢绞线相互交叉。安装夹片应均匀打紧。张拉至预定张拉力后，对各组夹片强力顶压，再卸载锚固。QM 型锚具也可不顶压。

(6) 认真校核预应力筋的伸长值，控制实际伸长值与理论伸长值的相对允许偏差在－6%～＋6%的范围内。

当伸长实测值与计算值的相对误差超过允许偏差时，可从以下几个方面查找原因。

1) 测量存在过失误差。

2) 测量伸长初读数时的初始应力取值偏低，或初始应力为零。

3) 初始应力以下的伸长推算值计算有误。

4) 设计计算理论伸长值时，预应力筋弹性模量取值与实际值相差较大。

5) 实际的孔道摩阻系数与规定值相差偏大。

(7) 张拉过程中，应避免预应力筋断裂或滑脱。当发生断裂或滑脱时，应符合下列规定。

1) 对后张法预应力结构构件，断裂或滑脱的数量严禁超过同一截面预应力筋总根数的 3%，且每束钢丝或每根钢绞线不得超过一丝。当超过上述规定时，应更换新的预应力钢筋重新张拉。对多跨双向连续板，其同一截面应按每跨计算。

2) 对先张法预应力构件，在浇筑混凝土前发生断裂或滑脱的预应力筋必须更换。

(8) 采用夹片式群锚型锚具的钢绞线束张拉时，如发生个别钢绞线滑移，可更换其夹片，使用小型千斤顶进行补张。

(9) 构件张拉过程及张拉完毕后，应检查构件端部和预拉区有无裂缝，并填写张拉记录表。

(10) 预应力筋锚固后外露部分的长度，不宜小于预应力筋直径的 1.5 倍，且不宜小于 30mm。

(11) 把持千斤顶和测量伸长值的作业人员，应站在千斤顶侧面工作，严格遵守操作规程，不准擅自离开工作岗位。

(12) 作业人员在任何情况下都不准站在预应力筋的两端，以防止发生危险；在千斤顶后方宜设置防护装置。张拉作业区周围宜设置护栏并有明显标志，禁止非有关人员进入。

(四) 孔道灌浆

1. 孔道灌浆

预应力筋锚固后，应及时进行孔道灌浆，保护预应力筋免遭锈蚀。孔道灌浆还可使预应力筋与结构混凝土有效地黏结，以控制超载时裂缝的间距与宽度，并减轻锚具的负荷状况。

张拉后的预应力筋处于高应力状态，对腐蚀非常敏感，张拉锚固后应尽早进行孔道灌浆，一般不应迟于 24h。孔道灌浆是对预应力筋的永久性保护措施，灰浆灌入应饱满、密实。完全裹住预应力筋。

孔道灌浆操作要点如下。

(1) 水泥浆应有较小的泌水率及足够的流动度。水泥浆的水灰比不应大于 0.45，搅拌后 3h 自由泌水率宜为 0，且不应大于 1%，泌水应在 24h 内全部被水泥浆吸收；24h 自由膨胀率，采用普通灌浆工艺时不应大于 6%，采用真空灌浆工艺时不应大于 3%；采用普通灌浆工艺时，稠度宜控制在 12mm～20mm，采用真空灌浆工艺时，稠度宜控制在 18mm～25mm；水泥浆中氯离子含量不应超过水泥重量的 0.06%。

(2) 水泥浆宜采用高速搅拌机进行搅拌，搅拌时间不应超过 5min；水泥浆使用前应经筛孔尺寸不大于 1.2mm×1.2mm 的筛网过滤；搅拌后不能在短时间内灌入孔道的水泥浆，应保持缓慢搅动。

(3) 灌浆前用压力水冲洗孔道，冲净孔道内碎屑杂物，并润湿孔道壁。采用预埋金属螺旋管成孔时，不用水冲洗，可用压缩空气吹扫孔道。

(4) 灌浆顺序宜先灌注下层孔道，后灌注上层孔道，以避免由于上层孔道漏浆而堵塞下层孔道。

(5) 灌浆应连续进行，直到排气管排除的浆体稠度与注浆孔处相同且无气泡后，再顺浆体流动方向依次封闭排气孔；全部出浆口封闭后，宜继续加压 0.5～0.7N/mm² 并应稳压 1～2min，再拔出灌浆嘴并立即封闭灌浆孔。当泌水较大时，宜进行二次灌浆和对泌水孔进行重力补浆；真空辅助灌浆时，孔道抽真空负压宜稳定保持为 0.08～0.10MPa。

(6) 灌浆一般可从构件一端灌向另一端。混凝土梁的曲线形孔道如从梁侧面灌浆时，应从中部曲线孔道最低处向两端进行，直至最高点排气孔冒出浓浆。

(7) 灌浆应连续进行，一条孔道必须一次灌成，中途不能间断，灌浆嘴不能离开灌浆孔。灌浆工作如因故中断，应立即用高压水冲洗中途停灌的孔道，将已灌入的水泥浆冲洗干净，然后再重新开始灌浆。

(8) 水泥浆应在初凝前灌入孔道，搅拌后至灌浆完毕的时间不宜超过 30min；灌浆冬期施工时，应采取措施防止水泥浆受冻。

(9) 灌浆作业人员应佩戴劳动保护用品，防止被迸出的高压浆液击伤，尤其要注意眼睛的防护。

2. 锚具的封闭保护

(1) 预应力筋张拉锚固后，锚具及预应力筋均处于高应力状态，为了保证锚具能永久性地正常工作，不致因受外力冲击和雨水浸入而造成破损或腐蚀，应对锚具及预应力筋端部采取有效的封闭保护措施。

(2) 预应力筋端部露出锚具外的多余部分，宜采用砂轮锯切割机等机械方法予以切除（切除时应留出必需的外露长度）。采用氧乙炔焰切割多余预应力筋时，切割点距锚具不宜太近，并对锚具采取湿覆盖等降温措施。

(3) 锚具的封闭保护应符合设计要求。当设计无具体规定时，应符合下列规定。

1) 应采取防止锚具腐蚀和遭受机械损伤的有效措施。

2) 凸出式锚固端锚具的保护层厚度不应小于 50mm。

3) 锚具外露出的预应力筋保护层厚度：处于正常环境下，不应小于 20mm；处于易受腐蚀的环境时，不应小于 50mm。

4) 锚具封闭保护方法常采用：在锚具外露表面涂刷防水涂料，再浇筑混凝土防护。内藏式锚具可浇筑微膨胀细石混凝土；外露的凸出式锚具可浇筑混凝土防护小梁。

四、有黏结后张法施工的应用

后张法又分有黏结和无黏结，关于无黏结后张法施工在本章第五节中详述。目前，现场施工的民用建筑和工业厂房的大跨度梁（图 5-60）、桥梁箱梁（图 5-61）、中大跨度吊车梁、屋架下弦

(图 5－62）等预应力构件均为有黏结后张法，下面重点介绍建筑工程常用的预应力混凝土屋架、吊车梁构件和现浇框架梁的有黏结后张法施工。

图 5－60　预应力薄腹梁

图 5－61　预应力桥梁箱梁

图 5－62　预应力屋架

（一）预应力混凝土屋架

预应力混凝土屋架除 18m 跨度可用先张法预制外，由于体量大运输不便，一般均为后张法现场预制。在几种常见形式的屋架中，折线形屋架易于制作，杆件受力比较均匀，屋面施工方便，因此得到了广泛应用。标准图集 95G415《预应力混凝土折线形屋架》的屋架跨度为 18～30m。从建筑力学我们已学过，屋架的下限各节间是二力杆完全受拉，因此对于常用的整体式屋架，屋架的预应力应用仅限于屋架下弦混凝土截面。

1. 模板支设

屋架现场预制时，屋架模板常采用砖砌底模或木底模，侧模板采用定型组合钢模板配以少量木模。屋架模板支设的工艺流程：

场地夯实平整——钉木桩、抄标高——放线——砌砖——抹砂浆找平——弹出屋架杆件及节点轮廓线——抹砂浆、修整压光——涂隔离剂——安侧模、校正加固。

砖底模的做法：在已平整好的场地上砌筑 2～3 皮砖，上面抹水泥砂浆 20～30mm 厚。如预制场地条件很好，也可在平整好的场地上干铺一皮砖（砖缝 7～10mm），在砖上面铺一层水泥砂浆抹实压光。侧模板拼装：现将若干块定型组合钢模板用 U 形卡组合起来。每节长 3～5m，钢模背面沿纵向加固两根钢管，然后根据需要的长度将若干节模板拼在一起，相邻两节钢管搭接长度为 500～1000mm。

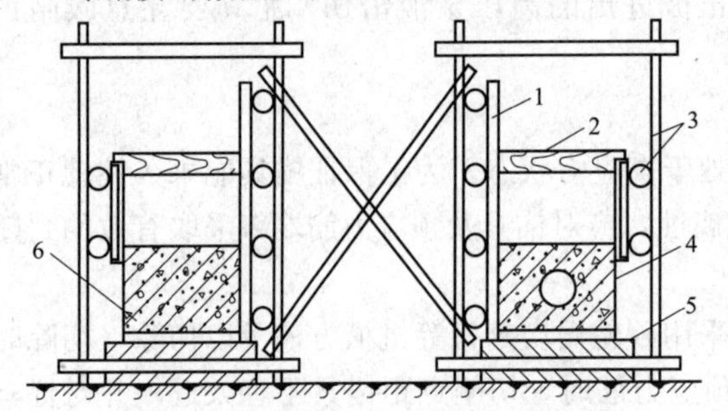

图 5－63　俯卧屋架叠层预制支模方法

1—钢侧模；2—搭头撑；3—钢管；4—屋架下弦杆；5—砖底模；6—屋架上弦杆

屋架叠层预制时其支模方法如图 5－63 所示。内侧模按预定层数（一般不超过 4 层）一次支到顶，外侧模板则支一层浇筑一层。

屋架预应力孔道的留设方法，一般均采用钢芯管抽拔成孔，也可预埋金属螺旋管。

2. 混凝土浇筑

屋架混凝土宜采用普通硅酸盐水泥或硅酸盐水泥与中砂、碎石配制，每立方米的水泥用量不宜大于 450kg。

叠层预制一般为 3～4 层，必要时可叠浇 5 层。层间隔离剂可选用：柴油石蜡涂两遍；煤油石蜡涂两遍加一层塑料布；油毡一层；塑料薄膜一层。

当日平均气温高于 20℃时，叠浇屋架可每两天浇筑一层。

屋架混凝土浇筑顺序应视气温情况而定。气温高时，宜从屋架上弦中间部位开始浇筑，分别向两端进行，最后在下弦中间部位合拢；气温较低时，宜从下弦中间部位开始分头向两端浇筑，最后在上弦合拢。

混凝土浇筑后及时洒水养护。叠浇屋架应满盖草袋浇水养护，养护时间不少于7d。

3. 构件制作操作要点及注意事项

(1) 制作预制腹杆时，应严格控制其断面尺寸、杆件长度、钢筋位置、钢筋伸出部分的形状与长度。屋架叠层预制时，应事先计算好上下层腹杆之间的垫木厚度，确保腹杆安装时位置准确。

(2) 屋架端部预埋件承压板上的孔洞宜钻孔，如采用氧—乙炔焰切割，应保证孔壁圆滑，打磨掉毛刺，外表面必须平整。

(3) 端部预埋件的宽度宜比设计尺寸小2～3mm，以避免叠层预制时块体超厚，或造成屋架端部中心偏离屋架平面。下弦非预应力纵向钢筋应与承压钢板塞孔焊。

(4) 腹杆钢筋伸入下弦节点的部分要适当弯折，在孔道中间穿过，不得影响芯管的转动与抽拔。尤其是端拉杆纵向钢筋多，必须控制好其端部形状。可先加工样筋，在已安装好下弦杆的节点处反复试穿调整，再正式成形。

(5) 铺设屋架底模时，要按设计要求起拱。起拱时注意屋架上弦应同时向上抬，即保证屋架杆件尺寸不能减小。

(6) 端节点的钢筋网片必须按设计的数量与位置安装固定好。

(7) 浇筑混凝土时，禁止碰撞芯管及芯管支架，节点处尤其是下弦端节点应仔细振捣，确保混凝土密实。

(8) 按时转动芯管。掌握好拔管时间，防止坍孔或拔不出管。由于屋架用的芯管较长，抽拔时应注意保持芯管端平，避免外部下垂而影响拔管或造成坍孔。

4. 预应力筋张拉

(1) 预应力筋及锚具的选用。95G415图集预应力筋配置有两种：一是冷拉Ⅱ、Ⅲ级钢筋，采用螺栓端杆锚具（固定端可用帮条锚具）；另一种是碳素钢丝束，钢质锥形锚具（固定端可采用镦头式锚具）。

实际选用时可根据工程情况及现场条件而定。采用冷拉钢筋、螺栓端杆锚具，张拉易于操作，锚固可靠，效率高，但现场往往不具备冷拉条件，需要在预制厂对焊及冷拉，由于屋架的预应力筋很长，运输困难。因此，现场预制时或块体运至现场拼装时，宜采用碳素钢丝束。

(2) 施加预应力。

1) 张拉程序。张拉程序参见前述先张法张拉程序。

2) 张拉方法。每两束为一批，对角对称同时张拉。使用两台千斤顶，一台布置在一束的这端，另一台布置在另一束的那端，两束同时同步张拉，张拉锚固后，再对各束的非张拉端重新补足张拉力。但对于碳素钢丝束采用锥形锚具时，另一端补张很困难，由于直线形孔道预应力摩阻损失很小，因此另一端可不再补张，即采用一端张拉方法。

3) 分批张拉时的张拉力。后批张拉的预应力筋由于混凝土的弹性压缩对先批张拉的预应力筋的影响，对预应力屋架应予考虑。例如，30m预应力折线形屋架，经计算第二批预应力筋张拉时，对第一批预应力筋造成的预应力损失占原张拉控制应力的7%。因此，应通过计算，增加第一批预应力筋的张拉力。

4) 叠层预制时屋架的张拉力。叠浇屋架张拉时，一般自上而下逐层张拉。考虑层间摩阻损失的影响，当预应力筋为钢丝束、采用锥形锚具时，张拉力应自上而下逐层加大，一般可按每层递增1.5%～2%；当预应力为冷拉钢筋、使用螺栓杆锚具时，可自上而下张拉后再自上而下张拉补足张拉力。

5）减少屋架侧向弯曲变形的措施如下：

① 控制好块体制作质量，保证孔道位置的偏差。

② 张拉时应保持预应力筋、锚具与孔道中心线对中良好。

③ 计算张拉力时，宜考虑分批张拉引起的预应力损失。

④ 张拉时两端的液压泵应同步增压，保持下弦杆受力均匀；屋架跨度大于24m时，司泵人员应配备对讲机等通信器材，以保证两台液压泵动作同步。

（二）预应力混凝土吊车梁

1. 预应力混凝土吊车梁的类型

预应力混凝土吊车梁的类型如图5-64所示。

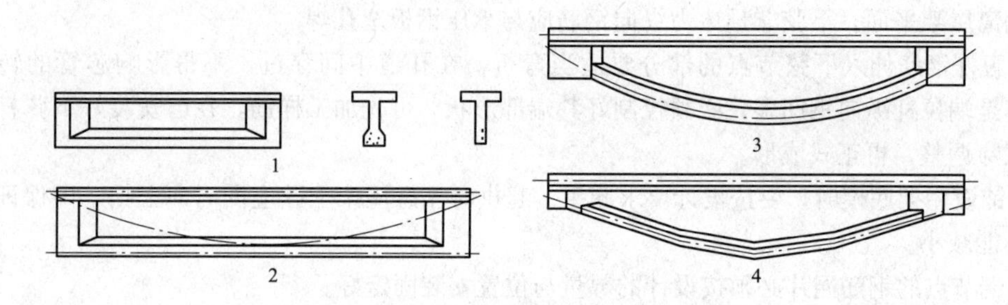

图5-64　预应力混凝土吊车梁常用类型

1—小跨度先张法等高度吊车梁；2—后张法等高度吊车梁；3—鱼腹式后张法吊车梁；4—折线形后张法吊车梁

2. 吊车梁块体制作方法

(1) 制作方法一：平卧浇筑（图5-65）。常用于生产折线形吊车梁、鱼腹式吊车梁以及配有曲线形预应力筋的等高度吊车梁。

吊车梁平卧浇筑，易于支模，混凝土拌和物上料以及预应力筋张拉均比较方便，但占用场地较多。

(2) 制作方法二：竖立浇筑（图5-66）。多用于等高度吊车梁。鱼腹式吊车梁也可竖立浇筑，采用砖砌底模抹砂浆面层，为保证形状准确，可用木样板进行检查控制；其侧模板则用木模。竖立浇筑可以节省场地，而且吊车梁两侧的混凝土匀质性好，但混凝土浇筑及预应力筋张拉比较困难。

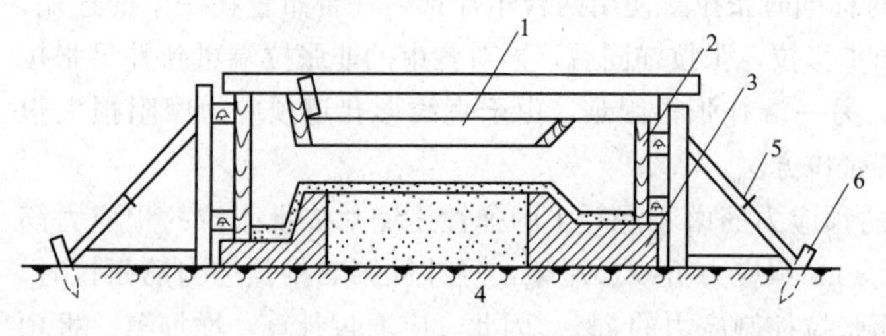

图5-65　吊车梁平卧浇筑

1—芯吊模；2—侧模；3—底模；4—土芯模；5—斜撑；6—木桩

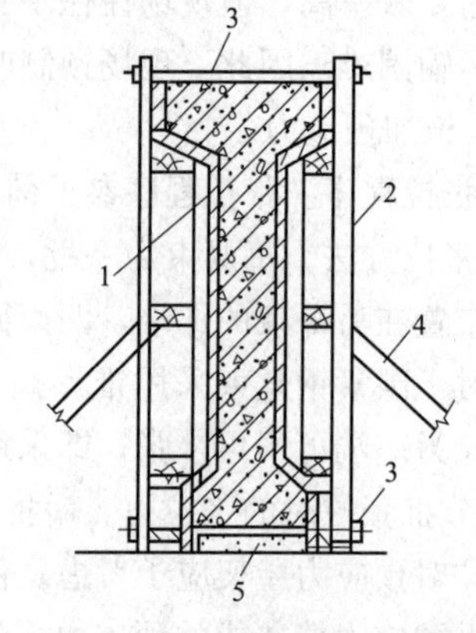

图5-66　吊车梁竖立浇筑

1—侧模；2—横档；3—φ12螺栓；4—斜撑；5—砖砌底模

为了保证吊车梁端部构造尺寸准确，端模板宜加工钢模板。如采用木质端模板时，应在木模板内表面加包薄钢板，并加强维修，以防止模板发生变形。

(3) 吊车梁块体制作时的注意事项。

1）浇筑混凝土时，布置有孔道的部位要仔细振捣密实，保证孔道位置准确，尤其是孔道弯折处的预埋管或芯管，安装时一定要加固牢，防止在振捣时孔道向上移位。

2）折线形吊车梁采用充水胶管成孔时，在孔道弯折处可埋设一段铁皮套管，套在胶管外面，芯管抽拔后铁皮套管留在梁体内，可防止坍孔，又可保证孔道位置的准确，在张拉时还可防止下翼缘上部产生开裂。

3）预应力孔道端部的承压垫板在安装时要保证与孔道中心线相垂直。

4）折线形吊车梁孔道弯折处孔道上壁局部加厚、封闭箍筋间距加密，施工应严格按图施工，防止张拉弯折处混凝土被拉裂。

5）折线形吊车梁平卧浇筑时，由于块体上下面温差等因素，易在上表面的翼缘部位产生横向裂缝。因此，块体混凝土浇筑后应加强湿养护；混凝土强度达到要求时应及时进行预应力筋张拉。

3. 吊车梁预应力筋张拉

(1) 预应力筋及锚具选用。吊车梁的预应力筋一般采用碳素钢丝、钢质锥形锚具。

(2) 张拉顺序。吊车梁的直线形预应力筋一端张拉，曲线束应两端张拉。吊车梁预应力筋的张拉顺序，一般先张拉预拉区的直线束（直线束为两束时可同时张拉），然后张拉曲线束。曲线束先中间、后两侧逐束张拉，张拉时两端同步进行，到张拉控制力时一端锚固，另一端补足张拉力后再锚固。

《12m预应力混凝土鱼腹式吊车梁（95G428）》标准图集中对预应力钢筋张拉顺序有明确要求，如Y-FDL-8～10号吊车梁，共有5束钢丝束，要求按图5-67所示顺序进行张拉。

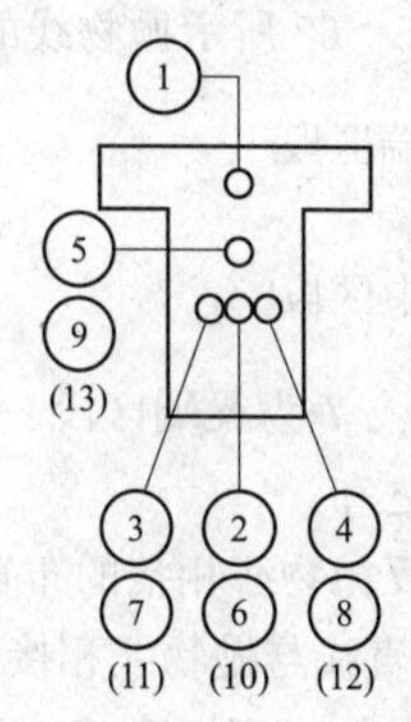

图5-67 Y-FDL-8～10吊车梁张拉顺序

注：图中圆圈为此端张拉，括号为另端张拉，其中的数字为张拉顺序。

按照图5-67所示顺序实际操作有问题，因为对钢丝束采用钢质锥形锚具时，张拉锚固后再拔出比较困难，而且顶锚之后再拔出重新锚固易损伤锚塞牙纹和钢丝。因此，建议按照图示顺序，各束两端同时张拉并锚固，不再重复张拉。先张拉的钢丝束，可适当增加张拉力，以减少混凝土弹性压缩的影响。工程实践证明，这种做法是可行的。

(三) 现浇框架梁的有黏结后张法施工

由于无黏结预应力建立的预应力值相对较小，不能充分发挥强度，因此混凝土设计规范规定现浇框架梁宜采用有黏结后张法。一般现浇框架柱施加预应力较少，而现浇预应力楼板施加预应力由于留置孔道和孔道灌浆的施工麻烦，目前一般采用无黏结预应力技术，近几年来，采用扁锚体系开发出一种有黏结预应力平板、扁梁等，具有一定的发展前景。

部分预应力混凝土现浇框架结构是在大跨框架梁中施加部分预应力的一种结构体系。框架柱一般是非预应力的；对顶层边柱，有时为了解决配筋过多，也有施加预应力的。这种结构体系具有跨度大、内柱少、工艺布置灵活、结构性能好等优点，已广泛用于大跨度多层工业厂房、仓库及公共建筑。

1. 框架梁预应力筋的线形及布置方式

(1) 框架梁预应力筋的形状。框架梁预应力筋的形状多采用二次抛物线，二次抛物线方程式为

$$y_i = \frac{4f_i}{L_i^2}x^2 \tag{5-5}$$

式中：f_i 为抛物线的矢高；L_i 为抛物线线段的弦长。

此外，还有折线形、圆弧形、直线、悬链线及三次抛物线等形状。

(2) 框架梁预应力筋的布置方式。框架梁预应力筋的布置应尽可能与构件外荷载引起的弯矩图

相一致，以取得最佳的预应力效果。预应力筋的布置方式主要有以下几种。

1）正反抛物线相接（图 5-68），由反向相接的三段抛物线在反弯点处相接并相切，组成平滑的曲线。反弯点位置距梁端的距离，一般取为 0.1～0.2l，l 为梁的跨度。

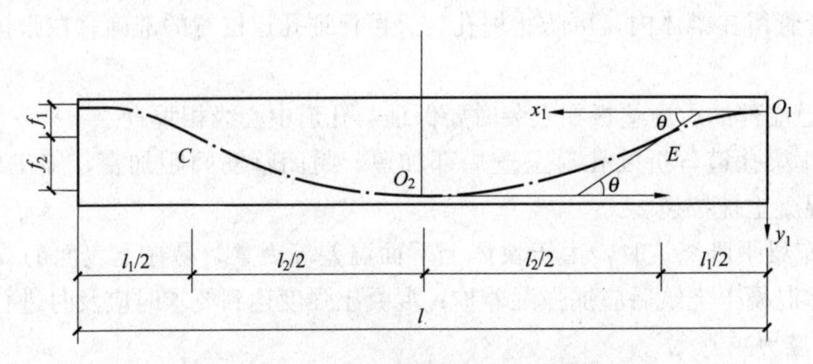

图 5-68　正反抛物线相接的布置方式

（C 点、E 点为反弯点）

图 5-68 所示抛物线的方程为

梁端区段
$$y_1 = \frac{4(f_1 + f_2)}{l_1 l_2 + l_1^2} x^2 \tag{5-6}$$

跨中区段
$$y_2 = \frac{4(f_1 + f_2)}{l_1 l_2 + l_2^2} x^2 \tag{5-7}$$

式中：l_1、l_2为梁端区段、跨中区段抛物线的弦长。$f_1 + f_2$为梁端区段抛物线矢高与跨中区段抛物线矢高之和。

正反抛物线相接的布置方式通常用于支座弯矩与跨中弯矩相近的框架梁。

2）直线与抛物线相接［图 5-69（a）］。预应力筋在梁端区段为直线、跨中区段为抛物线，直线段与抛物线相切于 C、E 两点，切点距梁端的距离 l_1 可按下式计算

$$l_1 = \frac{l}{2}\sqrt{2\alpha} \tag{5-8}$$

式中：α 取等于 0.1～0.2。

这种布置用于支座弯矩较小的单跨框架梁。

3）非对称布置［图 5-69（b）］。由直线段与两段反向相接的抛物线组成，常用于多跨连续梁的边跨。

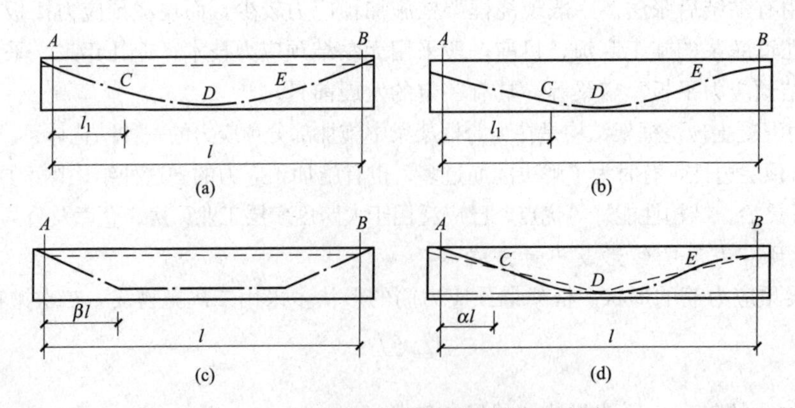

图 5-69　框架梁预应力筋其他布置方式

(a) 直线与抛物线相切；(b) 非对称布置；(c) 折线形布置；(d) 正反抛物线与直线形混合布置

4）折线形布置［图 5－69（c）］。用于有集中荷载作用的梁，或腹部开洞的梁。折线形布置预应力筋孔道摩擦损失较大。βl 一般可取 $1/4l \sim 1/3l$。

5）正反抛物线与直线形混合布置［图 5－69（d）］。梁内布有正反抛物线形相接的预应力筋，还有直线形预应力筋，适用于需要减小边柱弯矩的情况。这种布筋方式可使预应力筋产生的次弯矩对降低边柱弯矩产生有利影响。

（3）多跨连续梁的预应力筋布置。多跨连续梁的预应力筋布置，一般采用连续的多波曲线，其外形应与外荷载弯矩图相适应，有效地发挥预应力的综合效益，同时还应尽量减少孔道摩擦造成的预应力损失。

连续通长配置的预应力筋，应控制其长度与跨数，以免中间跨的预应力孔道摩擦损失过大，建立的有效预应力值过低。采用两端张拉时，连续跨数宜控制在 3～5 跨，长度不大于 50m；采用一端张拉时，连续跨数不宜超过 2 跨，长度不宜超过 25m。

当超过上述跨数或长度时，预应力筋可采用分段布置。

分段布置的方法，一般利用后浇带（或后浇段）将通长的预应力筋分段布置（图 5－70）。

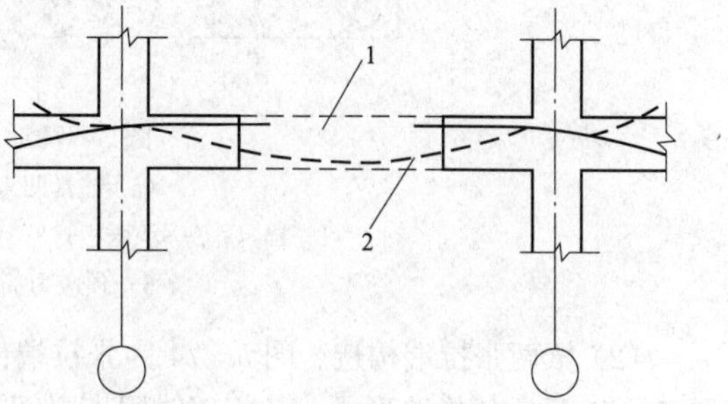

图 5－70　多跨梁预应力筋分段布置

1—后浇带；2—后浇带跨的预应力筋

后浇带跨的预应力筋短束，可配置有黏结或无黏结预应力筋。

分段布置的另一种做法是搭接法，即将分段的预应力筋伸过柱子至柱侧梁顶的预留张拉槽，次梁的预应力筋则伸过主梁在主梁两侧预留张拉槽，两侧的预应力筋相互搭接（图 5－71）。

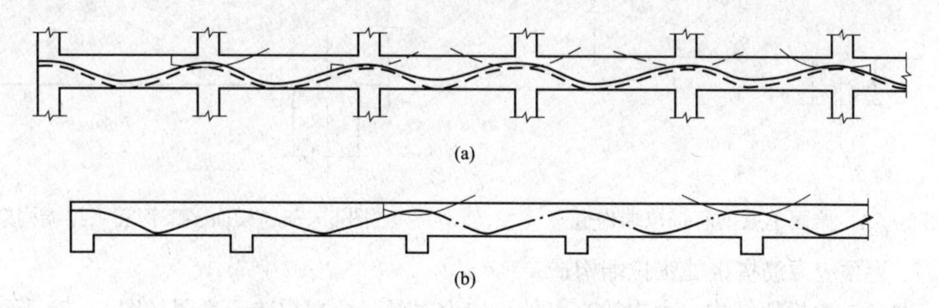

图 5－71　多跨连续梁预应力筋搭接布置

（a）框架主梁；（b）预应力次梁

当每段预应力筋的长度跨越一跨或两跨时，可一端为张拉端，采用一端张拉；当跨数超过两跨时，两端均为张拉端。

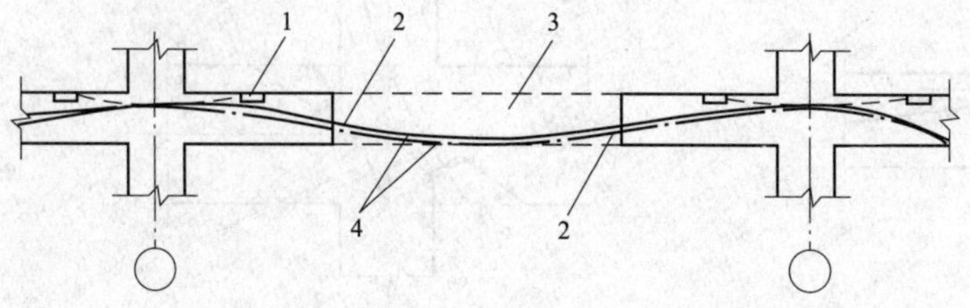

图 5－72　对接与搭接并用的布置方式

1—张拉槽；2—连接器；3—后浇段；4—预应力筋

图 5－72 为既有搭接又有对接的布置方式，对接采用锚头连接器进行连接。

预应力混凝土框架梁采用的预应力筋有两种：预应力混凝土用的钢丝及预应力混凝土用的钢绞线。

2. 框架梁预应力筋张拉端构造

（1）梁端构造。当预应力筋张拉端位于梁端时，其构造示于图 5 - 73。图 5 - 73（a）为锚具凹入式，图 5 - 73（b）为锚具外露式。

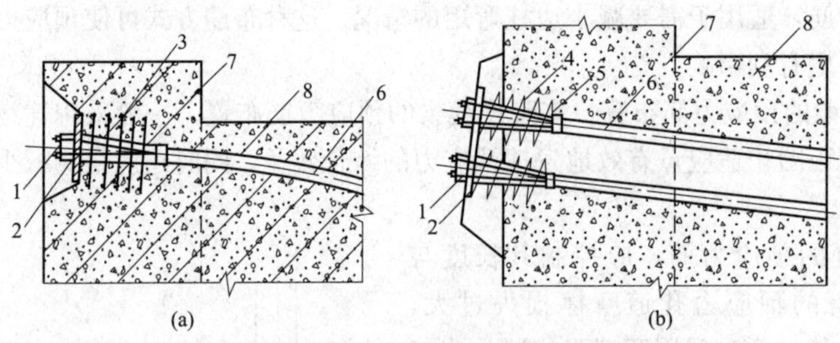

图 5 - 73　框架梁张拉端构造

（a）锚具凹入式；（b）锚具外露式

1—锚具；2—承压板；3—钢筋网片；4—螺旋筋；5—塑料套；

6—预应力筋；7—柱；8—框架梁

（2）梁两张拉端构造。图 5 - 74 为张拉端位于梁面时的构造。当预应力筋束数较多时，可采用图 5 - 75 所示的构造形式，各相邻锚固点之间有一定的距离或者采用梁局部加宽构造；靠近轴线的预应力筋曲率较大，应采用 Π 形构造筋加强，以防止混凝土局部崩裂。

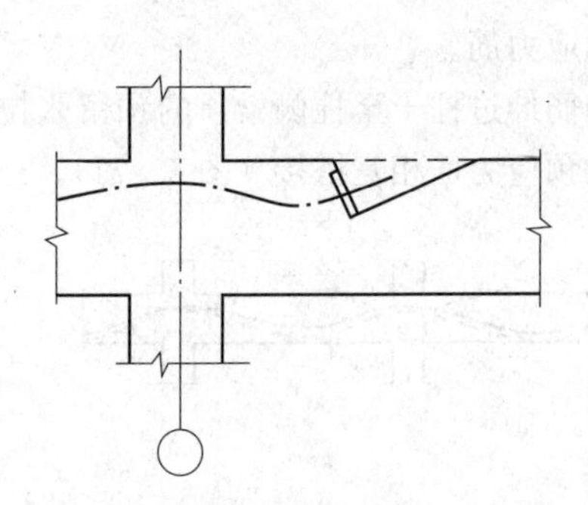

图 5 - 74　梁面单束钢筋张拉端构造

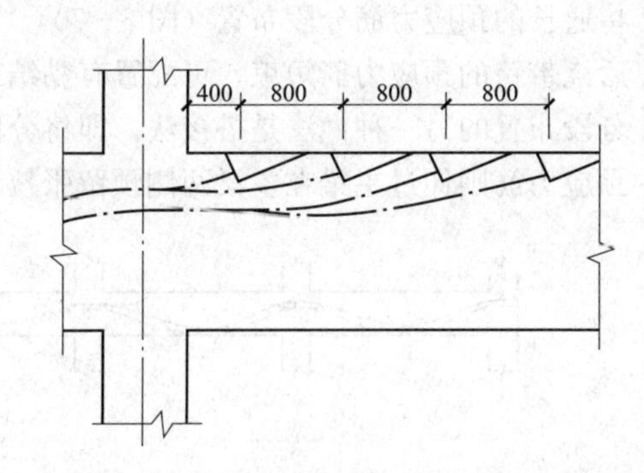

图 5 - 75　梁面多束钢筋张拉端构造

图 5 - 76 为预应力筋搭接处张拉端构造。

对于双向预应力框架结构，主次梁交点处预应力次梁张拉端构造示意图如图 5 - 77 所示。

3. 施工顺序和工艺流程

（1）施工顺序。框架梁的预应力筋张拉在施工过程中的顺序可有以下 3 种安排。

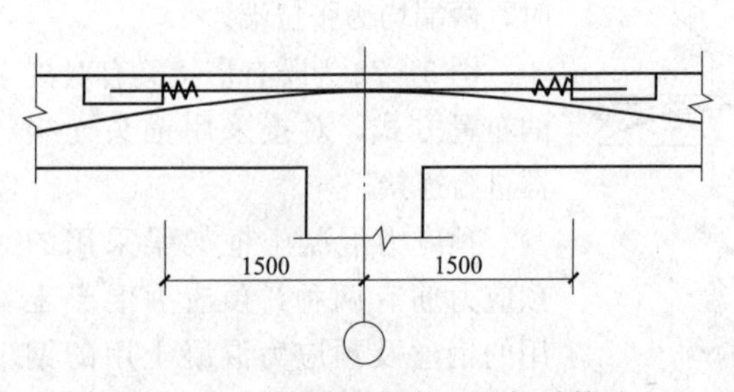

图 5 - 76　预应力筋搭接处张拉端构造

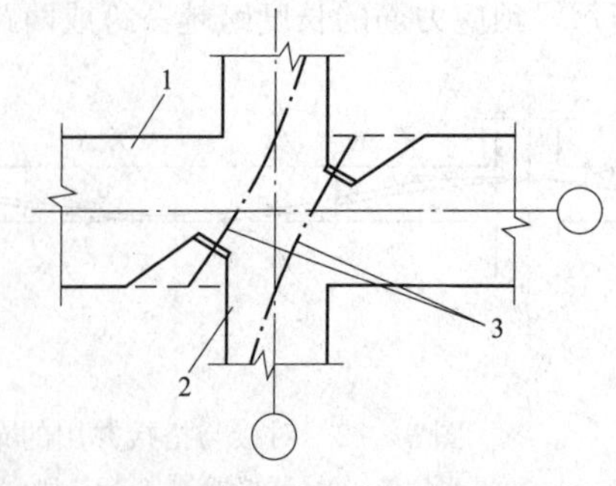

图 5 - 77　主次梁交点处预应力次梁张拉端示意图

1—主梁；2—次梁；3—预应力筋

1）逐层浇筑、逐层张拉。框架梁浇筑完一层，待混凝土养护到其强度达到设计要求后，进行该层框架张拉，张拉锚固并灌浆后即可拆除模板及支撑。然后再进行上一层，自下而上逐层张拉。这种方法的优点是：占用模板及支撑的数量少。

2）数层浇筑、顺向张拉。浇筑完2～3层楼层后，再回过来自下而上进行张拉。这种方法对预应力专业施工队伍有利，进场一次可连续作业几层。

3）数层浇筑、逆向张拉。浇筑完2～3层楼层后，其中最上一层混凝土强度达到要求后，对该楼层施加预应力，自上而下逆向进行张拉。

（2）施工工艺流程：支梁底模板→支一侧模板→在侧模上弹出螺旋管线曲线位置→焊接钢筋支架→铺放螺旋管→安装梁端横向钢筋及锚具垫板→留设灌浆孔→支另一侧模板→浇筑混凝土→施加预应力→孔道灌浆→张拉端封闭保护。

4. 施工操作要点

（1）模板支拆。

1）框架梁自重大，支底模时，顶撑下的地基应平整坚实，垫板应垫平落实。

2）在梁侧模上按设计图纸尺寸，定出预应力筋索形控制点的位置及标高，尤其是反弯点、跨中及支座最高点必须定准。用墨线连接各点，形成预应力筋索形线。注意图纸尺寸是孔道中心线，因此定各点标高时，应减去螺旋管半径（指外径），作为钢筋支架的上平线。

3）由于预应力筋张拉后产生反拱，因此，支梁底模时，起拱值比普通混凝土框架梁要小，可按跨度的0.5‰～1.0‰起拱。

4）按照"逐层浇筑、逐层张拉"的顺序施工时，为了缩短工期，加快模板周转，支模时可将每相邻的两根梁作为一组，先支每组内侧模板，然后在铺设螺旋管的同时，安装楼板底模板，绑扎钢筋（图5-78）。

5）梁侧模设对拉螺栓，水平间距为1000～1500mm。

6）预应力张拉之前，拆除梁侧模板及现浇模板之底模，以减少施加预应力时约束的影响。

7）预应力筋张拉完成，孔道灌浆后水泥浆强度达到1.5N/mm^2，拆除梁底模及支撑。

（2）铺设金属螺旋管。

1）依照梁侧模板上标出的控制点标高，焊好各点的钢筋支架。钢筋支架焊在箍筋上，在箍筋下面垫好垫块（图5-79）。

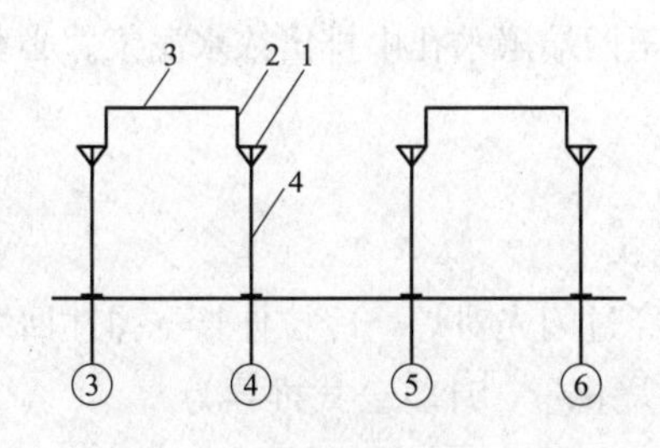

图5-78　框架梁支模方法

1—底模；2—侧模；3—板底模；4—顶撑

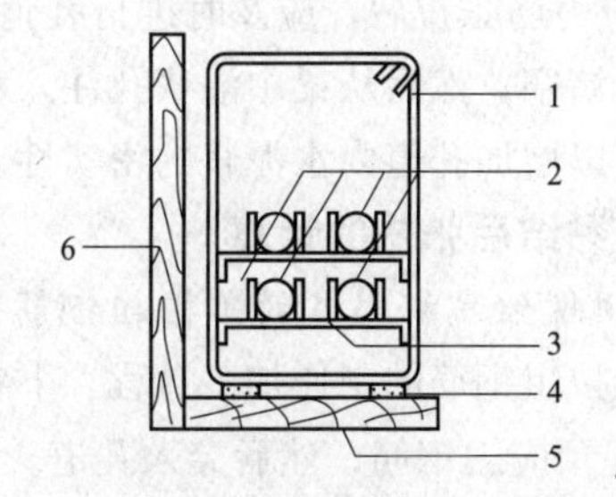

图5-79　金属螺旋管固定方法

1—箍筋；2—金属螺旋管；3—钢筋支架；4—垫块；5—梁底模；6—梁侧模

2）各点支架焊好后，铺设金属螺旋管，并与钢筋支架绑扎固定。如有上下两排预应力筋时，先将底排螺旋管安放好，再焊上排螺旋管的支架，用湿布盖住下排螺旋管，防止被焊渣灼伤；同时，螺旋管与支架或钢筋的接触部位用绝缘材料隔开，焊后再抽出。

3）螺旋管在安装过程中应尽量避免反复弯曲，防止开裂。

4）螺旋管端部应伸出预埋钢板孔洞外约20mm，钢板与螺旋管中心线相垂直。承压钢板用M16螺栓固定在梁端模板上，螺旋筋安装时顶紧垫板，用20号钢丝固定在主筋上。

5）螺旋管铺设要平直，起弧处要和顺。与非预应力筋相碰时，应保持螺旋管的位置，保持螺旋管处于顺直状态。

（3）混凝土浇筑。

1）梁端部、梁柱节点处等关键部位，采用小直径振动棒仔细振捣，确保捣固密实。

2）振动时振动棒不得碰螺旋管。

3）混凝土浇筑后，及时清孔，保证孔道畅通。如果采用先穿束，浇筑混凝土后，使用手拉葫芦将预应力筋在管内反复抽动，每隔1～2h后抽动一次，直至终凝。

4）工字梁截面的框架梁，高度较大，应在腹板下部与梁侧模交接处开设200mm×200mm（间距1500mm的孔），作为振捣孔。

（4）穿束。将编好束的预应力筋人工或借助机械穿入孔道，在预应力筋端部套上自制的穿束帽，以利于预应力筋的顺利穿过。另一种方法是在混凝土浇筑之前将预应力筋穿入金属螺旋管内。

（5）施加预应力。

1）混凝土达到设计要求的强度后，才允许张拉预应力筋。

2）采用应力控制方法张拉，并校核预应力筋的伸长值。

3）为了抵消由于预应力筋应力松弛、分批张拉等因素造成的预应力损失，可以采用超张拉的方法，但其张拉应力不应超过张拉控制应力限值。

（6）孔道灌浆。

1）孔道灌浆孔的位置，对多跨连续梁，可设置在中部支座处的孔道最高部位。

2）灌浆孔的留置方法。灌浆孔的塑料管伸出梁顶面约400mm，混凝土浇筑前在塑料管内插入一段短钢筋，以防止在振捣时塑料管被挤扁。为了防止螺旋管上灌浆孔的开洞处渗入水泥浆，螺旋管的洞口可先不打开，待混凝土浇筑后，再在螺旋管上打洞，将灌浆孔贯通。

3）灌浆用的水泥浆采用普通硅酸盐水泥配制，水灰比为0.4～0.45。水泥浆可掺入木质磺酸钙等减水剂，以改善水泥浆的性能，但禁止掺用含有氯化物的外加剂。

4）预应力筋张拉后，应及时进行孔道灌浆。如在中间灌浆孔灌浆，应先用木塞将梁端锚具中心的出气孔堵塞，然后从梁中灌浆孔注入水泥浆，直至两端泌水孔中排出浓水泥浆。必要时可进行二次补浆，以增加孔道内水泥浆的密实性。

五、有黏结后张法的计算

（一）用螺丝端杆锚具的单根粗钢筋下料长度计算

单根冷拉粗钢筋的制作加工过程：下料热轧钢筋经过闪光对焊→冷拉伸长→弹性回缩得到长度为L_0的成榀预应力钢筋，然后穿入孔道。不考虑对焊烧化量，计算公式推导为

$$L+\Delta L-\Delta L_1=L_0\rightarrow L+L\times\gamma-\delta\times(L+L\times\gamma)=L_0\rightarrow L=\frac{L_0}{1+\gamma-\delta}$$

式中：γ为预应力钢筋的冷拉率（由试验确定）；δ为预应力钢筋的冷拉弹性回缩率（一般为0.4%～0.6%）。

从图5-80（a）可以看出，两端张拉即两端均用螺栓端杆锚具，成榀预应力钢筋穿入孔道应满足几何关系$L_0=l+2l_2-2l_1$。

从图 5-80（b）可以看出，一端用螺栓端杆锚具，另一端用固定端帮条锚具或镦头锚具，则成榀预应力钢筋穿入孔道应满足几何关系 $L_0=l+l_2+l_3-l_1$。

再考虑闪光对焊烧化量 Δ，每个对焊接头的压缩量（一般为钢筋直径 d）

得最终计算公式为

两端张拉 $L=\dfrac{l+2l_2-2l_1}{1+\gamma-\delta}+n\Delta$ （5-9）

一端张拉一端固定 $L=\dfrac{l+l_2+l_3-l_1}{1+\gamma-\delta}+n\Delta$ （5-10）

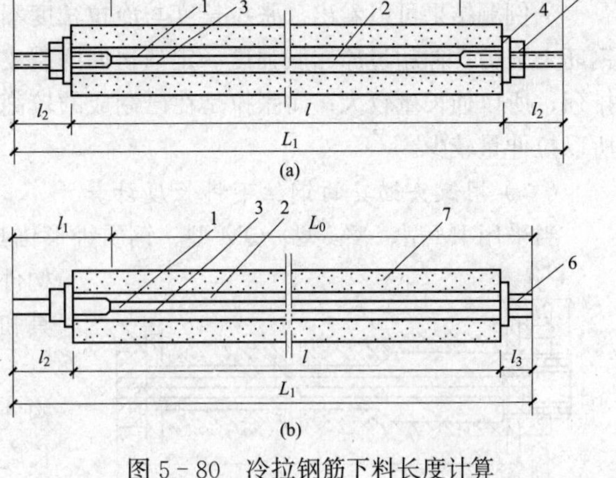

图 5-80　冷拉钢筋下料长度计算

(a) 两端张拉；(b) 一端张拉

1—螺栓端杆锚具；2—预应力筋；3—对焊接头；4—垫板；5—螺母；6—帮条锚具；7—混凝土构件

【例 5-1】 某预应力混凝土屋架采用机械后张法施工，两孔道长度为 21.20m，预应力筋为冷拉三级钢筋，其标准强度 $f_{pyk}=500\text{N/mm}^2$，直径为 25mm，长度为 9m，准备采用一端张拉，一批张拉完成。张拉端用螺丝端杆锚具，螺丝端杆长度 320mm，螺杆露出构件外的长度为 120mm，固定端采用帮条锚具，长度 70mm。已知冷拉钢筋控制应力为 $\sigma_{冷拉}=500\text{N/mm}^2$，实测平均冷拉率为 4%，弹性回缩率为 0.4%，每个对焊接头的压缩量为 25mm，张拉控制应力 $\sigma_{con}=0.85f_{pyk}$：（1）画出简图，试计算预应力筋的下料长度 L；（2）求下料钢筋中除整长 9m 钢筋外，不到 9m 的那根钢筋下料长度；（3）若按 0→$1.03\sigma_{con}$ 超张拉方法减少预应力筋的应力松弛损失，试计算预应力筋张拉力 F_P、预期张拉伸长值 $\Delta L_{张拉}$ 和张拉前的冷拉力 $F_{冷拉}$、预期冷拉伸长值 $\Delta L_{冷拉}$。已知预应力钢筋弹性模量 $E_P=1.8\times10^5\text{N/mm}^2$。

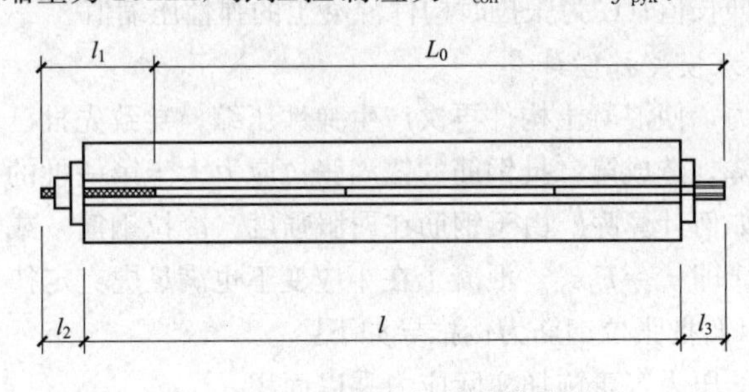

图 5-81　预应力钢筋计算简图

（1）预应力钢筋计算简图如图 5-81 所示。

首先判别钢筋根数：$\dfrac{21\ 200}{9000}=2.36$，取三根钢筋，接头 $n=2+1=3$。

预应力筋成榀长度 $L_0=l+l_2+l_3-l_1$，一端张拉，按公式（5-10）：

$$L=\frac{l+l_2+l_3-l_1}{1+\gamma-\delta}+n\Delta=\frac{21\ 200+120+70-320}{1+4\%-0.4\%}+(2+1)\times25$$

$$=\frac{21\ 070}{1.036}+75=20\ 413\ (\text{mm})$$

（2）$20\ 413-2\times9000=2413$（mm）

（3）张拉力 $F_P=1.03\sigma_{con}\times A_P=1.03\times0.85\times500\times\dfrac{\pi}{4}\times25^2=214\ 771\ (\text{N})$

$$\Delta L_{张拉}=\frac{F_P\times L_0}{A_P\times E_s}=\frac{F_P\times(l+l_2+l_3-l_1)}{A_P\times E_s}=\frac{214\ 771\times(21\ 200+120+70-320)}{\frac{\pi}{4}\times25^2\times1.8\times10^5}=51.53\ (\text{mm})$$

冷拉力　$F_{冷拉}=\sigma_l\times A=500\times\dfrac{\pi}{4}\times25^2=245\ 312\ (\text{N})$

$$\Delta L_{冷拉}=\gamma\times(L-n\times\Delta)=4\%\times(20\ 413-3\times25)=813.52\ (\mathrm{mm})$$

从例题结果可以看出，张拉长度与冷拉长度不在一个等级上，这是因为钢筋冷拉是在普通热轧钢筋上强力拉伸超过原屈服强度一定值再回弹制成较高强冷拉钢筋，钢筋变形较大且晶格发生重新排列，所以伸长量较大；而张拉是在已制成的较高强冷拉钢筋弹性范围内的拉伸即服从虎克定律，所以拉伸量较少。

（二）用镦头锚具的钢丝下料长度计算

当采用JM型、XM型、QM型、钢质锥形锚具时，预应力钢筋束、钢丝束和钢绞线束只要在构件孔道长度的基础上，两边张拉端或固定端根据锚具和千斤顶尺寸留出余量即可，这里就不再赘述了。

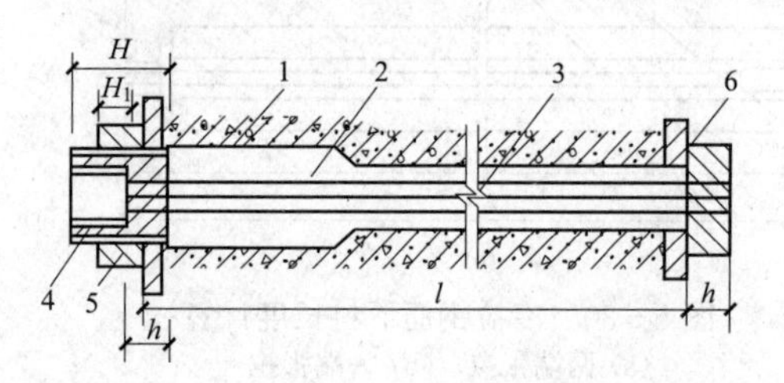

图5-82 采用镦头锚具时钢丝下料长度计算图

1—混凝土构件；2—孔道；3—钢丝束；4—锚环；5—螺母；6—锚板

当采用镦头锚具时，以拉杆式或穿心式千斤顶在构件上张拉时钢丝两端镦头位置已限定，钢丝的下料长度L必须精确计算，应考虑钢丝张拉锚固后螺母位于锚环中部，如图5-82所示。

（1）两端张拉：

$$L=l+2h+2\delta-(H-H_1)-\Delta L-C \quad (5-11)$$

（2）一端张拉：

$$L=l+2h+2\delta-0.5(H-H_1)-\Delta L-C \quad (5-12)$$

式中：l为构件的孔道长度；h为锚环底板厚度或锚板厚度；δ为钢丝镦头留量，对ϕ^s5取10mm；H为锚高度；H_1为螺母厚度；ΔL为钢丝束张拉伸长值；C为张拉时构件混凝土的弹性压缩值。

（三）分批张拉先批张拉的筋（束）的预应力损失补偿计算

分批张拉时，由于后批张拉钢筋的弹压作用力，使混凝土构件再次产生弹性压缩，导致先批已张拉锚固的钢筋在孔道内发生松弛即张拉应力下降，造成第二批钢筋的锚固张拉应力大于第一批的现象，依次第三批大于第二批等。此预应力损失如何计算呢？由于钢筋在屈服强度（冷拉钢筋）或极限抗拉强度（其他预应力钢筋）下满足虎克定律即$\sigma_P=E_P\varepsilon_P$，混凝土在小应变下也满足虎克定律即$\sigma_c=E_c\varepsilon_c$，预应力损失计算就变得简单了。现以两批张拉钢筋为例推导如下：

第二批张拉钢筋弹压在预应力混凝土构件上的压力等于施加实际应力乘以面积：

$$F_{P\mathrm{II}}=(\sigma_{con}-\sigma_1)\times A_{P\mathrm{II}}$$

式中：σ_1为后批张拉预应力筋的第一批实测预应力损失（包括锚具变形后和摩擦损失）。

此时此刻，预应力混凝土构件的压缩应变根据$\varepsilon_c=\sigma_c/E_c$计算。

按定义$\sigma_c=\dfrac{F_{P\mathrm{II}}}{A_n}$，则$\varepsilon_c=\dfrac{F_{P\mathrm{II}}}{A_n}\times\dfrac{1}{E_c}=\dfrac{(\sigma_{con}-\sigma_1)A_{P\mathrm{II}}}{A_n}\times\dfrac{1}{E_c}$

由于预应力混凝土构件的压缩应变即第一批预应力筋的松弛应变损失，即$\varepsilon_{\mathrm{I}损}=\varepsilon_c$。

第一批钢筋的预应力损失为

$$\Delta\sigma_I=E_P\times\varepsilon_{\mathrm{I}损}=\frac{E_P(\sigma_{con}-\sigma_1)A_{P\mathrm{II}}}{E_c\cdot A_n} \quad (5-13)$$

式中：$\Delta\sigma_I$为第一批张拉钢筋应增加的应力值即后批张拉导致的预应力损失值；E_P为预应力筋弹性模量；σ_1为第二批张拉预应力筋的第一批实测预应力损失（包括锚具变形后和摩擦损失）；E_c为混凝土弹性模量；A_P为第二批张拉钢筋面积；A_n为构件混凝土净截面积（包括孔道面积去除和非预应力构造钢筋折算面积）。

【例5-2】 某金工车间采用国标图集CG423（三）YWJ24-Ⅰ型预应力拱形屋架，屋架下弦长度为23.8m，下弦截面配筋图如图5-83所示，孔道直径$D=48$mm。已知：混凝土强度等级为C30，弹性模量$E_c=3.25\times10^4$MPa；预应力钢筋为四根直径22mm冷拉三级钢筋，其标准强度$f_{pyk}=500$N/mm^2，张拉控制应力$\sigma_{con}=0.85f_{pyk}=425$MPa，弹性模量$E_P=1.8\times10^5$N/mm^2；非预应力钢筋即截面角部构造钢筋为HPB300钢筋4ϕ14，弹性模量$E_s=2.0\times10^5$N/mm^2。采用张拉程序为$0\rightarrow1.03\sigma_{con}$，沿对角线分两批对称张拉，采用两台YDL650—150型液压千斤顶。第一批钢筋张拉固定后，预先实测锚具损失$\sigma_1=28$MPa。试计算第一批预应力筋张拉应力增加值$\Delta\sigma$。

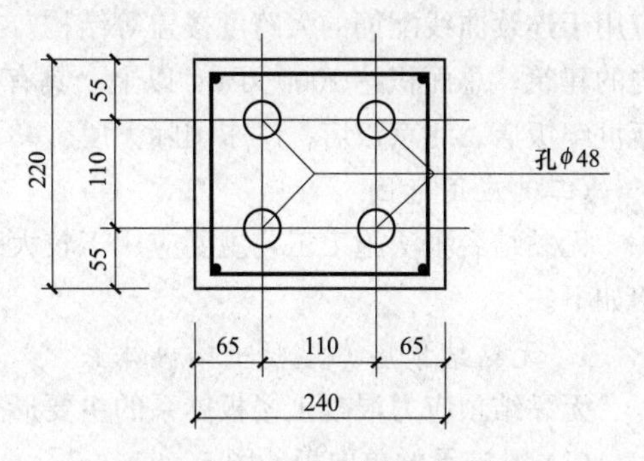

图5-83　屋架下弦截面配筋图

【解】 屋架下弦钢筋混凝土折算净截面：

$$A_n=240\times220-4\times\frac{\pi\times48\times48}{4}+4\times\frac{\pi}{4}\times14^2\times\frac{2\times10^5}{3.25\times10^4}$$

$$=52\,800-7234.6+3787.3=49\,353\ (\text{mm})^2$$

$$\varepsilon_c=\frac{\sigma_c}{E_c}=\frac{F}{A_n}\times\frac{1}{E_c}=\frac{(\sigma_{con}-\sigma_1)\times A_{P\text{II}}}{A_n}\times\frac{1}{Ec}=\frac{(425-28)\times2\times\frac{\pi}{4}\times22^2}{49\,353}\times\frac{1}{3.25\times10^4}$$

$$=1.882\times10^{-4}$$

此时第一批预应力筋的应力损失值为［也可以直接套用公式（5-13）得到］：

$$\Delta\sigma=E_P\times\varepsilon_s=E_P\times\varepsilon_c=1.8\times10^5\times1.882\times10^{-4}=33.88\ (\text{N/mm}^2)$$

则第一批预应力筋张拉应力为

$$\sigma_P=(425+33.88)\times1.03=472.65\ (\text{N/mm}^2)>0.85\times500=425\ (\text{N/mm}^2)$$

故第一批预应力筋张拉应力增加值$\Delta\sigma$不能一次性加入，需采取重复张拉补足的办法。

第五节　无黏结后张法施工

一、无黏结后张法的施工工艺及应用范围

（一）施工工艺

后张法无黏结预应力施工工艺，是采用带有防腐油脂涂料层和外包层、经挤塑成形的专用预应力筋（图5-84）。在浇筑混凝土前，按照设计要求将无黏结预应力筋铺设在模板内，然后浇筑混凝土；待混凝土达到要求的强度后，进行预应力筋的张拉、锚固及封锚。一般无黏结预应力混凝土结构施工工艺流程：安装结构模板→放出预应力筋位置线→绑扎下部非预应力筋→安装管线等埋件→安装预应力筋张拉端模板→铺放无黏结预应力筋并定位→绑扎上部非预应力筋→隐蔽工程检查验收→混凝土养护→张拉工作准备→无黏结预应力筋张拉→端部封闭防护。

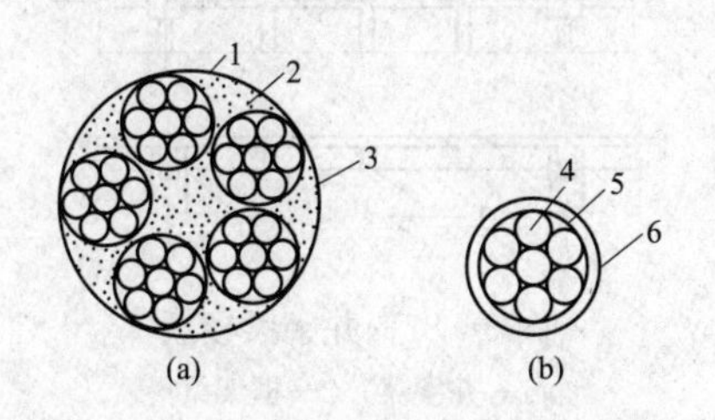

图5-84　无黏结筋横截面示意图
(a) 无黏结钢绞线；(b) 无黏结钢丝束或单根钢绞线
1—钢绞线；2—沥青涂料；3—塑料布外包层；
4—钢丝；5—油脂涂料；6—塑料管外包层

后张法无黏结预应力不需要预留孔道，省去了穿束、孔道灌浆等工序，简化了后张法施工工艺。由于无黏结预应力筋无须成孔，可直接铺设成形，对预应

力束形的适应性强，易弯成多波曲线形状，而且无黏结预应力筋张拉时的摩阻力较小，因此被广泛应用于连续曲线配筋的大跨度楼盖等结构。近 30 年来，全国已建成的无黏结预应力楼（屋）盖结构的建筑，总面积达 1000 万 m^2 以上。具有代表性的建筑，如北京永安公寓、北京科技活动中心、新世纪饭店、北京饭店、广东国际大厦（63 层）、上海新民晚报大楼等。

（二）应用范围

无黏结后张法施工工艺主要应用于较大跨度的混凝土平板、井字梁板和双向密肋楼盖。具体介绍如下。

1. 无黏结预应力混凝土楼板体系

无黏结预应力混凝土楼板体系的主要形式如下。

(1) 梁支承的单向板［图 5－85（a)］。

(2) 梁周边支承的双向板。

(3) 柱支撑双向平板，包括无梁平板［图 5－85（b)］及带托板的平板［图 5－85（c)］。

(4) 带宽扁梁的平板［图 5－85（d)］。

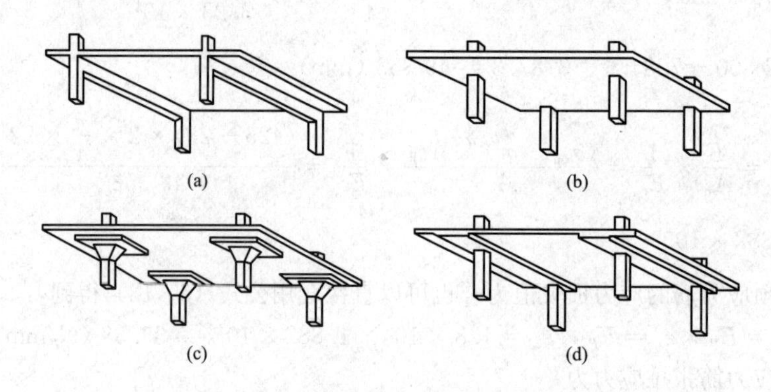

图 5－85　无黏结预应力混凝土平板

(a) 梁支承的单向板；(b) 无梁平板；(c) 带托板的平板；(d) 带宽扁梁的平板

(5) 双向密肋楼板（图 5－86）。

(6) 井字梁楼板（图 5－87）。

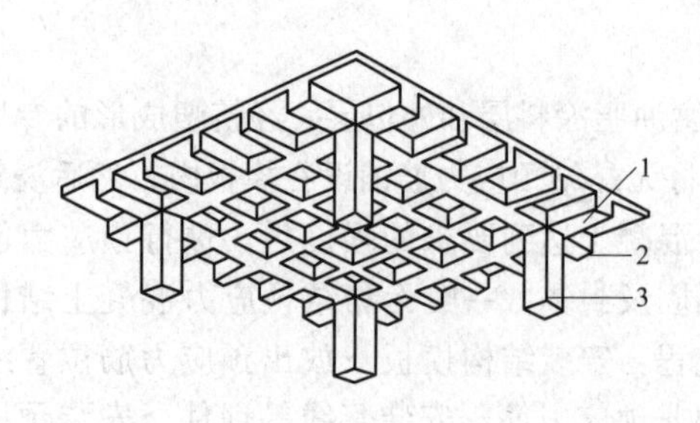

图 5－86　无黏结预应力双向密肋楼盖

1—肋梁；2—扁平梁；3—柱

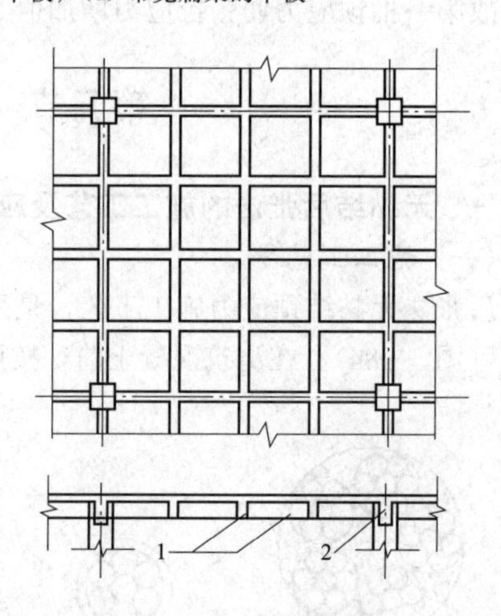

图 5－87　井字梁楼板

1—井字梁；2—框架梁

采用无黏结预应力混凝土楼盖结构具有以下优点。

1) 楼板厚度较薄，有利于降低建筑物层高，减轻结构自重。

2) 楼板跨度大，房间布置灵活，有利于改善建筑物的使用功能。

3）无黏结预应力筋铺设方便，易于适应预应力筋的设计线形。

4）无黏结预应力筋张拉时摩阻损失较小。

5）平板结构易于支模，可采用飞模、大块模板，支拆方便，施工速度快。

无黏结预应力楼板结构，已广泛应用于大跨度、大柱网的板柱结构、板墙结构以及框剪体系、框筒体系与筒中筒体系的楼盖。

2. 预应力筋布置方式

无黏结预应力平板结构的布筋方式，常用的有以下几种设计形式（图 5-88）。

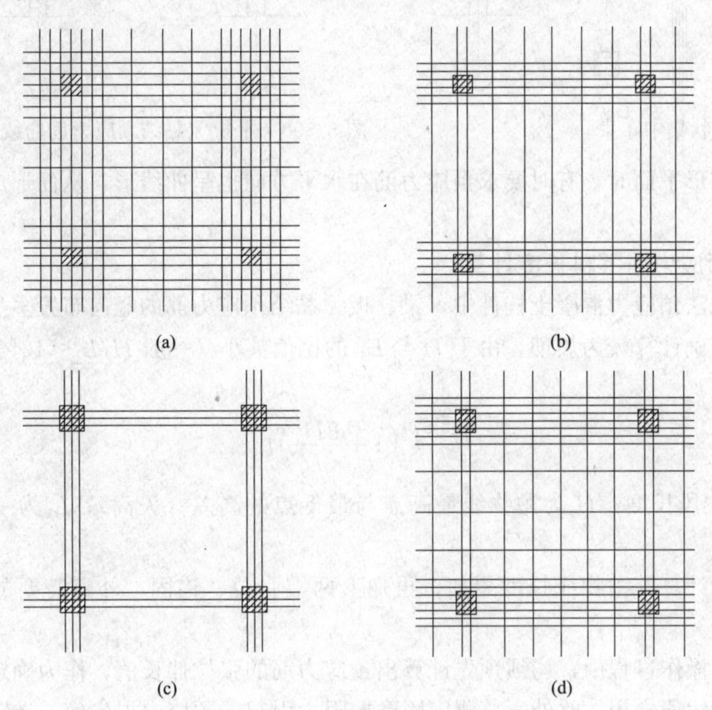

图 5-88　楼板无黏结预应力筋的布置方式

(a) 划分为柱上板带与跨中板带；(b) 一向带状集中布置，另一向均布；

(c) 双向均集中布置；(d) 一向划分柱上板带、跨中板带，另一向均匀分布

1）划分为柱上板带与跨中板带，无黏结预应力筋分配在柱上板带的数量占 60%～75%，其余 40%～25%则布置在跨中板带［图 5-88（a）］。

2）一向集中布置，另一方向分散均匀布置［图 5-88（b）］，对集中布置的无黏结预应力筋，宜分布在各离柱边 1.5h 的范围内；对均布方向的无黏结预应力筋，其最大间距不得超过 $6h$，且不宜大于 1m，h 为板厚。这种布筋方式，铺设预应力筋比较方便，易于控制无黏结预应力筋的矢高。

3）双向均通过柱子集中布筋［图 5-88（c）］，这种布筋方式适用于要求开洞较多的楼板。

4）一个方向按划分柱上板带及跨中板带布置，另一方向分散均匀布置［图 5-88（d）］。

此外，还有其他一些布置方式，如双向均为分散布置；跨中布置一个至几个布筋带，将预应力筋集中配置于各布筋带（图 5-89）。这种在跨中带状布筋的方式，易于铺束，有利于板面开洞，布置水电管线。工程实际应用时，综合考虑楼板平面形状、结构受力特点、方便施工等因素，选择较好的布筋方式。

平板结构无黏结预应力筋的形状，一般为多波连续曲线（图 5-90），曲线由正反抛物线组成（还包括一些直线段），曲线线型一般采用二次抛物线。

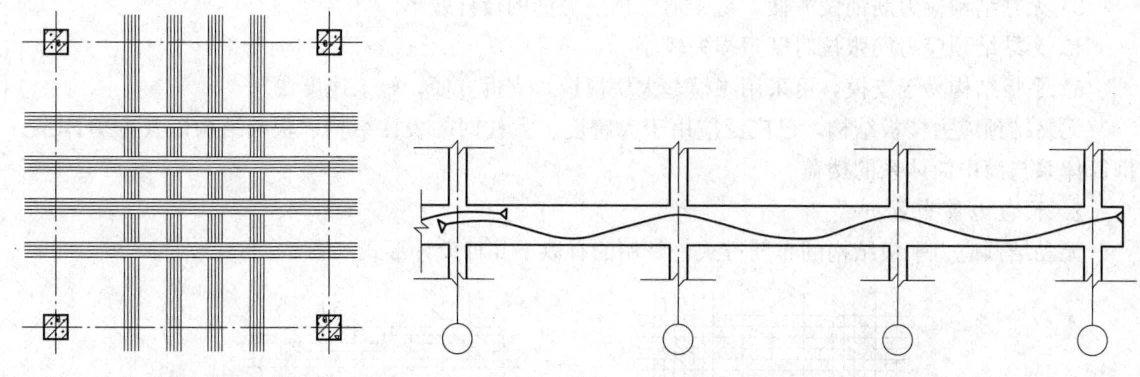

图 5-89　跨中带状集中布束　　图 5-90　平板无黏结预应力筋曲线形状

当楼板为非矩形平面时，有时要求预应力筋在水平方向也呈曲线形，从而形成空间曲线形无黏结预应力筋。

二、无黏结预应力筋下料长度计算

在无黏结后张法预应力混凝土构件中，梁、板无黏结预应力筋的竖向布置多呈抛物线形，抛物线长用数学方法精确计算较为烦琐，由于 H 与 L_1 的比值甚小（一般 $H/L_1<10\%$），可采用以下近似简易公式计算：

$$L_{弧}=\left(1+\frac{8H^2}{3L_1^2}\right)L_1 \tag{5-14}$$

式中：$L_{弧}$为抛物线段长度；H 为抛物线最高点与最低点的高差（矢高）；L_1为一段抛物线起终点间距。

将梁、板各段计算的抛物线长度累加，再加上两端张拉、锚固、外露需要的长度，即为连续梁、板的下料长度。

预应力筋张拉操作过程中，均须预先计算出预应力筋的张拉伸长值，作为确定预应力值和校核液压系统压力表所示值之用，此外复核测定因摩擦阻力引起的预应力损失值，选定锚具尺寸（如确定垫块厚度和螺杆的螺纹长度）等也都需要进行张拉伸长值计算。

(1) 张拉伸长值计算。

预应力筋张拉伸长值，按弹性定理可由下式计算：

当不考虑孔道摩阻影响：

$$\Delta l=\frac{PL}{A_PE_s} \tag{5-15}$$

当考虑孔道摩阻影响：

$$\Delta l=\frac{PL}{A_PE_s}\left(1-\frac{kl+\mu\theta}{2}\right) \tag{5-16}$$

式中：Δl 为预应力筋张拉伸长值；P 为预应力筋平均张拉力，取张拉端拉力与计算截面处扣除孔道摩擦损失后的拉力平均值；L 为预应力筋的实际长度；A_P为预应力筋的截面面积；E_s为预应力筋的弹性模量，实测求得或按以下取用：对消除应力钢丝 $E_s=2.05\times10^5$（MPa），对钢绞线 $E_s=1.95\times10^5$（MPa）；k 为考虑孔道（每米）局部偏差对摩擦影响的系数；μ 为预应力筋与孔道壁的摩擦系数；θ 为从张拉端至计算截面曲线孔道部分切线的夹角（弧度计），$\theta=0$，即为直线段。

(2) 多曲线段伸长值计算。

对多曲线段或直线段与曲线段组成的曲线预应力筋，张拉伸长值应分段计算，然后叠加，即

$$\Delta l=\sum\frac{(\sigma_{i1}+\sigma_{i2})L_i}{2E_s} \tag{5-17}$$

式中：σ_{i1}、σ_{i2}为分别为第L_i线段两端的预应力和筋拉力；L_i为第i线段预应力筋长度。

(3) 抛物线形曲线伸长值计算。

对抛物线曲线（图5-91），其伸长值可按下式计算：

$$\Delta l=\frac{PL_T}{A_PE_s} \tag{5-18}$$

其中

$$L_T=\left(1+\frac{8H^2}{3L^2}\right)L \tag{5-19}$$

$$\frac{\theta}{2}=\frac{4H}{L}$$

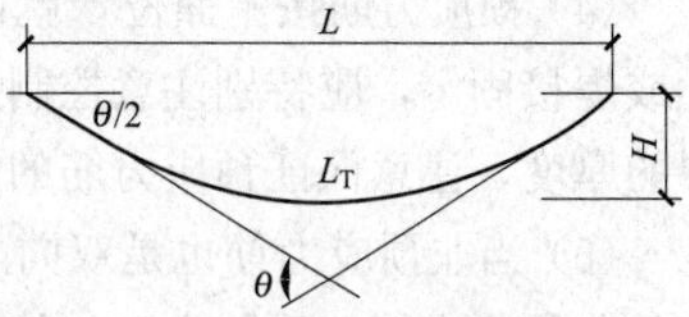

图5-91　抛物线的几何尺寸

式中：L_T为抛物线预应力筋的实际长度；L为抛物线的水平段投影长度；H为抛物线的矢高；θ为从张拉端至计算截面曲线孔道部分的夹角，rad。

【例5-3】 30m预应力折线形屋架，预应力筋采用4-17Φ^P5钢丝束，$P=350.2$kN/束；钢管抽芯成孔，$k=0.0015$，一端张拉。钢丝束长度$L=30.5$m，试求其张拉伸长值。

【解】 当不考虑孔道摩阻影响，由式（5-15）得

$$\Delta l=\frac{PL}{A_PE_s}=\frac{350.2\times10^3\times30.5\times10^3}{17\times\pi/4\times25\times2.0\times10^5}=160.1(\text{mm})$$

当考虑孔道摩阻影响，由式（5-16）得：由于直线段$\theta=0$

$$\Delta l=\frac{PL}{A_PE_s}\left(1-\frac{kl+\mu\theta}{2}\right)=160.1\times\left(1-\frac{0.0015\times30.5}{2}\right)=152.8(\text{mm})$$

两者比较，伸长值计算结果相差约2.28%。

三、预应力混凝土平板的无黏结后张法施工

下面介绍常用的预应力混凝土平板的无黏结后张法施工。

（一）施工工艺

无黏结预应力混凝土平板施工工艺流程：支设楼板底模→安装底部非预应力筋→铺放无黏结预应力筋→支设楼板边模、安装端部节点→安装水电线管→安装上部非预应力钢筋→隐蔽工程检查验收→浇筑混凝土→施加预应力→端部处理封固。

（二）铺放无黏结预应力筋

铺放预应力筋，是无黏结预应力混凝土结构施工的一项关键工序，只有控制好预应力筋的形状与位置，才能在结构中建立符合设计要求的预应力。

无黏结预应力筋铺设前，应经检验合格，并逐根检查其端部配件无误，如有局部破损应进行修补，然后编号、分类堆放。

(1) 按照工程设计图给出的预应力筋线形，确定各定位点的位置及矢高，列出钢筋支架（马凳）的尺寸、间距及数量，绘制定位曲线图及马凳布置图。支架采用直径为10～12mm的Ⅰ级钢筋，支架间距：单根无黏结预应力筋为1.5～2.5m；集束无黏结预应力筋不宜大于1.2m。支架应与普通钢筋骨架绑扎在一起，支架间距误差为±20mm。

(2) 无黏结预应力筋为双向曲线配置时，由于曲线上各点的矢高不同，两个方向的预应力筋互相穿插，铺筋比较困难。因此，铺筋之前应编制预应力筋铺放顺序，必要时应用计算机进行编序。

（3）铺放顺序编制方法：绘制两方向预应力筋交叉点的平面图，列出各交叉点的矢高，比较交叉点处两方向预应力筋的矢高，先找出各交叉点标高均低于与其相交的其他各筋相应点标高的预应力筋，确定此筋先铺放，然后依此法逐步确定各预应力筋的铺放顺序。

（4）预应力筋按平面位置就位后，用钢筋预制马凳将预应力筋托住，控制其矢高准确。马凳绑扎或焊接固定，应特别注意控制好每根预应力筋的起弯点、反弯点和跨中处的矢高以及上、下保护层的厚度，注意保证预应力筋的起弯点、反弯点和跨中点同位于一个竖直平面内。

（5）当非预应力筋也是双向配置时，应将中间层钢筋与预应力筋并列在同一高度，避免预应力筋与非预应力筋的重复交叉，从而将 4 层筋变成 3 层筋（图 5－92）。

（6）板上有预留洞口时，无黏结预应力筋可分两侧绕过开洞处铺放，预应力筋距洞口不宜小于 150mm，其水平偏移曲率半径不宜小于 6.5m，洞口处应配置构造钢筋加固。

预留洞口处的无黏结预应力筋也可采用中断方式布置（图 5－93）。

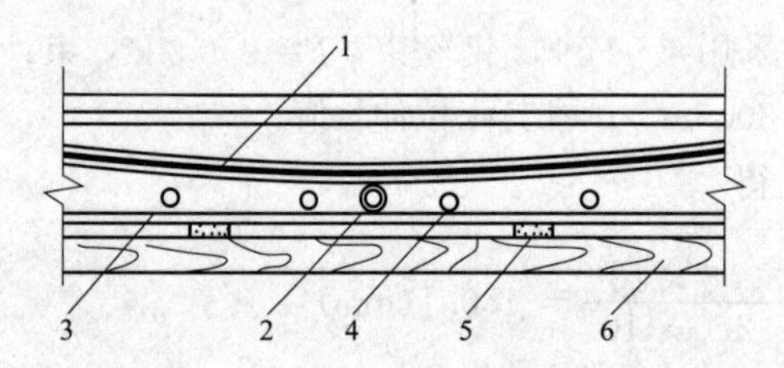

图 5－92　楼板预应力筋铺放位置剖面图
1—纵向预应力筋；2—横向预应力筋；3—纵向非预应力筋；
4—横向非预应力筋；5—垫块；6—楼板底模

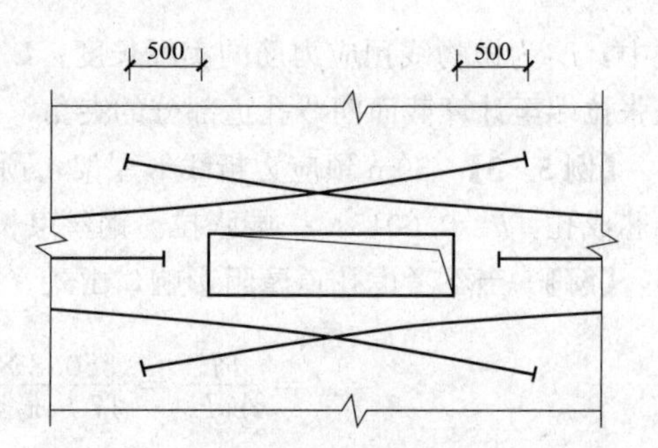

图 5－93　预应力筋在洞口处中断方式布置

（7）敷设各种管线应避开预应力筋，不应抬高或压低预应力筋垂直方向的位置。无黏结预应力筋应铺设在电线管的下面，以避免无黏结筋张拉时产生的向下分力，导致电线管弯曲及其下面的混凝土破碎。

（三）端部节点安装

（1）按照预应力筋的设计位置，在楼板边模上钻孔，将承压垫板固定在孔位上，承压垫板上的留孔应与边模上的钻孔保持重合。为了便于安装预应力筋，易于拆除边模，可将边模做成上下两片，即从孔的水平中心线分开，先安装下片边模，然后穿预应力筋，固定承压垫板，再将上片边模与下边模板对接牢固。

（2）夹片锚具系统与墩头式锚具系统的张拉端、固定端的构造，见“无黏结预应力锚具”。

（3）无黏结预应力筋张拉端应有至少 300mm 长的直线段，且与承压垫板相垂直。

（4）无黏结预应力筋张拉端安装时，先将塑料保护套插入承压垫板的孔内塞进，通过定位螺杆顶紧锚杯内的钢丝墩头，并利用其外露尺寸保证锚杯所需要的埋入深度。定位螺杆外露长度的计算见“无黏结预应力筋张拉”。

（5）墩头式锚具系统固定端安装时，按设计要求的位置将固定端锚板绑扎牢固，钢丝的墩头应与锚板顶紧，不允许错落不齐。严禁锚板相互重叠放置。

（6）夹片锚具系统张拉端安装时，无黏结预应力筋的外露长度不少于 600mm，当采用前卡式千斤顶时，外露长度不少于 200mm。在安装带有穴模或其他埋入混凝土中的张拉端时，将穴模与承压垫板顶紧，各部件之间不应有缝隙。

（7）夹片锚具系统固定端安装时，将组装好的固定端按设计要求位置绑扎牢固。

(8) 螺旋钢筋紧贴承压垫板安正绑牢。

(9) 板的长度超过50m时，可采用后浇带或施工缝将结构分段，预应力筋连续通长铺设，分段张拉。在第一段预应力筋张拉之后，再浇筑后浇带或施工缝的混凝土。如预应力筋采用搭接连接、分段张拉时，应按设计要求的位置在搭接处设置中间张拉端（图5-94）。中间张拉端在板面预留张拉槽，张拉槽留置方法如图5-95所示。张拉槽长度为400～450mm，深度为100mm，单根预应力筋时宽度为80mm。

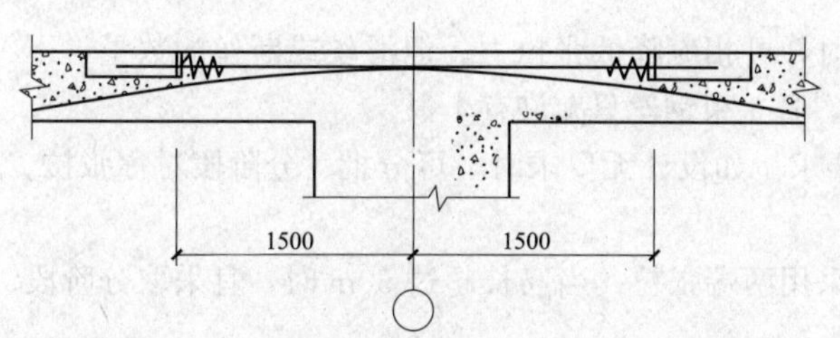

图5-94　无黏结预应力筋搭接时张拉端节点

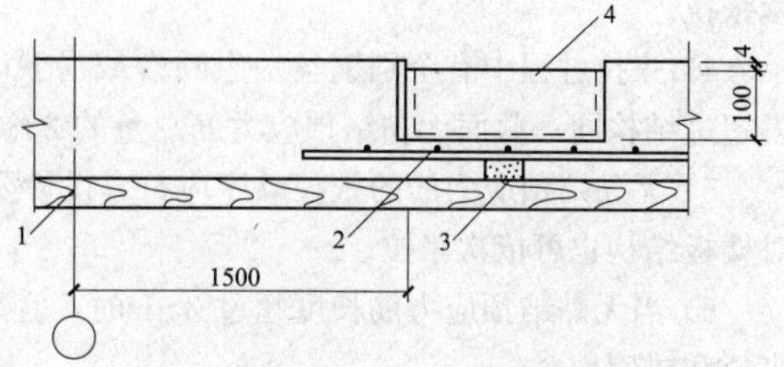

图5-95　用钢板盒预留张拉槽

1—楼板底模；2—φ12构造钢筋；3—垫块；4—钢板盒

(四) 楼板混凝土浇筑

(1) 无黏结预应力筋铺设、安装完以后，认真地进行隐蔽工程的检查验收。检查预应力筋的位置、矢高及其端节点安装情况，确保安装牢固，预应力筋的标高及平面位置偏差应在误差允许范围之内。钢丝束无黏结预应力筋采用墩头锚具时，浇筑混凝土前应逐根检查定位螺杆是否固定牢，其外露长度是否符合计算值。隐蔽工程检查验收确认合格、经监理工程师签认之后，才能浇筑楼板混凝土。

(2) 宜采用泵送混凝土直接浇筑到位。浇筑时混凝土拌和物不准直接冲击预应力筋和锚固端。应按照施工方案铺设人行走道，严禁踩压、碰撞预应力筋及锚具。发现无黏结预应力筋的外包层有局部破损时，应及时进行修补。

(3) 混凝土振捣必须保证密实，尤其是锚固区的混凝土应特别重视，仔细作业，保证振捣密实，又不准碰撞预应力筋与锚具。

(4) 后浇带、施工缝两侧设置挡板，并保证振捣密实。

(五) 施加预应力

(1) 张拉端采用穴模时，应在楼板混凝土浇筑后及时清理穴模，剔出塑料护套，一般可在浇筑完12h左右进行清理。

(2) 楼板预应力筋的张拉顺序，可采用分区、分段、对称的方式进行。

(3) 楼板预应力筋张拉的操作要点及注意事项。

1) 无黏结预应力筋张拉前，应检查张拉端混凝土的密实情况，查看有无裂缝，如存在裂缝、空鼓等缺陷，应进行修补并经检查合乎要求后再进行张拉。

2) 预应力筋张拉时的混凝土立方体抗压强度应符合设计要求。当设计无具体要求时，不应低于设计的混凝土立方体抗压强度标准值的75%，过早地对混凝土施加预应力，会引起较大的收缩和徐变预应力损失，甚至因局部承压过大而引起构件端部混凝土损伤。

无黏结预应力筋张拉操作要点如下。

1) 安装张拉设备时，对直线无黏结预应力筋，应使张拉力作用线与预应力筋中心线重合；对曲线形无黏结预应力筋，应使张拉力作用线与无黏结预应力筋中心线末端的切线重合。

2) 当采用超张拉方法减少无黏结预应力筋的松弛损失时，其张拉程序为：

$$0 \longrightarrow 0.1\sigma_{con}\text{（测伸长初读数）}\longrightarrow 105\%\sigma_{con} \xrightarrow{\text{持荷 2min}} \sigma_{con}$$

$$0 \longrightarrow 0.1\sigma_{con} \xrightarrow{\text{测伸长}} 1.03\sigma_{con}$$

（σ_{con}为无黏结预应力筋的张拉控制应力）

3）张拉时控制张拉应力，并校核无黏结预应力筋的伸长值。实际伸长值与设计计算理论伸长值的相对允许偏差为6%。超出允许范围时，应暂停张拉，查明原因并采取措施予以调整后方可继续张拉。

4）张拉过程中有个别钢丝发生断裂或滑脱时，可相应降低张拉力。但滑丝或断丝的数量，不得超过结构同一截面无黏结预应力筋总量的2%，且1束钢丝只允许有1根。

5）无黏结预应力筋的张拉顺序应符合设计要求。如设计无要求时，可分批、分阶段对称张拉。对楼板结构也可依次张拉。

6）当无黏结预应力筋长度超过25m时，宜采用两端张拉；当筋长超过50m时，宜采取分阶段张拉和锚固。

7）无黏结预应力筋两端张拉时，可以两端同时张拉，也可先在一端张拉并锚固，再在另一端补足张拉力后进行锚固。

8）镦头锚具张拉时应符合下列要求。

① 镦头锚具张拉端的安装，先将塑料保护套插入承压垫板预留孔内，然后用张拉螺杆拧入锚杯内将其固定，张拉螺杆应进入锚杯底顶紧各钢丝镦头。位于塑料保护套内的锚杯，其原始位置满足张拉后可用螺母锚固在承压垫板上。锚杯位置可利用张拉螺杆露出模板外的长度进行定位。

② 千斤顶承力架应垂直地支承在承压垫板板面上。

③ 当张拉力达到设计要求，但由于锚杯定位误差致使锚杯露出承压板外的长度过长或过短时，应采取增设螺母或接长锚杯进行锚固的措施。

9）夹片式锚具张拉锚固如采用液压顶压器顶压时，千斤顶应在保持张拉力的情况下进行顶压，顶压压力应符合设计规定值。

10）张拉作业时，操作人员应站在千斤顶侧面，不得站在张拉设备后面或建筑物边缘与张拉设备之间。

（4）无黏结预应力筋中间搭接处，其张拉端的张拉采用变角张拉工艺（图5-96）。

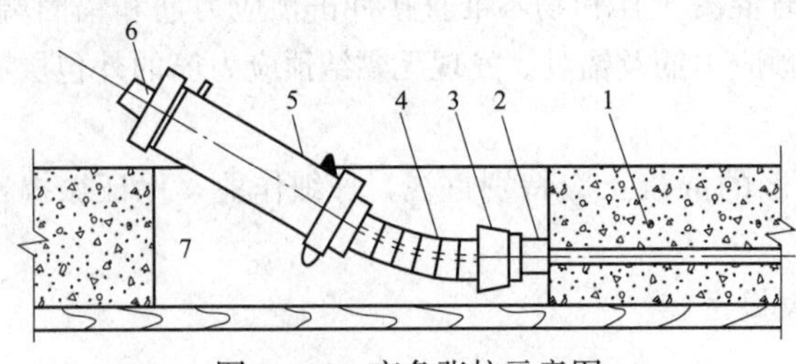

图5-96　变角张拉示意图

1—无黏结预应力筋；2—锚具；3—液压顶压器；4—变角块；5—千斤顶；6—工具锚；7—张拉槽

变角张拉是利用若干变角块调节千斤顶与锚具间的角度。单根预应力筋适用的变角范围为0°～60°。由于变角张拉，增加了预应力筋的摩阻损失，工程设计中应予考虑。当变角范围在0°～20°时，摩阻损失较小，可以忽略不计；当变角范围在20°～40°时，可超张拉5%来考虑变角张拉的摩阻损失。

（5）板墙结构体系的楼板，施加预应力时，部分剪力墙可产生"台座效应"，阻止楼板中预应力的建立。如图5-97所示，为了保证预应力有效地施加于楼板而不被纵墙吸收，在纵横墙交接处，沿横墙一侧的楼板以及纵墙上均留有1m宽的后浇带，张拉后用膨胀混凝土浇筑。

（6）无黏结预应力筋张拉锚固后及时进行封闭防护。

预应力筋张拉锚固后，采用砂轮切割机等机械方法切除其超长部分，严禁采用电弧切割。切割多余部分后，无黏结预应力筋露出锚具夹片外的长度不应小于30mm。

无黏结预应力筋张拉锚固后，应及时对锚固区进行封闭保护。

对于内藏式锚具，可先对预应力筋端部和锚具的夹持部分进行防潮封闭处理，然后在穴槽内浇筑细石混凝土密封。

对墩头式锚具，先用油枪通过锚杯注油孔向连接套管内注入足量防腐油脂，以油脂从另一注油孔溢出为止，然后用防腐油脂将锚杯内充填密实，并用塑料盖帽盖严，再在锚具及承压板表面涂以防水涂料。

对夹片式锚具，在无黏结预应力筋端部及锚具外露表面涂刷防水涂料。

按照前述方法进行防潮处理以后的锚固区，再用后浇膨胀混凝土或低收缩防水砂浆或环氧砂浆进行密封。在浇筑砂浆之前，宜在槽口内壁涂以环氧树脂类黏结剂。

当锚固区突出在结构端部之外时，可用后浇的外包钢筋混凝土圈梁进行封闭。外包圈梁不宜突出在外墙面以外。

对不能使用混凝土或砂浆包裹层的部位，应对无黏结预应力筋的锚具全部涂以与无黏结预应力筋涂料层相同的防腐油脂，并采用具有可靠防腐蚀和防火性能的保护套将锚具全部密闭保护。

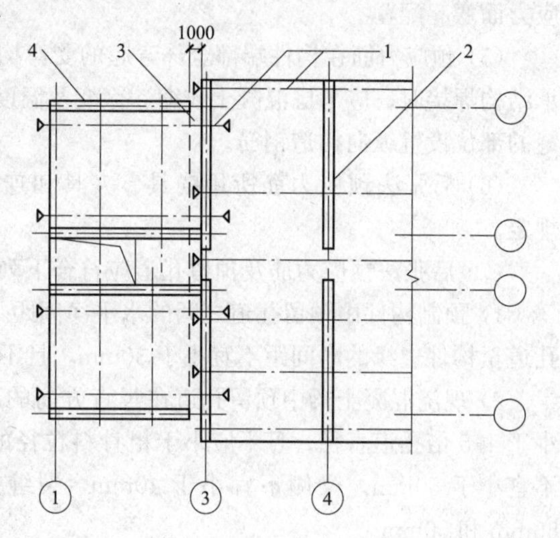

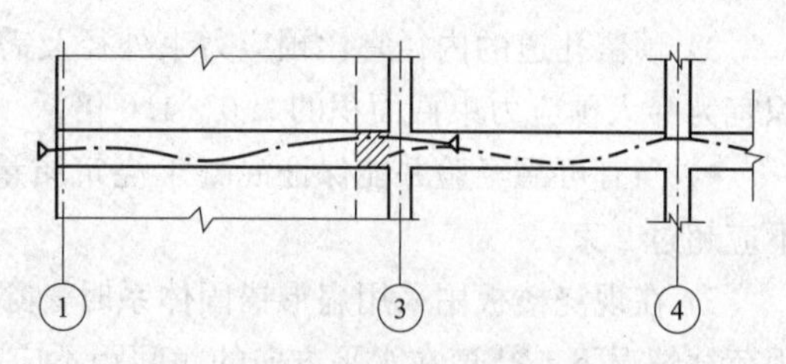

图 5-97　楼板与纵墙留置后浇带

1—预应力筋；2—横墙；3—后浇带；4—纵墙

第六节　预应力工程相关规范规定

一、预应力混凝土构造规定

根据《混凝土结构设计规范》(GB 50010) 的规定，预应力混凝土构造要满足以下要求。

(1) 先张法预应力筋之间的净间距不宜小于其公称直径的 2.5 倍和混凝土粗骨料最大粒径的 1.25 倍，且应符合下列规定：预应力钢丝，不应小于 15mm；三股钢绞线，不应小于 20mm；七股钢绞线，不应小于 25mm。当混凝土振捣密实性具有可靠保证时，净间距可放宽为最大粗骨料粒径的 1.0 倍。

(2) 先张法预应力混凝土构件端部宜采取下列构造措施。

1) 单根配置的预应力筋，其端部宜设置螺旋筋。

2) 分散布置的多根预应力筋，在构件端部 $10d$ 且不小于 100mm 长度范围内，宜设置 3～5 片与预应力筋垂直的钢筋网片，此处 d 为预应力筋的公称直径。

3) 采用预应力钢丝配筋的薄板，在板端 100mm 长度范围内宜适当加密横向钢筋。

4) 槽形板类构件，应在构件端部 100mm 长度范围内沿构件板面设置附加横向钢筋，其数量不应少于 2 根。

(3) 预制肋形板，宜设加强其整体性和横向刚度的横肋。端横肋的受力钢筋应弯入纵肋内。当采用先张长线法生产有端横肋的预应力混凝土肋形板时，应在设计和制作上采取防止放张预应力筋时端横肋产生裂缝的有效措施。

(4) 在预应力混凝土屋面梁、吊车梁等构件靠近支座的斜向主拉应力较大部位，宜将一部分预应力筋弯起配置。

(5) 预应力筋在构件端部全部弯起的受弯构件或直线配筋的先张法构件，当构件端部与下部支承结构焊接时，应考虑混凝土收缩、徐变及温度变化所产生的不利影响，宜在构件端部可能产生裂缝的部位设置纵向构造钢筋。

(6) 后张法预应力筋所用锚具、夹具和连接器等的形式和质量应符合国家现行有关标准的规定。

(7) 后张法预应力筋及预留孔道应符合下列构造规定。

1) 预制构件中预留孔道之间的水平净间距不宜小于 50mm，且不宜小于粗骨料粒径的 1.25 倍；孔道至构件边缘的净间距不宜小于 30mm，且不宜小于孔道直径的 50%。

2) 现浇混凝土梁中预留孔道在竖直方向的净间距不应小于孔道外径，水平方向的净间距不宜小于 1.5 倍孔道直径，且不应小于粗骨料粒径的 1.25 倍；从孔道外壁至构件边缘的净间距，梁底不宜小于 50mm，梁侧不宜小于 40mm，裂缝控制等级为三级的梁，梁底、梁侧分别不宜小于 60mm 和 50mm。

3) 预留孔道的内径宜比预应力束外径及需穿过孔道的连接器外径大 6～15mm，且孔道的截面积宜为穿入预应力束截面积的 3.0～4.0 倍。

4) 当有可靠经验并能保证混凝土浇筑质量时，预留孔道可水平并列贴紧布置，但并排的数量不应超过 2 束。

5) 在现浇楼板中采用扁形锚固体系时，穿过每个预留孔道的预应力筋数量宜为 3～5 根；在常用荷载情况下，孔道在水平方向的净间距不应超过 8 倍板厚及 1.5m 中的较大值。

6) 板中单根无黏结预应力筋的间距不宜大于板厚的 6 倍，且不宜大于 1m；带状束的无黏结预应力筋根数不宜多于 5 根，带状束间距不宜大于板厚的 12 倍，且不宜大于 2.4m。

7) 梁中集束布置的无黏结预应力筋，集束的水平净间距不宜小于 50mm，束至构件边缘的净距不宜小于 40mm。

(8) 后张法预应力混凝土构件的端部锚固区，应按下列规定配置间接钢筋。

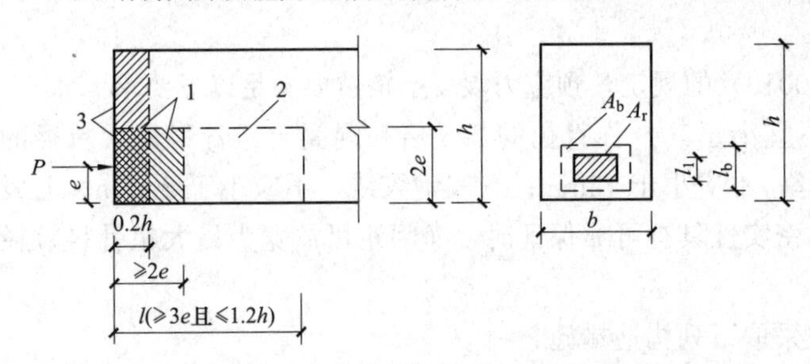

图 5-98　防止端部裂缝的配筋范围
1—局部受压间接钢筋配置区；2—附加防劈裂配筋区；
3—附加防端面裂缝配筋区

1) 采用普通垫板时，应按规范公式进行局部受压承载力计算，并配置间接钢筋（图 5-98），其体积配筋率不应小于 0.5%，垫板的刚性扩散角应取 45°。

2) 局部受压承载力计算时，局部压力设计值对有黏结预应力混凝土构件取 1.2 倍张拉控制力，对无黏结预应力混凝土取 1.2 倍张拉控制力和 $f_{ptk}A_P$ 中的较大值。

3) 当采用整体铸造垫板时，其局部受压区的设计应符合相关标准的规定。

4) 在局部受压间接钢筋配置区以外，在构件端部长度 l 不小于截面重心线上部或下部预应力筋的合力点至邻近边缘的距离 e 的 3 倍，但不大于构件端部截面高度 h 的 1.2 倍，高度为 $2e$ 的附加配筋区范围内，应均匀配置附加防劈裂箍筋或网片（图 5-98），配筋面积按规范公式计算且体积配筋率不应小于 0.5%。

5) 当构件端部预应力筋需集中布置在截面下部或集中布置在上部和下部时，应在构件端部 0.2h 范围内设置附加竖向防端面裂缝构造钢筋（图 5-98），其截面面积应符合公式要求。

当 e 大于 $0.2h$ 时，可根据实际情况适当配置构造钢筋。竖向防端面裂缝钢筋宜靠近端面配置，可采用焊接钢筋网、封闭式箍筋或其他的形式，且宜采用带肋钢筋。

当端部截面上部和下部均有预应力筋时，附加竖向钢筋的总截面面积应按上部和下部的预应力合力分别计算的较大值采用。

在构件端面横向也应按上述方法计算抗端面裂缝钢筋，并与上述竖向钢筋形成网片筋配置。

(9) 当构件在端部有局部凹进时，应增设折线构造钢筋（图 5-99）或其他有效的构造钢筋。

(10) 后张法预应力混凝土构件中，当采用曲线预应力束时，其曲率半径 r_P 宜按公式确定，但不宜小于 4m。对于折线配筋的构件，在预应力束弯折处的曲率半径可适当减小。当曲率半径不满足上述要求时，可在曲线预应力束弯折处内侧设置钢筋网片或螺旋筋。

(11) 在预应力混凝土结构中，当沿构件凹面布置曲线预应力束时（图 5-100），应进行防崩裂设计。当曲率半径满足公式要求足够大时，可仅配置构造 U 形插筋。

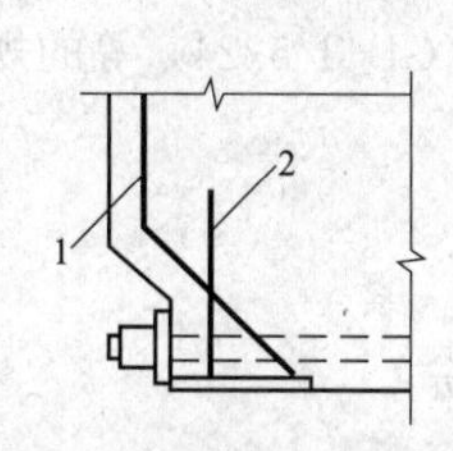

图 5-99　端部凹进处构造钢筋

1—折线构造钢筋；2—竖向构造钢筋

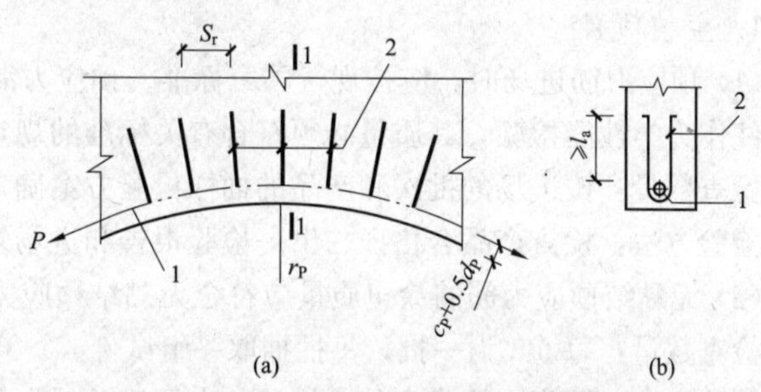

图 5-100　抗崩裂 U 形插筋构造示意图

(a) 抗崩裂 U 形插筋布置；(b) Ⅰ-Ⅰ剖面

1—预应力束；2—沿曲线预应力束均匀布置的 U 形插筋；

S_r—U 形插筋间距；r_P—曲率半径；c_P—孔道净混凝土保护层厚度

U 形插筋的锚固长度不应小于 l_a；当实际锚固长度 l_e 小于 l_a 时，每单肢 U 形插筋的截面面积可按计算面积 A_{svl}/k 取值。其中，k 取 $l_e/15d$ 和 $l_e/200$ 的较小值，且 k 不大于 1.0。

(12) 构件端部尺寸应考虑锚具的布置、张拉设备的尺寸和局部受压的要求，必要时应适当加大。

(13) 后张预应力混凝土外露金属锚具，应采取可靠的防腐及防火措施，并符合下列规定。

1) 无黏结预应力筋外露锚具应采用注有足量防腐油脂的塑料帽封闭锚具端头，并采用无收缩砂浆或细石混凝土封闭。

2) 对处于二 b、三 a、三 b 类环境条件下的无黏结预应力锚固系统，应采用全封闭的防腐蚀体系，其封锚端及各连接部位应能承受 10kPa 的静水压力而不得透水。

3) 采用混凝土封闭时，其强度等级宜与构件混凝土强度一致，且不应低于 C30。封锚混凝土与构件混凝土应可靠黏结，如锚具在封闭前应将周围混凝土界面凿毛并冲洗干净，且宜配置 1～2 片钢筋网，钢筋网应与构件混凝土拉结。

4) 采用无收缩砂浆或混凝土封闭保护时，其锚具及预应力筋端部的保护层厚度不应小于：一类环境时 20mm，二 a、二 b 类环境时 50mm，三 a、三 b 类环境时 80mm。

二、预应力分项工程的施工质量验收规定

根据混《凝土结构工程施工质量验收规范》(GB 50204) 的规定，预应力分项工程施工质量验收要符合以下规定。

(一) 一般规定

(1) 后张法预应力工程的施工应由具有相应资质等级的预应力专业施工单位承担。

(2) 预应力筋张拉机具设备及仪表，应定期维护和校验。张拉设备应配套标定，并配套使用。张拉设备的标定期限不应超过半年。当在使用过程中出现反常现象时或在千斤顶检修后。应重新标定。

注：① 张拉设备标定时，千斤顶活塞的运行方向应与实际张拉工作状态一致；

② 压力表的精度不应低于1.5级，标定张拉设备用的试验机或测力计精度不应低于±2%。

(3) 在浇筑混凝土之前，应进行预应力隐蔽工程验收，其内容包括以下几个方面。

1) 预应力筋的品种、规格、数量、位置等。

2) 预应力筋锚具和连接器的品种、规格、数量、位置等。

3) 预留孔道的规格、数量、位置、形状及灌浆孔、排气兼泌水管等。

4) 锚固区局部加强构造等。

(二) 原材料

1. 主控项目

(1) 预应力筋进场时，应按现行国家标准《预应力混凝土用钢绞线》(GB/T 5224) 等的规定抽取试件作力学性能检验，其质量必须符合有关标准的规定。

检查数量：按进场的批次和产品的抽样检验方案确定。

检验方法：检查产品合格证、出厂检验报告和进场复验报告。

(2) 无黏结预应力筋的涂包质量应符合无黏结预应力钢绞线标准的规定。

检查数量：每60t为一批，每批抽取一组试件。

检验方法：观察，检查产品合格证、出厂检验报告和进场复验报告。

注：当有工程经验，并经观察认为质量有保证时，可不作油脂用量和护套厚度的进场复验。

(3) 预应力筋用锚具、夹具和连接器应按设计要求采用，其性能应符合现行国家标准《预应力筋用锚具、夹具和连接器》(GB/T 14370) 等的规定。

检查数量：按进场批次和产品的抽样检验方案确定。

检验方法：检查产品合格证、出厂检验报告和进场复验报告。

注：对锚具用量较少的一般工程，如供货方提供有效的试验报告，可不作静载锚固性能试验。

(4) 孔道灌浆用水泥应采用普通硅酸盐水泥，其质量应符合本规范第7.2.1条的规定。孔道灌浆用外加剂的质量应符合本规范第7.2.2条的规定。

检查数量：按进场批次和产品的抽样检验方案确定。

检验方法：检查产品合格证、出厂检验报告和进场复验报告。

注：对孔道灌浆用水泥和外加剂用量较少的一般工程，当有可靠依据时，可不作材料性能的进场复验。

2. 一般项目

(1) 预应力筋使用前应进行外观检查，其质量应符合下列要求。

1) 有黏结预应力筋展开后应平顺，不得有弯折，表面不应有裂纹、小刺、机械损伤、氧化铁皮和油污等。

2) 无黏结预应力筋护套应光滑、无裂缝，无明显褶皱。

检查数量：全数检查。

检验方法：观察。

注：无黏结预应力筋护套轻微破损者应外包防水塑料胶带修补，严重破损者不得使用。

(2) 预应力筋用锚具、夹具和连接器使用前应进行外观检查，其表面应无污物、锈蚀、机械损伤和裂纹。

检查数量：全数检查。

检验方法：观察。

(3) 预应力混凝土用金属螺旋管的尺寸和性能应符合国家现行标准《预应力混凝土用金属螺旋管》(JG/T 3013) 的规定。

检查数量：按进场批次和产品的抽样检验方案确定。

检验方法：检查产品合格证、出厂检验报告和进场复验报告。

注：对金属螺旋管用量较少的一般工程，当有可靠依据时，可不作径向刚度、抗渗漏性能的进场复验。

(4) 预应力混凝土用金属螺旋管在使用前应进行外观检查，其内外表面应清洁，无锈蚀，不应有油污、孔洞和不规则的褶皱，咬口不应有开裂或脱扣。

检查数量：全数检查。

检验方法：观察。

(三) 制作与安装

1. 主控项目

(1) 预应力筋安装时，其品种、级别、规格、数量必须符合设计要求。

检查数量：全数检查。

检验方法：观察，钢尺检查。

(2) 先张法预应力施工时应选用非油质类模板隔离剂，并应避免沾污预应力筋。

检查数量：全数检查。

检验方法：观察。

(3) 施工过程中应避免电火花损伤预应力筋；受损伤的预应力筋应予以更换。

检查数量：全数检查。

检验方法：观察。

2. 一般项目

(1) 预应力筋下料应符合下列要求。

1) 预应力筋应采用砂轮锯或切断机切断，不得采用电弧切割。

2) 当钢丝束两端采用镦头锚具时，同一束中各根钢丝长度的极差不应大于钢丝长度的 1/5000，且不应大于 5mm。当成组张拉长度不大于 10m 的钢丝时，同组钢丝长度的极差不得大于 2mm。

检查数量：每工作班抽查预应力筋总数的 3%，且不少于 3 束。

检验方法：观察，钢尺检查。

(2) 预应力筋端部锚具的制作质量应符合下列要求。

1) 挤压锚具制作时压力表油压应符合操作说明书的规定，挤压后预应力筋外端应露出挤压套筒 1～5mm。

2) 钢绞线压花锚成形时，表面应清洁、无油污，梨形头尺寸和直线段长度应符合设计要求。

3) 钢丝镦头的强度不得低于钢丝强度标准值的 98%。

检查数量：对挤压锚，每工作班抽查 5%，且不应少于 5 件；对压花锚，每工作班抽查 3 件；对钢丝镦头强度，每批钢丝检查 6 个镦头试件。

检验方法：观察，钢尺检查，检查镦头强度试验报告。

(3) 后张法有黏结预应力筋预留孔道的规格、数量、位置和形状除应符合设计要求外，还应符合下列规定。

1) 预留孔道的定位应牢固，浇筑混凝土时不应出现移位和变形。

2）孔道应平顺，端部的预埋锚垫板应垂直于孔道中心线。

3）成孔用管道应密封良好，接头应严密且不得漏浆。

4）灌浆孔的间距：对预埋金属螺旋管不宜大于30m；对抽芯成形孔道不宜大于12m。

5）在曲线孔道的曲线波峰部位应设置排气兼泌水管，必要时可在最低点设置排水孔。

6）灌浆孔及泌水管的孔径应能保证浆液畅通。

检查数量：全数检查。

检验方法：观察，钢尺检查。

（4）预应力筋束形控制点的竖向位置偏差应符合表5-6的规定。

表5-6　束形控制点的竖向位置允许偏差

截面高（厚）度（mm）	$h\leqslant300$	$300<h\leqslant1500$	$h>1500$
允许偏差（mm）	±5	±10	±15

检查数量：在同一检验批内，抽查各类型构件中预应力筋总数的5%，且对各类型构件均不少于5束，每束不应少于5处。

检验方法：钢尺检查。

注：束形控制点的竖向位置偏差合格点率应达到90%及以上，且不得有超过表中数值1.5倍的尺寸偏差。

（5）无黏结预应力筋的铺设除应符合第（4）条的规定外，还应符合下列要求。

1）无黏结预应力筋的定位应牢固，浇筑混凝土时不应出现移位和变形。

2）端部的预埋锚垫板应垂直于预应力筋。

3）内埋式固定端垫板不应重叠，锚具与垫板应贴紧。

4）无黏结预应力筋成束布置时应能保证混凝土密实并能裹住预应力筋。

5）无黏结预应力筋的护套应完整，局部破损处应采用防水胶带缠绕紧密。

检查数量：全数检查。

检验方法：观察。

（6）浇筑混凝土前穿入孔道的后张法有黏结预应力筋，宜采取防止锈蚀的措施。

检查数量：全数检查。

检验方法：观察。

（四）张拉和放张

1. 主控项目

（1）预应力筋张拉或放张时，混凝土强度应符合设计要求；当设计无具体要求时，不应低于设计的混凝土立方体抗压强度标准值的75%。

检查数量：全数检查。

检验方法：检查同条件养护试件试验报告。

（2）预应力筋的张拉力、张拉或放张顺序及张拉工艺应符合设计及施工技术方案的要求，并应符合下列规定。

1）当施工需要超张拉时，最大张拉应力不应大于国家现行标准《混凝土结构设计规范》（GB 50010）的规定。

2）张拉工艺应能保证同一束中各根预应力筋的应力均匀一致。

3）后张法施工中，当预应力筋是逐根或逐束张拉时，应保证各阶段不出现对结构不利的应力状态；同时宜考虑后批张拉预应力筋所产生的结构构件的弹性压缩对先批张拉预应力筋的影响，确定张拉力。

4）先张法预应力筋放张时，宜缓慢放松锚固装置，使各根预应力筋同时缓慢放松。

5）当采用应力控制方法张拉时，应校核预应力筋的伸长值。实际伸长值与设计计算理论伸长值的相对允许偏差为±6%。

检查数量：全数检查。

检验方法：检查张拉记录。

(3) 预应力筋张拉锚固后实际建立的预应力值与工程设计规定检验值的相对允许偏差为±5%。

检查数量：对先张法施工，每工作班抽查预应力筋总数的1%，且不少于3根；对后张法施工，在同一检验批内，抽查预应力筋总数的3%，且不少于5束。

检验方法：对先张法施工，检查预应力筋应力检测记录；对后张法施工，检查见证张拉记录。

(4) 张拉过程中应避免预应力筋断裂或滑脱；当发生断裂或滑脱时，必须符合下列规定。

1）对后张法预应力结构构件，断裂或滑脱的数量严禁超过同一截面预应力筋总根数的3%，且每束钢丝不得超过一根；对多跨双向连续板，其同一截面应按每跨计算。

2）对先张法预应力构件，在浇筑混凝土前发生断裂或滑脱的预应力筋必须予以更换。

检查数量：全数检查。

检验方法：观察，检查张拉记录。

2. 一般项目

(1) 锚固阶段张拉端预应力筋的内缩量应符合设计要求；当设计无具体要求时，应符合表5-7的规定。

检查数量：每工作班抽查预应力筋总数的3%，且不少于3束。

检验方法：钢尺检查。

表5-7　　张拉端预应力筋的内缩量限值

<table>
<tr><th colspan="2">锚 具 类 别</th><th>内缩量限值（mm）</th></tr>
<tr><td rowspan="2">支承式锚具（镦头锚具等）</td><td>螺母缝隙</td><td>1</td></tr>
<tr><td>每块后加垫板的缝隙</td><td>1</td></tr>
<tr><td colspan="2">锥塞式锚具</td><td>5</td></tr>
<tr><td rowspan="2">夹片式锚具</td><td>有顶压</td><td>5</td></tr>
<tr><td>无顶压</td><td>6~8</td></tr>
</table>

(2) 先张法预应力筋张拉后与设计位置的偏差不得大于5mm，且不得大于构件截面短边边长的4%。

检查数量：每工作班抽查预应力筋总数的3%，且不少于3束。

检验方法：钢尺检查。

（五）灌浆与封锚

1. 主控项目

(1) 后张法有黏结预应力筋张拉后应尽早进行孔道灌浆，孔道内水泥浆应饱满、密实。

检查数量：全数检查。

检验方法：观察，检查灌浆记录。

(2) 锚具的封闭保护应符合设计要求；当设计无具体要求时，应符合下列规定。

1）应采取防止锚具腐蚀和遭受机械损伤的有效措施。

2）凸出式锚固端锚具的保护层厚度不应小于 50mm。

3）外露预应力筋的保护层厚度：处于正常环境时，不应小于 20mm；处于易受腐蚀的环境时，不应小于 50mm。

检查数量：在同一检验批内，抽查预应力筋总数的 5%，且不少于 5 处。

检验方法：观察，钢尺检查。

2. 一般项目

(1) 后张法预应力筋锚固后的外露部分宜采用机械方法切割，其外露长度不宜小于预应力筋直径的 1.5 倍，且不宜小于 30mm。

检查数量：在同一检验批内，抽查预应力筋总数的 3%，且不少于 5 束。

检验方法：观察，钢尺检查。

(2) 灌浆用水泥浆的水灰比不应大于 0.45，搅拌后 3h 泌水率不宜大于 2%，且不应大于 3%。泌水应能在 24h 内全部重新被水泥浆吸收。

检查数量：同一配合比检查一次。

检验方法：检查水泥浆性能试验报告。

(3) 灌浆用水泥浆的抗压强度不应小于 $30N/mm^2$。

检查数量：每工作班留置一组边长为 70.7mm 的立方体试件。

检验方法：检查水泥浆试件强度试验报告。

注：① 一组试件由 6 个试件组成，试件应标准养护 28d。

② 抗压强度为一组试件的平均值，当一组试件中抗压强度最大值或最小值与平均值相差超过 20%时，应取中间 4 个试件强度的平均值。

第七节 工程实践案例

【案例 1】 有黏结后张法的施工案例

一、工程概况

本工程概况略。

二、结构方案的选择

中国国际航空公司北京市内货运中心是一个超过 2 万 m^2、三层（带夹层）的办公楼及仓库的综合建筑物。多层仓库由于储量大、占地少，容易管理等原因而受到用户欢迎。多层仓库的特点是跨度大、荷载大，梁的弯矩、剪力均很大，普通钢筋混凝土大梁截面积大，用钢量大，在长期使用中，跨中和支座处难免出现裂缝。为避免框架梁的截面过大及在使用中出现裂缝，并且减小用钢量，本工程主梁（5 跨，每跨 12m）设计成部分预应力混凝土结构。该工程结构平面如图 5－101 所示。主框架梁截面及预应力筋布置如图 5－102 所示。

三、预应力方案选择

(1) 预应力筋的选择。采用高强钢丝或钢绞线，与普通钢筋混凝土结构相比，钢筋用量仅为 1/3，虽然增加了预应力费用，但总造价却可以不增加并且有所降低。预应力筋中高强钢丝又比钢绞线便宜 10%左右，并且强度利用系数比钢绞线高 6%，因此选用高强钢丝作为预应力筋。

(2) 有黏结与无黏结方案的选择。无黏结预应力技术已在我国推广，其特点是施工简便，张拉锚固方便，取消了有黏结后张预应力的预留孔道与灌浆等，但其造价较高，比有黏结筋价格高出 80%左右。另外，无黏结筋构件容易产生集中裂缝，裂缝宽而大，所以不适用于大跨重荷载集中配

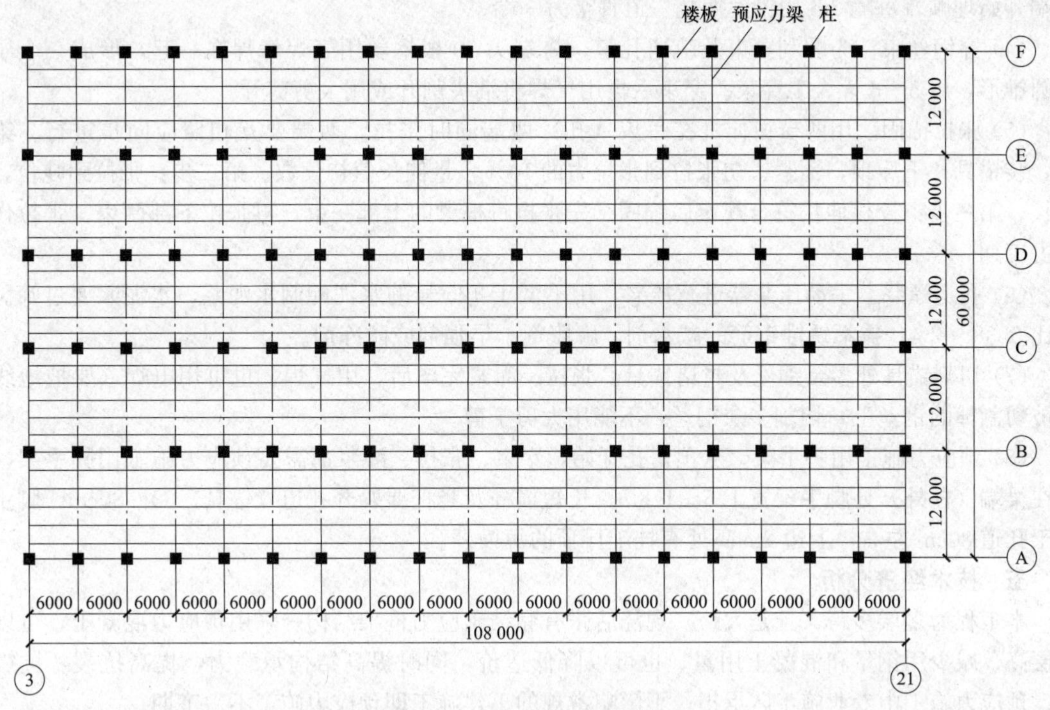

图 5-101　工程结构平面图

筋的框架大梁，因此该工程框架大梁选用有黏结现浇后张框架大梁。由于大梁连续 5 跨总长 60m，其预留孔道和穿钢丝束难度较大，张拉和孔道灌浆也比较复杂。担任该工程预应力施工的是一支有经验的专业化的预应力施工队伍，因此，上述问题能够克服。

(3) 锚具的选择。锚具是一个关键因素，它影响着造价、施工方便与否及结构构件端部构造。例如，孔道的大小、束间（孔）中心距离及距构件边缘距离、梁柱预埋铁件大小、铁件外预留宽（长）度等。钢丝束锥形锚具比墩头锚具价格低 20%，比 XM 等三夹片群锚价低 50%，同时用钢量也少。因此选用高强钢丝束锥形锚方案。

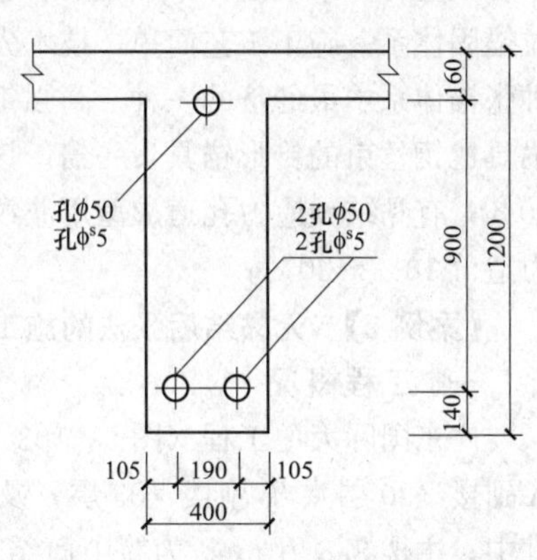

图 5-102　梁截面及预应力配筋

四、预应力施工

(1) 孔道成型。中间 3 跨用波纹管（内直径 50mm），每节长 10m。接头大一号，接头处用塑料胶布缠绕密封。两端跨用特制的不需充水充气的橡胶管抽拔成型，这样做是为了节约资金。预埋波纹管比抽拔胶管成型贵 50%以上，但抽拔管费时费工，长度有一定限制，一般小于 15m。波纹管预埋浇筑混凝土及抽拔胶管后要及时通孔。用钢丝束解决通孔问题，一举两得。

(2) 灌浆孔与出气孔。两端锚具上有灌浆孔与出气孔，但由于孔道长 60m，为预防中间堵塞发生意外，在中间跨中 1.5m 处，预埋两个灌浆孔（出气孔），从中间楼板面上向两端灌浆。两端锚具上孔眼作为出气孔（有时也作为灌浆孔）。

(3) 钢丝现场下料。场地长 80m，宽 40m，利用塔吊轨道一侧空隙。钢丝分楼层分批进场，集中在塔吊端头堆放。堆垛下铺垫木，离地面 30cm 以上，上面覆盖雨布，防雨雪、防潮、防锈。地面铺砖或砂石，四周有排水措施。下料长度 62m，误差＋20cm，用大剪剪断。每 20 根为一束，从一端开始理顺，每隔2m用铅丝捆扎一道直至另一端。

(4) 穿钢丝束。为顺利穿束及疏通孔道，将端头20根钢丝用气焊烤焊在一起，形成一个子弹头圆锥形，用5～6人人工穿束。穿束后再用气焊将端头割开或用大剪剪开。

(5) 张拉锚固。用两台拉伸机在每束（孔）两端同时张拉，两端要互相照应同步进行。第一步：装锚具、千斤顶，预紧、初张拉到张拉力的10%，量伸长值初读数。第二步：张拉到吨位，量伸长。第三步：校核伸长符合规定后锚固。先张拉每根梁的上部一束，再张拉下部两束。张拉作业不占工期。

(6) 孔道灌浆。手动压浆器进行压浆，用不低于425号的水泥配制水泥浆，水泥浆要过筛。水灰比0.38～0.4，掺不锈蚀钢筋的减水剂、膨胀剂、早强剂或防冻剂。

(7) 切割锚具外多余钢丝及封堵锚具。张拉、灌浆完毕后，用气焊，也可用电焊（要把地线搭在被切割掉的钢丝上）切割多余钢丝，不能用大剪子剪。

(8) 预应力施工用脚手架。从预留孔开始，穿束、张拉、灌浆都需要预应力施工用脚手架，要求在梁端（柱外）处脚手架宽1.5～1.8m，长短横杆及竖杆要躲开孔道（锚具）60～80cm，脚手架低于孔道80cm左右，上边2m高处有挂千斤顶的短横杆。

五、技术经济分析

本工程为多层多跨（且是大跨）现浇后张有黏结预应力框架结构。采用预应力混凝土，可以降低层高、减少用钢量和混凝土用量，也可以降低造价，同时提高结构承载力，提高抗裂、抗震能力。预应力施工由专业施工队承担，不影响常规的土建施工即预应力施工不占工期。

预应力方案的选择十分重要，它关系着结构构造合理，施工简便，造价经济。本工程选用的张拉锚固体系，施工工艺简单，技术先进成熟，经济效益显著。高强钢丝束锥形锚张拉锚固体系是各种张锚体系中最经济的一种。高强钢丝比钢绞线价格低约10%，强度利用系数却提高6%，钢绞线锚具比钢丝束的锥形锚具贵一倍。该工程用高强钢丝32t，如用无黏结筋则需35t，造价提高30%～40%，有黏结预应力孔道成型用波纹管，简单方便，但其造价也较高，使用波纹管与否，影响预应力造价10%～20%。

【案例2】 无黏结后张法的施工案例

一、工程概况

广东国际大厦工程（图5-103、图5-104）位于广州市环市东路，整个工程由主楼（63层）、A副楼（30层）、B副楼（33层）及裙楼组成，均为现浇钢筋混凝土结构，总建筑面积18万m^2。其中，主楼8.8万m^2，为筒中筒结构，外筒为35.1m×37.0m，近似正方形平面，由24根1.2m（宽）×0.7～1.8m的矩形柱和4根异形角柱组成；内筒为17m×23m的矩形平面，由电梯井和楼梯间等剪力墙组成，结构顶为直升机停机坪，标高为200.0m。内外筒之间的楼板从第七层至六十三层均为后张无黏结部分预应力混凝土平板楼盖，标准层高3.0m，板厚22cm，内外筒间跨度为7.0～9.4m。从第七层至第十三层外筒悬臂板也为无黏结预应力平板，最大板宽4m。

二、预应力楼板结构要点

楼板结构采用35cm高无黏结预应力扁平梁的结构布置，标准层楼板厚度为22cm，从而将角板的双向受力状态转变为单向受力板，受力明确。第七至第九层因有外悬挑板，故布筋比较复杂（图5-105），楼板非预应力筋为双层配筋，支座处均配置负筋，预应力筋是曲线布筋，平均间距约16.5cm。

三、预应力施工

(1) 无黏结预应力筋：本工程预应力筋每束为7ϕ5高强钢丝，采用挤压涂塑工艺成束，设计要求钢丝抗拉强度1600MPa。

钢丝束—锚具组装件的静载试验结果为 1601.1～1696.0MPa，均超过规定值（抗拉强度 95%）的要求；锚固后的无黏结筋束承受 200 万次疲劳强度试验，锚具未发现破坏。

（2）锚固体系：本工程采用的锚固体系的固定端均为锚板式锚固系统［图 5-106（a）］，张拉端第七层至第三十四层为锚杯式墩头锚［图 5-106（b）］与夹片锚［图 5-106（c）］两种，从第三十五层开始全为夹片锚［图 5-106（d）］。从对组装后的锚具静、动载试验及国内工程实践来看，上述三种张拉端锚固方式均可满足结构受力性能的要求。从第三十五层起张拉端全部改为夹片式，主要是根据板端留有 20cm 宽后浇边窗台及施工中夹片锚具质量、组装更易保证。它与锚杯式墩头锚具比较有下列优点。

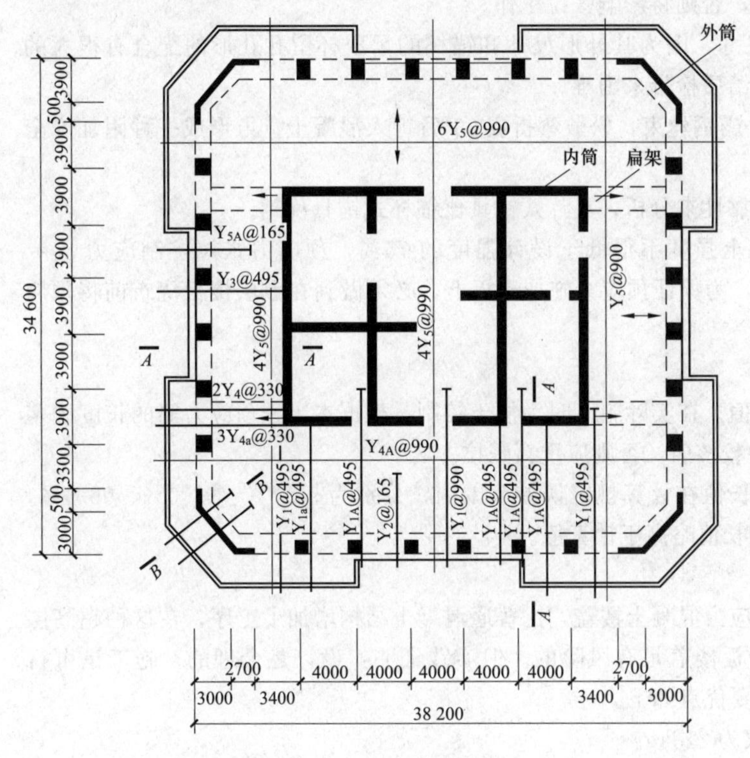

图 5-103　标准层结构平面

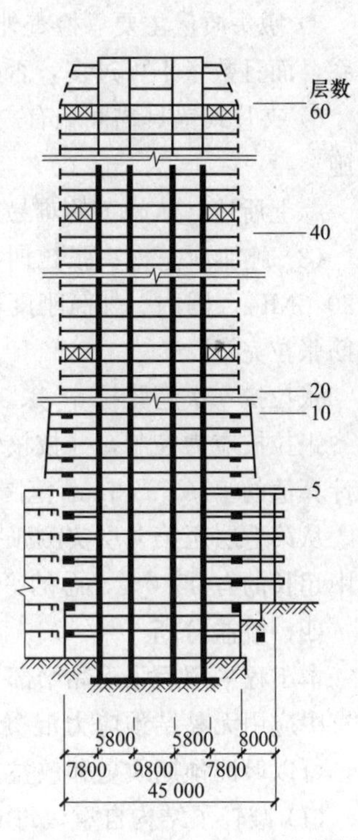

图 5-104　国际大厦主楼结构剖面

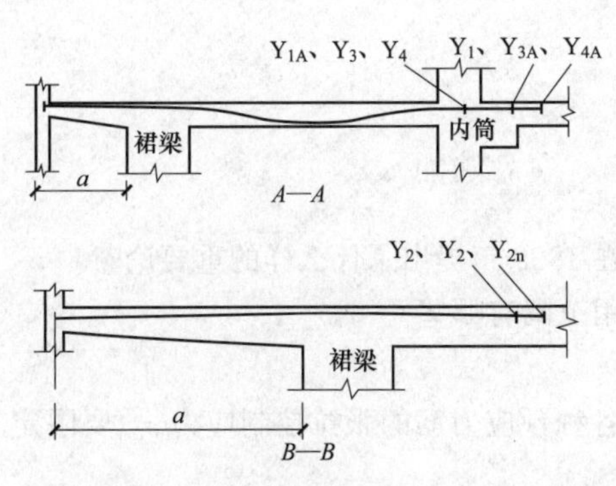

图 5-105　标准层结构平面及预应力布筋

a—悬挑板宽：500～4000mm

（7 至 12 层由 4000mm 缩至 500mm）

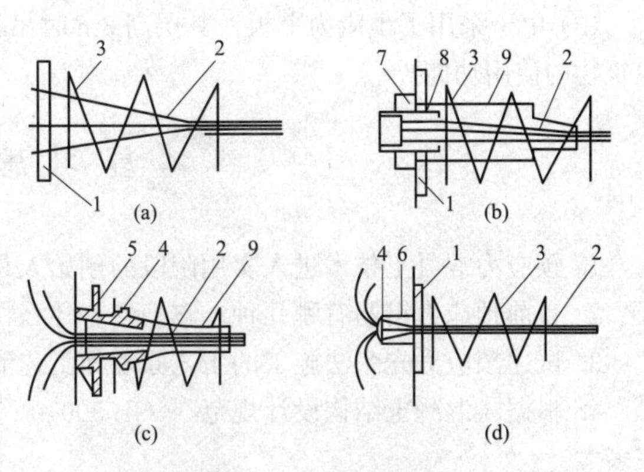

图 5-106　锚固体系

（a）锚板式锚固系统；（b）锚杯式墩头锚；（c）、（d）夹片锚

1—锚板；2—无黏结束；3—螺旋筋；4—夹片；5—锚体；6—锚环；7—螺母；8—锚杯；9—塑料封套

1）用锚杯式墩头锚曲线配筋时，虽然1束7根钢丝原配束等长切割，但现场布筋后其各根钢丝实际曲线行程是不等的，故导致张拉端各根钢丝在张拉端墩头不平齐，特别是当同束墩头直径有相对差值时，产生应力差就大，这是不利的。

2）锚杯式墩头锚具现场安装时必须保证墩头锚有一定的平直段，其埋深随伸长值的不同而异，且要留位准确。否则张拉时如螺栓螺纹长度不足，会影响锚固体系受力性能。

3）虽然锚杯式墩头锚已按要求固定校正位置，但浇筑混凝土时要求端锚区混凝土密实。如用插入式振动棒振实则很难保证每根不发生相对位移。

4）墩头锚塑料筒体与锚体连接时虽用胶布粘贴密封，但在浇筑混凝土过程中易脱落而导致混凝土灌入，张拉前要逐根检查清理，否则将影响张拉工作。

5）墩头质量主要靠检查外观尺寸，因为其外形尺寸和锚杯的承压杯留孔孔形的配合有很大的关系，而且数量不可过多，否则会给质检带来困难。

6）夹片式锚具锚固端有一段外露钢丝束，松散弯折成90°后打入混凝土，可形成一种附加安全措施。

综上所述，从施工的难易或可靠性来分析，夹片式锚具比锚杯式锚具优越。

(3) 施加预应力：张拉时混凝土强度不得低于设计强度的75%，预应力张拉控制应力 $\sigma_K=1120.0\text{MPa}$。因内、外筒刚度较大，为保证预应力施加于板上，必须做到在上层楼板浇筑前将预应力筋张拉完毕。

张拉按一次超张拉 $0\sim1.03\sigma_K$。

张拉按应力控制，并校核伸长值。在实际施工时为便于控制，根据本工程预应力筋的长度确定按计算值的+10、-5mm范围作为校核值。否则应重新张拉。

从第七层至第九层实测张拉伸长值在计算规定误差范围内，分别为94.0%、98.0%、96.4%，其中超长的有95.0%，总的平均伸长值略高于计算值。

四、效益分析

本工程采用后张无黏结部分预应力混凝土楼盖，比普通混凝土结构增加了工序，在这种超高层建筑中应用无黏结预应力混凝土平板楼盖是有风险的。但实践证明：设计是合理的，施工是可行的，可以保证预期质量和效益。主要优点如下。

(1) 减轻了结构自重，每 m^2 仅为218kg。

(2) 减少了混凝土量 $7550m^3$（其中楼板 $4660m^3$，筒体 $2890m^3$）。

(3) 由于采用了预应力平板，其层高3m时吊顶净高2.5m，相当于降低了30cm层高，改善了建筑物的使用功能。

复习思考题

1. 预应力混凝土技术进入实用阶段的创始人是谁？他在1928年提出了什么样的重要论断？

2. 目前预应力钢筋有哪几种？它们各有什么特点？适用范围有哪些？

3. 试述预应力先张法施工的工艺原理和工艺流程。

4. 根据《混凝土结构设计规范》(GB 50010—2010)，各种预应力筋的张拉控制应力 σ_{con} 要限定在多大？

5. 预应力筋超张拉程序有哪两种？为什么要设置超张拉程序？

6. 先张法预应力筋的放张要求是什么？放张方法有哪些？如设计无要求时放张顺序应满足哪些规定？

7. 通过教科书查找和互联网上查询，目前应用的先张法构件有哪些？

8. 试述预应力后张法施工的工艺原理和工艺流程。

9. 后张法施工孔道的留设有哪三种常用方法？如何进行清孔与穿束？

10. 常用的后张法施工锚具和与其配套的张拉设备有哪些？

11. 有黏结后张法施工中为什么要进行孔道灌浆？请说出孔道灌浆的操作要点。

12. 通过教科书查找和互联网上查询，目前应用的有黏结后张法构件有哪些？

13. 现浇框架梁有黏结后张法施工时，预应力筋的布置方式主要有哪 5 种？

14. 现浇多跨连续梁有黏结后张法施工时，预应力筋分段布置有哪两种方法？

15. 请说出无黏结后张法的应用范围。

16. 无黏结预应力平板结构的布筋方式，常用的有哪几种设计形式？

17. 试述无黏结预应力混凝土平板施工工艺流程，如何铺放无黏结预应力筋？

18. 后张法预应力混凝土构件的端部锚固区，应按规定配置哪三种间接或构造钢筋？

19. 后张预应力混凝土外露金属锚具应采取可靠的防腐及防火措施，设计规范规定应符合哪些要求？

20. 无黏结预应力筋的铺设应符合哪些要求？

21. 预应力筋张拉过程中应避免预应力筋断裂或滑脱，当发生断裂或滑脱时，必须符合哪些规定？

习　题

1. 某预应力混凝土屋架采用机械后张法施工，两孔道长度为 23.80m、预应力筋为冷拉三级钢筋，其标准强度 $f_{pyk}=500\text{N/mm}^2$，直径 25mm，长度为 9m，准备采用两端张拉，一批张拉完成。张拉端用螺丝端杆锚具，螺丝端杆长度 320mm，螺杆露出构件外的长度为 120mm。已知冷拉钢筋控制应力为 $\sigma_{冷拉}=500\text{N/mm}^2$，实测平均冷拉率为 4%，弹性回缩率为 0.4%，每个对焊接头的压缩量为 25mm，张拉控制应力 $\sigma_{con}=0.85f_{pyk}$：(1) 画出简图，试计算预应力筋的下料长度 L；(2) 求下料钢筋中除整长 9m 钢筋外，不到 9m 的那根钢筋下料长度；(3) 若按 $0\rightarrow1.03\sigma_{con}$ 超张拉方法减少预应力筋的应力松弛损失，试计算预应力筋张拉力 F_P、预期张拉伸长值 $\Delta L_{张拉}$ 和张拉前的冷拉力 $F_{冷拉}$、预期冷拉伸长值 $\Delta L_{冷拉}$。已知预应力钢筋弹性模量 $E_P=1.8\times10^5\text{N/mm}^2$。

2. 某金工车间采用国标图集 CG423（三）YWJ24—Ⅰ型预应力拱形屋架，屋架下弦长度为 23.8m，下弦截面配筋图如图 5-107 所示，孔道直径 $D=48$mm。已知：混凝土强度等级为 C30，弹性模量 $E_c=3.25\times10^4$ MPa；预应力钢筋为 4 根直径 25mm 冷拉三级钢筋 4Φ^L25，其标准强度 $f_{pyk}=500\text{N/mm}^2$，张拉控制应力 $\sigma_{con}=0.85f_{pyk}=425$MPa，弹性模量 $E_s=1.8\times10^5\text{N/mm}^2$；非预应力钢筋即截面角部构造钢筋为 HPB300 钢筋 4ϕ12，弹性模量 $E=2.0\times10^5\text{N/mm}^2$。采用张拉程序为 $0\rightarrow1.03\sigma_{con}$，沿对角线分两批对称张拉，采用两台 YDL650—150 型液压千斤顶。第一批钢筋张拉固定后，预先实测锚具损失 $\sigma_1=26$MPa。试计算第一批预应力筋张拉应力增加值 $\Delta\sigma$。

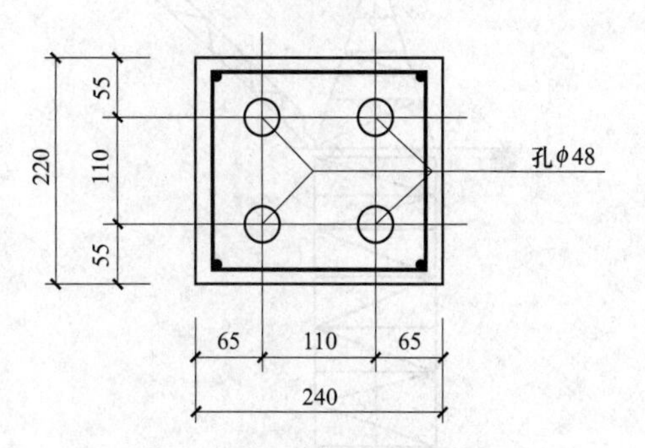

图 5-107　下弦截面配筋图

第六章　建筑施工机具与设施

本章学习要求

了解塔式起重机的类型，掌握塔式起重机的选择，掌握塔式起重机基础和附着件的构造与施工，了解施工升降机的类型，掌握施工升降机的适用范围及应用，了解各种脚手架分类，掌握扣件式钢管脚手架基本构造和要求，掌握扣件式钢管脚手架的设计计算，掌握悬挑脚手架的构造，了解门式脚手架的构造和搭设，了解升降脚手架及吊篮脚手架的构造。

第一节　塔式起重机

塔式起重机是工业与民用建筑结构及设备安装工程的主要施工机械之一。它适用范围广，回转半径大，操作简单，工作效率高。

一、塔式起重机类型和主要参数

（一）塔式起重机的分类

塔式起重机可按构造特点和起重能力等进行分类。

1. 按行走机构分类

(1) 行走式塔式起重机：能靠近工作点，转移方便，机动性强。常用的有轨道式、轮胎式和履带式三种。

(2) 自升式塔式起重机：没有行走机构，安装在建筑物内部或靠近建筑物的专用基础上，可随施工建筑物升高而自行升高。

2. 按起重臂变幅方式分类

(1) 动臂变幅塔式起重机：臂架与塔身铰接，变幅时可调整起重臂的仰角。其变幅机构有手动和电动两种（图 6-1）。

(2) 小车变幅塔式起重机：起重臂水平放置，下弦装有起重小车，依靠小车的位置变化来改变工作幅度。这种变幅平稳、速度快（图 6-2）。

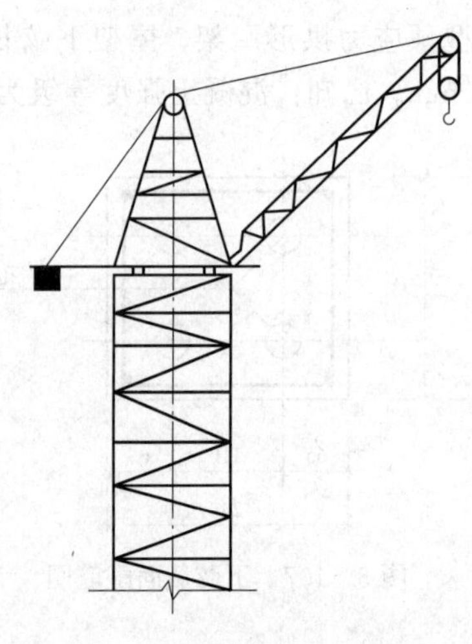

图 6-1　动臂变幅塔式起重机

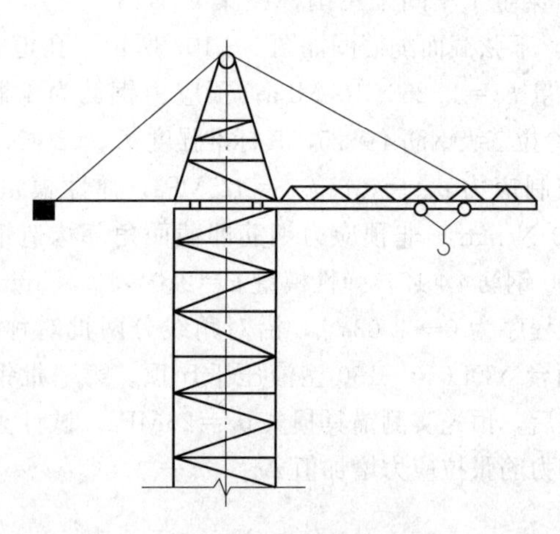

图 6-2　小车变幅塔式起重机

3. 按回转方式分

(1) 上回转塔式起重机。这类起重机的塔身不转，回转部分装在塔顶上部。按回转支撑构造形式不同，上回转部分的结构可分为塔帽式、转托式和转盘式三种（图 6－3）。

(2) 下回转塔式起重机。这类起重机的吊臂装在塔身顶部，塔身、平衡重和所有的机构均装在转台上，并与转台一起回转（图 6－4）。

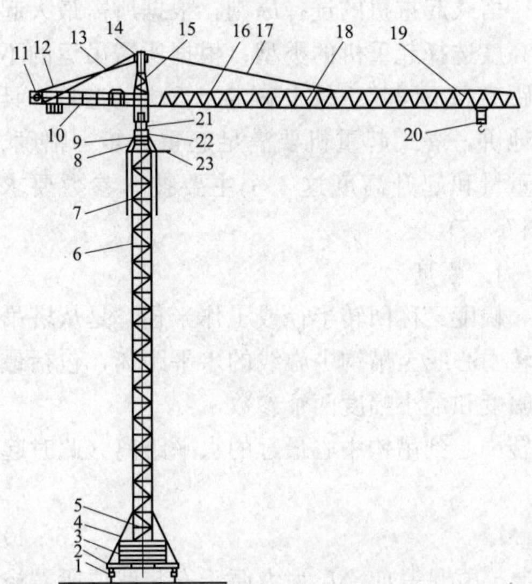

图 6－3　上回转塔式起重机

1—台车；2—底架；3—压重；4—斜撑；5—塔身基础节；6—塔身标准节；7—顶升套架；8—承座；9—转台；10—平衡臂；11—起升机构；12—平衡重；13—平衡臂拉索；14—塔帽操作平台；15—帽；16—小车牵引机构；17—起重臂拉索；18—起重臂；19—起重小车；20—吊钩滑轮；21—司机室；22—回转机构；23—引进轨道

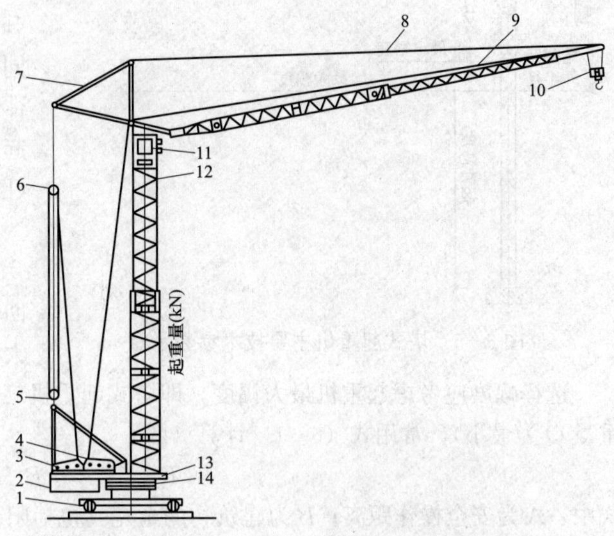

图 6－4　下回转塔式起重机

1—底架即行走机构；2—配重；3—架设及变幅机构；4—起升机构；5—变幅定滑轮组；6—变幅动滑轮组；7—塔顶撑架；8—臂架拉绳；9—起重臂；10—吊钩滑轮；11—司机室；12—塔身；13—转台；14—回转支撑装置

目前应用最广的是上回转自升式塔式起重机。

根据国家标准规定，塔式起重机的标记方式和类、组、型代号如下：

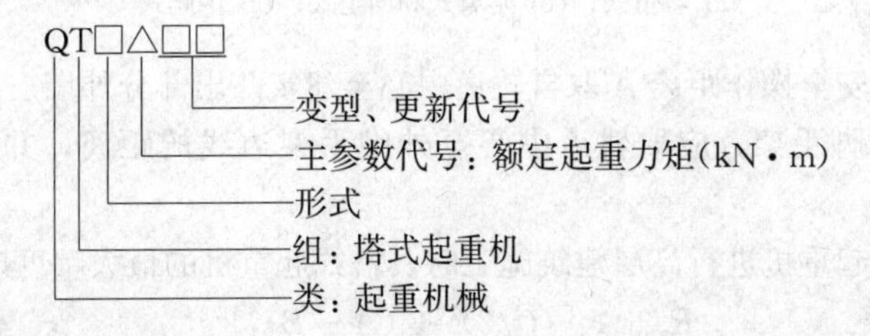

QT	上回转塔式起重机
QTZ	上回转自升式塔式起重机
QTX	下回转塔式起重机
QTS	下回转自升式塔式起重机
QTK	快速安装塔式起重机
QTP	爬升（内爬）塔式起重机

QTG　　固定式塔式起重机
QTL　　轮胎塔式起重机
QTQ　　汽车塔式起重机
QTU　　履带塔式起重机

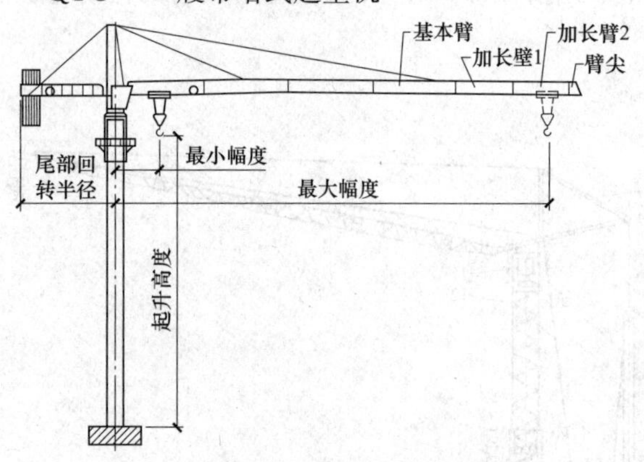

图 6-5　塔式起重机主要技术参数示意

二、塔式起重机的选择

塔式起重机的选择原则：根据所需最大起升高度选择起重机的类型；根据所需吊运的不同距离和不同起重量来确定起重机的型号。具体地讲，塔式起重机要满足起重力矩、幅度、起重量和起升高度这 4 个主要技术参数要求（图 6-5）。

1. 幅度

幅度又称回转半径或工作半径，是从塔吊回转中心线至吊钩中心线的水平距离，包括最大幅度和最小幅度两个参数。

选择幅度应考虑起重机最大幅度，即塔式起重机旋转中心到吊钩中心最远的水平距离（此时起重量 Q 为最小），常用式（6-1）计算（图 6-6）：

$$R_{max}=A+B+\Delta L \tag{6-1}$$

式中：A 为安全操作距离；B 为建筑物的全宽（包括阳台、雨棚等）；ΔL 为为便于安装就位所需裕量，常取 $\Delta L=1.5\sim2$m。

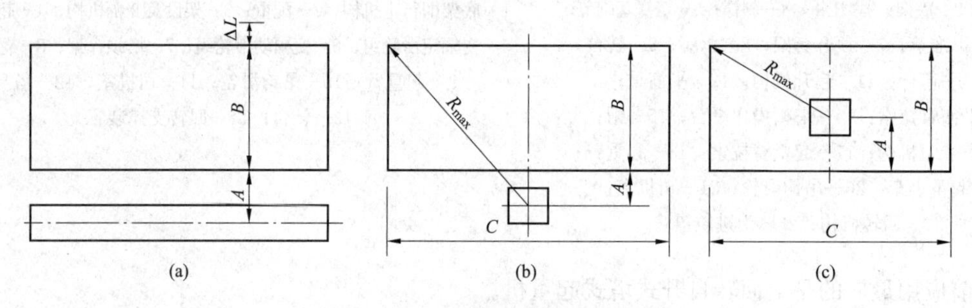

图 6-6　塔式起重机幅度的确定
（a）轨道式；（b）附着式和固定式；（c）内爬式

轨道式塔式起重机安全操作距离 A 取自轨道中心至建筑凸出部分外墙皮之间的距离。

若施工中要搭设外脚手架，应取轨道中心至外脚手架边线的距离，并另加 0.7～1m 的安全裕量。

当采用附着式塔式起重机进行高层建筑施工时，塔式起重机的最大幅度应满足：

$$R_{max}\geqslant[(C/2)^2+(A+B)^2]^{1/2} \tag{6-2}$$

当采用内爬式塔式起重机进行高层建筑施工时，塔式起重机的最大幅度应满足：

$$R_{max}\geqslant[(C/2)^2+(B-A)^2]^{1/2} \tag{6-3}$$

2. 起重量

起重量包括最大幅度时的起重量和最大起重量两个参数。起重量包括重物、吊索及铁扁担或容器等的自重。

选用塔式起重机进行吊装施工时，首先应检查最大幅度起重量是否满足要求，即最大幅度起重量应大于构件重量及吊具重量的总和并留有一定的裕量（1.1～1.2倍）。

3. 起重力矩

起重力矩是指幅度和与之相对应的起重量的乘积。塔吊的额定起重力矩是反映塔吊起重能力的首要指标。在进行塔吊选型时，初步确定起重量和幅度参数后，还必须根据塔吊技术说明书给出的数据，核查是否超过额定起重力矩。

4. 起升高度

起升高度是轨道基础的轨道顶面或混凝土基础顶面至吊钩中心的垂直距离，其大小与塔身高度及臂架构造类型有关。选用时，应根据建筑物的总高度、预制构件或部件的最大高度，脚手架构造尺寸以及施工方法等确定。

在吊装拼装结构建筑时，安装最高一层墙板或大模板所必需的起升高度可按式（6-4）计算：

$$H = H_1 + H_2 + H_3 + H_4 \tag{6-4}$$

式中：H 为塔式起重机所需最大起吊高度；H_1 为建筑物总高度（包含高出建筑物脚手架或附属物的高度）；H_2 为建筑物顶层人员安全生产所需高度，一般取 2m；H_3 为构件高度，对预制壁板可取 3m，对大模板可取 3.5m 或实长；H_4 为吊索高度，一般取 2m。

在选用塔式起重机时可做如下安排：对于一般 9～13 层高层建筑，宜选用轨道式上回转塔式起重机和轨道式下回转塔式起重机，以后者效益较好。对于 13～18 层的高层建筑，可选用轨道式上回转塔式起重机或上回转自升式塔式起重机，以前者费用较省。对于 18～30 层，应根据建筑构造设计和使用条件，选择参数合适的附着式自升塔式起重机或内爬式塔式起重机。30 层以上高层建筑，应优先选用内爬式塔式起重机。

三、塔式起重机基础和附着件的构造与施工

（一）塔式起重机基础要求

起重机的轨道基础应符合下列要求。

（1）路基承载能力：轻型（起重量 30kN 以下）应为 60～100kPa；中型（起重量 31～150kN）应为 101～200kPa；重型（起重量 150kN 以上）应为 200kPa 以上。

（2）每间隔 6m 应设轨距拉杆一个，轨距允许偏差为公称值的 1/1000，且不超过±3mm。

（3）在纵横方向上，钢轨顶面的倾斜度不得大于 1/1000。

（4）钢轨接头间隙不得大于 4mm，并应与另一侧轨道接头错开，错开距离不得小于 1.5m，接头处应架在轨枕上，两轨顶高度差不得大于 2mm。

（5）距轨道终端 1m 处必须设置缓冲止挡器，其高度不应小于行走轮的半径。在距轨道终端 2m 处必须设置限位开关碰块。

（6）鱼尾板连接螺栓应紧固，垫板应固定牢靠。

起重机的混凝土基础应符合下列要求。

（1）基础高度不宜小于 1000mm，不宜采用坡形或台阶形截面的基础；混凝土强度等级不低于 C35。

（2）基础表面平整度允许偏差 1/1000。

（3）埋设件的位置、标高和垂直度以及施工工艺符合出厂说明书要求。

（4）塔式起重机的底部所设基础可分为分离式、整体式和格构式（钢柱）几种。

1）整体式钢筋混凝土基础大多采用方形基础，这是施工现场最常用的一种基础形式。该类型基础的特点是能靠近建筑物，增大塔吊的有效作业面，混凝土基础本身还起到压重的作用（图 6-7）。

2）十字梁底架的固定式塔吊也可以采用分离式钢筋混凝土基础。塔吊的十字梁底架的四角分别安装在四块钢筋混凝土的基础上。混凝土尺寸应按混凝土基础下地基强度来决定。不同型号的塔

吊应按照塔吊使用说明书的要求，确定混凝土基础的边长与高度尺寸（图 6－8）。

图 6－7　方形基础

图 6－8　十字梁基础

3）在高层建筑施工中，因受施工场地限制，深基坑及多层地下室施工复杂的需要，塔吊往往不能按常规安装。为解决这一矛盾，实现塔吊起重臂最大有效工作面的覆盖，满足地下室施工的需要，塔吊基础可采用组合式基础，组合式基础由钢筋混凝土承台或钢梁承台（图 6－9）、钢格构柱或钢柱（图 6－10）、灌注桩或钢管桩等组成（图 6－11、图 6－12、图 6－13），该基础充分利用施工现场的空间，提高了塔吊的利用率。

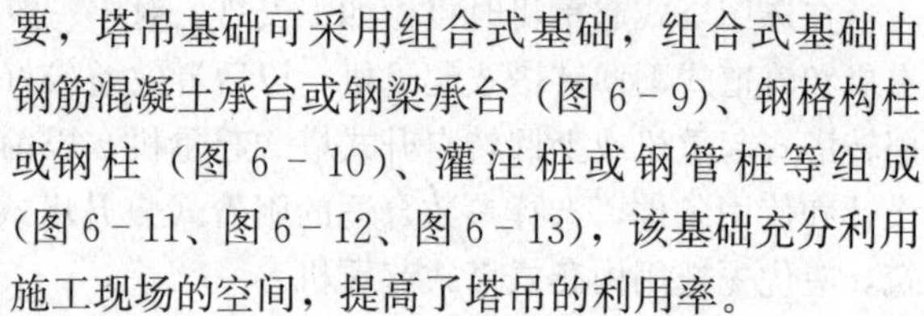

图 6－9　格构柱钢梁承台组合基础

组合式基础施工步骤如下。

（1）在选定的塔吊位置上，按地质报告提供的相关土层资料进行设计，一般施工 4 根钻孔灌注桩或钢管桩，将预制的钢格构柱与灌注桩桩基的钢筋笼焊接后，同时浇筑钻孔灌注桩桩基的混凝土或将钢管柱焊接在钢管桩上。

（2）钢格构柱或钢管柱上端露出地面，并在上端浇筑钢筋混凝土承台或设置钢梁承台，然后安装塔吊，再开挖土方投入施工。

图 6－10　钢格构柱混凝土承台组合基础

图 6－11　钢管柱与塔吊的连接

图 6-12　塔吊与钢管柱连接施工

图 6-13　钢管柱钢梁承台组合基础

钢格构柱或钢管柱在塔吊与基础之间起着承上启下的连接作用，也可定性为塔身的延伸。故钢格构柱或钢管柱应参照塔吊的技术参数，按照现行国家标准《钢结构设计规范》（GB 50017）的要求进行设计与制作。

起重机的轨道基础或混凝土基础应验收合格后，方可使用。

（二）塔式起重机附着件的构造和施工

附着式塔式起重机的塔身接高到设计规定的独立高度后，须使用锚固装置将塔身与建筑物相连接，以减少塔身的自由高度，保持塔式起重机的稳定性，减少塔身内力，提高起重能力。附着装置由附着框架、附着杆和附着支座组成，它主要是塔式起重机与建筑物固定，起依附作用（图 6-14）。

图 6-14　附着式塔式起重机的附着装置

塔吊塔身与建筑物墙（柱）面之间的附着杆平面布置形式，常用的如图 6-15 所示，附墙距离一般为 4.1～6.5m，距离大的可达 10m，个别情况也可达 15m。

附着距离在 6.5～10m 的，也可采用图 6-15 所示的布置形式，附着杆可借用标准附着杆适当加长或加固，必要时在一个附着点上下各设置一道附着杆。对 15m 或超出 15m 的附着杆，可采用三角截面空间桁架式附着杆系，如图 6-15（g）所示，并可用作桁桥，供司机登机操作之用。

附着式塔式起重机的附着层次，以正在施工的建筑物高度、起重机塔身结构、塔身自由高度而定，一般按塔吊厂家设计要求设置。

塔式起重机的附着锚固应按使用说明书的规定进行，一般应注意下列几点。

（1）根据建筑施工总高度、建筑结构特点及施工进度要求制订附着方案。

（2）起重机附着的建筑物，其锚固点的受力强度应满足起重机的设计要求。附着杆系的布置方式、相互间距和附着距离等，应按出厂使用说明书规定执行。有变动时，应另行设计。

（3）装设附着框架和附着杆件，应采用经纬仪测量塔身垂直度，并应采用附着杆进行调整，在最高锚固点以下垂直度允许偏差为 2/1000。

（4）在附着框架和附着支座布设时，附着杆倾斜角不得超过 10°。

（5）附着框架宜设置在塔身标准节连接处，箍紧塔身。塔架对角处在无斜撑时应加固。

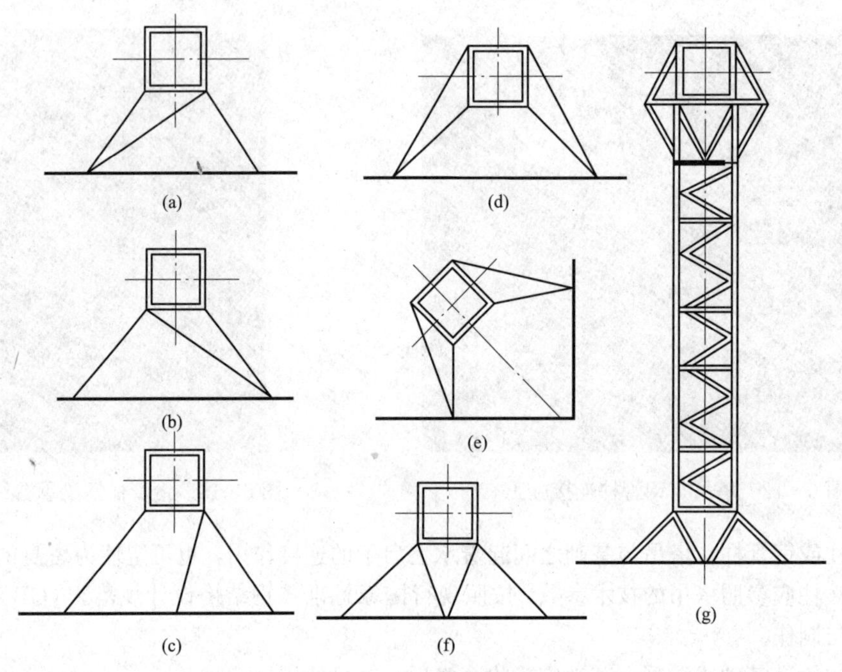

图 6-15 附着杆平面布置形式

(a)、(b)、(c) 三杆式附着杆系；(d)、(e)、(f) 四杆式附着杆系；(g) 空间桁架式附着杆

(6) 塔身顶升接高到规定锚固间距时，应及时增设与建筑物的锚固装置。塔身高出锚固装置的自由端高度，应符合出厂规定。

(7) 起重机作业过程中，应经常检查锚固装置，发现松动或异常情况时，应立即停止作业，故障未排除，不得继续作业。

(8) 拆卸起重机时，应随着降落塔身的进程拆卸相应的锚固装置。

(9) 遇到六级及以上大风时，严禁安装或拆卸锚固装置。

(10) 锚固装置的安装、拆卸、检查和调整，均应有专人负责，工作时应系安全带和戴安全帽，并应遵守高处作业有关安全操作的规定。

(11) 轨道式起重机作附着式使用时，应提高轨道基础的承载能力和切断行走机构的电源，并应设置阻挡行走轮移动的支座。

(12) 应对布设附着支座的建筑物构件进行强度验算（附着荷载的取值，一般塔式起重机使用说明书均有规定），如强度不足，须采取加固措施。构件在布设附着支座处应加配钢筋并适当提高混凝土的强度等级。安装锚固装置时，附着支座处的混凝土强度必须达到设计要求。附着支座须固定牢靠，其与建筑物构件之间的空隙应嵌塞紧密。

第二节 施 工 升 降 机

一、施工升降机的类型和适用范围

施工升降机（又称外用电梯、施工电梯、附着式升降机）是用吊笼载人、载物沿导轨做上下运输的施工机械。用于运载人员及货物的施工升降机称作人货两用施工升降机；用于运载货物，禁止运载人员的施工升降机称作货用施工升降机（物料提升机）。施工升降机在施工现场通常是配合塔吊使用，一般载重量为 1～3t，运行速度为 1～60m/min。每一台高层建筑施工用的塔吊应至少配备一台施工升降机。

施工升降机的种类很多，按运行方式分为无对重和有对重两种；按构造分为单笼式和双笼式，单笼式适用于输送量较少的建筑物；双笼式适用于运输量较多的建筑物。按其控制方式分为手动控制式和自动控制式；按其传动形式分为齿轮齿条式、钢丝绳式和混合式。齿轮齿条式是采用齿轮齿条传动；钢丝绳式是采用钢丝绳提升的施工升降机；混合式是一个吊笼采用齿轮齿条传动，另一个吊笼采用钢丝绳提升的施工升降机。

齿轮齿条式施工升降机按承载能力可分两级，一级能载重量1000kg或乘员11～12人，另一级能载重量2000kg或乘员24名。齿轮齿条式施工升降机结构简单，传动平稳，为较多机型采用（图6-16）。

钢丝绳式施工升降机有人货两用（载重量为1000kg或乘员8～10人）（图6-17）和只载货（载重量为1000kg）（用于高层，又称为自升式快速提升机）两种。

混合式施工升降机结构复杂，已很少采用。

图6-16　齿轮齿条式施工升降机

图6-17　钢丝绳式人货两用施工升降机

其中，只载货不载人的物料提升机，因构造简单，制作容易，安装拆卸和使用方便，价格低，是一种投资少、输送效率高的机械设备。它可作为塔吊的辅助机械，在特定条件下也可独立承担运输工作。物料提升机的类型主要有以下几类。

（1）井架是用型钢或钢管加工的定型井架。井架多为单孔井架（图6-18），但也可构成两孔或多孔井架。井架通常带一根起俯式悬臂桅杆和吊笼。桅杆一般长8m，起重量为1000kg左右，供吊运钢筋和长尺寸材料使用，吊笼和桅杆各用一台卷扬机，吊笼起重量为1000～1500kg，其中可放置运料的手推车或其他散装材料。单孔井架搭设高度可达40m，需设缆风绳保持井架的稳定，也可以通过附着杆系与建筑物拉结而不设缆风绳。两孔井架搭设高度可达60m，30m以下架体只需固定在混凝土基座上，无须设缆风绳，30m以上，需与建筑物拉结，通过两道扶着装置锚固于建筑物上。三孔井架最高可搭设100m，采用附墙固定，三个井孔连成一体，整体性好。井架每孔独立配一台卷扬机驱动，互不干扰，每台吊笼起重量为1500～2000kg，提升速度为55～60m/min，最大达140m/min。

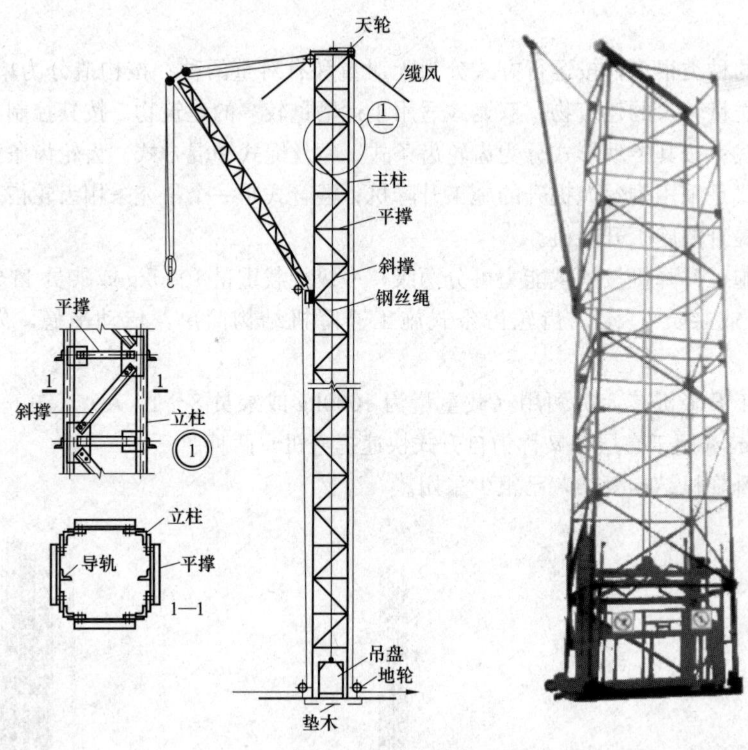

图 6-18 单孔井架

(2) 龙门架是由两根三角形截面或矩形截面的立杆及横梁（天轮梁）组成的门式架（图 6-19）。最大起重量为 1500kg，最大提升高度为 65m，架体通过附墙设施与建筑物相连，多层建筑可以用缆风绳，保持稳定。也可使用三柱门架式双笼升降机，供运材料用，架设高度可达 150m，配套卷扬机为 2000kg（图 6-20）。

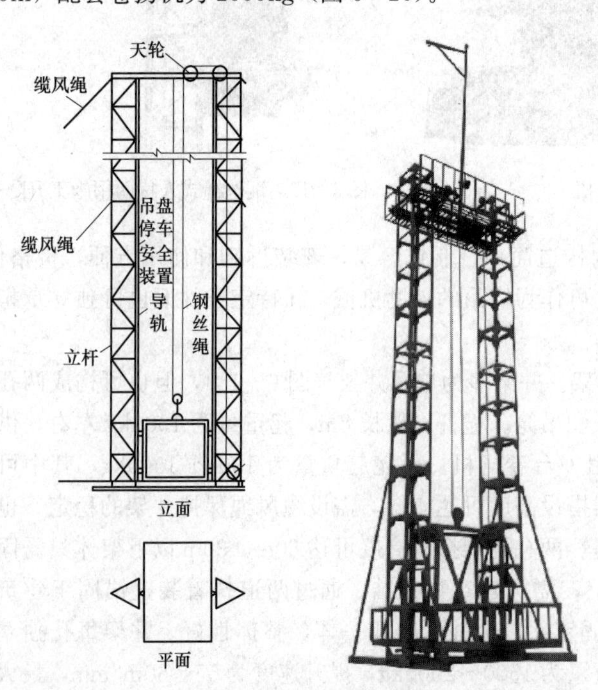

图 6-19 龙门架

图 6-20 三柱门架式双笼升降机

(3) 自升式快速提升机由标准节、基础节、顶升套架、顶升系统、吊笼、料斗、附墙装置、快速卷扬机、绳轮系统以及安全装置等组合而成，一般备有两个吊笼，分设于塔架两侧，吊笼与料斗可以互换使用；两个吊笼可同时升降，互不干扰；机架通过附着装置与建筑物拉结，塔架刚度好，工作稳固；快速卷扬机装有频繁变阻器和涡流制动调速系统，速度可以调节，空斗能高速下降，制动平稳。这种提升机在结构施工阶段主要用作高层建筑施工中大量混凝土施工的垂直运输，而在装修阶段，则用于运输砂浆及其他大宗装修材料（图6-21）。

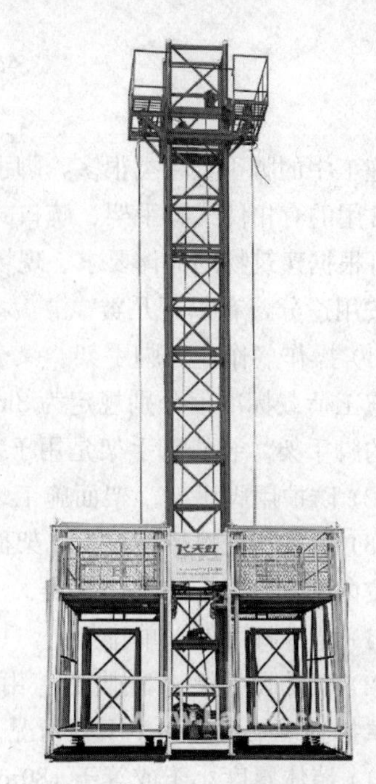

图6-21　钢丝绳式货用施工升降机（自升式快速提升机）

根据GB/T 10054—2005的规定，施工升降机型号由组、型、特性、主要参数和变型更新等代号组成。其型号说明如下：组代号中，S表示施工升降机；型代号中，C表示齿轮齿条式，S表示钢丝绳式，H表示混合式。特征代号指对重代号或导轨架代号。对重代号中，有对重时标注D，无对重时省略。导轨架代号中，对于SC型施工升降机，三角形截面标注T，矩形或片式截面省略，倾斜式或曲线式导轨架则不论何种截面均标注Q；对于SS型施工升降机，导轨架为两柱时标注E，单柱导轨架内包容吊笼时标注B，不包容时省略。主参数代号中，额定载重量×0.1kg，单吊笼施工升降机只标注一个数值，双吊笼施工升降机标注两个数值，用符号“/”分开，每个数值均为一个吊笼的额定载重量代号。对于SH型施工升降机，前者为齿轮齿条传动吊笼的额定载重量代号，后者为钢丝绳提升吊笼的额定载重量代号。变型更新代号用大写汉语拼音字母表示。

例如，齿轮齿条式施工升降机，双吊笼有对重，一个吊笼的额定载重量为2000kg，另一个吊笼的额定载重量为2500kg，导轨架横截面为矩形，其型号表示为：施工升降机SCD200/250（GB/T 10054）；又如钢丝绳式施工升降机，单柱导轨架横截面为矩形，导轨架内包容一个吊笼，额定载重量为3200kg，第一次变型更新，其型号表示为：施工升降机SSB320A（GB/T 10054）。

二、施工升降机的应用

施工升降机主要用于运送人员上下楼层，运送人员所用的时间占运营时间的60%～70%，运货仅占30%～40%。统计资料表明，施工人员沿楼梯进出施工部位所耗用的上下班时间，随楼层增高而急剧增加。如施工建筑物为10层楼，每名工人上下班所占用的时间为30min，自10层楼以上，每增高一层平均约增加5～10min。但采用施工升降机运送工人上下班，可大大压缩工时损失和提高功效。

施工升降机在运量达到高峰时，可以采取低层不停、高层间隔停的方法。此外，施工升降机使用时要注意夜间照明及与结构的连接。

一台施工升降机的服务楼层约为600m²。在配置施工升降机时可参考此数据并尽可能选用双吊箱式施工电梯。

钢丝绳式施工升降机造价仅为齿轮齿条式施工升降机的2/5～1/2，因此为减少施工成本，20层以下的高层建筑，可采用钢丝绳式施工升降机，20层以上的高层建筑可采用齿轮齿条式施工升降机。

施工升降机安装的位置应尽量满足下列要求。

(1) 有利于人员和物料的集散。

（2）各种运输距离最短。

（3）方便附墙装置安装和设置。

（4）接近电源，有良好的夜间照明，便以司机观察。

第三节 脚手架工程

施工中的脚手架种类很多，脚手架是为建筑施工而搭设的上料、堆料与施工作业用的临时结构架。常用的有扣件式脚手架、碗口式脚手架、门式组合脚手架、悬挑式脚手架、附着式升降脚手架等，可根据建筑物的具体要求、现场工具设备条件、各地的操作习惯以及技术经济效果等加以选用。

按用途分，有以下几类。

（1）操作（作业）脚手架。又分为结构作业脚手架（俗称"砌筑脚手架"）和装修脚手架。其架面施工荷载标准值分别规定为3kN/m^2 和2kN/m^2。结构作业脚手架是用于砌筑和结构工程施工作业的脚手架。装修脚手架是用于装修工程施工作业的脚手架。

（2）防护用脚手架。架面施工（搭设）荷载标准值可按1kN/m^2 计。

（3）承重、支撑用脚手架。架面荷载按实际使用值计。

按内外立杆分，有以下几类。

（1）单排脚手架（单排架）：只有一排立杆，横向水平杆的一端搁置在墙体上的脚手架。

（2）双排脚手架（双排架）：由内外两排立杆和水平杆等构成的脚手架。

单排脚手架不适用于下列情况。

（1）墙体厚度小于或等于180mm。

（2）建筑物高度超过24m。

（3）空斗砖墙、加气块墙等轻质墙体。

（4）砌筑砂浆强度等级小于或等于M1.0的砖墙。

一、扣件式钢管脚手架

（一）扣件式钢管脚手架基本构造

扣件式钢管脚手架是由标准的钢管扣件（立杆、横杆和斜杆）和特制扣件做连接件组成的脚手架骨架与脚手板、防护构配件、连墙件等搭设而成的，是目前最常见的一种脚手架（图6-22）。

钢管一般采用外径48.3mm，壁厚3.6mm的焊接钢管，也可采用同规格的无缝钢管。其化学成分和机械性能应符合相关标准规定，有严重锈蚀、弯曲、压扁、损伤和裂缝者不得使用。立杆、纵向水平杆的钢管长度一般为4～6m，或每根最大质量以不超过25.8kg为宜。横向水平杆一般长为1.9～2.2m。

根据钢管在脚手架中的位置和作用不同，钢管则可分为立杆、纵向水平杆、横向水平杆、剪刀撑、水平斜拉杆等，其作用如下。

（1）立杆。平行于建筑物并垂直于地面，是把脚手架荷载传递给基础的受力杆件。

（2）纵向水平杆。平行于建筑物并在纵向水平连接各立杆，是承受并传递荷载给立杆的受力杆件。

（3）横向水平杆。垂直于建筑物并在横向水平连接内、外排立杆，是承受并传递荷载给立杆的受力杆件。

（4）剪刀撑。设在脚手架外侧面并与墙面平行的十字交叉斜杆，可增强脚手架的纵向刚度。

（5）连墙杆。连接脚手架与建筑物，是既要承受并传递荷载，又要防止脚手架横向失稳的受力杆件。

（6）水平斜拉杆。设在有连墙杆的脚手架内、外排立杆间的步架平面内的"之"字形斜杆，可增强脚手架的横向刚度。

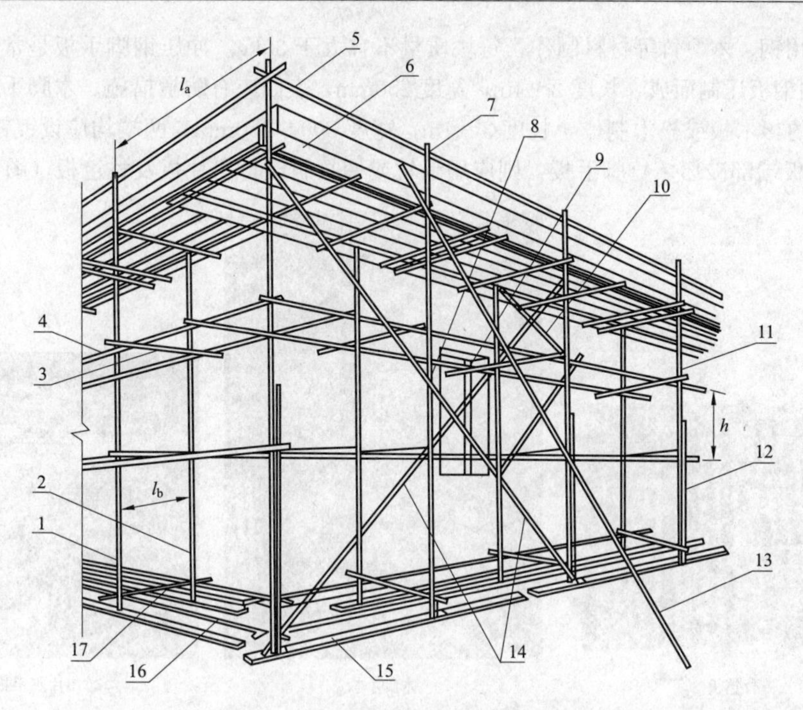

图 6-22　扣件式钢管脚手架构造

1—外立杆；2—内立杆；3—横向水平杆；4—纵向水平杆；5—栏杆；6—挡脚板；7—直角扣件；8—旋转损件；9—连墙杆；10—横向斜撑；11—主立杆；12—副立杆；13—抛撑；14—剪刀撑；15—垫板；16—纵向扫地杆；17—横向扫地杆

（7）纵向水平扫地杆。连接立杆下端，是距底座下皮200mm处的纵向水平杆，起约束立杆底端在纵向发生位移的作用。

（8）横向水平扫地杆。连接立杆下端，是位于纵向水平扫地杆上方处的横向水平杆，起约束立杆底端在横向发生位移的作用。

连接件用可锻铸铁扣件有三种，即：直角扣件，作两根垂直相交的钢管连接用（图6-23）；旋转扣件，供两根任意相交钢管连接用（图6-24）；对接扣件，供对接钢管用（图6-25）。扣件质量应符合《钢管脚手架扣件》（GB 15831）中的有关规定。当扣件螺栓拧紧力矩达65 N·m时扣件不得破坏。

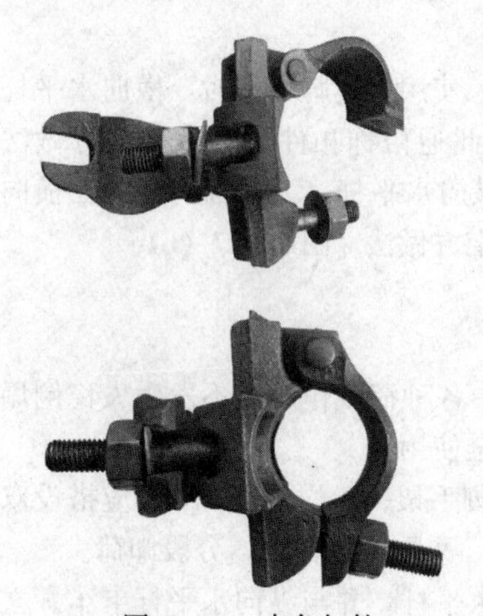

图 6-23　直角扣件

图 6-24　旋转扣件

图 6-25　对接扣件

脚手板可用钢、木、竹等材料制作，每块质量不宜大于30kg。冲压钢脚手板是常用的一种，一般用厚2mm的钢板压制而成，长度2～4m，宽度250mm，表面应有防滑措施。木脚手板可采用厚度不小于50mm的杉木板或松木制作，长度3～4m，宽度200～250mm，两端均应设镀锌钢丝箍两道，以防止木脚手板端部破坏。竹脚手板，则应用毛竹或楠竹制成竹串片板及竹笆板（图6-26）。

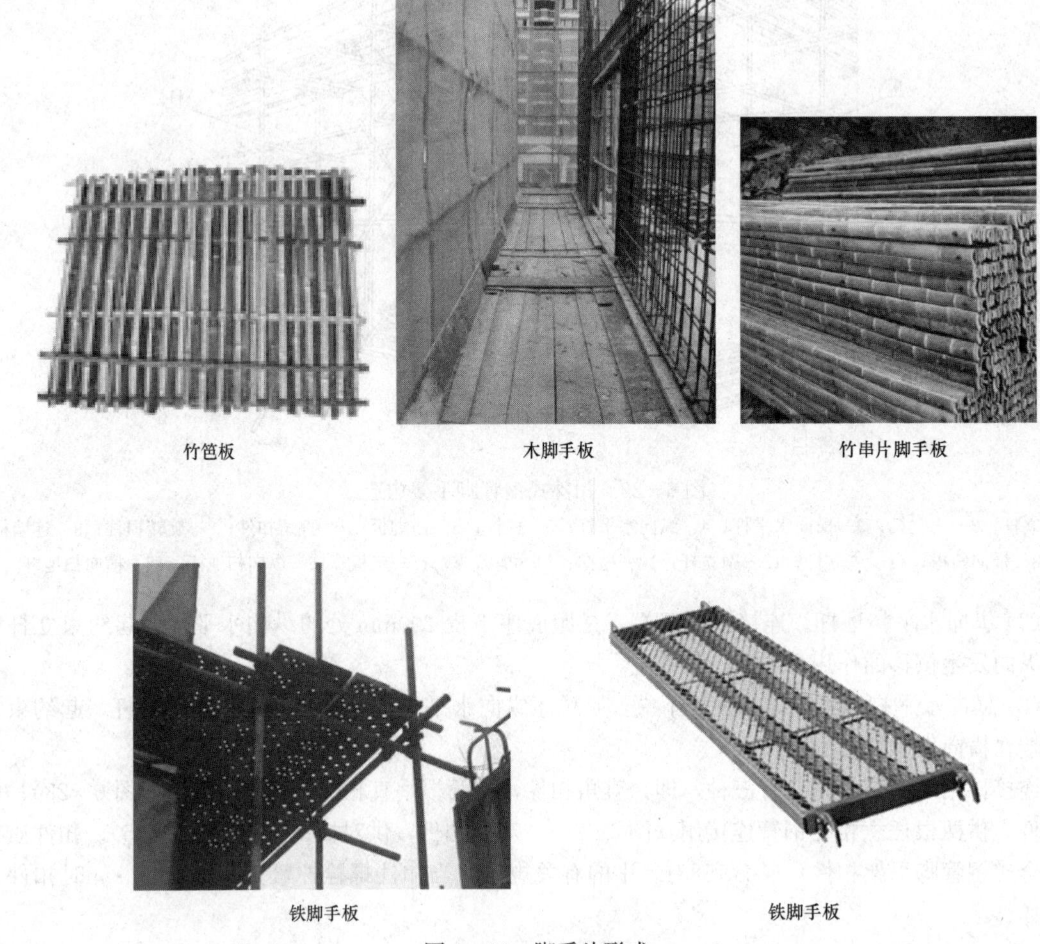

图6-26　脚手片形式

中国北方一般采用冲压钢脚手板、木脚手板和竹串片脚手板，使用上述脚手板时，横向水平杆（小横杆）必须在纵向水平杆（大横杆）之上来支承脚手板，因此通俗称扣件式脚手架北方做法［图6-27（a)］；中国南方一般采用竹笆脚手板横向铺盖，要求纵向水平杆（大横杆）必须在横向水平杆（小横杆）之上来支承脚手板，因此通俗称扣件式脚手架南方做法［图6-27（b)］

（二）扣件式钢管脚手架的构造要求

1. 基本要求

(1) 脚手架必须有足够的承载能力、刚度和稳定性，在施工中各种荷载作用下不发生失稳倒塌以及超过规范许可要求变形、倾斜、摇晃或扭曲现象，以确保安全使用。

(2) 高度超过24m的脚手架，禁止使用单排脚手架。高层外脚手架一般均超过24m，应搭设双排脚手架；高度一般不超过50m，超过50m时，应通过设计计算，采取分段搭设，分段卸荷。

(3) 脚手架搭设在纵向水平杆与立杆的交点处必须设置横向水平杆，并与纵向水平杆卡牢。立杆下应设底座和垫板。整个架子应设置必要的支撑和连墙点，以保证脚手架构成一个稳固的整体。

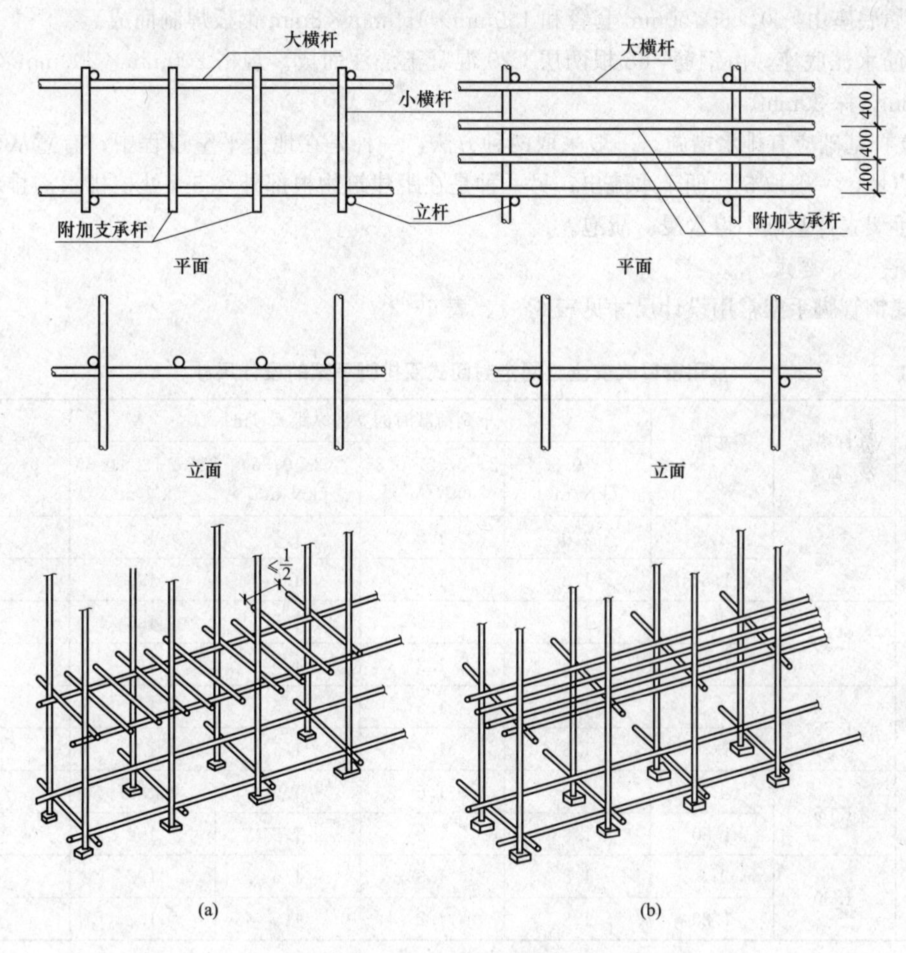

图 6-27　扣件式脚手架做法
(a) 扣件式脚手架北方做法（冲压钢脚手板、木脚手板和竹串片脚手板）；
(b) 扣件式脚手架南方做法（竹笆脚手板）

(4) 外脚手架的搭设，一般应沿建筑物四周连续交圈搭设，当不能交圈搭设时，应设置必要的横向“之”字支撑，端部应加设连墙点加强。

(5) 脚手架搭设应满足工人操作，材料、模板工具临时堆放及运输等使用要求，并应保证搭设升高、周转脚手板和操作安全方便。

2. 脚手架立杆基础要求

(1) 搭设高度在 25m 以下时，可素土夯实找平，上面铺宽度不少于 20cm、5cm 厚木板，长度为 2m 时可垂直于墙面放置，当板长为 4m 左右时可平行于墙放置。

(2) 搭设高度在 25～50m 时，应根据现场地耐力情况设计基础做法或采用回填土分层夯实达到要求时，可用枕木支垫，或在地基上加铺 20cm 厚道碴，其上铺设混凝土预制板，再仰铺 12～16 号槽钢。

(3) 搭设高度超过 50m 时，应进行计算并根据地耐力设计基础做法或于地面 1m 深处采用灰土地基或浇注 50cm 厚混凝土基础，其上采用枕木支垫。

(4) 立杆基础也可以采用底座。搭设时将木垫板铺平放好底座，再将立杆放入底座内。其底座形式如下。

1）金属底座由φ 60，长 150mm 套管和 150mm×150mm×8mm 钢板焊制而成。

2）钢筋水泥底座，由钢筋φ 68 根两层 C20 混凝土浇注而成。规格 200mm×200mm×100mm，插孔φ 60mm，深 30mm。

（5）立杆基础应有排水措施。一般采取两种方法：一种是在地基平整过程中，有意从建筑物根部向外放点坡，一般取 5°，便于水流出；另一种是在距建筑物根部外 2.5m 处挖排水沟排水。总而言之，脚手架立杆基础不得水浸、渍泡。

3. 搭设尺寸要求

扣件式钢管脚手架常用设计尺寸见表 6-1、表 6-2。

表 6-1　常用密目式安全立网全封闭式双排脚手架的设计尺寸　m

连墙件设置	立杆横距 l_b	步距 h	下列荷载时的立杆纵距 l_a（m）				脚手架允许搭设高度［H］
			2+0.35（kN/m²）	2+2+2×0.35（kN/m²）	3+0.35（kN/m²）	3+2+2×0.35（kN/m²）	
二步三跨	1.05	1.5	2.0	1.5	1.5	1.5	50
		1.80	1.8	1.5	1.5	1.5	32
	1.30	1.5	1.8	1.5	1.5	1.5	50
		1.80	1.8	1.2	1.5	1.2	30
	1.55	1.5	1.8	1.5	1.5	1.5	38
		1.80	1.8	1.2	1.5	1.2	22
三步三跨	1.05	1.5	2.0	1.5	1.5	1.5	43
		1.80	1.8	1.2	1.5	1.2	24
	1.30	1.5	1.8	1.5	1.5	1.2	30
		1.80	1.8	1.2	1.5	1.2	17

注　1. 表中所示 2+2+2×0.35（kN/m²），包括下列荷载：2+2（kN/m²）为二层装修作业层施工荷载标准值；2×0.35（kN/m²）为二层作业层脚手板自重荷载标准值。

2. 作业层横向水平杆间距，应按不大于 $l_a/2$ 设置。

3. 地面粗糙度为 B 类，基本风压 $w_0=0.4kN/m^2$。

表 6-2　常用密目式安全立网全封闭式单排脚手架的设计尺寸　m

连墙件设置	立杆横距 l_b	步距 h	下列荷载时的立杆纵距 l_a（m）		脚手架允许搭设高度［H］
			2+0.35（kN/m²）	3+0.35（kN/m²）	
二步三跨	1.20	1.5	2.0	1.8	24
		1.80	1.5	1.2	24
	1.40	1.5	1.8	1.5	24
		1.80	1.5	1.2	24
三步三跨	1.20	1.5	2.0	1.8	24
		1.80	1.2	1.2	24
	1.40	1.5	1.8	1.5	24
		1.80	1.2	1.2	24

注　同上。

4. 脚手架纵向水平杆、横向水平杆、脚手板

(1) 纵向水平杆的构造应符合下列规定。

1) 纵向水平杆应设置在立杆内侧，单根杆长度不应小于 3 跨。

2) 纵向水平杆接长应采用对接扣件连接或搭接，并应符合下列规定。

① 两根相邻纵向水平杆的接头不应设置在同步或同跨内；不同步或不同跨两个相邻接头在水平方向错开的距离不应小于 500mm；各接头中心至最近主节点的距离不应大于纵距的 1/3（图 6-28）。

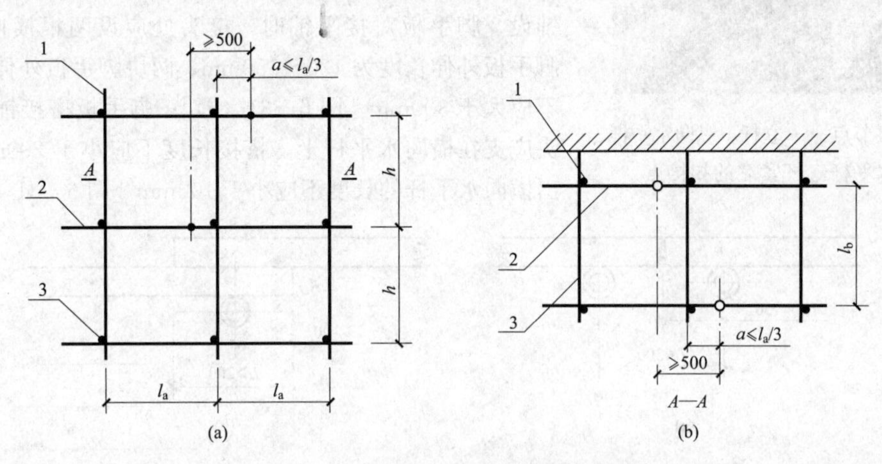

图 6-28　纵向水平杆对接接头布置

(a) 接头不在同步内（立面）；(b) 接头不在同跨内（平面）

1—立杆；2—纵向水平杆；3—横向水平杆

② 搭接长度不应小于 1m，应等间距设置 3 个旋转扣件固定；端部扣件盖板边缘至搭接纵向水平杆杆端的距离不应小于 100mm。

3) 当使用冲压钢脚手板、木脚手板、竹串片脚手板时，纵向水平杆应作为横向水平杆的支座，用直角扣件固定在立杆上；当使用竹笆脚手板时，纵向水平杆应采用直角扣件固定在横向水平杆上，并应等间距设置，间距不应大于 400mm（图 6-29）。

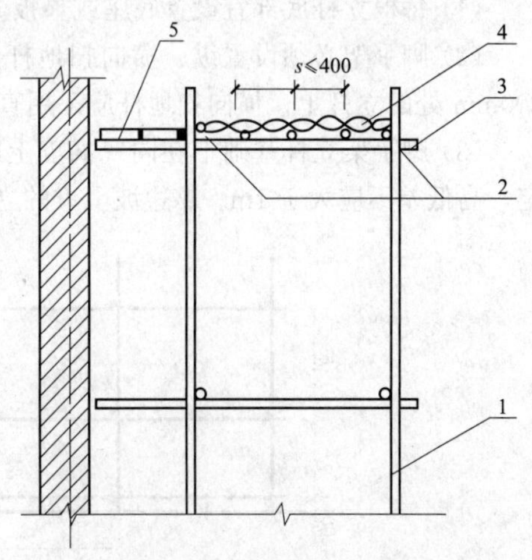

图 6-29　铺竹笆脚手板时纵向水平杆的构造

1—立杆；2—纵向水平杆；3—横向水平杆；

4—竹笆脚手板；5—其他脚手板

(2) 横向水平杆的构造应符合下列规定。

1) 作业层上非主节点处的横向水平杆，宜根据支承脚手板的需要等间距设置，最大间距不应大于纵距的 1/2。

2) 当使用冲压钢脚手板、木脚手板、竹串片脚手板时，双排脚手架的横向水平杆两端均应采用直角扣件固定在纵向水平杆上；单排脚手架的横向水平杆的一端应用直角扣件固定在纵向水平杆上，另一端应插入墙内，插入长度不应小于 180mm。

3) 当使用竹笆脚手板时，双排脚手架的横向水平杆的两端，应用直角扣件固定在立杆上；单排脚手架的横向水平杆的一端，应用直角扣件固定在立杆上，另一端插入墙内，插入长度不应小于 180mm。

(3) 主节点处（图 6-30）必须设置一根横向水平杆，用直角扣件扣接且严禁拆除。

图 6-30 主节点——立杆、纵向水平杆、横向水平杆三杆紧靠的扣接点

(4) 脚手板的设置应符合下列规定。

1) 作业层脚手板应铺满、铺稳、铺实。

2) 冲压钢脚手板、木脚手板、竹串片脚手板等，应设置在三根横向水平杆上。当脚手板长度小于 2m 时，可采用两根横向水平杆支承，但应将脚手板两端与横向水平杆可靠固定，严防倾翻。脚手板的铺设应采用对接平铺或搭接铺设。脚手板对接平铺时，接头处应设两根横向水平杆，脚手板外伸长度为 130～150mm，两块脚手板外伸长度的和不应大于 300mm [图 6-31 (a)]；脚手板搭接铺设时，接头应支在横向水平杆上，搭接长度不应小于 200mm，其伸出横向水平杆的长度不应小于 100mm [图 6-31 (b)]。

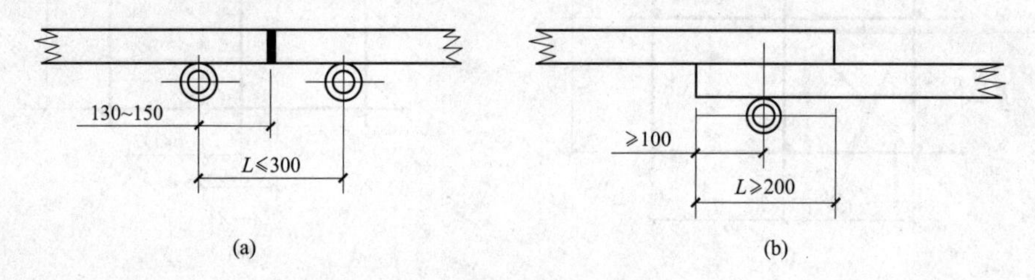

图 6-31 脚手板对接、搭接构造
(a) 脚手板对接；(b) 脚手板搭接

3) 竹笆脚手板应按其主竹筋垂直于纵向水平杆方向铺设，且应对接平铺，4 个角应用直径不小于 1.2mm 的镀锌钢丝固定在纵向水平杆上。

4) 作业层端部脚手板探头长度应取 150mm，其板的两端均应固定于支承杆件上。

5. 脚手架立杆

(1) 每根立杆底部宜设置底座或垫板。

(2) 脚手架必须设置纵、横向扫地杆。纵向扫地杆应采用直角扣件固定在距钢管底端不大于 200mm 处的立杆上。横向扫地杆应采用直角扣件固定在紧靠纵向扫地杆下方的立杆上。

(3) 脚手架立杆基础不在同一高度上时，必须将高处的纵向扫地杆向低处延长两跨与立杆固定，高低差不应大于 1m。靠边坡上方的立杆轴线到边坡的距离不应小于 500mm（图 6-32）。

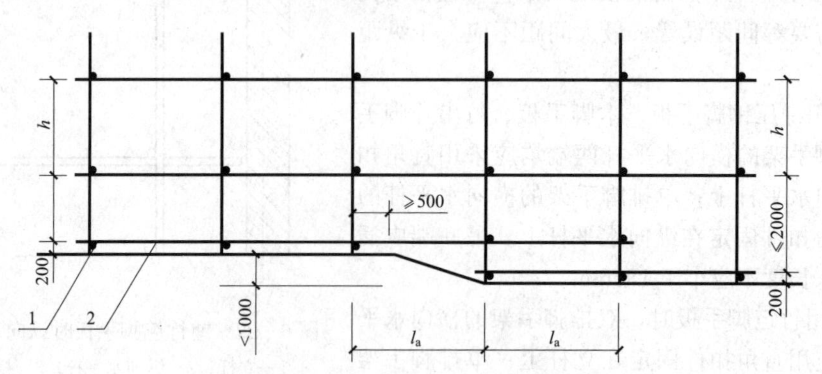

图 6-32 纵、横向扫地杆构造
1—横向扫地杆；2—纵向扫地杆

(4) 单、双排脚手架底层步距均不应大于 2m。

(5) 单排、双排与满堂脚手架立杆接长除顶层顶步外，其余各层各步接头必须采用对接扣件连接。

(6) 脚手架立杆的对接、搭接应符合下列规定。

1) 当立杆采用对接接长时，立杆的对接扣件应交错布置，两根相邻立杆的接头不应设置在同步内，同步内隔一根立杆的两个相隔接头在高度方向错开的距离不宜小于500mm；各接头中心至主节点的距离不宜大于步距的1/3。

2) 当立杆采用搭接接长时，搭接长度不应小于1m，并应采用不少于2个旋转扣件固定。端部扣件盖板的边缘至杆端距离不应小于100mm。

(7) 脚手架立杆顶端栏杆宜高出女儿墙上端1m，宜高出檐口上端1.5m。

6. 脚手架的连墙件

(1) 脚手架连墙件设置的位置、数量应按专项施工方案确定。

(2) 脚手架连墙件数量的设置除应满足规范的计算要求外，还应符合表6-3的规定。

表6-3　　连墙件布置最大间距

脚手架高度		竖向间距 (h)	水平间距 (l_a)	每根连墙件覆盖面积 (m^2)
双排	≤50m	$3h$	$3l_a$	≤40
	>50m	$2h$	$3l_a$	≤27
单排	≤24m	$3h$	$3l_a$	≤40

注　h—步距；l_a—纵距。

(3) 连墙件的布置应符合下列规定。

1) 应靠近主节点设置，偏离主节点的距离不应大于300mm。

2) 应从底层第一步纵向水平杆处开始设置，当该处设置有困难时，应采用其他可靠措施固定。

3) 应优先采用菱形布置，或采用方形、矩形布置。

(4) 开口型脚手架的两端必须设置连墙件，连墙件的垂直间距不应大于建筑物的层高，并且不应大于4m。

(5) 连墙件中的连墙杆应呈水平设置，当不能水平设置时，应向脚手架一端下斜连接。

(6) 连墙件必须采用可承受拉力和压力的构造。对高度24m以上的双排脚手架，应采用刚性连墙件与建筑物连接（图6-33、图6-34）。

图6-33　刚性连墙件与柱连接

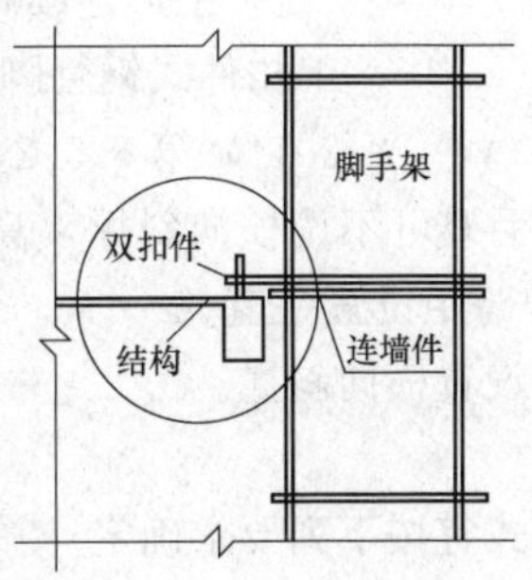

图6-34　刚性连墙件与梁连接示意图和现场照片对比

刚性连墙件与梁连接的具体做法是：用长40cm左右钢管预埋在结构混凝土梁内，预埋长度为20cm，露出长度保留20cm，然后再用钢管扣件与架体连接，并两跨逐层设置，如遇到剪力墙，尽量避开在剪力墙设置连墙件，如避不开可用 6.0cm 的 PC 管预埋在板墙处，PC 管两侧孔处必须封实，等模板拆除后用钢管、扣件连接。连墙件布置应靠近主节点设置，偏离主节点不应大于 30cm。脚手架必须配合施工进度搭设。一次搭设高度不应超过相邻连墙件以上两步。每搭设一步脚手架后，应按规范要求校正步距、纵距、横距及立杆的垂直度，确保连墙件拉结的可靠性。

（7）当脚手架下部暂不能设连墙件时应采取防倾覆措施。当搭设抛撑时，抛撑应采用通长杆件，并用旋转扣件固定在脚手架上，与地面的倾角应在 45°～60°；连接点中心至主节点的距离不应大于 300mm。抛撑应在连墙件搭设后再拆除。

（8）架高超过 40m 且有风涡流作用时，应采取抗上升翻流作用的连墙措施。

7. 脚手架的剪刀撑与横向斜撑

（1）双排脚手架应设置剪刀撑与横向斜撑，单排脚手架应设置剪刀撑。

（2）单、双排脚手架剪刀撑的设置应符合下列规定。

1）每道剪刀撑跨越立杆的根数应按表 6-4 的规定确定。每道剪刀撑宽度不应小于 4 跨，且不应小于 6m，斜杆与地面的倾角应在 45°～60°。

表 6-4　剪刀撑跨越立杆的最多根数

剪刀撑斜杆与地面的倾角 α	45°	50°	60°
剪刀撑跨越立杆的最多根数 n	7	6	5

2）剪刀撑斜杆的接长应采用搭接或对接，搭接时搭接长度不应小于 1m，并应采用不少于 2 个旋转扣件固定。端部扣件盖板的边缘至杆端距离不应小于 100mm。

3）剪刀撑斜杆应用旋转扣件固定在与之相交的横向水平杆的伸出端或立杆上，旋转扣件中心线至主节点的距离不应大于 150mm。

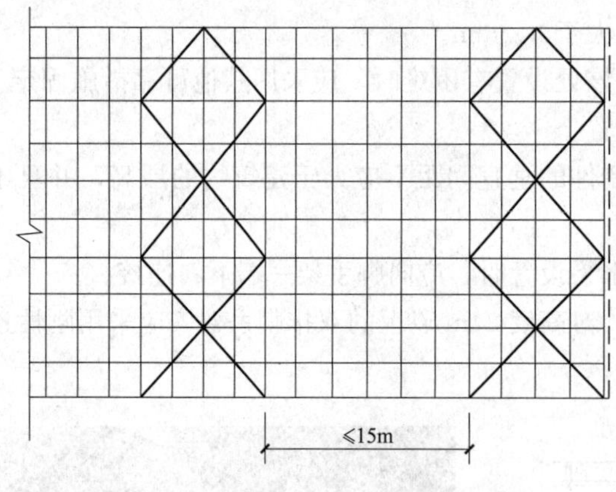

图 6-35　高度 24m 以下剪刀撑布置

（3）高度在 24m 及以上的双排脚手架应在外侧全立面连续设置剪刀撑；高度在 24m 以下的单、双排脚手架，均必须在外侧两端、转角及中间间隔不超过 15m 的立面上，各设置一道剪刀撑，并应由底至顶连续设置（图 6-35）。

（4）双排脚手架横向斜撑的设置应符合下列规定：

1）横向斜撑应在同一节间，由底至顶层呈“之”字形连续布置，斜撑的固定应符合《建筑施工扣件式钢管脚手架安全技术规范》（JGJ 130—2011）第 6.5.2 条第二款的规定。

2）高度在 24m 以下的封闭型双排脚手架可不设横向斜撑，高度在 24m 以上的封闭型脚手架，除拐角应设置横向斜撑外，中间应每隔 6 跨距设置一道。

（5）开口型双排脚手架的两端均必须设置横向斜撑。

8. 斜道

（1）人行并兼作材料运输的斜道的形式宜按下列要求确定。

1）高度不大于 6m 的脚手架，宜采用一字形斜道；

2）高度大于 6m 的脚手架，宜采用之字形斜道。

（2）斜道的构造应符合下列规定。

1）斜道应附着外脚手架或建筑物设置。

2）运料斜道宽度不应小于1.5m，坡度不应大于1∶6；人行斜道宽度不应小于1m，坡度不应大于1∶3。

3）拐弯处应设置平台，其宽度不应小于斜道宽度。

4）斜道两侧及平台外围均应设置栏杆及挡脚板。栏杆高度应为1.2m，挡脚板高度不应小于180mm。

5）运料斜道两端、平台外围和端部均应按《建筑施工扣件式钢管脚手架安全技术规范》(JGJ 130—2011）的规定设置连墙件；每两步应加设水平斜杆；并应按规定设置剪刀撑和横向斜撑。

(3）斜道脚手板构造应符合下列规定。

1）脚手板横铺时，应在横向水平杆下增设纵向支托杆，纵向支托杆间距不应大于500mm。

2）脚手板顺铺时，接头应采用搭接，下面的板头应压住上面的板头，板头的凸棱处应采用三角木填顺。

3）人行斜道和运料斜道的脚手板上应每隔250～300mm设置一根防滑木条，木条厚度应为20～30mm。

（三）扣件式钢管脚手架的荷载及其组合

1. 荷载分类

(1）作用于扣件式钢管脚手架上的荷载，可分为永久荷载（恒荷载）与可变荷载（活荷载）。

(2）单排架、双排架脚手架永久荷载应包含下列内容。

1）架体结构自重：包括立杆、纵向水平杆、横向水平杆、剪刀撑、扣件等的自重。

2）构、配件自重：包括脚手板、栏杆、挡脚板、安全网等防护设施的自重。

(3）单排架、双排架脚手架可变荷载应包含下列内容。

1）施工荷载：包括作业层上的人员、器具和材料等的自重。

2）风荷载。

2. 荷载标准值

永久荷载标准值的取值应符合下列规定。

(1）单、双排脚手架立杆承受的每米结构自重标准值，可按表6-5的规定取用。

表6-5　单、双排脚手架立杆承受的每米结构自重标准值 g_k　kN/m

步距（m）	脚手架类型	纵距（m）				
		1.2	1.5	1.8	2.0	2.1
1.20	单排	0.1642	0.1793	0.1945	0.2046	0.2097
	双排	0.1538	0.1667	0.1796	0.1882	0.1925
1.35	单排	0.1530	0.1670	0.1809	0.1903	0.1949
	双排	0.1426	0.1543	0.1660	0.1739	0.1778
1.50	单排	0.1440	0.1570	0.1701	0.1788	0.1831
	双排	0.1336	0.1444	0.1552	0.1624	0.1660
1.80	单排	0.1305	0.1422	0.1538	0.1615	0.1654
	双排	0.1202	0.1295	0.1389	0.1451	0.1482
2.00	单排	0.1238	0.1347	0.1456	0.1529	0.1565
	双排	0.1134	0.1221	0.1307	0.1365	0.1394

注　φ48.3×3.6钢管，扣件自重按本规范采用。表内中间值可按线性插入计算。

(2）冲压钢脚手板、木脚手板、竹串片脚手板与竹芭脚手板自重标准值，宜按表6-6取用。

表 6-6 **脚手板自重标准值**

类　别	标准值（kN/m^2）
冲压钢脚手板	0.30
竹串片脚手板	0.35
木脚手板	0.35
竹笆脚手板	0.10

(3) 栏杆与挡脚板自重标准值，宜按表 6-7 采用。

表 6-7 **栏杆、挡脚板自重标准值**

类　别	标准值（kN/m）
栏杆、冲压钢脚手板挡板	0.16
栏杆、竹串片脚手板挡板	0.17
栏杆、木脚手板挡板	0.17

(4) 脚手架上吊挂的安全设施（安全网）的自重标准值应按实际情况采用，密目式安全立网自重标准值不应低于 $0.01kN/m^2$。

(5) 单、双排与满堂脚手架作业层上的施工荷载标准值应根据实际情况确定，且不应低于表 6-8 的规定。

表 6-8 **施工均布荷载标准值**

类　别	标准值（kN/m^2）
装修脚手架	2.0
混凝土、砌筑结构脚手架	3.0
轻型钢结构及空间网格结构脚手架	2.0
普通钢结构脚手架	3.0

注　斜道上的施工均布荷载标准值不应低于 $2.0kN/m^2$。

(6) 当在双排脚手架上同时有 2 个及以上操作层作业时，在同一个跨距内各操作层的施工均布荷载标准值总和不得超过 $5.0kN/m^2$。

(7) 作用于脚手架上的水平风荷载标准值，应按下式计算

$$w_k = \mu_z \mu_s w_o \qquad (6-5)$$

式中：w_k 为风荷载标准值，kN/m^2；μ_z 为风压高度变化系数，应按现行国家标准《建筑结构荷载规范》(GB 50009) 规定采用；μ_s 为脚手架风荷载体型系数，应按表 6-9 的规定采用；w_o 为基本风压值（kN/m^2），应按国家标准《建筑结构荷载规范》(GB 50009) 的规定采用，取重现期 $n=10$ 对应的风压值。

(8) 脚手架的风荷载体型系数，应按表 6-9 的规定采用。

表 6-9 **脚手架的风荷载体型系数 μ_s**

背靠建筑物的状况		全封闭墙	敞开、框架和开洞墙
脚手架状况	全封闭、半封闭	1.0φ	1.3φ
	敞开	μ_{stw}	

注　1. μ_{stw} 值可将脚手架视为桁架，按国家标准《建筑结构荷载规范》(GB 50009) 的规定计算。
　　2. φ 为挡风系数，$\varphi=1.2A_n/A_w$，其中 A_n 为挡风面积；A_w 为迎风面积。敞开式脚手架的 φ 值可按表 6-10 采用。

表 6-10 敞开式单排、双排、满堂脚手架与满堂支撑架的挡风系数 φ 值

步距 (m)	纵距 (m)										
	0.4	0.6	0.75	0.9	1.0	1.2	1.3	1.35	1.5	1.8	2.0
0.6	0.260	0.212	0.193	0.180	0.173	0.164	0.160	0.158	0.154	0.148	0.144
0.75	0.241	0.192	0.173	0.161	0.154	0.144	0.141	0.139	0.135	0.128	0.125
0.90	0.228	0.180	0.161	0.148	0.141	0.132	0.128	0.126	0.122	0.115	0.112
1.05	0.219	0.171	0.151	0.138	0.132	0.122	0.119	0.117	0.113	0.106	0.103
1.20	0.212	0.164	0.144	0.132	0.125	0.115	0.112	0.110	0.106	0.099	0.096
1.35	0.207	0.158	0.139	0.126	0.120	0.110	0.106	0.105	0.100	0.094	0.091
1.50	0.202	0.154	0.135	0.122	0.115	0.106	0.102	0.100	0.096	0.090	0.086
1.6	0.200	0.152	0.132	0.119	0.113	0.103	0.100	0.098	0.094	0.087	0.084
1.80	0.1959	0.148	0.128	0.115	0.109	0.099	0.096	0.094	0.090	0.083	0.080
2.0	0.1927	0.144	0.125	0.112	0.106	0.096	0.092	0.091	0.086	0.080	0.077

(9) 密目式安全立网全封闭脚手架挡风系数 φ 不宜小于 0.8。

3. 荷载效应组合

设计脚手架的承重构件时，应根据使用过程中可能出现的荷载取其最不利组合进行计算，荷载效应组合宜按表 6-11 采用。

表 6-11 荷载效应组合

计算项目	荷载效应组合
纵向、横向水平杆强度与变形	永久荷载+施工荷载
脚手架立杆地基承载力 型钢悬挑梁的强度、稳定与变形	1. 永久荷载+施工荷载 2. 永久荷载+0.9（施工荷载+风荷载）
立杆稳定	1. 永久荷载+可变荷载（不含风荷载） 2. 永久荷载+0.9（可变荷载+风荷载）
连墙件强度与稳定	单排架，风荷载+2.0kN 双排架，风荷载+3.0kN

4. 扣件式钢管脚手架计算

(1) 基本设计规定。

1) 脚手架的承载能力应按概率极限状态设计法的要求，采用分项系数设计表达式进行设计。可只进行下列设计计算。

① 纵向、横向水平杆等受弯构件的强度和连接扣件的抗滑承载力计算。

② 立杆的稳定性计算。

③ 连墙件的强度、稳定性和连接强度的计算。

④ 立杆地基承载力计算。

2) 计算构件的强度、稳定性与连接强度时，应采用荷载效应基本组合的设计值。永久荷载分项系数应取 1.2，可变荷载分项系数应取 1.4。

3) 脚手架中的受弯构件，还应根据正常使用极限状态的要求验算变形。验算构件变形时，应采用荷载效应的标准组合的设计值，各类荷载分项系数均应取 1.0。

4) 当纵向或横向水平杆的轴线对立杆轴线的偏心距不大于 55mm 时，立杆稳定性计算中可不考虑此偏心距的影响。

5) 当采用常用密目式安全立网全封闭式双、单排脚手架的设计尺寸规定的构造尺寸，其相应

杆件可不再进行设计计算。但连墙件、立杆地基承载力等仍应根据实际荷载进行设计计算。

6）钢材的强度设计值与弹性模量应按表 6－12 采用。

表 6－12 钢材的强度设计值与弹性模量 N/mm^2

Q235 钢抗拉、抗压和抗弯强度设计值 f	205
弹性模量 E	2.06×10^5

7）扣件、底座、可调托撑的承载力设计值应按表 6－13 采用。

表 6－13 扣件、底座、可调托撑的承载力设计值 kN

项　目	承载力设计值
对接扣件（抗滑）	3.20
直角扣件、旋转扣件（抗滑）	8.00
底座（抗压）、可调托撑（抗压）	40.00

8）受弯构件的挠度不应超过表 6－14 中规定的容许值。

表 6－14 受弯构件的容许挠度

构件类别	容许挠度 $[\upsilon]$
脚手板，脚手架纵向、横向水平杆	$l/150$ 与 10mm
脚手架悬挑受弯杆件	$l/400$
型钢悬挑脚手架悬挑钢梁	$l/250$

9）受压、受拉构件的长细比不应超过表 6－15 中规定的容许值。

表 6－15 受压、受拉构件的容许长细比

构 件 类 别		容许长细比 $[\lambda]$
立杆	双排架 满堂支撑架	210
	单排架	230
	满堂脚手架	250
横向斜掌、剪刀撑中的压杆		250
拉杆		350

（2）单、双排脚手架计算。

1）纵向、横向水平杆的抗弯强度应按下式计算

$$\sigma = M/W \leqslant f \tag{6-6}$$

式中：σ 为弯曲正应力，N/mm^2；M 为纵向、横向水平杆弯矩设计值，N·mm；W 为截面模量（mm^3），应按表 6－16 采用；f 为钢材的抗弯强度设计值，N/mm^2。

表 6－16 钢管截面几何特性

外径φ，d	壁厚 t	截面积 A	惯性矩 I	截面模量 W	回转半径 I	每米长质量
（mm）		（cm^2）	（cm^4）	（cm^3）	（cm）	（kg/m）
48.3	3.6	5.06	12.71	5.26	1.59	3.97

2）纵向、横向水平杆弯矩设计值，应按下式计算

$$M = 1.2M_{Gk} + 1.4\sum M_{Qk} \tag{6-7}$$

式中：M_{Gk}为脚手板自重产生的弯矩标准值，kN·m；M_{Qk}为施工荷载产生的弯矩标准值，kN·m。

3）纵向、横向水平杆的挠度应符合下式规定

$$\upsilon \leqslant [\upsilon] \tag{6-8}$$

式中：υ为挠度，mm；$[\upsilon]$为容许挠度。

4）计算纵向、横向水平杆的内力与挠度时，纵向水平杆宜按三跨连续梁计算，计算跨度取立杆纵距l_a；横向水平杆宜按简支梁计算，计算跨度l_o可按图6-36采用。

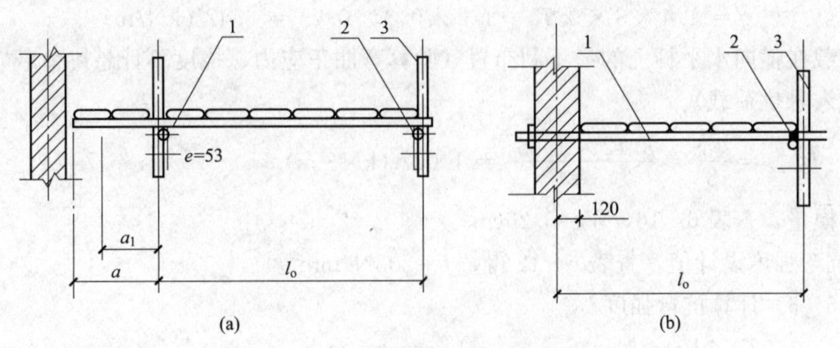

图6-36　横向水平杆计算跨度

（a）双排脚手架；（b）单排脚手架

1—横向水平杆；2—纵向水平杆；3—立杆

5）纵向或横向水平杆与立杆连接时，其扣件的抗滑承载力应符合下式规定

$$R \leqslant R_c \tag{6-9}$$

式中：R为纵向或横向水平杆传给立杆的竖向作用力设计值；R_c为扣件抗滑承载力设计值。

上述纵向、横向水平杆的内力与挠度计算一般按以下两种情况考虑。

① 按北方做法即按图6-36，这样的构造布置决定了施工荷载的传递路线是：脚手板→横向水平杆→纵向水平杆→纵向水平杆与立杆连接的扣件→立杆。

对应这种传递路线的横向、纵向水平杆的计算简图如图6-37所示，即横向水平杆先按受均布荷载的简支梁计算，验算弯曲正应力和挠度，不应计入悬挑部分的荷载作用；纵向水平杆按受集中荷载作用的三跨连续梁计算，应验算弯曲正应力、挠度和扣件抗滑承载力。

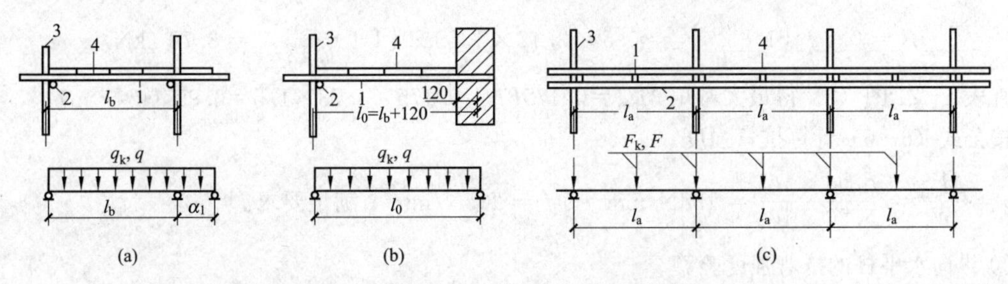

图6-37　横向、纵向水平杆的计算简图（一）

（a）双排架的横向水平杆；（b）单排架的横向水平杆；（c）纵向水平杆

1—横向水平杆；2—纵向水平杆；3—立杆；4—脚手板

【例6-1】　已知：立杆纵距为1.5m，立杆横距为1.55m，横向水平杆间距$s=0.75$m，横向水平杆的构造外伸长度$a=500$mm，计算外伸长度a_1可取300mm。结构脚手架采用冲压钢脚手板，脚手架钢管采用φ48.3×3.6。试验算横向、纵向水平杆的强度与刚度是否满足要求，并验算扣件的抗滑承载力。

【解】 ① 荷载。查表6-6，冲压钢脚手板均布荷载标准值：0.3kN/m²，查表6-8活荷载标准值：3.0kN/m²。

② 横向水平杆的抗弯强度验算。

作用横向水平杆线荷载标准值

$$q_k = (3+0.3)\times 0.75 = 2.475\ (\text{kN/m}^2)$$

作用横向水平杆线荷载设计值

$$q = 1.4\times 3\times 0.75 + 1.2\times 0.3\times 0.75 = 3.42\ (\text{kN/m})$$

考虑活荷载在横向水平杆上的最不利布置（验算弯曲正应力、挠度不计悬挑荷载，但计算支座最大反力要计入悬挑荷载）。

最大弯矩：$M_{max} = \dfrac{ql_b^2}{8} = \dfrac{3.42\times 1.55^2}{8} = 1.027\ (\text{kN}\cdot\text{m})$

钢管截面模量，查表6-16，$W=5.26\text{cm}^3$。

Q235钢抗弯强度设计值，查表6-12得，$f=205\text{N/mm}^2$。

按公式（6-6）计算抗弯强度

$\sigma = \dfrac{M_{max}}{W} = \dfrac{1.027\times 10^6}{5.26\times 10^3} = 195(\text{N/mm}^2) < 205(\text{N/mm}^2)$，满足要求。

③ 横向水平杆的抗弯刚度验算。

钢材弹性模量：查表6-12得$E=2.06\times 10^5$（N/mm²）。

钢管惯性矩：查6-16得$I=12.71\text{cm}^4$。

按公式（6-8）验算刚度：

容许挠度：查表6-14得$[v]=l/150$与10mm，较小值$=\dfrac{1550}{150}$与10mm，较小值=10mm。

$v = \dfrac{5q_k l_b^4}{384EI} = \dfrac{5\times 2.475\times 1550^4}{384\times 2.06\times 10^5\times 12.71\times 10^4} = 7.1\text{mm} < [v] = 10\text{mm}$，满足要求。

④ 纵向水平杆的抗弯强度验算。

计算外伸长度a_1可取300mm。

由横向水平杆传给纵向水平杆的集中力设计值：

$$F = 0.5ql_b\left(1+\frac{a_1}{l_b}\right)^2 = 0.5\times 3.42\times 1.55\times\left(1+\frac{0.3}{1.55}\right)^2 = 3.78\ (\text{kN})$$

查表4-21图（2）得最大弯矩$M_{max}=0.175Fl_a=0.175\times 3.78\times 1.5=0.99$（kN·m）

按公式（6-6）计算抗弯强度

$\sigma = \dfrac{M_{max}}{W} = \dfrac{0.99\times 10^6}{5.26\times 10^3} = 188\text{N/mm}^2 < f = 205\text{N/mm}^2$，满足要求。

⑤ 纵向水平杆的抗弯强度验算。

由横向水平杆传给纵向水平杆的集中力标准值：

$$F_k = 0.5q_k l_b\left(1+\frac{a_1}{l_b}\right)^2 = 0.5\times 2.475\times 1.55\times\left(1+\frac{0.3}{1.55}\right)^2 = 2.73\ (\text{kN})$$

按公式（6-8）验算刚度

容许挠度：查表6-14得$[v]=l/150$与10mm，较小值$=\dfrac{1500}{150}$与10mm，较小值=10mm。

查表4-21图（2）得$v = \dfrac{1.146F_k l_a^3}{100EI} = \dfrac{1.146\times 2.73\times 10^3\times 1500^3}{100\times 2.06\times 10^5\times 12.71\times 10^4} = 4.0\ (\text{mm}) < [v] =$

10 (mm)，满足要求。

⑥ 验算扣件的抗滑承载力。

直角扣件、旋转扣件抗滑承载力设计值：查表 6-13 得 $R_c=8\text{kN}$

$R=2.15F=2.15\times3.78=8.127(\text{kN})>8(\text{kN})$，不满足要求。

双扣件在 20kN 的荷载下会滑动，其抗滑承载力可取 12.0kN。

因为 8.127kN<12kN，所以采用双扣件满足要求。

按南方做法即按图 6-38，这样的构造布置决定了施工荷载的传递路线是：竹笆脚手板→纵向水平杆→横向水平杆→横向水平杆与立杆连接的扣件→立杆。

对应这种传递路线的纵向、横向水平杆的计算简图如图 6-38 所示，即纵向水平杆按受均布荷载的三跨连续梁计算，应验算弯曲正应力、挠度；横向水平杆按受集中荷载简支梁计算，应验算弯曲正应力、挠度，不计悬挑荷载，但验算扣件抗滑承载力要计入悬挑荷载。

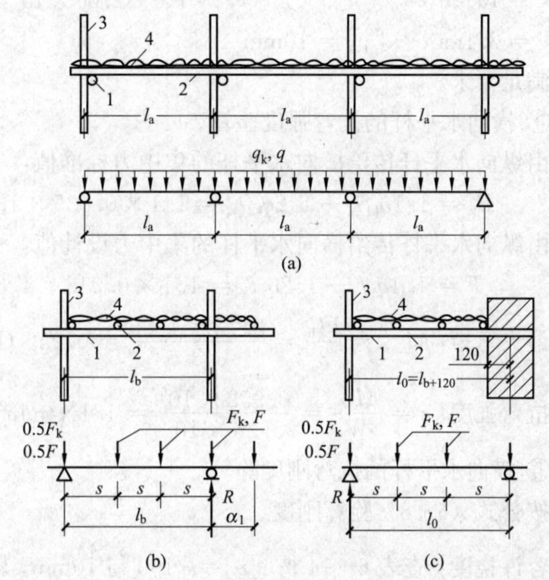

图 6-38　横向、纵向水平杆的计算简图（二）

(a) 纵向水平杆；(b) 双排架的横向水平杆；(c) 单排架的横向水平杆
1—横向水平杆；2—纵向水平杆；3—立杆；4—竹笆板

【例 6-2】 已知：立杆纵距 $l_a=1.5\text{m}$，立杆横距为 $l_b=1.05\text{m}$，纵向水平杆等间距设置，间距 $s=\dfrac{l_b}{3}=\dfrac{1.05}{3}=0.35$ (m)，结构脚手架采用竹笆脚手板，竹笆脚手板均布活荷载标准值取 0.1kN/m^2，脚手架钢管采用 Φ48.3mm×3.6mm。试验算纵向、横向水平杆的强度与刚度是否满足要求，并验算扣件的抗滑承载力。

【解】 ① 荷载。

查表 6-8 得：施工均布活荷载标准值为 3.0kN/m^2。

查表 6-6 得：竹笆脚手板均布活荷载标准值取 0.1kN/m^2。

② 纵向水平杆的抗弯强度验算：

作用纵向水平杆永久线荷载标准值：$q_{k1}=0.1\times0.35=0.035$ (kN/m)

作用纵向水平杆可变线荷载标准值：$q_{k2}=3\times0.35=1.05$ (kN/m)

作用纵向水平杆永久线荷载设计值：$q_1=1.2q_{k1}=1.2\times0.035=0.042$ (kN/m)

作用纵向水平杆可变线荷载设计值：$q_2=1.4q_{k2}=1.4\times1.05=1.47$ (kN/m)

最大弯矩［查表 4-21 图 (1)］：

$$M_{max}=0.1q_1l_a^2+0.117q_2l_a^2=0.1\times0.042\times1.5^2+0.117\times1.47\times1.5^2=0.396\ (\text{kN}\cdot\text{m})$$

按公式 (6-6) 计算抗弯强度

$$\sigma=\frac{M_{max}}{W}=\frac{0.396\times10^6}{5.26\times10^3}=75.3\text{N/mm}^2<205\text{N/mm}^2$$，满足要求。

③ 纵向水平杆的抗弯刚度验算：

按公式 (6-8) 验算刚度：

容许挠度：查表 6－14 得 $[v]=l/150$ 与 10mm，较小值$=\frac{1500}{150}$与 10mm，较小值=10mm。

查表 4－21 图（1）得

$$v=\frac{l_a^4}{100EI}(0.677q_{k1}+0.99q_{k2})=\frac{1500^4}{100\times2.06\times10^5\times12.71\times10^4}\times(0.677\times0.035+0.99\times1.05)$$

$$=2.1\text{mm}<[v]=10\text{mm}$$

满足要求。

④ 横向水平杆的抗弯强度验算。

由纵向水平杆传给横向水平杆的集中力标准值：

$$F_k=1.1q_{k1}l_a+1.2q_{k2}l_a=1.1\times0.035\times1.5+1.2\times1.05\times1.5=1.95\ (\text{kN})$$

由纵向水平杆传给横向水平杆的集中力设计值：

$$F=1.1q_1l_a+1.2q_2l_a=1.1\times0.042\times1.5+1.2\times1.47\times1.5=2.72\ (\text{kN})$$

最大弯矩：$M_{max}=\frac{Fl_b}{3}=\frac{2.72\times1.05}{3}=0.952\ (\text{kN}\cdot\text{m})$

抗弯强度：$\sigma=\frac{M_{max}}{W}=\frac{0.952\times10^6}{5.26\times10^3}=181\text{N/mm}^2<205\text{N/mm}^2$，满足要求。

⑤ 横向水平杆的抗弯刚度验算。

按公式（6－8）验算刚度

容许挠度：查表 6－14 得 $[v]=l/150$ 与 10mm，较小值$=\frac{1050}{150}$与 10mm，较小值=7mm。

$v=\frac{23F_kl_b^3}{648EI}=\frac{23\times1.95\times10^3\times1050^3}{648\times2.06\times10^5\times12.71\times10^4}=3.1\text{mm}<7\text{mm}$，满足要求。

⑥ 验算扣件的抗滑承载力。

直角扣件、旋转扣件抗滑承载力设计值：查表 6－13 得 $R_c=8\text{kN}$。

横向水平杆计算外伸长度 a_1 可取 300mm。

横向水平杆外伸端处纵向水平杆传给横向水平杆的集中力设计值：

$$F'=1.1q'_1l_a+1.2q'_2l_a=1.1\times1.2\times0.1\times\frac{0.3}{2}\times1.5+1.2\times1.4\times3\times\frac{0.3}{2}\times1.5=1.16\ (\text{kN})$$

由横向水平杆通过扣件传给立杆的竖向力设计值 R：

$R=2F+F'\left(1+\frac{a_1}{l_b}\right)=2\times2.72+1.16\times\left(1+\frac{0.3}{1.05}\right)=6.93\ (\text{kN})<R_c=8\ (\text{kN})$，满足要求。

6）立杆的稳定性应符合下列公式要求：

不组合风荷载时：

$$N/\varphi A\leqslant f \tag{6-10}$$

组合风荷载时：

$$N/\varphi A+M_W/W\leqslant f \tag{6-11}$$

式中：N 为计算立杆段的轴向力设计值，N；φ 为轴心受压构件的稳定系数，应根据长细比 λ 由表 6－17 取值；λ 为长细比，$\lambda=l_0/i$；l_0 为计算长度，mm；i 为截面回转半径，mm；A 为立杆的截面面积，mm^2；M_W 为计算立杆段由风荷载设计值产生的弯矩，N·mm；f 为钢材的抗压强度设计值，N/mm^2。

表 6－17　轴心受压构件的稳定系数 φ（Q235 钢）

λ	0	1	2	3	4	5	6	7	8	9
0	1.000	0.997	0.995	0.992	0.989	0.987	0.984	0.981	0.979	0.976

续表

λ	0	1	2	3	4	5	6	7	8	9
10	0.974	0.971	0.968	0.966	0.963	0.960	0.958	0.955	0.952	0.949
20	0.947	0.944	0.941	0.938	0.936	0.933	0.930	0.927	0.924	0.921
30	0.918	0.915	0.912	0.909	0.906	0.903	0.899	0.896	0.893	0.889
40	0.886	0.882	0.879	0.875	0.872	0.868	0.864	0.861	0.858	0.855
50	0.852	0.849	0.846	0.843	0.839	0.836	0.832	0.829	0.825	0.822
60	0.818	0.814	0.810	0.806	0.802	0.797	0.793	0.789	0.784	0.779
70	0.775	0.770	0.765	0.760	0.755	0.750	0.744	0.739	0.733	0.728
80	0.722	0.716	0.710	0.704	0.698	0.692	0.686	0.680	0.673	0.667
90	0.661	0.654	0.648	0.641	0.634	0.626	0.618	0.611	0.603	0.595
100	0.588	0.580	0.573	0.566	0.558	0.551	0.544	0.537	0.530	0.523
110	0.516	0.509	0.502	0.496	0.489	0.483	0.476	0.470	0.464	0.458
120	0.452	0.446	0.440	0.434	0.428	0.423	0.417	0.412	0.406	0.401
130	0.396	0.391	0.386	0.381	0.376	0.371	0.367	0.362	0.357	0.353
140	0.349	0.344	0.340	0.336	0.332	0.328	0.324	0.320	0.316	0.312
150	0.308	0.305	0.301	0.298	0.294	0.291	0.287	0.284	0.281	0.277
160	0.274	0.271	0.268	0.265	0.262	0.259	0.256	0.253	0.251	0.248
170	0.245	0.243	0.240	0.237	0.235	0.232	0.230	0.227	0.225	0.223
180	0.220	0.218	0.216	0.214	0.211	0.209	0.207	0.205	0.203	0.201
190	0.199	0.197	0.195	0.193	0.191	0.189	0.188	0.186	0.184	0.182
200	0.180	0.179	0.177	0.175	0.174	0.172	0.171	0.169	0.167	0.166
210	0.164	0.163	0.161	0.160	0.159	0.157	0.156	0.154	0.153	0.152
220	0.150	0.149	0.148	0.146	0.145	0.144	0.143	0.141	0.140	0.139
230	0.138	0.137	0.136	0.135	0.133	0.132	0.131	0.130	0.129	0.128
240	0.127	0.126	0.125	0.124	0.123	0.122	0.121	0.120	0.119	0.118
250	0.117	—	—	—	—	—	—	—	—	—

注 当$\lambda>250$时，$\varphi=7320/\lambda^2$。

计算立杆段的轴向力设计值 N，应按下列公式计算：

不组合风荷载时：

$$N=1.2(N_{G1k}+N_{G2k})+1.4\sum N_{Qk} \tag{6-12}$$

组合风荷载时：

$$N=1.2(N_{G1k}+N_{G2k})+0.9\times1.4\sum N_{Qk} \tag{6-13}$$

式中：N_{G1k}为脚手架结构自重产生的轴向力标准值；N_{G2k}为构配件自重产生的轴向力标准值；$\sum N_{Qk}$为施工荷载产生的轴向力标准值总和，内、外立杆各按一纵距内施工荷载总和的 1/2 取值。

立杆计算长度 l_o 应按下式计算

$$l_o=k\mu h \tag{6-14}$$

式中：k 为立杆计算长度附加系数，其值取 1.155，当验算立杆允许长细比时，取 $k=1$；μ 为考虑单、双排脚手架整体稳定因素的单杆计算长度系数，应按表 6-18 采用；h 为步距。

表 6-18　　单、双排脚手架立杆的计算长度系数 μ

类别	立杆横距（m）	连墙件布置	
		二步三跨	三步三跨
双排架	1.05	1.50	1.70
	1.30	1.55	1.75
	1.55	1.60	1.80
单排架	≤1.50	1.80	2.00

由风荷载产生的立杆段弯矩设计值 M_w，可按下式计算

$$M_w = 0.9 \times 1.4 M_{wk} = 0.9 \times 1.4 \omega_k l_a h^2 / 10 \tag{6-15}$$

式中：M_{wk}为风荷载产生的弯矩标准值，kN·m；ω_k为风荷载标准值，kN/m²；l_a 为立杆纵距，m。

单、双排脚手架立杆稳定性计算部位的确定应符合下列规定。

① 当脚手架采用相同的步距、立杆纵距、立杆横距和连墙件间距时，应计算底层立杆段。

② 当脚手架的步距、立杆纵距、立杆横距和连墙件间距有变化时，除计算底层立杆段外，还必须对出现最大步距或最大立杆纵距、立杆横距、连墙件间距等部位的立杆段进行验算。

单、双排脚手架允许搭设高度［H］应按下列公式计算，并应取较小值。

不组合风荷载时：

$$[H] = [\varphi A f - (1.2 N_{G2k} + 1.4 \sum N_{Qk})] / 1.2 g_k \tag{6-16}$$

组合风荷载时：

$$[H] = \{\varphi A f - [1.2 N_{G2k} + 0.9 \times 1.4 (\sum N_{Qk} + M_{wk} \varphi A / W)]\} / 1.2 g_k \tag{6-17}$$

式中：［H］为脚手架允许搭设高度，m；g_k 为立杆承受的每米结构自重标准值，kN/m。

【例 6-3】 已知：工程为 3m 层高 7 层框架结构建筑物，需搭设 23m 高脚手架，初步设计立杆纵距 l_a=1.5m，立杆横距 l_b=1.05m，步距 h=1.8m。计算外伸长度 a_1=0.3m，钢管外径与壁厚 ϕ48.3×3.6mm，3 步 3 跨连墙布置。施工地区在基本风压为 0.45kN/m² 的大城市郊区，装修兼防护脚手架，施工均布荷载标准值（一层操作层）Q_k=2kN/m²，冲压钢脚手板自重标准值 0.3kN/m²，隔一铺一共铺设七层，$\sum Q_{P1}$=7×0.3kN/m²，栏杆、冲压钢脚手板挡板自重标准值 Q_{P2}=0.16kN/m，建筑物结构形式为框架结构，密目式安全立网全封闭脚手架，网目密度 2300 目/100cm²。试验算脚手架结构的安全性。

提示介绍：对于常用的网目密度 2300 目/100cm²，每目空隙面积约为 A_o=1.3mm²；如果常用网目密度为 3200 目/100cm²，则每目孔隙面积约为 A_o=0.7mm²。密目式安全网挡风系数为

$\Phi_1 = \dfrac{1.2 \times (100 - nA_o)}{100}$，即 2300 目/100cm²，$\varphi_1$=0.841；3200 目/100cm²，$\varphi_1$=0.931。

密目式安全立网全封闭脚手架挡风系数公式 $\varphi = \varphi_1 + \varphi_2 - \varphi_1 \varphi_2 / 1.2$

① 验算长细比：

μ、k 查表 6-18，μ=1.7 且 k=1。根据长细比定义：

$\lambda = \dfrac{l_o}{i} = \dfrac{k\mu h}{i} = \dfrac{\mu h}{i} = \dfrac{1.7 \times 180}{1.59} = 192 < 210$ （查表 6-15），满足要求。

② 计算立杆段轴向力设计值 N：

根据纵距 l_a=1.5m，步距 h=1.8m，查表 6-5，g_k=0.1295kN/m

脚手架结构自重标准值产生的轴向力

$$N_{G1k} = H g_k = 23 \times 0.1295 = 2.98\ (\text{kN})$$

构配件自重标准值产生的轴向力：

$$N_{G2k}=0.5(l_b+a_1)l_a\sum Q_{P1}+Q_{P2}l_a$$

$$=0.5\times(1.05+0.3)\times1.5\times7\times0.3+0.16\times1.5\times7=3.81\ (kN)$$

施工荷载标准值产生的轴向力总和：

$$\sum N_{Qk}=0.5(l_b+a_1)l_aQ_k=0.5\times(1.05+0.3)\times1.5\times2=2.03\ (kN)$$

组合风荷载时根据公式（6-13）：

$$N=1.2(N_{G1k}+N_{G2k})+0.9\times1.4\sum N_{Qk}$$

$$=1.2\times(2.98+3.81)+0.9\times1.4\times2.03=10.71\ (kN)$$

不组合风荷载时根据公式（6-12）：

$$N=1.2(N_{G1k}+N_{G2k})+1.4\sum N_{Qk}=1.2\times(2.98+3.81)+1.4\times2.03=10.99(kN)$$

③ 计算风荷载设计值对立杆段产生的弯矩 M_w

$\varphi_1=0.841$，根据 $l_a=1.5$、$h=1.8$，查表 6-10 得，$\varphi_2=0.09$：

$$\varphi=\varphi_1+\varphi_2-\varphi_1\varphi_2/1.2=0.841+0.09-0.841\times0.09/1.2=0.868$$

根据《建筑施工扣件式钢管脚手架安全技术规范》（JGJ 130—2011）第 4.2.6 条，背靠建筑物结构形式为框架结构，风荷载体型系数：

$$\mu_s=1.3\varphi=1.3\times0.868=1.128$$

大城市郊区，地面粗糙度为 B 类，查荷载规范，5m 以下风压高度变化系数 $\mu_z=1.00$

根据公式（6-15）：

$$M_w=\frac{0.9\times1.4w_kl_ah^2}{10}=\frac{0.9\times1.4\times\mu_z\cdot\mu_sw_ol_ah^2}{10}$$

$$=\frac{0.9\times1.4\times1.0\times1.128\times0.45\times1.5\times1.8^2\times10^6}{10}=3.108\times10^5\,(Nmm)$$

④ 立杆稳定性验算：

确定轴心受压构件的稳定系数：

由 $\lambda=\frac{l_o}{i}=\frac{k\mu h}{i}=\frac{1.155\times1.70\times180}{1.59}=222$（$k$ 取 1.155），查表 6-17 得，$\varphi=0.148$。

组合风荷载时，按公式（6-11）计算立杆稳定性，即

$$\frac{N}{\varphi A}+\frac{M_w}{W}=\frac{10.71\times10^3}{0.148\times506}+\frac{3.108\times10^5}{5.26\times10^3}=143.01+59.09=202.10(N/mm^2)<f=205N/mm^2$$

不组合风荷载时，按公式（6-10）验算立杆稳定性，即

$\frac{N}{\varphi A}=\frac{10.99\times10^3}{0.148\times506}=146.75\ (N/mm^2)<f=205N/mm^2$，脚手架立杆稳定性满足要求。

7）连墙件杆件的强度及稳定应满足下列公式的要求：

强度：
$$\sigma=N_l/A_c\leqslant0.85f$$

稳定：
$$\frac{N_l}{\varphi A}\leqslant0.85f \qquad (6-18)$$

$$N_l=N_{lw}+N_o \qquad (6-19)$$

式中：σ 为连墙件应力值，N/mm²；A_c 为连墙件的净截面面积，mm²；A 为连墙件的毛截面面积，

mm²；N_l 为连墙件轴向力设计值，N；N_{lw} 为风荷载产生的连墙件轴向力设计值，应按式（6-20）计算；N_o 为连墙件约束脚手架平面外变形所产生的轴向力。单排架取 2kN，双排架取 3kN；φ 为连墙件的稳定系数；f 为连墙件钢材的强度设计值，N/mm²。

由风荷载产生的连墙件的轴向力设计值，应按下式计算

$$N_{lw} = 1.4w_k A_w \tag{6-20}$$

式中：A_w 为单个连墙件所覆盖的脚手架外侧面的迎风面积。

8）连墙件与脚手架、连墙件与建筑结构连接的连接强度应按下式计算

$$N_l \leqslant N_V \tag{6-21}$$

式中：N_V 为连墙件与脚手架、连墙件与建筑结构连接的抗拉（压）承载力设计值，应根据相应规范规定计算。

9）当采用钢管扣件做连墙件时，扣件抗滑承载力的验算，应满足下式要求

$$N_l \leqslant R_c \tag{6-22}$$

式中：R_c 为扣件抗滑承载力设计值，一个直角扣件应取 8.0kN。

【例 6-4】 已知：脚手架采用 ϕ48.3×3.6mm 钢管，立杆横距 l_b=1.05m，立杆纵距 l_a=1.5m，步距 h=1.8m。连墙件布置按 2 步 2 跨均匀布置。基本风压 0.3kN/m²，地面粗糙度类别属 B 类，连墙件的连墙杆采用 ϕ48.3×3.6mm 钢管，用直角扣件分别与脚手架立杆和建筑物连接，脚手架高度 50m。建筑物结构形式为框架结构，密目式安全立网全封闭脚手架，网目密度为 2300 目/100cm²。

【解】 ① 求 w_k。由已知条件，连墙件均匀布置，受风荷载最大的连墙件应在脚手架的最高部位，计算按 50m 考虑。地面粗糙度为 B 类，根据荷载规范，风压高度变化系数 μ_z=1.67。

根据 l_a=1.8m，h=1.8m，查表 6-10 得，挡风系数 φ_2=0.083：

$\varphi = \varphi_1 + \varphi_2 - \varphi_1\varphi_2/1.2 = 0.841 + 0.083 - 0.841 \times 0.083/1.2 = 0.866$

$\mu_s = 1.3 \times \varphi = 1.3 \times 0.866 = 1.126$

$w_k = \mu_z \cdot \mu_s \cdot w_o = 1.67 \times 1.126 \times 0.3 = 0.564$（kN/m²）

② 求 N_l。按公式（6-19）：

$N_l = N_{lw} + N_o = 1.4w_k A_w + 3 = 1.4 \times 0.564 \times 2 \times 1.5 \times 2 \times 1.8 + 3 = 11.53$（kN）

③ 扣件连接抗滑移验算。单个直角扣件抗滑承载力设计值 R_c=8kN，N_l=11.53kN>R_c 不满足要求。必须采用双直角扣件，R_c=12kN，可以满足要求。注意：连墙件扣件连接一般至少采用双扣件，必要时还可以采用更强的焊接连接和其他整体连接。

④ 连墙杆稳定承载力验算。连墙杆采用 ϕ48.3×3.6mm 钢管时，杆件两端均采用直角扣件分别连于脚手架及附加墙外侧的短钢管上，因此连墙杆的计算长度可取脚手架的离墙距离，即 l_H=0.5m，因此长细比

$\lambda = \dfrac{l_H}{i} = \dfrac{50}{1.59} = 32 < [\lambda] = 150$（查《冷弯薄壁型钢结构技术规范》）

查表 6-17 得 φ=0.912，根据公式（6-18）

$$\frac{N_l}{\varphi A} = \frac{11.53 \times 10^3}{0.912 \times 506} = 25.0\ (\text{N/mm}^2) \ll 0.85f = 0.85 \times 205 = 174\ (\text{N/mm}^2)$$

计算说明连墙件采用 ϕ48.3mm×3.6mm 钢管时，其稳定承载能力一般是足够的。

10）脚手架地基承载力计算。立杆基础底面的平均压力应满足下式的要求：

$$P_k = N_k/A \leqslant f_g \tag{6-23}$$

式中：P_k 为立杆基础底面处的平均压力标准值，kPa；N_k 为上部结构传至立杆基础顶面的轴向力标准值，kN；A 为基础底面面积，m²；f_g 为地基承载力特征值，kPa。

地基承载力特征值的取值应符合下列规定。

① 当为天然地基时，应按地质勘察报告选用；当为回填土地基时，应对地质勘察报告提供的回填土地基承载力特征值乘以折减系数0.4。

② 由载荷试验或工程经验确定。

对搭设在楼面等建筑结构上的脚手架，应对支撑架体的建筑结构进行承载力验算，当不能满足承载力要求时应采取可靠的加固措施。

【例6-5】 已知：立杆横距 $l_b=1.05m$，步距 $h=1.8m$，立杆纵距 $l_a=1.5m$，二步三跨连墙布置。脚手板自重标准值（满铺六层）：$\sum Q_{P1}=6\times0.3kN/m^2$。施工均布活荷载标准值（一层作业）：$Q_k=3kN/m^2$。栏杆、挡脚板自重标准值：$Q_{P2}=0.16kN/m$。敞开式脚手架，施工地区在基本风压为 $0.35kN/m^2$ 地区，脚手架高 $H_s=50m$。脚手架底通长铺设木垫板（板宽×板厚为300mm×50mm）。地基土质为回填碎石土，承载力特征值 $f_g=300kPa$。

【解】 ① 计算立杆段轴力设计值 N：

用公式（6-12），即 $N=1.2(N_{G1k}+N_{G2k})+1.4\sum N_{Q_k}$

由已知条件 $l_a=1.5m$，$h=1.8m$，查表6-5得，$g_k=0.1295kN/m$

脚手架结构自重标准值产生的轴向力 N_{G1k}，$N_{G1k}=H_s g_k=50\times0.1295=6.48$（kN）

构配件自重标准值产生的轴向力

$$N_{G2k}=0.5(l_b+0.3)l_aQ_{P1}+Q_{P2}l_a$$
$$=0.5\times(1.05+0.3)\times1.5\times6\times0.30+0.16\times1.5\times6=3.26\ (kN)$$

施工荷载标准值产生的轴向力总和 $\sum N_{Qk}$：

$$\sum N_{Qk}=0.5(l_b+0.3)l_aQ_k=0.5\times(1.05+0.3)\times1.5\times3=3.04\ (kN)$$

$$N_k=N_{G1k}+N_{G2k}+\sum N_{Qk}=6.48+3.26+3.04=12.78\ (kN)$$

② 计算基础底面积 A。取木垫板作用长度0.5m：$A=0.3\times0.5=0.15$（m^2）。

③ 确定地基承载力设计值 f_g。由于地基土质为回填碎石土，地基承载力设计值应修正为

$$f'_g=k_cf_g=0.4\times300=120\ (kN/m^2)$$

④ 验算地基承载力。立杆基础底面的平均压力按公式（6-23）计算如下：

$P_k=N_k/A=12.78/0.15=85.2\ (kN/m^2)\leqslant f'_g=120\ (kN/m^2)$，满足要求。

二、悬挑式脚手架

悬挑式脚手架是一种不落地式脚手架。这种脚手架的特点是脚手架的自重及其施工荷重，全部传递至由建筑物承受，因而搭设不受建筑物高度的限制。主要用于外墙结构、装修和防护，以及在全封闭的高层建筑施工中，用以防坠物伤人。

（一）适用范围

（1）±0.000以下结构工程回填土不能及时回填，脚手架没有搭设的基础，而主体结构工程又必须立即进行，否则将影响工期。

（2）高层建筑主体结构四周为裙房，脚手架不能直接支撑在地面上。

（3）超高层建筑施工，脚手架搭设高度超过了架子的容许搭设高度，因此将整个脚手架按容许搭设高度分成若干段，每段脚手架支撑在由建筑结构向外悬挑的结构上。

（二）悬挑式支撑结构

悬挑式脚手架是利用建筑结构边沿向外伸出的悬挑结构来支撑外脚手架，并将脚手架的荷载全部或部分传递给建筑结构。悬挑式脚手架的关键是悬挑支撑结构，安装必须有足够的强度、稳定性

和刚度，并能将脚手架的荷载传递给建筑结构。

悬挑式脚手架的支撑结构形式大致分为以下两类。

1. 悬挂式挑梁

悬挂式挑梁用型钢作梁挑出，端头加钢丝绳（或用钢筋花篮形螺栓拉杆）斜拉，组成悬挑支撑结构。由于悬出端支撑杆件是斜拉索（或拉杆），又简称为斜拉式（图 6－39、图 6－40）。

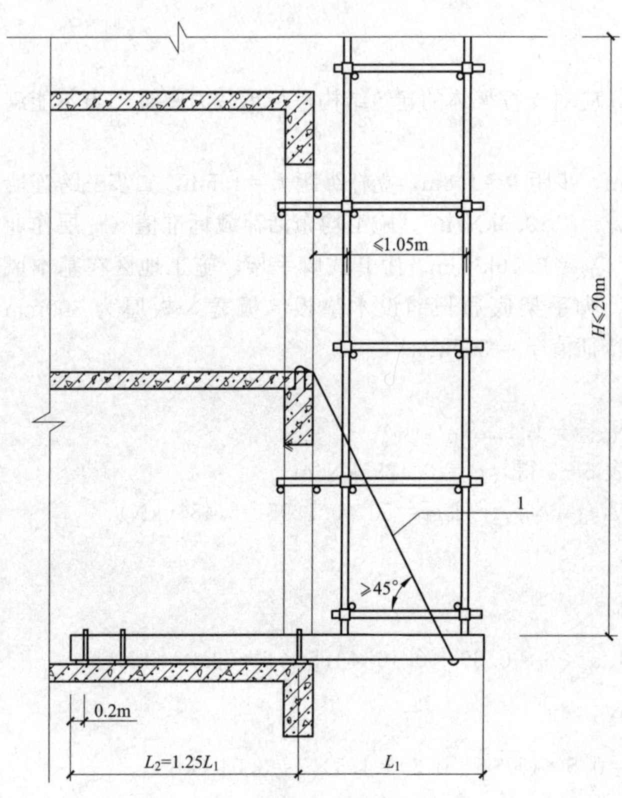

图 6－39 悬挂式挑梁脚手架构造

1—钢丝绳或钢拉杆

图 6－40 悬挂式挑梁脚手架

2. 下撑式挑梁

下撑式挑梁通常采用型钢焊接的三角桁架作为悬挑支撑结构，其悬出端支撑杆件是斜撑受压杆件，承载力由压杆稳定性控制，故断面较大，钢材用量多且自重大。三角桁架挑梁与结构墙体之间还可以采用以螺栓连接的做法。螺栓穿在刚性墙体的预留孔洞或预埋套管中，可以方便地拆除和重复使用（图 6－41、图 6－42）。

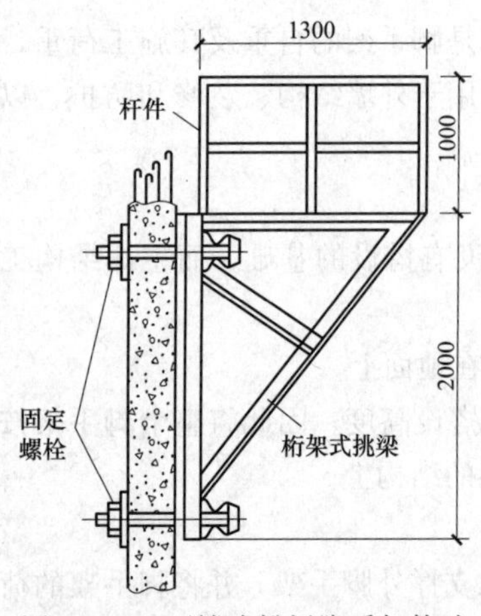

图 6－41 下撑式挑梁脚手架构造

图 6－42 下撑式挑梁脚手架

(三) 斜拉式悬挑脚手架

目前，高层建筑使用得比较多的悬挑脚手架的形式是斜拉式悬挑脚手架。

1. 固定悬挑钢梁的混凝土结构

(1) 锚固型钢的主体结构混凝土强度等级不得低于C20。

(2) 锚固位置设置在楼板上时，楼板的厚度不宜小于120mm。如果楼板的厚度小于120mm应采取加固措施。

2. 悬挑脚手架的构造与设计

(1) 悬挑钢梁悬挑长度应按设计确定，固定段长度不应小于悬挑段长度的1.25倍（图6-44）。

(2) 型钢悬挑梁宜采用双轴对称截面的型钢。悬挑钢梁型号及锚固件应按设计确定，钢梁截面高度不应小于160mm。

3. 悬挑钢梁的固定形式

(1) 型钢悬挑梁固定端应采用2个（对）及以上U形钢筋拉环或锚固螺栓与建筑结构梁板固定，U形钢筋拉环或锚固螺栓应预埋至混凝土梁、板底层钢筋位置，并应与混凝土梁、板底层钢筋焊接或绑扎牢固，其锚固长度应符合现行国家标准《混凝土结构设计规范》（GB 50010）中钢筋锚固的规定（图6-43～图6-45）。

(2) 当型钢悬挑梁与建筑结构采用螺栓钢压板连接固定时，钢压板尺寸不应小于100mm×10mm（宽×厚）；当采用螺栓角钢压板连接时，角钢的规格不应小于63mm×63mm×6mm（图6-43）。

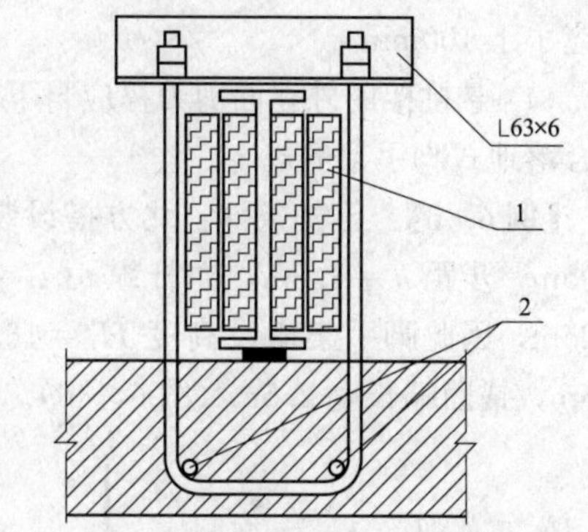

图6-43 悬挑钢梁U形螺栓固定构造

1—木楔侧向楔紧；2—两根1.5m长直径18mmHRB335钢筋

(3) 悬挑梁尾端应在两处及以上固定于钢筋混凝土梁板结构上。锚固型钢悬挑梁的U形钢筋拉环或锚固螺栓直径不宜小于16mm（图6-43）。

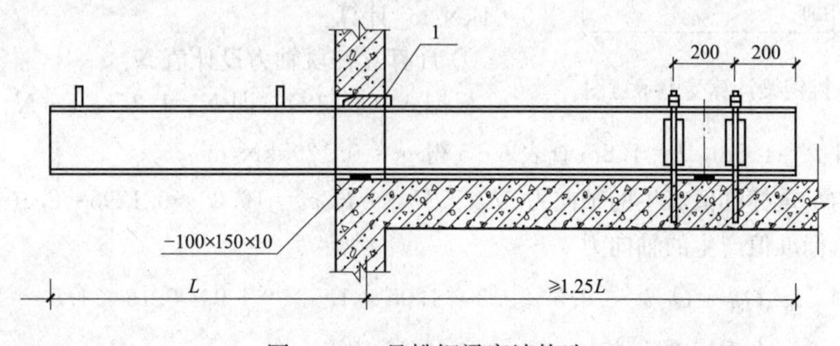

图6-44 悬挑钢梁穿墙构造

1—木楔楔紧

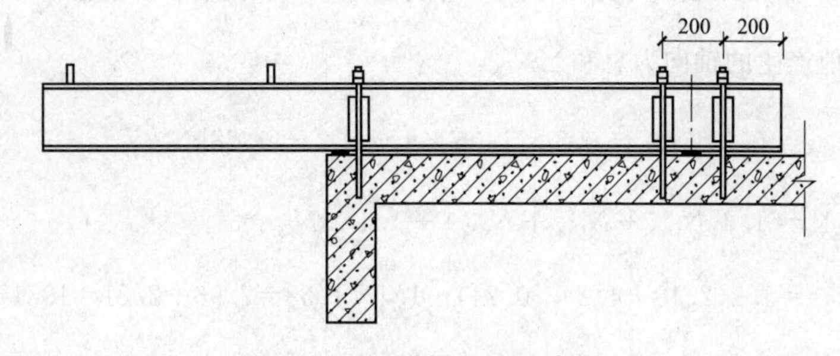

图6-45 悬挑钢梁楼面构造

(4) 用于锚固的U形钢筋拉环或螺栓应采用冷弯成型。U形钢筋拉环、锚固螺栓与型钢间隙应用钢楔或硬木楔楔紧。

(5) 悬挑梁间距应按悬挑架架体立杆纵距设置，每一纵距设置一根。

4. 悬挑脚手架的安装

(1) 一次悬挑脚手架高度不宜超过20m。

(2) 每个型钢悬挑梁外端宜设置钢丝绳或钢拉杆与上一层建筑结构斜拉结。钢丝绳、钢拉杆不参与悬挑钢梁受力计算；钢丝绳与建筑结构拉结的吊环应使用HPB300级钢筋，其直径不宜小于20mm，吊环预埋锚固长度应符合现行国家标准《混凝土结构设计规范》(GB 50010) 中钢筋锚固的规定（图6-43)。

(3) 型钢悬挑梁悬挑端应设置能使脚手架立杆与钢梁可靠固定的定位点，定位点离悬挑梁端部不应小于100mm。

(4) 悬挑架的外立面剪刀撑应自下而上连续设置。剪刀撑设置和横向斜撑设置、连墙件设置应符合落地式脚手架的规定。

【例6-6】 已知条件：北方搭设装修脚手架，一层作业，选用冲压钢脚手板，立杆横距 $l_b=1.05$m，步距 $h=1.8$m，立杆纵距 $l_a=1.5$m，二步三跨连墙布置。由于五层一挑，建筑物层高3.25m，因此脚手架搭设高度 $H_s=16.25$m，共搭设9步。选用4m长悬臂钢梁，其中悬臂长度1.5m，锚固端长度2.5m（图6-46)。如选用16号热轧普通工字钢作为悬臂钢梁，试验算其整体稳定性并试选用锚固钢筋拉环与钢丝绳型号。

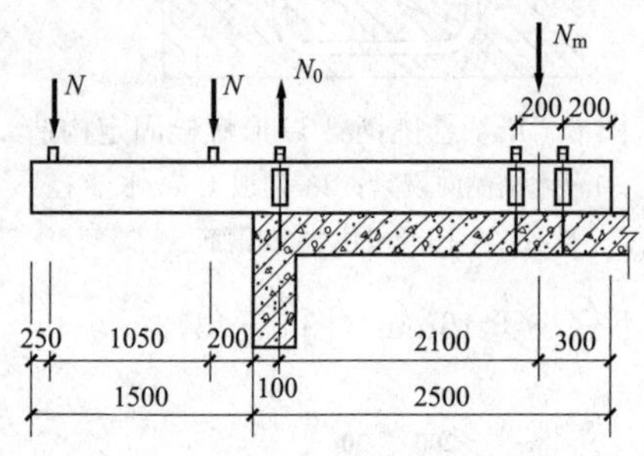

图6-46 悬挑钢梁计算受力示意图

【解】 脚手板自重标准值（满铺九层）$\sum Q_{P1}=9\times 0.3\text{kN/m}^2$

施工均布活荷载标准值（一层作业）$Q_k=2\text{kN/m}^2$

栏杆、挡脚板自重标准值 $Q_{P2}=9\times 0.16\text{kN/m}$

全封闭脚手架，密目式安全立网自重标准值按 $N_{G3k}=0.01\text{kN/m}^2$ 计算。

① 计算立杆段轴力设计值 N：

根据式（6-12)，即 $N=1.2(N_{G1k}+N_{G2k})+1.4\sum N_{Qk}$

由已知条件 $l_a=1.5$m，$h=1.8$m 查表6-5得 $g_k=0.1295$kN/m

脚手架结构自重标准值产生的轴向力 N_{G1k}　$N_{G1k}=H_s g_k=16.25\times 0.1295=2.10$kN

构配件自重标准值产生的轴向力

$$N_{G2k}=0.5l_b l_a Q_{P1}+Q_{P2}l_a=0.5\times 0.3\times 1.05\times 1.5\times 9+9\times 0.16\times 1.5=4.29\text{kN}$$

密目式安全立网自重标准值按 $N_{G3k}=0.01\text{kN/m}^2$ 计算

$$N_{G3k}=0.01\times l_a\times H_s=0.01\times 1.5\times 16.25=0.24\text{kN}$$

施工荷载标准值产生的轴向力总和 $\sum N_{Qk}$：

$$\sum N_{Qk}=0.5l_b l_a Q_k=0.5\times 1.05\times 1.5\times 2=1.58\text{kN}$$

$$N=1.2(N_{G1k}+N_{G2k}+N_{G3k})+1.4\sum N_{Qk}$$

$$=1.2(2.10+4.29+0.24)+1.4\times 1.58=7.96+2.21=10.17\text{kN}$$

$$N_k=2.10+4.29+0.24+1.58=8.21\text{kN}$$

$$M = N \times (0.3 + 1.35) + \frac{1}{2} \times q \times l^2 = 10.17 \times 1.65 + \frac{1}{2} \times 0.205 \times 1.2 \times 1.6^2$$

$$= 16.78 + 0.31 = 17.09\text{kN} \cdot \text{m}$$

双轴对称工字形等截面（含H型钢）悬臂梁的整体稳定系数，可按公式 $\varphi_b = \beta_b \frac{4320}{\lambda_y^2}\frac{Ah}{W_x}\left[\sqrt{1+\left(\frac{\lambda_y t_1}{4.4h}\right)^2} + \eta_b\right]\frac{235}{f_y}$ 计算，但式中系数 β_b 应按《钢结构设计规范》（即表6-19）查得，$\lambda_y = l_1/i_y$（l_1 为悬臂梁的悬伸长度）。当求得的 φ_b 大于0.6时，应按公式（6-24）算得相应的 φ_b' 代替 φ_b 值。η_b 为截面不对称系数，对于双轴对称工字形截面，$\eta_b = 0$。

$$\varphi'_b = 1.07 - \frac{0.282}{\varphi_b} \leqslant 1.0 \tag{6-24}$$

表6-19　双轴对称工字形等截面（含H型钢）悬臂梁的系数 β_b

项次	荷载形式		$0.60 \leqslant \xi \leqslant 1.24$	$1.24 \leqslant \xi \leqslant 1.96$	$1.96 \leqslant \xi \leqslant 3.10$
1	自由端一个集中荷载作用在	上翼缘	$0.21 + 0.67\xi$	$0.72 + 0.26\xi$	$1.17 + 0.03\xi$
2		下翼缘	$2.94 - 0.65\xi$	$2.64 - 0.40\xi$	$2.15 - 0.15\xi$
3	均布荷载作用在上翼缘		$0.62 + 0.82\xi$	$1.25 + 0.31\xi$	$1.66 + 0.10\xi$

注　1. 本表是按支承端为固定的情况确定的，当用于由邻跨延伸出来的伸臂梁时，应在构造上采取措施加强支承处的抗扭能力。

2. 表中 ξ 为参数，$\xi = \frac{l_1 t_1}{b_1 h}$，$b_1$ 为受压翼缘宽度。

选用16号热轧普通工字钢作为悬臂钢梁，查表6-20得 $t = 9.9$mm；$b_1 = 88$mm；$h = 160$mm；$i_x = 6.58$cm；$i_y = 1.89$cm；$W_x = 141\text{cm}^3$；$m = 20.513$kg/m；$A = 26.131\text{cm}^2$。则

$$\xi = \frac{l_1 t_1}{b_1 h} = \frac{1600 \times 9.9}{88 \times 160} = 1.12$$

查表6-19得　$\beta_b = 0.21 + 0.67\xi = 0.21 + 0.67 \times 1.12 = 0.96$

$$\lambda_y = \frac{l_1}{i_y} = \frac{160}{1.89} = 84.66$$

$$\varphi_b = \beta_b \frac{4320}{\lambda_y^2}\frac{Ah}{W_x}\left[\sqrt{1+\left(\frac{\lambda_y t_1}{4.4h}\right)^2} + \eta_b\right]\frac{235}{f_y}$$

$$= 0.96 \times \frac{4320}{84.66^2} \times \frac{26.131 \times 16}{141}\left[\sqrt{1+\left(\frac{84.66 \times 9.9}{4.4 \times 160}\right)^2}\right] \times \frac{235}{235}$$

$$= 0.96 \times \frac{4320}{84.66^2} \times \frac{26.131 \times 16}{141} \times 1.55 = 2.66 > 0.6$$

$$\varphi'_b = 1.07 - \frac{0.282}{\varphi_b} = 1.07 - \frac{0.282}{2.66} = 0.96$$

② 型钢悬挑梁的整体稳定性验算：

$$\frac{M_{max}}{\varphi_b W} = \frac{17.09 \times 10^6}{0.96 \times 141 \times 10^3} = 126.26\text{N/mm}^2 < 205\text{N/mm}^2$$

③ 型钢悬挑梁的刚度验算：$I = 1130\text{cm}^4$

$$v=\frac{4N_k(l_b+a)^2(3l_1-l_b-a)+4N_ka^2(3l_1-a)}{24EI}+\frac{3q_kl_1^4}{24EI}$$

$$=\frac{4\times8.21\times10^3\times(1.05+0.3)^2\times(3\times1.6-1.05-0.3)\times10^9+4\times8.21\times10^3\times0.3^2\times(3\times1.6-0.3)\times10}{24\times2.06\times10^5\times1130\times10^4}$$

$$+\frac{3\times0.205\times1.6^4\times10^9}{24\times2.06\times10^5\times1130\times10^4}=\frac{206.49\times10^3+13.30\times10^3+4.03}{24\times2.06\times1130}=3.94\text{mm}<\frac{1600}{250}=6.4\text{mm}$$

④ 如加钢丝绳，则钢丝绳拉力按下列公式计算：

$$\tan\theta=\frac{3.25}{1.6}=2.03$$

$$\sin^2\theta=\frac{\tan^2\theta}{1+\tan^2\theta}=\frac{2.03^2}{1+2.03^2}=0.805,\ \sin\theta=0.897$$

$$R_B=\frac{1}{\sin\theta}\times\left[\frac{N_1(l_b+a)+N_2a}{l}+\frac{ql}{2}\right]$$

$$=\frac{1}{0.897}\times\left[\frac{10.17(1.05+0.3)+10.17\times0.3}{1.6}+\frac{0.205\times1.6}{2}\right]=11.88\text{kN}$$

钢丝绳选用：$R_B\leqslant[F_g]$

选用6×19－14－140钢丝绳结构14mm（不小于14mm）钢丝绳，公称强度1700N/mm^2；查表6－21得钢丝破断拉力总和101kN。由于钢丝绳安全系数取6，因此允许拉力［F_g］为

$$[F_g]=\frac{\alpha F_g}{K}=\frac{0.9\times101}{6}=15.15\text{kN}>11.88\text{kN}$$

因此满足要求。

⑤ 锚固拉环选用计算：

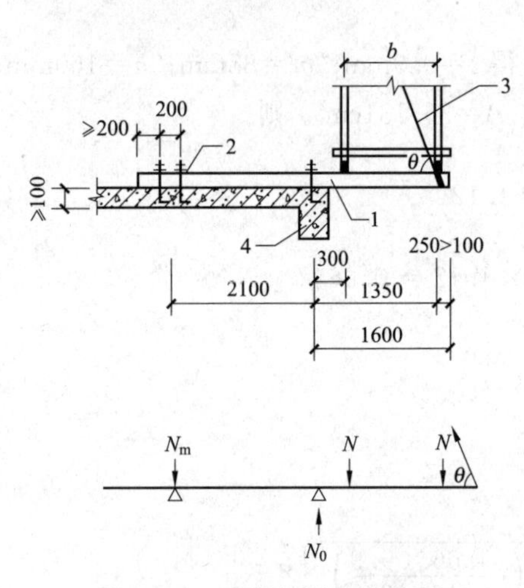

图6－47 悬挑钢梁计算简图
1—悬挑钢梁；2—U形钢筋拉环；3—钢丝绳；4—结构梁

据图6－47悬挑钢梁计算简图，注意此时为保险不考虑钢丝绳的拉力并忽略钢梁自重：

$$N_m=\frac{N\times(1.35+0.3)}{2.1}=\frac{10.17\times1.65}{2.1}=7.99\text{kN}$$

根据《建筑施工扣件式钢管脚手架安全技术规范》第5.6.6条：将型钢悬挑梁锚固在主体结构上的U形钢筋拉环或螺栓的强度应按下式计算：

$$\sigma=\frac{N_m}{A_l}\leqslant f_t \tag{6－25}$$

式中：σ为U形钢筋拉环或螺栓应力值；N_m为型钢悬挑梁锚固段压点U形钢筋拉环或螺栓拉力设计值，N；A_l为U形钢筋拉环净截面面积或螺栓的有效截面面积，mm^2，一个钢筋拉环或一对螺栓按两个截面计算；f_t为U形钢筋拉环或螺栓抗拉强度设计值，应按现行国家标准《混凝土设计规范》（GB 50010）的规定取f_t=50N/mm^2。

根据《建筑施工扣件式钢管脚手架安全技术规范》第5.6.7条：当型钢悬挑梁锚固段压点处采用2个（对）及以上U形钢筋拉环或螺栓的承载能力应乘以0.85的折减系数。

因此如取光圆钢筋2根φ16作为钢筋拉环，则钢筋受拉的平均应力为：

$$\sigma=\frac{N_m}{0.85A_l}=\frac{N_m}{0.85A_l}=\frac{7.99\times10^3}{0.85\times\pi/4\times16^2\times2\times2}=11.69\text{N/mm}^2<f_t=50\text{N/mm}^2$$

根据计算结果，选用的钢筋拉环满足要求。

悬挑钢梁应选用双轴对称工字钢，类型有热轧普通工字钢、焊接工字钢、整体轧制H型钢三

种（图 6－48）。

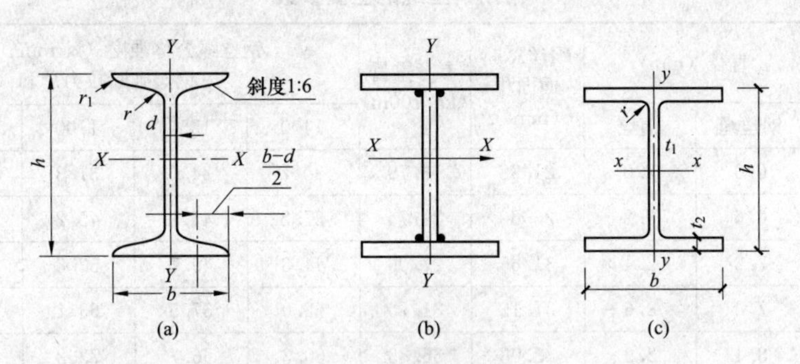

图 6－48　钢梁截面

（a）热轧普通工字钢；（b）焊接工字钢；（c）整体轧制 H 型钢

表 6－20 和表 6－21 分别是热轧普通工字钢的常用规格及截面特性表、常用钢丝绳的主要参数表，供使用参考。

表 6－20　　热轧普通工字钢的常用规格及截面特性

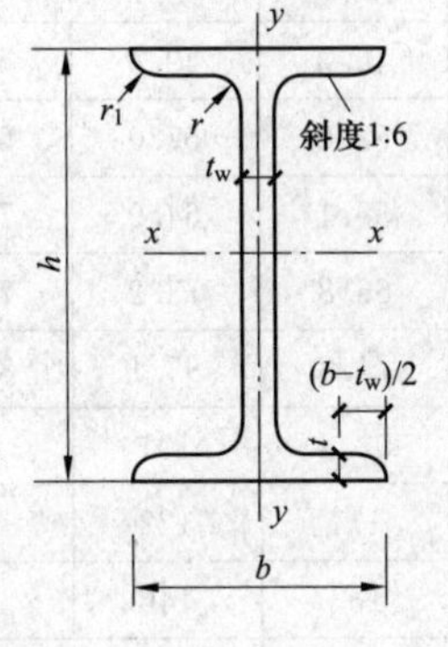

I—截面惯性矩
W—截面抵抗矩
S—半截面面积矩
i—截面回转半径

通常长度：
型号 10～18，为 5～19mm；
型号 20～63，为 6～19mm。

型号	尺寸/mm						截面面积 A（cm²）	质量（kg/m）	$x-x$ 轴				$y-y$ 轴		
	h	b	t_w	t	r	r_1			I_x（cm⁴）	W_x（cm³）	S_x（cm³）	i_x（cm）	I_y（cm⁴）	W_y（cm³）	i_y（cm）
10	100	68	4.5	7.6	6.5	3.3	14.345	11.261	245	49.0	28.5	4.14	33.0	9.72	1.52
12.6	126	74	5.0	8.4	7.0	3.5	18.118	14.223	488	77.5	45.2	5.20	46.9	12.7	1.61
14	140	80	5.5	9.1	7.5	3.8	21.510	16.800	712	102	59.3	5.76	64.4	16.1	1.73
16	160	88	6.0	9.9	8.0	4.0	26.131	20.513	1130	141	81.9	6.58	93.1	21.2	1.89
18	180	94	6.5	10.7	8.5	4.3	30.756	24.113	1660	185	108	7.36	122	26.0	2.00
20a	200	100	7.0	11.4	9.0	4.5	35.578	27.929	2370	237	138	8.15	158	31.5	2.12
b		102	9.0				39.578	31.069	2500	250	148	7.96	169	33.1	2.06
22a	220	110	7.5	12.3	9.5	4.8	42.128	33.070	3400	309	180	8.99	225	40.9	2.31
b		112	9.5				46.528	36.524	3570	325	191	8.78	239	42.7	2.27
25a	250	116	8.0	13.0	10.0	5.0	48.541	38.105	5020	402	232	10.2	280	48.3	2.40
b		118	10.0				53.541	42.030	5280	423	248	9.98	309	52.4	2.40
28a	280	122	8.5	13.7	10.5	5.3	55.404	43.492	7110	508	289	11.3	345	56.6	2.50
b		124	10.5				61.004	47.888	7480	534	309	11.1	379	61.2	2.49

表 6 - 21 常用钢丝绳的主要参数

钢丝绳结构	换算系数 α	直径（mm）		钢丝总断面面积（mm^2）	参考重量（kg/100m）	钢丝绳公称强度（N/mm^2）为下值时，钢丝破断拉力总和（kN）				
		钢丝绳	钢丝			1400	1550	1700	1850	2000
1×7	0.92	6.0	2.0	21.98	18.79	30.7	34.0	37.3		
		6.6	2.2	26.60	22.74	37.2	41.2	45.2		
		7.2	2.4	31.65	27.06	44.3	49.0	53.8		
		7.8	2.6	37.15	31.76	52.0	57.5	63.1		
		8.4	2.8	43.08	36.83	60.3	66.7	73.2		
		9.0	3.0	49.46	42.29	69.2	76.6	84.0		
		9.6	3.2	56.27	48.11	78.7	87.2			
		10.5	3.5	67.31	57.55	94.2	104			
		11.5	3.8	79.35	67.84	111	122			
		12.0	4.0	87.92	75.17	123	136			
1×19	0.9	6.5	1.3	25.21	21.43	35.2	39.0	42.8	46.6	
		7.0	1.4	29.23	24.85	40.9	45.3	49.6	54.0	
		7.5	1.5	33.56	28.53	46.9	52.0	57.0	62.0	
		8.0	1.6	38.18	32.45	53.4	59.1	64.9	70.6	
		8.5	1.7	43.10	36.64	60.3	66.8	73.2	79.7	
		9.0	1.8	48.32	41.07	67.6	74.8	82.1	89.4	
		10.0	2.0	59.66	50.71	83.5	92.4	101	110	
		11.0	2.2	72.19	61.36	101	111	122		
		12.0	2.4	85.91	73.02	120	133	146		
		13.0	2.6	100.83	85.71	141	156	171		
		14.0	2.8	116.93	99.39	163	181	198		
		15.0	3.0	134.24	114.1	187	208	228		
		16.0	3.2	152.73	129.8	213	236	259		
6×19	0.85	6.2	0.4	14.32	13.53	20.0	22.1	24.3	26.4	28.6
		7.7	0.5	22.37	21.14	31.3	34.6	38.0	41.3	44.7
		9.3	0.6	32.22	30.45	45.1	49.9	54.7	59.6	64.4
		11.0	0.7	43.85	41.44	61.3	67.9	74.5	81.1	87.7
		12.5	0.8	57.27	54.12	80.1	88.7	97.3	105	114
		14.0	0.9	72.49	68.50	101	112	123	134	144
		15.5	1.0	89.49	84.57	125	138	152	165	178
		17.0	1.1	108.28	102.3	151	167	184	200	216
6×37	0.82	8.7	0.4	27.88	26.21	39.0	43.2	47.3	51.5	55.7
		11.0	0.5	48.57	40.96	60.9	67.5	74.0	80.6	87.1
		13.0	0.6	62.74	58.98	87.8	97.2	106	116	125
		15.0	0.7	85.39	80.57	119	132	145	157	170

普通钢丝绳的标记方法举例：

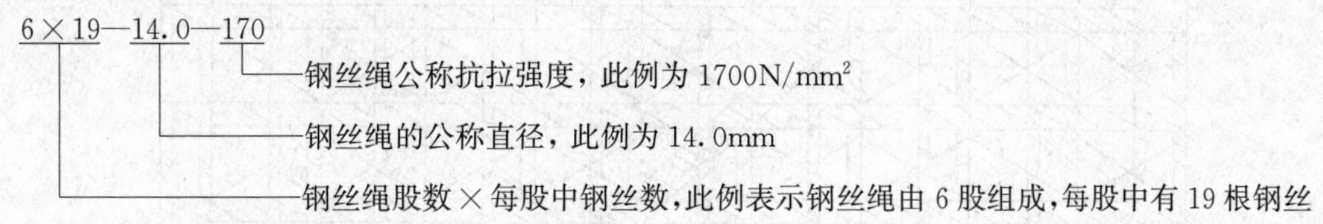

三、门式钢管脚手架

虽然扣件式钢管脚手架装拆方便，搭设灵活，但由于杆件较多，连接件施工麻烦，搭设速度较慢。因此将门架（图6-49）与几根杆件组合成为一个基本单元（图6-50），由于形状类似门形故得名门式脚手架，也称为框组式钢管脚手架。门式脚手架是一种工厂生产、现场搭设的脚手架，是当今国际上应用最普遍的脚手架之一。它不仅可以作为外脚手架，也可以作为内脚手架或满堂脚手架。门式脚手架的主要特点是尺寸标准、结构合理、承载力高、装拆容易、安全可靠，并可调节高度，特别适用于搭设使用周期短或频繁周转的脚手架。其广泛应用于建筑、桥梁、隧道、地铁等工程施工，若在门架下部安装轮子，也可以作为机电安装、油漆粉刷、设备维修、广告制作等活动工作平台。但由于组装件接头大部分不是螺栓紧固性的连接，而是插销或扣搭形式的连接，因此搭设较高大或荷重较大的支架时，必须附加钢管拉结紧固，否则会摇晃不稳。

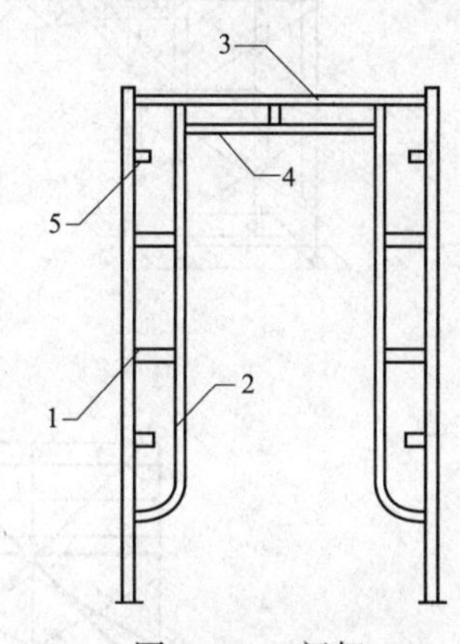

图6-49　门架

1—立杆；2—立杆加强杆；3—横杆；4—横杆加强杆；5—锁销

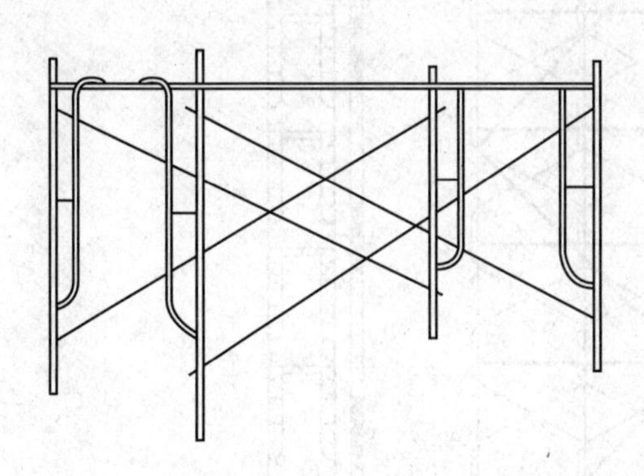

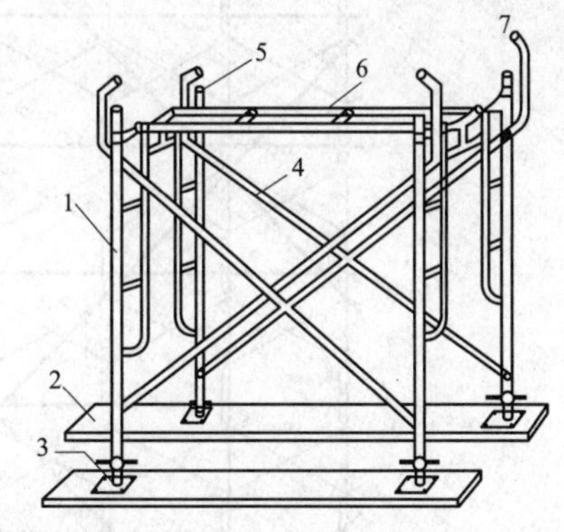

图6-50　基本单元

1—门架；2—垫板；3—底座；4—交叉支撑；5—连接棒；6—水平架；7—锁臂

（一）门式脚手架构造

门式脚手架又称多功能门式脚手架，是用普通钢管材料制成工具式标准件，在施工现场组合而成的。其基本单元是由一副门式框架、两副剪刀撑、一副水平梁架和4个连接器组合而成的。若干基本单元通过连接器在竖向叠加，扣上臂扣，组成了一个多层框架。在水平方向，用加固杆和水平梁架使相邻单元连成整体，加上斜梯、栏杆柱和横杆组成上下不相通的外脚手架，即构成整片脚手架（图6-51）。门式钢管脚手架的具体组成如图6-52所示。

（1）连接棒：用于门架立杆竖向组装的连接件，由中间带有突环的短钢管制作。

（2）锁臂：门架立杆组装接头处的拉接件，其两端有圆孔挂于上下榀门架的锁销上，其外端有可旋转90°的卡销。

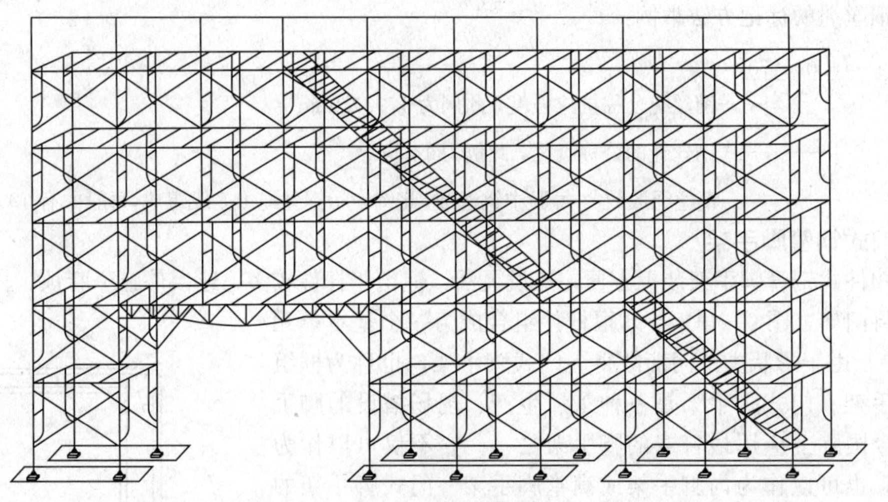

图 6－51　整片脚手架

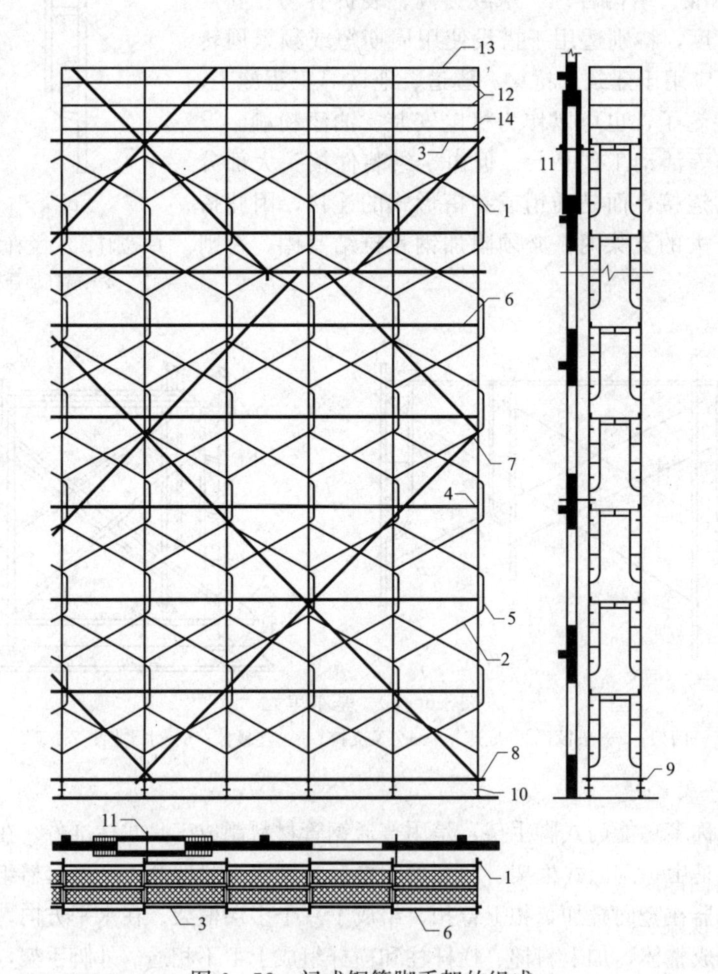

图 6－52　门式钢管脚手架的组成

1—门架；2—交叉支撑；3—挂扣式脚手板；4—连接棒；5—锁臂；6—水平加固杆；7—剪刀撑；8—纵向扫地杆；9—横向扫地杆；10—底座；11—连墙件；12—栏杆；13—扶手；14—挡脚板

(3) 交叉支撑：连接每两榀门架的交叉拉杆。

(4) 挂扣式脚手板：两端设有挂钩，可紧扣在两榀门架横梁上的定型钢制脚手板。

(5) 底座：安插在门架下端将力传给基础的构件，分为可调底座和固定底座。

(6) 托座：插放在门架立杆上端，承接上部荷载的构件，分为可调托座和固定托座。

(7) 加固件：用于增强脚手架刚度而设置的杆件，包括剪刀撑、水平加固件与扫地杆。

(8) 剪刀撑：在架体外侧或内部成对设置的交叉杆件，分为竖向剪刀撑和横向剪刀撑。

(9) 水平加固件：设置于架体层间门架两侧的立杆上用于增强架体刚度的水平杆件。

(10) 扫地杆：设置于架体底部门架立杆下端的水平杆件，分为纵向和横向水平杆件。

(11) 连墙件：将脚手架与主体结构可靠连接并能够传递拉、压力的构件。

落地门式钢管脚手架的搭投高度除应满足设计计算条件外，不宜超过表6-22的规定。

表6-22　落地门式钢管脚手架的搭投高度

序号	搭设方式	施工荷载标准值 $\sum Q_k$ (kN/m²)	搭设高度 (m²)
1	落地、密目式安全网全封闭	≤3.0	≤55
2		>3.0且≤5.0	≤40
3	悬挑、密目式安全立网全封闭	≤3.0	≤24
4		>3.0且≤5.0	≤18

注　表内数据适用于重现期为10年、基本风压值 $w_0 \leqslant 0.45\text{kN/m}^2$ 的地区，对于10年重现期、基本风压值 $w_0 > 0.45\text{kN/m}^2$ 的地区应按实际计算确定。

(二) 门式脚手架的搭设

1. 门式脚手架搭设程序

门式脚手架搭设程序应符合下列规定。

(1) 门式脚手架的搭设应与施工进度同步，一次搭设高度不宜超过最上层连墙件两步，且自由高度不应大于4m。

(2) 满堂脚手架和模板支架应采用逐列、逐排和逐层的方法搭设。

(3) 门架的组装应自一端向另一端延伸，应自下而上按步架设，并应逐层改变搭设方向；不应自两端相向搭设或自中间向两端搭设。

(4) 每搭设完两步门架后，应校验门架的水平度及立杆的垂直度。

门式脚手架一般按以下程序搭设：铺放垫木（板）→拉线、放底座→自一端起立门架并随即装剪刀撑→装水平梁架（或脚手板）→装梯子→(需要时，装设通常的纵向水平杆)→装设连墙杆→按照上述步骤，逐层向上安装→装加强整体刚度的长剪刀撑→装设顶部栏杆。

2. 门架及配件的搭设

不同型号的门架与配件严禁混合使用。上下榀立杆应在同一轴线位置上，门架立杆轴线的对接偏差不得大于2mm。

门架立杆离墙面净距不宜大于150mm；大于150mm时应采取内挑架板或其他隔离防护的安全措施。门架脚手架顶端栏杆宜高出女儿墙上端或檐口上端1.5m。

搭设门架及配件应符合下列要求。

(1) 交叉支撑、脚手板应与门架同时安装。

(2) 连接门架的锁臂、挂钩必须处于锁住状态。

(3) 钢梯的设置应符合专项施工方案组装布置图的要求，底层钢梯底部应加设钢管并应采用扣件扣紧在门架立杆上。

（4）在施工作业层外侧周边应设置 180mm 高的挡脚板和两道栏杆，上道栏杆高度应为 1.2m，下道栏杆应居中设置。挡脚板和栏杆均应设置在门架立杆的内侧。

3. 加固杆的搭设

加固杆的搭设应符合下列要求。

（1）水平加固杆、剪刀撑等加固杆件必须与门架同步搭设。

（2）水平加固杆应设于门架立杆内侧，剪刀撑应设于门架立杆外侧。

门式脚手架剪刀撑的设置必须符合下列规定。

（1）当门式脚手架搭设高度在 24m 及以下时，在脚手架的转角处、两端及中间间隔不超过 15m 的外侧立面必须各设置一道剪刀撑，并应由底至顶连续设置。

（2）当脚手架搭设高度超过 24m 时，在脚手架全外侧立面上必须设置连续剪刀撑。

（3）对于悬挑脚手架，在脚手架全外侧立面上必须设置连续剪刀撑。

剪刀撑的构造应符合下列规定（图 6-53）。

（1）剪刀撑斜杆与地面的倾角宜为 45°～60°。

（2）剪刀撑应采用旋转扣件与门架立杆扣紧。

（3）剪刀撑斜杆应采用搭接接长，搭接长度不宜小于 1000mm，搭接处应采用 3 个及以上旋转扣件扣紧。

（4）每道剪刀撑的宽度不应大于 6 个跨距，且不应大于 10m；也不应小于 4 个跨距，且不应小于 6m。设置连续剪刀撑的斜杆水平间距宜为 6～8m。

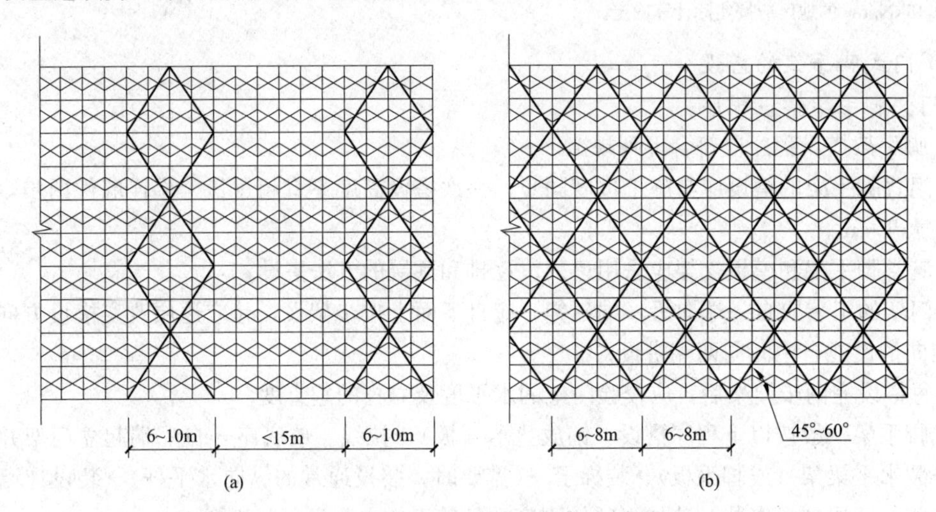

图 6-53　剪刀撑设置示意图

（a）、（b）脚手架搭设高度 24m 及以下、超过 24m 时剪刀撑设置

门式脚手架应在门架两侧的立杆上设置纵向水平加固杆，并应采用扣件与门架立杆扣紧。水平加固杆设置应符合下列要求。

（1）在顶层、连墙件设置层必须设置。

（2）当脚手架每步铺设挂扣式脚手板时，至少每 4 步应设置一道，并宜在有连墙件的水平层设置。

（3）当脚手架搭设高度小于或等于 40m 时，至少每两步门架应设置一道；当脚手架搭设高度大于 40m 时，每步门架应设置一道。

（4）在脚手架的转角处、开口型脚手架端部的两个跨距内，每步门架应设置一道。

(5) 悬挑脚手架每步门架应设置一道。

(6) 在纵向水平加固杆设置层面上应连续设置。

门式脚手架的底层门架下端应设置纵、横向通长的扫地杆。纵向扫地杆应固定在距门架立杆底端不大于 200mm 处的门架立杆上，横向扫地杆宜固定在紧靠纵向扫地杆下方的门架立杆上。

4. 转角处门架的连接

在建筑物的转角处，门式脚手架内、外两侧立杆上应按步设置水平连接杆、斜撑杆，将转角处的两榀门架连成一体（图 6 - 54）。

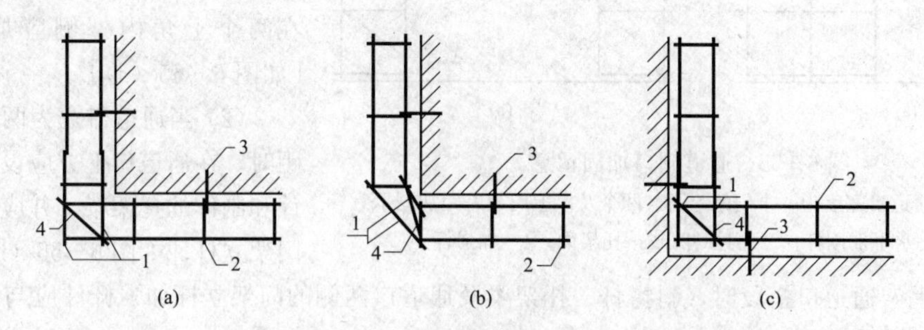

图 6 - 54　转角处脚手架连接

(a)、(b) 阳角转角处脚手架连接；(c) 阴角转角处脚手架连接

1—连接杆；2—门架；3—连墙件；4—斜撑杆

5. 连墙件的安装

连墙件的设置除应满足本规范的计算要求外，还应满足表 6 - 23 的要求。

表 6 - 23　连墙件最大间距或最大覆盖面积

序号	脚手架搭设方式	脚手架高度 (m)	连墙件间距 (m²)		每根连墙件覆盖面积 (m²)
			竖向	水平向	
1	落地、密目式安全网全封闭	≤40	3*h*	3*l*	≤40
2			2*h*	3*l*	≤27
3		＞40			
4	悬挑、密目式安全网全封闭	≤40	3*h*	3*l*	≤40
5		40～60	2*h*	3*l*	≤27
6		＞60	2*h*	2*l*	≤20

注　1. 序号 4～6 为架体位于地面上高度。
2. 按每根连墙件覆盖面积选择连墙件设置时，连墙件的竖向间距不应大于 6m。
3. 表中 *h* 为步距；*l* 为跨距。

在门式脚手架的转角处或开口型脚手架端部，必须增设连墙件，连墙件的垂直间距不应大于建筑物的层高，且不应大于 4.0m。

连墙件应靠近门架的横杆设置，距门架横杆不宜大于 200mm。连墙件应固定在门架的立杆上。

连墙件宜水平设置，当不能水平设置时，与脚手架连接的一端，应低于与建筑结构连接的一端，连墙杆的坡度宜小于 1∶3。

门式脚手架连墙件的安装必须符合下列规定。

(1) 连墙件的安装必须随脚手架搭设同步进行，严禁滞后安装。

(2) 当脚手架操作层高出相邻连墙件以上两步时，在连墙件安装完毕前必须采用确保脚手架稳定的临时拉结措施。

6. 通道口的搭设

门式脚手架通道口高度不宜大于 2 个门架高度，宽度不宜大于 1 个门架跨距。

门式脚手架通道口应采取加固措施，并应符合下列规定。

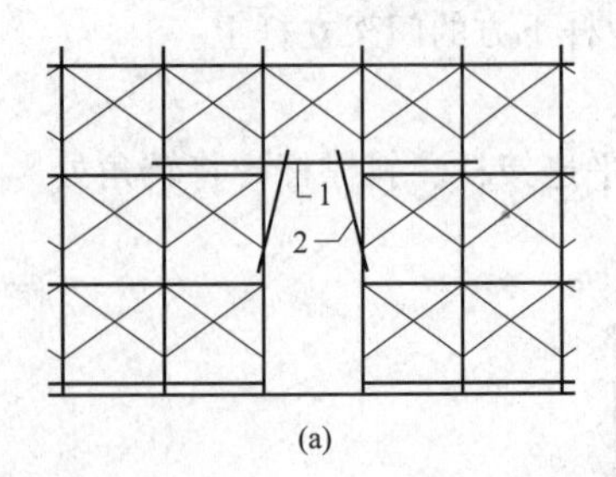

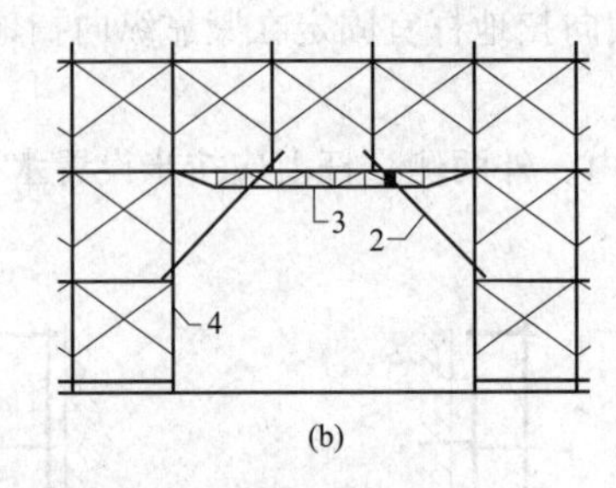

图 6-55 通道洞口加固示意

(a)、(b) 通道口宽度为一个门架跨距、两个及以上门架跨距加固示意
1—水平加固杆；2—斜撑杆；3—托架梁；4—加强杆

(1) 当通道口宽度为一个门架跨距时，在通道口上方的内外侧应设置水平加固杆，水平加固杆应延伸至通道口两侧各一个门架跨距，并在两个上角内外侧应加设斜撑杆 [如图 6-55 (a)]。

(2) 当通道口宽为两个及以上跨距时，在通道口上方应设置经专门设计和制作的托架梁，并应加强两侧的门架立杆 [如图 6-55 (b)]。

门式脚手架通道口搭设时，斜撑杆、托架梁及通道口两侧的门架立杆加强杆件应与门架同步搭设，严禁滞后安装。

7. 扣件安装

加固杆、连墙件等杆件与门架采用扣件连接时，应符合下列规定。

(1) 扣件规格应与所连接钢管的外径相匹配。

(2) 扣件螺栓拧紧扭力矩值应为 40～65N·m。

(3) 杆件端头伸出扣件盖板边缘长度不应小于 100mm。

8. 施工荷载的要求

施工均布荷载标准值见表 6-24。

表 6-24 施工均布荷载标准值

序号	门式脚手架用途	施工均布荷载标准值 (kN/m²)
1	结构	3.0
2	装修	2.0

注 1. 表中施工均布荷载标准值为一个操作层上相邻两榀门架间的全部施工荷载除以门架纵距与门架宽度的乘积。
2. 斜梯施工均布荷载标准值不低于 $2kN/m^2$。

在脚手架上同时有 2 个和 2 个以上操作层作业时，在一个跨距内各操作层的施工均布荷载标准值总和不得超过 $5.0kN/m^2$。

四、附着升降式脚手架及悬吊式脚手架

(一) 附着升降式脚手架

附着升降式脚手架（也称爬架），是指采用各种形式的架体结构及附着支撑结构，领先设置在架体上或工程结构上的专用升降设备实现升降的施工脚手架。附着升降式脚手架适用于高层、超高层建筑物或高耸构筑物，同时还可以携带施工外模板，但使用时必须进行专门设计。

附着升降式脚手架的分类多种多样，按附着支撑的形式可以分为悬挑式、吊拉式、导轨式、导座式等；按升降动力类型可以分为电动、手拉葫芦、液压等；按升降方式可分为单片式、分段式、整体式等；按控制方式可分为人工控制、自动控制等；按爬升方式可分为套管式、悬挑式、互爬式和导轨式等。

1. 套管式附着升降脚手架

套管式附着升降脚手架的基本结构（图 6-56）由脚手架系统和提升设备两部分组成。其中，

脚手架系统由升降框和连接升降框的纵向水平杆、剪刀撑、脚手板以及安全网等组成。

套管式附着升降脚手架的升降原理是通过固定架和滑动框的交替升降来实现的。固定架和滑动框可以相对滑动，并且分别同建筑物固定。因此，在固定框固定的情况下，可以松开滑动框与建筑物之间的连接，利用固定架上的吊点将滑动框提升一定高度并与建筑物固定，然后再松开固定架同建筑物之间的连接，利用滑动框上的吊点将固定架提升一定高度并固定，从而完成一个提升过程，下降则反向操作（图 6 - 57）。

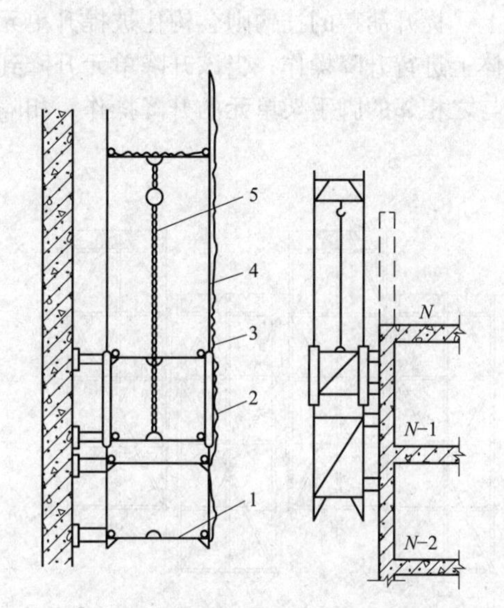

图 6 - 56　套管式附着升降脚手架的基本结构
1—固定架；2—滑动框；3—纵向水平杆；
4—围护；5—升降设备

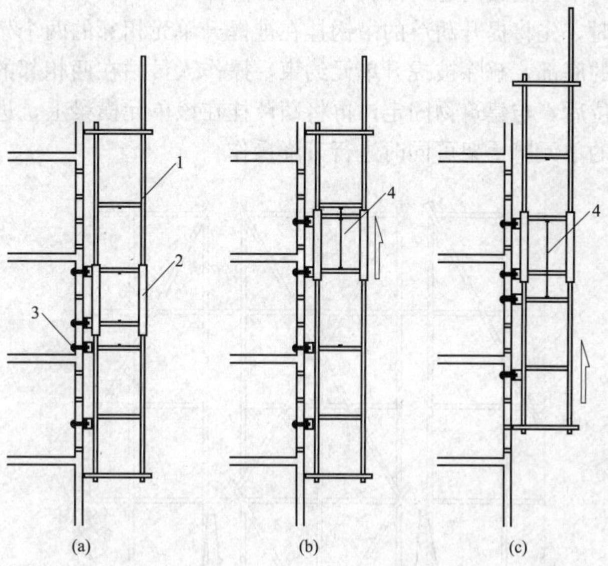

图 6 - 57　套管式脚手架爬升过程
(a) 爬升前的位置；(b) 活动框爬升（半个层高）；
(c) 固定架爬升（半个层高）
1—固定架；2—活动框；3—附墙螺栓；4—升降设备

2. 悬挑式附着升降脚手架

悬挑式附着升降脚手架是目前应用面较广的一种附着升降脚手架，其种类也很多，基本构造由脚手架、爬升机构和提升系统三部分组成（图 6 - 58）。脚手架可以用扣件式钢管脚手架或碗扣式钢管脚手架搭设而成；爬升机构包括承力托盘、提升挑梁、导向轮及防倾覆防坠落安全装置等部件；提升系统一般使用环链式电动葫芦和控制柜，电动葫芦的额定提升荷载一般不小于 70kN，提升速度不宜超过 250mm/min。

悬挑式附着升降脚手架的升降原理是将电动葫芦（或其他提升设备）挂在挑梁上，葫芦的吊钩挂到承力托盘上，使各电动葫芦受力，松开承力托盘同建筑物的固定连接，开动电动葫芦，则爬架就会沿建筑物上升（或下降），待爬架升高（或下降）一层，到达一定位置时，将承力托盘同建筑物固定，并将架子同建筑物连接好，则架子就完成一次升（或降）的过程。再将挑梁移至下一个位置，准备下一次升降。

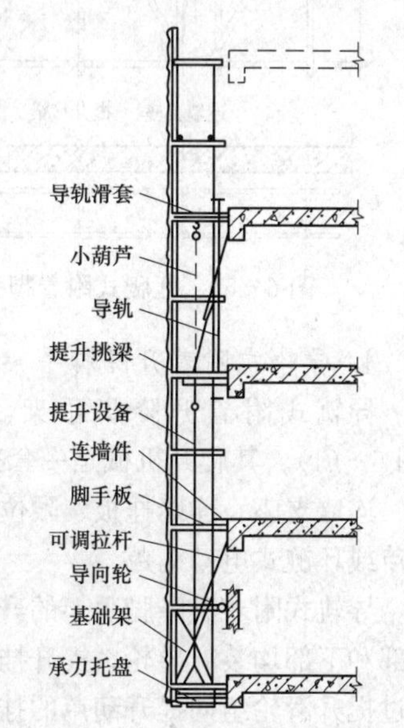

图 6 - 58　悬挑式附着升降脚手架

3. 互爬式附着升降脚手架

互爬式附着升降脚手架，其基本结构由单元脚手架、附墙支撑机构和提升装置组成，如

图 6－59 所示。单元脚手架可由扣件式钢管脚手架和碗扣式脚手架搭设而成，附墙支撑机构是将单元脚手架固定在建筑物上的装置，可通过穿墙螺栓或预埋件固定，也可以通过斜拉杆和水平支撑将单元脚手架吊在建筑物上，还可以架子底部设置斜撑杆支撑单元脚手架；提升装置一般使用手拉葫芦，其额定提升荷载不小于 20kN，手拉葫芦的吊钩挂在与被提升单元相邻架体的横梁上，挂钩则挂在被提升单元底部。

互爬式附着升降脚手架的升降原理（图 6－60）：每一个单元脚手架单独提升，当提升某一单元时，先将提升葫芦的吊钩挂在被提升单元相邻的两个架体上，提升葫芦的挂钩则会钩住被提升单元的底部，解除被提升单元约束，操作人员站在两相邻的架体上进行升降操作；当该升降单元升降到位后，与建筑物固定，再将葫芦挂在该单元横梁上，进行与之相邻的脚手架单元的升降操作。相隔的单元脚手架可同时进行升降操作。

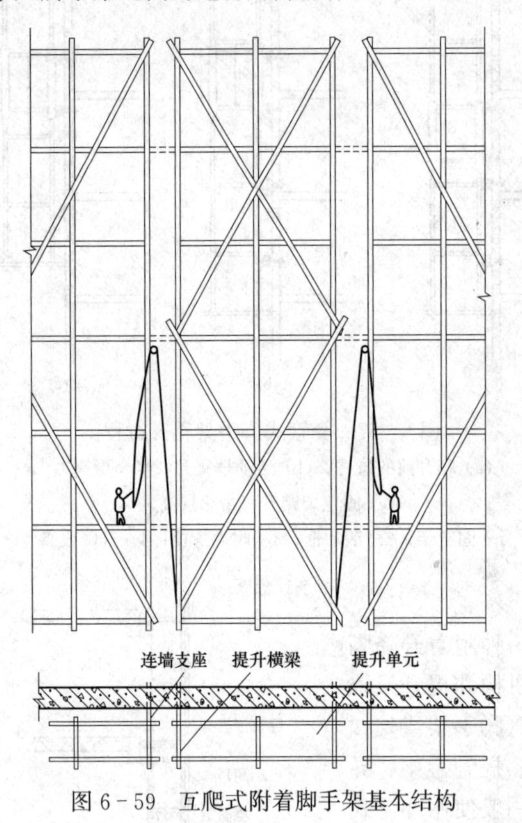

图 6－59 互爬式附着脚手架基本结构

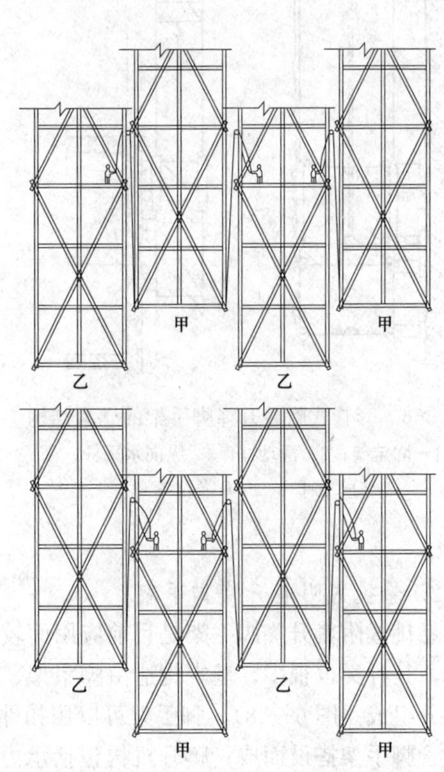

图 6－60 互爬式附着脚手架升降原理

4. 导轨式附着升降脚手架

导轨式附着升降脚手架，其基本结构由脚手架、爬升机构和提升系统三个部分组成（图 6－61）。其爬升机械是一套独特的机构，包括导轨、导轮组、提升滑轮组、提升挂座、连墙支杆、连墙支座、连墙挂板、限位锁、限位锁挡块及斜拉钢丝绳等定型构件。提升系统也是采用手拉葫芦或环链式电动葫芦。

导轨式附着升降脚手架的升降原理：导轨沿建筑物竖向布置，其长度比脚手架高一层，架子的上部和下部均装有导轮，提升挂座固定在导轨上，其一侧挂提升葫芦，另一侧固定钢丝绳，钢丝绳绕过提升滑轮组同提升葫芦的挂钩连接；起动提升葫芦，架子沿导轨上升，提升到位后固定；将底部空出的那根导轨及连墙板拆除，装到顶部，将提升挂座移到上部，准备下次提升。

（二）悬吊式脚手架

悬吊式脚手架又称为吊篮，主要用于建筑外墙施工和装修。它是将架子（吊篮）的悬挂点固定

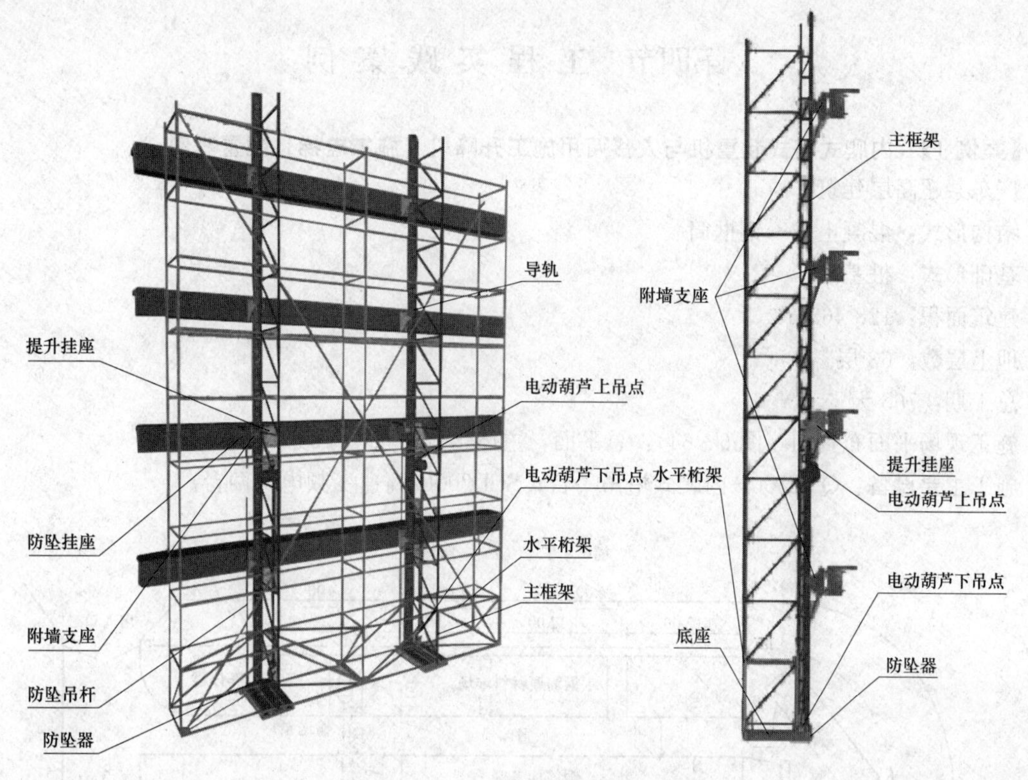

图 6－61　导轨式附着升降脚手架

在建筑物顶部悬挑出来的结构上，通过设在每个架子上的简易提升机械和钢丝绳，使架子升降，以满足施工要求。悬吊式脚手架与外墙面满搭外脚手架相比，可节约大量钢管材料、节省劳力、缩短工期、操作方便灵活，技术经济效益较好。

吊篮一般分为手动与电动两种，手动吊篮用扣件钢管组装而成，比电动吊篮经济实用。但用于高层建筑外墙面的维修、清扫时，采用电动吊篮（或擦窗机）则具有灵活、轻便、速度快的优点。

手动吊篮上支撑设施（建筑物顶部悬挑或桁架）、吊篮绳（钢丝绳或钢筋链杆）、安全钢丝绳、手扳葫芦（或倒链）和篮型架子（一般称吊篮架体）组成（图 6－62）。

电动吊篮主要由工作吊篮、提升机构、绳轮系统、屋面支撑系统及安全锁组成（如图 6－63）。

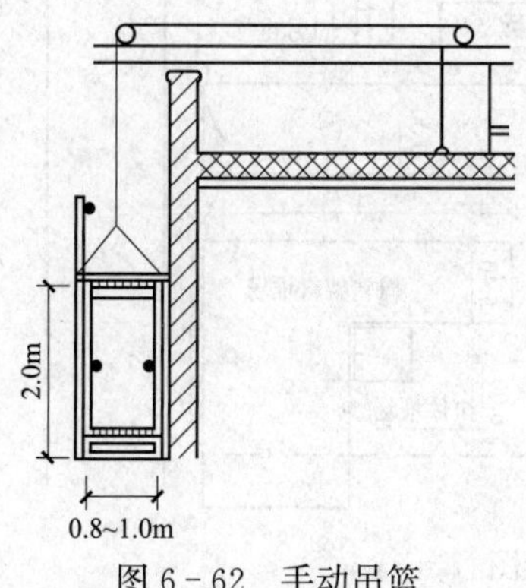

图 6－62　手动吊篮

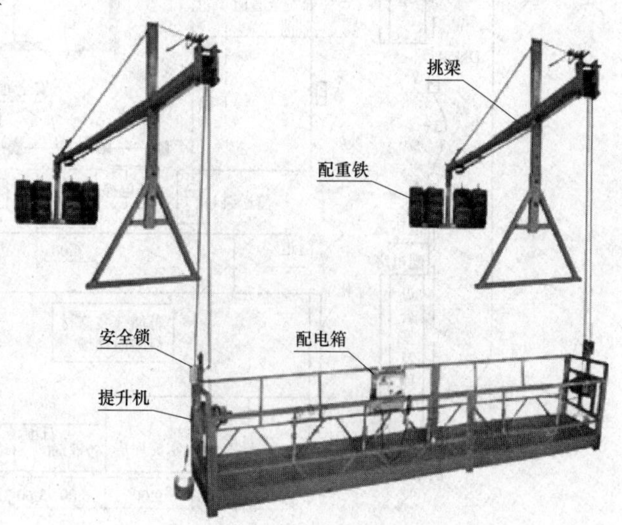

图 6－63　电动吊篮

第四节 工程实践案例

【案例 1】 内爬式塔式起重机与人货两用施工升降机（施工电梯）配置案例

广东某超高层建筑：

结构形式：混凝土墙—钢框筒

基础形式：桩基础

建筑面积：128 465m²

地上层数：63 层

总工期：763 天

施工现场平面布置图（图 6-64）：总平面，主体结构，机电安装，临水，临电

施工主要设备：QTZ250B 内爬式塔吊一台；SCD200G 高速变频电梯两台

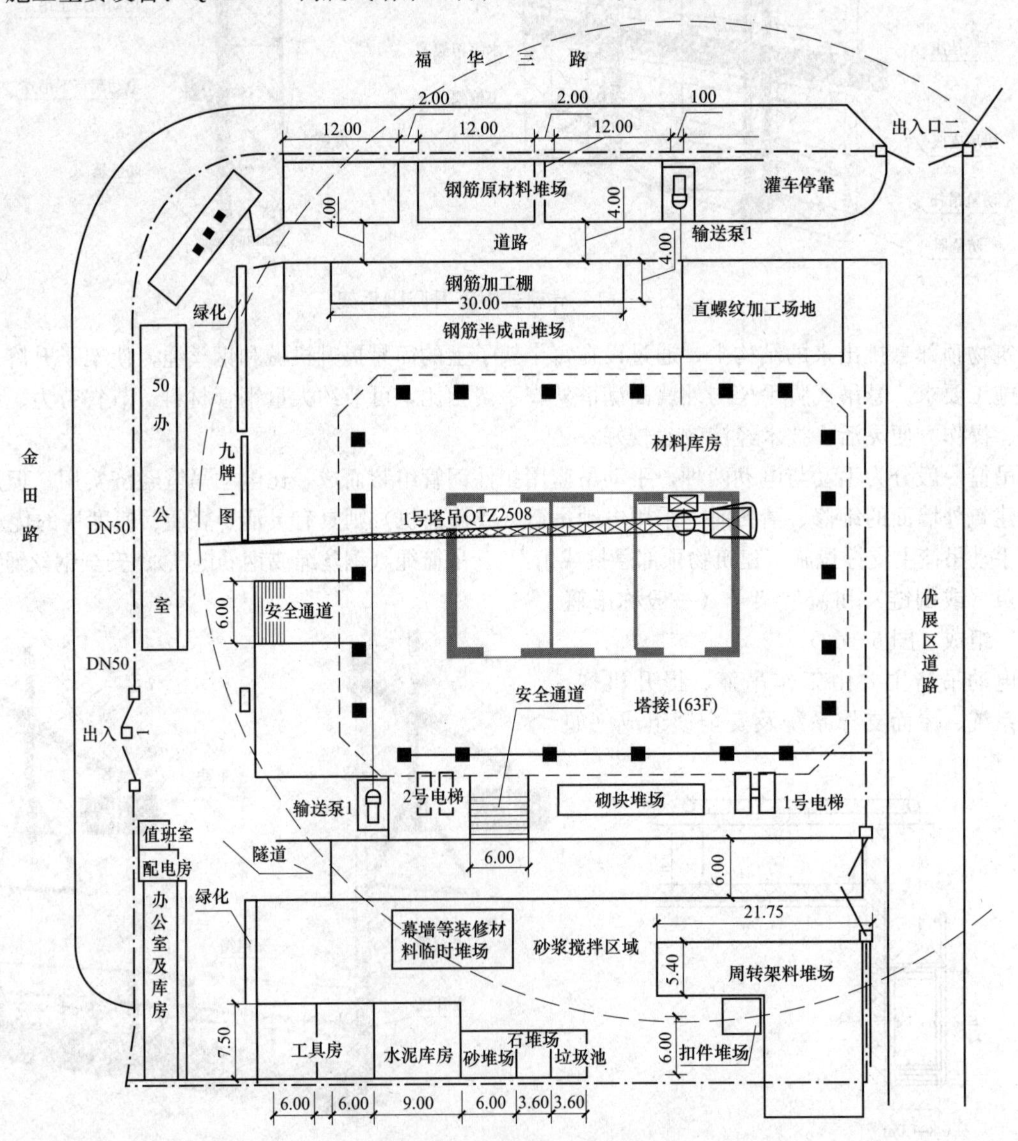

图 6-64 施工现场平面布置图

QTZ250B内爬式塔式起重机的参数：最大工作幅度为70M，最小工作幅度为3.5M，最大工作幅度时最大起重量为3.5t，最小工作幅度时最大起重量为16t。本建筑为超高层建筑，首先选择内爬式塔式起重机，工作幅度与起重量也符合本工程要求。

SCD200G高速变频电梯，每只吊笼最大载重量为2T，最大提升高度为450m，提升速度为0～96m/min。本工程每层建筑面积为2000m^{2}左右，施工场地的布置：钢筋加工场在建筑物的北侧，其他砌块、砂浆、装修材料、周转材料等散料的堆场及施工人员出入的工地都在建筑物的南侧及西南侧，所以把两台施工电梯设在建筑物的南面。

【案例2】 塔式起重机与货用施工升降机（物料提升机）配置案例

某住宅楼结构形式为框架结构，基础形式为桩基础，建筑面积15 380m^2，檐口高度20.4m，地下1层，地上7层。总工期240天。

施工现场平面布置图（图6－65）：总平面，主体结构，临水，临电

施工主要设备：QTZ—80型塔吊，两台SSE160型自升式门架升降机

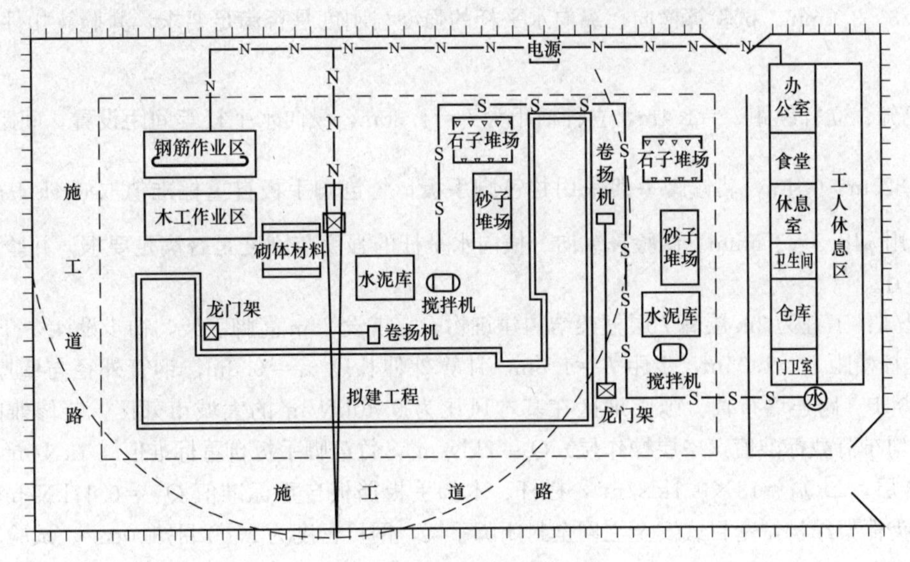

图6－65 施工平面布置图

QTZ—80型塔吊参数：最大工作幅度为55m，独立式起升高度为46.2m，附着式起升高度可达151.2m，额定起重力矩880kN·m，最大起重力矩为1057kN·m。工作幅度与起重量都符合本工程要求。

由于本工程地上只有7层，不到10层，为了节省费用，不设人货两用施工升降机配套，设置较经济的货用施工升降机（物料提升机）配套——两台龙门架。

SSE160型自升式门架升降机参数：最大载重量为1.6T，最大提升高度24m，提升速度为22m/min。本工程每层建筑面积为2000m^{2}左右，施工场地的布置：本工地的砌块、砂浆、装修材料、周转材料等散料的堆场分为两个区域，一部分在建筑物的北侧，一部分在建筑物的东侧，所以把一台龙门架设在建筑物的东面，另一台龙门架设在建筑物的北面。

复习思考题

1. 简述塔式起重机的种类。
2. 塔式起重机如何选用？

3. 简述塔式起重机基础的要求和基础形式。

4. 塔式起重机附着件有哪些构造形式？

5. 施工升降机有哪些类型？简述施工升降机的使用范围。

6. 简述扣件式钢管脚手架的构造及要求。

7. 简述门式脚手架的构造和要求。

8. 简述悬挑脚手架的构造及适用范围。

9. 简述附着脚手架的形式。

习　题

1. 已知：立杆纵距为1.6m，立杆横距为1.05m，横向水平杆间距 $s=0.6$m，横向水平杆的构造外伸长度 $a=500$mm，计算外伸长度 a_1 可取300mm。装修脚手架采用冲压钢脚手板，脚手架钢管采用 $\phi48.3\times3.6$mm。试验算横向、纵向水平杆的强度与刚度是否满足要求，并验算扣件的抗滑承载力。

2. 已知：立杆纵距 $l_a=1.4$m，立杆横距为 $l_b=1.30$m，纵向水平杆等间距设置，间距 $s=\frac{l_b}{4}=\frac{1.30}{4}=0.325\text{m}<0.4\text{m}$，装修脚手架采用竹笆脚手板，竹笆脚手板自重标准值取0.1kN/m²，脚手架钢管采用 $\phi48.3\times3.6$mm。试验算纵向、横向水平杆的强度与刚度是否满足要求，并验算扣件的抗滑承载力。

3. 已知：工程为3m层高7层框架结构建筑物，需搭设23m高脚手架，初步设计立杆纵距 $l_a=1.5$m，立杆横距 $l_b=1.05$m，步距 $h=1.8$m。计算外伸长度 $a_1=0.3$m，钢管外径与壁厚 $\phi48.3\times3.6$mm，3步3跨连墙布置。施工地区在基本风压为0.40kN/m²的大城市郊区，装修兼防护脚手架，施工均布荷载标准值（一层操作层）$Q_k=2\text{kN/m}^2$，竹笆脚手板自重标准值0.1kN/m²，满铺一共铺设13层，$\sum Q_{P1}=13\times0.1\text{kN/m}^2$，栏杆、木脚手板挡板自重标准值 $Q_{P2}=0.17$kN/m，建筑物结构形式为框架结构，密目式安全立网全封闭脚手架，网目密度为2300目/100cm²。试验算脚手架结构的安全性。

第七章　防　水　工　程

本章学习要求

掌握地下工程防水等级和设防要求。

掌握屋面防水等级和设防要求。

掌握地下室混凝土结构自防水施工各要点。

掌握地下室卷材防水的施工流程、施工方法和施工要点。

熟悉地下室涂料防水的施工流程、施工方法和施工要点。

掌握卷材防水屋面的施工流程、施工方法和施工要点。

熟悉涂膜防水屋面的施工流程、施工方法和施工要点。

了解瓦屋面的施工控制要点。

掌握厕浴间防水及建筑外墙防水的施工各要点。

熟悉屋面防水工程质量通病及防治、地下防水工程质量通病及防治和厕浴间防水质量通病及防治。

建筑防水技术在房屋建筑中发挥功能保障作用，是建筑产品的一项重要使用功能，既关系到人们居住和使用的环境、卫生条件，也直接影响着建筑物的使用寿命。

防水工程的质量，在很大程度上取决于防水材料的技术性能，因此防水材料必须具有一定的耐候性、抗渗透性、抗腐蚀性以及对温度变化和外力作用的适应性与整体性；施工中的基层处理、材料选用、各种细部构造（如水落口、出入口、卷材收头做法等）的处理及对防水层的保护措施，均对防水工程的质量有着极为重要的影响；另外，防水设计不周，构造做法欠妥，也是影响防水工程质量的重要因素。本章结合最新的防水技术规程和质量验收规范主要介绍了地下室防水、屋面防水、厕浴间防水及建筑外墙防水施工、防水工程质量缺陷及防治方法等。

第一节　防 水 工 程 概 述

一、防水等级和设防要求

防水工程在工业民用房屋建筑工程中主要包括地下防水工程和屋面防水工程两大部分，并且就此两部分防水工程编制了《屋面工程技术规范》（GB 50345）、《屋面工程质量验收规范》（GB 50207）、《地下防水工程质量验收规范》（GB 50208）、《地下工程防水技术规范》（GB 50108），对各自的防水等级、设防要求和质量验收进行了规范。

1. 地下工程防水等级和设防要求

地下工程的防水设防要求应根据使用功能、结构形式、环境条件、施工方法及材料性能等因素提出。地下工程的防水等级分为 4 级，各级标准必须符合表 7－1 的规定。

明挖法地下工程的防水设防要求，应按表 7－2 选用。

地下工程的防水包括两部分内容，即一是主体防水，二是细部构造防水。目前，主体采用防水混凝土结构自防水的效果尚好，而细部构造（施工缝、变形缝、后浇带、诱导缝）的渗漏水现象最为普遍，工程界有所谓“十缝九漏”之称。明挖法施工时，不同防水等级的地下工程防水设防，对主体防水“应”或“宜”采用防水混凝土。当工程的防水等级为1～3级时，还应在防水混凝土的黏结表面增设一至两道其他防水层，称为“多道设防”。一道防水设防的含义应是具有单独防水能力的一个防水层。多道设防时，所增设的防水层可采用多道卷材，也可采用卷材、涂料、刚性防水复合使用。多道设防主要利用不同防水材料的材性，体现地下防水工程“刚柔相济”的设计原则。

表7-1　　地下工程防水等级标准

防水等级	标　准
1级	不允许渗水，结构表面无湿渍
2级	不允许漏水，结构表面可有少量湿渍。 工业与民用建筑：湿渍总面积不应大于总防水面积（包括顶板、墙面、地面）的1/1000；任意100m^{2}防水面积上的湿渍不超过2处，单个湿渍的最大面积不大于0.1m^2。 其他地下工程：湿渍总面积不应大于防水面积的2/1000；任意100 m^{2}防水面积上的湿渍不超过3处，单个湿渍的最大面积不大于0.2 m^2；其中，隧道工程还要求平均渗水量不大于0.05L/（m^2·d），任意100m^{2}防水面积上的渗水量不大于0.15L/(m^2·d)
3级	有少量漏水点，不得有线流和漏泥沙。 任意100m^{2}防水面积上漏水或湿渍点数不超过7处，单个漏水点的漏水量不大于2.5L/d，单个湿渍的最大面积不大于0.3m^2
4级	有漏水点，不得有线流和漏泥沙。 整个工程平均漏水量不大于2L/(m^2·d)，任意100m^{2}防水面积上的平均漏水量不大于4L/(m^2·d)

表7-2　　明挖法地下工程防水设防要求

工程部位		主体						施工缝					后浇带				变形缝、诱导缝						
防水措施		防水混凝土	防水砂浆	防水卷材	防水涂料	塑料防水板	金属防水板	遇水膨胀止水条	中埋式止水带	外贴式止水带	外抹式防水砂浆	外涂防水涂料	补偿收缩混凝土	遇水膨胀止水条	外贴式止水带	防水嵌缝材料	中埋式止水带	外贴式止水带	可卸式止水带	防水嵌缝材料	外贴防水卷材	外涂防水涂料	遇水膨胀止水条
防水等级	1级	应选	应选一至两种					应选两种					应选	应选两种			应选	应选两种					
	2级	应选	应选一种					应选一至两种					应选	应选一至两种			应选	应选一至两种					
	3级	应选	应选一种					宜选一至两种					应选	宜选一到两种			应选	宜选一至两种					
	4级	宜选	—					宜选一种					应选	宜选一种			应选	宜选一种					

过去，人们一直认为混凝土是永久性材料，但通过实践人们逐渐认识混凝土在地下工程中会受到地下水的侵蚀，其耐久性会受到影响。现在我国地下水特别是浅层地下水受污染比较严重，而防水混凝土在抗渗等级P8时的渗透系数为（5～8）×10^{-8} m/s。所以，地下水对混凝土、钢筋的侵蚀破坏是一个不容忽视的问题。防水等级为1、2级的工程，大多是比较重要、使用年限较长的工程，单靠用防水混凝土来抵抗地下水的侵蚀效果是有限的。同样，对细部构造应根据不同防水等级选用不同的防水措施，防水等级越高，所采用的防水措施就越多。

2. 屋面防水等级和设防要求

屋面防水工程根据建筑物的类别、重要程度、使用功能要求确定防水等级，并根据等级进行防水设防；对防水有特殊要求的建筑屋面，应进行专项防水设计。屋面防水等级和设防要求应符合表7－3的规定。

表7－3 屋面防水等级和设防要求

防水等级	建筑类别	设防要求
Ⅰ级	重要建筑和高层建筑	两道防水设防
Ⅱ级	一般建筑	一道防水设防

对于屋面的防水功能，不仅要遵循防水材料本身的材性，还要看不同防水材料组合后的整体防水效果。根据不同的屋面防水等级和设防要求，分别选用不同的防水材料，进行一道或多道设防，作为设计人员进行屋面工程设计时的依据。屋面防水层多道设防时，可采用同种卷材或涂膜复合等。

二、防水工程施工的原则

防水工程施工总的原则可概括为“防、排、截、堵相结合，刚柔相济、因地制宜、综合治理”。

我国地下室防水施工应遵循和做到：第一，杜绝防水层对水的吸附和毛细渗透；第二，接缝严密，形成封闭的整体；第三，消除预留孔洞造成的渗漏；第四，防止不均匀沉降而拉裂防水层；第五，防水层须做到可能渗漏范围以外。所以，地下工程防水要从工程规划、工程防水设计、工程防水材料选用、细部节点处理、施工工艺等方面系统考虑。定级标准要准确，方案要可靠，施工方案要简要，经济上要合理，技术要先进，环境方面要节能减少污染。随着我国城市化加速发展和人们对居住条件的需求越来越高，为了节约土地资源，减少占地面积，我国大中城市的房屋高层建筑如林。中、高层建筑为了满足使用功能方面要求和减轻结构自重，±0.000以下设计有多层地下室，可作为地下停车场、仓库、超市、设备用房等。因此，地下防水工程属隐蔽工程，时时刻刻都受到地下水的渗透作用，如果地下室防水工程质量达不到规范要求，地下水渗漏到地下室内部，势必带来一系列问题，轻则影响人们的正常工作和生活，重则损坏设备和建筑物产生不均匀沉降甚至破坏。根据有关资料，地下室存在氡污染，而氡是通过地下水渗漏渗入地下工程内部聚积在地下工程内表面，必要时可加通风设施。所以，地下防水工程从设计、施工及材料等方面按规范操作是极为重要的，在设计、施工及材料选用等方面必须严把质量关。

屋面防水工程设计和施工应从选择防水材料、施工方法等方面着眼，应考虑对建筑物周围环境影响以及建筑节能效果着手，遵循“材料是基础、设计是前提、施工是关键、管理是保证”的综合治理原则。

三、防水工程的概念及分类

（一）防水工程基本概念

1. 屋面工程

屋面工程是指由防水、保温、隔热等构造层所组成房屋顶部的设计和施工。

2. 隔汽层

隔汽层是指阻止室内水蒸气渗透到保温层内的构造层。

3. 保温层

保温层是指减少屋面热交换作用的构造层。

4. 防水层

防水层是指能够隔绝水而不使水向建筑物内部渗透的构造层。

5. 隔离层

隔离层是指消除相邻两种材料之间黏结力、机械咬合力、化学反应等不利影响的构造层。

6. 保护层

保护层是指对防水层或保温层起防护作用的构造层。

7. 隔热层

隔热层是指减少太阳辐射热向室内传递的构造层。

8. 复合防水层

复合防水层是指由彼此相容的卷材和涂料组合而成的防水层。

9. 附加层

附加层是指在易渗漏及易破损部位设置的卷材或涂膜加强层。

10. 防水垫层

防水垫层是指设置在瓦材或金属板材下面，起防水、防潮作用的构造层。

11. 持钉层

持钉层是指能够握裹固定钉的瓦屋面构造层。

12. 平衡含水率

平衡含水率是指在自然环境中，材料孔隙中所含有的水分与空气湿度达到平衡时，这部分水的质量占材料干质量的百分比。

13. 相容性

相容性是指相邻两种材料之间互不产生有害的物理和化学作用的性能。

14. 纤维材料

纤维材料是指将熔融岩石、矿渣、玻璃等原料经高温熔化，采用离心法或气体喷射法制成的板状或毡状纤维制品。

15. 喷涂硬泡聚氨酯

喷涂硬泡聚氨酯是指以异氰酸酯、多元醇为主要原料加入发泡剂等添加剂，现场使用专用喷涂设备在基层上连续多遍喷涂发泡聚氨酯后，形成无接缝的硬泡体。

16. 现浇泡沫混凝土

现浇泡沫混凝土是指用物理方法将发泡剂水溶液制备成泡沫，再将泡沫加入到由水泥、骨料、掺和料、外加剂和水等制成的料浆中，经混合搅拌、现场浇筑、自然养护而成的轻质多孔混凝土。

17. 玻璃采光顶

玻璃采光顶是指由玻璃透光面板与支承体系组成的屋顶。

18. 柔性防水层

柔性防水层是指采用具有一定柔韧性和较大延伸率的防水材料，如防水卷材、有机防水涂料构成的防水层。

（二）防水工程分类

1. 防水工程按其工程部位分类

建筑物的防水工程，按其工程部位可分为地下室防水、屋面防水、外墙防水、室内厨房防水、浴室厕浴间防水、楼层游泳池防水及屋顶花园防水等。

2. 防水工程按其构造做法分类

(1) 结构自防水。主要是依靠建筑物构件材料本身的厚度和密实性及构造措施做法，使结构构件既可起到承重围护的作用，又可起到防水的作用，如地下连续墙、底板、顶板及屋面板等防水混凝土构件。

(2) 防水层防水。主要是指把防水材料铺装、铺贴或涂刷在建筑物构件的迎水面或者背水和接缝处，起到防水的作用，如卷材防水、涂膜防水、金属板屋面防水、瓦屋面防水及玻璃采光顶防水等。

第二节　地下防水工程施工

各种建筑房屋的地下室及不允许进水的地下构筑物，为了实现相关的使用功能和保护建筑物，必须做防潮或防水处理。防潮处理比较简单，防水施工比较复杂。在高层建筑或超高层建筑工程中，由于深基础的设置或建筑功能的需要，一般均设有一层或数层地下室，其防水功能显得十分重要。地下防水工程是防止地下水对地下构筑物或建筑物基础的长期浸透，保证地下构筑物或地下室使用功能正常发挥的一项重要工程。由于地下工程常年受到地表水、潜水、上层滞水、毛细管水等的作用，所以，对地下工程防水的处理变得复杂而重要，防水技术难度大。如何正确选择合理有效的防水方案就成为地下防水工程的首要问题。就目前我国地下工程防水工程施工的情况来看，主要采用的防水方案有结构自防水、设防层防水（卷材防水、涂膜防水）和结构自防水加防水附加层。

地下防水施工的特点：质量要求高、施工条件差、材料品种多、成品保护难、薄弱部位多。

一、地下室混凝土结构自防水施工

混凝土结构自防水，是以工程结构本身的密实性和抗裂性实现防水功能的一种防水做法，使结构承重和防水合为一体。它具有材料来源丰富、造价低廉、工序简单、施工方便等特点，防水混凝土是以自身壁厚及其憎水性和密实性来达到防水目的的。

防水混凝土对其抗渗性能有严格要求，防水混凝土适用于抗渗等级不低于 P6 的地下混凝土结构。防水混凝土的设计抗渗等级，应符合表 7－4 防水混凝土设计抗渗等级。

表 7－4　　防水混凝土的设计抗渗等级

工程埋置深度 H（m）	设计抗渗等级
$H<10$	P6
$10\leqslant H<20$	P8
$20\leqslant H<30$	P10
$H\geqslant 30$	P12

注　本表选自（GB 50108）适用于Ⅰ、Ⅱ、Ⅲ类围岩（土层及软弱围岩）。山岭隧道防水混凝土的抗渗等级可按国家现行有关标准执行。

地下防水工程的防水设计，应考虑地表水、地下水、毛细管水的作用，以及由于人为因素对水资源保护、合理开发利用引起的建筑物附近的水文地质改变对地下工程可能造成的影响，所以，地下工程不能单纯以地下最高水位来确定工程防水标高，对于单建式地下工程应采用全封闭、部分封闭防排水。对于附建式全地下或半地下工程的设防高度，为保证地下工程的正常使用，应高出室外地坪标高 500mm 以上。全封闭、部分封闭是指防水层的封闭程度，部分封闭只在地层渗透性较好时采用。

防水混凝土一般分为普通防水混凝土、骨料级配防水混凝土、外加剂（密实剂、防水剂等）防水混凝土和特种水泥（大坝水泥、防水水泥、膨胀水泥等）防水混凝土。防水混凝土的特点：具有防水和承载等多种功能，且防水年限同结构寿命；施工简便、质量可靠；成本低廉、耐久性好；易于检查和修堵；易因变形、开裂而渗漏等。

不同类型的防水混凝土具有不同的特点，应根据工程特征及使用要求进行选择。但需要注意的是，不是所有的混凝土结构均可以采用自防水的，以下是不适用于混凝土结构自防水的情况。

（1）裂缝开展宽度大于现行《混凝土设计规范》规定的结构。

（2）遭受剧烈振动或冲击的结构。

（3）防水混凝土不能单独用于耐蚀系数小于0.8的受侵蚀防水工程；当在耐蚀系数小于0.8和地下混有酸、碱等腐蚀性的条件下应用时，应采取可靠的防腐蚀措施。

（4）用于受热部位时，其表面温度不应大于80℃，否则应采取相应的隔热防烤措施。

随着防水混凝土技术的发展，高层建筑地下室目前广泛应用外加剂防水混凝土，值得推荐的是应用补偿收缩混凝土（膨胀水泥）作钢筋混凝土结构自防水。

（一）外加剂防水混凝土

外加剂防水混凝土是在混凝土中掺入一定量的外加剂，以改善混凝土内部结构，达到增加混凝土密实度和提高抗渗性能的目的。所有的外加剂应符合国家或行业标准一等品及以上的质量标准。按所掺外加剂种类的不同，可分为减水剂防水混凝土、引气剂防水混凝土、三乙醇胺防水混凝土和氯化铁防水混凝土等。

1. 减水剂防水混凝土

在混凝土中掺入减水剂，可以获得减水和改善混凝土和易性的效果，使混凝土内部孔隙分布得到改善，孔隙率减小，孔径缩小，提高混凝土的密实度和抗渗性，减水剂防水混凝土适用于地下防水工程、钢筋密集或捣固困难薄壁防水结构以及泵送混凝土。最高抗渗强度≥2.2MPa。

常用的减水剂有木质素磺酸钙减水剂，又称M型减水剂，棕色粉末，无毒、不燃、易溶于水。一般参考掺量为水泥重量的0.15%～0.3%。MF型减水剂，一般参考掺量为水泥重量的0.5%～1%。糖密类减水剂参考掺量为水泥重量的0.2%～0.35%。对于所选用的减水剂，应经实验复核产品说明书所列的各项技术指标的正确性。

减水剂防水混凝土的配制除应遵循普通防水混凝土的一般规定外，还应注意以下技术要求。

（1）应根据工程要求、施工工艺和温度及混凝土原材料组成、特性等，正确选用减水剂品种。对所选用的减水剂，必须经过试验，求得减水剂适宜掺量。

（2）根据工程需要调配水灰比。当工程要求混凝土坍落度为80～100mm时，可不减少或稍减少拌和用水量。当要求坍落度为30～50mm时，可大大减少拌和用水量。

（3）由于减水剂能增大混凝土的流动性，故掺有减水剂的防水混凝土，其最大施工坍落度可不受50mm的限制，但也不宜过大，以50～100mm为宜。

（4）混凝土拌和物泌水率大小对硬化后混凝土的抗渗性有很大影响。由于加入不同品种减水剂后，均能获得降低泌水率的良好效果，一般有引气作用的减水剂（如MF、木钙）效果更为显著。故可采用矿渣水泥配制防水混凝土。

2. 氯化铁防水混凝土

氯化铁防水混凝土，是在混凝土拌和物中加入少量氯化铁防水剂拌制而成的具有高抗渗性和密实度的混凝土。氯化铁防水混凝土是依靠化学反应的产物氢氧化铁等胶体的密实填充作用；新生的氯化钙对水泥熟料矿物的激化作用；易溶性物质转化为难溶性物质；以及降低吸水性等作用而增强混凝土的密实性和提高其抗渗性。

（1）氯化铁防水混凝土配制注意事项。

1）氯化铁防水剂的掺量以水泥重量的3%为宜，掺量过多对钢筋锈蚀及混凝土收缩有不良影响，如果采用氯化铁砂浆抹面，掺量可增至3%～5%。

2）氯化铁防水剂必须符合质量标准，不得使用市场上出售的化学试剂氯化铁。

3）配料要准确。配制防水混凝土时，首先称取需用量的防水剂，并用80%以上的拌和水稀释，搅拌均匀后，再将该水溶液拌和砂浆或混凝土，最后加入剩余的水。严禁将防水剂直接倒入水泥砂浆或混凝土拌和物中，也不能在防水基层面上涂刷纯防水剂。

当采用机械搅拌时，必须先注入水泥及粗细集料，而后再注入氯化铁水溶液，以免搅拌机遭受腐蚀。搅拌时间不少于2min。

(2) 施工注意事项。

1) 施工缝要用10～15mm厚防水砂浆胶结。防水砂浆的重量配合比为水泥：砂：氯化铁防水剂＝1：0.5：0.03，水灰比为0.55。

2) 氯化铁防水混凝土必须认真进行养护。养护温度不宜过高或过低，以25℃左右为宜。自然养护时，不得低于10℃，浇筑8h后即用湿草袋等覆盖，24h后浇水养护14d。

3. 引气剂防水混凝土

混凝土中加入引气剂后，将会产生大量微小而均匀的气泡，使其黏滞性增大，不易松散离析，改善了混凝土和易性，同时由于大量微小气泡的产生，使混凝土中的毛细管性质改变，提高混凝土的抗渗性和抗冻性。引气剂混凝土含气量要求控制在3%～5%范围内，否则含量过大，混凝土的强度将会降低。它适用于高寒、抗冻性要求高、处于地下水位以下遭受冰冻的地下防水工程。

(1) 主要特征。

1) 引气剂防水混凝土中存在适宜的闭孔气泡组织，故可提高混凝土的抗渗性和耐久性。

2) 引气剂防水混凝土抗渗能力较强，水不易渗入，从而提高了混凝土抗冻胀破坏能力。一般抗冻性最高可为普通混凝土的3～4倍。

3) 引气剂防水混凝土的早期强度增长较慢，7d后强度增长比较正常。但这种混凝土的抗压强度随含气量增加而降低，一般含气量增加1%，28d强度约下降3%～5%，但引气剂改善了混凝土的和易性，在保持和易性不变的情况下可减少拌和用水量，从而可补偿部分强度损失。因此，引气剂防水混凝土适用于抗渗、抗冻要求较高的防水混凝土工程，特别适用于恶劣自然环境工程。

目前，常用的引气剂有松香酸钠和松香热聚物，此外还有烷基磺酸钠、烷基苯磺酸钠等，以前者采用较多。

(2) 引气剂防水混凝土的配制。

1) 引气剂掺量。引气剂防水混凝土的质量与含气量密切相关。从改善混凝土内部结构、提高抗渗性及保持应有的混凝土强度出发，引气剂防水混凝土含气量以3%～6%为宜。此时，松香酸钠掺量为0.1%～0.3%，松香热聚物掺量约为0.1%。

2) 水灰比。水灰比在某一适宜范围内，混凝土可获得适宜的含气量和较高的抗渗性。实践证明，水灰比最大不得超过0.65，以0.5～0.6为宜。

3) 砂子细度。砂子细度对气泡的生成有不同程度的影响，宜采用中砂或细砂，特别是采用细度模数在2.6左右的砂子效果较好。

(3) 施工注意事项。

1) 引气剂防水混凝土宜采用机械搅拌。搅拌时首先将砂、石、水泥倒入混凝土搅拌机。引气剂应预先加入混凝土拌和水中，待搅拌均匀后，再加入搅拌机内。引气剂不得直接加入搅拌机，以免气泡集中而影响混凝土质量。

2) 搅拌过程中，应按规定检查拌和物的和易性（坍落度）和含气量，使其严格控制在规定的范围内。

3) 宜采用高频振动器振捣，以排除大气泡，保证混凝土的抗冻性。

4) 宜在常温条件下养护，冬期施工必须特别注意温度的影响。养护湿度越高，对提高防水混凝土抗渗性越有利。

4. 三乙醇胺防水混凝土

三乙醇胺防水混凝土，是在混凝土拌和物中随拌和水掺入适量的三乙醇胺而配制成的混凝土。

依靠三乙醇胺的催化作用，在早期生成较多的水化产物，部分游离水结合为结晶水，相应地减少了毛细管通路和孔隙，从而提高了混凝土的抗渗性，且具有早强作用。当三乙醇胺和氯化钠、亚硝酸钠等无机盐复合时，三乙醇胺不仅能促进水泥本身的水化，还能促进氯化钠、亚硝酸钠等无机盐与水泥的反应，所生成的氯铝酸盐等混合物，体积膨胀，能堵塞混凝土内部的孔隙，切断毛细管通路，增大混凝土的密实性。

三乙醇胺防水混凝土的配制要求如下。

(1) 当设计抗渗压力为0.8～1.2N/mm^2 时，水泥用量以300kg/m^3 为宜。

(2) 砂率必须随水泥用量降低而相应提高，使混凝土有足够的砂浆量，以确保其抗渗性。当水泥用量为280～300kg/m^3 时，砂率以40%左右为宜。掺三乙醇胺早强防水剂后，灰砂比可以小于普通防水混凝土1∶2.5的限值。

(3) 对石子级配无特殊要求，只要在一定水泥用量范围内并保证有足够的砂率，无论采用哪一种级配的石子，都可以使混凝土有良好的密实度和抗渗性。

(4) 三乙醇胺早强防水剂对不同品种水泥的适应性较强，特别是能改善矿渣水泥的泌水性和黏滞性，明显地提高其抗渗性。故对要求低水化热的防水工程，以使用矿渣水泥为宜。

(5) 三乙醇胺防水剂溶液随拌和水一起加入，约50kg水泥加2kg溶液。

(二) 补偿收缩防水混凝土

补偿收缩防水混凝土是在普通混凝土中掺入适量膨胀剂或用膨胀水泥配制而成的一种微膨胀混凝土，抗渗强度≥3.6MPa。

补偿收缩混凝土以本身适度膨胀抵消收缩裂缝，同时改善孔隙结构，降低孔隙率，减小开裂，使混凝土有较高的抗渗性能。它适用于地下连续墙、逆筑法、坑槽回坑及后浇带、膨胀带等防裂防渗工程，尤其适用于大体积混凝土防裂防渗工程。

常用的膨胀剂有：U形混凝土膨胀剂（UEA），明矾石膨胀剂，明矾石膨胀水泥，石膏矾土膨胀水泥等。防水混凝土还可根据工程抗裂需要掺入钢纤维或合成纤维，能有效提高混凝土的抗裂性，但相应成本较高，它适用于对抗拉、抗剪、抗折强度和抗冲击、抗裂、抗疲劳、抗爆破等性能要求较高的地下防水工程。它的特点是：高强、高抗裂、高韧性、高耐磨及耐渗性。最高抗渗强度≥3.6MPa。

1. 主要特性

(1) 具有较高的抗渗功能。补偿收缩混凝土是依靠膨胀水泥或水泥膨胀剂在水化反应过程中形成钙矾石为膨胀源，这种结晶是稳定的水化物，填充于毛细孔隙中，使大孔变成小孔，总孔隙率大大降低，从而增加了混凝土的密实性，提高了补偿收缩混凝土的抗渗能力，其抗渗能力比同强度等级的普通混凝土提高2～3倍。

(2) 能抑制混凝土裂缝的出现。补偿收缩混凝土在硬化初期产生体积膨胀，在约束条件下，它通过水泥石与钢筋的黏结，使钢筋张拉，被张拉的钢筋对混凝土本身产生压应力（称为化学预应力或自应力），可抵消由于混凝土干缩和徐变时产生的拉应力。也就是说，补偿收缩混凝土的拉应变接近于零，从而达到补偿收缩和抗裂防渗的双重效果。因此，补偿收缩混凝土是结构自防水技术的新发展。

(3) 后期强度能稳定上升。由于补偿收缩混凝土的膨胀作用主要发生在混凝土硬化的早期，所以补偿收缩混凝土的后期强度能稳定上升。

2. 施工注意事项

(1) 补偿收缩混凝土具有膨胀可逆性和良好的自密实性作用，所以特别要注意加强早期潮湿养护。养护时间太晚，则可能因强度增长较快而抑制了膨胀。在一般常温条件下，补偿收缩混凝土浇筑后8～12h，即应开始浇水养护，待模板拆除后则应大量浇水。养护时间一般不应小于14d。

(2) 补偿收缩混凝土对温度比较敏感，一般不宜在低于5℃和高于35℃的条件下进行施工。

(三) 防水混凝土施工

防水混凝土工程质量的好坏不仅取决于混凝土材料质量本身及其配合比，而且施工过程中的搅拌、运输、浇筑、振捣及养护等工序都将对混凝土的质量有着很大的影响。因此施工时，必须对上述各个环节进行严格控制。

1. 施工要点

在防水混凝土工程施工中除严格按现行《混凝土结构工程施工质量验收规范》进行施工作业外，必须注意以下关键控制要点。

(1) 施工期间，应做好基坑的降、排水工作，使地下水位低于施工底面50cm以下，严防地下水或地表水流入基坑造成积水，影响混凝土的施工和正常硬化，导致防水混凝土强度及抗渗性能降低。在主体混凝土结构施工前，必须做好基础垫层混凝土，使其起到辅助防水的作用。

(2) 模板应表面平整，拼缝严密，吸水性小，结构坚固。浇筑混凝土前，应将模板内部清理干净。模板固定一般不宜采用螺栓拉杆或铁丝对穿，以免在混凝土内部造成引水通路。如固定模板采用螺栓穿过防水混凝土结构时，应采取有效的止水措施，如图7-1 (a)、(b)、(c) 所示。

地下室防水混凝土施工现场实际施工时采用的螺栓加堵头的情况如图7-2所示。

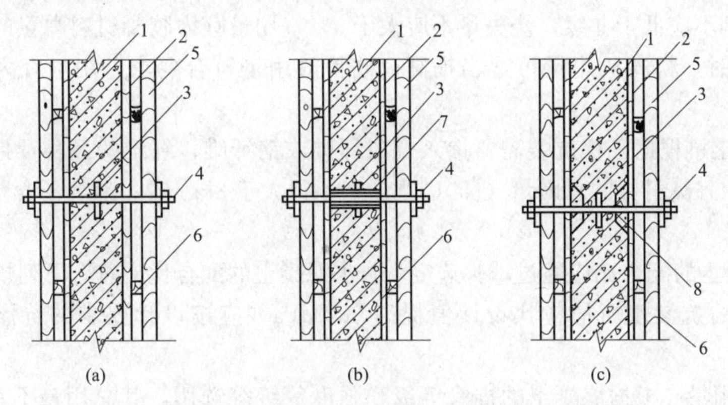

图7-1 螺栓加止水环穿墙止水措施（一）

(a) 螺栓加止水环；(b) 预埋套管加焊止水环；(c) 螺栓加堵头

1—自防水结构；2—模板；3—止水环；4—螺栓；5—水平加劲肋；6—垂直加劲肋；

7—预埋套管（拆摸后将螺栓拔出，套管内用膨胀水泥砂浆封堵）；

8—堵头（拆模后将螺栓沿平凹坑底割去，再用膨胀水泥砂浆封堵）

(a)

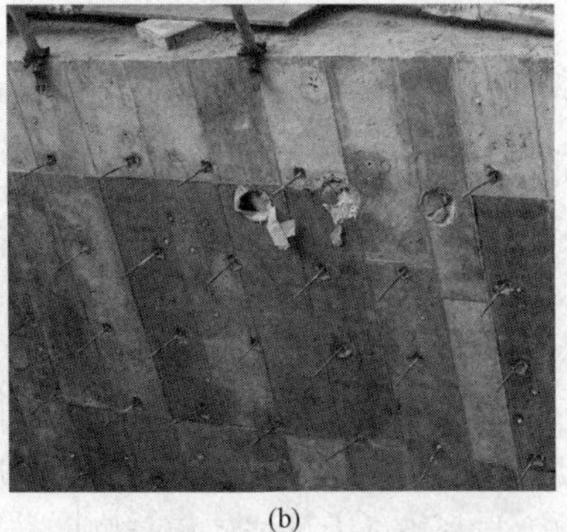

(b)

图7-2 螺栓加止水环穿墙止水措施（二）

(a) 螺栓加止水环支模时；(b) 螺栓加止水环拆模后防水混凝土墙面

(3) 钢筋不得用铁丝或铁钉固定在模板上，必须采用与防水混凝土同强度等级的细石混凝土或砂浆块作垫块，并确保钢筋保护层的厚度不小于 30mm（迎水面钢筋保护层厚度不小于 50mm），绝不允许出现负误差。如结构内部设置的钢筋确需用铁丝绑扎时，绑扎铁丝均不得接触模板。

(4) 防水混凝土所用的材料应符合下列规定。

1) 水泥品种应按设计要求选用，宜选用普硅酸盐水泥或硅酸盐水泥，其强度等级不应低于 42.5 级，采用其他品种水泥时应经试验确定，不得使用过期或受潮结块水泥。

2) 粗骨料宜选用坚固耐久、粒形良好的洁净石子；最大粒径不宜大于 40mm，泵送时其最大粒径不应大于输送管径的 1/4，吸水率不应大于 1.5%，不得使用碱活性骨料；碎石或卵石的粒径宜为 5～40mm，含泥量不得大于 1.0%，泥块含量不得大于 0.5%。

3) 砂宜用中砂，砂宜选用坚硬、抗风化性强、洁净的中粗砂，不宜使用海砂；含泥量不得大于 3.0%，泥块含量不得大于 1.0%。

4) 拌制混凝土所用的水，应采用不含有害物质的洁净水。

5) 外加剂的技术性能，应符合国家标准《混凝土外加剂应用技术规范》（BG50119）的规定一等品及以上的质量要求。

6) 粉煤灰的品质应符合现行国家标准《用于水泥和混凝土中的粉煤灰》（GB 1596）的有关规定，粉煤灰的级别不应低于Ⅱ级，烧失量不应大于 5%，用量宜为胶凝材料总量的 20%～30%，当水胶比小于 0.45 时，粉煤灰用量可适当提高；硅粉的用量符合要求，用量宜为胶凝材料总量的 2%～5%。

7) 防水混凝土可根据工程抗裂需要掺入合成纤维或钢纤维，纤维的品种及掺量应通过试验确定；防水混凝土中各类材料的总碱量（Na_2O 当量）不得大于 3kg/m^3；氯离子含量不应超过胶凝材料总量的 0.1%。

(5) 防水混凝土的配合比应通过试验选定，防水混凝土的配合比应符合下列规定。

1) 试配要求的抗渗水压值应比设计值提高 0.2MPa（应按设计要求的抗渗等级提高 0.2N/mm^2）。

2) 胶凝材料用量应根据混凝土的抗渗等级和强度等级等选用，其总用量不宜小于 320kg/m^3；当强度要求较高或地下水有腐蚀性时，胶凝材料用量可通过试验调整；在满足混凝土抗渗等级、强度等级和耐久性条件下，水泥用量不宜小于 260 kg/m^3。

3) 砂率宜为 35%～45%，泵送时可增至 45%；灰砂比宜为 1∶1.5～1∶2.5；

4) 水胶比不得大于 0.50，有侵蚀性介质时水胶比不宜大于 0.45。

5) 防水混凝土采用预拌混凝土时，入泵坍落度宜控制在 120～160mm，坍落度每小时损失值不应大于 20mm，坍落度总损失值不应大于 40mm。

6) 掺加引气剂或引气型减水剂时，混凝土含气量应控制在 3%～5%。

7) 预拌混凝土的初凝时间宜为 6～8h。

(6) 防水混凝土拌和物在运输后如出现离析，必须进行二次搅拌。当坍落度损失后不能满足施工要求时，应加入原水胶比的水泥浆或掺加同品种的减水剂进行搅拌，严禁直接加水。

(7) 防水混凝土应连续浇筑，尽量不留或少留施工缝，一次连续浇筑完成。对于大体积的防水混凝土工程，可采取分区浇筑、使用发热量低的水泥或掺外加剂（如粉煤灰）等相应措施。

地下室顶板、底板混凝土应连续浇筑，不应留置施工缝。墙一般只允许留置水平施工缝，其位置不应留在剪力与弯矩最大处或底板与侧壁交接处，一般宜留在高出底板上表面不小于 300mm 的墙身上；当墙体设有孔洞时，施工缝距孔洞边缘不宜小于 300mm。地下室底板与墙体交接下墙体施工缝留设构造处理如图 7-3 所示。图 7-4 为工程现场预埋钢板止水带构造图。

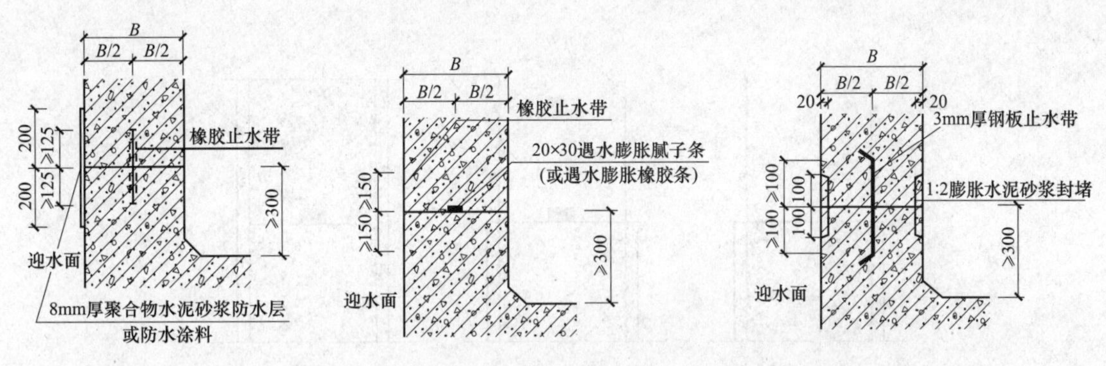

图 7-3　地下室底板与墙体交接下墙体施工缝留设构造

墙体施工其他位置的水平施工缝的留设构造如图 7-5～图 7-7 所示。

在施工缝中推广应用遇水膨胀橡胶止水条代替传统的凸缝、阶梯缝或金属止水片进行处理，如图 7-8 所示，其止水效果不错。

如必须留垂直施工缝时，应尽量与变形缝结合，按变形缝进行防水处理，并应避开地下水和裂隙水较集中的地段，变形缝处的细部构造图具体，如图 7-9～图 7-12 所示。

图 7-9 为中埋式止水带与外贴防水层复合使用，其中外贴式止水带 $L \geqslant 300$mm，外贴防水卷材 $L \geqslant 400$mm，外涂防水涂层 $L \geqslant 400$mm。

图 7-4　工程现场预埋钢板止水带构造图

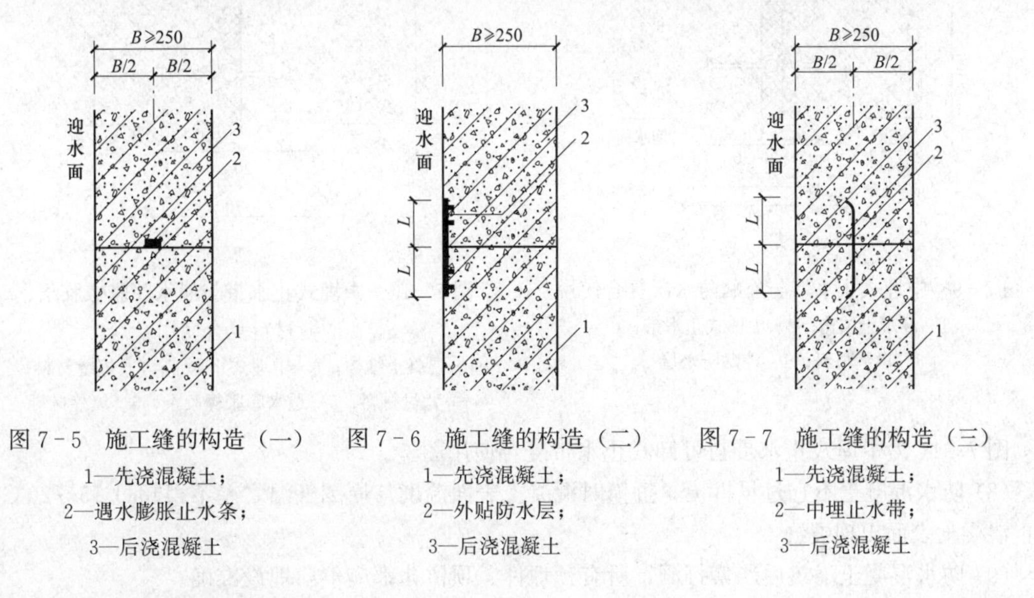

图 7-5　施工缝的构造（一）
1—先浇混凝土；
2—遇水膨胀止水条；
3—后浇混凝土

图 7-6　施工缝的构造（二）
1—先浇混凝土；
2—外贴防水层；
3—后浇混凝土

图 7-7　施工缝的构造（三）
1—先浇混凝土；
2—中埋止水带；
3—后浇混凝土

施工缝处的施工注意事项如下。

1）水平施工缝浇筑混凝土前，应将其表面浮浆和杂物清除，然后铺设净浆或涂刷混凝土界面处理剂、水泥基渗透结晶型防水涂料等材料，再铺 30～50mm 厚的 1∶1 水泥砂浆，并及时浇筑混凝土。

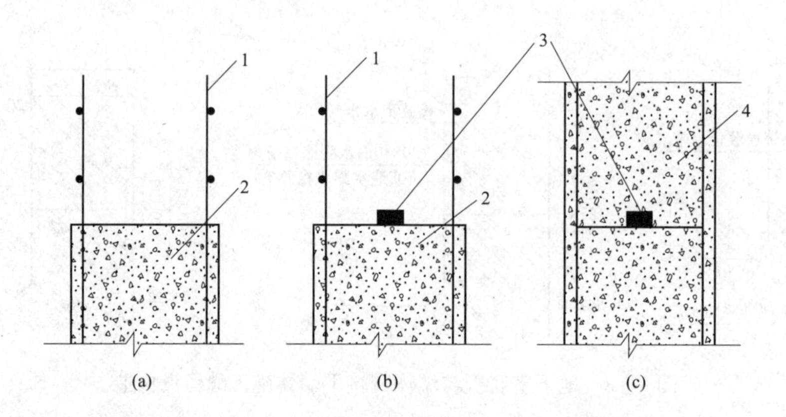

图 7－8　地下室墙面防水混凝土施工缝的处理顺序

（a）上一工序浇筑的混凝土施工缝平面；

（b）在施工缝平面处粘贴遇水膨胀橡胶止水条；（c）施工缝处前后浇筑的混凝土

1—钢筋；2—已浇筑混凝土；3—膨胀橡胶止水条；4—后浇筑混凝土

2）垂直施工缝浇筑混凝土前，应将其表面清理干净，再涂刷混凝土界面处理剂或水泥基渗透结晶型防水涂料，并及时浇筑混凝土。

3）遇水膨胀止水条（胶）应与接缝表面密贴。

4）选用的遇水膨胀止水条（胶）应具有缓胀性能，7d 的净膨胀率不宜大于最终膨胀率的 60％，最终膨胀率宜大于 220％。

5）采用中埋式止水带或预埋式注浆管时，应定位准确、固定牢靠。

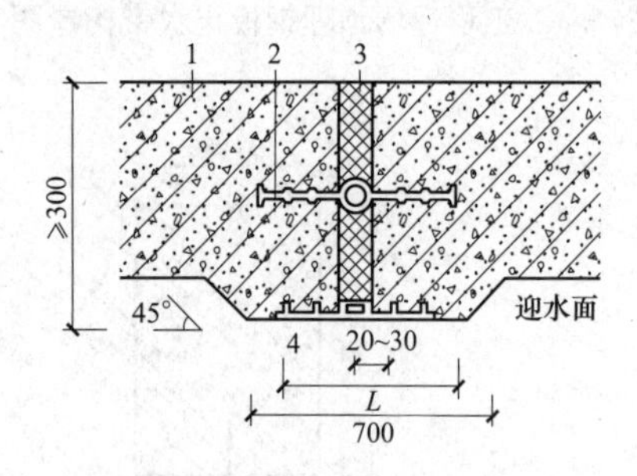

图 7－9　中埋式止水带与外贴防水层复合使用

1—混凝土结构；2—中埋式止水带；

3—填缝材料；4—外贴防水层

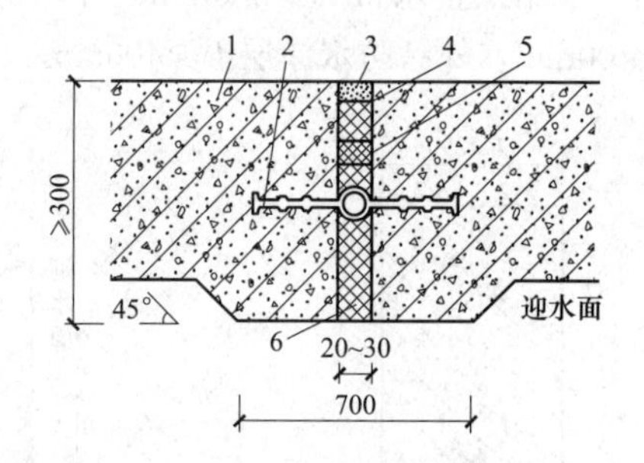

图 7－10　中埋式止水带与遇水膨胀橡胶条、嵌缝材料复合使用

1—混凝土结构；2—中埋式止水带；3—嵌缝材料；

4—背衬材料；5—遇水膨胀橡胶条；6—填缝材料

图 7－11 为中埋式止水带与可卸式止水带复合使用图。

（8）防水混凝土不宜过早拆模，拆模时混凝土表面温度与周围气温之差不得超过 15～20℃，以防止混凝土表面出现裂缝。

（9）防水混凝土浇筑后严禁打洞，所有预埋件、顶留孔都应事前埋设准确。

（10）防水混凝土工程的地下室结构部分，拆模后应及时回填土，以利于混凝土后期强度的增长并获得预期的抗渗性能。回填土前，也可在结构混凝土外侧铺贴一道柔性防水附加层或抹一道刚性防水砂浆附加防水层。当为柔性防水附加层时，防水层的外侧应粘贴一层 50～60mm 厚的聚乙烯泡沫塑料板材（粘贴固定即可）作软保护层，然后分步回填三七灰土，分步夯实。同时做好基坑周

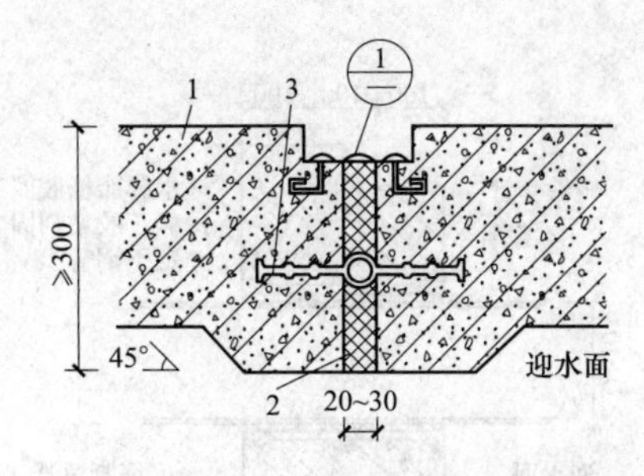

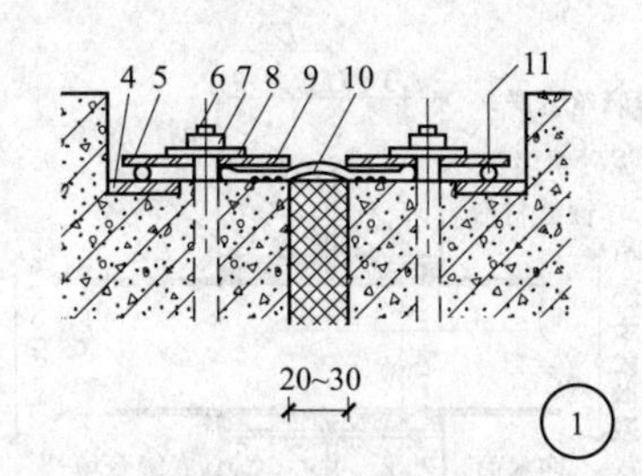

图 7-11 中埋式止水带与可卸式止水带复合使用

1—混凝土结构；2—填缝材料；3—中埋式止水带；4—预埋钢板；5—紧固件压板；6—预埋螺栓；7—螺母；8—垫圈；9—紧固件压块；10—Ω型止水带；11—紧固件圆钢

围的散水坡，以避免地面水浸入，一般散水坡宽度大于800mm，横向坡度大于5%。

2. 细部构造处理

防水混凝土结构的变形缝、施工缝、后浇带、穿墙管、埋设件等设置和构造必须符合设计要求。规范以强制性条文形式加以要求，因为这些部位均为地下防水薄弱环节，应采取有效的措施，仔细施工，确保地下防水工程质量。

(1) 预埋铁件的防水做法。用加焊止水钢板(图 7-13)的方法或加套遇水膨胀橡胶止水环(图 7-14)的方法，既简便又可获得一定的防水效果。施工时，注意将铁件及止水钢板或遇水膨胀橡胶止水环周围的混凝土浇捣密实，保证质量。

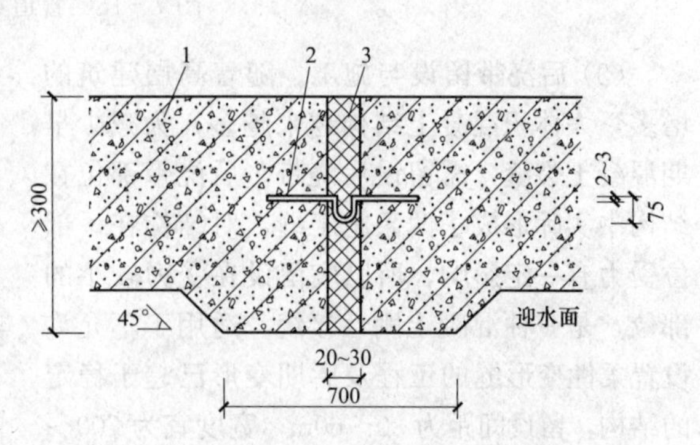

图 7-12 中埋式金属止水带

1—混凝土结构；2—金属止水带；3—填缝材料

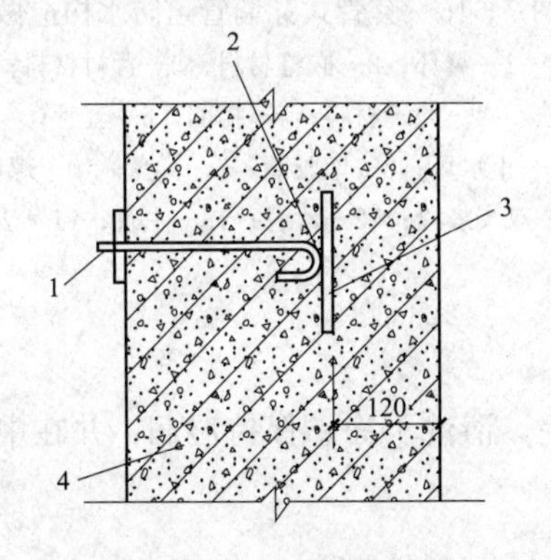

图 7-13 预埋件防水处理

1—预埋螺栓；2—焊缝；3—止水钢板；4—防水混凝土结构

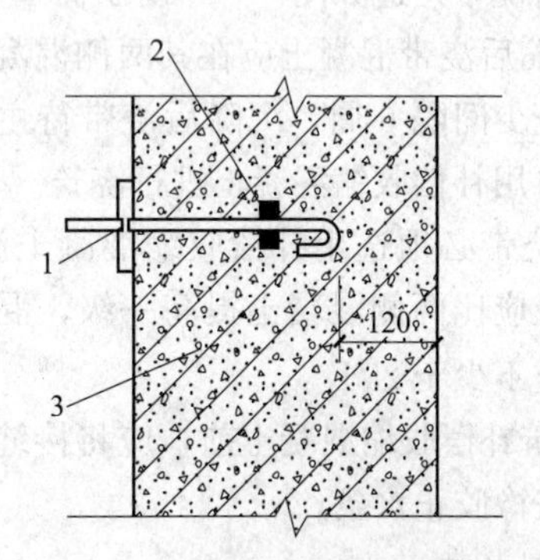

图 7-14 遇水膨胀橡胶止水处理

1—预埋螺栓；2—遇水膨胀橡胶止水环；3—防水混凝土

(2) 穿墙管道的处理。在管道穿过防水混凝土结构时，预埋套管上应加套遇水膨胀橡胶止水环或加焊钢板止水环，如图 7-15 所示。如为钢板止水则满焊严密，止水环的数量应按设计规定。安装穿墙管时，先将管道穿过预埋管，并找准位置临时固定，然后一端用封口钢板将套管焊牢，再将另一端套管与穿墙管间的缝隙用防水密封材料嵌填严密，再用封口钢板封堵严密，如图 7-16 所示。

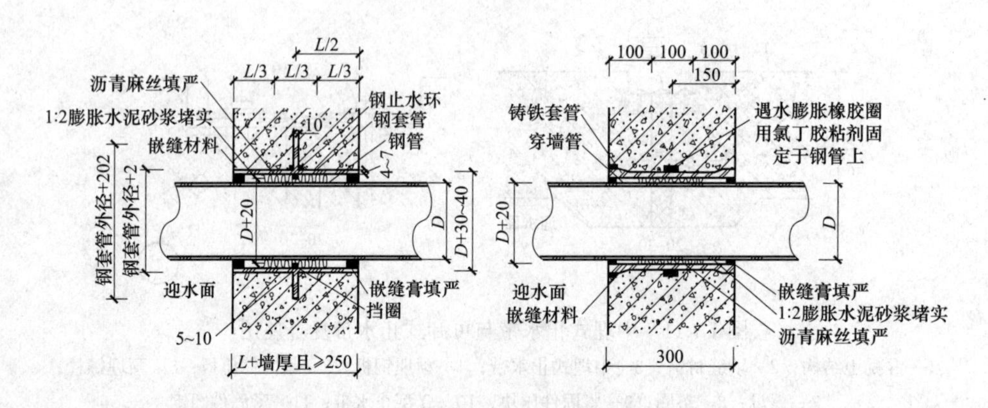

图 7－15　管道穿墙的构造做法

(3) 后浇带留设与施工。随着高层建筑的增多，大体积混凝土结构越来越多，为减少早期混凝土裂缝，需留设后浇带。后浇带部位在结构中实际形成了两条施工缝，对结构在该部位受力有一定影响，所以应留设在受力较小的部位，是一种混凝土刚性接缝，适用于不允许设置柔性变形缝的工程及后期变形已趋于稳定的结构，留设间距为 30～60m，宽度宜为 700～1000mm。施工时应注意以下几点。

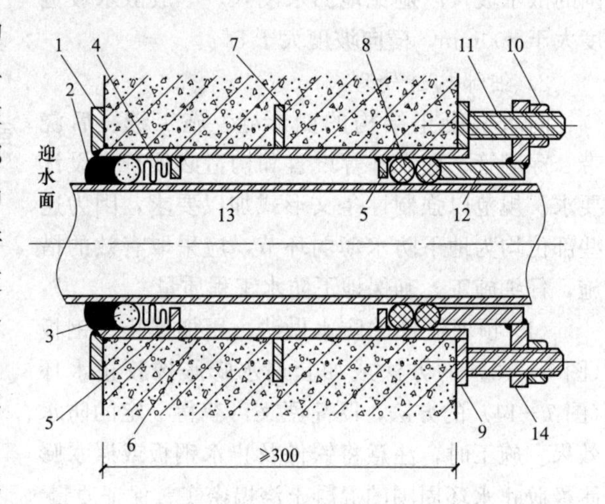

图 7－16　套管式穿墙管道防水构造做法

1—翼环；2—嵌缝材料；3—背衬材料；4—填缝材料；5—挡圈；6—套管；7—止水环；8—橡胶圈；9—翼盘；10—螺母；11—双头螺栓；12—段管；13—主管；14—法兰盘

1）后浇带留设的位置及宽度应符合设计要求，缝内的结构钢筋不能断开。

2）后浇带可留成平直缝、企口缝或阶梯缝，具体后浇带构造如图 7－17 所示。

3）伸缩后浇带混凝土应在其两侧混凝土浇筑完毕，至少间隔 6 周，沉降后浇带待主体结构封顶后再用补偿收缩混凝土进行浇筑。

4）后浇带必须选用补偿收缩混凝土浇筑，其强度等级应比两侧混凝土提高一级，混凝土养护时间应不少于 28d。

5）浇筑补偿收缩混凝土前，应将接缝处的表面凿毛，清洗干净，保持湿润，并在中心位置粘贴遇水膨胀橡胶止水条。

3. 质量检查

(1) 防水混凝土的质量应在施工过程中按下列规定检查。

1）防水混凝土的原材料、配合比及坍落度必须符合设计要求；不合格的材料严禁在工程中应用。当原材料有变化时，应取样复验，并及时调整混凝土配合比；主要检查出厂合格证、质量检验报告、计量措施和现场抽样试验报告等。

2）每班检查原材料称量不少于两次。

3）在拌制和浇筑地点，测定混凝土坍落度，每班应不少于两次。

4）引气剂防水混凝土含气量测定，每班不少于一次。

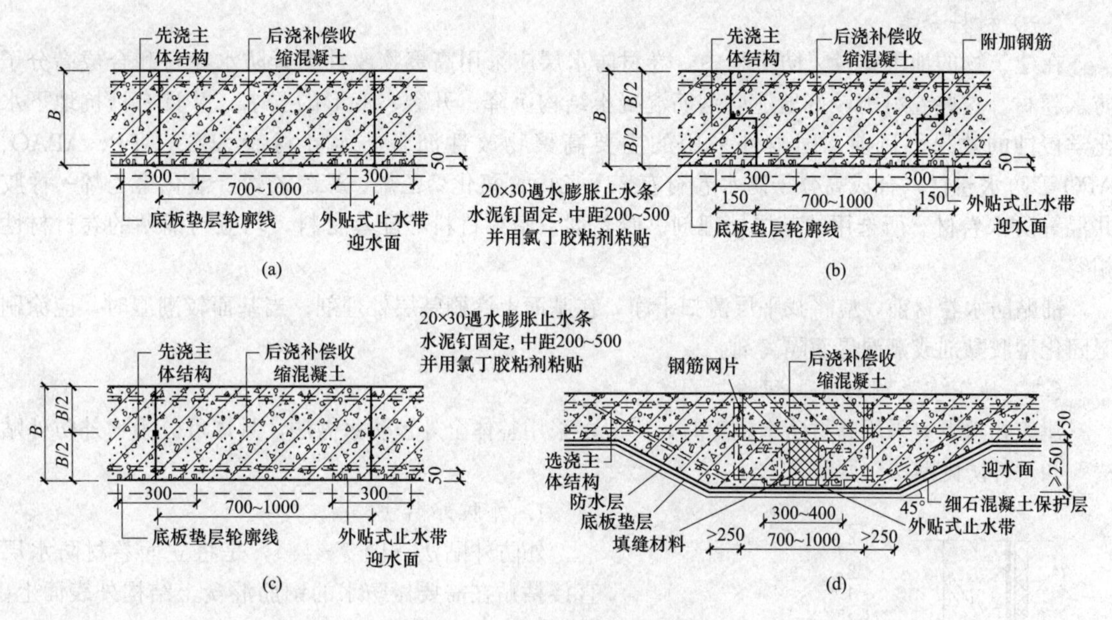

图 7-17　后浇带常见构造做法

5）防水混凝土的变形缝、施工缝、后浇带、穿管道、埋设件等设置和构造，均须符合设计要求，严禁有渗漏现象；主要进行观察检查和检查隐蔽工程验收记录。

6）防水混凝土结构表面应坚实、平整，不得有露筋、蜂窝等缺陷；埋设件位置应准确。

7）防水混凝土结构表面的裂缝宽度不应大于0.2mm，且不得贯通。

8）防水混凝土结构厚度不应小于250mm，其允许偏差应为＋8mm、－5mm；主体结构迎水面钢筋保护层厚度不应小于50mm，其允许偏差为±5mm。

(2) 防水混凝土抗渗性能应采用标准条件下养护混凝土抗渗试件的试验结果评定，试件应在混凝土浇筑地点随机取样后制作，并应符合下列规定：①连续浇筑混凝土每500m^3应留置一组6个抗渗试件，且每项工程不得少于两组；②采用预拌混凝土的抗渗试件，留置组数应视结构的规模和要求而定；试块应在浇筑地点制作，其中一组在标准情况下养护，另一组应在与现场相同条件下养护。试块养护期不少于28d，不超过90d。如使用的原材料、配合比或施工方法有变化时，均应另行留置试块。

二、地下室卷材防水施工

地下室防水，坚持“外防为主，内防为辅”的方针。地下室卷材防水层的防水做法根据水的侵入方向有两种：外防水法和内防水法。外防水法是将卷材防水层粘贴在地下结构的迎水面，形成一个以卷材防水层和防水结构层共同工作的地下结构物，抵抗地下水向建筑物内渗透和侵蚀。由于防水层在地下结构的外表面，故称外防水，是地下防水工程最常用的防水方法。内防水法是将卷材防水层粘贴在地下结构的背水面，即结构的内表面，由于卷材防水层可承受载荷很小，需加做刚性内衬层，以压紧卷材防水层，抵抗水的压力。这种防水做法多用于人防工程、隧道、特种工业基坑工程。

外防水法根据保护墙的施工先后和卷材铺贴的顺序可分为外防外贴法和外防内贴法两种。外防外贴法是先进行防水结构体施工，然后将卷材防水层铺贴在防水结构体外表面，再砌永久性保护墙体或粘贴软保护层后进行回填土。外防内贴法是指地下结构墙体未做之前，先砌筑永久性保护墙体，然后将卷材防水层铺贴在保护墙体上，再进行结构墙体的施工的方法。

（一）材料分类

在建筑物的地下室及人防工程中，卷材防水层应采用高聚物改性沥青防水卷材和合成高分子防水卷材。这些卷材能较好地适应钢筋混凝土结构沉降、开裂、变形的要求，并具有抵抗地下水化学侵蚀的效果。目前，国内外采用的主要高聚物改性沥青防水卷材有SBS、APP、APAO、APO等防水卷材；合成高分子防水卷材有三元乙丙、氯化聚乙烯、聚氯乙烯、氯化聚乙烯—橡胶共混等防水卷材。所选用的基层处理剂、胶黏剂、密封材料等配套材料，均应与铺贴的卷材材性相容。

铺贴防水卷材前，应将找平层清扫干净，在基面上涂刷基层处理剂；当基面较潮湿时，应涂刷湿固化型胶黏剂或潮湿界面隔离剂。

（二）地下室卷材防水工程施工

建筑物地下室采用卷材防水施工时，一般多采用整体全外包防水做法，具体可分为“外防外贴法”和“外防内贴法”两种。

1. 外防外贴法

外防外贴法（图7-18），是将立面卷材防水层直接粘贴在需要做防水的钢筋混凝土结构外表面上。其施工程序是：待混凝土垫层及砂浆找平层施工完毕后→垫层四周砌永久性保护墙（墙下干铺卷材一层，墙高不小于结构底板厚度，另加200～500mm，并在内侧抹找平层，干燥后，刷基层处理剂）→铺贴底面及砌好保护墙部分的卷材防水层（四周留出卷材接头，置于保护墙上，并用其他如木板等材料将卷材接头压在保护墙上，勿使接头断裂、损伤、弄脏）→在底板垫层及保护墙的卷材层上做保护层→进行地下室钢筋混凝土底板及外墙等结构施工→在墙的外边抹找平层，刷基层处理剂→干燥后在结构墙上铺贴卷材防水层（先贴留出的接头，再分层接铺到要求的高度）→完成后即涂刷密封材料保护卷材→随即继续砌保护墙至卷材防水层稍高的地方。保护墙与防水层之间的空隙用填充料封严随砌随填。

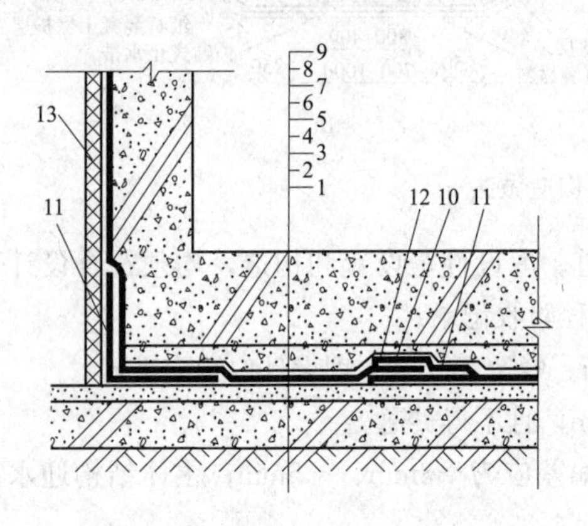

图7-18 地下室工程外防外贴法卷材防水构造
1—素土夯实；2—素混凝土垫层；3—防水砂浆找平层；4—聚氨酯底胶；5—基层胶黏剂；6—卷材防水层；7—沥青油毡保护隔离层；8—细石混凝土保护层；9—地下室钢筋混凝土结构；10—卷材搭接缝；11—卷材附加补强层；12—嵌缝密封膏；13—5mm厚聚乙烯泡沫塑料保护填料

2. 外防内贴法

外防内贴法（图7-19），是在施工场地狭窄，外贴法施工难以实施时，不得不采用的一种防水施工法。其做法是先做好混凝土垫层及找平层，在垫层混凝土边沿上砌筑永久性保护墙→在平、立面上同时抹砂浆找平层后→刷基层处理剂→粘贴卷材防水层→在立面防水层上抹一层15～20mm厚的1∶3水泥砂浆，平面铺设一层30～50mm厚的1∶3水泥砂浆或细石混凝土，作为防水卷材的保护层→进行地下室底板和墙体钢筋混凝土结构的施工。由于外防内贴法施工质量难以检测和补救，且所贴卷材抵抗地下室沉降变形能力差，应用较少。

3. 地下室卷材防水层施工

(1) 施工条件。

1）地下防水层及结构施工时，地下水位要设法降至底部最低标高下500mm，并防止地面水的流入，否则应设法排出。

2）防水卷材及配套胶凝剂进场后，应按规定取样检验，其性能指标应符合要求。

3）卷材防水层施工时，卷材铺设应在＋5～＋35℃气温下施工，严禁在雨天、雪天施工；五级风及其以上时均不得施工；采用热熔法施工气温不宜低于－10℃。在防水施工过程中应有专门单位批准的用火证。

4）卷材防水层施工前，基层表面应坚实、平整，不得有凹凸或表面起砂现象，用2m长的直尺检查，直尺与基层表面间的空隙不应超过5mm。平面与立面的转角处、阴阳角应做成圆弧或钝角。基层必须干燥，含水率不大于9%。如果基层不做找平层，卷材直接铺贴在混凝土表面，必须检查混凝土表面是否有蜂窝、麻面、孔洞等，如有应用掺有107胶的水泥砂浆或胶乳水泥砂浆修复。

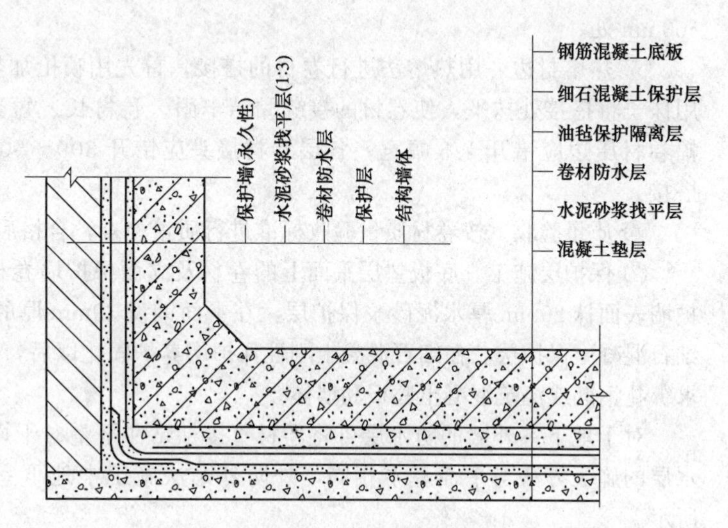

图7－19 地下室工程外防内贴法卷材防水构造

(2) 卷材防水层的施工。铺贴高聚物改性沥青卷材应采用热熔法施工；铺贴合成高分子卷材采用冷粘法施工。

1）卷材防水热熔法施工。热熔法铺贴卷材应符合下列规定。

① 火焰加热器加热卷材应均匀，不得过分加热或烧穿卷材；厚度小于3mm的高聚物改性沥青防水卷材，严禁采用热熔法施工。

② 卷材表面热熔后应立即滚铺卷材，排出卷材下面的空气，并辊压黏结牢固，不得有空鼓、皱折。

③ 滚铺卷材时接缝部位必须溢出沥青热熔胶，并应随即刮封接使接缝黏结严密。

④ 铺贴后的卷材应平整、顺直，搭接尺寸正确，不得有扭曲。

防水卷材热熔法施工工艺流程为：清理基层→涂刷基层处理剂→铺贴附加层卷材→热熔铺贴大面卷材→热熔封边→质量验收→保护层施工。

① 清理基层。将已验合格的地下室基层杂物、浮物清扫干净，并对基层表面进行清理，做到基层表面坚实、平整、无凹凸或表面起砂现象。

② 涂刷基层处理剂。为隔绝基层的潮气，提高卷材与基层的黏结力，须在基层涂刷基层处理剂；在干净、干燥的基层上涂刷基层处理剂，涂刷要均匀，盖底，不得漏刷。在大面积涂刷前，先用油漆刷在阴角、阳角等细部构造部位均匀地涂刷一道。大面涂刷则改用长把滚刷施工，涂刷时要薄厚均匀，不得见白露底。一般在涂刷4h以上待干燥后才能进行下道工序施工。

③ 铺贴附加层卷材。基层处理剂干燥后，按设计要求在阴阳角、穿墙管道根部、预埋件等部位先铺贴一层卷材附加层，要求铺贴平整、黏结牢固。阴阳角附加层的宽度应不少于500mm。

④ 热熔铺贴大面卷材。点燃火焰喷枪，用火焰喷枪烘烤卷材底面与基层交界处，使卷材表面的沥青熔化，喷枪距卷材的距离根据火焰大小而定，一般距离为0.3～0.5m，沿卷材幅宽往返烘烤，同时向前滚动卷材，然后用压辊滚压或用小抹子抹平、粘牢。施工时应注意火焰大小和移动速度，使卷材表面熔化，沥青的温度在200～230℃范围，熔化时切忌烤透卷材，以防粘连。采用外防内贴法施工时，应先贴立面卷材，后贴平面卷材；采用外防外贴法施工时，应先贴平面卷材，后贴立面卷材；无论采用哪种施工方法，铺贴卷材时卷材的接缝应留在平面上，距立面不小于

600mm处。

⑤ 热熔封边。用热熔法进行卷材的搭接，首先用喷枪加热搭接外露部分，使沥青熔化，然后用抹子将搭接处抹平，使卷材的接缝黏结牢固。卷材长、短边接头宽度不小于100mm；上下两幅卷材压边应错开1/3幅宽；各层卷材接头应错开300～500mm，两垂直面交角处要互相交叉搭接。

⑥ 质量验收。按卷材质量验收标准进行质量检查，合格后才能进行下道工序。

⑦ 保护层施工。底板垫层平面上的卷材及立面保护墙卷材防水层铺贴完毕以后，可在立面保护墙表面抹20mm厚水泥砂浆保护层，在平面铺设30mm厚的1∶3水泥砂浆或C15厚40～50mm细石混凝土保护层。在细石混凝土刚性保护层养护固化以后，即可根据施工和验收规范或按设计要求绑扎钢筋或浇筑混凝土底板和墙体。

对于地下室外墙的防水层可将卷材直接粘贴在平整、干燥的钢筋混凝土结构外墙的外侧，防水层的施工方法与平面基本相同，外防外贴法施工中地下室墙体的甩茬、接茬处理如图7-20所示。

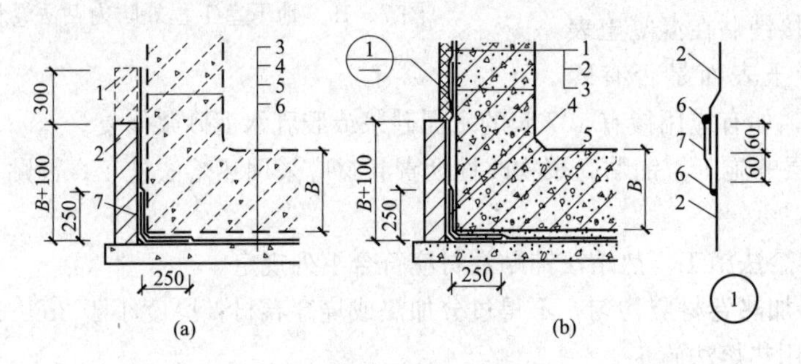

图7-20　外防外贴法卷材防水甩槎、接槎做法

(a) 甩槎；(b) 接槎

1—临时保护墙；2—永久保护墙；3—细石混凝土保护层；4—卷材防水层；5—水泥砂浆保护层；6—混凝土垫层；7—卷材加强层

1—结构墙体；2—卷材防水层；3—卷材保护层；4—卷材加强层；5—结构底板；6—密封材料；7—盖缝条

2）卷材防水层冷粘法施工。防水卷材冷粘法操作工艺流程：清理基层→涂刷基层处理剂→铺贴附加层卷材→涂刷基层胶黏剂→铺贴大面卷材→卷材接缝的黏结→质量验收→保护层施工。

清理基层、涂刷基层处理剂、铺贴附加层卷材等的操作要点与热熔法基本相同，主要区别是粘贴方法不同，所以不同点主要围绕胶黏剂展开。

涂刷基层胶结剂：在须铺贴第一副卷材的位置弹好线后，涂刷基层胶黏剂，涂刷要薄而均匀。同时在清理干净的卷材表面也涂刷胶凝剂，涂刷后须晾至20min左右，待溶剂挥发后才能黏结。

铺贴大面卷材：铺贴时，几个铺贴工人将涂刷处理剂的卷材抬起后翻过来，将一端粘贴在预定部位，然后沿着基准线向前粘贴。在粘贴时，不得拉伸卷材，要使卷材在松弛、不受拉伸的状态下粘贴在基层上。如果地下防水工程采用外防内贴法，防水卷材应先铺贴立面后铺贴平面。铺贴立面时，先铺贴转角后铺贴大面。如果地下防水工程采用外防外贴法，防水卷材应先铺平面后铺立面，立面卷材应垂直铺贴。无论采用哪种方法铺贴，转角处的搭接缝应该在平面上，距立面处不小于600mm。上部临时收头的卷材应用低标号砂浆砌砖压实，以免坠落。

卷材接缝的黏结：卷材接缝的宽度长边不小于80mm，短边不小于100mm。在接缝宽度范围内将接缝胶凝剂均匀地涂刷在卷材两个黏结面上，晾至20min，待手摸感觉不粘手时表明已干燥，即可进行卷材黏结。黏结时从一端开始，然后顺着长边方向，然后用压辊滚压粘牢。

冷粘法铺贴卷材应符合下列规定。

① 胶黏剂涂刷应均匀，不露底，不堆积。

② 铺贴卷材时应控制胶黏剂涂刷与卷材铺贴的间隔时间，排出卷材下面的空气，并辊压黏结牢固，不得有空鼓。

③ 铺贴卷材应平整、顺直，搭接尺寸正确，不得有扭曲、皱折。

④ 接缝口应用密封材料封严，其宽度不应小于10mm。

（三）质量要求

所选用的防水卷材的各项技术性能指标，应符合标准规定或设计要求，并应有现场取样进行复核验证的质量检测报告或其他有关材料质量的证明文件。

卷材的搭接宽度和附加补强胶条的宽度，均应符合设计要求。一般搭接缝宽度不宜小于100mm，附加补强胶条的宽度不宜小于120mm。

卷材的搭接缝以及与附加补强胶条的黏结，必须牢固、封闭严密。不允许有皱折、孔洞、翘边、脱层、滑移或存在渗漏水隐患的其他外观缺陷。

应特别注意阴阳角部位、穿墙管以及变形缝部位的卷材铺贴，这是防水薄弱的地方，且铺贴比较困难，操作要仔细，并增加铺贴附加卷材层，采取必要的构造加强措施。卷材防水层的施工质量检验数量，应按铺贴面积每 $100m^2$ 抽查1处，每处 $10m^2$，且不得少于3处。具体质量检查详见表7-5。

表7-5　　卷材防水层质量检验

项目	检验项目	检验方法
主控项目	卷材防水层所用卷材及其配套材料必须符合设计要求	检查产品合格证、产品性能检测报告和材料进场检验报告
	卷材防水层在转角处、变形缝、施工缝、穿墙管等部位做法必须符合设计要求	观察检查和检查隐蔽工程验收记录
一般项目	卷材防水层的搭接缝应粘贴或焊接牢固，密封严密，不得有扭曲、皱折、翘边和起泡等缺陷	观察检查
	采用外防外贴法铺贴卷材防水层时，立面卷材接槎的搭接宽度，高聚物改性沥青类卷材应为150mm，合成高分子类卷材应为100mm，且上层卷材应盖过下层卷材	观察和尺量检查
	侧墙卷材防水层的保护层与防水层应结合紧密、保护层厚度应符合设计要求	观察和尺量检查
	卷材搭接宽度的允许偏差应为－10mm	观察和尺量检查

三、地下室涂料防水施工

地下防水工程采用涂料防水技术具有明显的优越性。涂料防水就是在结构表面基层上涂上一定厚度的防水涂料，防水涂料是以合成高分子材料或以高聚物改性沥青为主要原料，加入适量的化学助剂和填充剂等加工制成的在常温下呈无定形液态的防水材料。经涂布在基层表面后，能形成一层连续、弹性、无缝、整体的涂料防水层。涂料防水的总厚度小于3mm的为薄质涂料，总厚度大于3mm的为厚质涂料。防水涂料厚度选用应符合表7-6的规定。

表 7-6　**防水涂料厚度**　mm

防水等级	设防道数	有机涂料			无机涂料	
		反应型	水乳型	聚合物型	水泥基	水泥基渗透结晶型
1级	三道或三道以上设防	1.2～2.0	1.2～1.5	1.5～2.0	1.5～2.0	≥0.8
2级	二道设防	1.2～2.0	1.2～1.5	1.5～2.0	1.5～2.0	≥0.8
3级	一道设防	—	—	≥2.0	≥2.0	—
	复合设防	—	—	≥1.5	≥1.5	—

涂料防水具有重量轻，耐候性、耐水性、耐蚀性优良，适用性强，冷作业，易于维修等优点。但是，又有涂布厚度不均匀、抵抗结构变形能力差，与潮湿基层黏结力差，抵抗动水压力能力差等缺点。

目前，防水涂料的种类较多，按涂料类型可分为：溶剂型、水乳型、反应型和粉末型四大类；按成膜物质可分为合成树脂类、合成橡胶类、聚合物—水泥复合材料类、高聚物改性石油沥青类等，无机防水涂料宜用于结构主体的背水面，有机防水涂料宜用于地下工程主体结构的迎水面，用于背水面的有机防水涂料应具有较高的抗渗性，且与基层有较好的黏结性。建筑物地下室防水工程施工中常用的防水涂料应以化学反应固化型材料为主，如聚氨酯防水涂料、硅橡胶防水涂料等。地下工程涂料防水层适用于混凝土结构或砌体结构迎水面或背水面的涂刷，一般采用外防外涂和外防内涂两种施工方法。

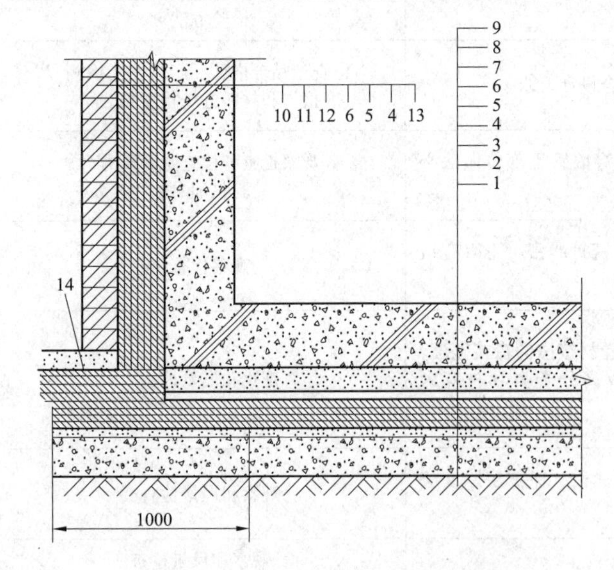

图 7-21　地下室聚氨酯涂料防水构造

1—夯实素土；2—素混凝土垫层；3—防水砂浆找平层；4—聚氨酯底胶；5—第一～二度聚氨酯涂料；6—第三度聚氨酯涂料；7—油毡保护隔离层；8—细石混凝土保护层；9—钢筋混凝土底板；10—聚乙烯泡沫塑料软保护层；11—第五度聚氨酯涂料；12—第四度聚氨酯涂料；13—钢筋混凝土立墙；14—聚酯纤维无纺布增强层

（一）聚氨酯涂料防水施工

聚氨酯涂料防水材料是双组分化学反应固化型的高弹性防水涂料，其中甲组分是以聚醚树脂和二异氰酸酯等原料，经过氢转移加成聚合反应制成的含有端异氰酸酯基的聚氨基甲酸酯预聚物；乙组分是由交联剂（或称硫化剂）、促进剂（或称催化剂）、抗水剂（石油沥青等）、增韧剂、稀释剂等材料，经过脱水、混合、研磨、包装等工序加工制成的。

1. 聚氨涂料防水构造

聚氨涂料防水构造如图 7-21 所示。

2. 施工准备工作

（1）为了防止地下水或地表滞水的渗透，确保基层的含水率满足施工要求，在基坑的混凝土垫层表面上，应抹 20mm 左右厚度的无机铝盐防水砂浆［配合比为水泥：中砂：无机铝盐防水剂：水＝1：3：0.1：（0.35～0.40）］，要求抹平压光，不应有空鼓、起砂、掉灰等缺陷。立墙外表面的混凝土如有水泡、气孔、蜂窝、麻面等现象，应采用加入水泥量15%的高分子聚合物乳液调制成的水泥腻子填充刮平。阴、阳角部位应抹成小圆弧。

(2) 通有穿墙套管部位，套管两端应带法兰盘，并安装牢固，收头圆滑。

(3) 涂料防水的基层表面应干净、干燥。

3. 工艺要点

(1) 聚氨酯涂料防水的施工工艺流程：清理基层→平面涂布底胶→平面防水层涂布施工→平面部位铺贴油毡隔离层→平面部位浇筑细石混凝土保护层→钢筋混凝土地下结构施工→修补混凝土立墙外表面→立墙外侧涂布底胶和防水层施工→立墙防水层外粘贴聚乙烯泡沫塑料保护层→基坑回填。

(2) 施工操作要点。

1) 清理基层。施工前，应对底板基层表面进行彻底清扫。清除突起物、砂浆疙瘩等异物，清洗油污、铁锈等。

2) 涂布底胶。将聚氨酯甲、乙组分和有机溶剂按1∶1.5∶2的比例（重量比）配合搅拌均匀，再用长把滚刷蘸满均匀涂布在基层表面上，涂布量一般以0.3kg/m^{2}左右为宜。涂布底胶后应干燥固化4h以上，才能进行下一道工序的施工。

3) 配制聚氨酯涂料防水涂料。配制方法是：将聚氨酯甲、乙组分和有机溶剂按1∶1.5∶0.3的比例配合，用电动搅拌器强力搅拌均匀备用。聚氨酯涂料防水材料应随用随配，配制好的混合料最好在2h内用完。

4) 涂料防水层施工。用长把滚刷蘸满已配制好的聚氨酯涂料防水混合材料，均匀涂布在底胶已干固的基层表面上。涂布时要求厚薄均匀一致，对平面基层以涂刷3～4度为宜，每度涂布量为0.6～0.8kg/m^2；对立面基层以涂刷4～5度为宜，每度涂布量为0.5～0.6kg/m^2。防水涂料的总厚度以不小于1.5mm为合格。

涂完第一度涂料后，一般需固化5h以上，在基本不粘手时，再按上述方法涂布第二、三、四、五度涂料。前后两度的涂布方向应相互垂直。底板与立墙连接的阴、阳角，均宜铺设聚酯纤维无纺布进行附加增强处理。

5) 平面部位铺贴油毡保护隔离层。当平面部位最后一度聚氨酯涂料完全固化，经过检查验收合格后，即可铺一层石油沥青纸胎油毡作为保护隔离层。

6) 浇筑细石混凝土保护层。在铺设石油沥青纸胎油毡保护隔离层后，即可浇筑40～50mm厚的细石混凝土作为刚性保护层。

7) 地下室钢筋混凝土结构施工。在完成细石混凝土保护层的施工和养护后，即可根据设计要求进行地下室钢筋混凝土结构施工。

8) 立面粘贴聚乙烯泡沫塑料保护层。在完成地下室钢筋混凝土结构施工并在立墙外侧涂布防水层后，可在防水层外侧直接粘贴5～6mm厚的聚乙烯泡沫塑料片材作为软保护层。

(3) 质量要求。

1) 聚氨酯涂料防水材料的技术性能应符合设计要求或标准规定，并应附有质量证明文件和现场取样进行检测的试验报告以及其他有关质量的证明文件。

2) 聚氨酯涂料防水层的厚度应均匀一致，厚度符合设计要求，最小厚度不得小于设计厚度的80%。其总厚度不应小于2.0mm，必要时可选点割开进行实际测量（刮开部位可用聚氨酯混合材料修复）。

3) 防水涂料应形成一个连续、弹性、无缝、整体的防水层，不允许有开裂、翘边、滑移、脱落和末端收头封闭不严等缺陷。

(4) 聚氨酯涂料防水层必须均匀固化，不应有明显的凹坑、气泡和渗漏水的现象。

（二）硅橡胶涂料防水施工

硅橡胶防水涂料是以硅橡胶乳液及其他乳液的复合物为主要基料，掺入无机填料及各种助剂配制而成的乳液型防水涂料，该涂料兼有涂料防水和浸透性防水材料两者的优良性能，具有良好的防水性、渗透性、成膜性、弹性、黏结性和耐高低温性。

1．材料特点

硅橡胶防水涂料分为1号及2号，均为单组分，1号用于底层及表层，2号用于中间层作加强层。

2．施工顺序及要求

（1）一般采用涂刷法，用长板刷、排笔等软毛刷进行。

（2）涂刷的方向和行程长短应一致，要依次上、下、左、右均匀涂刷，不得漏刷，涂刷层次一般为四道，第一、四道用1号材料，第二、三道用2号材料。

（3）首先在处理好的基层上均匀地涂刷一道1号防水涂料，待其渗透到基层并固化干燥后再涂刷第二道。

（4）第二、三道均涂刷2号防水涂料，每道涂料均应在前一道涂料干燥后再施工。

（5）当第四道涂料表面干固时，再抹水泥砂浆保护层。

（6）其他与聚氨酯涂料防水施工相同。

3．注意事项

（1）由于渗透性防水材料具有憎水性，因此抹砂浆保护层时，其稠度应小于一般砂浆，并注意压实、抹光，以保证砂浆与防水材料黏结良好。

（2）砂浆层的作用是保护防水材料，因此，应避免砂浆中混入小石子及尖锐的颗粒，以免在抹砂浆保护层时，损伤涂层。

（3）施工温度宜在5℃以上。

（4）使用时涂料不得任意加水。

（三）质量要求

涂料防水层分项工程检验批的抽检数量，应按铺贴面积每$100m^2$抽查1处，每处$10m^2$，且不得少于3处。具体质量检验详见表7-7。

表7-7 涂料防水层质量检验

项目	检验项目	检验方法
主控项目	涂料防水层所用的材料及配合比必须符合设计要求	检查产品合格证、产品性能检测报告、计量措施和材料进场检验报告
	涂料防水层的平均厚度应符合设计要求，最小厚度不得低于设计厚度的90%	用针测法检查
	涂料防水层在转角处、变形缝、施工缝、穿墙管等部位做法必须符合设计要求	观察检查和检查隐蔽工程验收记录
一般项目	涂料防水层应与基层粘接牢固、涂刷均匀，不得流淌、鼓泡、露槎	观察检查
	涂层间夹铺胎体增强材料时，应使防水涂料浸透胎体覆盖完全，不得有胎体外露现象	观察检查
	侧墙涂料防水层的保护层与防水层应结合紧密，保护层厚度应符合设计要求	观察检查

第三节 屋面防水工程施工

屋面防水工程是房屋建筑中的一项重要工程。根据建筑物的类别、重要程度、使用功能要求确定防水等级，并根据等级进行防水设防；对防水有特殊要求的建筑屋面，应进行专项防水设计。

GB 50345—2012将屋面防水划分为两个等级，并按不同等级进行设防，Ⅰ级为重要的建筑和高层建筑，要求两道防水设防，Ⅱ级为一般建筑，要求一道防水设防。屋面防水工程按其构造可分为卷材防水屋面、涂料防水屋面、瓦屋面、金属防板屋面及玻璃采光顶防水屋面等，详见表7-8屋面的基本构造层次表。屋面防水可多道设防，将卷材、涂料、瓦等重合使用，也可以将卷材叠层施工。屋面防水常用的种类有卷材防水屋面、涂料防水屋面和瓦防水屋面。

表7-8　　屋面的基本构造层次表

屋面类型	屋面的基本构造层次（自上而下）
卷材、涂料屋面	保护层、隔离层、防水层、找平层、保温层、找平层、找坡层、结构层
	保护层、保温层、防水层、找平层、找坡层、结构层
	种植隔热层、保护层、耐根穿刺防水层、防水层、找平层、保温层、找平层、找坡层、结构层
	架空隔热层、防水层、找平层、保温层、找平层、找坡层、结构层
	蓄水隔热层、隔离层、防水层、找平层、保温层、找平层、找坡层、结构层
瓦屋面	块瓦、挂瓦条、顺水条、持钉层、防水层或防水垫层、保温层、结构层
	沥青瓦、持钉层、防水层或防水垫层、保温层、结构层
金属板屋面	压型金属板、防水垫层、保温层、承托网、支承结构
	上层压型金属板、防水垫层、保温层、底层压型金属板、支承结构
	金属面绝热夹芯板、支承结构
玻璃采光顶	玻璃面板、金属框架、支承结构
	玻璃面板、点支承装置、支承结构

注 1. 表中结构层包括混凝土基层和木基层；防水层包括卷材和涂料防水层；保护层包括块体材料、水泥砂浆、细石混凝土保护层。
2. 有隔汽要求的屋面，应在保温层与结构层之间设隔汽层。

屋面工程施工前应通过图纸会审，施工单位应掌握施工图中的细部构造及有关技术要求；施工单位应编制屋面工程专项施工方案，并经监理单位或建设单位审查确认后执行。对屋面工程采用的新技术，应按有关规定经过科技成果鉴定、评估或新产品、新技术鉴定。施工单位应对新的或首次采用的新技术进行工艺评价，并制定相应技术质量标准。

屋面工程所采用的防水材料、保温隔热材料应有产品合格证书和性能检测报告，材料的品种、规格、性能等必须符合现行国家产品标准和设计要求。产品质量应由经过省级以上建设行政主管部门对其资质认可和质量技术监督部门对其计量认证的质量检测单位进行检测。屋面工程施工前，要编制施工方案，应建立“三检”制度，并有完整的检查记录。当进行下道工序或相邻工程施工时，应对屋面已完成的部分采取保护措施。伸出屋面的管道、设备或预埋件等，应在保温层和防水层施工前安设完毕。屋面保温层和防水层完工后，不得进行凿孔、打洞或重物冲击等有损屋面的作业。

屋面防水工程完工后，应进行观感质量检查和雨后观察或淋水、蓄水试验，不得有渗漏和积水现象。

屋面工程施工必须符合下列安全规定。

(1) 严禁在雨天、雪天和五级风及其以上时施工。

(2) 屋面周边和预留孔洞部位，必须按临边、洞口防护规定设置安全护栏和安全网。

(3) 屋面坡度大于30%时，应采取防滑措施。

(4) 施工人员应穿防滑鞋，特殊情况下无可靠安全措施时，操作人员必须系好安全带并扣好保险钩。

一、卷材防水屋面施工

卷材防水屋面是用胶结材料粘贴卷材进行防水的屋面。卷材防水屋面适用于防水等级为Ⅰ～Ⅱ级的屋面防水。这种屋面具有重量轻、防水性能好的优点，其防水层的柔韧性好，能适应一定程度的结构振动和胀缩变形。所用卷材有传统的沥青防水卷材、高聚物改性沥青防水卷材和合成高分子防水卷材等三大系列。

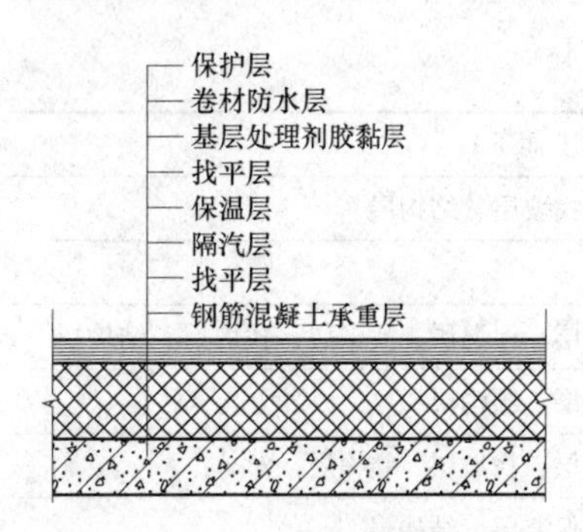

图7-22 卷材防水屋面构造层次改图（带保温卷材屋面）

（一）卷材防水屋面构造

卷材防水屋面的构造，如图7-22所示。

（二）卷材防水屋面施工

屋面卷材防水层的施工应在主体结构验收合格的基础上进行。没有验收或验收不合格不得进行屋面防水施工。

1. 施工准备

(1) 找平层施工。卷材防水的基层是找平层，找平层施工质量的好坏，将直接影响屋面工程的质量。故基层（找平层）应有足够的强度和刚度，承受荷载时不致产生显著变形。基层一般采用水泥砂浆、细石混凝土或沥青砂浆找平。找平层施工必须保证施工质量，原材料、配合比必须符合设计要求和有关规定的要求，找平层施工表面要平整，黏结牢固，没有松动、起壳、起砂等现象，做到平整、坚实、清洁、无凹凸形及尖锐颗粒。其平整度为：用2m长的直尺检查，基层与直尺间的最大空隙不应超过5mm，空隙仅允许平缓变化，每米长度内不得多于一处。铺设屋面隔汽层和防水层以前，基层必须清扫干净。

屋面及檐口、檐沟、天沟找平层的排水坡度，必须符合设计要求，平屋面采用结构找坡时应不小于3%，采用材料找坡宜为2%，天沟、檐沟纵向找坡不应小于1%，沟底落水差不大于200mm，在与突出屋面结构的连接处以及在房屋的转角处，均应做成圆弧或钝角，其圆弧半径应符合要求：沥青防水卷材为100～150mm，高聚物改性沥青防水卷材为50mm，合成高分子防水卷材为20mm。

为防止由于温差及混凝土构件收缩而使防水屋面开裂，找平层应留分格缝，缝宽一般为20mm。缝应留在预制板支承边的拼缝处，其纵横向最大间距，当找平层采用水泥砂浆或细石混凝土时，不宜大于6m。找平层施工时，每个分格内的水泥砂浆应一次连续施工完成，且应由远到近、由高到低，待砂浆稍收水后，在初凝前用抹子压实抹平；终凝前，轻轻取出嵌缝条，注意成品保护。如气温低于5℃以下，不宜施工，找平层完工后7d内要浇水养护。

采用水泥砂浆或细石混凝土找平层做基层时，其厚度和技术要求应符合表7-9的规定。

表7-9 找平层的厚度和技术要求

找平层分类	适用的基层	厚度（mm）	技术要求
水泥砂浆	整体现浇混凝土板	15～20	1∶2.5水泥砂浆
	整体材料保温层	20～25	
细石混凝土	装配式混凝土板	30～35	C20混凝土，宜加钢筋网片
	板状材料保温层		C20混凝土

装配式钢筋混凝土板的板缝嵌填施工应符合下列规定。

1）嵌填混凝土前板缝内应清理干净，并应保持湿润。

2）当板缝宽度大于40mm或上窄下宽时，板缝内应按设计要求配置钢筋。

3）嵌填细石混凝土的强度等级不应低于C20，填缝高度宜低于板面10～20mm，且应振捣密实和浇水养护。

4）板端缝应按设计要求增加防裂的构造措施。

（2）材料准备与选择。

1）基层处理剂选用。基层处理剂是为了增强防水材料与基层之间的黏结力，在防水层施工前，预先涂刷在基层上的涂料。其选择应与所用卷材的材性相容。常用的基层处理剂有用于沥青卷材防水屋面的冷底子油，用于高聚物改性沥青防水卷材屋面的氯丁胶沥青乳胶、橡胶改性沥青溶液、沥青溶液（冷底子油）和用于合成高分子防水卷材屋面的聚氨酯煤焦油系的二甲苯溶液、氯丁胶乳溶液、氯丁胶沥青乳胶等。

2）胶黏剂选用。卷材防水施工所选用的基层处理剂、接缝胶黏剂、密封材料等配套材料应与铺贴的卷材料性相容。卷材防水层的黏结材料，必须选用与卷材相应的胶黏剂。具体性能指标详见表7-10。

表7-10　　基层处理剂、胶黏剂、胶黏带主要性能指标

项目	指标			
	沥青基防水卷材用基层处理剂	改性沥青胶黏剂	高分子胶黏剂	双面胶黏带
剥离强度（N/10mm）	≥8	≥8	≥15	≥6
浸水168h剥离强度保持率（%）	≥8 N/10mm	≥8 N/10mm	70	70
固体含量（%）	水性≥40 溶剂性≥30	—	—	—
耐热性	80℃无流淌	80℃无流淌	—	—
低温柔性	0℃无裂纹	0℃无裂纹	—	—

高聚物改性沥青卷材可选用橡胶或再生橡胶改性沥青的汽油溶液或水乳液作胶黏剂，其黏结剪切强度应大于0.05MPa，黏结剥离强度应大于8N/10mm。

合成高分子防水卷材可选用以氯丁橡胶和丁基酚醛树脂为主要成分的胶黏剂或以氯丁橡胶乳液制成的胶黏剂，其黏结剥离强度不应小于15N/10mm，浸水168h的保持率不应小于70%。其用量为0.4～0.5kg/m^2。胶黏剂均由卷材生产厂家配套供应。

3）卷材准备与选用。卷材防水层应采用高聚物性沥青防水卷材、合成高分子防水卷材或沥青防水卷材。目前，主要的防水卷材分类参见表7-11。

卷材防水及胶黏剂进场都应进场检验、妥善保管。进场的防水卷材的外观质量和规格应符合规范、设计要求，具有质量合格证明，进场前应按规范要求进行抽样复检。无论是防水材料还是保温材料、胶黏剂及隔离等材料，都必须坚持“先复检，后施工”的原则，根据施工规范的要求，对需要检测的各项性能指标进行复试，不符合要求的不能进场使用，更不能“先施工，后试验”。

表 7－11　　主要防水卷材分类

类别		防水卷材名称
沥青基防水卷材		纸胎、玻璃胎、玻璃布、黄麻、铝箔沥青卷材
高聚物改性沥青防水卷材		SBS，APP，SBS－APP，丁苯橡胶改性沥青防水卷材；胶粉改性沥青卷材、再生胶卷材、PVC 改性煤焦油沥青卷材等
合成高分子防水卷材	硫化型橡胶或橡胶共混卷材	三元乙丙卷材、氯磺化聚乙烯卷材、丁基橡胶卷材、氯丁橡胶卷材、氯化聚乙烯—橡胶共混卷材等
	非硫化型橡胶或橡胶共混卷材	丁基橡胶卷材、氯丁橡胶卷材、氯化聚乙烯—橡胶共混卷材等
	合成树脂系防水卷材	氯化聚乙烯卷材、PVC 卷材等
特种卷材		热熔卷材、冷自粘卷材、带孔卷材、热反射卷材、沥青瓦等

① 卷材的储运和保管。防水卷材的储运、保管应符合下列规定：不同品种、规格的卷材应分别堆放；卷材应储存在阴凉通风处，应避免雨淋、日晒和受潮，严禁接近火源，卷材应避免与化学介质及有机溶剂等有害物质接触。材料堆放如图 7－23所示。

图 7－23　SBS 改性沥青防水卷材堆放示意图

② 进场检验。进场的防水卷材应检验下列项目：高聚物改性沥青防水卷材的可溶物含量，拉力，最大拉力时延伸率，耐热度，低温柔性，不透水性；合成高分子防水卷材的断裂拉伸强度、扯断伸长率、低温弯折性、不透水性。

材料进场后要对卷材按规定取样复验。按以下要求进行外观质量取样抽检：同一品种、牌号和规格的卷材抽样数量是，大于 1000 卷抽取 5 卷，每 500～1000 卷抽取 4 卷，每 100～499 卷抽取 3 卷，100 卷以下抽 2 卷。

在外观质量检验合格的卷材中，任取一卷做物理性能检验，若物理性能有一项指标不符合标准规定，应在受检产品中加倍取样进行该项复检，复检时有一项不合格，则判定该产品为不合格。不合格的防水材料严禁在建筑工程中使用。

高聚物改性沥青防水卷材的外观质量和主要性能应符合表 7－12 和表 7－13 的要求。

合成高分子防水卷材的外观质量和主要性能应符合表 7－14 和表 7－15 的要求。

（3）施工机具及人员准备。屋面防水工程应由相应资质的专业队伍进行施工。作业人员应持有当地建设行政主管部门颁发的上岗证。

表 7－12　　高聚物改性沥青防水卷材外观质量

项　目	质量要求
孔洞、缺边、裂口	不允许
边缘不整齐	不超过 10mm
胎体露白、未浸透	不允许
撒布材料粒度、颜色	均匀
每卷卷材的接头	不超过 1 处，较短的一段不应小于 1000mm，接头处应加长 150mm。

表 7-13 **高聚物改性沥青防水卷材主要性能指标**

项目		指标				
		聚酯毡胎体	玻纤毡胎体	聚乙烯胎体	自粘聚酯胎体	自粘无胎体
可溶物含量（g/m²）		3mm 厚≥2100 4mm 厚≥2900		—	2mm 厚≥1300 3mm 厚≥2100	—
拉力（N/50mm）		≥500	纵向≥350	≥200	2mm 厚≥350 3mm 厚≥450	≥150
延伸率（%）		最大拉力时 SBS≥30 APP≥25	—	断裂时 ≥120	最大拉力时≥30	最大拉力时≥200
耐热度（℃，2h）		SBS 卷材 90，APP 卷材 110， 无滑动、流淌、滴落		PEE 卷材 90， 无流淌、起泡	70，无滑动、 流淌、滴落	70，滑动 不超过 2mm
低温柔度（℃）		SBS 卷材−20，APP 卷材−7，PEE 卷材−20			−20	
不透水性	压力（MPa）	≥0.3	≥0.2	≥0.4	≥0.3	≥0.2
	保持时间（min）	≥30				≥120

注 SBS 卷材为弹性体改性沥青防水卷材；APP 卷材为塑性体改性沥青防水卷材；PEE 卷材为改性沥青聚乙烯胎防水卷材。

表 7-14 **合成高分子防水卷材外观质量**

项 目	质量要求
折痕	每卷不超过 2 处，总长度不超过 20mm
杂质	大于 0.5mm 颗粒不允许，每 1m² 不超过 9mm²
胶块	每卷不超过 6 处，每处面积不大于 4mm²
凹痕	每卷不超过 6 处，深度不超过本身厚度的 30%；树脂类深度不超过 15%
每卷卷材的接头	橡胶类每 20m 不超过 1 处，较短的一段不应小于 3000mm，接头处应加长 150mm，树脂类 20m 长度内不允许有接头

表 7-15 **合成高分子防水卷材主要性能指标**

项目		指标			
		硫化橡胶类	非硫化橡胶类	树脂类	树脂类（复合片）
断裂拉伸强度（MPa）		≥6	≥3	≥10	≥60 N/10mm
扯断伸长率（%）		≥400	≥200	≥200	≥400
低温弯折（℃）		−30	−20	−25	−20
不透水性	压力（MPa）	≥0.3	≥0.2	≥0.3	≥0.3
	保持时间（min）	≥30			
加热收缩率（%）		<1.2	<2.0	<2.0	<2.0
热老化保持率（80℃×168h，%）	断裂拉伸强度	≥80		≥85	≥80
	扯断伸长率	≥70		≥80	≥70

施工作业机具主要包括：高压吹风机、扫帚、水平铲、电动搅拌器、滚动刷、铁桶、汽油喷灯、压子、手持压滚、剪刀、皮卷尺、小线绳、安全带和工具箱等。

2. 保温层施工

在房屋建筑中与外界接触的主要有墙面、屋面和地面，在屋面工程中增设保温层主要起到保温隔热的作用，达到节能环保的效果。在保温层施工与管理中要关注以下问题。

(1) 保温材料的储运、保管的要求。

1) 保温材料应采取防雨、防潮、防火的措施，并应分类存放。

2) 板状保温材料搬运时应轻拿轻放。

3) 纤维保温材料应在干燥、通风的房屋内储存，搬运时应轻拿轻放。

(2) 进场的保温材料应检验的项目。

1) 板状保温材料：表观密度或干密度、压缩强度或抗压强度、导热系数、燃烧性能；且必须符合设计要求。

2) 纤维保温材料应检验表观密度、导热系数、燃烧性能，且必须符合设计要求。

(3) 保温层施工环境温度的具体要求。

1) 干铺的保温材料可在负温度下施工。

2) 用水泥砂浆粘贴的板状保温材料不宜低于5℃。

3) 喷涂硬泡聚氨酯宜为15～35℃，空气相对湿度宜小于85%，风速不宜大于三级。

4) 现浇泡沫混凝土宜为5～35℃。

(4) 做好隔汽层，隔汽层设在结构层上方、保温层下方，选用气密性、水密性好的材料，隔汽施工应符合下列规定。

1) 隔汽层施工前，基层应进行清理，宜进行找平处理。

2) 屋面周边隔汽层应沿墙面向上连续铺设，高出保温层上表面不得小于150mm。

3) 采用卷材做隔汽层时，卷材宜空铺，卷材搭接缝应满粘，其搭接宽度不应小于80mm；采用涂料做隔汽层时，涂料涂刷应均匀，涂层不得有堆积、起泡和露底现象。

4) 穿过隔汽层的管道周围应进行密封处理。

(5) 做好屋面排汽构造，屋面排汽构造施工的具体要求。

1) 排汽道及排汽孔的设置应符合设计及规范要求：找平层设置的分格缝可兼作排汽道，宽度宜为40mm；应纵横贯通，并应与大气连通的排汽孔相通，排汽孔可设在檐口下或纵横排汽道的交叉处；排汽道纵横间距宜为6m，屋面面积每36平方米设置一个排汽孔，排汽孔应做防水处理，在保温层下也可铺设带支点的塑料板。

2) 排汽道应与保温层连通，排汽道内到填入透气性好的材料。

3) 施工时，排汽道及排汽孔均不得被堵塞。

4) 屋面纵横排汽道的交叉处可埋设金属或塑料排汽管，排汽管宜设置在结构层上，穿过保温层及排汽道的管壁四周应打孔。

(6) 板状材料保温层施工的具体要求。

1) 基层应平整、干燥、干净。

2) 相邻板块应错缝拼接，分层铺设的板块上下层接缝应相互错开，板间缝隙应采用同类材料嵌填密实。

3) 采用干铺法施工时，板状保温材料应紧靠在基层表面上，并应铺平垫稳。

4) 采用黏结法施工时，胶黏剂应与保温材料相容，板状保温材料应贴严、粘牢，在胶黏剂固化前不得上人踩踏。

5) 采用机械固定法施工时，固定件应固定在结构层上，固定件的间距应符合设计要求。

(7) 纤维材料保温层施工的具体要求。

1）基层应平整、干燥、干净。

2）纤维保温材料在施工时，应避免重压，并应采取防潮措施。

3）纤维保温材料铺设时，平面拼接缝应贴紧，上下层拼接缝应相互错开。

4）屋面坡度较大时，纤维保温材料宜采用机械固定法施工。

5）在铺设纤维保温材料时，应做好劳动保护工作。

（8）喷涂硬泡聚氨酯保温层施工的具体要求。

1）基层应平整、干燥、干净。

2）施工前应对喷涂设备进行调试，并对喷涂试块进行材料性能检测。

3）喷涂时喷嘴与施工基面的间距应由试验确定。

4）喷涂硬泡聚氨酯的配比应准确计量，发泡厚度应均匀一致。

5）一个作业面应分遍喷涂完成，每遍喷涂厚度不宜大于15mm，硬泡聚氨酯喷涂后20min内严禁上人。

6）喷涂作业时，应采取防止污染的遮挡措施。

（9）现浇泡沫混凝土保温层施工的具体要求。

1）基层应清理干净，不得有油污、浮尘和积水。

2）泡沫混凝土应按设计要求的干密度和抗压强度进行配合比设计，拌制时应计量准确，并搅拌均匀。

3）泡沫混凝土应按设计的厚度设定浇筑面标高线，找坡时宜采取挡板辅助措施。

4）泡沫混凝土的浇筑出料口离基层的高度不宜超过1m，泵送时应采取低压泵送。

5）泡沫混凝土应分层浇筑，一次浇筑厚度不宜超过200mm，终凝后应进行保湿养护，养护时间不得少于7d。

3．卷材防水层施工

卷材防水层施工一般工艺流程为：基层表面清理→涂刷基层处理剂→铺贴节点附加防水层→热熔法（冷粘法）铺贴大面卷材→收头、节点密封→蓄水试验→保护层施工→质量验收。

（1）基层表面清理。铺设屋面隔汽层和防水层前，为使卷材防水层与基层黏结良好，避免卷材防水层发生鼓泡现象，基层必须干净、干燥。对基层上的杂物、砂浆疙瘩、砂粒、灰尘等都必须认真清扫，尘土要认真吹净。做到基层干燥、平整。待验收合格后才能进行防水施工。基层的干燥程度的简易检验方法，是净$1m^2$卷材平坦地干铺在找平层上，静置3～4h后掀开检查，找平层覆盖部位与卷材上未见水印即可铺设。含水率一般控制在9%左右。

（2）涂刷基层处理剂。基层处理剂应与卷材相容，配比准确，并应搅拌均匀，将基层处理剂均匀涂刷在基层表面。具体要求：薄厚均匀、不露底，形成一层厚度均匀的整体防水层。涂刷到水落口处时，先刷女儿墙阴角处，再刷水落口四周，水落口内外都要涂刷均匀，不得有遗漏。对不排气屋面的分格缝，用毛刷或吹风机吹净灰尘后镶填油膏。一般涂刷4h以上或根据气候条件，待基层处理剂深入基层，表面干燥后才能进行下一道工序施工。

（3）防水卷材铺贴方法。卷材与基层的粘贴方法主要有：热熔法、冷粘法、热粘法、自粘法、热风焊接法及机械固定法6种。

1）热熔法卷材粘贴施工。是指利用火焰加热器熔化热熔型防水卷材底层的热熔胶进行粘贴的方法。施工时，在卷材表面热熔后（以卷材表面熔融至光亮黑色为度）应立即滚铺卷材，使之平展，并辊压黏结牢固。搭接缝处必须以溢出的改性沥青胶结料宽度8mm为宜，并应随即刮封接口。加热卷材时应均匀，不得过分加热或烧穿卷材。对厚度小于3mm的高聚物改性沥青防水卷材严禁采用热熔法施工。

2）冷粘法卷材粘贴施工。是利用毛刷将胶黏剂涂刷在基层和卷材上，然后直接铺贴卷材，使卷材与基层、卷材与卷材黏结的方法。施工时，胶黏剂涂刷应均匀、不露底、不堆积。冷粘法可分为满粘法、条粘法、点粘法和空铺法等形式。通常都采用满粘法。空铺法、条粘法、点粘法应按规定的位置与面积涂刷胶黏剂。铺贴卷材时应平整顺直，搭接尺寸准确，接缝应满涂胶黏剂，辊压黏结牢固，不得扭曲，破折溢出的胶黏剂随即刮平封口；搭接缝口应用材性相容的密封材料封严。

合成高分子卷材铺好压粘后，应将搭接部位的黏合面清理干净，并采用与卷材配套的接缝专用胶黏剂，在搭接缝黏合面上应涂刷均匀，不得露底、堆积，应排除缝间的空气，并用辊压粘贴牢固。合成高分子卷材搭接部位采用胶黏带黏结时，黏合面应清理干净，必要时可涂刷与卷材及胶黏带材性相容的基层胶黏剂，撕去胶黏带隔离纸后应及时粘合接缝部位的卷材，并辊压粘贴牢固；低温施工时，宜采用热风机加热。

① 空铺法：铺贴卷材防水层时，卷材与基层仅在四周一定宽度内黏结，其余部分采取不黏结的施工方法。

② 条粘法：铺贴卷材时，卷材与基层采用条状黏结的方法。卷材与基层黏结面不少于两条，每条宽度不小于150mm。

③ 点粘法：铺贴卷材时，卷材或打孔卷材与基层采用点状黏结的施工方法。每平方米黏结不少于5点，每点面积为100mm×100mm。

无论是采用空铺法、条粘法还是点粘法，施工时必须注意：距离屋面周边800mm内的防水层应满粘，保证防水层四周与基层黏结牢固；卷材与卷材之间应满粘，保证搭接严密。

3）自粘法施工。是指采用带有自粘胶的防水卷材，不需热施工，也不需涂胶结材料，而进行黏结的方法。铺贴前，基层表面应均匀涂刷基层处理剂，待干燥后及时铺贴卷材。铺贴时，应先将自粘胶底面隔离纸完全撕净，排出卷材下面的空气，并辊压黏结牢固，不得空鼓。铺贴的卷材应平整顺直，搭接尺寸应准确，不得扭曲、皱折；低温施工时，立面、大坡面及搭接部位宜采用热风机加热，加热后应随即粘贴牢固；搭接缝口应采用材性相容的密封材料封严。

4）焊接法施工。是利用热空气焊枪进行防水卷材搭接粘贴的施工方法。焊接前卷材铺放应平整顺直，搭接尺寸正确；施工时焊接缝的结合面应清扫干净，应无水滴、油污及附着物。先焊长边搭接缝，后焊短边搭接缝，焊接处不得有漏焊、缺焊、焊焦或焊接不牢的现象，也不得损害非焊接部位的卷材。

5）热粘法施工。熔化热熔型改性沥青胶结料时，宜采用专用导热油炉加热，加热温度不应高于200℃，使用温度不宜低于180℃；粘贴卷材的热熔沥青胶结料厚度宜为1.0～1.5mm。采用热熔型改性沥青胶结料粘贴卷材时，应随刮随铺，并展平压实。

6）机械固定法施工。固定件应与结构层连接牢固；固定件间距应根据抗风揭试验和当地的使用环境与条件确定，并不宜大于600mm；卷材防水层周边800mm范围内应满粘，卷材收头应用金属压条钉压固定和密封处理。

根据所选用的防水卷材不同，卷材的粘贴方法也不同。沥青防水卷材常用浇油法、刷油法、刮油法、撒油法等4种；高聚物改性沥青防水卷材常用的施工方法有冷粘法、热熔法和自粘法三种；合成高分子卷材防水常用的施工方法一般有冷粘法、自粘法、热风焊接法三种；国内适用机械固定法铺贴的卷材，主要有PVC、TPO、EPDM防水卷材和5mm厚加强高聚物改性沥青防水卷材，要求防水卷材强度高、搭接缝可靠和使用寿命长等特性。机械固定法铺贴卷材，当固定件固定在屋面板上拉拔力不能满足风揭力的要求时，只能将固定件固定在檩条上。固定件采用螺钉加垫片时，应加盖200mm×200mm卷材封盖。固定件采用螺钉加“U”形压条时，应加盖不小于150mm宽卷材封盖。

(4) 防水附加层及细部节点处理。在屋面防水工程施工中，屋面细部节点是否满足规范及设计要求，直接决定了屋面防水工程质量能否达到标准要求。所以，做好屋面细部构造处理显得尤为重要，如屋面与突出屋面的建筑物（构筑物）连接处、变形缝、檐沟、排气管道、落水口处等的节点构造处理，这些细部决定了屋面防水工程质量的成败。

基层处理后，所有的节点、细部构造，如女儿墙阴阳角、突出屋面构筑物、天沟、檐沟、檐口、水落口、泛水、变形缝和伸出屋面管道等处必须先增做1～2层防水附加层，防水附加层的尺寸、材料及粘贴方法均需符合规范和设计要求。女儿墙防水构造具体做法如图7-24及7-25所示，压顶可采用混凝土或金属制品，压顶向内排水坡度不应小于5%，压顶内侧下端应作滴水处理。

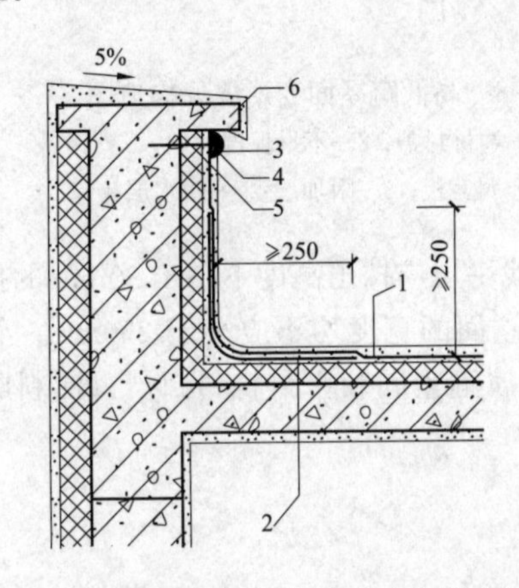

图7-24 屋面低女儿墙处防水构造图

1—防水层；2—附加层；3—密封材料；4—金属压条；5—水泥钉；6—压顶

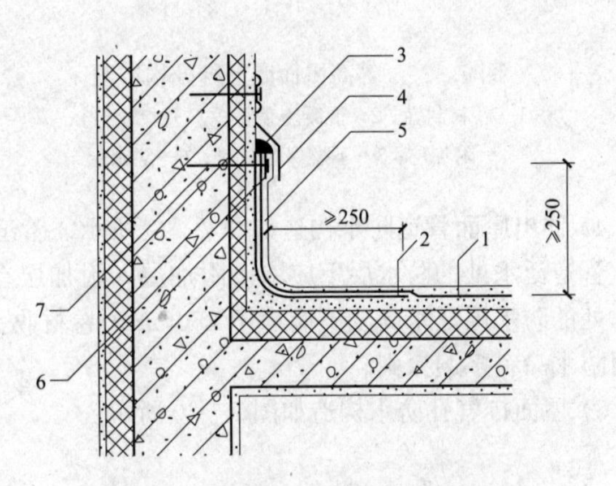

图7-25 屋面高女儿墙处防水构造图

1—防水层；2—附加层；3—密封材料；4—金属盖板；5—保护层；6—金属压条；7—水泥钉

1) 卷材或涂料防水屋面天沟、檐沟防水构造应符合下以下规定。

① 天沟、檐沟应增铺附加层。当采用沥青卷材时，应增铺一层卷材；当采用高聚物改性沥青防水卷材或合成高分子防水卷材时，宜增设防水涂料附加层。

② 卷材或涂料防水屋面檐沟与屋面交接处的防水构造如图7-26所示。檐沟防水层和附加层应由沟底翻上至外侧顶部，卷材收头应用金属压条钉压，并应用密封材料封严，涂料收头应用防水涂料多遍涂刷。檐沟外侧下端应做老鹰嘴或滴水槽；檐沟外侧高于屋面结构时，应设置溢水口。

③ 天沟、檐沟卷材收头应固定密封。

2) 高低跨变形缝在立面墙泛水处，应采用有足够变形适应能力的材料和构造作密封处理，如图7-27所示。

3) 屋面变形缝防水构造处理。变形缝泛水处的防水层下应增设附加层，附加层在平面和立面的宽度不应小于250mm；防水层应铺贴或涂刷至泛水墙的顶部；变形缝内应预填不燃保温材料，上部应采用防水卷材封盖，并放置衬垫材料，再在其上干铺一层卷材；等高变形缝顶部宜加扣混凝土或金属盖板，如图7-27所示。高低跨变形缝构造如图7-28所示。

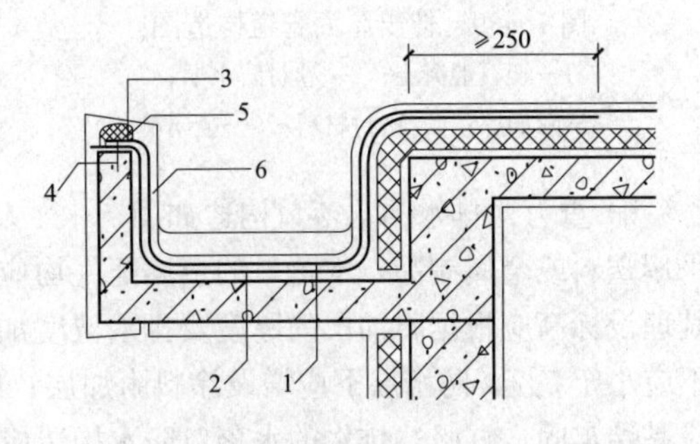

图7-26 卷材、涂膜防水屋面檐沟构造图

1—防水层；2—附加层；3—密封材料；4—水泥钉；5—金属压条；6—保护层

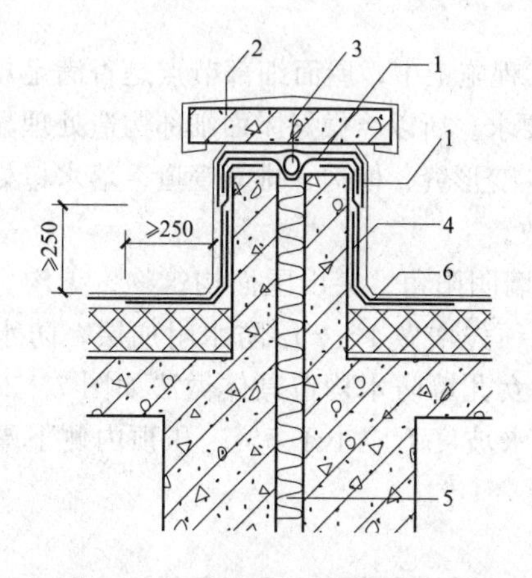

图 7-27　等高屋面变形缝处构造图

1—卷材封盖；2—混凝土盖板；3—衬垫材料；
4—附加层；5—不燃保温材料；6—防水层

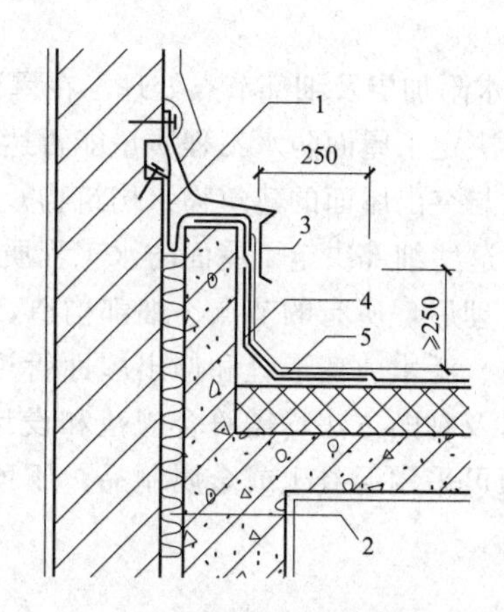

图 7-28　高低跨屋面变形缝处构造图

1—卷材封盖；2—不燃保温材料；
3—金属盖板；4—附加层；5—防水层

4）伸出屋面管道防水构造如图 7-29 所示。管道周围的找平层应抹出高度不小于 30mm 的排水坡；管道泛水处的防水层下应增设附加层，附加层在平面和立面的宽度均不应小于 250mm；管道泛水处的防水层泛水高度不应小于 250mm；卷材收头应用金属箍紧固和密封材料封严，涂料收头应用防水涂料多遍涂刷。

5）屋面排气孔防水构造如图 7-30 所示。

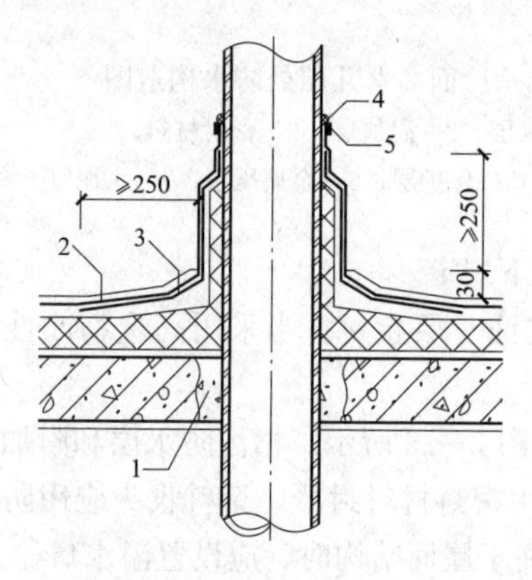

图 7-29　伸出屋面管道构造图

1—细石混凝土；2—卷材防水层；
3—附加层；4—密封材料；5—金属箍

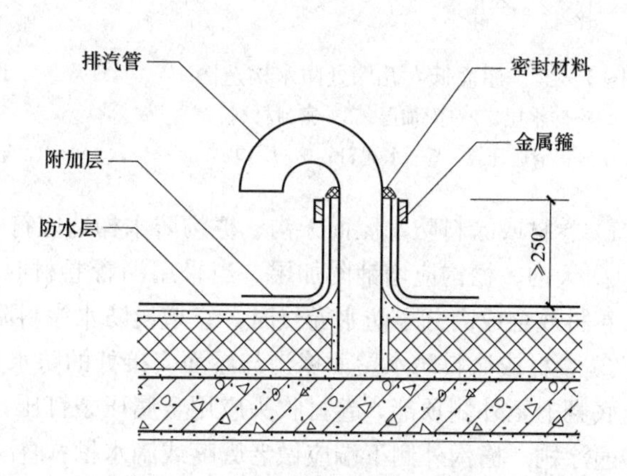

图 7-30 屋面排气孔防水构造图

6）重力式排水的水落口构造如图 7-31 及图 7-32 所示。防水构造应符合规定要求：水落口可采用塑料或金属制品，水落口的金属配件均应做防锈处理；水落口杯应牢固地固定在承重结构上，其埋设标高应根据附加层的厚度及排水坡度加大的尺寸确定；水落口周围直径 500mm 范围内坡度不应小于 5%，防水层下应增设涂料附加层；防水层和附加层伸入水落口杯内不应小于 50mm，并应黏结牢固。虹吸式排水的水落口防水构造应进行专项设计。

7）屋面出入口处的防水构造如图 7-33、图 7-34 所示。防水构造应满足规范及设计要求：屋面垂直出入口泛水处应增设附加层，附加层在平面和立面的宽度均不应小于 250mm；防水层收头应在混凝土压顶圈下。屋面水平出入口泛水处应增设附加层和护墙，附加层在平面上的宽度不应小于250mm；防水层收头应压在混凝土踏步下。

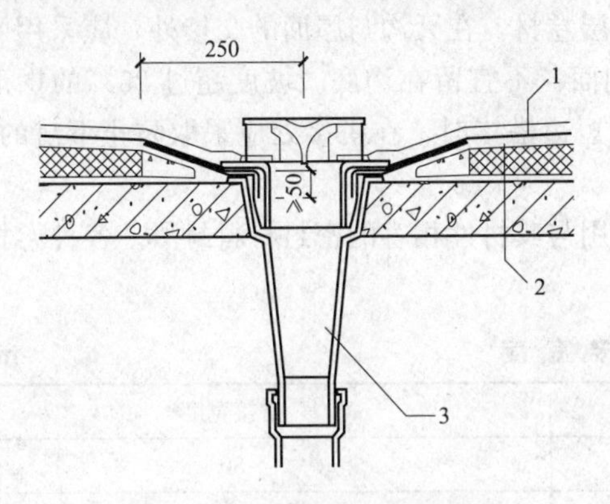

图7-31 直式水落口构造图

1—防水层；2—附加层；3—水落斗

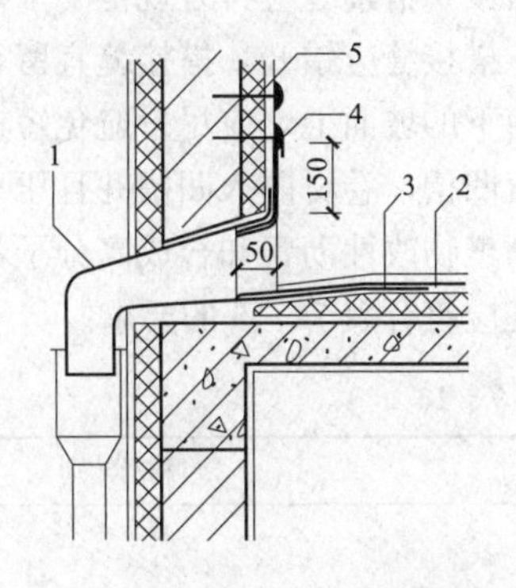

图7-32 横式水落口构造图

1—水落斗；2—防水层；3—附加层；

4—密封材料；5—水泥钉

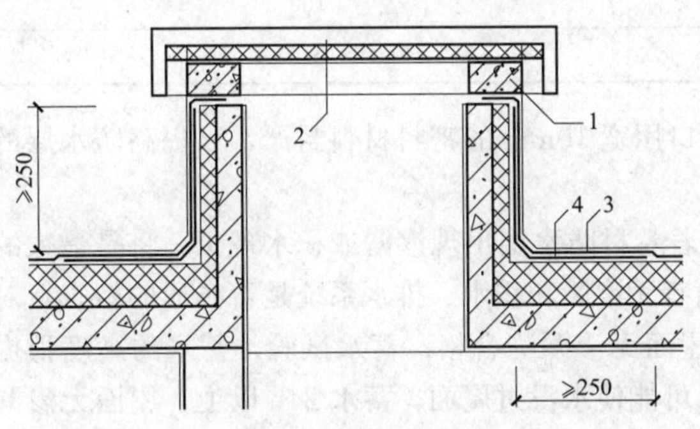

图7-33 垂直出入口构造图

1—混凝土压顶圈；

2—上人孔盖；3—防水层；4—附加层

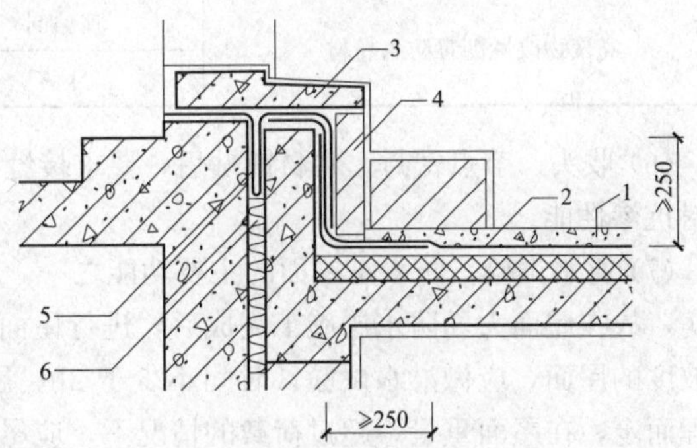

图7-34 水平出入口构造图

1—防水层；2—附加层；3踏步；

4—护墙；5—防水卷材封盖；6—不燃保温材料

(5) 铺贴大面卷材。完成防水附加层施工后，便可进行屋面大面卷材防水层的铺贴施工。严禁在雨天、雪天和五级风及其以上时施工；热熔法和焊接法施工环境温度不宜低于−10℃，冷粘法和热粘法不宜低于5℃，自粘法不宜低于10℃。为使卷材铺贴平整，在铺贴卷材大面时，先要弹基准线，线与线距离根据卷材宽度而定，要留出100mm的搭接线。

铺贴卷材防水层需解决铺贴方向、铺贴顺序、搭接方法及宽度要求等问题。

1) 铺贴方向。卷材的铺贴方向应结合卷材搭接缝顺水接茬和卷材铺贴可操作性两方面因素综合考虑。卷材铺贴应在保证顺直的前提下宜平行屋脊铺贴。当卷材防水层采用叠层工法时，上下层卷材不得相互垂直铺贴，以免接缝叠加。当卷材屋面坡度大于25%时，卷材应采用满粘和钉压固定措施，且固定点应封闭严密。

2) 卷材铺贴的顺序。屋面防水层施工时，应先做好节点、附加防水层和屋面排水比较集中部位（如屋面与水落口连接处、檐口、天沟、屋面转角处、板端缝等）的处理，然后由屋面最低标高处向上施工。铺贴天沟、檐沟卷材时，宜顺天沟、檐口方向，搭接缝应顺流水方向，尽量减少搭接。铺贴多跨和有高低跨的屋面时，应按先高后低、先远后近的顺序进行。大面积屋面施工时，应根据屋面特征及面积大小等因素合理划分流水施工段。施工段的界线宜设在屋脊、天沟、变形缝等处。

3) 搭接方法及宽度要求。铺贴卷材应采用搭接法，同一层相邻两幅卷材短边搭接缝错开不应小于500mm，上下层卷材长边搭接缝应错开，且不应小于幅宽的1/3；平行屋脊的搭接缝应顺流水方向搭接，搭接缝应符合规范要求；叠层铺贴的各层卷材，在天沟与屋面的交接处，应采用叉接法搭接，搭接缝应错开，搭接缝宜留在屋面或天沟侧面，不宜留在沟底。坡度超过25%的拱形屋面和天窗下的坡面上，应尽量避免短边搭接，如必须短边搭接时，在搭接处应采取防止下滑的措施。如预留凹槽，卷材嵌入凹槽并且压条固定密封。

高聚物改性沥青和合成高分子卷材的搭接缝宜用与其材性相容的密封材料封严。各种卷材的搭接宽度应符合表7-16的要求。

表7-16　卷材搭接宽度　mm

卷材类别		搭接宽度
合成高分子防水卷材	胶黏剂	80
	胶黏带	50
	单缝焊	60，有效焊接宽度不小于25
	双缝焊	80，有效焊接宽度10×2+空腔宽
高聚物改性沥青防水卷材	胶黏剂	100
	自粘	80

(6) 收头、节点密封。卷材铺贴后，要求接缝口用宽10mm的密封材料封严，以提高防水层的密封抗渗性能。

(7) 蓄水试验。防水是屋面的主要功能之一，若卷材防水层出现渗漏或积水现象，将是最大的弊病。故在屋面大面防水层施工完成后，进行屋面有无渗漏和积水、排水系统是否畅通的检查：对有坡度的屋面，应做淋水试验，时间不少于2h，屋面无渗漏为合格；蓄水试验，蓄水的高度根据工程而定，在屋面重量不超过荷载的情况下，应尽可能使水没过屋面，蓄水24h以上，屋面无渗漏为合格。屋面卷材防水层施工完毕，经蓄水试验合格后应立即保护层施工。

(8) 保护层施工。防水层上的保护层施工，应待卷材铺贴完毕或涂料固化成膜，并经检验合格后进行。及时保护防水层免受损伤，从而延长卷材防水层的使用年限。常用的保护层做法有以下几种。

1) 块体材料保护层。用块体材料做保护层时，宜设置分格缝，分格缝纵横间距不应大于10m，分格缝宽度宜为20mm。

在砂结合层上铺设块体时，砂结合层应平整，块体间应预留10mm的缝隙，缝内应填砂，并应用1∶2水泥砂浆勾缝；在水泥砂浆结合层上铺设块体时，应先在防水层上做隔离层，块体间应预留10mm的缝隙，缝内应用1∶2水泥砂浆勾缝；块体表面应洁净、色泽一致，应无裂纹、掉角和缺楞等缺陷。

2) 水泥砂浆及细石混凝土保护层。水泥砂浆及细石混凝土保护层铺设前，应在防水层上做隔离层。水泥砂浆及细石混凝土表面应抹平压光，不得有裂纹、脱皮、麻面、起砂等缺陷。

用水泥砂浆做保护层时，表面应抹平压光，并设表面分格缝，分格面积宜为1m²。用细石混凝土做保护层时，混凝土应振捣密实，表面应抹平压光，分格缝纵横间距不应大于6m，分格缝的宽度宜为10～20mm。一个分格内的混凝土应连续浇筑，不留施工缝，当施工间隙超过时间规定时，应对接槎进行处理。振捣宜采用铁辊滚压或人工拍实，以防破坏防水层。拍实后随即用刮尺按排水坡度刮平，初凝前用木抹子提浆抹平，初凝后及时取出分格缝木模，终凝前用铁抹子压光。细石混凝土保护层浇筑后应及时进行养护，养护时间不应少于7d。养护期满即将分格缝清理干净，待干燥后嵌填密封材料。

3) 浅色涂料保护层。浅色涂料保护层一般在现场配制，常用的有铝基沥青悬浮液、丙烯酸浅色涂料或在涂料中掺入铝粉的反射涂料。浅色涂料应与卷材、涂料相容，材料用量应根据产品说明书的规定使用。浅色涂料应多遍涂刷，当防水层为涂料时，应在涂料固化后进行。涂层应与防水层黏结牢固，厚薄应均匀，不得漏涂，涂层表面应平整，不得流淌和堆积。

块体材料、水泥砂浆或细石混凝土保护层与女儿墙和山墙之间，应预留宽度为 30mm 的缝隙，缝内宜填塞聚苯乙烯泡沫塑料，并应用密封材料嵌填密实。

二、涂膜防水屋面施工

涂膜防水屋面是在屋面基层（找平层）上涂刷防水涂料，经固化后形成一层有一定厚度和弹性的整体涂料，从而达到防水目的的一种防水屋面形式，如图 7 - 35 所示。分为无保温层的涂膜屋面和有保温层的涂膜屋面两种。

（一）基本要求

按规范规定，涂膜防水屋面主要适用于防水等级为Ⅰ级、Ⅱ级的屋面防水。

涂膜防水层施工工艺流程如下：

表面基层清理、修理→喷涂基层处理剂→节点部位附加增强处理→涂布防水涂料及铺贴胎体增强材料→清理及检查修理→保护层施工。

涂膜防水层施工基本与卷材防水层施工相同，只是对材料要求、施工方法不同。如基层处理、节点附加层及细部构造、保护层施工可详见卷材防水施工部分的内容。

当涂膜防水屋面基层为预制屋面板时，其端缝应进行柔性密封处理。非保温屋面板缝应预留凹槽，嵌填密封材料，并增设带有胎体增强材料的附加层。

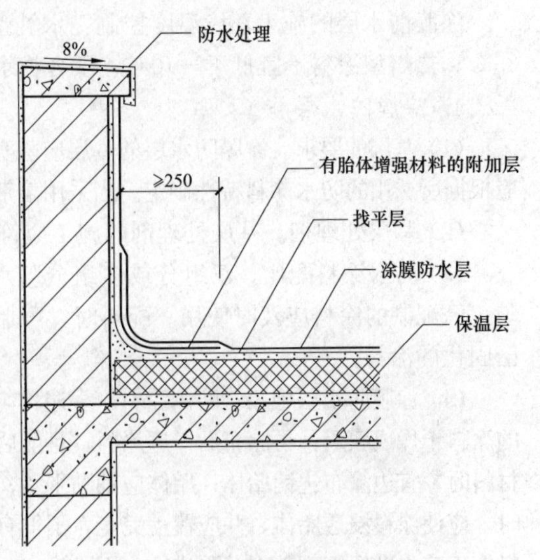

图 7 - 35 涂膜防水屋面构造节点图

涂膜防水屋面细部构造的防水措施见表 7 - 17。

表 7 - 17 涂膜防水屋面细部构造的防水措施

细部构造	防水措施
屋面易开裂、渗水部位	应留凹槽嵌填密封材料，并应增设一层或一层以上带有胎体增强材料的附加层。
防水层的找平层	应设缝宽为 20mm 的分格缝，在缝内嵌填密封材料，并应沿分格缝增设带胎体增强材料的空铺附加层，其宽度宜为 200～300mm。
天沟、檐沟	天沟、檐沟与屋面交接处的附加层符合要求；檐口处涂料防水层的收头，应用防水涂料多遍涂刷或用密封材料封严。
泛水	泛水处的涂料防水层应涂刷至女儿墙的压顶下；收头处理应用防水涂料多遍涂刷封严。压顶应做防水处理。铺设带有胎体增强材料的附加层，在屋面上的长度和立墙上的高度均应大于 250mm。
变形缝	缝内应填充泡沫塑料或沥青麻丝，其上填放衬垫材料，并用卷材封盖；顶部加扣混凝土或金属盖板。
落水口	落水口处的防水构造与卷材防水屋面的做法相同。

（二）施工控制要点

1. 防水涂料进场检验

进场的防水涂料和胎体增强材料应进行物理性能检验：高聚物改性沥青防水涂料的固体含量、耐热性、低温柔性、不透水性、断裂伸长率或抗裂性；合成高分子防水涂料和聚合物水泥防水涂料的固体含量、低温柔性、不透水性、拉伸强度、断裂伸长率；胎体增强材料的拉力、延伸率。具体性能指标必须满足屋面工程技术规程的要求。

材料进场后要对卷材按规定取样复验。高聚物改性沥青防水涂料、合成高分子防水涂料和聚合物水泥防水涂料每10t为一批，不足10t按一批抽样；胎体增强材料每$3000m^2$为一批，不足$3000m^2$时按一批抽样。

2. 防水涂料和胎体增强材料的储运、保管

防水涂料包装容器应密封，容器表面应标明涂料名称、生产厂家、执行标准号、生产日期和产品有效期，并应分类存放。反应型和水乳型涂料储运和保管环境温度不宜低于5℃；溶剂型涂料储运和保管环境温度不宜低于0℃，并不得日晒、碰撞和渗漏，保管环境应干燥、通风，并应远离火源、热源。胎体增强材料储运、保管环境应干燥、通风，并应远离火源、热源。

3. 涂膜防水层的施工环境温度

涂膜防水层的施工环境温度控制：水乳型及反应型涂料宜为5～35℃；溶剂型涂料宜为～5～35℃；热熔型涂料不宜低于－10℃；聚合物水泥涂料宜为5～35℃。

4. 涂膜防水层施工

(1) 基层的要求。涂膜防水层的基层应坚实、平整、干净，无孔隙、起砂和裂缝。基层的干燥程度应根据所选用的防水涂料特性确定。当采用溶剂型、热熔型和反应固化型防水涂料时，基层应干燥。

(2) 基层处理剂。基层处理剂的施工应符合规范及设计文件的要求。

(3) 防水涂料配比。双组分或多组分防水涂料应按配合比准确计量，应采用电动机具搅拌均匀，已配制的涂料应及时使用。配料时，可加入适量的缓凝剂或促凝剂调节固化时间，但不得混合已固化的涂料。

(4) 涂膜防水层施工。防水涂料应多遍均匀涂布，涂膜总厚度应符合设计要求，并应待前一遍涂布的涂料干燥成膜后，再涂布后一遍涂料，且前后两遍涂料的涂布方向应相互垂直。涂膜间夹铺胎体增强材料时，宜边涂布边铺胎体；胎体应铺贴平整，应排出气泡，并应与涂料黏结牢固。在胎体上涂布涂料时，应使涂料浸透胎体，并应覆盖完全，不得有胎体外露现象。最上面的涂膜厚度不应小于1.0mm；涂料施工应先做好细部处理，再进行大面积涂布；屋面转角及立面的涂料应薄涂多遍，不得流淌和堆积。

(5) 铺设胎体增强材料要点。胎体增强材料宜采用聚酯无纺布或化纤无纺布，胎体增强材料长边搭接宽度不应小于50mm，短边搭接宽度不应小于70mm；上下层胎体增强材料的长边搭接缝应错开，且不得小于幅宽的1/3；上下层胎体增强材料不得相互垂直铺设。

(6) 涂料防水层施工方法。水乳型及溶剂型防水涂料宜选用滚涂或喷涂施工，反应固化型防水涂料宜选用刮涂或喷涂施工，热熔型防水涂料宜选用刮涂施工，聚合物水泥防水涂料宜选用刮涂法施工。所有防水涂料用于细部构造时，宜选用刷涂或喷涂施工。

(7) 细部构造处理。涂料防水屋面的细部构造处理同卷材防水屋面的细部构造处理。

三、瓦屋面施工

我国在20世纪80年代前的建筑多采用平屋顶，随着建筑设计的多样化，从建筑物的整体造型、屋面形式、整体环境美化等方面提出了更高的要求。很多设计人员已把屋面作为第五个面进行建筑设计，一些地方开始把原有的平屋顶改为坡屋顶；一些新建的小区也陆续设计了大量的屋顶，这些形形色色的坡屋顶不仅给人以美的感受，而且也减少了屋面的渗漏，降低了夏季室温，所以现在瓦屋面的应用也越来越多了。瓦屋面的构造由结构层、保温层、防水层或防水垫层、持钉层、顺水条、挂瓦条和烧结瓦或混凝土瓦等组成。

（一）基本要求

(1) 屋面防水等级为Ⅰ级、Ⅱ级两个等级。防水等级为Ⅰ级的瓦屋面，防水做法采用瓦＋防水层；防水等级为Ⅱ级的瓦屋面，防水做法采用瓦＋防水垫层。

(2) 瓦屋面采用的木质基层、顺水条、挂瓦条的防腐、防火及防蛀处理，以及金属顺水条、挂

瓦条的防锈蚀处理，均应符合设计要求。

(3) 屋面木基层应铺钉牢固、表面平整；钢筋混凝土基层的表面应平整、干净、干燥。

(4) 防水垫层的铺设要求：防水垫层可采用空铺、满粘或机械固定；防水垫层在瓦屋面构造层次中的位置应符合设计要求；防水垫层宜自下而上平行屋脊铺设；防水垫层应顺流水方向搭接，搭接宽度应符合表 7－18 的要求。防水垫层应铺设平整，下道工序施工时，不得损坏已铺设完成的防水垫层。

表 7－18　　防水垫层的最小厚度和搭接宽度　　mm

防水垫层品种	最小厚度	搭接宽度
自粘聚合物沥青防水垫层	1.0	80
聚合物改性沥青防水垫层	2.0	100

(5) 持钉层的铺设要求。屋面无保温层时，木基层或钢筋混凝土基层可视为持钉层；钢筋混凝土基层不平整时，宜用 1∶2.5 的水泥砂浆进行找平；屋面有保温层时，保温层上应按设计要求做细石混凝土持钉层，内配钢筋网应骑跨屋脊，并应绷直与屋脊和檐口、檐沟部位的预埋锚筋连牢；预埋锚筋穿过防水层或防水垫层时，破损处应进行局部密封处理；水泥砂浆或细石混凝土持钉层可不设分格缝；持钉层与突出屋面结构的交接处应预留 30mm 宽的缝隙。

(6) 在大风及地震设防地区或屋面坡度大于 100%时，瓦屋材应采取固定加强措施。

(二) 施工控制要点

1. 烧结瓦、混凝土瓦屋面

(1) 进场的烧结瓦、混凝土瓦应检验抗渗性、抗冻性和吸水率等项目。检查出厂合格证、质量检验报告和进场检验报告。

(2) 基层、顺水条、挂瓦条铺设。基层应平整、干净、干燥，持钉层厚度符合设计要求。顺水条应顺流水方向固定，间距不宜大于 500mm，顺水条应铺钉牢固、平整。钉挂瓦条时应拉通线，挂瓦条的间距应根据瓦片尺寸和屋面坡长经计算确定，挂瓦条应铺钉牢固、平整，上棱应成一直线。

(3) 挂瓦要点。挂瓦应从两坡的檐口同时对称进行。瓦后爪应与挂瓦条挂牢，并应与邻边、下面两瓦落槽密合。檐口瓦、斜天沟瓦应用镀锌铁丝拴牢在挂瓦条上，每片瓦均应与挂瓦条固定牢固。铺设瓦屋面时，瓦片应均匀分散堆放在两坡屋面基层上，严禁集中堆放。铺瓦时，应由两坡从下向上同时对称铺设。瓦片应铺成整齐的行列，并应彼此紧密搭接，应做到瓦榫落槽、瓦脚挂牢、瓦头排齐，且无翘角和张口现象，檐口应成一直线。

(4) 脊瓦搭盖间距应均匀，脊瓦与坡面瓦之间的缝隙应用聚合物水泥砂浆填实抹平，屋脊或斜脊应顺直。沿山墙一行瓦宜用聚合物水泥砂浆做出披水线。

(5) 烧结瓦、混凝土瓦铺装的尺寸要求。瓦屋面檐口挑出墙面的长度不宜小于 300mm；脊瓦下端距坡面瓦的高度不宜大于 80mm；屋脊两坡最上面的一根挂瓦条，应保证脊瓦在坡面瓦上的搭盖宽度不小于 40mm；瓦头伸入檐沟、天沟内的长度宜为 50～70mm；金属檐沟、天沟伸入瓦内的宽度不应小于 150mm；檐口第一根挂瓦条应保证瓦头出檐口 50～70mm；突出屋面结构的侧面瓦伸入泛水的宽度不应小于 50mm；钉檐口条或封檐板时，均应高出挂瓦条 20～30mm。

(6) 烧结瓦、混凝土瓦屋面完工后，应避免屋面受物体冲击，严禁任意上人或堆放物件。

(7) 烧结瓦、混凝土瓦的储运、保管要点。烧结瓦、混凝土瓦运输时应轻拿轻放，不得抛扔、碰撞；进入现场后应堆垛整齐。

2. 沥青瓦屋面

(1) 进场的沥青瓦应检验可溶物含量、拉力、耐热度、柔度、不透水性、叠层剥离强度等项目。检查出厂合格证、质量检验报告和进场检验报告。沥青瓦应边缘整齐，切槽应清晰，厚薄应均匀，表面应无孔洞、楞伤、裂纹、皱折和起泡等缺陷。

(2) 沥青瓦的储运、保管要点：不同类型、规格的产品应分别堆放，储存温度不应高于45℃，并应平放储存；应避免雨淋、日晒、受潮，并应注意通风和避免接近火源。

(3) 沥青瓦屋面的坡度不应小于20%，铺设沥青瓦前，应在基层上弹出水平及垂直基准线，并应按线铺设。

(4) 沥青瓦应自檐口向上铺设，起始层瓦应由瓦片经切除垂片部分后制得，且起始层瓦沿檐口应平行铺设并伸出檐口10mm，并应用沥青基胶结材料和基层黏结；第一层瓦应与起始层瓦叠合，但瓦切口应向下指向檐口；第二层瓦应压在第一层瓦上且露出瓦切口，但不得超过切口长度。相邻两层沥青瓦的拼缝及切口应均匀错开。

(5) 沥青瓦的固定要点：沥青瓦铺设时，每张瓦片不得少于4个固定钉，在大风地区或屋面坡度大于100%时，每张瓦片不得少于6个固定钉；固定钉应垂直钉入沥青瓦压盖面，钉帽应与瓦片表面齐平；固定钉钉入持钉层深度应符合设计要求（在沥青瓦上钉固定钉时，应将钉垂直钉入持钉层内，固定钉穿入细石混凝土持钉层的深度不应小于20mm，穿入木质持钉层的深度不应小于15mm，固定钉的钉帽不得外露在沥青瓦表面）；檐口、屋脊等屋面边沿部位的沥青瓦之间、起始层沥青瓦与基层之间，应采用沥青基胶结材料满粘牢固。

(6) 檐口部位宜先铺设金属滴水板或双层檐口瓦，并应将其固定在基层上，再铺设防水垫层和起始瓦片。

(7) 沥青瓦屋面与立墙或伸出屋面的烟囱、管道的交接处应做泛水，在其周边与立面250mm的范围内应铺设附加层，然后在其表面用沥青基胶结材料满粘一层沥青瓦片。

(8) 铺设脊瓦时，宜将沥青瓦沿切口剪开分成三块作为脊瓦，并应用两个固定钉固定，同时应用沥青基黏材料密封，脊瓦搭盖应顺主导风向。铺设沥青瓦屋面的天沟应顺直，瓦片应黏结牢固，搭接缝应密封严密，排水应通畅。

(9) 沥青瓦铺装的有关尺寸要求：脊瓦在两坡面瓦上的搭盖宽度，每边不应小于150mm；脊瓦与脊瓦的压盖面不应小于脊瓦面积的1/2；沥青瓦挑出檐口的长度宜为10～20mm；金属泛水板与沥青瓦的搭盖宽度不应小于100mm；金属泛水板与突出屋面墙体的搭接高度不应小于250mm；金属滴水板伸入沥青瓦下的宽度不应小于80mm。

3. 瓦屋面细部节点处理

(1) 烧结瓦、混凝土瓦屋面的瓦头挑出檐口的长度宜为50～70mm（见图7-36、图7-37）。

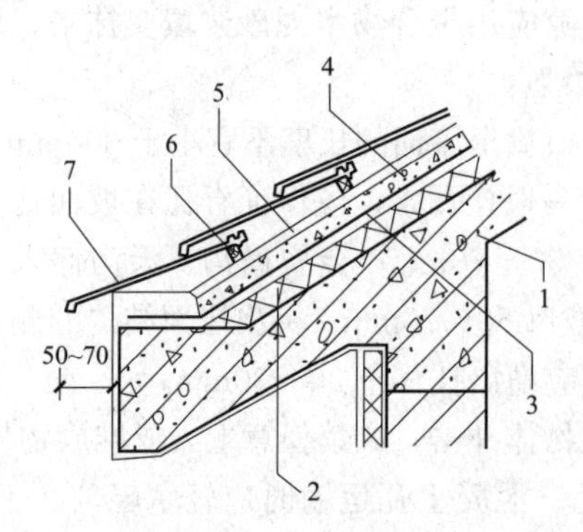

图7-36 烧结瓦、混凝土瓦屋面檐口构造图（一）
1—结构层；2—保温层；
3—防水层或防水垫层；4—持钉层；
5—顺水条；6—挂瓦条；7—烧结瓦或混凝土瓦

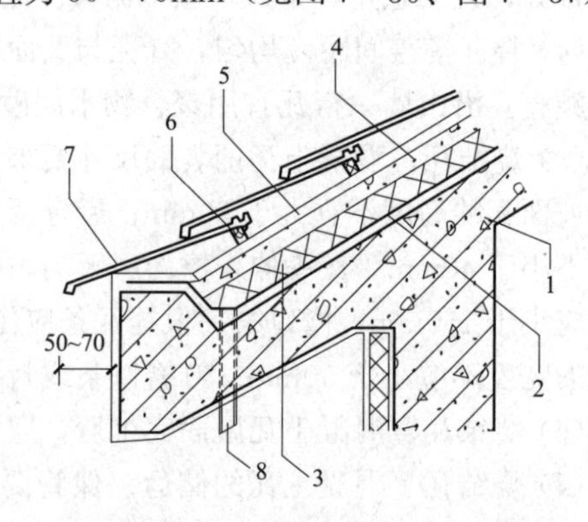

图7-37 烧结瓦、混凝土瓦屋面构造图（二）
1—结构层；2—防水层或防水垫层；3—保温层；
4—持钉层；5—顺水条；6—挂瓦条；
7—烧结瓦或混凝土瓦；8—泄水管

(2) 沥青瓦屋面的瓦头挑出檐口的长度宜为10～20mm，金属滴水板应固定在基层上，伸入沥青瓦下宽度不应小于80mm，向下延伸长度不应小于60mm（图7-38）。

(3) 烧结瓦、混凝土瓦屋面檐沟和天沟的防水构造（图7-39）。檐沟和天沟防水层下应增设附加层，附加层伸入屋面的宽度不应小于500mm。檐沟和天沟防水层伸入瓦内的宽度不应小于150mm，并应与屋面防水层或防水垫层顺流水方向搭接。浇结瓦、混凝土瓦伸入檐沟、天沟内的长度，宜为50～70mm。

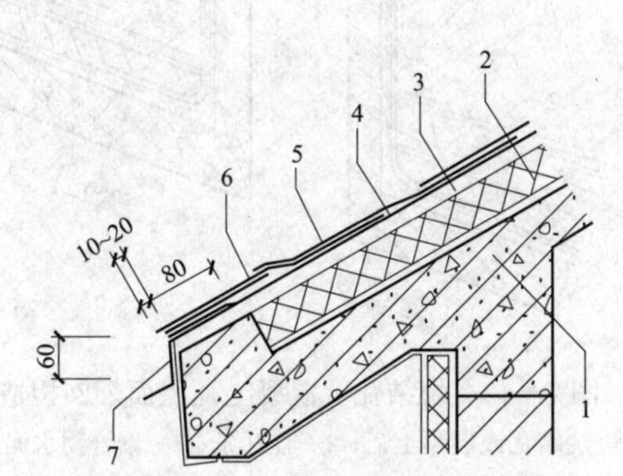

图7-38 沥青瓦屋面檐口构造图

1—结构层；2—保温层；3—持钉层；4—防水层或防水垫层；5—沥青瓦；6—起始层沥青瓦；7—金属滴水板

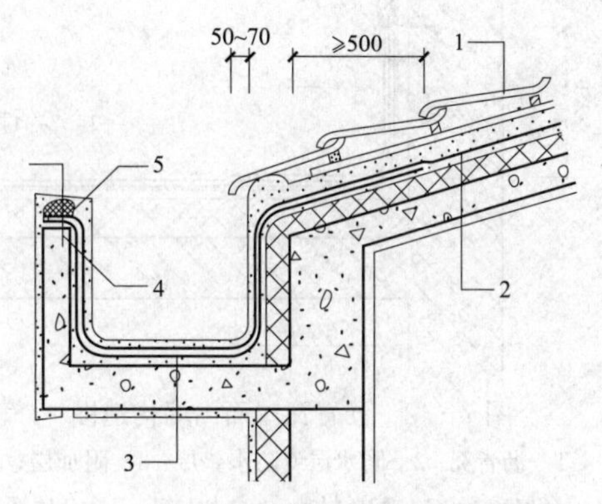

图7-39 烧结瓦、混凝土瓦屋面檐沟构造图

1—烧结瓦或混凝土瓦；2—防水层或防水垫层；3—附加层；4—水泥钉；5—金属压条；6—密封材料

(4) 天沟采用搭接或编织式铺设时，沥青瓦下应增设不小于1000mm宽的附加层（图7-40）。

(5) 烧结瓦、混凝土瓦屋面山墙泛水应采用聚合物水泥砂浆抹成，侧面瓦伸入泛水的宽度不应小于50mm（图7-41）。

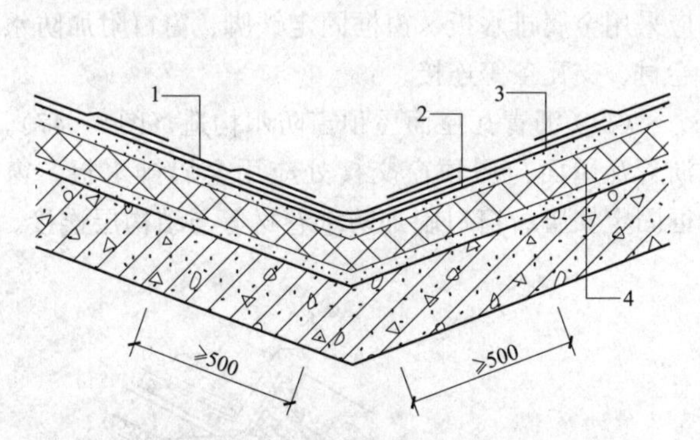

图7-40 沥青瓦屋面天沟构造图

1—沥青瓦；2—附加层；3—防水层或防水垫层；4—保温层

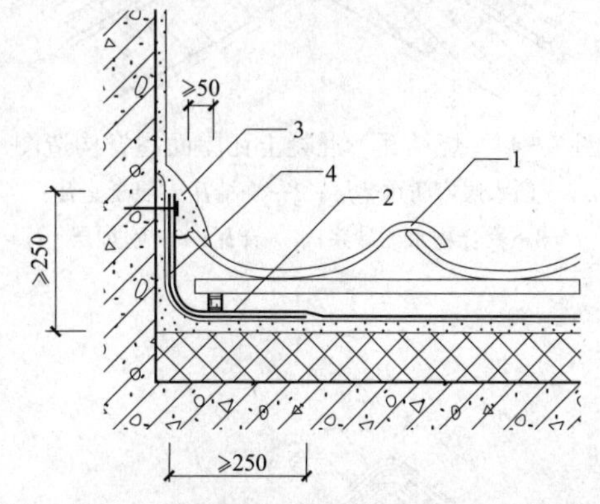

图7-41 烧结瓦、混凝土瓦屋面山墙构造图

1—烧结瓦或混凝土瓦；2—防水层或防水垫层；3—聚合物水泥砂浆；4—附加层

(6) 沥青瓦屋面山墙泛水应采用沥青基胶黏材料满粘一层沥青瓦片，防水层和沥青瓦收头应用金属压条钉压固定，并应用密封材料封严（图7-42）。

(7) 烧结瓦、混凝土瓦屋面烟囱的防水构造（图7-43）。烟囱泛水处的防水层或防水垫层下应增设附加层，附加层在平面和立面的宽度不应小于250mm。屋面烟囱泛水应采用聚合物水泥砂浆抹成，烟囱与屋面的交接处，应在迎水面中部抹出分水线，并应高出两侧各30mm。

(8) 烧结瓦、混凝土瓦屋面的屋脊防水构造（图7-44）。屋脊处应增设宽度不小于250mm的卷材附加层。脊瓦下端距坡面瓦的高度不宜大于 80mm。脊瓦在两坡面瓦上的搭接宽度，每边不应小于 40mm。脊瓦与坡瓦面之间的缝隙应采用聚合物水泥砂浆填实抹平。

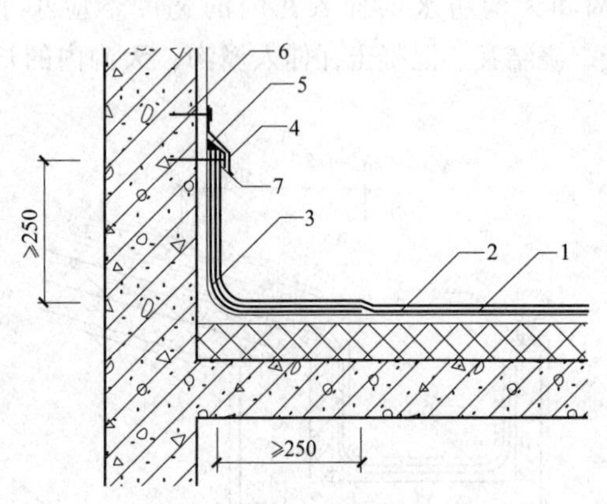

图 7-42 沥青瓦屋面山墙构造图

1—沥青瓦；2—防水层或防水垫层；3—附加层；4—金属盖板；5—密封材料；6—水泥钉；7—金属压条

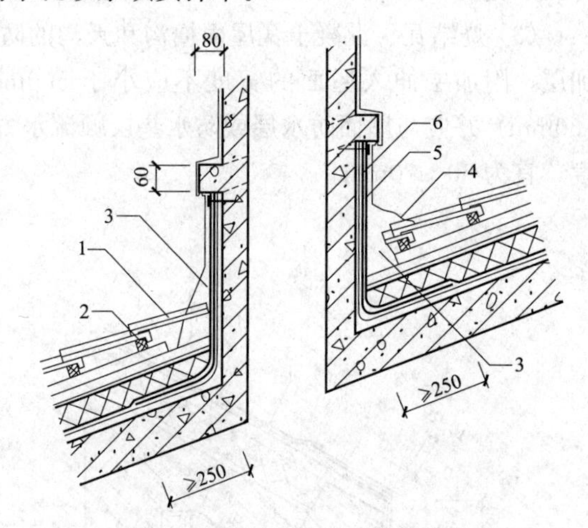

图 7-43 烧结瓦、混凝土瓦屋面烟囱构造图

1—烧结瓦或混凝土瓦；2—挂瓦条；3—聚合物水泥砂浆；4—分水线；5—防水层或防水垫层；6—附加层

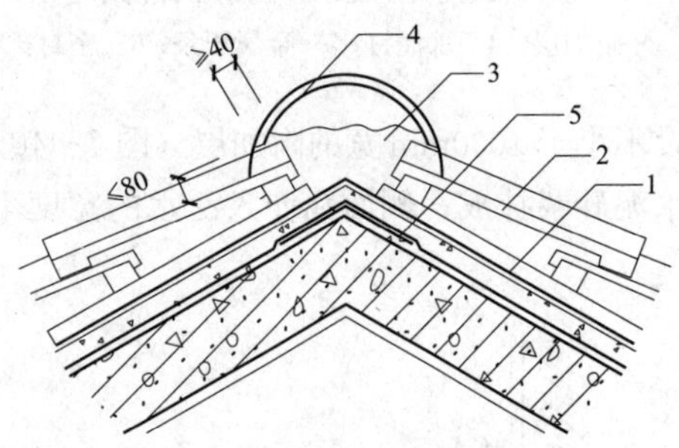

图 7-44 烧结瓦、混凝土瓦屋面屋脊构造图

1—防水层或防水垫层；2—烧结瓦或混凝土瓦；3—聚合物水泥砂浆；4—脊瓦；5—附加层

(9) 沥青瓦屋面的屋脊防水构造（图 7-45)。沥青瓦屋面的屋脊处应增设宽度不小于 250mm 的卷材附加层。脊瓦在两坡面瓦上的搭接宽度，每边不应小于 150mm。

(10) 烧结瓦、混凝土瓦屋面屋顶窗防水构造（图 7-46)。烧结瓦、混凝土瓦与屋顶窗交接处，应采用金属排水板、窗框固定铁脚、窗口附加防水卷材、支瓦条等连接。

(11) 沥青瓦屋面屋顶窗防水构造（图 7-47)。沥青瓦屋面与屋顶窗交接处应用金属排水板、窗框固定铁脚、窗口附加防水卷材等与结构层连接。

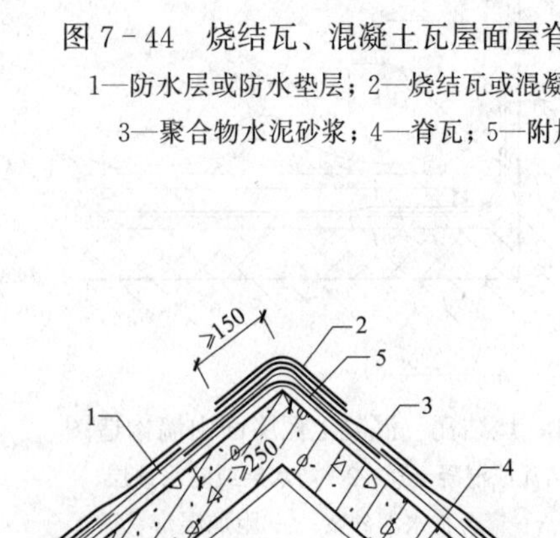

图 7-45 沥青瓦屋面屋脊构造图

1—防水层或防水垫层；2—脊瓦；3—沥青瓦；4—结构层；5—附加层

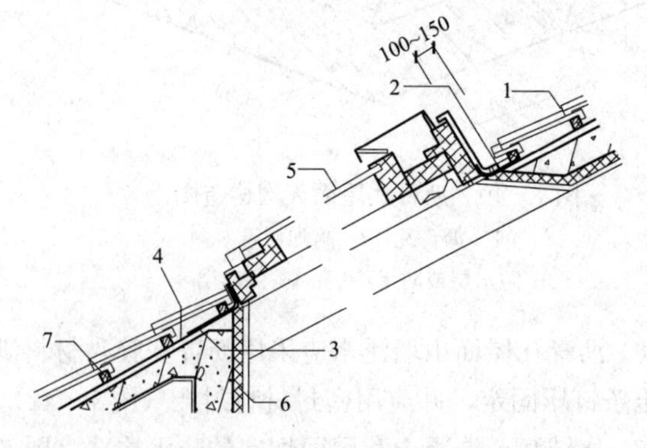

图 7-46 烧结瓦、混凝土瓦屋面屋顶窗构造图

1—烧结瓦或混凝土瓦；2—金属排水板；3—窗口附加防水卷材；4—防水层或防水垫层；5—屋顶窗；6—保温层；7—支瓦

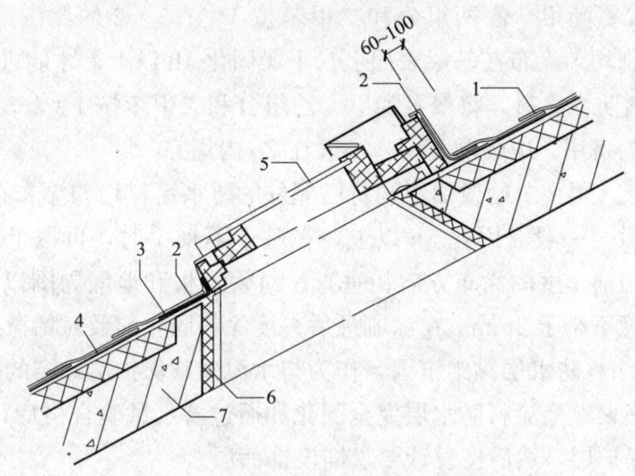

图 7-47　沥青瓦屋面屋顶窗构造图

1—沥青瓦；2—金属排水板；3—窗口附加防水卷材；4—防水层或防水垫层；
5—屋顶窗；6—保温层；7—结构层

第四节　厕浴间防水及建筑外墙防水施工

一、厕浴间防水施工

厕浴间是建筑物中不可忽视的防水工程部位。传统的卷材防水做法已不适应卫生间防水施工的特殊性，即施工面积小，穿墙管道多，设备多，阴阳转角复杂，房间长期处于潮湿受水状态等不利条件。为此，通过大量的实验和实践证明，以涂料防水代替各种卷材防水，尤其是选用高弹性的聚氨酯涂料防水或选用弹塑性的氯丁胶乳沥青涂料防水等新材料和新工艺，可以使厕浴间的地面和墙面形成一个没有接缝、封闭严密的整体防水层，从而提高厕浴间的防水工程质量。厕浴间防水构造层次如图 7-48 所示。

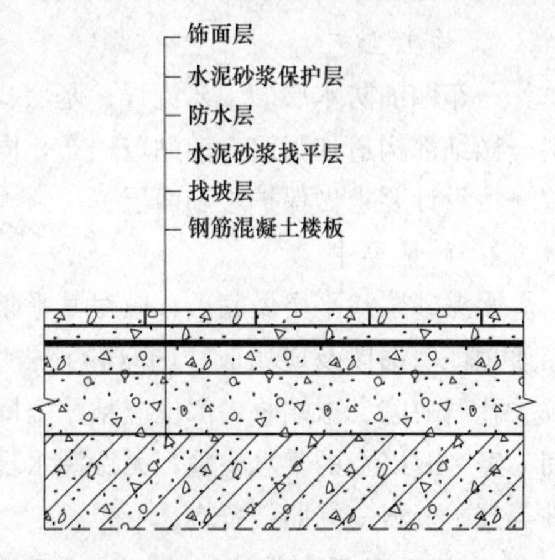

图 7-48　厕浴间防水构造层次图

（一）厕浴间楼地面聚氨酯防水施工

聚氨酯涂料防水材料是双组分化学反应固化型的高弹性防水涂料，多以甲、乙双组分形式使用。主要材料有聚氨酯涂料防水材料甲组分、聚氨酯涂料防水材料乙组分和无机铝盐防水剂等。施工用辅助材料应备有二甲苯、乙酸乙酯、二月桂酸二丁基锡、磷酸、石渣等。

1. 基层处理

厕浴间的防水基层必须用1∶3的水泥砂浆找平，要求抹平压光无空鼓，表面要坚实，不应有起砂、掉灰现象。在抹找平层时，凡遇到管子根部周围，要使其略高于地面，在地漏的周围，应做成略低于地面的洼坑。找平层的坡度以1%～2%为宜，凡遇到阴、阳角处，要抹成半径不小于10mm 的小圆弧。与找平层相连接的管件、卫生洁具、排水口等，必须安装牢固，收头圆滑，按设计要求用密封膏嵌固。基层必须基本干燥，一般在基层表面均匀泛白无明显水印时，才能进行涂料防水层施工。施工前要把基层表面的尘土杂物彻底清扫干净。

2. 施工工艺

（1）清理基层。需作防水处理的基层表面，必须彻底清扫干净。

(2) 涂布底胶。将聚氨酯甲、乙两组分和二甲苯按 1∶1.5∶2 的比例（重量比）配合搅拌均匀，再用小滚刷或油漆刷均匀涂布在基层表面上。干燥固化 4h 以上，才能进行下道工序施工。

(3) 配制聚氨酯涂料防水涂料。将聚氨酯甲、乙组分和二甲苯按 1∶1.5∶0.3 的比例配合，用电动搅拌器强力搅拌均匀备用。应随配随用，一般在 2h 内用完。

(4) 涂料防水层施工。用小滚刷或油漆刷将已配好的防水涂料均匀涂布在底胶已干固的基层表面上。涂完第一度涂料后，一般需固化 5h 以上，在基本不粘手时，再按上述方法涂布第二、三、四度涂料，并使后一度与前一度的涂布方向相垂直。对管子根和地漏周围以及下水管转角墙部位，必须认真涂刷，涂刷厚度不小于 2mm。在涂刷最后一度涂料固化前及时稀撒少许干净的粒径为 2～3mm 的小豆石，使其与涂料防水层黏结牢固，作为与水泥砂浆保护层黏结的过渡层。

(5) 做好保护层。当聚氨酯涂料防水层完全固化和通过蓄水试验合格后，即可铺设一层厚度为 15～25mm 的水泥砂浆保护层，然后按设计要求铺设饰面层。

3. 质量要求

聚氨酯涂料防水材料的技术性能应符合设计要求或规范标准规定，并应附有质量证明文件和现场取样进行检测的试验报告以及其他有关质量的证明文件。涂料厚度应均匀一致，总厚度不应小于 1.5mm。涂料防水层必须均匀固化，不应有明显的凹坑、气泡和渗漏水的现象。

(二) 厕浴间楼地面氯丁胶乳沥青防水涂料施工

氯丁胶乳沥青防水涂料是以氯丁橡胶和沥青为基料，经加工合成的一种水乳型防水涂料。它兼有橡胶和沥青的双重优点，具有防水、抗渗、耐老化、不易燃、无毒、抗基层变形能力强等优点，冷作业施工，操作方便。

1. 基层处理

与聚氨酯涂料防水施工要求相同。

2. 施工工艺

一布四油防水层的工艺流程：基层找平处理→满刮一遍氯丁胶乳沥青水泥腻子→满刮第一遍涂料→做细部构造加强层→铺贴玻璃布，同时刷第二遍涂料→刷第三遍涂料→刷第四遍涂料→蓄水试验→按设计要求做保护层和面层。

3. 质量要求

水泥砂浆找平层做完后，应对其平整度、强度、坡度和干燥度进行预检验收。防水涂料应有产品质量证明书以及现场取样的复检报告。施工完成的氯丁胶乳沥青涂料防水层，不得有起鼓、裂纹、孔洞缺陷。末端收头部位应粘贴牢固，封闭严密，成为一个整体的防水层。做完防水层的厕浴间，经 24h 以上的蓄水检验，无渗漏水现象方为合格。要提供检查验收记录，连同材料质量证明文件等技术资料一并归档备查。

(三) 厕浴间涂料防水施工注意事项

施工用材料有毒性，存放材料的仓库和施工现场必须通风良好，无通风条件的地方必须安装机械通风设备。

施工材料多属易燃物质，存放材料的仓库以及施工现场必须严禁烟火，现场要配备足够的消防器材。在施工过程中，严禁上人踩踏未完全干燥的涂料防水层。操作人员应穿平底胶布鞋，以免损坏涂料防水层。

凡需做附加补强层的部位应先施工，然后再进行大面防水层施工。

已完工的涂料防水层，必须经蓄水试验无渗漏现象后，方可进行刚性保护层的施工。进行刚性保护层施工时，切勿损坏防水层，以免留下渗漏隐患。

(四) 厕浴间防水施工细部构造

厕浴间防水细部构造如图 7-49 所示，图 7-50 为厕浴间下水立管防水构造图，图 7-51 为厕浴间墙面防水构造图，图 7-52 为厕浴间地漏防水构造图。

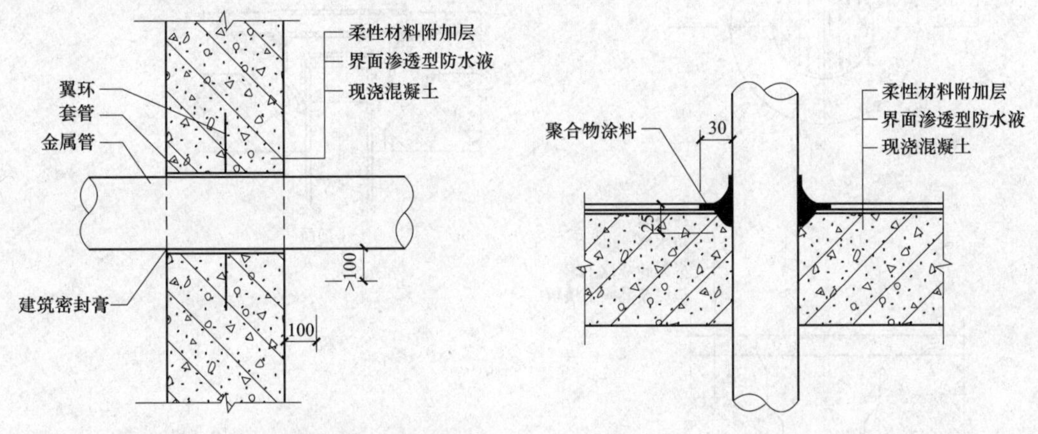

图 7-49 厕浴间管道穿墙防水构造图

图 7-50 厕浴间下水立管防水构造图

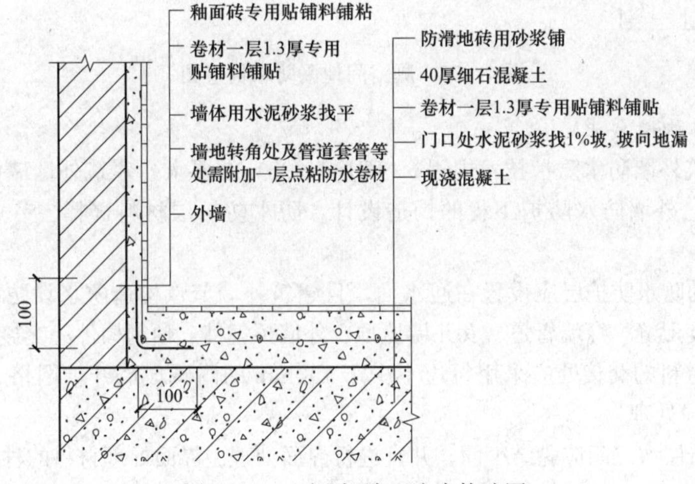

图 7-51 厕浴间墙面防水构造图

二、建筑外墙防水施工

建筑外墙防水是指阻止水渗入建筑外墙，满足墙体使用功能的构造及措施。建筑外墙防水防护应具有防止雨水雪水侵入墙体的基本功能，并应具有抗冻融、耐高低温、承受风荷载等性能。

墙体在房屋建筑中主要起承重和围护作用，随着高层建筑或超高层建筑的不断出现，当前，墙的功能主要的是起围护作用。良好的围护功能和满足使用要求，这是墙体的两大功能。然而，建筑外墙的基本功能是遮风避雨，所以，墙面防水与屋面防水、地下防水同样重要，一旦漏水将不能满足使用要求。通常墙面的面积比屋面大，且墙体上有大量的门窗、阳台等构件，墙面结构形式繁多、饰面形式千姿百态，施工过程涉及多个工种交叉作业，众多因素决定了外墙防水的施工难度比建筑物任何其他部位防水难度都要大。

为保证建筑外墙防水防护的工程质量，满足建筑外墙的使用功能，做到技术先进、经济合理、安全适用，在工程设计、施工中就要进行严格控制，特别是要对原材料进行严格把关，对细部节点的施工处理进行严格控制，以满足质量标准。

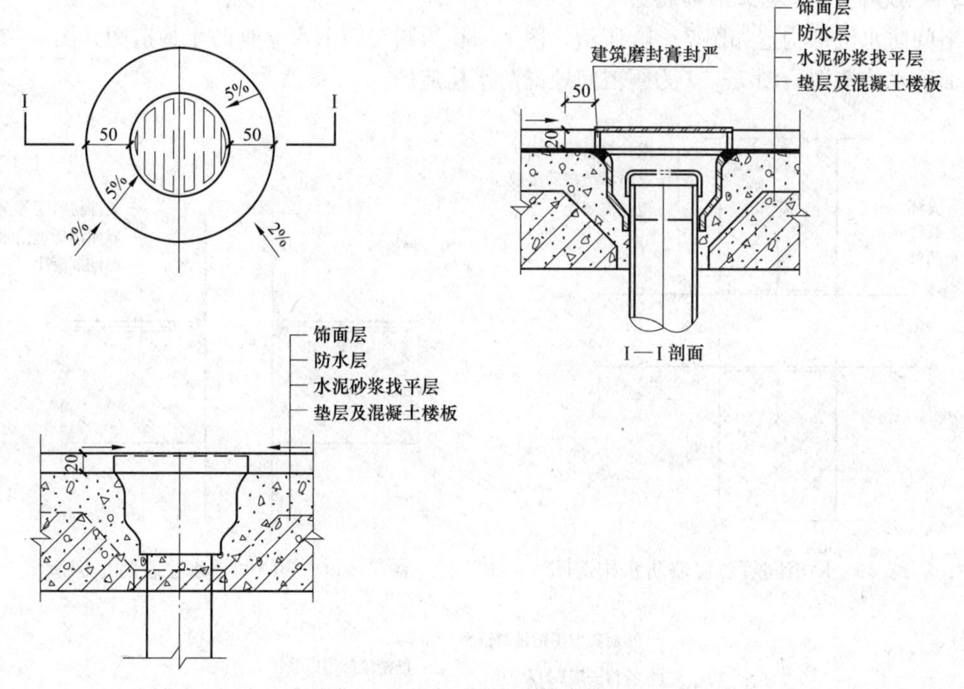

图 7-52 厕浴间地漏防水构造图

（一）外墙防水构造要求

(1) 根据《建筑外墙防水防护技术规程》(JGJ/T 235) 的要求，建筑外墙墙面整体防水设防设计应包括以下内容：外墙防水防护工程的构造设计，防水防护层材料选择、节点构造的密封防水措施。

(2) 建筑外墙的防水防护层应设置在迎水面，且建筑外墙节点构造防水设防设计应包括门窗洞口、雨篷、阳台、变形缝、穿墙管道、女儿墙压顶、外墙预埋件、预制构件等交接部位的防水设防。

(3) 不同结构材料的交接处应采用每边不少于 150mm 的耐碱玻璃纤维网格布或经防腐处理的金属网片做抗裂增强处理。

(4) 外墙各构造层次之间应黏结牢固，并宜进行界面处理。界面处理材料的种类和做法应根据构造层次材料确定。

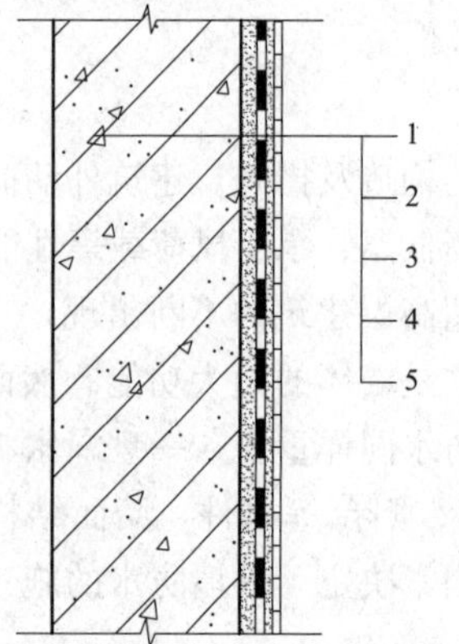

图 7-53 块材饰面外墙防水防护构造图
1—结构墙体；2—找平层；3—防水层；
4—黏结层；5—饰块材面层

(5) 建筑外墙防水分为外保温外墙的防水防护层构造和无外保温外墙的防水防护层构造。

1) 无外保温外墙的防水防护层的构造，如图 7-53 所示。

2) 外保温外墙的防水防护层的构造，如 7-54 所示。

(6) 上部结构与地下墙体交接部位的防水层应与地下墙体防水层搭接，搭接长度不应小于 150mm，防水层收头应用密封材料封严如图 7-55 所示；有保温的地下室外墙防水防护层应延伸至保温层的深度。

(7) 门窗框与墙体间的缝隙宜采用聚合物水泥防水砂浆或发泡聚氨酯填充。外墙防水层应延伸至门窗框，防水层与门窗框间应预留凹槽、嵌填密封材料；门窗上楣的外口应做滴水处理；外窗台应设置不小于 5%的外排水坡度

（节点防水层和保温层不应压窗框，详见图 7－56 及图 7－57）。

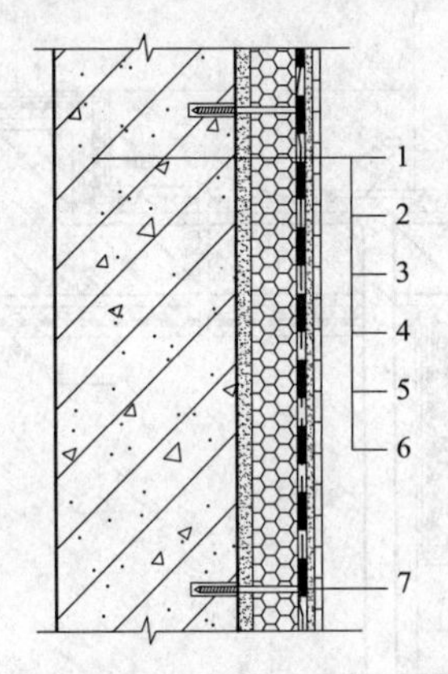

图 7－54　砖饰面外保温外墙防水防护构造

1—结构墙体；2—找平层；3—保温层；4—防水层；
5—黏结层；6—饰面块材层；7—锚栓

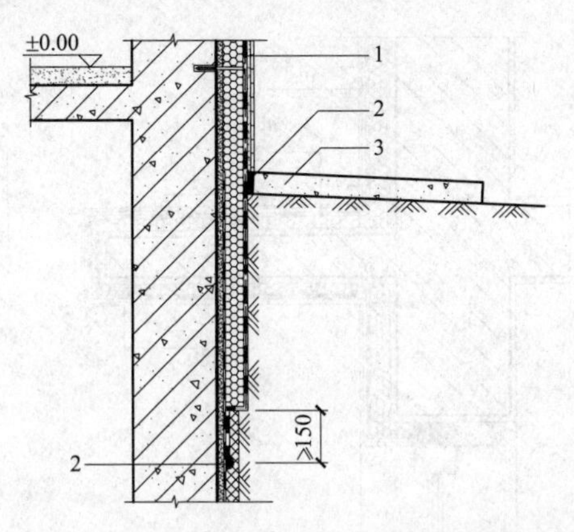

图 7－55　上部结构与地下墙体交接部位防水防护构造

1—外墙防水层；2—密封材料；
3—室外地坪（散水）

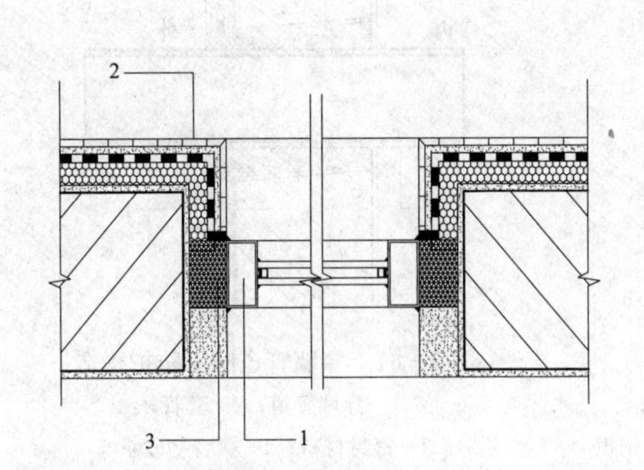

图 7－56　门窗框防水防护平剖面构造

1—窗框；2—密封材料；
3—发泡聚氨酯填充

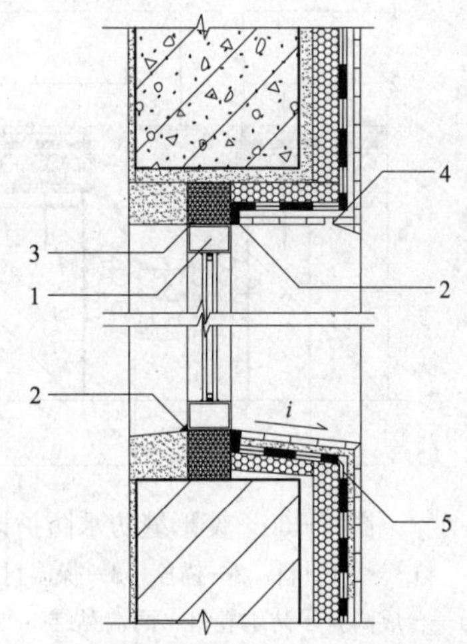

图 7－57　门窗框防水防护立剖面构造

1—窗框；2—密封材料；3—发泡聚氨酯填充；
4—滴水线；5—外墙防水层

(8) 雨篷应设置不小于 1％的外排水坡度，外口下沿应做滴水线处理；雨篷与外墙交接处的防水层应连续；雨篷防水层应沿外口下翻至滴水部位，如图 7－58 所示。

(9) 阳台应向水落口设置不小于 1％的排水坡度，水落口周边应留槽嵌填密封材料。阳台外口下沿应做滴水线设计，详见图 7－59。

(10) 变形缝处应增设合成高分子防水卷材附加层，卷材两端应满粘于墙体，并应用密封材料密封，满粘的宽度应不小于 150mm，如图 7－60 所示。

(11) 穿过外墙的管道宜采用套管，套管应内高外低，坡度不应小于 5％，套管周边应作防水密封处理，如图 7－61 所示。

(12) 女儿墙压顶宜采用现浇钢筋混凝土或金属压顶，压顶应向内找坡，坡度不应小于 5％。当采用混凝土压顶时，外墙防水层应上翻至压顶，内侧的滴水部位宜用防水砂浆做防水层（图 7－62）；当采用金属压顶时，防水层应做到压顶的顶部，金属压顶应采用专用金属配件固定（图 7－63）。

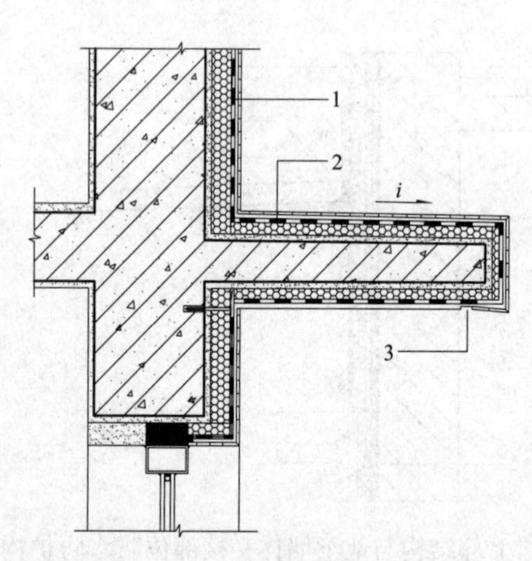

图 7－58 雨篷防水防护构造

1—外墙防水层；2—雨篷防水层；3—滴水线

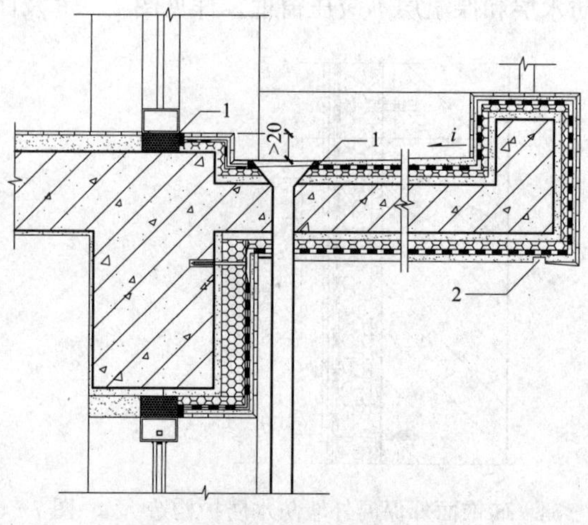

图 7－59 阳台防水防护构造

1—密封材料；2—滴水线

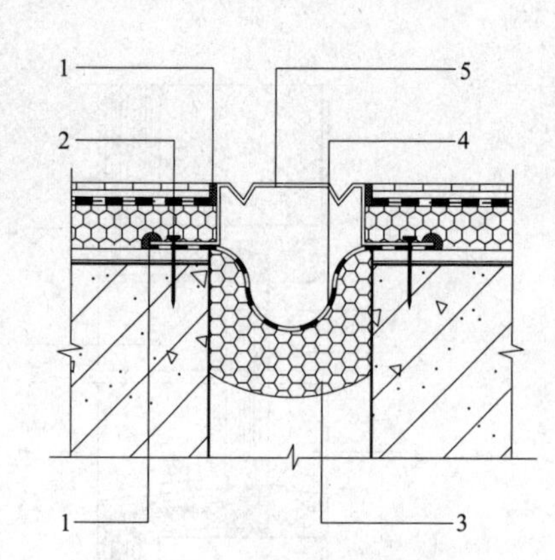

图 7－60 变形缝防水防护构造

1—密封材料；2—锚栓；3—保温衬垫材料；

4—合成高分子防水卷材（两端黏结）；5—不锈钢板

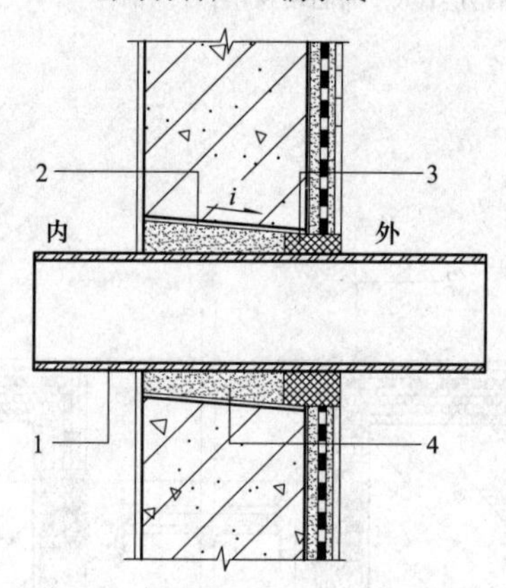

图 7－61 穿墙管道防水防护构造

1—穿墙管道；2—套管；

3—密封材料；4—聚合物砂浆

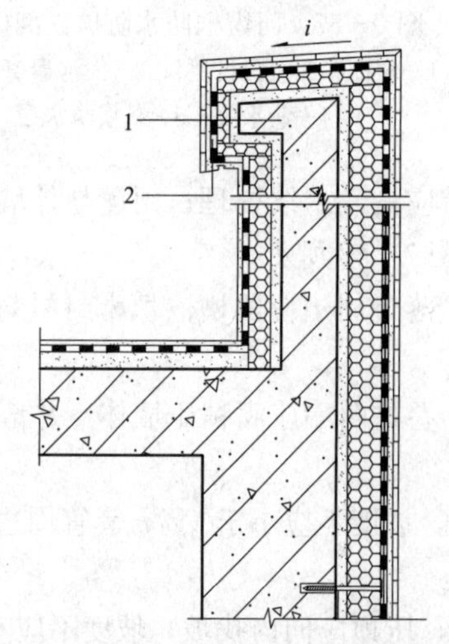

图 7－62 混凝土压顶女儿墙防水构造

1—混凝土压顶；2—防水砂浆

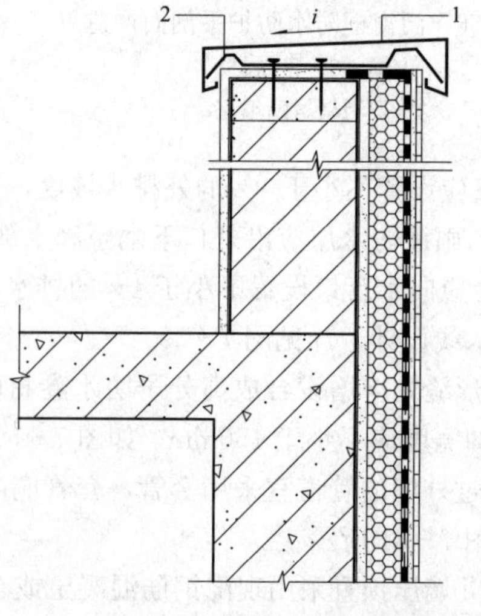

图 7－63 金属压顶女儿墙防水构造

1—金属压顶；2—金属配件

(二) 建筑外墙防水施工注意事项

(1) 保温层应固定牢固、表面平整、干净。

(2) 外墙保温层的抗裂砂浆层施工应符合规范要求。

(3) 防水砂浆施工应符合下列要求。

1) 基层表面应为平整的毛面，光滑表面应做界面处理，并充分湿润。

2) 防水砂浆的配制应符合下列要求。

① 配比应按照设计要求进行。

② 配制乳液类聚合物水泥防水砂浆前，乳液应先搅拌均匀，再按规定比例加入拌和料中搅拌均匀。

③ 干粉类聚合物水泥防水砂浆应按规定比例加水搅拌均匀。

④ 粉状防水剂配制普通防水砂浆时，应先将规定比例的水泥、砂和粉状防水剂干拌均匀，再加水搅拌均匀。

⑤ 液态防水剂配制普通防水砂浆时，应先将规定比例的水泥和砂干拌均匀，再加入用水稀释的液态防水剂搅拌均匀。

3) 配制好的防水砂浆宜在1h内用完；施工中不得任意加水。

4) 界面处理材料涂刷厚度应均匀、覆盖完全。收水后应及时进行防水砂浆的施工。

5) 防水砂浆涂抹施工应符合下列要求。

① 厚度大于10mm时应分层施工，第二层应待前一层指触不粘时进行，各层应黏结牢固。

② 每层宜连续施工。当需留槎时，应采用阶梯坡形槎，接槎部位离阴阳角不得小于200mm；上下层接槎应错开300mm以上。接槎应依层次顺序操作、层层搭接紧密。

③ 喷涂施工时，喷枪的喷嘴应垂直于基面，合理调整压力、喷嘴与基面距离。

④ 涂抹时应压实、抹平；遇气泡时应挑破，保证铺抹密实。

⑤ 抹平、压实应在初凝前完成。

6) 窗台、窗楣和凸出墙面的腰线等部位上表面的流水坡应找坡准确，外口下沿的滴水线应连续、顺直。

7) 砂浆防水层分格缝的留设位置和尺寸应符合设计要求。分格缝的密封处理应在防水砂浆达设计强度的80%后进行，密封前应将分格缝清理干净，密封材料应嵌填密实。

8) 砂浆防水层转角宜抹成圆弧形，圆弧半径应不小于5mm，转角抹压应顺直。

9) 门框、窗框、管道、预埋件等与防水层相接处应留8～10mm宽的凹槽，密封处理应符合要求。

10) 砂浆防水层未达到硬化状态时，不得浇水养护或直接受雨水冲刷。聚合物水泥防水砂浆硬化后应采用干湿交替的养护方法；普通防水砂浆防水层应在终凝后进行保湿养护。养护时间不宜少于14d，养护期间不得受冻。

(4) 防水涂料施工应符合下列要求。

1) 施工前应先对细部构造进行密封或增强处理。

2) 涂料的配制和搅拌应符合下列要求。

① 双组分涂料配制前，应将液体组分搅拌均匀。配料应按照规定要求进行，不得任意改变配合比。

② 应采用机械搅拌，配制好的涂料应色泽均匀，无粉团、沉淀。

3) 涂膜防水层的基层宜干燥；防水涂料涂布前，应先涂刷基层处理剂。

4) 涂料宜多遍完成，后遍涂布应在前遍涂层干燥成膜后进行。挥发性涂料的每遍用量每平方米不宜大于0.6kg。

5）每遍涂布应交替改变涂层的涂布方向，同一涂层涂布时，先后接槎宽度宜为 30～50mm。

6）涂膜防水层的甩槎应避免污损，接涂前应将甩槎表面清理干净，接槎宽度不应小于 100mm。

7）胎体增强材料应铺贴平整、排出气泡，不得有褶皱和胎体外露，胎体层充分浸透防水涂料；胎体的搭接宽度不应小于 50mm。胎体的底层和面层涂料厚度均不应小于 0.5mm。

8）涂膜防水层完工并经验收合格后，应及时做好饰面层。饰面层施工时应有成品保护措施。

（5）防水透气膜施工应符合下列要求。

1）基层表面应平整、干净、牢固，无尖锐凸起物。

2）铺设宜从外墙底部一侧开始，将防水透气膜沿外墙横向展开，铺于基面上，沿建筑立面自下而上横向铺设，按顺水方向上下搭接，当无法满足自下而上铺设顺序时，应确保沿顺水方向上下搭接。

3）防水透气膜横向搭接宽度不得小于 100mm，纵向搭接宽度不得小于 150mm。搭接缝应采用配套胶黏带黏结。相邻两幅膜的纵向搭接缝应相互错开，间距不小于 500mm。

4）防水透气膜搭接缝应采用配套胶黏带覆盖密封。

5）防水透气膜应随铺随固定，固定部位应预先粘贴小块丁基胶带，用带塑料垫片的塑料锚栓将防水透气膜固定在基层墙体上，固定点每平方米不得少于 3 处。

6）铺设在窗洞或其他洞口处的防水透气膜，以“I”字形裁开，用配套胶黏带固定在洞口内侧。与门、窗框连接处应使用配套胶黏带满粘密封，四角用密封材料封严。

7）幕墙体系中穿透防水透气膜的连接件周围应用配套胶黏带封严。

第五节 防水工程施工质量通病及防治

防水工程施工应严格按规范、设计要求进行，特别是防水细部处理和防水薄弱部位的质量把控就显得非常重要。一旦施工、控制不到位，可能就会造成渗漏现象。造成防水工程渗漏的原因是多方面的，包括设计、施工、材料质量、维修管理等。要提高防水工程的质量，应以“材料为基础，以设计为前提，以施工为关键”，并加强维护，对防水工程进行综合治理。

一、屋面防水工程质量通病及防治

（一）屋面防水工程质量通病及原因

1. 山墙、女儿墙和突出屋面的管道井等墙体与防水层相交部位渗漏

其原因是节点做法过于简单，垂直面卷材与屋面卷材没有很好地分层搭接，或卷材收口处开裂，在冬季不断冻结，夏天炎热熔化，使开口增大，并延伸至屋面基层，造成漏水。此外，由于卷材转角处未做成圆弧形、钝角或角太小，女儿墙压顶砂浆等级低，滴水线未做或没有做好等原因，也会造成渗漏。

2. 天沟漏水

其原因是天沟长度长，纵向坡度小，雨水口少，雨水斗四周卷材粘贴不严，排水不畅，造成漏水。

3. 屋面变形缝（伸缩缝、沉降缝）处漏水

其原因是变形缝处理不当，如薄钢板凸棱安反，薄钢板安装不牢，泛水坡度不当等造成漏水。

4. 挑檐、檐口处漏水

其原因是檐口砂浆未压住卷材，封口处卷材张口，檐口砂浆开裂，下口滴水线未做好而造成漏水。

5. 水落口处漏水

其原因是水落口处水斗安装过高，泛水坡度不够，使雨水沿雨水斗外侧流入室内，造成渗漏。

6. 厕所、厨房的通气管根部处漏水

其原因是防水层未盖严，或包管高度不够，在油毡上口未缠麻丝或钢丝，油毡没有做压毡保护

层，使雨水沿出气管进入室内造成渗漏。

7. 大面积漏水

其原因是屋面防水层找坡不够，表面凹凸不平，造成屋面积水而渗漏。

（二）屋面渗漏的预防及治理办法

女儿墙压顶开裂时，可铲除开裂压顶的砂浆，重抹1：（2～2.5）水泥砂浆，并做好滴水线，有条件者可换成预制钢筋混凝土压顶板。突出屋面的烟囱、山墙、管根等与屋面交接处、转角处做成钝角，垂直面与屋面的卷材应分层搭接，对已漏水的部位，可将转角渗透漏水处的卷材割开，并分层将旧卷材烤干剥离，清除原有沥青胶。按图7-64、图7-65处理。

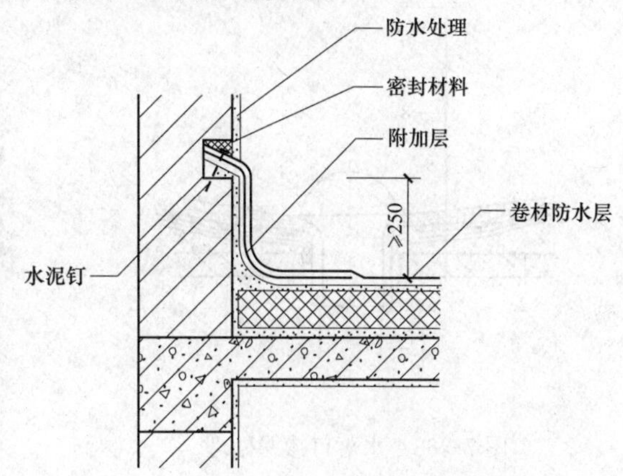

图7-64 屋面女儿墙处泛水构造

出屋面管道处渗漏：伸出屋面管道周围的找平层应做成圆锥台，管道与找平层间应留凹槽，并嵌填密封材料；防水层收头处应用金属箍箍紧，并用密封材料填严。

檐口处渗漏：将檐口处旧卷材掀起，用24号镀锌薄钢板将其钉于檐口，将新卷材贴于薄钢板上，如图7-66所示。

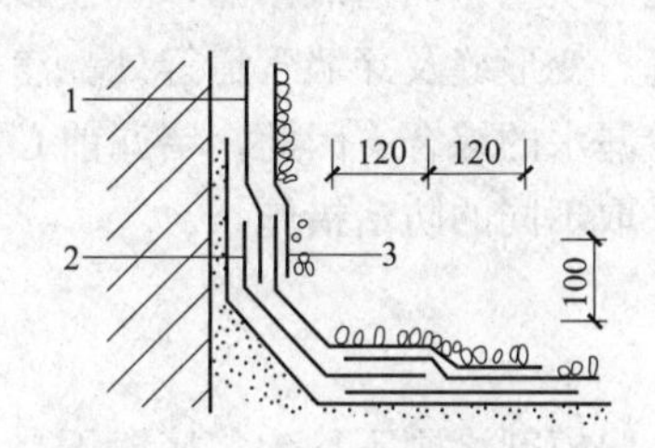

图7-65 转角渗漏处卷材处理

1—原有卷材；2—干铺一层卷材；3—新附加卷材

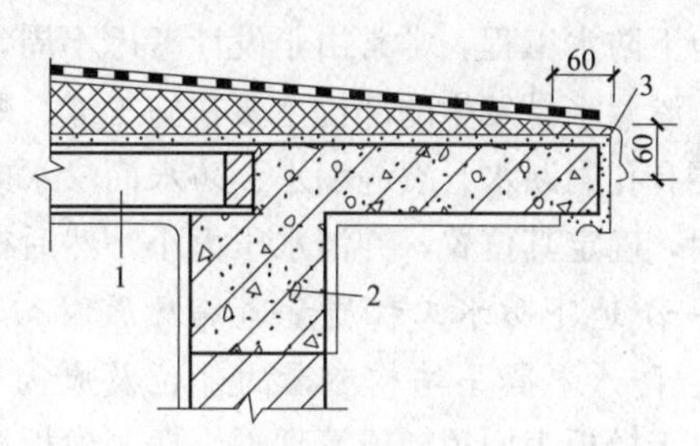

图7-66 檐口处渗漏处理

1—屋面板；2—圈梁；3—24号镀锌薄钢板

当然在施工时如严格按规范标准进行施工，做到无组织排水檐口800mm范围内的卷材进行满铺，卷材收头处固定密封，檐口下端做滴水处理，具体如图7-67所示。一般就不会出现此渗漏问题。

水落口处渗漏：将雨水斗四周卷材铲除，检查短管是否紧贴基层板面或铁水盘。如短管浮搁在找平层上，则将找平层凿掉，清除后安装好短管，再用搭槎法重做防水层，然后进行雨水斗附近卷材的收口和包贴，如图7-68所示。

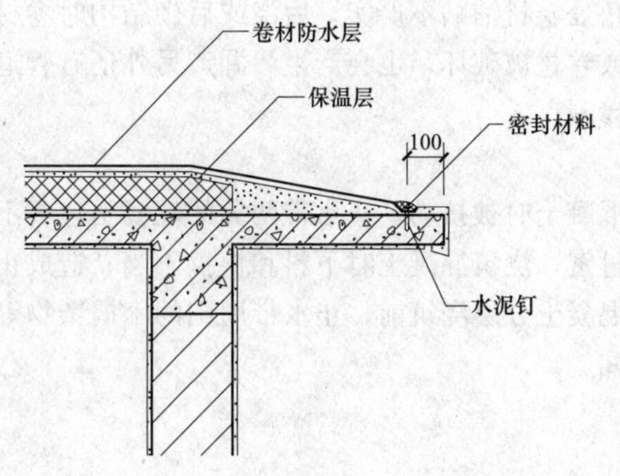

图7-67 屋面檐口处构造做法

如用铸铁弯头代替雨水斗时，则需将弯头凿开取出，清理干净后安装弯头，再铺油毡（或卷材）一层，其伸入弯头内应大于50mm，最后做防水层至弯头内并与弯头端部搭接顺畅、抹压密实。

图7-69所示构造做法能很好地解决水落口处的雨水渗漏问题。水落口与基层接触处，应留宽20mm、深20mm凹槽，嵌填密封材料。

在屋面工程施工过程中严格做好原材料质量把

控，按设计图纸及规范施工，并对屋面的节点、泛水等薄弱部位做好防水附加层，严格按规范施工，确保屋面防水工程质量达到设计要求。

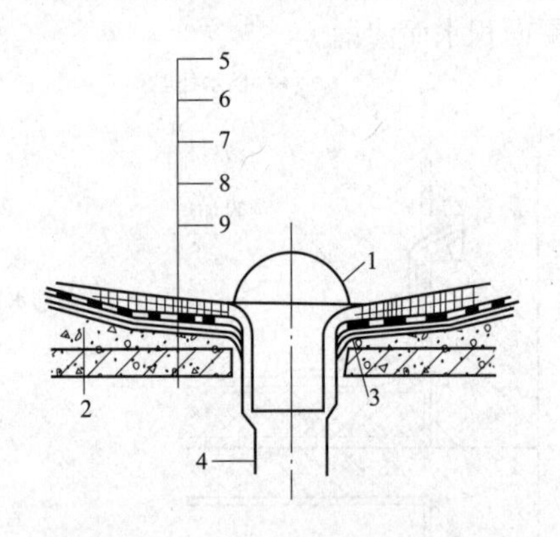

图 7－68　水落口渗漏处理

1—雨水罩；2—轻质混凝土；3—雨水斗紧贴基层；4—短管；5—沥青胶或油膏灌缝；6—防水层；7—附加一层卷材；8—附加一层再生胶油毡；9—水泥砂浆找平层

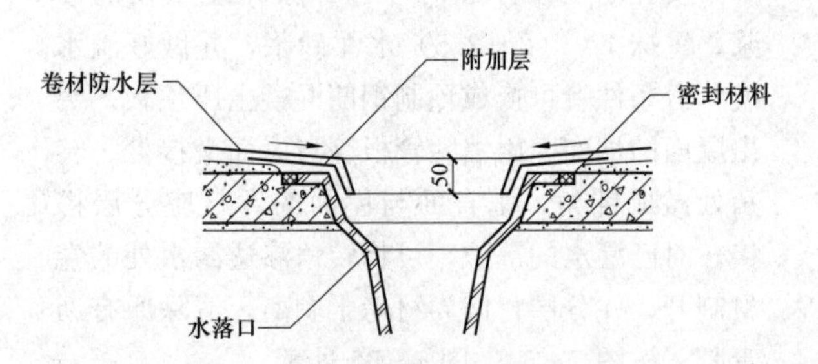

图 7－69　屋面水落口处构造做法

二、地下防水工程质量通病及防治

地下防水工程，常常由于设计考虑不周，选材不当或施工质量差而造成渗漏，直接影响生产和使用。渗漏水易发生的部位主要在施工缝、蜂窝麻面、裂缝、变形缝及穿墙管道等处。渗漏水的形式主要有孔洞漏水、裂缝漏水、防水面渗水或是上述几种渗漏水的综合。因此，堵漏前必须先查明其原因，确定其位置，弄清水压大小，然后根据不同情况采取不同的防治措施。

（一）地下防水工程质量通病及原因

1. 防水混凝土结构渗漏的部位及原因

由于模板表面粗糙或清理不干净，模板浇水湿润不够，脱模剂涂刷不均匀，接缝不严，振捣混凝土不密实等原因，致使混凝土出现蜂窝、孔洞、麻面而引起渗漏。由于墙板和底板及墙板与墙板间的施工缝处理不当而造成地下水沿施工缝渗入。由于混凝土中砂石含泥量大、养护不及时等，产生干缩和温度裂缝而造成渗漏。混凝土内的预埋件及管道穿墙处未作认真处理而致使地下水渗入。

2. 卷材防水层渗漏部位及原因

由于保护墙和地下工程主体结构沉降不同，致使粘在保护墙上的防水卷材被撕裂而造成漏水。卷材的压力和搭接接头宽度不够，搭接不严，结构转角处卷材铺贴不严实，后浇或后砌结构时卷材被破坏，或由于卷材韧性较差，结构不均匀沉降而造成卷材被破坏，也会产生渗漏，另外还有管道处的卷材与管道黏结不严，出现张口翘边现象而引起渗漏。

3. 变形缝处渗漏及原因

止水带固定方法不当，埋设位置不准确或在浇筑混凝土时被挤动，止水带两翼的混凝土包裹不严，特别是底板止水带下面的混凝土振捣不实；钢筋过密，浇筑混凝土时下料和振捣不当，造成止水带周围骨料集中、混凝土离析，产生蜂窝、麻面；混凝土分层浇筑前，止水带周围的木屑杂物等未清理干净，混凝土中形成薄弱的夹层，均会造成渗漏。

（二）地下防水工程渗漏的防治

1. 预防措施

预防措施主要是要严格按规范和标准进行设计和施工，并把好材料质量关。特别是一些地下防水的细部构造和防水薄弱部位（施工缝、穿墙管道、变形缝、后浇带等部位）一定要严格执行设计和规范要求，按设计、规范、标准的相应构造措施节点施工到位，绝不留渗漏隐患。

2. 渗漏的治（处）理—堵漏技术

预防措施是我们在施工之前或施工时参照的规范、标准及所采取的施工方法。但是由于地下工程施工的复杂性和地下工程地质条件的不确定性，给地下防水工程带来很多不确定性，所以我们必须考虑渗漏的处理技术即堵漏技术，以便解决相关的渗漏问题。堵漏技术就是根据地下防水工程特点，针对不同程度的渗漏水情况，选择相应的防水材料和堵漏方法，进行防水结构渗漏水处理。在拟定处理渗漏水措施时，应本着将大漏变小漏，片漏变孔漏，线漏变点漏，使漏水部位汇集于一点或数点，最后堵塞的方法进行。

对防水混凝土工程的修补堵漏，通常采用的方法是用促凝剂和水泥拌制而成的快凝水泥胶浆，进行快速堵漏或大面积修补。近年来，采用膨胀水泥（或掺膨胀剂）作为防水修补材料，其抗渗堵漏效果更好。对混凝土的微小裂缝，则采用化学灌浆堵漏技术。

(1) 快硬性水泥胶浆堵漏法。

1) 堵漏材料。

① 促凝剂。促凝剂是以水玻璃为主，并与硫酸铜、重铬酸钾及水配制而成的。配制时按配合比先把定量的水加热至100℃，然后将硫酸铜和重铬酸钾倒入水中，继续加热并不断搅拌至完全溶解后，冷却至30～40℃，再将此溶液倒入称量好的水玻璃液体中，搅拌均匀，静置半小时后就可使用。

② 快凝水泥胶浆。快凝水泥胶浆的配合比是水泥∶促凝剂为1∶（0.5～0.6）。由于这种胶浆凝固快（一般1min左右就凝固），使用时，注意随拌随用。

2) 堵漏方法。地下防水工程的渗漏水情况比较复杂，堵漏的方法也比较多。因此，在选用时要因地制宜。常用的堵漏方法有堵塞法和抹面法。

① 堵塞法。堵塞法适用于孔洞漏水或裂缝漏水时的修补处理。孔洞漏水常用直接堵塞法和下管堵漏法。直接堵塞法适用于水压不大、漏水孔洞较小的修补处理，操作时，先将漏水孔洞处剔槽，槽壁必须与基面垂直，并用水刷洗干净，随即将配制好的快凝水泥胶浆捻成与槽尺寸相近的锥形团，在胶浆开始凝固时，迅速压入槽内，并挤压密实，保持半分钟左右即可。当水压力较大，漏水孔洞较大时，可采用下管堵漏法（图7－70）。孔洞堵塞好后，在胶浆表面抹素灰一层，砂浆一层，以作保护。待砂浆有一定的强度后，将胶管拔出，按直接堵塞法将管孔堵塞。最后拆除挡水墙，再做防水层。裂缝漏水的处理方法有裂缝直接堵塞法和下绳堵漏法。裂缝直接堵塞法适用于水压较小的裂缝漏水的修补处理，操作时，沿裂缝剔成八字形坡的沟槽，刷洗干净后，用快凝水泥胶浆直接堵塞，经检查无渗水，再做保护层和防水层。当水压力较大，裂缝较长时，可采用下绳堵漏法（图7－71）。

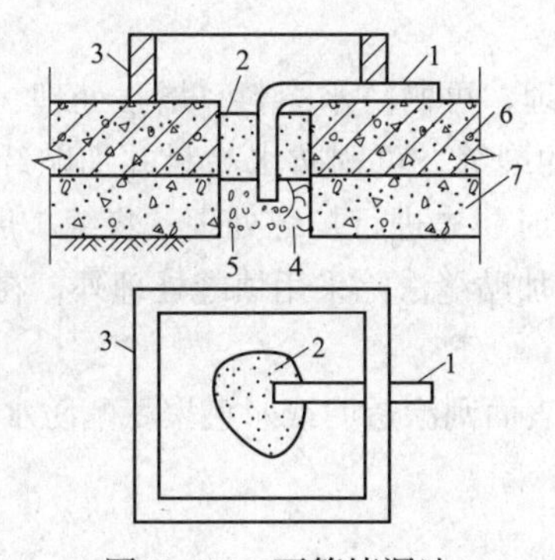

图7－70 下管堵漏法

1—胶皮管；2—快凝胶浆；3—挡水墙；
4—油毡；5—磁石；6—构筑物；7—垫层

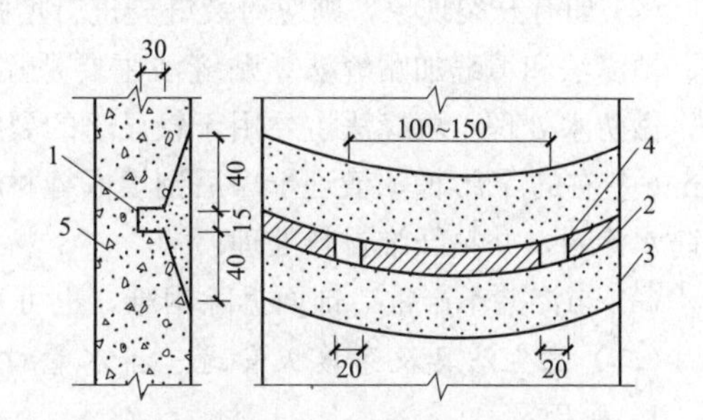

图7－71 下绳堵漏法

1—小绳（导水用）；2—快凝胶浆填缝；
3—砂浆层；4—暂留小孔；5—构筑物

② 抹面法。抹面法适用于较大面积的渗水面，一般先降低水压或降低地下水位，将基层处理好，然后用抹面法做刚性防水层修补处理。先在漏水严重处用凿子剔出半贯穿性孔眼，插入胶管将水导出。这样就使“片渗”变为“点漏”，在渗水面做好刚性防水层修补处理。待修补的防水层砂浆凝固后，拔出胶管，再按“孔洞直接堵塞法”将管孔堵填好。

(2) 化学灌浆堵漏法

1) 灌浆材料。

① 氰凝。氰凝的主体成分是以多异氰酸酯与含羟基的化合物（聚酯、聚醚）制成的预聚体。使用前，在预聚体内掺入一定量的副剂（表面活性剂、乳化剂、增塑剂、溶剂与催化剂等），搅拌均匀即配制成氰凝浆液。氰凝浆液不遇水不发生化学反应，稳定性好；当浆液灌入漏水部位后，立即与水发生化学反应，生成不溶于水的凝胶体；同时释放二氧化碳气体，使浆液发泡膨胀，向四周渗透扩散直至反应结束。

② 丙凝。丙凝由双组分（甲溶液和乙溶液）组成。甲溶液是丙烯酰胺和N—N′-甲撑双丙烯酰胺及β-二甲铵基丙腈的混合溶液。乙溶液是过硫酸铵的水溶液。两者混合后很快形成不溶于水的高分子硬性凝胶，这种凝胶可以封密结构裂缝，从而达到堵漏的目的。

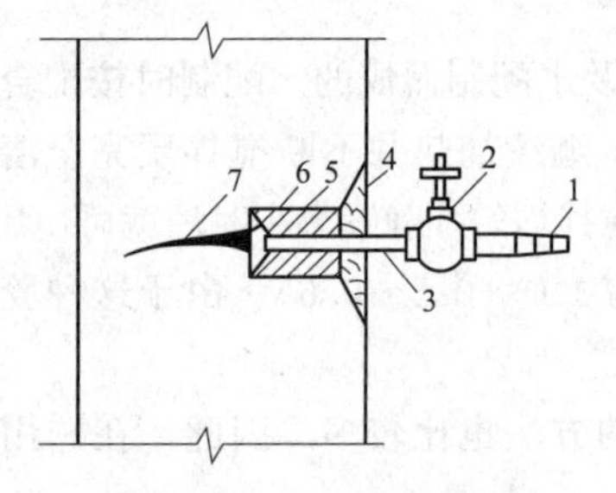

图 7-72　埋入式灌浆嘴埋设法
1—进浆嘴；2—阀门；3—灌浆嘴；4—一层素灰一层砂浆找平；5—快硬水泥浆；6—半圆铁片；7—混凝土墙裂缝

2) 灌浆施工。灌浆堵漏施工，可分为对混凝土表面处理、布置灌浆孔、埋设灌浆嘴、封闭漏水部位、压水试验、灌浆、封孔等工序。灌浆孔的间距一般为1m左右，并交错布置；灌浆嘴的埋设如图 7-72 所示；灌浆结束，待浆液固结后，拔出灌浆嘴并用水泥砂浆封固灌浆孔。

三、厕浴间防水质量通病及防治

厕浴间用水频繁，防水处理不当就会发生渗漏。主要表现在楼板与管道间滴漏水、地面积水、墙壁潮湿渗水，甚至下层顶板和墙壁也出现滴水等现象。治理厕浴间的渗漏，必须先查找渗漏的部位和原因，然后采取有效的针对性措施。

(一) 板面及墙面渗水

1. 原因

混凝土、砂浆施工的质量不良，存在微孔渗漏；板面、隔墙出现轻微裂缝；防水涂层施工质量不好或被损坏。

2. 堵漏措施

(1) 拆除厕浴间渗漏部位饰面材料，涂刷防水涂料。

(2) 如有开裂现象，则应对裂缝先进行增强防水处理，再刷防水涂料。增强处理一般采用贴缝法、填缝法和填缝加贴缝法。贴缝法主要适用于微小的裂缝，可刷防水涂料并加贴纤维材料或布条，做防水处理。填缝法主要用于较显著的裂缝，施工时要先进行扩缝处理，将缝扩展成15mm×15mm左右的V形槽，清理干净后刮填嵌缝材料。填缝加贴缝法除采用填缝处理外，在缝表面再涂刷防水涂料，并粘纤维材料处理。

(3) 当渗漏不严重，饰面拆除困难，也可直接在其表面刮涂透明或彩色聚氨酯防水涂料。

(二) 卫生洁具及穿楼板管道、排水管口等部位渗漏

1. 原因

细部处理方法欠妥，卫生洁具及管口周边填塞不严；由于振动及砂浆、混凝土收缩等原因，出现裂隙；卫生洁具及管口周边未用弹性材料处理，或施工时嵌缝材料及防水涂料黏结不牢；嵌缝材

料及防水涂层被拉裂或拉离黏结面。

2. 堵漏措施

(1) 将漏水部位彻底清理，刮填弹性嵌缝材料。

(2) 在渗漏部位涂刷防水涂料，并粘贴纤维材料增强。

(3) 更换老化管口连接件。

第六节 工程实践案例

【案例1】 地下室防水施工案例

一、工程概况

本工程为二类高层建筑，建筑面积为15023.45m²。地下一层，屋高4.2m，地上十三层（局部十四层），建筑总高度为49.9m，室内外高差1.05m。底板面标高-4.25m，筏板厚度350mm，柱下承台1300～2300mm厚不等。本工程地下室防水等级为一级。

地下室底板构造做法从下至上为：素土夯实→100mm厚C15垫层→20mm厚1：2.5防水砂浆找平层→SBC120（400g/m²）复合防水卷材→30mm厚1：2.5防水砂浆保护层→抗渗混凝土底板，抗渗等级为P6。地下室外墙做法从里向外为：抗渗混凝土墙体（P6）→60mm厚挤塑板保温层→20mm厚1：2.5防水砂浆找平层→SBC120（400g/m²）复合防水卷材→ 20mm厚1：2.5防水砂浆保护层→120mm厚红砖保护墙体。

二、施工准备

1. 技术准备

施工作业人员及施工管理人员熟悉施工图纸，了解施工方法及特殊节点部位施工要求；施工作业人员已经过技术交底及安全交底。

2. 机具准备

毛刷、300mm硬橡胶刮板、搅拌器具、剪刀、制浆容器、腻刀、清扫工具等。

3. 材料准备

SBC120复合防水卷材（400g/m²），水泥基渗透结晶型防水涂料，止水胶条等。

4. 现场准备

现场基层C15混凝土垫层浇筑已完成，为更好地配合防水层施工，要求垫层面压光处理，阴阳角做圆弧，圆弧半径≥50mm。基层要求干净、干燥、无起砂现象，含水率不得大于9%，检查方法可采用1m² 卷材覆盖2h后翻看，无明显水渍即可施工。

三、施工工艺及技术措施

该工程防水主要为SBC防水卷材及防水混凝土。

基础混凝土底板、地下室外砼墙为抗渗混凝土，抗渗等级为P6，防水等级为一级。另外，基础混凝土底板、墙砼墙外侧为卷材防水附加层。

1. 底板及墙体的防水施工工艺

由于施工场地等条件的限制，外墙防水层采用外防内贴法进行施工，其施工工艺流程为：混凝土垫层及找平层→垫层混凝土边沿上砌筑永久性保护墙→在平、立面上同时抹砂浆找平层→刷基层处理剂→卷材防水层粘贴→在立面防水层上抹一层20mm厚的1：2.5防水泥砂，并做保温屋→平面铺设一层30mm厚的1：2.5防水泥砂浆保护层→地下室底板和墙体钢筋混凝土结构的施工。

2. 具体操作要点

(1) 基层必须牢固，无松动、起砂等缺陷。基层表面应平整干净，均匀一致。基层应干燥，含水率小于9%。施工前对基础垫层表面进行排查，发现有地下水上渗部分使用堵漏方法进行堵漏。

(2) 基层高低不平或凹坑较大时，以掺加M－3EP胶（占水泥重量的15%）的1∶3水泥砂浆抹平（基层施工单位补平）。

(3) SBC－120胶黏剂含量与水泥重量比为2%～2.5%，即一袋水泥用一袋胶黏剂（1.0kg）。配制时将一袋胶黏剂与6～10g水泥干粉进行搅拌，然后将其加入到30kg水中，搅拌均匀后，逐渐加入水泥，边加入边搅拌，搅拌至无沉淀无气泡，即可使用。

(4) 在地下室防水施工中，关键是做好防水细部构造处理，如施工缝、后浇带、穿墙管道、支模处螺杆及堵头等处的防水混凝及防水卷材的施工质量控制工作，严格按设计及规范要求进行施工是保证细部防水及地下防水的关键。

1) 防水整体做法及阴阳角附加层处理如图7－73所示。

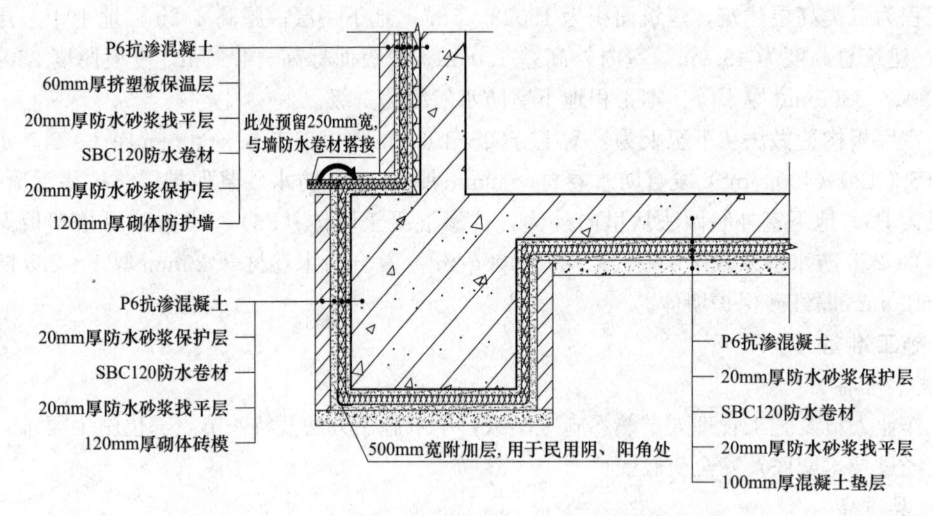

图7－73　地下室防水整体做法及阴阳角附加层处理图

2) 桩头防水处理。防水底板SBC卷材防水遇有桩头时，上翻至桩头，然后采用水泥基结晶型防水涂料在桩头涂刷两遍，厚度1mm，与防水底板搭接有110mm，在水泥基结晶型防水涂料涂刷前必须检查SBC防水卷材是否有空鼓、气泡、粘贴不实等质量问题，避免涂料与卷材搭接处出现裂缝，桩头防水处理如图7－74所示。

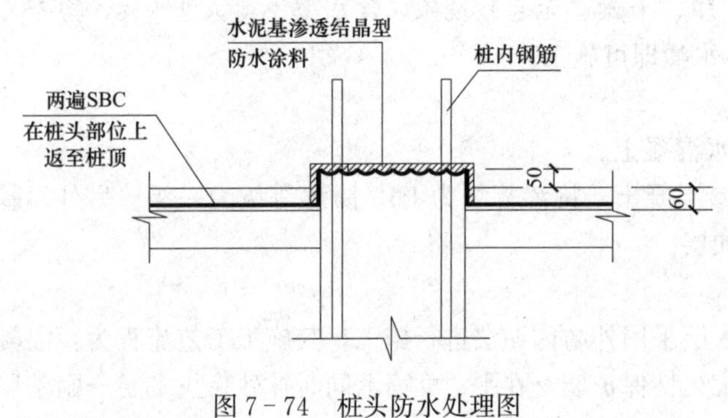

图7－74　桩头防水处理图

3) 其他细部节点处理，此处不再叙述，具体详见地下防水部分。

四、质量要求

(1) 进场材料必须有出厂质量证明及试验报告，并符合规范要求。按规范要求见证取样，且结论符合相应标准要求，质检人员、材料员要及时核验，不合格产品坚决不准使用。

(2) 每完成一道工序经隐蔽验收合格后才能进行下一道工序施工。

(3) 卷材防水层的搭接缝应粘贴或焊接牢固，密封严密，不得有扭曲、皱折、翘边和起泡等缺陷，卷材表面平整，无空鼓现象。

(4) 卷材防水层在转角处、变形缝、施工缝、穿墙管等部位做法必须符合设计要求。采用外防外贴法铺贴卷材防水层时，立面卷材接槎的搭接宽度：高聚物改性沥青类卷材应为150mm，合成高分子类卷材应为100mm，且上层卷材应盖过下层卷材。

(5) 侧墙卷材防水层的保护层与防水层应结合紧密，保护层厚度应符合设计要求；卷材搭接宽度的允许偏差应为10mm。

(6) 地下室外墙防水卷材施工前，检查卷材防水层的基层表面是否干燥，应先做好节点及阴阳角的处理，表面应平整、光滑，清洁，阴、阳角应作成圆弧形。

(7) 卷材粘贴时遇雨雪应立即停止施工，已粘贴的卷材应及时采取防雨雪措施。

(8) 平面部位铺贴防水层后，严禁踩压其表面，必须待其达到一定强度后，方可进行下一道工序施工。

(9) 铺贴好的防水卷材质量验收数量，按每100m² 抽查一处，每处10cm²，但不少于3处。

(10) 防水混凝土的原材料、配合比及坍落度必须符合设计要求。

(11) 防水混凝土结构的变形缝、施工缝、后浇带、穿墙管、埋设件等设置和构造必须符合设计要求。

(12) 防水混凝土结构表面应坚实、平整，不得有露筋、蜂窝等缺陷；埋设件位置应准确，防水混凝土结构表面的裂缝宽度不应大于0.2mm，且不得贯通。

(13) 防水混凝土结构厚度不应小于250mm，其允许偏差应为＋8mm、－5mm；主体结构迎水面钢筋保护层厚度不应小于50mm，其允许偏差为±5mm。

【案例2】　屋面施工渗漏质量问题案例

一、工程概况

某南方住宅小区，平顶屋面防水设计时，考虑为了减少环境污染，改善劳动条件，施工简便，选择耐候性（当地温差大）、耐老化、对基层伸缩或开裂适应性强的卷材，决定选用高分子防水卷材（三元乙丙橡胶防水卷材），完工后，发现屋面有积水和渗漏。施工单位为了总结使用新型防水卷材的施工经验，从施工作业准备和施工操作工艺进行调查，发现了一些现象，如材料找坡排水坡度平均只有1%，基层面有少量鼓泡，找平层阴角没有抹成弧形，基层胶黏剂涂布不均匀，局部较厚咬起底胶，卷材接缝不符合要求。试进行屋面渗漏原因分析。

二、屋面渗漏原因分析

(1) 找平层采用材料找坡排水坡度小于2%，并有少数凹坑造成屋面积水。

(2) 基层含水率大于9%或者没有按规范4.3.4条规定，基层表尘土杂物清扫不彻底。

(3) 女儿墙、变形缝、通气孔等凸起物与屋面相连接的阴角没有抹成半径不小于20mm的圆弧，檐口、排水口与屋面连接处出现棱角。

(4) 涂布基层处理剂涂布量随意性太大（应以0.15～0.2kg/m² 为宜），涂刷底胶后，干燥时间小于4小时。

(5) 涂布基层胶黏剂不均匀，涂胶后与卷材铺贴间隔时间不一（一般为10～20分钟），在局部反复多次涂刷，咬起底胶。

(6) 卷材接缝的搭接宽度小于80mm，在卷材的接头部位，填充密封材料不实。铺贴完卷材后，没有及时将表面尘土杂物清除，着色涂料涂布卷材没有完全封闭，发生脱皮。

(7) 细部构造加强防水处理马虎，忽视了最易造成节点渗漏的部位。

【案例3】　外墙面施工渗漏质量问题案例

一、工程概况

某地一幢建筑为框架剪力墙结构，裙楼三层，主楼22层，填充墙为轻质墙，外墙饰面选用涂料。工程投入使用不到两年，室内发霉，局部渗漏，仔细观察发现渗漏主要出现在一定范围：某些框架结构与填充墙之间部位，外脚手架连墙杆固定处，固定模板用螺栓孔处，外墙面分格缝处，另外局部中间也有开裂。试进行原因分析。

二、墙面渗漏原因分析

(1) 外墙抹灰装饰前，施工人员对框架结构与填充墙之间的缝隙进行填充处理，但在部分连接处没有固定一层宽度为300mm的点焊网。由于钢筋混凝土结构线膨胀系数比砖大一倍，即与填充墙温差收缩率不一致造成开裂。

(2) 外墙面分格缝采用木制分格条时，当抹灰层干硬取出后，缝内嵌实柔性防水材料不密实导致渗漏。

(3) 拆架时，部分连墙杆截留在墙体内未取出即浇筑外剪力墙；固定模板用螺栓孔堵塞马虎导致渗水。

(4) 局部中间开裂很可能是外墙打底砂浆，局部厚度大于20mm却一遍成活，引起干缩开裂。

复习思考题

1. 试述防水工程设计与施工遵循的原则。
2. 试述屋面防水及地下防水等级和具体设防要求。
3. 试述地下防水工程施工工艺流程。
4. 试述地下室墙体卷材防水施工中的外防外贴法与外防内贴法的区别，以及各自适用范围。
5. 试述绘制混凝土结构自防水地下室墙体施工缝、穿墙管道处的防水做法图。
6. 试述绘制地下室底板后浇带处的构造做法图。
7. 试述地下室防水做法的类型，以及各自的特点。
8. 列举卷材防水屋面中卷材的类型，并说明各自的性能。
9. 试述卷材防水施工工艺流程及控制要点。
10. 如何确定卷材防水屋面卷材铺贴方向、顺序？
11. 试述瓦屋面防水施工工艺流程及施工控制要点？
12. 试述厕浴间涂料防水施工工艺流程和施工控制要点？
13. 绘制厕浴间涂料防水施工细部节点构造图。
14. 绘制保温外墙防水的构造组成图。
15. 试述外墙防水的类型及各自的要求。
16. 试述外墙门窗框、阳台、雨篷处的防水构造处理及要求。
17. 试述屋面防水工程、地下防水工程、厕浴间防水的质量通病及防治措施。
18. 屋面防水工程施工、地下防水工程施工、厕浴间防水工程施工、外墙防水工程施工所涉及的相关标准规范有哪些？

第八章　建筑装饰装修工程

本章学习要求

本章介绍了建筑装饰装修工程涉及的抹灰工程、门窗工程、吊顶工程、轻质隔墙工程、饰面板（砖）工程、幕墙工程、涂饰工程、裱糊工程以及地面工程等的有关施工技术内容，要求熟悉各子分部及其分项工程的相关概念，分类，质量标准和规范规定，重点掌握各施工工艺流程及施工要点。

第一节　建筑装饰装修工程概述

一、建筑装饰装修的概念

建筑装饰装修涵盖了目前使用的“建筑装饰”“建筑装修”和“建筑装潢”名词术语的含义，是为保护建筑物的主体结构、完善建筑物的使用功能和美化建筑物，采用装饰装修材料或饰物，对建筑物的内外表面及空间进行各种处理的过程。装饰工程涉及的范围很广，包括的内容主要有：抹灰工程、门窗工程、吊顶工程、轻质隔墙工程、饰面板（砖）工程、楼地面工程、幕墙工程、涂饰工程、裱糊与软包工程以及细部工程等。

建筑装饰装修工程项目繁多、涉及面广、工程量大、耗用的劳动量多。如在一般的民用建筑中，平均每平方米的建筑面积就有 3～5m^2 的内抹灰，有 0.15～1.3m^2 的外抹灰；占总劳动量的15%～30%；占总工期的30%～40%；占总造价的30%左右，对一些装饰要求高的建筑，装饰部分的工期和造价均占整个建筑物总工期和总造价的50%以上。因此，为了加快工程进度，降低工程成本，满足装饰功能，增强装饰效果，建筑装饰装修工程今后的发展方向是：建筑装饰材料的多样化和轻质化；提高装饰材料的预制化生产和施工专业化；装饰设计的电脑化；实行机械化、工业自动化的高效率的装饰施工。

二、建筑装饰装修工程的一般规定

（一）设计

（1）建筑装饰装修工程必须进行设计，并出具完整的施工图设计文件。

（2）承担建筑装饰装修工程设计的单位应具备相应的资质。

（3）建筑装饰装修设计应符合城市规划、消防、环保、节能等有关规定。

（4）承担建筑装饰装修工程设计的单位应对建筑物进行必要的了解和实地勘察，设计深度应满足施工要求。

（5）建筑装饰装修工程设计必须保证建筑物的结构安全和主要使用功能。当涉及主体和承重结构改动或增加荷载时，必须由原结构设计单位或具备相应资质的设计单位核查有关原始资料，对建筑结构的安全性进行核验、确认。

（6）建筑装饰装修工程的防火、防雷和抗震设计应符合现行国家标准的规定。

（二）材料

（1）建筑装饰装修工程所用材料的品种、规格和质量应符合设计要求和国家现行标准的规定。当设计无要求时应符合国家现行标准的规定。严禁使用国家明令淘汰的材料。

（2）建筑装饰装修工程所用材料的燃烧性能应符合现行国家标准《建筑内部装修设计防火规范》

(GB 50222)、《建筑设计防火规范》（GB J16）和《高层民用建筑设计防火规范》（GB 50045）的规定。

(3) 建筑装饰装修工程所用材料应符合国家有关建筑装饰装修材料有害物质限量标准的规定。

(4) 所有材料进场时应对品种、规格、外观和尺寸进行验收。材料包装应完好，应有产品合格证书、中文说明书及相关性能的检测报告；进口产品应按规定进行商品检验。

(5) 进场后需要进行复验的材料种类及项目应符合规范和合同的规定。同一厂家生产的同一品种、同一类型的进场材料应至少抽取一组样品进行复验，当合同另有约定时应按合同执行。

(6) 当国家规定或合同约定应对材料进行见证检测时，或对材料的质量发生争议时，应进行见证检测。

(7) 承担建筑装饰装修材料检测的单位应具备相应的资质，并应建立质量管理体系。

(8) 建筑装饰装修工程所使用的材料在运输、储存和施工过程中，必须采取有效措施防止损坏、变质和污染环境。

(9) 建筑装饰装修工程所使用的材料应按设计要求进行防火、防腐和防虫处理。

（三）施工

(1) 承担建筑装饰装修工程施工的单位应具备相应的资质，并应建立质量管理体系。施工单位应编制施工组织设计，按有关的施工工艺标准或经审定的施工技术方案施工，并应对施工全过程实行质量控制。

(2) 承担建筑装饰装修工程施工的人员应有相应岗位的资格证书。

(3) 建筑装饰装修工程的施工质量应符合设计要求和规范的规定。

(4) 建筑装饰装修工程施工中，严禁违反设计文件擅自改动建筑主体、承重结构或主要使用功能；严禁未经设计确认和有关部门批准擅自拆改水、暖、电、燃气、通信等配套设施。

(5) 应遵守有关环境保护的法律法规，并应采取有效措施控制施工现场的各种粉尘、废气、废弃物、噪声、振动等对周围环境造成的污染和危害。

(6) 应遵守有关施工安全、劳动保护、防火和防毒的法律法规，应建立相应的管理制度，并应配备必要的设备、器具和标识。

(7) 建筑装饰装修工程应在基体或基层的质量验收合格后施工。

(8) 建筑装饰装修工程施工前应有主要材料的样板或做样板间（件），并应经有关各方确认。

(9) 管道、设备等的安装及调试应在建筑装饰装修工程施工前完成，当必须同步进行时，应在饰面层施工前完成。装饰装修工程不得影响管道、设备等的使用和维修。

(10) 建筑装饰装修工程的电器安装应符合设计要求和国家现行标准的规定。严禁不经穿管直接埋设电线。

(11) 室内外装饰装修工程施工的环境条件应满足施工工艺的要求。施工环境温度不应低于5℃。当必须在低于5℃气温下施工时，应采取保证工程质量的有效措施。

(12) 建筑装饰装修工程施工过程中应做好半成品、成品的保护，防止污染和损坏。

第二节 抹灰工程

抹灰工程，就是用砂浆涂抹在建筑物的墙面、顶棚等部位的一种装饰工程。其作用是增加建筑物的美观和形象，可以隔热、隔音、防潮，减少外界有害物质对建筑物的腐蚀，延长建筑物的使用寿命。有些地区把抹灰习惯地叫作“粉饰”或“粉刷”。

一、抹灰工程分类

1. 按施工部位不同分类

(1) 室内抹灰，包括墙面、顶棚抹灰等。

(2) 室外抹灰，包括外墙、女儿墙、压顶抹灰等。

2. 按使用要求及装饰效果不同分类

(1) 一般抹灰。一般抹灰所使用的材料有石灰砂浆、水泥混合砂浆、水泥砂浆、聚合物水泥砂浆、麻刀灰、纸筋石灰、粉刷石膏等。

按建筑物的标准，一般抹灰又可分为高级抹灰和普通抹灰两个级别（表 8-1）。

表 8-1　一般抹灰的分类

级　别	适用范围	做法要求
高级抹灰	适用于大型公共建筑、纪念性建筑物（如剧院、礼堂、宾馆、展览馆等和高级住宅）以及有特殊要求的高级建筑等	一层底灰，数层中层和一层面层。阴阳角找方，设置标筋，分层赶平、修整，表面压光。要求表面应光滑、洁净，颜色均匀，线角平直，清晰美观无纹路
普通抹灰	适用于一般居住、公用和工业建筑（如住宅、宿舍、教学楼、办公楼）以及建筑物中的附属用房，如汽车库、仓库、锅炉房、地下室、储藏室等	一层底灰，一层中层和一层面层（或一层底灰，一层面层）。阳角找方，设置标筋，分层赶平、修整，表面压光。要求表面洁净、线角顺直，清晰，接槎平整

(2) 装饰抹灰。是指通过操作工艺及选用材料等方面的改进，使抹灰更富有装饰效果。包括水刷石、斩假石、干粘石、假面砖等。

(3) 特种抹灰。包括保温砂浆、耐酸砂浆和防水砂浆等。

二、抹灰工程的组成

1. 抹灰层的组成

为了使抹灰层与基层黏结牢固，防止起鼓开裂，并使抹灰层的表面平整，保证工程质量，抹灰层应分层涂抹。

抹灰层一般由底层、中层和面层组成。底层主要起与基层（基体）黏结作用，中层主要起找平作用，面层主要起装饰美化作用（图 8-1）。

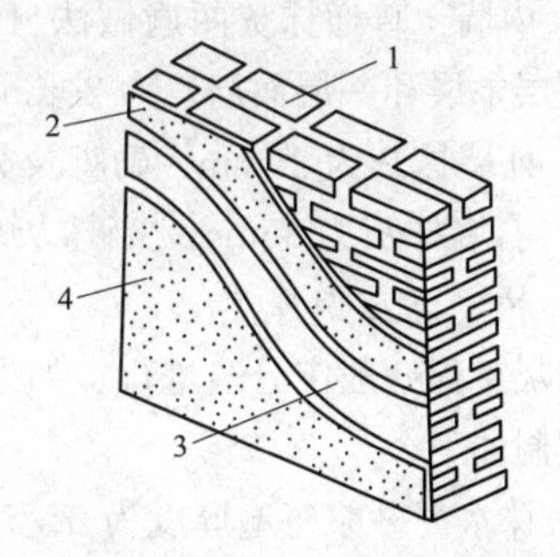

图 8-1　墙面抹灰分层示意图

1—基体；2—底层；3—中层；4—面层

各层厚度和使用砂浆品种应视基层材料、部位、质量标准以及各地气候情况决定。抹灰层一般做法见表 8-2。

表 8-2　抹灰层的一般做法

层次	作用	基层材料	一般做法
底层	主要起与基层黏结作用，兼起初步找平作用。砂浆稠度为 10～20cm	砖墙	① 室内墙面一般采用石灰砂浆或水泥混合砂浆打底 ② 室外墙面、门窗洞口外侧壁、屋檐、勒脚、压檐墙等及湿度较大的房间和车间宜采用水泥砂浆或水泥混合砂浆
		混凝土	① 宜先刷素水泥浆一道，采用水泥砂浆或混合砂浆打底 ② 高级装修顶板宜用乳胶水泥砂浆打底

续表

层次	作用	基层材料	一般做法
底层	主要起与基层黏结作用，兼起初步找平作用。砂浆稠度为10～20cm	加气混凝土	宜用水泥混合砂浆、聚合物水泥砂浆或掺增稠粉的水泥砂浆打底。打底前先刷一遍胶水溶液
		硅酸盐砌块	宜用水泥混合砂浆或掺增稠粉的水泥砂浆打底
		木板条、苇箔、金属网基层	宜用麻刀灰、纸筋灰或玻璃丝灰打底，并将灰浆挤入基层缝隙内，以加强拉结
		平整光滑的混凝土基层，如顶棚、墙体	可不抹灰，采用刮粉刷石膏或刮腻子处理
中层	主要起找平作用。砂浆稠度7～8cm		① 基本与底层相同。砖墙则采用麻刀灰、纸筋灰或粉刷石膏 ② 根据施工质量要求可以一次抹成，也可以分遍进行
面层	主要起装饰作用。砂浆稠度10cm		① 要求平整、无裂纹，颜色均匀 ② 室内一般采用麻刀灰、纸筋灰、玻璃丝灰或粉刷石膏；高级墙面用石膏灰。保温、隔热墙面按设计要求 ③ 室外常用水泥砂浆、水刷石、干粘石等

2. 抹灰层的平均总厚度

抹灰层应采取分层刷涂抹的方法，增强抹灰层与基层的黏结牢固，保证抹灰质量，当抹灰层的总厚度过大时，既浪费了材料，又容易因其内外层的干燥速度不一致而使抹灰层出现开裂起鼓和脱落等，因而抹灰层的平均厚度不宜过大。抹灰层的平均总厚度，应小于下列数值。

1）顶棚：板条、现浇混凝土和空心砖抹灰为15mm；预制混凝土抹灰为18mm；金属网抹灰为20mm。

2）内墙：普通抹灰两遍做法（一层底层，一层面层）为18mm；普通抹灰三遍做法（一层底层，一层中层和一层面层）为20mm；高级抹灰为25mm。

3）外墙抹灰为20mm；勒脚及突出墙面部分抹灰为25mm。

4）石墙抹灰为35mm。当抹灰总厚度大于或等于35mm时，应采取加强措施。

3. 抹灰层每遍厚度

抹灰工程一般应分遍进行。如果一层抹得太厚，容易产生开裂，甚至起鼓脱落。每遍抹灰厚度一般控制如下。

1）抹水泥砂浆每遍厚度为5～7mm。

2）抹石灰砂浆或混合砂浆每遍厚度为7～9mm。

3）抹灰面层用麻刀灰、纸筋灰、石膏灰、粉刷石膏等罩面时，经赶平、压实后，其厚度麻刀灰不大于3mm；纸筋灰、石膏灰不大于2mm，粉刷石膏不受限制。

4）混凝土内墙面和楼板平整光滑的底面，可采用腻子分遍刮平，总厚度为2～3mm。

5）板条、金属网用麻刀灰、纸筋灰抹灰的每遍厚度为3～6mm。

水泥砂浆和水泥混合砂浆的抹灰层，应待前一层抹灰层凝结后，方可涂抹后一层；石灰砂浆抹灰层，应待前一层七至八成干后，方可涂抹后一层。

三、一般抹灰材料

1. 水泥

抹灰常用的水泥为普通硅酸盐水泥、矿渣硅酸盐水泥。水泥的品种、强度等级应符合设计要求。出厂3个月的水泥，应经试验合格后方能使用，受潮后结块的水泥应过筛试验后使用。水泥体积的安定性必须合格。

2. 石灰膏和磨细生石灰粉

块状生石灰须经熟化成石灰膏后才能使用，在常温下，熟化时间不应少于15d；用于罩面的石灰膏，在常温下熟化的时间不得少于30d。

将块状生石灰碾碎磨细后的成品，即为磨细生石灰粉。罩面用的磨细生石灰粉的熟化时间不得少于3d。使用磨细生石灰粉粉饰，不仅具有节约石灰、适合冬季施工的优点，而且粉饰后不易出现膨胀、鼓皮等现象。

3. 石膏

抹灰用石膏，一般用于高级抹灰或抹灰龟裂的补平。宜采用乙级建筑石膏，使用时磨成细粉无杂质，细度要求通过0.15mm筛孔，筛余量不大于10%。

4. 粉煤灰

粉煤灰作为抹灰掺和料，可以节约水泥，提高和易性。

5. 粉刷石膏

粉刷石膏是以建筑石膏粉为基料，加入多种添加剂和填充料等配制而成的一种白色粉料，是一种新型的装饰材料。常见的有面层粉刷石膏、基层粉刷石膏、保温粉刷石膏等。

6. 砂

抹灰用砂，最好是中砂，或粗砂与中砂混合掺用。可以用细砂，但不宜用特细砂。抹灰用砂要求颗粒坚硬、洁净，使用前需要过筛（筛孔不大于5mm），黏土含量不超过2%，不得含有草根、树叶、碱质及其他有机物等有害杂质。

7. 麻刀、纸筋、稻草、玻璃纤维

麻刀、纸筋、稻草、玻璃纤维在抹灰层中起拉结和骨架作用，提高抹灰层的抗拉强度，增加抹灰层的弹性和耐久性，使抹灰层不易裂缝脱落。

四、抹灰顺序

一般先做室外抹灰，后做室内抹灰。在工期比较紧，同时工作面允许的条件下，室内外抹灰可同时进行。室外抹灰宜从上到下施工，室外抹灰顺序：屋檐→阳角线→台口线→窗→墙面→勒脚→散水坡→明沟。室外墙面抹灰时，在窗台、窗楣、雨棚、阳台、檐口等各部位应做流水坡度，若设计无明确时，可做坡度为10%的泛水，下面应做滴水线或滴水槽，滴水槽的宽度和深度均不小于10mm（图8-2）。

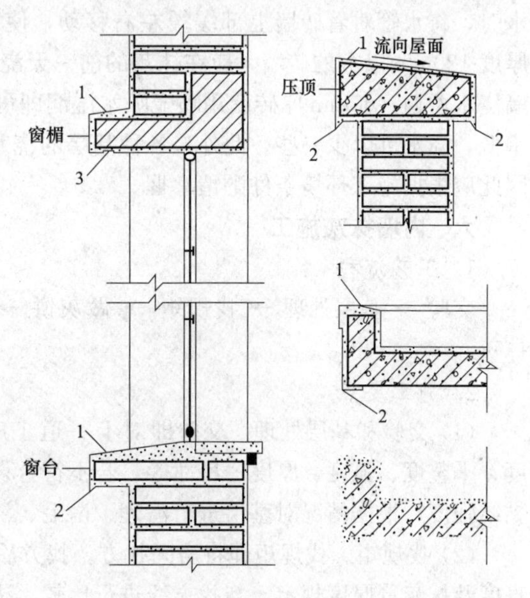

图8-2 流水坡度、滴水线（槽）

(a) 窗洞；(b) 女儿墙；(c) 雨篷、阳台、檐口

1—流水坡度；2—滴水线；3—滴水槽

五、抹灰准备

1. 作业条件

(1) 施工方案已经制订，明确确定了施工顺序和方法。

(2) 主体工程已经检查验收，并达到了相应的质量标准。

(3) 屋面防水工程或上层楼面面层已经完工，确实无渗漏问题。

(4) 门窗框安装位置正确，与墙连接牢固并检查合格。门口高低符合室内水平线标高。

(5) 外墙上所有预埋件、嵌入墙体内的各种管道安装完毕并检查验收合格。

(6) 顶棚、内墙面预留木砖或铁件以及窗帘钩、阳台栏杆、楼梯栏杆等预埋件有否遗漏，位置是否正确。

(7) 水、电管线、配电箱是否安装完毕，是否漏项，水暖管道是否做好压力试验等。

2. 基层处理

(1) 砖石、混凝土等基体的表面，应将灰尘、污垢和油渍等清除干净。

(2) 平整光滑的混凝土表面，如果设计中无要求时，可不进行抹灰，用刮腻子的方法处理。如果设计要求抹灰时，必须凿毛处理后才能进行抹灰施工。检查基体表面平整度，对凹凸过大的部位也应凿补平整。

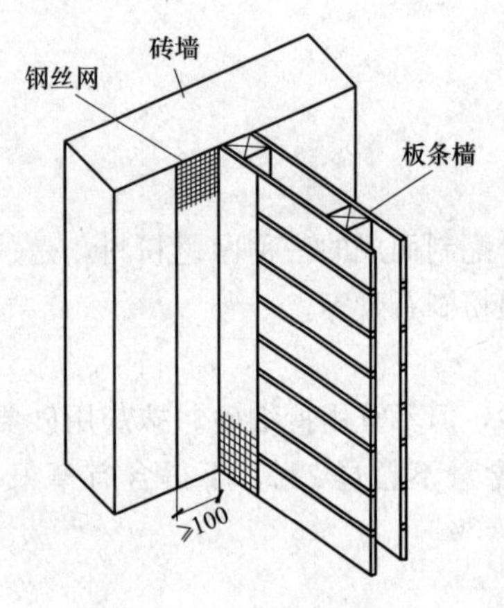

图 8-3　金属网的铺钉

(3) 对不同材料交接处的基体表面的抹灰，应采取防止开裂的加强措施，在不同结构基层交接处（如砖墙、混凝土墙的连接）应先铺钉一层金属网或丝绸纤维布，其每边搭接宽度不应小于100mm（图 8-3）。

(4) 预制钢筋混凝土楼板顶棚，抹灰前应剔除灌缝混凝土凸出部分及杂物，然后用刷子蘸水把表面残渣和浮灰清理干净，刷掺水 10%的 108 胶水泥浆一道，再用 1∶0.3∶3 的水泥混合砂浆勾缝。

(5) 墙上的脚手眼、管道穿越的墙洞和楼板洞应填嵌密实，散热器和密集管道等背后的墙面抹灰，宜在散热器和管道安装前进行。

(6) 门窗框与墙连接处缝隙应嵌实，可采用 1∶3 的水泥砂浆或 1∶1∶6 的水泥混合砂浆分层嵌塞。

(7) 为确保抹灰砂浆与基层表面黏结牢固，防止干燥的抹灰基层吸水过快而造成抹灰砂浆脱水，致使抹灰层出现空鼓、裂缝、脱落等质量问题，在抹灰之前，还需要对基层进行浇水湿润。浇水时，将水管对着砖墙上部缓缓左右移动，使水沿砖墙面缓缓流下，渗水深度以 8～10mm 为宜。厚度 120mm 以上的砖墙，应在抹灰的前一天浇水，120mm 厚的砖墙浇水一遍，240mm 以上厚的砖墙浇水两遍，60mm 厚砖墙用喷壶喷水湿润即可，但切勿使墙吸水达到饱和状态。混凝土墙体吸水率低，浇水可以少一些。此外，各种基层的浇水程度，还与施工季节、气候和室内操作环境有关，因此应根据施工环境条件酌情掌握。

六、内墙抹灰施工

1. 工艺流程

交验 → 基层处理 → 找规矩 → 做灰饼 → 做标筋 → 做护角 → 抹底层、中层灰 → 罩面层抹灰。

2. 施工要点

(1) 交验和基层处理。交验即对上一道工序进行检查、验收、交接，检验主体结构表面垂直度、平整度、弧度、厚度、尺寸等，若不符合设计要求，应进行修补。为了保证基层与抹灰砂浆的黏结强度，根据情况对基层进行清理、凿毛、浇水等处理。

(2) 找规矩。找规矩即将房间找方。找方后将线弹在地面上，然后依据墙面的实际平整度和垂直度及抹灰总厚度规定，与找方线进行比较，决定抹灰的厚度，从而找到一个抹灰的假想平面。将此平面与相邻墙面的交线弹于相邻的墙面上，作为墙面抹灰的基准线和标筋厚度标准。

(3) 做灰饼。做灰饼即做抹灰标志块。在距顶棚、墙阴角约 200mm 处，用水泥砂浆或水泥混合砂浆各做一个厚度为抹灰层厚度、大小为 50mm 的标准灰饼，再用托线板靠、吊垂直确定墙下部对应的两个灰饼厚度，其位置在踢脚板上口，使上下两个灰饼在一条垂直线上。标准灰饼做好后，再在灰饼附近墙面钉上钉子，拉水平通线，然后按间距1.2～1.5m加做若干灰饼。要注意，凡窗口、门垛处必须做灰饼（图8-4）。

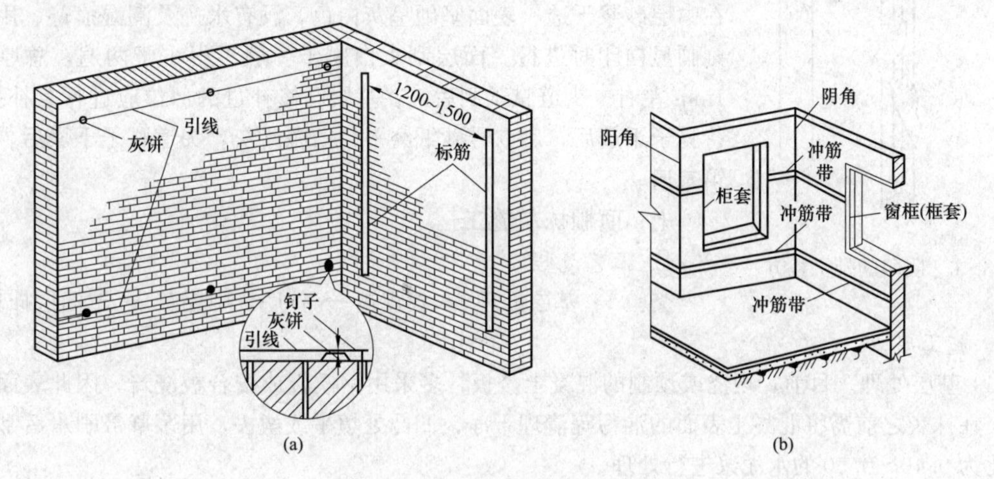

图8-4 挂线做标准灰饼及冲筋

(a) 灰饼、标筋位置示意图；(b) 水平横向标筋示意图

（4）做标筋。

1）标筋也叫“冲筋”，就是在上下两个灰饼之间抹出一宽度10cm左右、厚度与灰饼相平的长条梯形灰埂，作为墙面抹灰填平的标准。

2）待灰饼稍干后，在上下两个灰饼中间先抹一层，再抹第二遍凸出成八字形，要比灰饼凸出1cm左右。然后用木杠紧贴灰饼上下左右搓，直到把标筋搓得与灰饼一样平为止，同时将标筋的两边用刮尺修成斜面，使其与抹灰面接搓顺平。

3）标筋所用的砂浆，应与抹灰底层砂浆相同。一般情况下，标筋抹完后就可以刮平。如果标筋较软，容易将其刮坏产生凸凹不平现象。如果标筋有强度后再刮平，待墙面砂浆收缩后，会使标筋高于墙面，从而产生抹灰面不平的质量通病。

（5）做护角。室内墙面、柱面和门窗洞口的阳角抹灰要线条清晰、挺直，并应防止碰撞损坏。凡是与人、物经常接触的阳角部位，不论设计有无规定，都需要做护角（图8-5）。其做法：根据灰饼厚度抹灰，然后粘好八字靠尺，并找方吊直，用1∶2水泥砂浆分层抹平，护角高度不低于2m，每侧宽度不小于50mm。待砂浆稍干后，再用水泥浆捋出小圆角。

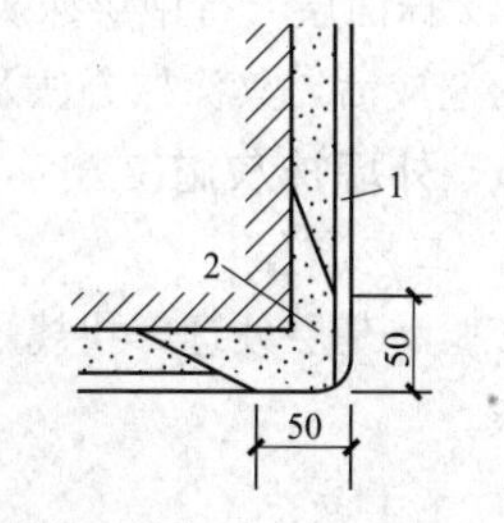

图8-5 阳角护角

1—墙面抹灰；2—水泥护角

（6）抹底层、中层灰。待标筋稍干后，将砂浆抹于墙面两条标筋之间，底层要低于标筋的1/3，由上而下抹灰，一手握住灰板，一手握住铁抹子，将灰板靠近墙面，铁抹子横向将砂浆抹在墙面上。灰板时刻接在铁抹子下边，以便托住抹灰时掉落的灰。底层灰抹后连续抹中层灰，依灰饼、标筋厚度装满砂浆为准，然后用中、短木杠按标筋刮平。用木杠刮砂浆时，双手紧握木杠，均匀用力，由下往上移动，并使木杠前进方向的一边略微翘起。对于凹陷处要补填砂浆，然后再刮直至刮平为止。紧接着用木抹子搓磨一遍，使表面达到平整密实。墙体的阴角处，先用方尺上下核对方正，然后用阴角器上下扯动抹平，使室内四角达到方正（图8-6）。

（7）罩面层抹灰。内墙面的面层可以不抹罩面灰，而采用刮大白腻子。大白腻子的质量配合比

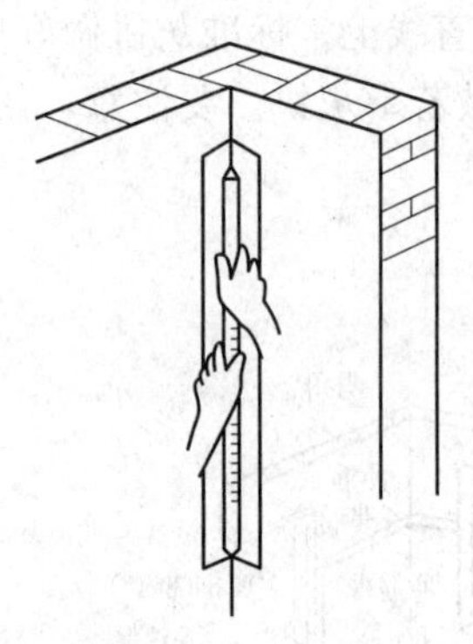

图 8－6 阴角的扯平找方

为大白粉：滑石粉：聚醋酸乙烯乳液：羧甲基纤维素溶液（含量5%）＝60：40：（2～4）：75。调配时，大白粉、滑石粉（也即双飞粉）和羧甲基纤维素溶液应提前按配合比搅匀浸泡。使用时一般应在中层砂浆干透、表面坚硬呈灰白色、没有水迹及潮湿痕迹、用铲刀刻画显白印时进行。面层刮大白腻子一般不得少于两遍，总厚度在1mm左右。头道腻子刮后，在基层已修补过的部位应进行复补找平，待腻子干透后，用0号砂纸磨平，扫净浮灰。头道腻子干燥后，再刮第二遍。

七、顶棚抹灰施工

1. 工艺流程

交验 → 基层处理 → 找规矩 → 抹底、中层灰 → 罩面层抹灰。

2. 施工要点

(1) 基层处理。目前，现浇或预制的混凝土楼板，多采用钢模板或胶合板浇筑，因此表面比较光滑。在抹灰之前需将混凝土表面的油污等清理干净，凹凸处填平或凿去，用茅草帚刷水后刮一遍水灰比为0.40～0.50的水泥浆进行处理。

(2) 找规矩。顶棚抹灰通常不做灰饼和标筋，而用目测的方法控制其平整度，以无高低不平及接槎痕迹为准。先根据顶棚的水平面确定抹灰厚度，然后在墙面四周与顶棚交接处弹出水平线，作为抹灰的水平标准。

(3) 抹底层、中层灰。为了使抹灰层与基体黏结牢固，抹底层灰是关键。一般用1：0.5：1（水泥：石灰膏：砂）的水泥混合砂浆，抹灰厚度为2mm；然后抹中层砂浆，一般用1：3：9（水泥：石灰膏：砂）的水泥混合砂浆，抹灰厚度6mm左右。抹后用软刮尺刮平赶匀，随刮随用长毛刷子将抹痕顺平，再用木抹子搓平。抹灰的顺序一般是由前往后退，方向必须同混凝土板缝成垂直方向。这样，容易使砂浆挤入缝隙与基底牢固结合。

顶棚与墙面的交接处，一般是在墙面抹灰层完成后再补做，也可在抹顶棚时，先将距顶棚200～300mm的墙面抹灰同时完成，用铁抹子在墙面与顶棚交角处填上砂浆，然后用木阴角器扯平压直即可。

(4) 抹面层。待中层抹灰达到六至七成干，开始面层抹灰。如果使用纸筋石灰或刮大白腻子，一般两遍成活，其涂抹方法及抹灰厚度与内墙抹灰相同。

八、外墙抹灰施工

1. 工艺流程

交验→基层处理→找规矩→挂线、做灰饼和标筋→抹底层、中层灰→弹线、黏结分格条→罩面层抹灰。

2. 施工要点

(1) 找规矩、挂线、做灰饼和标筋。由于外墙抹灰面积大，还有门窗、阳台、明柱、腰线等。因此外墙抹灰找规矩比内墙更加重要。高层建筑可利用墙大角、门窗口两边，用经纬仪打直线找垂直。多层建筑，可从顶层用大线坠吊垂直，绷铁丝找规矩。横向水平线可依据楼层标高或施工500mm线为水平基准线进行交圈控制，然后根据抹灰的厚度做灰饼和标筋。灰饼和标筋的做法与内墙相同。

(2) 弹线、黏结分格条。室外抹灰时，为了墙面的美观，避免罩面砂浆收缩而产生裂缝或大面积膨胀而空鼓脱落，要设置分格缝，分格缝处粘贴分格条。分格条在使用前要用水浸泡，这样既便于施工粘贴，又能防止分格条在使用中变形，同时也利于本身水分蒸发收缩易于起出。横向分格条宜粘贴在平线下口，竖向分格条宜粘贴在垂线的左侧。黏结一条横向或竖向分格条后，应用直尺校正平整，并将分格条两侧用水泥浆抹成45°或60°八字坡形。

(3) 抹灰。外墙抹灰层要求有一定的耐久性，可采用水泥混合砂浆（水泥：石灰膏：砂=1：1：6）或水泥砂浆（水泥：砂=1：3）。底层砂浆具有一定强度后，再抹中层砂浆，抹时要用木杠、木抹子刮平压实，并扫毛、浇水养护。在抹面层时，先用1：2.5的水泥砂浆薄薄刮一遍；第二遍再与分格条抹齐平，然后按分格条厚度刮平、搓实、压光，再用刷子蘸水按同一方向轻刷一遍，以达到颜色一致，并清刷分格条上的砂浆，以免起条时损坏抹面。起出分格条后，随即用水泥砂浆把缝勾齐。常温情况下，抹灰完成24h后，开始淋水养护7d为宜。

九、细部抹灰

1. 窗台

在建筑房屋工程中，砌砖窗台一般分为外窗台和内窗台。抹外窗台一般用1：2.5的水泥砂浆打底，用1：2的水泥砂浆罩面。窗台操作难度较大，一个窗台有五个面、八个角、一条凹档、一条滴水线或滴水槽，质量要求比较高。外窗台抹灰一般将其上面做成向外的流水坡度（设计无要求时，流水坡度以10%为宜），底面做成滴水槽或滴水线。滴水槽的做法是：在底面距边口20mm处粘分格条，滴水槽的宽度及深度均不小于10mm，并整齐一致。滴水线的做法是：将窗台下边口的直角改为锐角，并将角往下伸约10mm，形成滴水。用水泥砂浆抹内窗台的方法与外窗台一样。抹灰应分层进行。

2. 压顶

压顶一般为女儿墙顶现浇的混凝土板带，也可以用砖砌成。压顶要求表面平整光洁，棱角清晰，水平成线，突出一致。因此，抹灰前一定要拉上水平通线。但因其两面有檐口，在抹灰时一面要做流水坡度，两面都要设滴水线。

3. 阳台

阳台抹灰是室外装饰的重要部分，关系到建筑物表面的美观，要求各个阳台上下成垂直线，左右成水平线，进出一致，各个细部统一，颜色相同。

阳台抹灰找规矩的方法是：由最上层阳台的突出阳角及靠墙阴角往下挂垂线，找出上下各层阳台进出误差及左右垂直误差，以大多数阳台进出及左右边线为依据，误差小一些的，可以上下左右顺一下，误差较大的，要进行必要的结构处理。对于各相邻阳台要拉水平通线，对于进出及高低误差太大的要进行处理。

根据找好的规矩，确定各部位的抹灰厚度，再逐层逐个找好规矩，做灰饼。最上层两头抹好后，以下都以这两个挂线为准做灰饼。抹灰还应注意阳台地面排水坡度方向，要顺向阳台两侧的排水孔，不要抹成倒流水。阳台底面抹灰与顶棚抹灰相同。但要注意留好排水坡度。

4. 柱子

室内柱子一般用石灰砂浆或水泥砂浆抹底层和中层，室外柱一般用水泥砂浆抹灰。柱子抹灰施工的关键在于找规矩、做灰饼。

若方柱为独立柱，应按设计图纸标示的柱轴线，测定柱子的几何尺寸和位置，在楼地面上弹上垂直的两条中心线，并弹上抹灰后的柱子边线（注意阳角都要规方），然后在柱顶卡固上短靠尺，拴上线锤往下垂吊，并调整线锤对准地面上的四角边线，检查柱子各面的垂直度和平整度。如果不超过规定误差，在柱四角距地坪和顶棚各150mm左右处做灰饼（图8-7）。如果超过规定误差，应先进行处理，再找规矩、做灰饼。

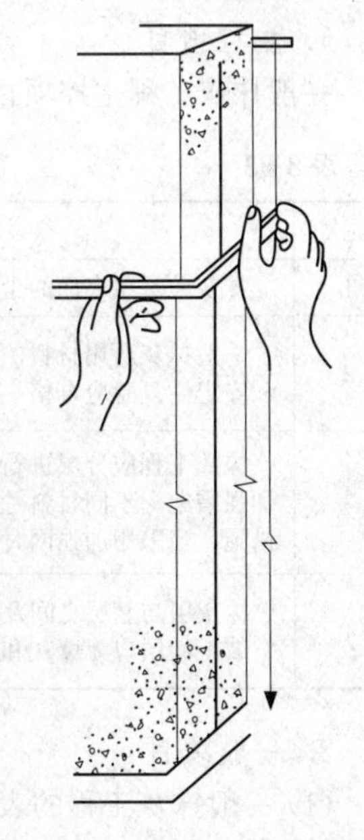

图8-7　独立方柱找规矩

柱子四面的灰饼做好后，应先在侧面卡固八字靠尺，对正面和反面进行抹灰；再把八字靠尺卡固正、反面，对柱两侧面抹灰。底层和中层抹灰要用短木刮平，木抹子搓平。第二天对抹面进行压光。

若圆柱为独立柱，找规矩时应按设计要求在柱上弹出纵横两个方向的四根中心线。按四面中心点，在地面上弹出四个点的切线，形成圆柱的外切四边线，四边线各边长就是圆柱的实际直径；然后用缺口木板方法，由上四面中心线往下吊线锤，检查柱子的尺寸和垂直度。如果不超过规定误差，在地面弹上圆柱抹灰后外切四边线（每边长就是抹灰后圆柱直径），按这个尺寸制作圆柱的抹灰套板（图 8-8）。

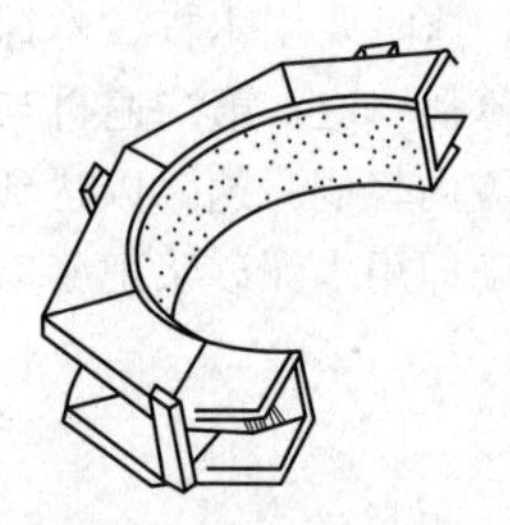

图 8-8 套板

圆柱做灰饼，可以根据地面上放好的线，在柱四面中心线处，先在下面做灰饼，然后用缺口板挂垂线做柱上部的四个灰饼。在上下灰饼挂线，中间每隔 1.2m 左右做几个灰饼，再根据灰饼做标筋。圆柱抹灰分层做法与方柱相同，抹时用长木杠随抹随找圆，随时用抹灰圆形套板核对。当抹面层灰时，应用圆形套板沿柱子上下滑动，将抹灰抹成圆形。

十、冬季抹灰施工注意事项

(1) 冬季抹灰应采取保温措施。抹灰时，砂浆的温度不宜低于 5℃。气温进入 0℃，不宜进行冬季施工。

(2) 砂浆抹灰层硬化初期不得受冻。气温低于 5℃时，室外不宜抹灰。做油漆或涂料墙面的抹灰层，不得掺入食盐和氯化钙。

(3) 用冻结法砌筑的墙体，室外抹灰应待其完全解冻后施工；室内抹灰应待内墙面解冻，方可施工。

(4) 不得用热水冲刷冻结的墙面或用热水消除墙面的冻霜。

十一、一般抹灰的施工质量检验

一般抹灰分为普通抹灰和高级抹灰，当设计无要求时，按普通抹灰验收。有关分项工程、子分部工程的质量验收记录和检验批质量验收的具体内容如主控项目、一般项目及检验方法可参见《建筑工程施工质量验收统一标准》(GB 50300—2001)、《建筑装饰装修工程质量验收规范》(GB 50210—2001)。

1. 主控项目

一般抹灰工程主控项目见表 8-3。

表 8-3　一般抹灰工程主控项目

项次	项　目	检 验 方 法
1	抹灰前基层表面的尘土、污垢、油渍等应清除干净，并应洒水润湿	检查施工记录
2	一般抹灰所用材料的品种和性能应符合设计要求。水泥的凝结时间和安定性复验应合格。砂浆的配合比应符合设计要求	检查产品合格证书、进场验收记录、复验报告和施工记录
3	抹灰工程应分层进行。当抹灰总厚度大于或等于 35mm 时，应采取加强措施。不同材料基体交接处表面的抹灰，应采取防止开裂的加强措施，当采用加强网时，加强网与各基体的搭接宽度不应小于 100mm	检查隐蔽工程验收记录和施工记录
4	抹灰层与基层之间及各抹灰层之间必须粘接牢固，抹灰层应无脱层、空鼓，面层应无爆灰和裂缝	观察；用小锤轻击检查；检查施工记录

2. 一般项目

(1) 一般抹灰工程的表面质量应符合下列规定。

1) 普通抹灰表面应光滑、洁净、接槎平整，分格缝应清晰。

2）高级抹灰表面应光滑、洁净、颜色均匀、无抹纹，分格缝和灰线应清晰美观。

（2）护角、孔洞、槽、盒周围的抹灰表面应整齐、光滑；管道后面的抹灰表面应平整。

（3）抹灰层的总厚度应符合设计要求；水泥砂浆不得抹在石灰砂浆层上；罩面石膏灰不得抹在水泥砂浆层上。

（4）抹灰分格缝的设置应符合设计要求，宽度和深度应均匀，表面应光滑，棱角应整齐。

（5）有排水要求的部位应做滴水线（槽）。滴水线（槽）应整齐顺直，滴水线应内高外低，滴水槽的宽度和深度均不应小于10mm。

3. 一般抹灰工程质量的允许偏差和检验方法

一般抹灰工程质量的允许偏差和检验方法应符合表8-4的规定。

表8-4　　一般抹灰工程质量的允许偏差和检验方法

项次	项　目	允许偏差（mm）		检验方法
		普通抹灰	高级抹灰	
1	立面垂直度	4	3	用2m垂直检测尺检查
2	表面平整度	4	3	用2m靠尺和塞尺检查
3	阴阳角方正	4	3	用直角检测尺检查
4	分格条（缝）直线度	4	3	拉5m线，不足5m拉通线，用钢直尺检查
5	墙裙、勒脚上口直线度	4	3	拉5m线，不足5m拉通线，用钢直尺检查

注　1. 普通抹灰，本表第3项阴角方正可不检查。
　　2. 顶棚抹灰，本表第2项表面平整度可不检查但应平顺。

第三节　饰面板（砖）工程

饰面板（砖）工程是在墙柱表面镶贴或安装具有保护和装饰功能的块料而形成的饰面层；块料的种类有饰面板和饰面砖。饰面板有石材饰面板（包括：天然石材，如大理石、花岗岩等；人造石材，如预制水磨石、水刷石、人造大理石、玻璃幕墙等）、金属饰面板、塑料饰面板、镜面玻璃饰面板等；饰面砖有釉面瓷砖、外墙面砖、陶瓷锦砖和玻璃马赛克等。饰面板安装只适用于内墙和高度不大于24m，抗震设防烈度不大于7度的外墙饰面板安装工程，饰面板粘贴工程只适用于内墙和高度不大于100m，抗震设防烈度不大于8度，采用满粘法施工的外墙。目的是限制外饰面板工程的应用高度，以保证其安全。超过高度限制的饰面板工程应按金属和石材幕墙工程要求进行严格安全能力设计。

一、饰面砖粘贴工程

内墙饰面砖粘贴工程主要采用传统直接抹浆（水泥砂浆、水泥浆等）粘贴法、胶粘法（胶黏剂、多功能建筑胶粉等）。外墙饰面砖粘贴工程采用满粘法施工，一般采用传统直接抹浆（水泥砂浆、水泥浆等）粘贴。

1. 作业条件

主体结构已进行中间验收并确认合格，同时饰面施工的上层楼板或屋面应已完工不漏水，全部饰面材料按计划数量验收入库；基层经自检、互检、交验，墙面平整度和垂直度合格；找平层拉线贴灰饼和冲筋已做完，大面积底糙完成，突出墙面的钢筋头、钢筋混凝土垫块、梁头已剔平，脚手洞眼已封堵完毕；水暖管道经检查无漏水，试压合格，电管埋设完毕；门窗框及其他木制、钢制、铝合金预埋件按正确位置预埋完毕，标高符合设计要求。

2. 对材料的要求

(1) 已到场的饰面材料应进行数量清点核对。

(2) 按设计要求进行外观检查。检查内容主要包括进料与选定样品的图案、花色、颜色是否相符，有无色差；规格是否符合质量标准规定的尺寸和公差要求；表面是否方正、平整，有无裂纹或破损现象。

(3) 检测饰面材料所含污染物是否符合规定。特别强调的是，以上检查必须开箱进行全数检查，不得抽样或部分检查。因为大面积装饰贴面，如果其中一块不合格，就会破坏整个装饰面的效果。

3. 饰面砖样板件的黏结强度检测

外墙饰面砖粘贴前和施工过程中，均应在相同基层上做样板件，并对样板件的饰面砖黏结强度进行检验，其检验方法和结果判定应符合《建筑工程饰面砖黏结强度检验标准》(JGJ 110) 的规定。其中，在建筑物外墙上镶贴的同类饰面砖，其黏结强度同时符合以下两项指标时可定为合格。

(1) 每组试样平均黏结强度不应小于 0.40MPa。

(2) 每组可有一个试样的黏结强度小于 0.40MPa，但不应小于 0.30MPa。

当两项指标均不符合要求时，其黏结强度应定为不合格。

4. 内墙面砖粘贴施工

墙面砖的粘贴都是一块一块进行的，与锦砖以张为单位不同。但面砖的规格很多，有方的 100mm×100mm，长方的 100mm×200mm，200mm×300mm，有长条的 50mm×200mm 的等，但粘贴方法都是一样的。目前使用的黏结层材料除传统常用水泥砂浆外，还出现了各种各样的黏结剂，对黏结剂的使用必须了解其性能、使用方法、产品质量保证性等，不能随便取之即用。

(1) 施工工艺流程：基层处理→抹底、中层灰并找平→弹出上口和下口水平线→分格弹线→选面砖→ 预排砖→浸砖→做标志块→垫托木→面砖铺贴→勾缝→养护及清理。

基层处理到抹好底子灰的过程均同抹灰工程一样，厚度宜为 15mm。

(2) 施工要点说明。

1) 基层处理。当基层为光滑的混凝土时，应先剔凿基层使其表面粗糙，然后用钢丝刷清理一遍，并用清水冲洗干净。在不同材料的交接处或表面有孔洞处，用 1：3 水泥砂浆找平。当基层为砖时，应先剔除墙面多余灰浆，然后用钢丝刷清理浮土，并浇水润湿墙体。

2) 做找平层。用 1 ：3 水泥砂浆在已充分润湿的基层上涂抹，总厚度应控制在 15mm 左右，应分层施工，同时注意控制砂浆的稠度且基层不得干燥。找平层表面要求平整、垂直、方正。

3) 弹水平线。根据设计要求，定好面砖所贴部位的高度，用“水柱法”找出上口的水平点，并弹出各面墙的上口水平线。依据面砖的实际尺寸，加上砖之间的缝隙，在地面上进行预排、放样，量出整砖部位，最上皮砖的上口至最下皮砖下口尺寸，再在墙面上从上口水平线量出预排砖的尺寸，作出标记，并弹出各面墙所贴面砖的下口水平线。

4) 分格弹线。分格弹线是在找平层上用墨线弹出饰面砖分格线。弹线前应根据镶贴墙面长、宽尺寸（找平后的精确尺寸），按纵、横面砖的皮数划出皮数杆，定出水平标准。弹水平线时，对要求面砖贴到顶的墙面，应先弹出顶棚底或龙骨下标高线，按饰面砖上口伸入吊顶线内 25mm 计算，确定面砖铺贴上口线，然后从上往下按整块饰面砖的尺寸分划到最下面的饰面砖。当最下面砖的高度小于半块砖时，最好重新分划，使最下面一层面砖高度大于半块砖。重新排砖划分后，可将面砖多出的尺寸伸入到吊顶内。弹竖向线时，最好从墙内一侧端部开始，以便不足模数的面砖贴于阴角处。弹线分格如图 8 - 9 所示。

5) 选面砖。选面砖是保证饰面砖镶贴质量的关键工序。为保证镶贴质量，必须在镶贴前按颜色的深浅、尺寸的大小不同进行分选。对于饰面砖的几何尺寸大小，可以采用自制模具（图 8 - 10)。

这种模具根据饰面砖几何尺寸及公差大小，做成U形木框钉在木板上，将面砖逐块放入木框，即能分选出大、中、小，分别堆放备用。在分选饰面砖的同时，还要注意砖的平整度，不合格者不得应用于工程。最后挑选配件砖，如阴角条、阳角条、压顶等。

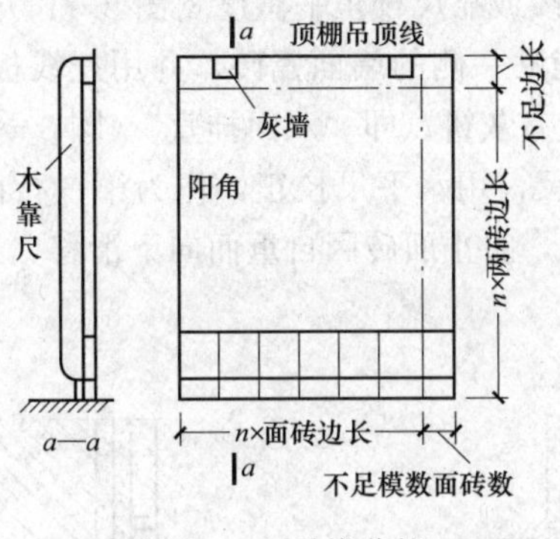

图8-9　弹线分格

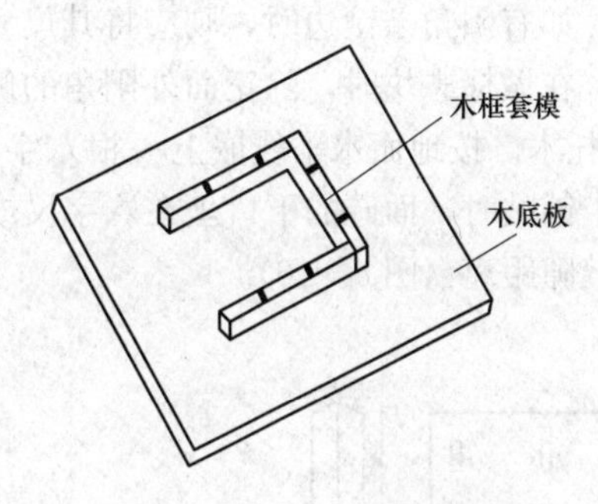

图8-10　自制分选套模

6）预排砖。排砖前应竖向1m、横向每5～10块砖弹一水平控制线。为确保装饰效果和节省面砖用量，在同一墙面只能有一行与一列非整块饰面砖，并且应排在紧靠地面或不显眼的阴角处。排砖时可用适当调整砖缝宽度的方法解决，一般饰面砖的缝宽可在2mm左右变化。当饰面砖外形尺寸偏差较大时，采用大面积密缝镶贴法效果不好，易造成缝线游走、不直，以致不好收头交圈。这种情况最好用调缝拼法或错缝排列比较合适。既可解决面砖大小不一的问题，又可对尺寸不一的面砖分排镶贴。当面砖外形有不太大的偏差时，阴角用分块留缝镶贴，排块时按每排实际尺寸，将误差留于分块中。如果饰面砖厚薄有差异，也可将厚薄不一的面砖，按厚度分类，分别镶贴在不同墙面上。

内墙面砖镶贴排列方法，主要有直缝镶贴和错缝镶贴两种。凡有管线、卫生设备、灯具支撑等或其他大型设备时，面砖应裁成U形口套入，再将裁下的小块截去一部分，与原砖套入U形口嵌好，严禁用几块其他零砖拼凑。

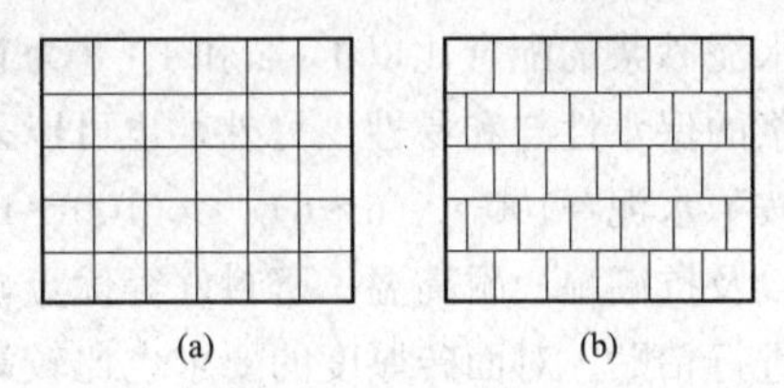

图8-11　预排砖

（a）直缝；（b）骑马缝

在预排砖（图8-11）中应遵循平面压立面，大面压小面，正面压侧面的原则。凡阳角和每面墙最顶一皮砖都应是整砖，而将非整砖留在最下一皮与地面连接处。阳角处正立面砖盖住侧面砖。对整个墙面的镶贴，除不规则部位外，中间部位不得裁砖。除柱面镶贴外，其他阳角不得对角粘贴（图8-12、图8-13）。

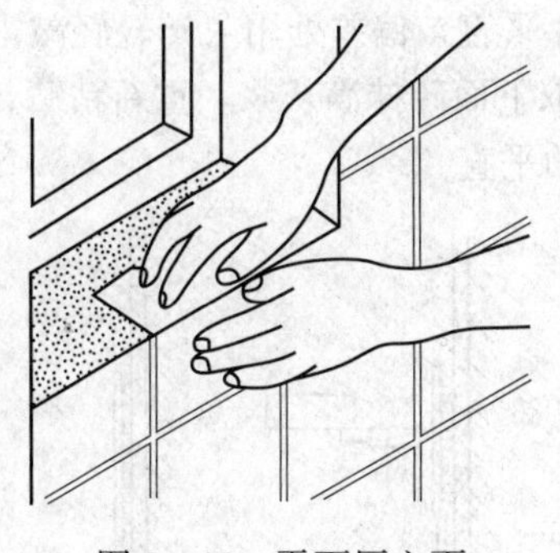

图8-12　平面压立面

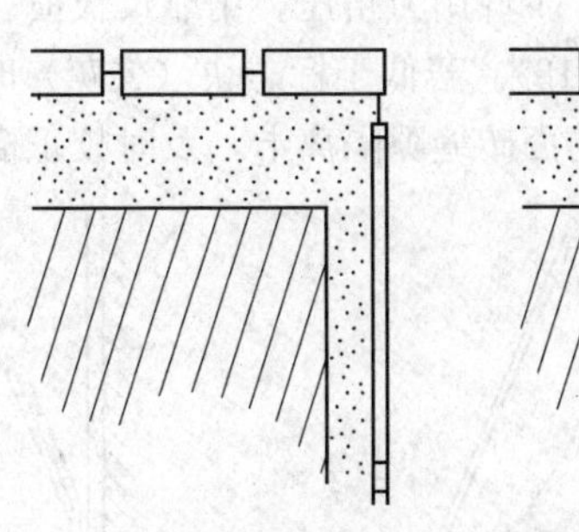

图8-13　阳角排砖

7）浸砖。已经分选好的瓷砖，在铺贴前应充分浸水润湿，防止用干砖铺贴上墙后，吸收砂浆

（灰浆）中的水分，致使砂浆中水泥不能完全水化，造成黏结不牢或面砖浮滑。一般浸水时间不少于 2h，取出后阴干到表面无水膜，通常 6h 左右。

8）做标志块。铺贴面砖时，应先贴若干块废面砖作为标志块，上下用托线板挂直，作为粘贴厚度的依据。横向每隔 1.5m 左右做一个标志块，用拉线或靠尺校正平整度（图 8－14）。在门洞口或阳角处，如有阳角条镶边时，则应将其尺寸留出先铺贴一侧的墙面瓷砖，并用托线板校正靠直。如无镶边，在做标志块时，除正面外阳角的侧面也相应有灰饼，即“双面挂直”（图 8－15）。

9）垫托木。按地面水平线嵌上一根八字尺或直靠尺，用水平尺校正，作为第一行面砖水平方向的依据。铺贴时，面砖的下口坐在八字尺或直靠尺上，防止面砖因自重而向下滑移，并在托木上标出砖的缝隙距离（图 8－16）。

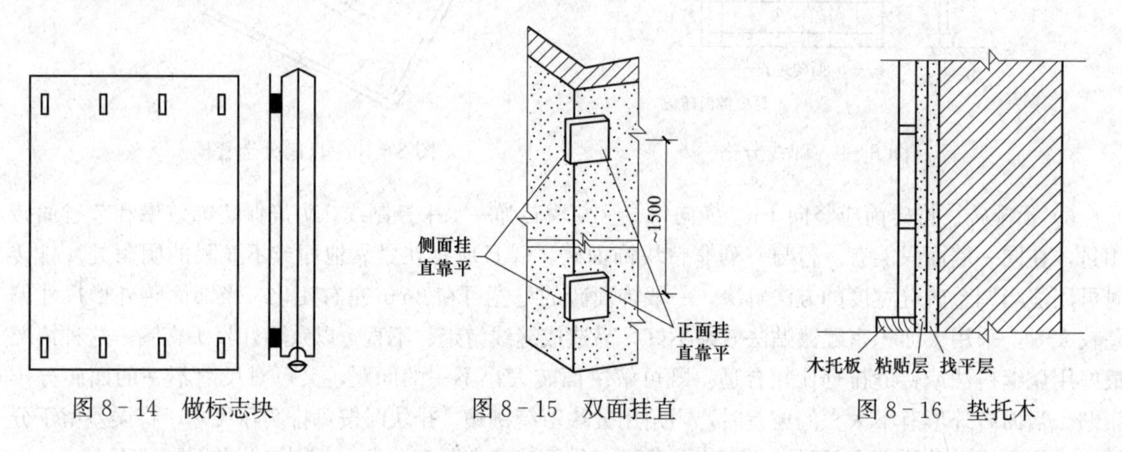

图 8－14　做标志块　　图 8－15　双面挂直　　图 8－16　垫托木

10）拌制黏结砂浆。饰面砖黏结砂浆的厚度为 5～8mm。砂浆可以是水泥砂浆或水泥混合砂浆，水泥砂浆的配合比以 1∶2 和 1∶3 为宜，混合砂浆则在其中加入少量的石灰膏即可，以增加黏结砂浆的保水性与和易性。另外，也可以采用环氧树脂粘贴法，环氧水泥胶的配合比为环氧树脂∶乙二胺∶水泥＝100∶（6～8）∶（100～150）。用它来粘贴面砖，具有操作方便、黏结性强、工效较高以及抗潮湿、耐高温、密封好等优点，但要求基层或找平层必须平整坚实，并需要待其干燥后才能进行粘贴。对面砖厚度的要求也比较高，要求厚度均匀，以便保证表面的平整度。由于用环氧树脂粘贴面砖的造价较高，一般在大面积面砖粘贴中不宜采用。

11）面砖铺贴。每一施工层宜从阳角或门边开始，由下往上逐步镶贴。方法为：左手拿砖，背面水平朝上，右手握灰铲，在灰桶里掏出粘贴砂浆，涂刮在面砖的背面，用灰铲将灰平压向四边展开，厚薄适宜，四边余灰用灰铲收刮，使其形状为“台形”即打灰完成（图 8－17）。

将面砖放在垫木上，少许用力挤压，用靠尺板横、竖向靠平直，偏差处用灰铲轻轻敲击，使其与底层黏结密实（图 8－18）。若低于标志块（欠灰）时，应取下面砖抹满灰浆，重新粘贴。在有条件的情况下，可用专用的面砖缝隙隔离卡，及时校正横竖缝的平直。

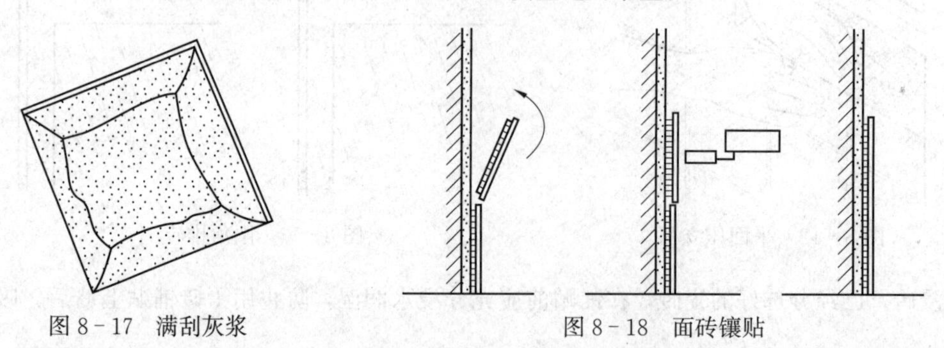

图 8－17　满刮灰浆　　图 8－18　面砖镶贴

在镶贴施工过程中，应随粘贴随敲击，并将挤出的砂浆刮净，同时用靠尺检查表面平整度和垂直度。检查发现高出标准砖面时，应立即压砖挤浆。如果已形成凹陷，必须揭下重新抹灰再贴。如果遇到面砖几何尺寸差异较大，应在铺贴中随时调整。最佳的调整方法是将相近尺寸的饰面砖贴在一排上，但镶最上面一排时，应保证面砖上口平直，以便最后贴压条砖。无压条砖时，最好在上口贴圆角面砖。如地面有踢脚板，靠尺条上口应为踢脚板上沿位置，以保证面砖与踢脚板接缝美观（图 8－19）。有花纹要拼合的，或方向一顺的，这些在粘贴中都应十分注意，不要贴错、贴倒。

图 8－19　靠尺条应为踏脚板上沿

12）勾缝。饰面砖在镶贴施工完毕，应进行全面检查，合格后用棉纱将砖表面上的灰浆拭净，同时用与饰面砖颜色相同的水泥（彩色面砖应加同色颜料）嵌缝。嵌缝中注意应全部封闭缝中镶贴时产生的气孔和砂眼，并用棉纱或海绵仔细擦拭污染的部位。待面砖表面完全干燥后用干抹布全面仔细擦去粉末状残留物，使表面光亮如镜。

13）养护、清理。镶贴后的面砖应防冻、防烈日暴晒，以免砂浆酥松。完工 24h 后，墙面应洒水湿润以防早期脱水。施工现场地面的残留水泥浆应及时铲除干净，多余面砖集中堆放。

5. 外墙饰面砖施工

（1）工艺流程：基层处理 → 抹底、中层灰并找平 → 选砖 → 预排砖 → 分格弹线 → 铺贴 → 勾缝。

（2）施工要点。

1）抹底、中层灰并找平。外墙面砖的找平层处理与内墙面砖的找平层处理相同。只是应注意各楼层的阳台和窗口的水平方向、竖直方向和进出方向保持“三向”成线。

2）选砖。根据设计图样的要求，首先按颜色一致选砖，然后再用自制模具对其尺寸大小、厚薄进行分选归类，经过分选的面砖应分别存放。

3）预排砖。按照立面分格的设计要求预排面砖，以确定面砖的皮数、块数和具体位置，作为弹线和细部做法的依据。当无设计要求时，预排要确定面砖在镶贴中的排列方法。外墙面砖镶贴排砖的方法较多，常用的有矩形长边水平排列和竖直排列两种。按砖缝的宽度，又可分为密缝排列（缝宽 1～3mm）和疏缝排列（4～20mm）。图 8－20 为外墙面砖排缝图。

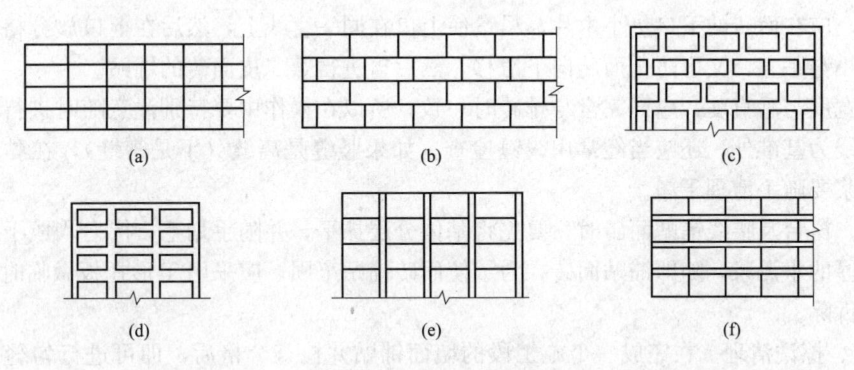

图 8－20　外墙面砖排缝

(a) 长边水平密缝；(b) 长边密缝错缝；(c) 疏缝错缝；(d) 水平、竖直疏缝；
(e) 水平密缝、竖直疏缝；(f) 水平疏缝、竖直密缝外墙面砖的预排中应遵循：阳角部位应当是整砖，且阳角处正立面整砖应盖住侧立面整砖。对大面积墙面砖的镶贴，除不规则部分外，其他部分不允许裁砖。除柱面镶贴外，其余阳角不得对角粘贴（图 8-21）。在预排中，对突出墙面的窗台、腰线、滴水槽等部位的排砖，应注意面砖必须做出一定的坡度，一般 $i=3\%$，面砖应盖住立面砖。底面砖应贴成滴水鹰嘴（图 8-22）。

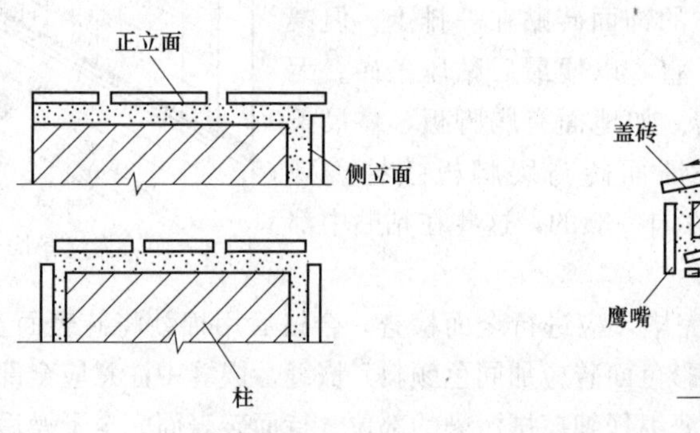

图 8-21　阳角镶贴排砖图　　图 8-22　外窗台面砖镶贴图

预排外墙面砖还应当核实外墙的实际尺寸，以确定外墙找平层厚度，控制排砖模数（即确定竖向、水平、疏密缝宽度及排列方法）。此外，还应注意外墙面砖的横缝应与门窗贴脸和窗台相平，门窗洞口阳角处应排横砖。窗间墙应尽可能排整砖，直缝排列有困难时，可考虑错缝排列，以求得墙砖对称的装饰效果。

4）分格弹线。应根据预排结果画出大样图，按照缝的宽窄大小（主要指水平缝）做好分格条，作为镶贴面砖的辅助基准线。弹线首先在外墙阳角处用线锤吊垂线并用经纬仪进行校核，用花篮螺栓将线锤吊正的钢丝固定绷紧上下端，作为垂线的基准线，然后以阳角基线为准，每隔 1.5～2m 做标志块，定出阳角方正，抹灰找平。在找平层上，按照预排大样图先弹出顶面水平线。在墙面的每一部分，根据外墙水平方向的面砖数，每隔约 1m 弹一垂线。在每层楼的楼面标高处，按照预排面砖实际尺寸和对称效果，弹出水平分缝、分层皮数。

5）铺贴施工。铺贴面砖前应清除妨碍贴面砖的障碍物，检查平整度和垂直度。铺贴的砂浆一般为水泥砂浆或水泥混合砂浆，其稠度要一致。铺贴顺序应自上而下分层分段进行，每层内铺贴程序应是自下而上进行，而且要先贴柱、后贴墙面、再贴窗间墙。铺贴时，先按水平线垫平八字尺或直靠尺，操作方法与内墙面砖相同。在贴完一行后，必须将每块面砖上的灰浆刮净。如果上口不在同一直线上，应在面砖的下口垫小木片，尽量使上口在同一直线上，然后在上口放分格条，既控制水平缝的大小与平直，又可防止面砖向下滑移，然后再进行第二皮面砖的铺贴。

竖缝的宽度与垂直度，应当完全与排砖时一致，所以在操作中要特别注意随时进行检查。除以墙面的控制线为基准外，还应当经常用线锤检查。如果竖缝是离缝（不是密缝），在黏结时对挤入竖缝处的灰浆要随手清理干净。

门窗套、窗台及腰线铺贴面砖时，要先将基体分层抹平，并随手划毛，待七八成干时，再洒水抹 2～3mm 厚的水泥浆，随即铺贴面砖。为了使面砖铺贴牢固，应采用 T 形托板做临时支撑，在常温下隔夜后拆除。

6）勾缝、擦洗清理。在完成一个施工段的墙面铺贴并检查合格后，即可进行勾缝。为使勾缝表面达到连续、平直、光滑、填嵌密实、无空鼓、无裂纹，应进行二次勾缝法。即砂浆嵌缝后先勾缝一次，待勾缝砂浆收水后、终凝前再勾缝一次。勾缝可做成凹缝（尤其是离缝分格），深度一般为 3mm 左右。

二、饰面板安装工程

饰面板的安装主要包括天然石材（如大理石、花岗岩等）、人造石材（如预制水磨石、人造大理石等）、金属饰面板、塑料饰面板和镜面玻璃饰面板等。

1. 作业条件

由于饰面板价格昂贵且多用在装饰标准较高的工程上，因此对饰面板安装技术要求更为细致、准确，施工前必须做好各方面的准备工作。

（1）放施工大样图。饰面板安装前，首先应检查墙面基体的垂直度、平整度，偏差较大的应剔凿或修补，超出允许偏差的则应在保证墙面整体与饰面板表面距离不小于50mm的前提下，重新排列分块。柱面应先量测出柱的实际高度和柱子的中心线，以及柱与柱之间上、中、下部水平通线，确定出柱饰面板的位置线，然后决定饰面板分块规格尺寸。对于楼梯墙裙、圆形及多边形复杂墙面，则应现场实测后放施工大样图校对。

根据墙、柱校核实测的规格尺寸，将饰面板间的接缝宽度包括在内，由此计算出板材的排列方式和数量，并按安装顺序进行编号，绘制大样图及节点大样详图，作为加工订货及安装的依据。

（2）选板与试拼。选板主要是对照施工大样图检查复核所需板材的几何尺寸，并按误差大小进行归类；检查板材磨光面的缺陷，并按纹理和色泽进行归类。对有缺陷的板材，应改小使用或安装在不显眼的地方。对有破碎、变色、局部缺陷或缺棱掉角者，一律另行堆放。对于破裂的板材，可在15℃以上环境下用环氧树脂胶黏剂黏结，其配合比见表8-5。黏结时，黏结面必须清洁干燥，涂胶厚度为0.5mm，并在相同温度的室内环境下养护，养护时间不得少于3d。对表面缺边少棱、坑洼、麻点的修补，可刮环氧树脂腻子，并在15℃以上室内养护1d后，用0号砂纸轻轻磨平，再养护3d左右，打蜡即可。

表8-5　环氧树脂胶黏剂与环氧树脂腻子配合比

材料名称	质量配合比	
	环氧树脂胶黏剂	环氧树脂腻子
环氧树脂E44（6101）	100	100
乙二胺	6～8	10
邻苯二甲酸二丁酯	20	10
白水泥	0	100～200
颜料	适量（与修补颜色相近）	适量（与修补颜色相近）

选板和修补工作完成后，即可进行试拼。因为板材（特别是天然板材）具有天然纹理、色泽差异较大，如果拼镶巧妙，可以获得意想不到的效果。试拼经有关方面认可后，方可正式安装施工。

（3）基层处理。为防止饰面板安装后产生空鼓、脱落，饰面板安装前，应对墙、柱等认真处理，光滑的基体表面还应进行凿毛处理，凿毛深度一般为0.5～1.5mm，间距不大于30mm。基体表面残留的砂浆、尘土和油渍等，应用钢丝刷子刷净并用水冲洗。

2. 大理石、磨光花岗石、预制水磨石饰面湿法施工

（1）工艺流程。

1）薄型小规格块材（边长小于400mm）工艺流程：基层处理→吊垂直、套方、找规矩、贴灰饼→抹底层砂浆→弹线分格→排块材→浸块材→镶贴块材→表面勾缝与擦缝。

2）大规格块材（边长大于400mm）工艺流程：施工准备（钻孔、剔槽）→穿铜丝或镀锌丝与块材固定→绑扎、固定钢筋网→吊垂直、找规矩弹线→安装大理石、磨光花岗石或预制水磨石→分层灌浆→擦缝。

（2）工艺要点。对于薄型小规格块材（一般厚度10mm以下）：边长小于400mm，可采用粘贴方法。

1）进行基层处理和吊垂直、套方、找规矩，可参见铺贴面砖施工要点有关部分。需要注意同一墙面不得有一排以上的非整砖，并应将其铺贴在较隐蔽的部位。

2）在基层湿润的情况下，底灰采用1∶3水泥砂浆，厚度约12mm，分两遍操作，第一遍约5mm，第二遍约7mm，待底灰压实刮平后，将底子灰表面划毛。

3）待底子灰凝固后便可进行分块弹线，随即将已湿润的块材抹上厚度为2～3mm的素水泥浆，内掺胶水进行镶贴（也可以用胶粉），用木槌轻敲，用靠尺找平找直。

对于大规格块材：边长大于400mm，铺贴高度超过1m时，可采用安装方法。

1）钻孔、剔槽。安装前先将饰面板按照设计要求用台钻打眼，事先用钉木架使钻头直对板材上端面，在每块板的上、下两个面打眼，孔位打在距板宽的两端1/4处，每个面各打两个眼，孔径为5mm，深度为12mm，孔位距石板背面以8mm为宜（指钻孔中心）。如大理石或预制水磨石、磨光花岗石，板材宽度较大时，可以增加孔数。钻孔后用金钢錾子把石板背面的孔壁轻轻剔一道槽，深5mm左右，连同孔洞形成象鼻眼，以备埋卧铜丝之用（图8-23）。

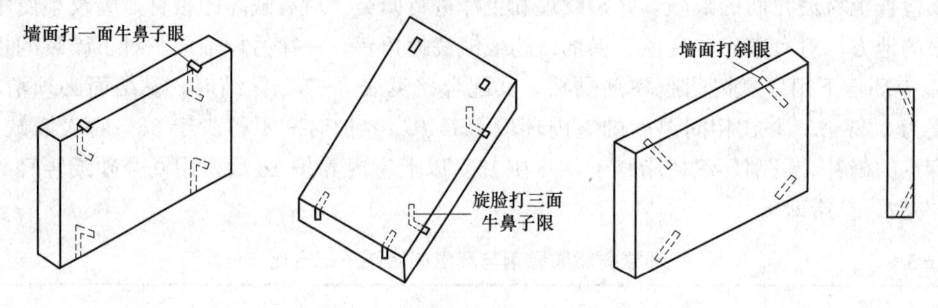

图8-23　饰面板材打眼示意图

若饰面板规格较大，特别是预制水磨石和磨光花岗石板，如下端不好拴绑镀锌铅丝或铜丝时，也可在未镶贴饰面板的一侧，采用手提轻便小薄砂轮（4～5mm），按规定在板高的1/4处上、下各开一槽（槽长3～4mm，槽深12mm，与饰面板背面打通，竖槽一般居中，也可偏外，但以不损坏外饰面和不泛碱为宜），可将镀锌铅丝或铜丝卧入槽内，便可拴绑与钢筋网固定。

2）穿钢丝或镀锌铅丝。把备好的铜丝或镀锌铅丝剪成长20cm左右，一端用木楔粘环氧树脂将铜丝或镀锌铅丝进孔内固定牢固，另一端将铜丝或镀锌铅丝顺孔槽弯曲并卧入槽内，使大理石或预制水磨石、磨光花岗石板上、下端面没有铜丝或镀锌铅丝突出，以便和相邻石板接缝严密。

3）绑扎钢筋网。首先剔出墙上的预埋筋，把墙面镶贴大理石或预制水磨石的部位清扫干净。先绑扎一道竖向$\phi6$钢筋，并把绑好的竖筋用预埋筋弯压于墙面。横向钢筋为绑扎大理石或预制水磨石、磨光花岗石板材所用，如板材高度为60cm时，第一道横筋在地面以上10cm处与主筋绑牢，用作绑扎第一层板材的下口固定铜丝或镀锌铅丝。第二道横筋绑在50cm水平线上7～8cm，比石板上口低2～3cm处，用于绑扎第一层石板上口固定铜丝或镀锌铅丝，再往上每60cm绑一道横筋即可。

4）弹线。首先将大理石或预制水磨石、磨光花岗石的墙面、柱面和门窗套用大线坠从上至下找出垂直（高层应用经纬仪找垂直）。应考虑大理石或预制水磨石、磨光花岗石板材厚度、灌注砂浆的空隙和钢筋网所占尺寸，一般大理石或预制水磨石、磨光花岗石外皮距结构面的厚度应以5～7cm为宜。找出垂直后，在地面上顺墙弹出大理石或预制水磨石板等外轮廓尺寸线（柱面和门窗套等同）。此线即为第一层大理石或预制水磨石等的安装基准线。编好号的大理石或预制水磨石板等在弹好的基准线上画出就位线，每块留1mm缝隙（如设计要求拉开缝，则按设计规定留出缝隙）。

5）安装大理石或预制水磨石、磨光花岗石。按部位取石板并舒直铜丝或镀锌铅丝，将石板就位，石板上口外仰，右手伸入石板背面，把石板下口铜丝或镀锌铅丝绑扎在横筋上。绑时不要太紧可留余量，只要把铜丝或镀锌铅丝和横筋拴牢即可（灌浆后即可锚固），把石板竖起，便可绑大理石或预制水磨石、磨光花岗石板上口铜丝或镀锌铅丝，并用木楔子垫稳，块材与基层间的缝隙（灌浆厚度）一般为30～50mm。用靠尺板检查调整木楔，再拴紧铜丝或镀锌铅丝，依次向另一方向进行。柱面可按顺时针方向安装，一般先从正面开始。第一层安装完毕再用靠尺板找垂直，水平尺找平整，方尺找阴阳角方正，在安装石板时如出现石板规格不准确或石板之间的空隙不符，应用铅皮垫牢，使石板之间缝隙均匀一致，并保持第一层石板上口的平直。找完垂直、平整、方正后，用碗调制熟石膏，把调成粥状的石膏贴在大理石或预制水磨石、磨光花岗石板上下之间，使这两层石板结成一整体，木楔处也可粘贴石膏，再用靠尺板检查有无变形，等石膏硬化后方可灌浆（如设计有嵌缝塑料软管者，应在灌浆前塞放好）。

6）灌浆。把配合比为1∶2.5的水泥砂浆放入半截大桶加水调成粥状（稠度一般为8～12cm），用铁簸箕舀浆徐徐倒入，注意不要碰大理石或预制水磨石板，边灌边用橡皮锤轻轻敲击石板面使灌入砂浆排气。第一层浇灌高度为15cm，不能超过石板高度的1/3；第一层灌浆很重要，因为既要锚固石板的下口铜丝又要固定石板，所以要轻轻操作，防止碰撞和猛灌。如发生石板外移错动，应立即拆除重新安装。第一次灌入15cm后停1～2h，等砂浆初凝，此时应检查是否有移动，再进行第二层灌浆，灌浆高度一般为20～30cm，待初凝后再继续灌浆。第三层灌浆至低于板上口5～10cm处为止。

7）擦缝。全部石板安装完毕后，清除所有石膏和余浆痕迹，用麻布擦洗干净，并按石板颜色调制色浆嵌缝，边嵌边擦干净，使缝隙密实、均匀、干净、颜色一致。

8）柱子贴面。安装柱面大理石或预制水磨石、磨光花岗石，其弹线、钻孔、绑钢筋和安装等工序与镶贴墙面方法相同，要注意灌浆前用木方子钉成槽形木卡子，双面卡住大理石板或预制水磨石板，以防止灌浆时大理石或预制水磨石、磨光花岗石板外胀。

3. 大理石、花岗石干挂施工

工业与民用建筑工程的内、外饰面板干挂工艺是利用耐腐蚀的螺栓和耐腐蚀的柔性连接件，将大理石、花岗石等饰面石材干挂在建筑结构的外表面，石材与结构之间留出40～50mm的空腔。

现在国内不少大型公共建筑的石材内外饰面板安装工程采取干挂工艺日益普遍。

用此工艺做成的饰面，在风力和地震力的作用下允许产生适量的变位，以吸收部分风力和地震力，而不致出现裂纹和脱落。当风力和地震力消失后，石材也随结构而复位。该工艺与传统的湿作业工艺比较，免除了灌浆工序，可缩短施工周期，减轻建筑物自重，提高抗震性能，更重要的是有效地防止灌浆中的盐碱等色素对石材的渗透污染，提高其装饰质量和观感效果。此外，由于季节性室外温差变化引起的外饰面胀缩变形，使饰面板可能脱落，这种工艺可有效地预防饰面板脱落伤人事故的发生。这种干挂饰面板安装工艺也可与玻璃幕墙或大玻璃窗、金属饰面板安装工艺等配套应用（图8-24）。

图8-24　干挂饰面板安装现场

（1）工艺流程为：施工准备→建筑物结构丈量→定点挂线放样→墙面固定点打洞→安装膨胀螺栓→安装固定角钢→安装连接板→板钻孔开槽→板材对号入座→对钻孔安装销钉与连接板结合→

拧紧连接板与角钢的螺栓→检查质量和做必要调整→连接点强固树脂胶合→塞发泡圆条入缝→挤压黑色软膏嵌缝→表面清理→成品检查→打蜡上光。

（2）工艺说明。

1）施工准备：由于干挂工艺需在结构全部完工后才能进行，因此施工准备工作主要是搭架子；根据板块设计图要自顶部挂钢丝线锤，量出建筑尺寸，定出离墙间距；按楼层测出水平线给挂板有一水平缝的准线；根据竖横线条安排每块石板在墙面的位置，并定出各固定点的位置。此外，施工准备还包括板材进场的校验；在地坪上的试拼，一般板缝可取5～6mm；要求板材加工长宽尺寸允许偏差±1.00mm，板面平整0.1～0.3mm。施工准备还包括对结构墙板的防水措施，如为混凝土墙，一般可不必做防水处理，而砖墙则要抹1∶2.5水泥砂浆，分层抹成厚度在15mm左右。并且要检查干挂的挂件零配件和附属材料如强固树脂、嵌缝膏、发泡圆条等。总之，施工准备事宜较多，要备全备细保证施工顺利进行。

2）板材与结构墙面之间由于安装件等尺寸和操作需要，要留有空隙。所有挂件包括入墙的膨胀螺栓均为不锈钢件。根据图纸和丈量尺寸弹线定出每块的位置并相应写上板号。经过计算定出应打洞的墙上点位，钻孔安装膨胀螺栓，该位置的误差不能大于5mm，虽然挂件有长圆形孔可以调整，但其范围也仅10mm。安装连接的示意图如图8-25所示。

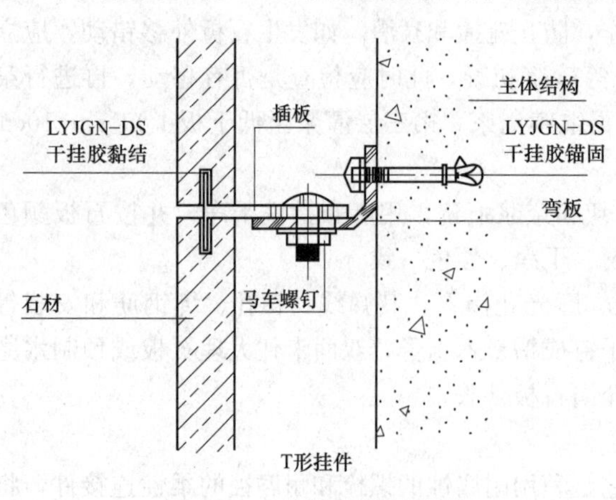

图8-25 安装连接示意图

3）根据墙面膨胀螺栓孔的间距，在石板的上下面钻销钉孔。销钉孔位必须量准后钻，以便销钉穿入上下两块板时，板缝不错位。每块板共钻四个孔眼，如板较大则6～8孔。视图纸及具体情况而定。

4）安装石板时也是由下往上一排一排进行安装，每安装两排后要进行检查垂直平整及上口的水平。检查无误后用强固树脂胶把连接节点涂上，类似电焊使节点固定牢，不变形不松动。待安装完一段或全部后，在板缝中嵌塞圆发包塑料条，塞进约10mm，作为软膏嵌缝的“内模”。最后用挤压枪把软膏挤入缝中，表面用溜子溜平。软膏是一种密封材料，具有良好的黏结力，结膜后不收缩、不干裂、有弹性，具有防雨、防晒、抗老化等性能。目前这种材料国内尚不多。

5）质量上应注意的要点有：尺寸丈量要准确，板块布置要准确、弹线要准确，并检查复核无误。无误后再定打膨胀螺栓的孔位置，要控制好误差在10mm之内。粘强固树脂胶时，节点表面要清理干净，不要遗漏。缝道宽度要用垫块控制，达到水平缝均匀。不锈钢连接板的端头不能伸到石板面处，应凹进10mm，塞发泡圆条及挤软膏时缝内灰尘一定要清理干净。

4. 胶黏结板材施工

胶黏结板材施工是由国外引进新的黏结胶建材后，已在国内一些工程的石板材饰面安装中使用。该种胶在国内称为“大力胶”，这里简称胶料。

（1）该树脂胶的性能：分为慢干型、快干型和透明型三种。属于环氧树脂聚合物，具有高强的永久性黏合强度；有较强的抗震、抗冲击、抗拉和抗压能力；有一定韧性及伸缩能力，能防止黏合后受震动、风力、热胀、冷缩作用下变形、扭曲及脱落；干固后具有防水、防潮能力，并能在-30～90℃温度环境中保持稳定性，不脆化；有抗污染及化学侵蚀的能力等。施工简捷，适合各种环境下施工，施工位置不受限制。对混凝土、钢铁、石材、砖等均具有较强的黏结力。

(2) 施工时所用工具有：调胶抹子及调胶板、线锤、水平尺、弦线、电动小型锯、小型磨机和电钻，专用水桶及棉丝、毛巾等。

(3) 安装粘贴的方法有：直接粘贴法；过渡粘合法；钢架直粘法。胶黏结合后的石板在胶料干固后，石板之间无须互相借力，完全可以自行独立悬挂在结构上。

目前，进口的该种胶分为A、B两种组分，要根据说明书配比均匀混合调制，调制在木板上进行，随调随用。在有效时间中用完，慢干型、透明型的有效时间在常温下约45min。

(4) 直接粘贴法工艺流程：施工准备→石板定位弹线→筛选板材→基层处理→石板背面清理→胶的调制→石板黏结点上胶（中间点可用快干胶）→石墙安装及调正→质量检查及修整→工艺完成擦净表面上蜡出亮。

(5) 工艺说明。直接粘贴法与墙间距不宜大于8mm。基层处理要把松散、浮土等物质清理干净，石板背面也要揩擦干净。

将调制好的胶料分五点在石板背面均匀布抹好（图8-26）。抹起的高度稍大于墙与板间的空隙。

根据弹线和拉的弦线，利用水平尺、直尺就位及调直。定位后对黏合点的情况作检查，必要时加胶补强。安装两排后用托线板检查垂直平整。板与板间的缝隙宜留2mm，在完工后与湿作业一样可以进行擦缝。总体高度超过9m时，应根据说明书使用部分锚件，以增大安全保险系数。

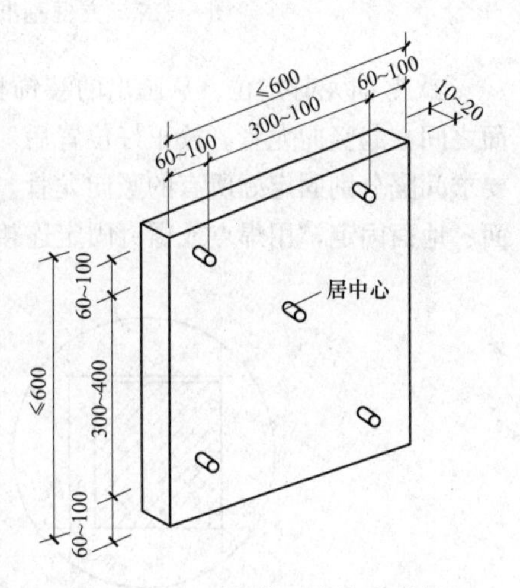

图8-26　石板背面点涂胶黏剂

对该种新工艺、新材料的使用，一是要看使用说明书，查材料质保书、保质期；二是要先试验及学习已成功经验，从而保证工程施工质量。

5. 不锈钢板饰面施工

不锈钢装饰是目前装饰工程中比较流行的一种装饰方法，它具有金属光泽和质感，以及不锈蚀的特点和如同镜面的效果，同时还具有强度和硬度较大，在施工和使用过程中不易发生变形的特点，具有非常明显的优越性。以下主要介绍原方柱装饰成圆柱的不锈钢包面施工工艺，因为柱体的骨架多采用木骨架，因此制作骨架很关键。

(1) 工艺流程：弹线→竖向龙骨定位→制作横向龙骨→横向龙骨与竖向龙骨的连接→柱体骨架与建筑柱体的连接→骨架形体校正、修边→制作骨架基层→饰面板安装。

(2) 施工要点。

1) 弹线。在柱体弹线工作中，将原方柱装饰成圆柱的弹线工艺较为典型。通常画圆应该从圆心点开始，依半径把圆画出，但圆柱的中心点无法直接得到。因此，要画出圆柱的底圆，就必须用变通的方法。现介绍一种常用的统切法。

画圆柱底圆的方法是：当建筑结构的尺寸有误差时，方柱也不一定是正方形，必须确立方柱底边的基准方框，才能进行下一步的画线工作。首先测量方柱的尺寸，找出最长的一条边，以该边为边长，用直角尺在方柱底弹出一个正方形，该正方形就是基准方框（图8-27）（该方框的每条边中点要标出）；然后制作样板。先在一张纸板或三夹板上，以装饰圆柱的半径画一个半圆，并剪裁下来。在这个半圆上，以标准底框边长的一半尺寸为宽度，做一条与该半圆直径相平行的直线。再从平行线处剪裁这个半圆，所得的这块圆弧板，就是该柱弦切弧样板（图8-28）；最后以该样板的直边，靠住基准底框的四个边，将样板的中点线对准基准底框边长的中心，沿样板的圆弧边画线，这样就得到了装饰圆柱的底圆（图 8－29）。顶面的画线方法基本相同，但基准顶框必须通过底边框吊垂直线的方法画出，以保证地面与顶面的垂直度。

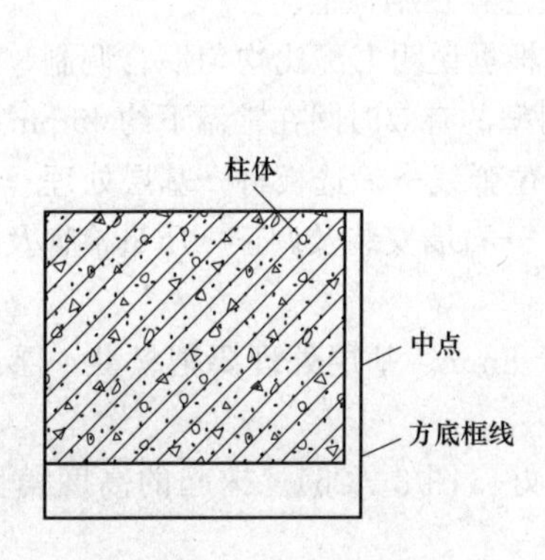

图 8－27 方框基准线画法

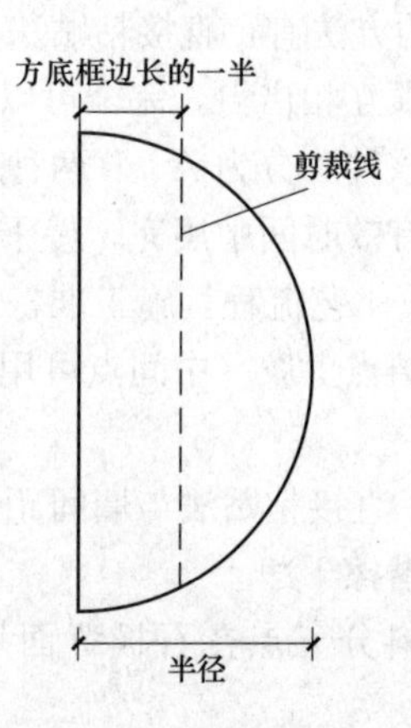

图 8－28 弦切弧样板画法

2）竖向龙骨定位。从画出的装饰柱体顶面线向底面线吊垂线，并以垂线为基准，在顶面与地面之间立起竖向龙骨。校正好位置后，分别在顶面和地面把竖向龙骨固定起来。然后根据施工图的要求间隔分别固定好所有的竖向龙骨。固定时常采用连接件，即用膨胀螺栓或射钉将连接件与顶面、地面固定，用焊点或螺钉固定连接件与竖向龙骨（图 8－30）。

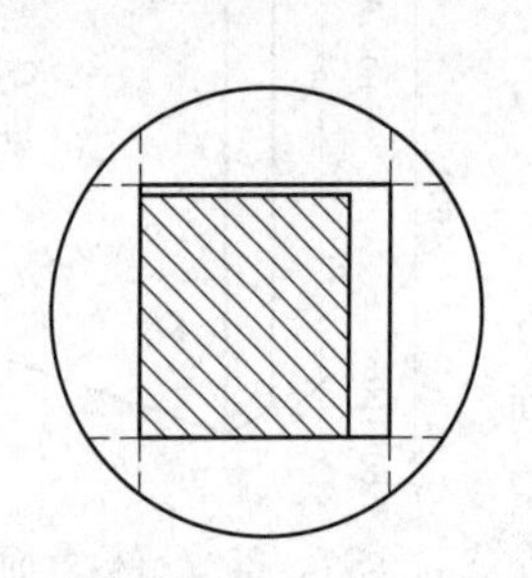

图 8－29 装饰圆柱的底圆

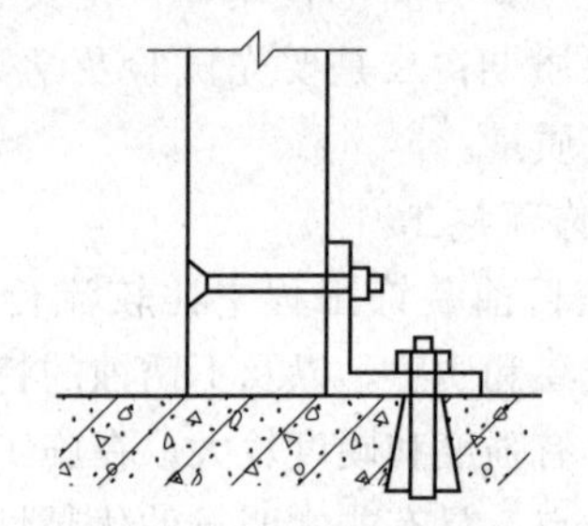

图 8－30 竖向龙骨固定

3）制作横向龙骨。横向龙骨既是龙骨架的支撑件，又起着造型的作用。所以在圆形或有弧形的装饰柱体中，横向龙骨需制作出弧形线（图 8－31）。弧线形横向龙骨的制作方法为：首先在15mm 厚的木夹板上按所需的圆半径，画出一条圆弧，在该圆半径上减去横向龙骨的宽度后，再画出一条同心圆弧。按同样方法在一张板上画出各条横向龙骨，用电动直线锯按线切割出横向龙骨（图 8－32）。

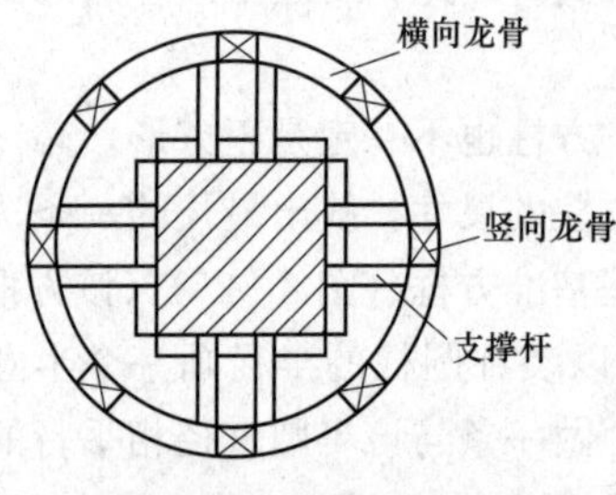

图 8－31 圆柱龙骨骨架

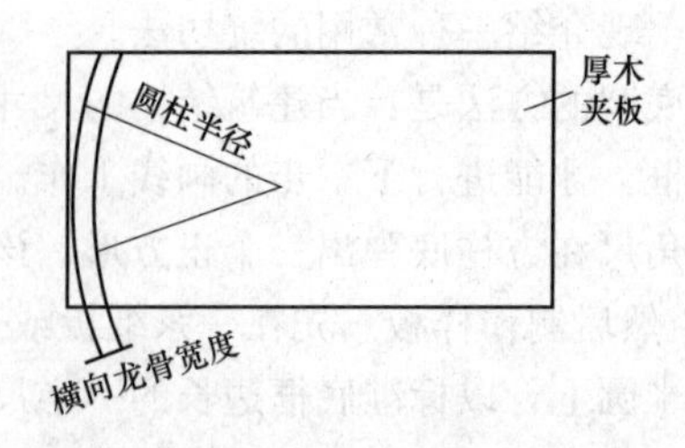

图 8－32 制作弧线形横向龙骨

4）横向龙骨与竖向龙骨的连接。连接前，必须在柱顶与地面间设置弧形位置控制线，控制线主要是吊垂线和水平线。木龙骨的连接可用槽接法和加胶钉接法。通常方柱和多角柱用加胶钉固法，圆柱等弧面柱体用槽接法（图 8－33）。加胶钉固法是在横向龙骨的两端头面加胶，将其置于两竖向龙骨之间，再用钢钉斜向与竖向龙骨固定。横向龙骨之间的间隔距离，通常为 300mm 或 400mm。槽接法是在横向、竖向龙骨上分别开出半槽，两龙骨在槽口处对接。当然，槽接法也需在槽口处加胶、加钉固定。这种固定方法稳固性较好。

5）柱体骨架与建筑柱体的连接。为保证装饰柱体的稳固，通常在建筑的原柱体上安装支撑杆，使它与装饰柱体骨架互相固定。支撑杆可用方木或角钢制作，并用膨胀螺栓或射钉、木楔钢钉的方法与建筑柱体连接，其另一端与装饰柱体骨架钉接或焊接。支撑杆应分层设置，在柱体的高度方向上分层的间隔为 800～1000mm。

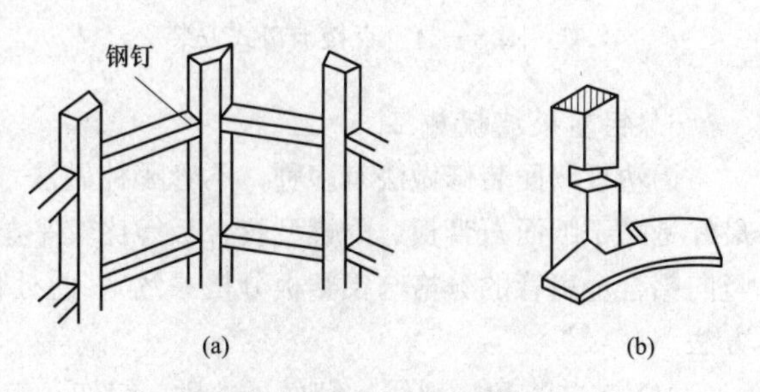

图 8－33　圆柱木龙骨的连接
（a）加胶钉固法；（b）槽接法

6）骨架形体校正。为了保证骨架形体的准确性，施工过程中，应不断对骨架进行检查。检查的主要内容是柱体骨架的垂直度、不圆度、各条横向龙骨与竖向龙骨连接的平整度等。垂直度，在连接好的柱体骨架顶端边框线设置吊垂线，如果吊垂线下端与柱体边框平行，说明柱体没有歪斜。吊线检查应在柱体周围进行，一般不少于 4 点位置。柱高 3.0m 以下允许歪斜度误差在 3mm 以内，柱高 3.0m 以上其误差允许在 6mm 以内。如超过误差，就必须进行修理。柱体骨架的不圆度，经常表现为凸肚和内凹，这给饰面板的安装带来不便。检查不圆度的方法也采用垂线法。将圆柱上、下边用垂线相接，如细线被中间骨架顶弯，说明柱体凸肚。如细线与中间骨架有间隔，说明柱体内凹。柱体表面的不圆度误差值不得超过 3mm，超过误差值的部分应进行修整。

7）修边。柱体骨架连接固定之后，要对其连接部位和龙骨本身的不平整处进行修平处理。对曲面柱体中竖向龙骨要进行修边，使之成为曲面的一部分。

8）制作骨架基层。在圆柱骨架上安装木夹板，应选择弯曲性能较好的薄三夹板。如果弯曲有困难，可在木夹板的背面用刀切割一些竖向刀槽，刀槽深 1mm，两刀相距 10mm 左右。安装固定前，先在柱体骨架上进行试铺。要注意，应用木夹板的长边来包柱体。然后在木骨架的外面刷乳胶或各类环氧树脂胶等，将木夹板粘贴在木骨架上，用钢钉从一侧开始钉木夹板，逐步向另一侧固定。在对缝处用钉量要适当加密，钉头要埋入木夹板内。

9）饰面板安装。用骨架做成的圆柱体，不锈钢圆柱面可采用镶面施工。通常是在工厂专门加工成所需的曲面，一个圆柱面一般都由两片或三片不锈钢曲面板组装而成。不锈钢板安装的关键在于片与片间对口处的处理，处理方式主要有直接卡口式和嵌槽压口式两种。直接卡口式是在两片不锈钢板对口处，安装一个不锈钢卡口槽，该卡口槽用螺钉固定于柱体骨架的凹部。安装柱面不锈钢板时，只要将不锈钢板一端的弯曲部勾入卡口槽内，再用力推按不锈钢板的另一端，利用不锈钢板本身的弹性，使其卡入另一个卡口槽内（图 8－34）。嵌槽压口式是把不锈钢板在对口处的凹部用螺钉或钢钉固定，再把一条宽度小于凹槽的木条固定在凹槽中间，两边空出的间隙相等，间隙宽为 1mm 左右。在木条上涂刷环氧树脂胶，等胶面不粘手时，向木条上嵌入不锈钢槽条（图 8－35）。安装嵌槽压口的关键是木条的尺寸准确、形状规则。木条安装前，应先与不锈钢槽条试配，木条的高度一般不大于不锈钢槽内深度 0.5mm。尺寸准确可保证木条与不锈钢槽面与柱体面的一致，形状规则可使不锈钢槽嵌入木条后胶结面均匀，黏结牢固，防止槽面的侧歪现象。

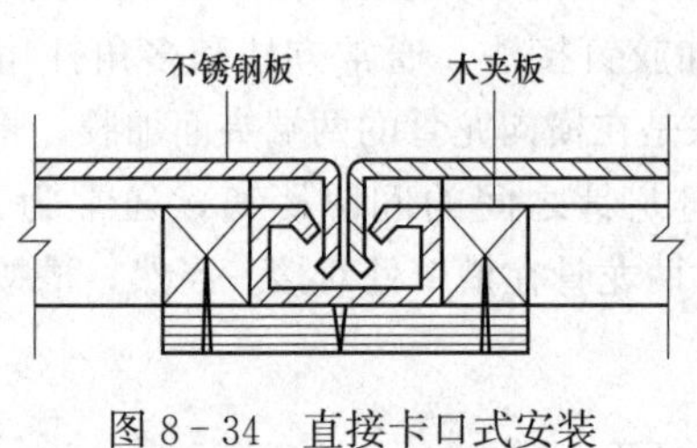

图 8－34　直接卡口式安装

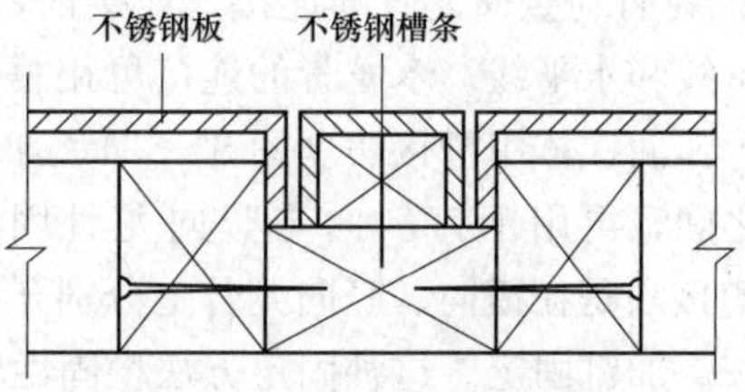

不锈钢板　不锈钢槽条

图 8－35　嵌槽压口式安装

6．铝塑板墙板施工

铝塑板墙面装修做法有多种，不管哪种做法，均不允许将高级铝塑板直接贴于抹灰找平层上，最好是贴于纸面石膏板、耐燃型胶合板等比较平整的基层上或铝合金扁管做成的框架上（要求横、竖向铝合金扁管的分格与铝塑板分格一致）。此处仅介绍铝塑板在基层板（或框架）上的粘贴施工方法。

（1）工艺流程：弹线→翻样、试拼、裁切、编号→安装、粘贴→修整→板缝处理。

（2）施工要点。

1）弹线。按具体设计，根据铝塑板的分格尺寸在基层板上弹出分格线。

2）翻样、试拼、裁切、编号。根据设计要求及弹线，对铝塑板进行翻样、试拼，然后将铝塑板裁切、编号备用。

3）粘贴。铝塑板的粘贴，基本上有下列三种做法。

① 胶黏剂直接粘贴法。在铝塑板背面及基层板表面均匀涂立时得胶或其他橡胶类胶黏剂（如 XH－401 强力胶、XY－401 胶、FN303 胶、CX－401 胶、JY－401 胶等）一层，待胶黏剂稍具黏性时，将铝塑板上墙就位，并与相邻各板抄平、调直后用手拍平压实，使铝塑板与基层板粘牢。拍压时严禁用铁棒或其他硬物敲击。

② 双面胶带及胶黏剂并用粘贴法。根据墙面弹线，将薄质双面胶带按“田”字形分布粘黏于基层板上（按双面胶带总面积占基底总面积 30%的比例分布）。在无双面胶带处，均匀涂立时得胶或其他橡胶强力胶一层，然后按弹线范围，将已试拼、编号的铝塑板临时固定，经与相邻各板抄平、调直完全符合质量要求后，再用手拍实压平，使铝塑板与基层板粘牢。

③ 发泡双面胶带直接粘贴法。将发泡双面胶带粘贴于基层板上，将铝塑板根据编号及弹线位置顺序上墙就位，进行粘贴。粘贴后在铝塑板四角加螺钉四个，以利于加强（图 8－36）。

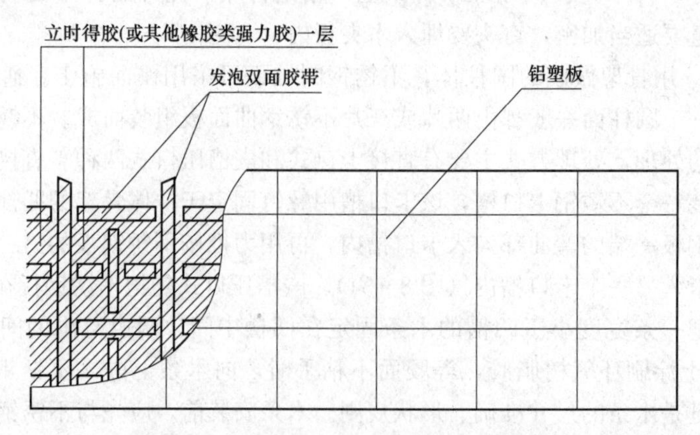

图 8－36　铝塑板发泡双面胶带直接粘贴法

4）修整表面。整个铝塑板安装完毕后，应严格检查装修质量，发现不牢、不平、空心、鼓肚及平整度、垂直度、方正度偏差不符合质量要求的，应彻底修整。表面如有胶迹，须彻底拭净。

5）板缝处理及封边。板缝大小、宽窄、造型处理以及整个铝塑板的封边、收口以及用何种封边压条、收口饰条等，均按具体工程的设计要求。

7. 玻璃饰面工程施工

建筑装饰所用的镜面玻璃，以高级浮法平板玻璃为基材，经过镀银、镀铜、镀漆等特殊工艺加工而制成。这种玻璃具有镜面尺寸较大、成像清晰逼真、抗盐雾性优良、抗热性能好、使用寿命长等特点。

(1) 工艺流程：墙面清理、修整→涂防潮层→安装防腐、防火木龙骨→安装阻燃型胶合板→安装镜面玻璃→清理嵌缝→封口、收口。

(2) 施工要点。

1）涂防潮层。墙体表面要求涂防潮层一道，清水墙防潮层厚6～12mm，兼作找平层用，至少3～5遍成活。非清水墙体防潮层厚4～5mm，至少3遍成活。

2）安装防腐、防火木龙骨。镜面玻璃内墙所用的木龙骨，一般是40mm×40mm或50mm×50mm的小木方，正面刨光，背面刨一道通长防翘凹槽，并满涂氟化钠防腐剂一道，防火涂料三道。

按中距450mm双向布置木龙骨，并用射钉与墙体固定，不得有松动、不牢、不实之处。钉头必须射入木龙骨表面0.5～1.0mm，钉眼用油性腻子抹平。在木龙骨与墙面的缝隙处，要用防腐、防火木块垫平塞实。

3）安装镜面玻璃。安装镜面玻璃常用紧固件镶钉法和胶粘法。

① 紧固件镶钉法。主要包括弹线、安装、修整表面和封边收口等主要工序。

a. 弹线。根据具体设计和镜面玻璃规格尺寸，在胶合板上将镜面玻璃位置及分块都弹出，作为施工的标准。

b. 安装。用紧固件及装饰压条等将镜面玻璃固定于胶合板及木龙骨上，钉距、紧固件、装饰压条、镜面玻璃的厚度和尺寸等，应按具体工程的设计处理。紧固件一般有螺钉固定、玻璃钉固定、嵌钉固定和托压固定等（图8-37～图8-40）。螺钉固定，即用直径3～5mm的平头或圆头螺钉，透过玻璃上的钻孔钉在木龙骨上，一般从下向上、由左至右进行安装。全部镜面固定后，用长靠尺靠平，以全部调平为准。嵌钉固定，即用嵌钉钉在龙骨上，将镜面玻璃的四个角压紧。安装第一排时，嵌钉应临时固定，装好第二排后再拧紧。托压固定，即用压条和边框将镜面托压在墙上，镜面的重量主要落在下部边框或砌体上，其他边框起防止镜面外倾和装饰作用。压条和边框可采用木材和金属型材，先用竖向压条固定最下层镜面，安放上一层镜面后再固定横向压条。木压条一般宽30mm，每200mm内钉一颗钉子，钉头没入压条中0.5～1mm，用腻子找平后刷漆。

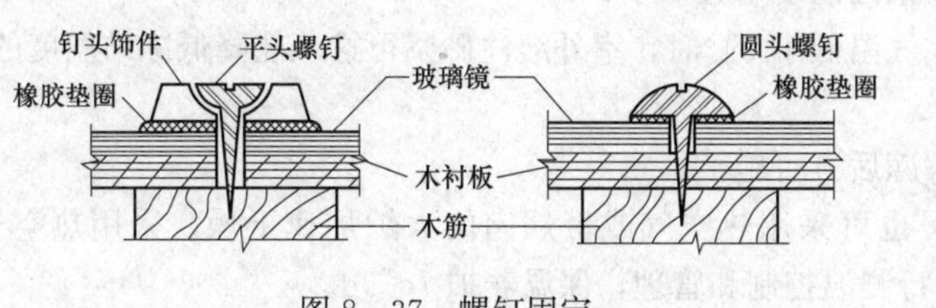

图8-37 螺钉固定

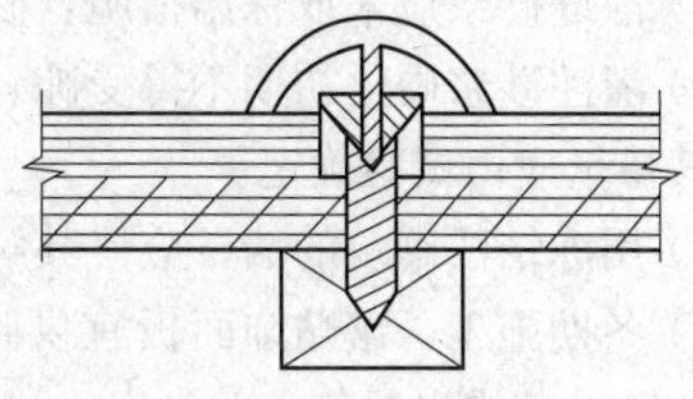
图8-38 玻璃钉固定

c. 修整表面。整个镜面玻璃墙面安装完毕后，应当严格检查装饰质量是否符合规范要求。如果发现不牢、不实、松动、倾斜、压条不直及平整度、垂直度、方正度偏差不符合质量要求之处，应彻底进行修正。

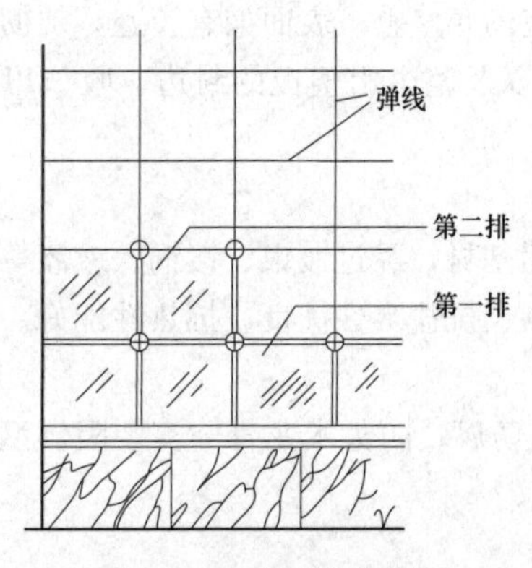

图 8－39　用嵌钉固定

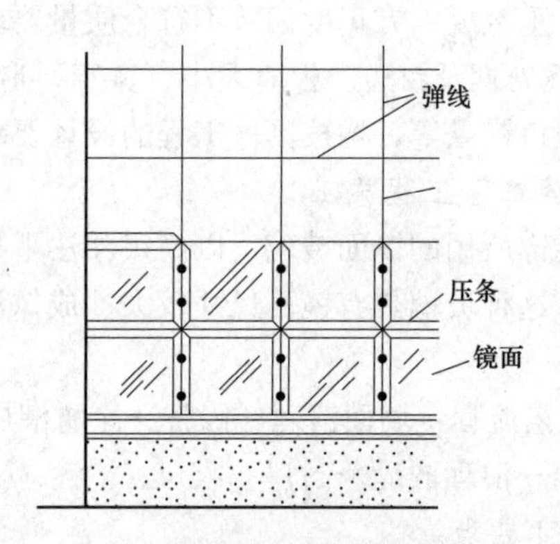

图 8－40　托压固定

d. 封边收口。整个镜面玻璃墙面装饰的封边、收口及采用何种封边压条、收口装饰条等，均按照具体设计处理。

② 胶粘法。包括弹线、做保护层、打磨、涂胶、上墙胶贴、清理嵌缝、封边收口。

a. 弹线。胶粘法做法的弹线与紧固件镶钉法相同。

b. 做保护层。将镜面玻璃背面的所有尘土、砂粒、杂物、碎屑等彻底清除，然后在背面满涂白乳胶一道，满堂粘贴一层薄牛皮纸保护层，并用塑料薄片将牛皮纸刮贴平整；也可以在准备点胶处刷一道混合胶液，粘贴上铝箔保护层，周边铝箔宽 150mm，与四边等长，其余部分铝箔均为 150mm 见方。

c. 打磨。凡胶合板表面与胶黏剂黏结之处，均要预先打磨，将浮松物、垃圾、杂物、碎屑等以及不利于黏结之物彻底清除干净。对于表面过于光滑之处，还应进行磨糙处理。镜面玻璃背面保护层上涂胶处，也应清理干净，不得有任何不利于黏结之处，但不准采用打磨的处理方法。

d. 涂胶。在镜面玻璃背面保护层上将胶黏剂点涂于玻璃背面。

e. 上墙胶贴。将镜面玻璃依胶合板上的弹线位置，按照预先编号依次上墙就位，逐块进行粘贴。利用镜面玻璃背面中间的胶点及其他施工设备，使镜面玻璃临时固定，然后迅速将镜面玻璃与相邻玻璃进行调正、顺直，同时按压平整。待胶硬化后将固定设备拆除。

f. 清理嵌缝。待镜面玻璃全部安装和粘贴完毕后，将镜面玻璃的表面清理干净，玻璃之间的留缝宽度，均应按具体设计处理。

三、季节施工

(1) 夏期安装室外大理石或预制水磨石、磨光花岗石时，应有防止暴晒的可靠措施。

(2) 冬期施工。

1) 灌缝砂浆应采取保温措施，砂浆的温度不宜低于 5℃。

2) 灌注砂浆硬化初期不得受冻。气温低于 5℃时，室外灌注砂浆可掺入能降低冻结温度的外加剂，其掺量应由试验确定。

3) 用冻结法砌筑的墙，应待其解冻后方可施工。

4) 冬期施工，镶贴饰面板宜供暖也可采用热空气或带烟囱的火炉加速干燥。采用热空气时，应设通风设备排出湿气。并设专人进行测温控制和管理，保温养护 7～9d。

四、饰面板（砖）施工质量要求

1. 饰面板（砖）材料质量要求

(1) 饰面板（砖）及配套附件的品种，规格应符合设计要求，其质量标准，应符合国家标准或行业标准。

(2) 饰面板（砖）应表面平整、边缘整齐，并具有产品合格证。

(3) 安装饰面板（砖）用的铁制锚固件，连接件应镀锌或经防锈处理，镜面和光面的大理石、花岗石饰面，应用铜或不锈钢连接件。

(4) 外墙采用面砖，无釉面砖，表面应光洁、质地坚硬、尺寸色泽一致，不得有暗痕和裂纹，吸水率不大于10%。

(5) 大理石、花岗石饰面板表面不得有暗伤、风化等缺陷，不宜采用易褪色的材料包装。使用前应检验大理石、花岗石的放射性指标。

(6) 木龙骨、木饰面板、塑料饰面板的燃烧性能等级应符合设计要求。

(7) 金属饰面板表面应平整、光滑、无裂缝和皱折，颜色一致、边角整齐，涂层厚度均匀，无污染，伤痕。

(8) 施工所用胶结材料的品种、质量及掺入量应符合设计要求，如配制前不能确定时，还应进行配制试验。

2. 饰面板（砖）工程施工质量检验

饰面砖工程验收时应检查的文件和记录：施工图、设计说明及其他设计文件，材料的产品合格证书、性能检测报告、进场验收记录和复验报告，后置埋件的现场拉拔检测报告，外墙饰面砖样板件的黏结强度检测报告，隐蔽工程验收记录，施工记录。有关分项工程、子分部工程的质量验收记录和检验批质量验收的具体内容如主控项目、一般项目及检验方法可参见《建筑工程施工质量验收统一标准》(GB 50300—2001)、《建筑装饰装修工程质量验收规范》(GB 50210—2001)。

(1) 主控项目。饰面砖粘贴工程主控项目见表8-6，饰面板安装工程主控项目见表8-7)。

表8-6 饰面砖粘贴工程主控项目

项次	项　目	检 验 方 法
1	饰面砖的品种、规格、图案颜色和性能应符合设计要求	观察；检查产品合格证书、进场验收记录、性能检测报告和复验报告
2	饰面砖粘贴工程的找平、防水、黏结和勾缝材料及施工方法应符合设计要求及国家现行产品标准和工程技术标准的规定	检查产品合格证书、复验报告和隐蔽工程验收记录
3	饰面砖粘贴必须牢固	检查样板件黏结强度检测报告和施工记录
4	满粘法施工的饰面砖工程应无空鼓、裂缝	观察；用小锤轻击检查

表8-7 饰面板安装工程主控项目

项次	项　目	检 验 方 法
1	饰面板的品种、规格、颜色和性能应符合设计要求，木龙骨、木饰面板和塑料饰面板的燃烧性能等级应符合设计要求	观察；检查产品合格证书、进场验收记录和性能检测报告
2	饰面板孔、槽的数量、位置和尺寸应符合设计要求	检查进场验收记录和施工记录
3	饰面板安装工程的预埋件（或后置埋件）、连接件的数量、规格、位置、连接方法和防腐处理必须符合设计要求。后置埋件的现场拉拔强度必须符合设计要求。饰面板安装必须牢固	手扳检查；检查进场验收记录、现场拉拔检测报告、隐蔽工程验收记录和施工记录

(2) 一般项目。饰面砖粘贴一般项目见表8-8，饰面板安装工程一般项目见表8-9。

表 8－8 饰面砖粘贴一般项目

项次	项 目	检 验 方 法
1	饰面砖表面应平整、洁净、色泽一致，无裂痕和缺损	观察
2	阴阳角处搭接方式、非整砖使用部位应符合设计要求	观察
3	墙面突出物周围的饰面砖应整砖套割吻合，边缘应整齐。墙裙、贴脸突出墙面的厚度应一致	观察；尺量检查
4	饰面砖接缝应平直、光滑，填嵌应连续、密实；宽度和深度应符合设计要求	观察；尺量检查
5	有排水要求的部位应做滴水线（槽）。滴水线（槽）应顺直，流水坡向应正确，坡度应符合设计要求	观察；用水平尺检查

表 8－9 饰面板安装工程一般项目

项次	项 目	检 验 方 法
1	饰面板表面应平整、洁净、色泽一致，无裂痕和缺损。石材表面应无泛碱等污染	观察
2	饰面板嵌缝应密实、平直，宽度和深度应符合设计要求，嵌填材料色泽应一致	观察；尺量检查
3	采用湿作业法施工的饰面板工程，石材应进行防碱背涂处理。饰面板与基体之间的灌注材料应饱满、密实	用小锤轻击检查；检查施工记录
4	饰面板上的孔洞应套割吻合，边缘应整齐	观察

(3) 饰面砖粘贴的允许偏差和检验方法见表 8－10。

表 8－10 饰面砖粘贴的允许偏差和检验方法

项次	项 目	允许偏差（mm）		检验方法
		外墙面砖	风墙面砖	
1	立面垂直度	3	2	用 2m 垂直检测尺检查
2	表面平整度	4	3	用 2m 靠尺和塞尺检查
3	阴阳角方正	3	3	用直角检测尺检查
4	接缝干线度	3	2	拉 5m 线，不足 5m 拉通线，用钢直尺检查
5	接缝高低差	1	0.5	用钢直尺和塞尺检查
6	接缝宽度	1	1	用钢直尺检查

(4) 饰面板安装的允许偏差和检验方法见表 8－11。

表 8－11 饰面板安装的允许偏差和检验方法

项次	项 目	允许偏差（mm）							检验方法
		石 材			瓷板	木材	塑料	金属	
		光面	剁斧石	蘑菇石					
1	立面垂直度	2	3	3	2	1.5	2	2	用 2m 垂直检测尺检查
2	表面平整度	2	3	-	1.5	1	3	3	用 2m 靠尺和塞尺检查

续表

项次	项 目	允许偏差（mm）							检验方法
		石 材			瓷板	木材	塑料	金属	
		光面	剁斧石	蘑菇石					
3	阴阳角方正	2	4	4	2	1.5	3	3	用直角检测尺检查
4	接缝直线度	2	4	4	2	1	1	1	拉 5m 线，不足 5m 拉通线，用钢直尺检查
5	墙裙、勒脚上口直线度	2	3	3	2	2	2	2	拉 5m 线，不足 5m 拉通线，用钢直尺检查
6	接缝高低差	0.5	3	-	0.5	0.5	1	1	用钢直尺和塞尺检查
7	接缝宽度	1	2	2	1	1	1	1	用钢直尺检查

第四节 门 窗 工 程

门和窗是房屋维护结构中的两个部件，门的主要功能是作交通兼作通风、采光之用，窗的主要功能是作采光、通风及眺望之用。门和窗的制作及安装通常称门窗工程，对门窗的要求除立面装饰效果外，还有分隔、保温、隔声、防火等要求。

一、门窗分类

建筑装饰工程所有用的门窗，按材质可分为铝合金门窗、钢门窗、木门窗、塑钢门窗和特殊门窗以及配件材料；按功能可分为普通门窗、保温门窗、隔声门窗、防火门和防爆门等；按结构可分为推拉门窗、平开门窗，弹簧门窗和自动门窗等。

二、铝合金门窗安装

铝合金门窗的特点是质量轻、性能好、耐腐蚀、色泽美观、坚固耐用。

1. 作业条件

(1) 主体结构经有关质量部门验收合格，工种之间已办好交接手续。

(2) 检查门窗洞口尺寸及标高是否符合设计要求。有预埋件的还应检查预埋件的数量、位置及埋设方法的正确，是否经过防腐处理。

(3) 检查进场的铝合金门窗的外观质量，表面应清洁，无裂纹、起皮和腐蚀存在，装饰面不允许有气泡。如有劈裂、窜角、翘曲不平、表面损伤、变形及松动、偏差超过标准、外观色差较大的，应与有关人员协商解决，经认真处理，验收合格后才能安装。

(4) 按图纸要求弹好门窗中线，并弹好室内 500mm 的水平基准线。

(5) 五金配件如双头通用门锁、扳动插锁、推拉式门锁、铝窗执手、地弹簧、半月形执手等，应配套齐全，并有产品出厂合格证。

(6) 辅助材料，如防腐材料、保温材料、水泥、砂、镀锌连接件、膨胀螺栓、防水密封膏、嵌缝材料、橡胶垫块、防锈漆、电焊条等应按要求选定。

门窗在运输和存放中，应防损伤和变形；安装时，必须采用预留洞口后安装的方法，严禁采用边安装边砌口或先安装后砌口的做法。门窗固定可采用焊接、脚胀螺栓或射钉等方法，但砖墙不能用射钉。对黏附在门窗表面的水泥砂浆或密封膏液，应及时用擦布或棉丝清除。

2. 安装流程

门窗框安装→填塞缝隙→门窗扇安装→玻璃安装→打胶清理。

3. 安装要点

(1) 门窗框安装。

1) 门窗洞口尺寸复核。门窗框上连接件间距一般应小于600mm，设在转角处的连接件位置应距转角边缘150mm。连接件多为1.5mm厚的镀锌板，长度根据现场需要进行加工。门窗洞口墙体厚度方向的预埋件中心线若无设计规定，距内墙面38～60系列为100mm，90～100系列为150mm。有窗台时，安装位置要以同一房间内的窗台板外露尺寸一致为准，窗台板伸入铝合金窗下5mm为宜。按设计尺寸在门窗洞口墙体上划出水平标高线和门窗位置中心线，同一房间内的窗水平高度应一致，误差不应超过5mm。

2) 门窗框就位。门窗框就位在洞口安装线上，调整框四周间隙均匀，同时注意框中心线与洞口中心线吻合，并调整门窗框的垂直度、水平度及对角线在允许偏差范围内。用木楔将框四角处固定，但须防止门窗框被挤压变形。门窗框两侧应涂刷防腐涂料，也可粘贴塑料薄膜进行保护，所用铁件也应进行防腐处理，严禁用水泥砂浆做填塞材料。

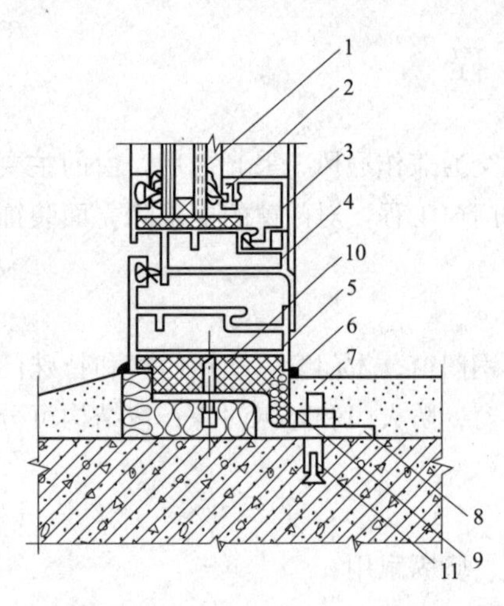

图8-41 铝合金门窗的安装
1—玻璃；2—橡胶压条；3—压条；4—内扇；5—外框；6—密封膏；7—砂浆；8—地脚；9—软填料；10—塑料垫；11—膨胀螺栓

3) 门窗框固定。沿门窗框外墙用电锤打ϕ10的孔，用膨胀螺栓固定门窗框的连接件或用射钉枪将连接件（连接件每横边不少于2个，每竖边不少于3个）与墙体固定。但射钉枪不能在多孔空心砖墙使用，必须砌入预制的混凝土垫块，并在垫块上固定连接件。如果墙体有预埋钢板或结构钢筋，可将连接件与之焊接牢固。焊接时须注意保护好铝合金门窗框。如墙体已预留槽口，可将连接件铁脚埋入槽口，用C25细石混凝土或1∶2水泥砂浆灌实（图8-41）。当门窗与墙体固定时，应先固定上框，后固定边框。固定方法如下。

① 混凝土墙洞口采用塑料膨胀螺钉固定。

② 砖墙洞口采用塑料膨胀螺钉或水泥钉固定，并固定在胶粘圆木楔上。

③ 加气混凝土洞口，采用木螺钉将固定片固定在胶粘圆木上。

④ 设有预埋铁件的洞口应采取焊接的方法固定，也可先在预埋件上按拧紧固件规格打基孔，然后用紧固件固定。

⑤ 设有防腐木砖的墙面，采用木螺钉把固定片固定在防腐木砖上。

(2) 填缝。铝合金门窗框安装固定好后，应反复垂吊，进一步复查其垂直度，随时用水平尺检查其平整度，确认无误后，及时处理门窗框与墙体缝隙。无设计要求时，应采用矿棉或玻璃棉毡条等软质材料分层填塞缝隙，外表面留有5～8mm深的槽口填嵌防水密封膏。由于只有一道防水，如果密封膏质量没有保证或嵌填不密实或无预留槽口（嵌缝膏厚度不足）、清理不干净、密封膏黏结不牢，或保护门窗框的临时性塑料薄膜未清除干净，雨水便很有可能从缝隙侵入。

防水密封膏，目前应用较多的是枪射发泡填缝剂，这是一种聚氨酯类发泡填充材料。当压注到缝隙后能发泡膨胀，固化后具有防火、隔热保温和防雨水渗漏等功能。固化时间约1h，未固化前不得触碰，如发现未饱满者，还可补压注，固化后再切割平整。

这里需要强调的是，推拉窗窗框的凹槽滞水，也是渗水的主要原因。在构造上，窗框外侧开约6mm×50mm的长方形泄水孔来及时排泄雨水，同时窗框的安装孔眼和窗框四角的接头也做好防水处理。固定扇的窗框是四方筒，无凹槽，窗框周边更容易渗漏，因而必须十分重视窗顶鹰嘴的排水坡度和窗框周边防水密封胶的施工质量。一般门窗楣的鹰嘴和窗台排水坡度不小于20%，滴水凹槽的深和宽不小于10mm，鹰嘴和窗台应从正前方排水，鹰嘴和窗台滴水与外墙面应有断水设置。

(3) 安装门窗扇和玻璃。一般应在内外墙粉刷、贴面等装饰工作完成并验收后，再进行门窗扇和玻璃的安装工作。门窗扇的安装要求周边密封、开启灵活。推拉门窗在门窗框安装固定后，将配好玻璃的门窗扇整体安入框内滑槽，调整好与扇的缝隙即可。平开门窗在框与扇格架组装上墙、安装固定好后再安玻璃，即先调整好框与扇的缝隙，再将玻璃安入扇并调整好位置，最后镶嵌密封条和密封胶。

(4) 打胶清理。大片玻璃与框扇接缝处，要用玻璃胶筒打入玻璃胶，同时认真清理门窗表面残留的污迹，清理周围环境，以全面保证工程质量。

三、塑钢门窗安装

塑料门窗造型美观，表面光滑，具有良好的装饰性、隔热性、密封性和耐腐蚀性。它是以聚氯乙烯、改性聚氯乙烯或其他树脂为主要原料，轻质碳酸钙为填料，添加适量助剂和改性剂，经挤压成为不同截面的空腹门窗异型材，再根据门窗的类型选用不同截面的异型材组装而成。由于塑料刚度差，一般在空腔内加入木条或型钢，以增强抗弯变形的能力。

1. 安装流程

抄平放线→定位→取扇固定→塞缝抹口→安装玻璃扇。

2. 安装要点

(1) 抄平放线。为了保证门窗安装位置准确，外观整齐，安装时应先拉水平线，多层楼层以顶层洞口找中，吊垂线弹窗中线。

(2) 定位。安装前应将镀锌固定铁根据铰链位置，按500mm间距嵌入窗框处槽内；找好塑料窗本身的中线，放入洞口，与洞口内水平弹线按中线对正找平后，用对称木楔内外夹紧，固定后拉对角线，调整窗的位置。

(3) 取扇固定。门窗定位后，可取下扇做好标志存放备用。在墙上打眼装入中号塑料膨胀螺钉，用木螺钉将镀锌铁固定在膨胀螺钉上，使铁件与门窗框和墙保持牢固连接。

(4) 塞缝抹口。在框上与洞口之间应塞入油毡条或浸油麻丝，以保证窗框有伸缩余地，抹灰时灰口应包住塑料窗框。

(5) 安装玻璃扇。内外墙面完成后，将玻璃用压条装在扇上，按原有的标记位置将扇安在框上。

四、木门窗安装

1. 安装流程

弹线找规矩→决定门窗框安装位置→决定安装标高→门框安装样板→窗框、扇安装→门框安装→门扇安装。

2. 安装要点

(1) 主体工程经过中间结构验收达到合格后，即可进行门窗安装施工。首先，应从顶层用大线坠吊垂直，检查窗口位置的准确度，并在墙上弹出安装位置线，对不符线的结构边棱进行处理。

(2) 根据室内50cm的平线检查窗框安装的标高尺寸，对不符线的结构边棱进行处理。

(3) 室内外门框应根据图纸位置和标高安装，为保证安装的牢固，应提前检查预埋木砖数量是否满足，1.2m高的门口，每边预埋两块木砖，高1.2～2m门口，每边预埋木砖3块，高2～3m的门口，每边预埋木砖4块，每块木砖上应钉2根长10cm的钉子，将钉帽砸扁，顺木纹钉入木门框内。

(4) 木门框安装应在地面工程和墙面抹灰施工以前完成。

(5) 采用预埋带木砖的混凝土块与门窗框进行连接的轻质隔断墙，其混凝土块预埋的数量，也应根据门口高度设 2 块、3 块、4 块，用钉子使其与门框钉牢。采用其他连接方法的，应符合设计要求。

(6) 做样板。把窗扇根据图纸要求安装到窗框上，按验评标准检查缝隙大小，五金安装位置、尺寸、型号，以及牢固性，符合标准要求后作为样板。并以此作为验收标准和依据。

(7) 弹线安装门窗框扇。应考虑抹灰层厚度，并根据门窗尺寸、标高、位置及开启方向，在墙上画出安装位置线。有贴脸的门窗立框时，应与抹灰面齐平；有预制水磨石窗台板的窗，应注意窗台板的出墙尺寸，以确定立框位置；中立的外窗，如外墙为清水砖墙勾缝时，可稍移动，以盖上砖墙立缝为宜。窗框的安装标高，以墙上弹 50cm 平线为准，用木楔将框临时固定于窗洞内，为保证相隔窗框的平直，应在窗框下边拉小线找直，并用铁水平将平线引入洞内作为立框时的标准，再用线坠校正吊直。黄花松窗框安装前，应先对准木砖位置钻眼，便于钉钉子。

(8) 若隔墙为加气混凝土条板时，应按要求的木砖间距钻 ϕ30mm 的孔，孔深 7～10cm，并在孔内预埋木橛粘 108 胶水泥浆打入孔中（木橛直径应略大于孔径 5mm，以便其打入牢固），待其凝固后，再安装门窗框。

(9) 木门扇的安装。

1) 先确定门的开启方向及小五金型号、安装位置，对开门扇扇口的裁口位置及开启方向（一般右扇为盖口扇）。

2) 检查门口尺寸是否正确；边角是否方正，有无窜角，检查门口高度应量门的两个立边，检查门口宽度应量门口的上、中、下三点，并在扇的相应部位定点画线。

3) 将门扇靠在柜上画出相应的尺寸线，如果扇大，则应根据框的尺寸将大出的部分刨去，若扇小应绑木条，且木条应绑在装合页的一面，用胶粘后并用钉子打牢，钉帽要砸扁，顺木纹送入框内 1～2mm。

4) 第一次修刨后的门扇应以能塞入口内为宜，塞好后用木楔顶住临时固定，按门扇与口边缝宽尺寸合适，画第二次修刨线，标出合页槽的位置（距门扇的上下端各 1/10，且避开上、下冒头）。同时应注意口与扇安装的平整。

5) 门扇第二次修刨，缝隙尺寸合适后，即安装合页。应先用线勒子勒出合页的宽度，根据上、下早头 1/10 的要求，定出合页安装边线，分别从上、下边线往里量出合页长度，剔合页槽，以槽的深度来调整门扇安装后与框的平整，刨合页槽时应留线，不应剔得过大、过深。

6) 合页槽剔好后，即安装上、下合页，安装时应先拧一个螺钉，然后关上门检查缝隙是否合适，口与扇是否平整，无问题后方可将螺钉全部拧上拧紧。木螺钉应钉入全长 1/3，拧入 2/3，如木门为黄花松或其他硬木时，安装前应先打眼，眼的孔径为木螺钉直径的 0.9 倍，眼深为螺钉长的 2/3，打眼后再拧螺钉，以防安装劈裂或将螺钉拧断。

7) 安装对开扇时，应将门扇的宽度用尺量好，再确定中间对口缝的裁口深度。如采用企口榫时，对口缝的裁口深度及裁口方向应满足装锁的要求，然后将四周刨到准确尺寸。

8) 五金安装应符合设计图纸的要求，不得遗漏，一般门锁、碰珠、拉手等距地高度为 95～100cm，插销应在拉手下面。

9) 安装玻璃门时，一般玻璃裁口在走廊内。厨房、厕所玻璃裁口在室内。

10) 门扇开启后易碰墙，为固定门扇位置，应安装门碰头，对有特殊要求的关闭门，应安装门扇开启器，其安装方法，参照《产品安装说明书》的要求。

五、门窗制作与安装质量标准

门窗安装完毕后，应通过钢尺量门窗框两对角线长度差，通过托线板吊靠门窗框垂直度来检查门窗框正侧面是否垂直，同时从开关是否灵活、安装是否牢固来控制安装质量。有关分项工程、子分部工程的质量验收记录和检验批质量验收的具体内容如主控项目、一般项目及检验方法可参见《建筑工程施工质量验收统一标准》（GB 50300）、《建筑装饰装修工程质量验收规范》（GB 50210）。

第五节 楼地面工程

建筑地面是建筑物底层地面（地面）和楼层地面（楼面）的总称。房屋建筑物和构筑物的室外散水、明沟、台阶、踏步和坡道等也属于建筑地面工程的范畴。

一、楼地面的组成及分类

1. 楼地面的组成

楼地面一般由基层、垫层和面层三部分组成。

(1) 基层。基层的作用是承受其上面的全部荷载，它是楼地面的基体。因此，基层要坚固、稳定。

(2) 垫层。垫层位于基层之上、面层之下，是承受和传递面层荷载的构造层。楼层的垫层，还具有隔声和找坡的作用。用于底层地面的垫层多为素混凝土垫层、砂石垫层等。

(3) 面层。面层是楼地面的最上层，根据不同的设计要求，面层材料各有不同，常用的有整体面层、块料面层等。

2. 楼地面的分类

(1) 按面层材料分：土、灰土、三合土、菱苦土、水泥砂浆混凝土、水磨石、马赛克、木、砖和塑料地面等。

(2) 按面层结构分：按照现行国家标准《建筑工程施工质量验收统一标准》（GB 50300）的规定，整体面层包括水泥混凝土面层、水泥砂浆面层、水磨石面层、水泥钢（铁）屑面层、防油渗面层、不发火（防爆的）面层；板块面层包括砖面层（陶瓷锦砖、缸砖、陶瓷地砖和水泥化砖面层）、大理石面层和花岗石面层、预制板块面层（水泥混凝土板块、水磨石板块面层）、料石面层（条石、块石面层）、塑料板面层、活动地板面层、地毯面层；木竹面层包括实木地板面层、实木复合地板面层、中密度（强化）复合地板面层、竹地板面层等。

二、一般要求

1. 施工顺序

贯彻“先地下后地上”的施工原则。

2. 保护成品

(1) 建筑地面工程完工后，应对面层采取保护措施，特别是大面积整体面层、板块面层、木竹面层和楼梯踏步，防止面层表面碰撞损坏。

(2) 整体面层施工后，养护时间不应小于7d；抗压强度达到5MPa后，方准上人行走；抗压强度达到设计要求后，方可正常使用。

3. 变形缝设置

建筑地面工程的变形缝应按设计要求设置，并应符合下列要求。

(1) 建筑地面的沉降缝、伸缩缝和防震缝，应与结构相应缝的位置一致，且应贯通建筑地面的各构造层。

(2) 沉降缝和防震缝的宽度应符合设计要求，缝内清理干净，以柔性密封材料填嵌后用板封盖，并应与面层齐平。

(3) 室内地面的水泥混凝土垫层，应设置纵向缩缝和横向缩缝；纵向缩缝间距不得大于 6m，横向缩缝不得大于 12m。工业厂房、礼堂、门厅等大面积水泥混凝土垫层应分区段浇筑。分区段应结合变形缝位置、不同类型的建筑地面连接处和设备基础的位置进行划分，并应与设置的纵向、横向缩缝的间距相一致。

4. 天然石材防碱背涂处理

采用传统的湿作业铺设天然石材，由于水泥砂浆在水化时析出大量的氢氧化钙，透过石材孔隙泛到石材表面，产生不规则的花斑，俗称泛碱现象，严重影响建筑室内外石材饰面的装饰效果。因此，在天然石材铺设前，应对石材饰面采用“防碱背涂剂”等进行背涂处理。即采用湿作业法施工的饰面板工程，石材应进行防碱、背涂处理。

5. 施工环境温度

为了使建筑地面工程各层铺设材料和拌和料、胶结材料具有正常凝结和硬化条件，建筑地面工程施工时，各层环境温度及其所铺设材料温度的控制应符合下列要求。

(1) 采用掺有水泥、石灰的拌和料铺设以及用石油沥青胶结料铺贴时，不应低于 5℃。

(2) 采用有机胶黏剂粘贴时，不宜低于 10℃。

(3) 采用砂、石材料铺设时，不应低于 0℃。

三、垫层施工

1. 刚性垫层

刚性垫层指用水泥混凝土、水泥炉渣混凝土和水泥石灰炉渣混凝土等各种低强度等级混凝土做的垫层。

混凝土垫层的厚度一般为 60～100mm。混凝土强度等级不宜低于 C10，粗骨料粒径不应超过 50mm，并不得超过垫层厚度的 2/3，混凝土配合比按普通混凝土配合比设计进行试配。其施工要点如下。

(1) 清理基层，测量弹线。

(2) 浇筑混凝土垫层前，基层应洒水湿润。

(3) 浇筑大面积混凝土垫层时，应纵横每 6～10m 设中间水平桩，以控制厚度。

(4) 大面积浇筑宜采用分仓浇筑的方法，要根据变形缝位置、不同材料面层的连接部位或设备基础位置情况进行分仓，分仓距离一般为 3～4m。

2. 柔性垫层

柔性垫层包括用土、砂、石、炉渣等散状材料经压实的垫层。砂垫层厚度不小于 60mm，应适当浇水并用平板振动器振实；砂石垫层的厚度不小于 100mm，要求粗颗粒混合摊铺均匀，浇水使砂石表面湿润，碾压或夯实不少于三遍至不松动为止。

根据需要可在垫层上做水泥砂浆、混凝土、沥青砂浆或沥青混凝土找平层。

四、水泥砂浆面层

水泥砂浆地面面层的厚度应不小于 20mm，一般用硅酸盐水泥、普通硅酸盐水泥，用中砂或粗砂配制，配合比为 1：2（体积比），强度等级不应小于 M15。

1. 工艺流程

基层处理→找标高、弹线→洒水湿润→抹灰饼和标筋→搅拌砂浆→刷水泥浆结合层→铺水泥砂浆面层→木抹子搓平→铁抹子压第一遍→第二遍压光→第三遍压光→养护。

2. 工艺要点

(1) 基层处理。先将基层上的灰尘扫掉，用钢丝刷和錾子刷净、剔掉灰浆皮和灰渣层，用10%的火碱水溶液刷掉基层上的油污，并用清水及时将减液冲净。

(2) 找标高、弹线。根据墙上的50cm水平线，往下量测出面层标高，并弹在墙上。

(3) 洒水湿润。用喷壶将地面基层均匀洒水一遍。

(4) 抹灰饼和标筋（或称冲筋）。根据房间内四周墙上弹的面层标高水平线，确定面层抹灰厚度（不应小于20mm），然后拉水平线开始抹灰饼（5cm×5cm），横竖间距为1.5～2.0m，灰饼上平面即为地面面层标高。

如果房间较大，为保证整体面层平整度，还须抹标筋（或称冲筋），将水泥砂浆铺在灰饼之间，宽度与灰饼宽相同，用木抹子拍抹成与灰饼上表面相平一致。

铺抹灰饼和标筋的砂浆材料配合比均与抹地面的砂浆相同。

(5) 搅拌砂浆。水泥砂浆的体积比宜为1∶2（水泥∶砂），其稠度不应大于35mm，强度等级不应小于M15。为了控制加水量，应使用搅拌机搅拌均匀，颜色一致。

(6) 刷水泥浆结合层。在铺设水泥砂浆之前，应涂刷水泥浆一层，其水灰比为0.4～0.5（涂刷之前要将抹灰饼的余灰清扫干净；再洒水湿润），不要涂刷面积过大，随刷随铺面层砂浆。

(7) 铺水泥砂浆面层。涂刷水泥浆之后紧跟着铺水泥砂浆，在灰饼之间（或标筋之间）将砂浆铺均匀，然后用木刮杠按灰饼（或标筋）高度刮平。铺砂浆时如果灰饼（或标筋）已硬化，木刮杠刮平后，同时将利用过的灰饼（或标筋）敲掉，并用砂浆填平。

(8) 木抹子搓平。木刮杠刮平后，立即用木抹子搓平，从内向外退着操作，并随时用2m靠尺检查其平整度。

(9) 铁抹子压第一遍。木抹子抹平后，立即用铁抹子压第一遍，直到出浆为止，如果砂浆过稀表面有泌水现象时，可均匀撒一遍干水泥和砂（1∶1）的拌和料（砂子要过3mm筛），再用木抹子用力抹压，使干拌料与砂浆紧密结合为一体，吸水后用铁抹子压平。如有分格要求的地面，在面层上弹分格线，用劈缝溜子开缝，再用溜子将分缝内压至平、直、光。上述操作均在水泥砂浆初凝之前完成。

(10) 第二遍压光。面层砂浆初凝后，人踩上去，有脚印但不下陷时，用铁抹子压第二遍，边抹压边把坑凹处填平，要求不漏压，表面压平、压光。有分格的地面压过后，应用溜子溜压，做到缝边光直、缝隙清晰、缝内光滑顺直。

(11) 第三遍压光。在水泥砂浆终凝前进行第三遍压光（人踩上去稍有脚印），铁抹子抹上去不再有抹纹时，用铁抹子把第二遍抹压时留下的全部抹纹压平、压实、压光（必须在终凝前完成）。

(12) 养护。地面压光完工后24h，铺锯末或其他材料覆盖洒水养护，保持湿润，养护时间不少于7d，当抗压强度达5MPa才能上人。

(13) 冬期施工时，室内温度不得低于+5℃。

(14) 抹踢脚板。根据设计图纸规定墙基体有抹灰时，踢脚板的底层砂浆和面层砂浆分两次抹成。墙基体不抹灰时，踢脚板只抹面层砂浆。

1) 踢脚板抹底层水泥砂浆：清洗基层，洒水湿润后，按50cm标高线向下量测踢脚板上口标高，吊垂直线确定踢脚板抹灰厚度，然后拉通线、套方、贴灰饼、抹1∶3水泥砂浆，用刮尺刮平、搓平整，扫毛浇水养护。

2) 抹面层砂浆：底层砂浆抹好，硬化后，上口拉线贴紧靠尺，抹1∶2水泥砂浆，用灰板托灰，木抹子往上抹灰，再用刮尺板紧贴靠尺垂直地面刮平，用铁抹子压光，阴阳角、踢脚板上口用角抹子溜直压光。

五、细石混凝土面层

细石混凝土地面面层可以克服水泥砂浆地面干缩较大的弱点。这种地面强度高，干缩值小。与水泥砂浆面层相比，它的耐久性更好，但厚度较大，一般为30～40mm。细石混凝土面层施工的基层处理和找规矩的方法与水泥砂浆面层施工相同。

1. 施工准备

(1) 水泥：常温施工宜用普通硅酸盐水泥或矿渣硅酸盐水泥，冬期施工宜用普通硅酸盐水泥。水泥要采用同一水泥厂生产同期出厂的同品种、同强度等级、同一出厂编号的水泥，以保障楼地面颜色一致。要防止水泥过期强度不够，造成与基层结合不牢而空鼓和地面起砂。

(2) 砂：粗砂，含泥量不大于3%。要防止砂子过细，否则易出现空鼓、开裂。

(3) 豆石：粒径为5～15mm，含泥量不大于2%。混凝土面层所用的石子粒径不应大于15mm和面层厚度的2/3。

(4) 施工机具：混凝土搅拌机、磅秤、手推车、小翻斗车、铁锹、铁锹、刮杠、木抹子、铁抹子、水桶、小线、水靴。

(5) 立完门框，钉好保护铁皮和木板；安装好水暖立管并堵牢管洞；门口处高于楼板面的砖层应剔凿平整；水泥、砂、石随机取样送试验室试验，且试验合格，出具细石混凝土配合比单。

2. 施工流程

找标高、弹面层水平线→基层处理→洒水润湿→冲筋贴灰饼→刷素水泥浆→浇筑细石混凝土→撒水泥砂子干面灰→第一遍抹压→第二遍抹压→第三遍抹压→养护。

3. 施工要点

(1) 基层处理。基层表面的浮土、砂浆块等杂物应清理干净。墙面和顶棚抹灰时的落地灰，在楼板上拌制砂浆留下的沉积块，要用剁斧清理干净；墙角、管根、门槛等部位被埋住的杂质要剔凿干净；楼板表面的油污，应用5%～10%浓度的火碱溶液清洗干净。清理完后要根据标高线检查细石混凝土的厚度，防止地面过薄而产生空鼓开裂。基层清理是防止地面空鼓的重要工序，一定要认真做好。

(2) 洒水润湿。提前一天对楼板进行洒水润湿，洒水量要足，第二天施工时要保证地面湿润，但无积水。

(3) 冲筋贴灰饼。小房间在房间四周根据标高线做出灰饼，大房间还应该冲筋（间距1.5m）；有地漏的房间要在地漏四周做出5%的泛水坡度；冲筋和灰饼均应采用细石混凝土制作，随后铺细石混凝土。

(4) 刷素水泥浆。浇灌细石混凝土前应先在已湿润的基层表面刷一遍1：(0.4～0.45)（水：水泥）的素水泥浆，要随铺随刷，防止出现风干现象，如基层表面为光滑面还应在刷浆前先将表面凿毛。

(5) 浇筑细石混凝土。细石混凝土面层的强度等级应按设计要求做试配，一般为C20，要按规范要求制作试块。铺细石混凝土后用滚筒滚压再长刮杠刮平，振捣密实，表面塌陷处应用细石混凝土填补，再用长刮杠刮一次，用木抹子搓平。

(6) 撒水泥砂子干面灰。砂子先过3mm筛子后，用铁锹拌干面（水泥：砂子＝1：1），均匀地撒在细石混凝土面层上，待灰面吸水后用长刮杠刮平，随即用木抹子搓平。

(7) 第一遍抹压。用铁抹子轻轻抹压面层，把脚印压平。

(8) 第二遍抹压。当面层开始凝结，地面面层上有脚印但不下陷时，用铁抹子进行第二遍抹压，将面层的凹坑砂眼和脚印压平。要求不漏压，平面出光。地面的边角和水暖立管四周容易漏压或不平，施工时要认真操作。

(9) 第三遍抹压。当地面面层上人稍有脚印，而抹压无抹子纹时，用铁抹子进行第三遍抹压，第三遍抹压要用力稍大，将抹子纹抹平压光，压光的时间应控制在终凝前完成。

(10) 养护。面层抹压完 24h 后，及时洒水进行养护，每天浇水 2 次，至少连续养护 7d 后方准上人。

4. 质量标准

细石混凝土质量标准见表 8－12。

表 8－12　细石混凝土质量标准

项目	序号	检查项目		允许偏差或允许值
主控项目	1	骨料粒径		第 5.2.3 条
	2	面层强度等级		第 5.2.4 条
	3	面层与下一层结合		第 5.2.5 条
一般项目	1	表面质量		第 5.2.6 条
	2	表面坡度		第 5.2.7 条
	3	踢脚线与墙面结合		第 5.3.8 条
	4	楼梯踏步		第 5.3.9 条
	5	表面允许偏差	表面平整度	5mm
			踢脚线上口平直	4mm
			缝格平直	3mm

六、现浇水磨石面层

现浇水磨石地面面层是指将水泥与石粒拌和料铺设在水泥砂浆结合层上，等硬化后经打磨上蜡而成。由于所用石屑的色彩、粒径、形状、级配不同及添加不同的颜料，可按设计要求做成多种不同色彩、纹理的图案，因此应用范围较广。其优点是美观大方、平整光滑、坚固耐久、易于保洁、整体性好，缺点是施工工序多、施工周期长、噪声大、现场湿作业易形成污染(图 8－42)。

水磨石地面面层施工，一般是在完成顶棚，墙面等抹灰后进行，也可以在水磨石楼、地面磨光两遍后再进行顶棚、墙面抹灰，但对水磨石面层应采取保护措施。

图 8－42　现浇水磨石地面

1. 材料的要求

材料进场后（如石渣、水泥、砂、颜料）应仔细观察，并检查物质材质证明、产品合格证等质量证明文件是否齐全，检验合格后方可使用。

(1) 水泥。原色水磨石面层宜采用普通硅酸盐水泥和矿渣硅酸盐水泥；对于彩色水磨石面层，应采用白水泥。严禁不同型号水泥混用。

(2) 砂。中砂，过 8mm 孔径的筛子，含泥量不得大于 3%。

(3) 石粒。石粒应采用坚硬可磨的白云石、大理石、方解石等岩石，破碎筛分而成，硬度过高的石英岩、刚玉、长石等不宜采用。石粒应颜色粗细均匀一致，洁净，无泥沙、杂物。石渣的粒径一般为 6～15mm，最大粒径比水磨石面层厚度小 1～2mm。

(4) 颜料。应采用耐光、耐碱的矿物颜料，禁用酸性颜料，掺入量宜为水泥重量的 3%～6%，深色不超过12%，或由试验确定。同一色彩的面层应使用同厂、同批的颜料。常用颜料有氧化铁红（俗称铁红）、氧化铁黄（俗称铁黄）、镉黄、铬绿、炭黑等。

(5) 分格条。有铜条、铝条、玻璃条、塑料条等，水磨石常用的分格条为铜条。分格条要求平直、厚度均匀。分格条的长度依分格尺寸定，宽度根据面层的厚度定，一般铜条和铝条为1～2mm、塑料条为2～3mm、玻璃条为3mm。

(6) 草酸、地板蜡等。颜色应符合磨面的颜色要求。

2. 工艺流程

基层处理→找标高→弹水平线→铺抹找平层砂浆→养护→弹分格线→镶分格条→拌制水磨石拌和料→涂刷水泥浆结合层→铺水磨石拌和料→滚压、抹平→试磨→粗磨→细磨→磨光→草酸清洗→打蜡上光。

3. 工艺要点

(1) 基层处理。将混凝土基层上的杂物清净，不得有油污、浮土。用钢錾子和钢丝刷将沾在基层上的水泥浆皮錾掉铲净。

(2) 找标高弹水平线。根据墙面上的50cm标高线，往下量测出磨石面层的标高，弹在四周墙上，并考虑其他房间和通道面层的标高要相互一致。

(3) 抹找平层砂浆。

1) 根据墙上弹出的水平线，留出面层厚度（10～15mm厚），抹1∶3水泥砂浆找平层，为了保证找平层的平整度，先抹灰饼（纵横方向间距1.5m左右），大小为8～10cm。

2) 灰饼砂浆硬结后，以灰饼高度为标准，抹宽度为8～10cm的纵横标筋。

3) 在基层上洒水湿润，刷一道水灰比为0.4～0.5的水泥浆，面积不得过大，随刷浆随铺抹1∶3找平层砂浆，并用2m长刮杠以标筋为标准进行刮平，再用木抹子搓平。

(4) 养护。抹好找平层砂浆后养护24h，待抗压强度达到1.2MPa，方可进行下道工序施工。

(5) 弹分格线。根据设计要求的分格尺寸，一般采用1m×1m。在房间中部弹十字线，计算好周边的镶边宽度后，以十字线为准可弹分格线。如果设计有图案要求时，应按设计要求弹出清晰的线条。

(6) 镶分格条。用小铁抹子抹稠水泥浆将分格条固定住（分格条安在分格线上），抹成30°八字形（图8-43），高度应低于分格条条顶3mm，分格条应平直（上平必须一致）、牢固、接头严密，不得有缝隙，作为铺设面层的标志。另外在粘贴分格条时，在分格条十字交叉接头处，为了使拌和料填塞饱满，在距交点40～50mm内不抹水泥浆（图8-44）。

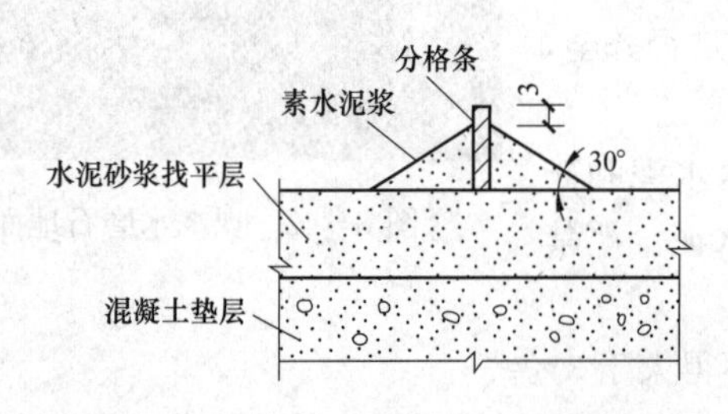

图8-43 制水磨石地面镶嵌分格条剖面示意

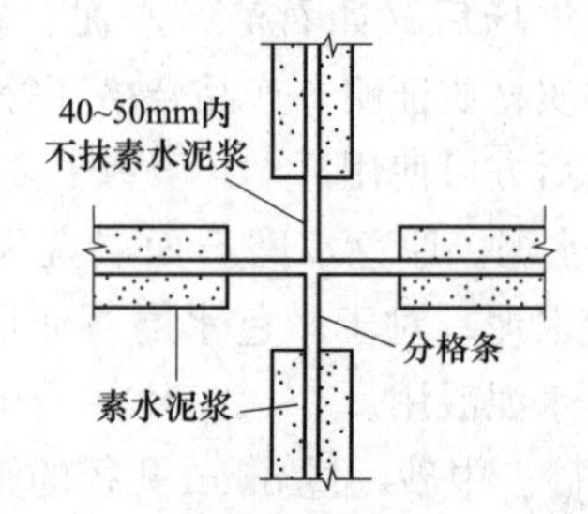

图8-44 分格条交叉处正确的粘贴方法

采用铜条时，应预先在两端头下部1/3处打眼，穿入22号铁丝，锚固于下口八字角水泥浆内。镶条后12h后开始浇水养护，最少2d，一般洒水养护3～4d，在此期间房间应封闭，禁止各工序进行。

(7) 拌制水磨石拌和料（或称石渣浆）。

1) 拌和料的体积比宜采用1∶1.5～1∶2.5（水泥∶石粒），要求配合比准确，拌和均匀。

2) 彩色水磨石拌和料，除彩色石粒外，还加入耐光耐碱的矿物颜料，其掺入量为水泥重量的3%～6%，普通水泥与颜料配合比、彩色石子与普通石子配合比，在施工前都须经试验室试验后确定。同一彩色水磨石面层应使用同厂、同批颜料。在拌制前应根据整个地面所需的用量，将水泥和所需颜料一次统一配好、配足。配料时不仅用铁铲拌和，还要用筛子筛匀后，用包装袋装起来存放在干燥的室内，避免受潮。彩色石粒与普通石粒拌和均匀后，集中储存待用。

3) 各种拌和料在使用前加水拌和均匀，稠度约6cm。

(8) 涂刷水泥浆结合层。先用清水将找平层洒水湿润，涂刷与面层颜色相同的水泥浆结合层，其水灰比宜为0.4～0.5，要刷均匀，也可在水泥浆内掺加胶黏剂，要随刷随铺拌和料，不可刷得面积过大，防止浆层风干导致面层空鼓。

(9) 铺设水磨石拌和料。

1) 水磨石拌和料的面层厚度，除有特殊要求以外，宜为12～18mm，并应按石料粒径确定。铺设时将搅拌均匀的拌和料先铺抹分格条边，后铺入分格条方框中间，用铁抹子由中间向边角推进，在分格条两边及交角处特别要注意压实抹平，随抹随用直尺进行平度检查。如局部地面铺设过高时，应用铁抹子将其挖去一部分，再将周围的水泥石子浆拍挤抹平（不得用刮杠刮平）。

2) 几种颜色的水磨石拌和料不可同时铺抹，要先铺抹深色的，后铺抹浅色的，待前一种凝固后，再铺后一种（因为深颜色的掺矿物颜料多，强度增长慢，影响机磨效果）。

(10) 滚压、抹平。用滚筒液压前，先用铁抹子或木抹子在分格条两边宽约10cm范围内轻轻拍实（避免将分格条挤移位）。滚压时用力要均匀（要随时清掉粘在滚筒上的石渣），应从横竖两个方向轮换进行，达到表面平整密实、出浆石粒均匀为止。待石粒浆稍收水后，再用铁抹子将浆抹平、压实，如发现石粒不均匀之处，应补石粒浆再用铁抹子拍平、压实。24h后浇水养护。

(11) 试磨。一般根据气温情况确定养护天数，温度在20～30℃时2～3d即可开始机磨，过早开磨石粒易松动；过迟造成磨光困难。所以需进行试磨，以面层不掉石粒为准。

(12) 粗磨。第一遍用60～90号粗金刚石磨，使磨石机机头在地面上走横“8”字形，边磨边加水（如磨石面层养护时间太长，可加细砂，加快机磨速度），随时清扫水泥浆，并用靠尺检查平整度，直至表面磨平、磨匀，分格条和石粒全部露出（边角处用人工磨成同样效果），用水清洗晾干，然后用较浓的水泥浆（如掺有颜料的面层，应用同样掺有颜料配合比的水泥浆）擦一遍，特别是面层的洞眼小孔隙要填实抹平，脱落的石粒应补齐。浇水养护2～3d。

(13) 细磨。第二遍用90～120号金刚石磨，要求磨至表面光滑为止。然后用清水冲净，满擦第二遍水泥浆，仍注意小孔隙要细致擦严密，然后养护2～3d。

(14) 磨光。第三遍用200号细金刚石磨，磨至表面石子显露均匀，无缺石粒现象，平整、光滑，无孔隙为度。

普通水磨石面层磨光遍数不应少于三遍，高级水磨石面层的厚度和磨光遍数及油石规格应根据设计确定。

(15) 草酸擦洗。为了取得打蜡后显著的效果，在打蜡前磨石面层要进行一次适量限度的酸洗，一般均用草酸进行擦洗，使用时，先用水加草酸混合成约10%浓度的溶液，用扫帚蘸后洒在地面上，再用油石轻轻磨一遍；磨出水泥及石粒本色，再用水冲洗软布擦干。此道操作必须在各工种完工后才能进行，经酸洗后的面层不得再受污染。

(16) 打蜡上光。将蜡包在薄布内，在面层上薄薄涂一层，待干后用钉有帆布或麻布的木块代替油石，装在磨石机上研磨，用同样方法再打第二遍蜡，直到光滑洁亮为止。

(17) 冬期施工现制水磨石面层时，环境温度应保持+5℃以上。

(18) 水磨石踢脚板。

1) 抹底灰。与墙面抹灰厚度一致，在阴阳角处套方、量尺、拉线，确定踢脚板厚度，按底层灰的厚度冲筋，间距1～1.5m。然后装档用短杠刮平，木抹子搓成麻面并划毛。

2) 抹磨石踢脚板拌和料。先将底子灰用水湿润，在阴阳角及上口，用靠尺按水平线找好规矩，贴好靠尺板，先涂刷一层薄水泥浆，紧跟着抹拌和料，抹平、压实。刷水两遍将水泥浆轻轻刷去，达到石子面上无浮浆。常温下养护24h后，开始人工磨面。

第一遍用粗油石，先竖磨再横磨，要求把石渣磨平，阴阳角倒圆，擦第一遍素灰，将孔隙填抹密实，养护1～2d，再用细油石磨第二遍，用同样方法磨完第三遍，用油石出光打草酸，用清水擦洗干净。

3) 人工涂蜡。擦两遍出光成活。

七、环氧树脂面层

1. 材料准备

材料包括：环氧树脂自流平涂料、基层处理剂（底油）、面层处理剂、填平修补腻子，填料如石英砂、石英粉。环氧树脂地流平涂料目前多为双组分，应按一定配比充分混匀，其质量应符合标准。

2. 机具准备

机具包括：漆刷或滚筒、盛水桶、低转速搅拌器（400r/min）或电动搅拌枪、专用钉鞋、镘刀、专用齿针刮刀、放气滚筒。施工机具在使用前需清洗干净。用完后的工具要在干固时间内用水清理，以免影响下次使用。

3. 基层处理

施工基层应平整、粗糙，清除浮尘、旧涂层等，达到C25以上强度，并做断水处理，不得有积水，干净、密实。不能是疏松土、松散颗粒、石膏板，涂料、塑料、乙烯树脂、环氧树脂及有黏结剂残余物、油污、石蜡、养护剂及油腻等污染物附着。新浇混凝土不得少于4周，起壳处需修补平整，密实基面需机械方法打磨，并用水洗及吸尘器吸净表面疏松颗粒，待其干燥。有坑洞或凹槽处应于1天前以砂浆或腻子先行刮涂整平，超高或凸出点应予铲除或磨平，以节省用料，并提升施工质量。

4. 工艺流程

清理基面→涂刷底涂（间隔时间30min左右）→配制自流平浆料→浇注→刮涂面层→专用滚筒消泡（在20min内）→自流平地面完成。

5. 施工要点

(1) 底涂。将底油加水以1∶4稀释后，均匀涂刷在基面上。1kg底油涂布面积为5m²。用漆刷或滚筒将自流平底涂剂涂于处理过的混凝土基面上，涂刷两层，在旧基层上需再增1道底漆。第一层干燥后方可涂第二层（间隔时间30min左右）。底涂剂用量约为0.18kg/m²，每桶可施工约为110m²。底涂剂干燥后进行自流平施工。

(2) 浆料拌和。先称量7kg的水量置于拌和机内，边搅拌边加入环氧树脂自流平，直到均匀不见颗粒状，且流动性佳的情况，再继续搅拌3-4min，使浆料均匀，静止10min左右方可使用。如一次拌和两包，则先加14kg的水，但只能先加一包，搅和至均匀不见颗粒，再加第二包。

(3) 刮涂面层。待底油半干后即可浇注浆料，并以带齿推刀或刮板加助展开，并控制薄层厚度，再以消泡滚筒处理即成高平整地坪。将搅拌均匀自流平砂浆倒于底涂过的基面上，一次涂抹须达到所需厚度，再用镘刀或专用齿针刮刀摊平，再用放气滚筒放气，待其自流。表面凝结后，不用再涂抹。用量标准见表 8－13。

表 8－13　面层涂刷用量表

基面平整情况	厚度（mm）	用量（kg/m²）
微差表面整平	≥2	约 3.2
一般表面整平	≥3	约 4.8
标准全空间整平	≥6	约 9.6
严重不平整基体整平	≤10	约 16

八、陶瓷地砖面层

陶瓷地砖是以优质陶土为原料，经半干压成型，再经过高温焙烧而成。按生产工艺分有釉面砖和通体砖，按花色有仿古砖、玻化抛光砖、釉面砖、防滑砖等。常用的规格有 300mm×300mm、400mm×400mm、500mm×500mm、600mm×600mm、800mm×800mm、1000mm×1000mm 等。陶瓷地砖具有耐磨、耐用、易清洗、不渗水、耐酸碱、强度高、装饰效果丰富等优点。

1. 工艺流程

处理、润湿基层 → 弹线、定位 → 打灰饼、做冲筋 → 铺结合层砂浆 → 挂控制线 → 铺贴地砖 →敲击至平整 → 处理砖缝 → 清洁、养护。

2. 施工要点

(1) 基层处理。对楼地面有起砂、空鼓、裂缝等情况要剔除修补，有不洁污染的一定要清除洗净，同时还要将楼地面洒水润湿。

(2) 弹线、定位。在地砖定位前弹好标高 50cm 水平控制线和各开间中心（十字线）及拼花分隔线。定位有对角定位（砖缝与墙角成 45°）和直角定位（砖缝与墙面平行）。施工时注意，应距墙边留出 200～300mm 作为调整尺度；若房间内外铺贴不同的地砖，其交接处应在门扇下中间位置且门口不宜出现非整砖，非整砖应放在房间墙边不显眼处。

(3) 抹结合层。根据标高基准水平线，打灰饼及用压尺做好冲筋；再刷水灰比为 0.5 的素水泥浆；根据冲筋厚度，用 1∶3 或 1∶4 的干硬性水泥砂浆（以手握成团不泌水为准）铺结合层，并用压尺及木抹子压平打实（抹铺结合层时，基层应保持湿润，已刷素水泥浆不得有风干现象）。结合层抹好后，以人站上面只有轻微脚印而无凹陷为准。对照中心线（十字线）在结合层面上弹陶瓷地砖控制线，靠墙一行陶瓷地砖与墙边距离应保持一致，一般纵横每五块设置一条控制线。

(4) 陶瓷地砖铺贴。铺贴前，对地砖的规格、尺寸、色泽、外观质量等应进行预选（砖面层的表面应洁净、图案清晰，色泽一致，接缝平整，深浅一致，周边顺直。板块无裂纹、掉角和缺棱等缺陷），并浸水润泡 2～3h 后取出晾干至表面无明水待用；根据控制线先铺贴好左右靠边基准行的地砖，以后根据基准行由内向外挂线逐行铺贴；用约 3mm 厚的水泥浆满涂地砖背面，对准挂线及缝隙，将地砖铺贴上，用木槌适度用力敲击至平整，并且一边铺贴一边用水平尺检查校正；砖缝宽度，密缝铺贴时≤1mm，虚缝铺贴时一般为 3～10mm；挤出的水泥浆及时清理干净，缝隙以凹 1mm 为宜。

(5) 勾缝、擦缝。地砖铺贴 24h 后进行勾缝和擦缝工作，并应采用同一品种、同强度等级、同颜色的水泥或用专门的嵌缝材料。勾缝，用 1∶1 水泥砂浆，缝内深度宜为砖厚的 1/3，要求缝内砂浆密实、平整、光滑。随勾随将剩余水泥砂浆清走、擦净。擦缝，在铺实修好的面层上用浆壶往缝内浇水泥浆，然后用干水泥撒在缝上，再用棉纱团擦揉，将缝隙擦满。最后将面层上的水泥浆擦干净。

(6) 养护。铺贴 24h 后应洒水养护，时间不应少于 7d。

九、天然大理石与花岗石面层

大理石板、花岗石板从天然岩体中开采出来、经过加工成块材或板材，再经过粗磨、细磨、抛光、打蜡等工序，加工成各种不同质感的高级装饰材料。其成品规格一般为500mm×600mm、600mm×600mm，厚10～30mm，也可根据设计要求加工，或用毛光板在现场按实际需要的规格尺寸切割。大理石结构致密、强度较高、吸水率低，但硬度较低、不耐磨、抗侵蚀性能较差，属于碱性石材，不宜用于室外地面；花岗石结构致密、坚硬，耐酸、耐腐、耐磨，吸水性小，抗压强度高，耐冻性强（可经受100～200次以上的冻融循环），耐久性好，适用范围广（其中磨光花岗石板材不得用于室外地面）。二者属中高档地面装饰，但是自重较大，造价较高。

1. 工艺流程

基层清理 → 弹线 → 试拼、试铺 → 板块浸水 → 扫浆 → 铺水泥砂浆结合层 → 铺板 → 灌缝、擦缝 → 上蜡养护。

2. 施工要点

与陶瓷地砖基本相同，只是涉及楼地面整体图案时，要求试拼、试排。另外，大理石、花岗石板楼地面在养护前，还需打蜡处理。

（1）试拼。板材在正式铺设前，应按设计要求的排列顺序，每间按设计要求的图案、颜色、纹理进行试拼，尽可能使楼地面整体图案与色调和谐统一。试拼后按要求进行预排编号，随后按编号堆放整齐。

（2）预排。在房间两个垂直方向，根据施工大样图把石板排好，以便检查板块之间的缝隙，核对板块与墙面、柱面的相对位置。

（3）铺板。铺贴顺序应从里向外逐行挂线。缝隙宽度如设计无要求时，花岗石板、大理石板不应大于1mm。为防止面层出现反白污染，天然石材应进行防碱背涂处理。

（4）灌缝、擦缝。铺贴完成24h后，经检查石板表面无断裂、空鼓后，用稀水泥（颜色与石板配合）刷浆填缝饱满，随即用干布擦至无残灰、污迹为止。铺好石板2d内禁止踩踏和堆放物品。

（5）打蜡。当板块接头有明显高低差时，待砂浆强度达到70%以上，分遍浇水磨光，最后用草酸清洗面层，再打蜡。

3. 踢脚板施工

踢脚板是楼地面与墙面相交处的构造处理，高度一般为100～150mm。设置踢脚板的作用是遮盖楼地面与墙面的接缝，保护墙面根部及避免清洗楼地面时被沾污。踢脚板一般在地面铺贴完工后施工。

（1）将基层浇水湿透，根据50cm水平控制线，测出踢脚板上口水平线，弹在墙上，再用线坠吊线。确定出踢脚板的出墙厚度，一般为8～10mm。拉踢脚板上口水平线，在墙两端各安装一块踢脚板，其上口高度在同一水平线内，出墙厚度要一致，然后用1∶2水泥砂浆逐块依次镶贴踢脚板，随时检查踢脚板的水平度和垂直度。

（2）镶贴前先将石板刷水湿润，阳角接口板按设计要求处理成45°。

（3）对于大理石（花岗石）踢脚板，在墙面抹灰时，要空出一定高度不抹，一般以楼地面层向上量150mm为宜，以便控制踢脚的出墙厚度。

（4）镶贴踢脚板时，板缝宜与地面的石板板缝构成骑马缝。注意在阳角处需磨角，留出4mm不磨，保证阳角有一等边直角的缺口。阴角应使大面踢脚板压小面踢脚板。

（5）用棉丝蘸与踢脚板同颜色的稀水泥浆擦缝，踢脚板的面层打蜡同地面一起进行，方法参照前述方法进行。

十、木地板面层

木地板的施工方法可分为空铺式和实铺式。空铺式是指木地板通过地垄墙或砖墩等架空再安装，一般用于平房、底层房屋或较潮湿地面以及地面敷设管道需要将木地板架空等情况（图 8－45）。其优点是使实木地板更富有弹性、脚感舒适、隔声、防潮，缺点是施工较复杂、造价高、占空间高度较大。实铺式是直接在基层的找平层上固定木搁栅，然后将木地板铺钉在木搁栅或木搁栅上的毛地板上（图 8－46）。这种做法具有空铺木地板的大部分优点，且施工较简单，实际工程中一般用于 2 层以上的干燥楼面。另一种实铺式木地板的做法，是在钢筋混凝土楼板上或底层地面的素混凝土垫层上做找平层，再用黏结材料将各种木地板直接粘贴在找平层上而成。这种做法构造简单、造价低、功效快、占空间高度小，但弹性较差。

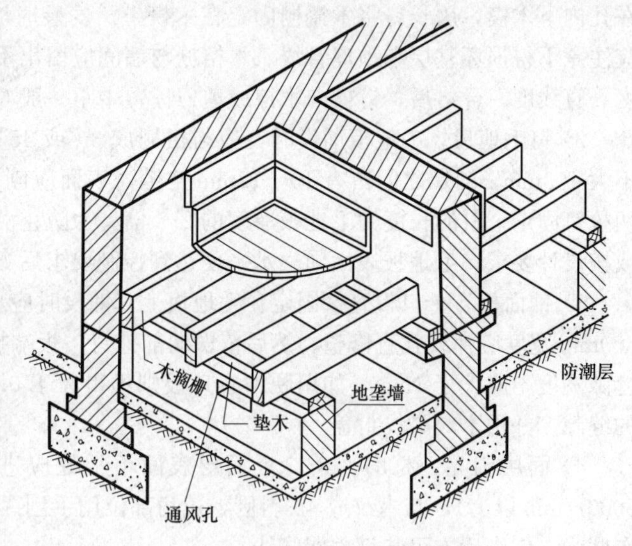

图 8－45　空铺式木地面构造

以下介绍实铺式双层木地板地面和复合木地板地面的施工。

1. 实铺式双层木地板面层

(1) 对材料的要求。

1) 木搁栅、垫木：一般选用红白松，其含水率宜控制在 12%以内，断面尺寸按设计要求加工，梯形断面一般为上 50mm 下 70mm，矩形断面为 70mm×70mm。上下面应刨光，并经防腐、防蛀和防火处理。

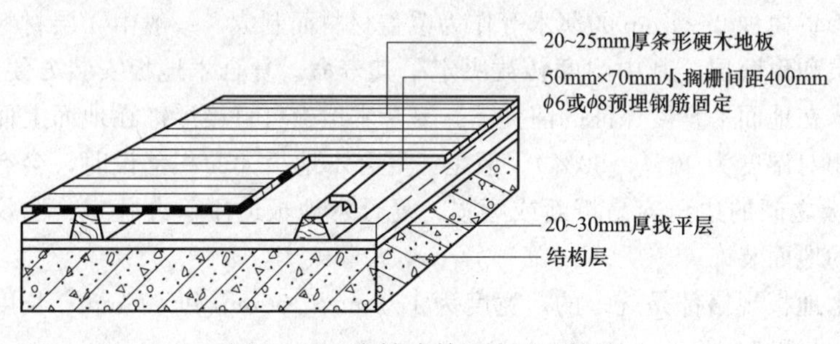

图 8－46　实铺式单层木地面构造

2) 企口板：应采用不易腐朽和变形开裂的木材制成顶面刨平、侧面带有企口的木板，宽度不应大于 120mm，厚度应符合设计要求。木地板均应通过干燥、防腐、防蛀处理，其含水率不应大于 12%（必须见证取样复验），并应符合当地平衡含水率。面层应刨平、磨光，无明显刨痕和毛刺等现象，图案清晰，颜色均匀一致，通过进场时的观察、手摸和脚踩检查。

3) 毛地板。毛地板厚度在 22～25mm，宽度不大于 120mm。材质同企口板，但可用钝棱料。毛地板木材的含水率限制在 8%～13%以内。

4) 其他材料。如防潮纸、胶黏剂、2～3in 的铁钉、12 号镀锌铁丝、橡胶垫块等必须到位。经检查合格后放置现场以备用。

(2) 工艺流程：弹好格栅安装位置线及水平线→安装固定格栅、剪刀撑→铺设毛地板→找平、刨平→铺设木地板→找平、刨光、打磨→安装踢脚板→油漆。

(3) 施工要点。

1) 格栅安装。按弹线位置，用双股 12 号镀锌铁丝将格栅绑扎在预埋 Ω 形铁件上，或在基层上用墨线弹出十字交叉点（木搁栅的位置和孔距的交叉点），然后用 ϕ6 的冲击电钻在交叉点处打孔，在孔内下木楔，用长钉将木搁栅固定在木楔上。安装时应平头碰接，纵横拉线找平。这样操作时，应注意不得损坏基层和预埋管线。木格栅与墙间应留出不小于30mm的缝隙。铺钉完毕，检查水平度、直线度。合格后，钉横向木撑或剪刀撑，中距一般600mm。

2）钉毛地板。毛地板铺设时，应与格栅成30°或45°斜向钉牢，并使其髓心向上，板间的缝隙不大于3mm，与墙之间留有10～12mm空隙，表面应刨平。每块毛地板与其下的每根格栅上各用两枚钉固定，钉的长度为毛地板厚度的2.5倍。为防止潮气侵蚀，可在毛地板上干铺一层沥青油毡或按设计要求。毛地板表面同一水平度达到控制要求后方能铺面板。

3）铺面板。企口板直接固定在毛地板上。铺设时应从靠门较近的一侧开始铺钉，每铺设600～800mm宽度应弹线找直修整，然后依次向前铺钉。板端接缝应间隔错开并有规律地在一条直线上，缝隙宽度不应大于1mm，如用硬木企口板则不得大于0.5mm。企口板与墙壁之间要留10～15mm的缝隙，并用木踢脚线封盖。

4）面层刨光、打磨。企口板面层表面不平处应进行刨光，可采用刨地板机刨光（转速在5000r/min以上），与木纹成45°斜刨，边角部位用手刨。刨平后用细刨净面，最后用磨地板机装砂布磨光。刨光后方可装订木踢脚线。

5）安装踢脚板。木踢脚线一般宽为150mm，厚度20～25mm，背面开槽（背面应做防潮处理）以防翘曲。木踢脚线应用钉钉牢在墙内防腐木砖上，钉帽砸扁冲入板内，长度方向上木踢脚线应做45°斜角相接。木踢脚线与木板面层转角处应钉设木压条。

6）油漆。将地板清理干净，然后补凹坑，批刮腻子、着色，最后刷清漆。当木地板为清漆罩面时，需擦软蜡（用铲刀铲软蜡放在白布中包好涂地板，要厚薄均匀。等软蜡干透，用蜡刷子从横到竖顺木纹擦直至光亮为止）。

2. 复合木地板面层

复合木地板是以中密度纤维板（原木经粉碎、添加胶粘剂、防腐处理、高温高压制成）或木板条为基材，用耐磨塑料贴面板或珍贵树种2～4mm的薄木等作为覆盖材料而制成。一般由4层材料复合组成：底层、基材层、装饰层和耐磨层，其中耐磨转数决定了其寿命。复合木地板安装方便，板与板之间可通过槽榫进行连接。在地面平整度保证的前提下，复合木地板可直接浮铺在地面上而不需用胶粘接（施工环境的最佳相对湿度为40%～60%）。但是，复合木地板大面积铺设时，会有整体起拱变形的现象，而且板与板之间的边角容易折断或磨损。复合木地板适用于办公室、会议室、商场、展览厅、民用住宅等的地面装饰。

目前，在市场上销售的复合木地板规格都是统一的，宽度为120mm、150mm和195mm；长度为1.5m和2m；厚度为6mm、8mm和14mm。

(1) 工艺流程：基层处理 → 弹线、找平 → 铺垫层 → 试铺预排→ 铺地板 → 铺踢脚板 → 清洁。

(2) 施工要点。

1）铺垫层。垫层为聚乙烯泡沫塑料薄膜，铺时横向搭接150mm。垫层可增加地板隔潮作用，改善地板的弹性、稳定性，并减少行走时地板产生的噪声（图8-47）。

2）预排时计算最后一排板的宽度，如小于50mm则削减第一排板块宽度，使二者均等。

3）铺地板和踢脚板（图8-48、图8-49）。铺贴时，按板块顺序板缝涂胶拼接。胶刷在企口舌部而非企口槽内。在地板企口施胶逐块铺设过程中，为使槽榫精确吻合并黏结严密，可以采用锤击的方法，但不得直接打击地板，可用木方垫块顶住地板边再用锤轻轻敲击（图8-50）。复合木地板与四周墙必须留缝，以备地板伸缩变形，缝宽为8～10mm，用木楔调直。地板面积超过30m^{2}中间还要留缝。

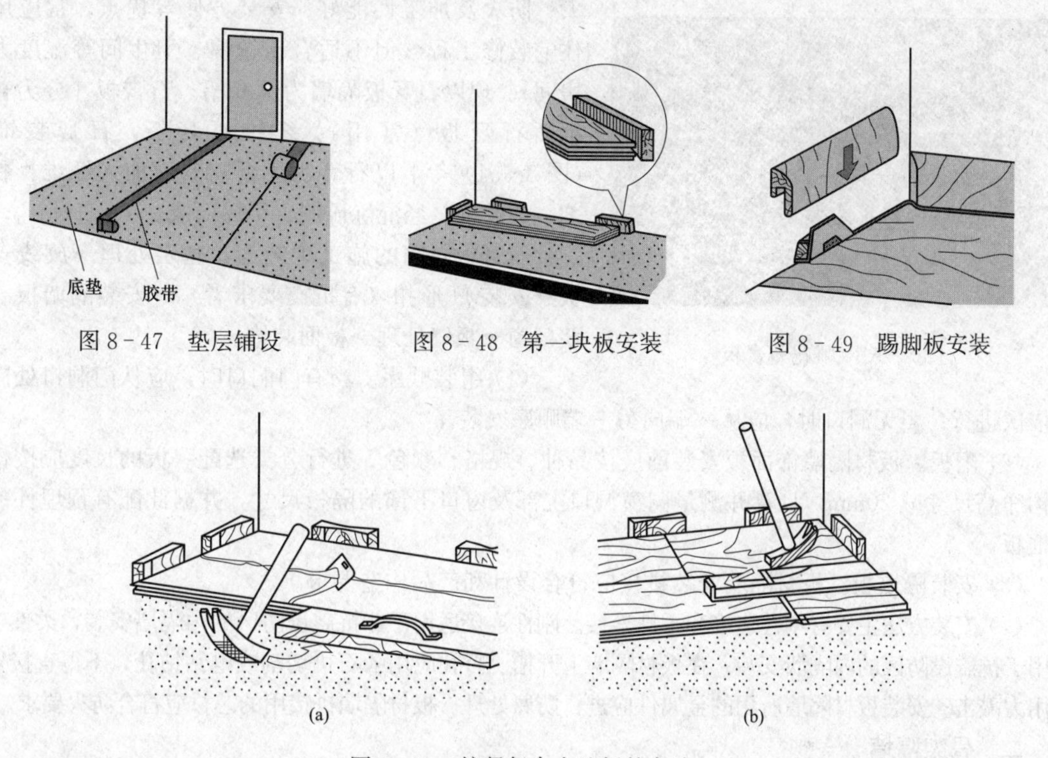

图 8-47 垫层铺设　图 8-48 第一块板安装　图 8-49 踢脚板安装

图 8-50 挤紧复合木地板的方法
(a) 板槽拼缝挤紧；(b) 靠墙处挤紧

(3) 地板的施工过程及成品保护，必须按产品使用说明的要求，注意其专用胶的凝结固化时间，铲除溢出板缝外的胶条、拔除墙边木塞以及最后做表面清洁等工作，均应待胶黏剂完全固化后方可进行，此前不得碰动已铺装好的复合木地板。

(4) 复合木地板铺装 48h 后方可使用。

十一、质量检验

通过以上工序将各种面层施工完毕，施工方应进行自检，施工方应向监理方将自检合格记录报验，并附材质合格证、检测报告、施工图设计文件、胶黏剂和处理剂的检测报告、隐蔽工程验收记录、施工日记、观感质量评价等资料。监理方、建设方、设计方在现场实地检验、检测合格，且资料真实可靠，观感评价合格，由监理工程师签字验收。有关分项工程、子分部工程的质量验收记录和检验批质量验收的具体内容如主控项目、一般项目及检验方法可参见《建筑工程质量验收统一标准》(GB 50300—2001)、《建筑地面工程施工质量验收规范》(GB 50209—2010)。

第六节 轻质隔墙工程

轻质隔墙是一种分割室内空间的非承重构件，可以根据需要，用轻质隔墙对室内空间进行灵活划分。轻质隔墙按构造方式和所用材料的种类不同分为板材隔墙、骨架隔墙、活动隔墙、玻璃隔墙4种类型。

一、板材隔墙

板材隔墙是指不需设置隔墙龙骨，由隔墙板材自承重，将预制或现制的隔墙板材直接固定于建筑主体结构上的隔墙工程。板材隔墙有许多类型，由于石膏板条隔墙，具有自重轻、强度高、刚度

图 8-51　雕花石膏板

大、防火及加工性能好、安装方便等优点，常应用于住宅装修工程（但不适合于厨房、卫生间等湿度大的房间）。现以石膏板隔墙为例介绍。石膏板［分为普通纸面石膏板（常用）、纤维石膏板、石膏装饰板（图 8-51）等］以石膏为主要材料，加入纤维、黏结剂、改性剂，经混炼压制、干燥而成。

石膏板隔墙的施工工艺为：基层处理→放线→配板→安装 U 形扣（有抗震要求者）→安装隔墙板→安装门窗→板缝处理→板面装饰。

（1）组装顺序。当有门洞口时，应从门洞口处向两侧依次进行；当无洞口时，应从一端向另一端顺序安装。

（2）配板。板材隔墙饰面板安装前应按品种、规格、颜色等进行分类选配。板的长度应按楼层结构净高尺寸减 20mm。计算并测量门窗洞口上部及窗口下部的隔板尺寸，并据此配有预埋件的门窗框板。

（3）安装隔墙板。板材隔墙安装拼接应符合设计和产品构造要求。

（4）安装方法主要有刚性连接和柔性连接。刚性连接适用于非抗震设防区的内隔墙安装，柔性连接适用于抗震设防区的内隔墙安装。在板材隔墙上开槽、打孔应用云石机切割或电钻钻孔，不得直接剔凿和用力敲击。安装板材隔墙所用的金属件应进行防腐处理。板材隔墙拼接用的芯材应符合防火要求。

二、骨架隔墙

骨架隔墙是指在隔墙龙骨两侧安装墙面板以形成墙体的轻质隔墙。骨架墙主要是由龙骨作为受力骨架固定于建筑主体结构上，轻钢龙骨石膏板隔墙就是典型的骨架隔墙。骨架中根据设计要求可以设置隔声、保温填充材料和安装设备管线等。骨架主要有轻钢龙骨和木龙骨两类，罩面板多采用纸面石膏板、胶合板、纤维板及石膏增强空心板等组成。骨架隔墙工程施工总的基本程序是：首先定位放线；安装沿顶和滚地龙骨，龙骨可采用轻钢或木龙骨；安装配件和附件，包括电器管线、各类开关和插座等；在镶贴饰面板前，应检查或调整龙骨、配件和附件等是否完备，位置是否准确和牢固；罩面板安装，如安装石膏板，用自攻螺钉或水泥粘贴剂将其固定在龙骨上；如使用胶合板或纤维板安装，其基层表面应用油纸油毡防潮，铺设平整、搭接严密、固定牢靠；安装踢脚板等基本工序。对骨架隔墙工程应保证其施工质量，每道工序都应认真检查，质量不合格应返工处理。

1. 木骨架隔墙的施工工艺

弹线分档→刷防火涂料→拼装木骨架→木骨架固定→面板安装。

2. 轻钢骨架隔墙的施工工艺

弹线、分档→安装轻钢骨架→安装罩面板。

3. 铝合金骨架隔墙的施工工艺

弹线、分档→安装骨架→安装罩面板。

4. 饰面板安装

骨架隔墙一般以纸面石膏板、人造木板、水泥纤维板等为墙面板。

（1）石膏板安装。安装石膏板前，应对预埋隔墙中的管道和附于墙内的设备采取局部加强措施。石膏板应竖向铺设，长边接缝应落在竖向龙骨上。双面石膏板安装时两层板的接缝不应在同一根龙骨上；需进行隔声、保温、防火处理的应根据设计要求在一侧板安装好后，进行隔声、保温、防火材料的填充，再封闭另一侧板。石膏板应采用自攻螺钉固定。周边螺钉的间距不应大于 200mm，中间部分螺钉的间距不应大于 300mm，螺钉与板边缘的距离应为 10～15mm。安装石膏板时，应从板的中部开始向板的四边固定。钉头略埋入板内，但不得损坏纸面；钉眼应用石膏腻子抹平。

(2) 胶合板和纤维复合板安装。安装胶合板的基体应进行防火、防潮处理。胶合板宜采用直钉或门形钉固定，钉距为 80～150mm 。需要隔声、保温、防火的隔墙，应根据设计要求在龙骨一侧板安装好后，进行隔声、保温、防火等材料的填充，再封闭另一侧板。墙面用胶合板、纤维板装饰时，阳角处宜做护角。

三、活动隔墙

活动隔墙是指推拉式活动隔墙、可拆装的活动隔墙等。

1. 工艺流程

墙位放线→预制隔扇（帷幕）→安装轨道→安装隔扇（帷幕）。

2. 施工方法

活动隔墙安装按固定方式不同分为悬吊导向式固定、支承导向式固定方式。活动隔墙的轨道必须与基体结构连接牢固并应位置正确。

3. 安装轨道

(1) 当采用悬吊导向式固定时，隔扇荷载主要由天轨承载。天轨安装时，应将天轨平行放置于楼板或顶棚下方，然后固定牢固。

(2) 当采用支承导向式固定时，隔扇荷载主要由地轨承载。地轨安装时应位置正确，并预留门及转角位置。同时在楼板或顶棚下方安装导向轨。

四、玻璃隔墙

玻璃隔墙是指以成品玻璃砖、彩色玻璃、刻花玻璃、压花玻璃或采用夹花、喷漆玻璃等玻璃制品为饰面材料，以金属材料、木材为支承骨架形成的轻质墙体。玻璃隔墙按采用的材料不同分为玻璃砖隔墙工程、玻璃板隔墙工程。

1. 施工方法

(1) 玻璃砖砌体宜采用十字缝立砖砌法。

(2) 玻璃砖墙宜以 1.5m 高为一个施工段，待下部施工段胶结材料达到设计强度后再进行上部施工。

(3) 当玻璃砖墙面积过大时，应增加支撑。玻璃砖墙的骨架应与结构连接牢固。

(4) 玻璃砖应排列均匀整齐，表面平整，嵌缝的油灰或密封膏应饱满密实。

2. 玻璃板隔墙

玻璃板隔墙应使用安全玻璃。按框架不同分为有竖框玻璃隔墙和无竖框玻璃隔墙。

3. 嵌缝打胶

玻璃全部就位后，校正平整度、垂直度，同时用聚苯乙烯泡沫条嵌入槽口内，使玻璃与金属槽接缝平伏、紧密，然后注硅酮结构胶。玻璃板块间接缝应注胶嵌缝，注胶嵌缝时应注意成品保护。

五、轻质隔墙工程质量控制与检验

详见《建筑装饰装修工程施工质量验收规范》(GB 50210) 相关规定执行。

第七节　吊　顶　工　程

吊顶又称顶棚、天花板，是建筑装饰装修分部工程的一个重要子分部工程。吊顶具有保温、隔声和吸音，照明、暖卫、通风空调、通信和防火、报警管线设备的隐蔽层作用。按施工工艺的不同，分为暗龙骨吊顶（又称隐蔽式吊顶）和明龙骨吊顶（又称活动式吊顶）。按照龙骨的材质分类，可分木龙骨、轻钢龙骨、铝合金龙骨吊顶等。吊顶工程由支承部分（吊杆和主龙骨）、基层（次龙骨）和面层三部分组成。

一、吊顶工程的规定、材料要求及机具

1. 一般规定

(1) 吊顶用的材料质量及品种、规格均应符合设计要求和规范规定。其材质可以是传统的木结构吊顶骨架；目前大多采用的是轻钢龙骨和铝合金型材龙骨。

(2) 龙骨在运输中及安装时，不得扔摔、碰撞。龙骨堆置应垫实放平、注意防潮。

(3) 在现浇楼板及预制板的板缝中，应按设计要求在结构施工中预留吊杆，吊杆可采 $\phi6\sim\phi10$ 钢筋，根据吊顶荷载而定。大型公共建筑如剧场等的吊顶还有专门设计，吊杆及骨架可能要用型钢。因该类吊顶要上人检修等，荷载大。

(4) 吊顶内若有通风、水电管线、上人的行走通道、消防管道、重型灯具等应先行安装完毕及试水试压合格，并单独挂吊；然后才能进行吊顶工程施工（重型灯具中的灯饰可先不安，但其挂吊应先安装好）。

(5) 选用罩面板应按规格、颜色等分类选配、堆放或存库。

2. 对所有材料的要求

(1) 吊顶用的木材尤其是主、次龙骨不得有朽蚀、裂缝、多节及含水率低于12%；钢质、铝合金材的型号尺寸要符合设计要求。目前后两者的型号有［0 型（［38、［50、［60）和 T 型（T38、T50、T60）等两型三种。

(2) 罩面板用的材质及配件应符合现行国家、行业及有关企业的标准。

(3) 龙骨用的紧固件及螺钉、钉子等宜用镀锌制品，预埋的吊杆、木砖应做防腐处理。

(4) 胶黏剂的类型应按所用的罩面板配套选用，现场配制的胶黏剂应由试验室调制试配后确定。

3. 吊顶施工常用的机具

在墙体、结构上打眼的施工机具有：电钻、电锤、冲击钻等；用作次龙骨、吊盘等连接、加固的有电焊机、焊枪等焊接设备；作为切断用的有砂轮切割机、圆盘锯；还有如射钉枪、木工工具等。安装检查的需用工具有水准仪、线锤、水平尺、直尺、粉线袋、拔头、螺丝刀、人字梯等。

二、木骨架罩面板吊顶

1. 工艺流程

弹标高水平线→划龙骨分档线→安装管线设施→安装大龙骨→安装小龙骨→防腐处理→安装罩面板→安装压条。

2. 工艺要点

(1) 弹标高水平线：根据楼层标高水平线，顺墙高量至顶棚设计标高，沿墙四周弹顶棚标高水平线。

(2) 划龙骨分档线：沿已弹好的顶棚标高水平线，划好龙骨的分档位置线。

(3) 顶棚内管线设施安装：在顶棚施工前各专业的管线设施应按顶棚的标高控制，按专业施工图安装完毕，并经打压试验和隐蔽验收。

(4) 安装大龙骨：将预埋钢筋端头弯成环形圆钩，穿 8 号镀锌铁丝或用 $\phi6$、$\phi8$ 螺栓将大龙骨固定，未预埋钢筋时可用膨胀螺栓，并保证其设计标高。吊顶起拱按设计要求，设计无要求时，一般为房间跨度的 1/300～1/200。

(5) 安装小龙骨。

1) 小龙骨底面应刨光、刮平，截面厚度应一致。

2) 小龙骨间距应按设计要求，设计无要求时，应按罩面板规格决定，一般为 400～500mm。

3) 按分档线，先安装两根通长边龙骨，拉线找拱，各根小龙骨按起拱标高，通过短吊杆将小

龙骨用圆钉固定在大龙骨上，吊杆要逐根错开，不得吊钉在龙骨的同一侧面上。通长小龙骨接头应错开，采用双面夹板用圆钉错位钉牢，接头两侧最少各钉两个钉子。

4）安装卡档小龙骨：按通长小龙骨标高，在两根通长小龙骨之间，根据罩面板材的分块尺寸和接缝要求，在通长小龙骨底面横向弹分档线，按线以底找平钉固下档小龙骨。

(6) 防腐处理：顶棚所有露明的铁件，钉罩面板前未做防锈处理的必须刷好防锈漆，木骨架与结构接触面应进行防腐处理。

(7) 安装罩面板。在木骨架底面安装顶棚罩面板，罩面板的品种较多，应按设计要求的品种、规格和固定方式分为圆钉钉固法、木螺钉拧固法、胶结粘固法三种方式。

1）圆钉钉固法。这种方法多用于胶合板、纤维板的安装。在已装好并经验收的木骨架下面，按罩面板的规格和拉缝间隙，在龙骨底面进行分块弹线，在吊顶中间顺通长小龙骨方向，先装一行作为基准，然后向两侧延伸安装。固定罩面板的钉距为200mm。

2）木螺钉固定法。这种方法多用于塑料板、石膏板、石棉板。在安装前罩面板四边按螺钉间距先钻孔，安装程序与方法基本上同圆钉钉固法。

3）胶结粘固法。这种方法多用于钙塑板，安装前板材应选配修整，使厚度、尺寸、边棱齐整一致。每块罩面板粘贴前应进行预装，然后在预装部位龙骨框底面刷胶，同时在罩面板四周刷胶，刷胶宽度为10～15mm，经5～10min后，将罩面板压粘在预装部位。每间顶棚先由中间行开始，然后向两侧分行逐块粘贴，胶黏剂按设计规定，设计无要求时，应经试验选用，一般可用401胶。

(8) 安装压条。木骨架罩面板顶棚，设计要求采用压条做法时，待一间罩面板全部安装后，先进行压条位置弹线，按线进行压条安装。其固定方法，一般同罩面板，钉固间距为300mm，也可用胶结料粘贴。

三、轻钢骨架罩面板吊顶

轻钢骨架罩面板吊顶轻钢龙骨示意图如图8-52所示。

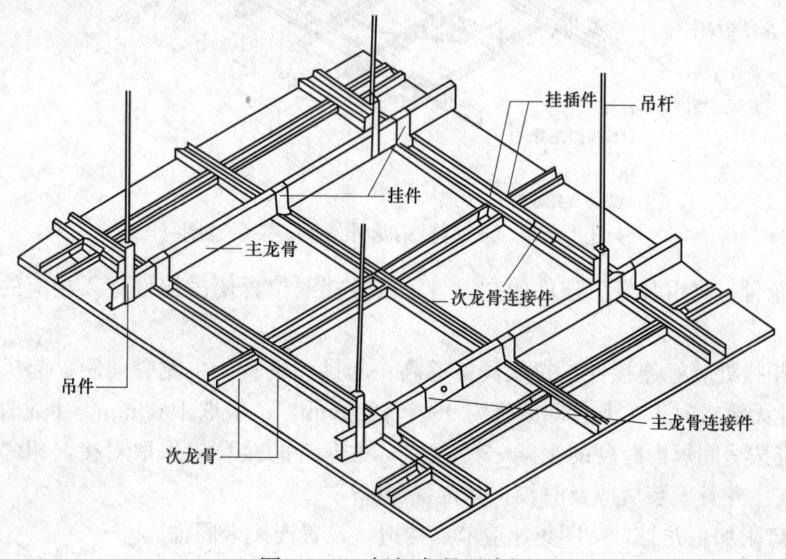

图8-52 轻钢龙骨示意图

1. 工艺流程

弹标高水平线→划龙骨分档线→安装主龙骨吊杆→安装主龙骨→安装次龙骨→安装罩面板→刷防锈漆→安装压条。

2. 工艺要点

(1) 弹顶棚标高水平线。根据楼层标高水平线，用尺竖向量至顶棚设计标高，沿墙、往四周弹顶棚标高水平线。

(2) 划龙骨分档线。按设计要求的主、次龙骨间距布置，在已弹好的顶棚标高水平线上划龙骨分档线。

(3) 安装主龙骨吊杆。弹好顶棚标高水平线及龙骨分档位置线后，确定吊杆下端头的标高，按主龙骨位置及吊挂间距，将吊杆无螺栓丝扣的一端与楼板预埋钢筋连接固定。未预埋钢筋时可用膨胀螺栓。吊杆应通直，并有足够的承载能力。吊杆距主龙骨端部距离不得大于 300mm，当大于 300mm 时，应增加吊杆。当吊杆长度大于 1.5m 时，应设置反向支撑。当吊杆与设备相遇时，应调整并增设吊杆。当预埋的杆件需要接长时，必须搭接焊牢，焊缝要均匀饱满。

(4) 安装主龙骨（图 8-53）。

1) 配装吊杆螺母。

2) 在主龙骨上安装吊挂件。

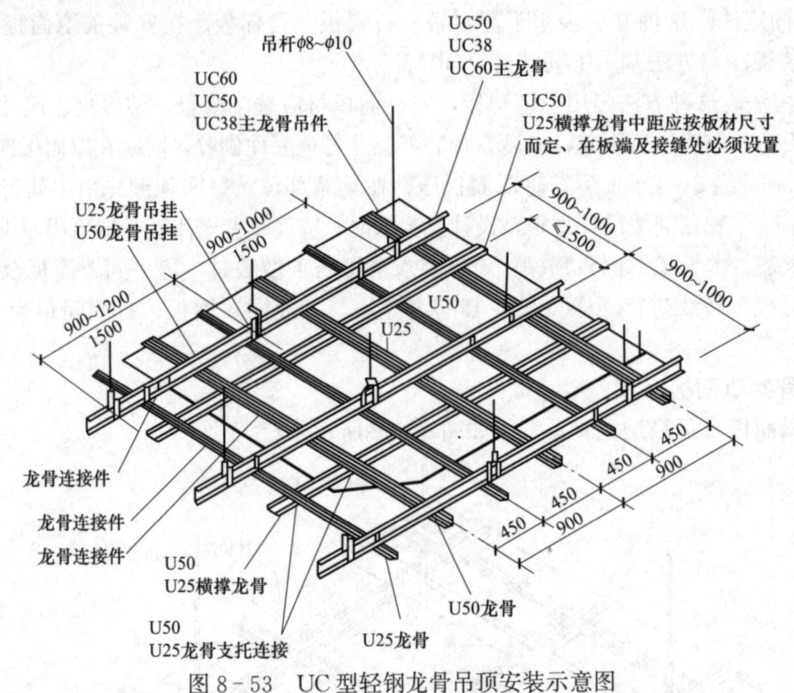

图 8-53 UC 型轻钢龙骨吊顶安装示意图

3) 安装主龙骨：将组装好吊挂件的主龙骨，按分档线位置使吊挂件穿入相应的吊杆螺栓，拧好螺母。

4) 主龙骨相接处装好连接件，拉线调整标高、起拱和平直。主龙骨间距、起拱高度应符合设计要求；当设计无要求时，主龙骨间距宜为 900～1200mm，一般取 1000mm，主龙骨应平行房间长向安装；同时应按房间短向跨度的 1‰～3‰起拱。主龙骨的接长应采取对接，相邻龙骨的对接接头要相互错开，主龙骨安装后应及时校正其位置、标高。

5) 安装洞口附加主龙骨，按图集相应节点构造，设置连接卡固件。

6) 钉固边龙骨，采用射钉固定。设计无要求时，射钉间距为 1000mm。

(5) 安装次龙骨。

1) 按已弹好的次龙骨分档线，卡放次龙骨吊挂件。

2) 吊挂次龙骨：按设计规定的次龙骨间距，将次龙骨通过吊挂件吊挂在大龙骨上，设计无要求时，一般间距为 500～600mm。

3）当次龙骨长度需多根延续接长时，用次龙骨连接件，在吊挂次龙骨的同时相接，调直固定。

4）当采用T型龙骨组成轻钢骨架时，次龙骨的卡档龙骨应在安装罩面板时，每装一块罩面板先后各装一根卡档次龙骨。

（6）安装罩面板。在安装罩面板前必须对顶棚内的各种管线进行检查验收，并经打压试验合格后，才允许安装罩面板。顶棚罩面板的品种繁多，一般在设计文件中应明确选用的种类、规格和固定方式。罩面板与轻钢骨架固定的方式分为：罩面板自攻螺钉钉固法、罩面板胶结粘固法，罩面板托卡固定法三种。

1）罩面板自攻螺钉钉固法。在已装好并经验收的轻钢骨架下面，按罩面板的规格、拉缝间隙进行分块弹线，从顶棚中间顺通长次龙骨方向先装一行罩面板，作为基准，然后向两侧伸延分行安装，固定罩面板的自攻螺钉间距为150～170mm。

2）罩面板胶结粘固法。按设计要求和罩面板的品种、材质选用胶结材料，一般可用401胶黏结，罩面板应经选配修整，使厚度、尺寸、边棱一致、整齐。每块罩面板黏结时应预装，然后在预装部位龙骨框底面刷胶，同时在罩面板四周边宽10～15mm的范围刷胶，经5min后，将罩面板压粘在预装部位；每间顶棚先由中间行开始，然后向两侧分行黏结。

3）罩面板托卡固定法。当轻钢龙骨为T形时，多为托卡固定法安装。T型轻钢骨架通长次龙骨安装完毕，经检查标高、间距、平直度和吊挂荷载符合设计要求，垂直于通长次龙骨弹分块及卡档龙骨线。罩面板安装由顶棚的中间行次龙骨的一端开始，先装一根边卡档次龙骨，再将罩面板槽托入T形次龙骨翼缘或将无槽的罩面板装在T形翼缘上，然后安装另一侧长档次龙骨。按上述程序分行安装，最后分行拉线调整T型明龙骨。

（7）安装压条。罩面板顶棚如设计要求有压条，待一间顶棚罩面板安装后，经调整位置，使拉缝均匀，对缝平整，按压条位置弹线，然后接线进行压条安装。其固定方法宜用自攻螺钉，螺钉间距为300mm；也可用胶结料粘贴。

（8）刷防锈漆。轻钢骨架罩面板顶棚，碳钢或焊接处未做防腐处理的表面（如预埋件、吊挂件、连接件、钉固附件等），在各工序安装前应刷防锈漆。

四、吊顶工程的质量要求

1. 暗龙骨吊顶工程质量要求

（1）主控项目。暗龙骨吊顶工程主控项目见表8-14。

表8-14　　暗龙骨吊顶工程主控项目

项次	项　目	检　验　方　法
1	吊顶标高、尺寸、起拱和造型应符合设计要求	观察；尺量检查
2	饰面材料的材质、品种、规格、图案和颜色应符合设计要求	观察；检查产品合格证书、性能检测报告、进场验收记录和复验报告
3	暗龙骨吊顶工程的吊杆、龙骨和饰面材料的安装必须牢固	观察；手扳检查；检查隐蔽工程验收记录和施工记录
4	吊杆、龙骨的材质、规格、安装间距及连接方式应符合设计要求。金属吊杆、龙骨应经过表面防腐处理；木吊杆、龙骨应进行防腐、防火处理	观察；尺量检查；检查产品合格证书、性能检测报告、进场验收记录和隐蔽工程验收记录
5	石膏板的接缝应按其施工工艺标准进行板缝防裂处理。安装双层石膏板时，面层板与基层板的接缝应错开，并不得在同一根龙骨上接缝	观察

（2）一般项目。暗龙骨吊顶工程一般项目见表8-15。

表 8-15 暗龙骨吊顶工程一般项目

项次	项目	检验方法
1	饰面材料表面应洁净、色泽一致，不得有翘曲、裂缝及缺损。压条应平直、宽窄一致	观察；尺量检查
2	饰面板上的灯具、烟感器、喷淋头、风口篦子等设备的位置应合理、美观，与饰面板的交接应吻合、严密	观察
3	金属吊杆、龙骨的接缝应均匀一致，角缝应吻合，表面应平整，无翘曲、锤印。木质吊杆、龙骨应顺直，无劈裂、变形	检查隐蔽工程验收记录和施工记录
4	吊顶内填充吸声材料的品种和铺设厚度应符合设计要求，并应有防散落措施	检查隐蔽工程验收记录和施工记录

(3) 暗龙骨吊顶工程安装的允许偏差和检验方法见表 8-16。

表 8-16 暗龙骨吊顶工程安装的允许偏差和检验方法

项次	项目	允许偏差（mm）				检验方法
		纸面石膏板	金属板	矿棉板	木板、塑料板、格栅	
1	表面平整度	3	2	2	2	用 2m 靠尺和塞尺检查
2	接缝直线度	3	1.5	3	3	拉 5m 线，不足 5m 拉通线，用钢直尺检查
3	接缝高低差	1	1	1.5	1	用钢直尺和塞尺检查

2. 明龙骨吊顶工程质量要求

(1) 主控项目。明龙骨吊顶工程主控项目见表 8-17。

表 8-17 明龙骨吊顶工程主控项目

项次	项目	检验方法
1	吊顶标高、尺寸、起拱和造型应符合设计要求	观察；尺量检查
2	饰面材料的材质、品种、规格、图案和颜色应符合设计要求。当饰面材料为玻璃板时，应使用安全玻璃或采取可靠的安全措施	观察；检查产品合格证书、性能检测报告和进场验收记录
3	饰面材料的安装应稳固严密。饰面材料与龙骨的搭接宽度应大于龙骨受力面宽度的 2/3	观察；手扳检查；尺量检查
4	吊杆、龙骨的材质、规格、安装间距及连接方式应符合设计要求。金属吊杆、龙骨应进行表面防腐处理；木龙骨应进行防腐、防火处理	观察；尺量检查；检查产品合格证书、进场验收记录和隐蔽工程验收记录
5	明龙骨吊顶工程的吊杆和龙骨安装必须牢固	手扳检查；检查隐蔽工程验收记录和施工记录

(2) 明龙骨吊顶工程一般项目见表 8-18。

表 8-18 明龙骨吊顶工程一般项目

项次	项目	检验方法
1	饰面材料表面应洁净、色泽一致，不得有翘曲、裂缝及缺损。饰面板与明龙骨的搭接应平整、吻合，压条应平直、宽窄一致	观察；尺量检查

续表

项次	项　　目	检 验 方 法
2	饰面板上的灯具、烟感器、喷淋头、风口篦子等设备的位置应合理、美观，与饰面板的交接应吻合、严密	观察
3	金属龙骨的接缝应平整、吻合、颜色一致，不得有划伤、擦伤等表面缺陷。木质龙骨应平整、顺直，无劈裂	观察
4	吊顶内填充吸声材料的品种和铺设厚度应符合设计要求，并应有防散落措施	检查隐蔽工程验收记录和施工记录

(3) 明龙骨吊顶工程安装的允许偏差和检验方法见表 8－19。

表 8－19　明龙骨吊顶工程安装的允许偏差和检验方法

项次	项　目	允许偏差（mm）				检验方法
		石膏板	金属板	矿棉板	塑料板、玻璃板	
1	表面平整度	3	2	3	2	用 2m 靠尺和塞尺检查
2	接缝直线度	3	2	3	3	拉 5m 线，不足 5m 拉通线，用钢直尺检查
3	接缝高低差	1	1	2	1	用钢直尺和塞尺检查

第八节　涂　饰　工　程

建筑涂料是指涂敷于建筑构件表面，并能与表面材料很好黏结、形成完整涂膜的材料。它可以保护、美化构件，还可以起到隔声、吸声、防水等作用。目前，涂料按用途分，有外墙涂料、内墙涂料、地面涂料、顶棚涂料等。按成膜物质分，有无机涂料、有机涂料和复合型涂料，其中有机涂料又分为水溶性涂料、乳液型涂料、溶剂型涂料。按涂层质感分，有薄质涂料、厚质涂料、复层涂料等。根据开发、生产和推广应用绿色环保型装饰材料的原则，内墙乳胶漆涂料和外墙弹性涂料已成为当今世界涂料工业发展的方向。

涂料和刷浆工程是把液体用刷子或者其他方法涂刷在木材面、金属面或抹灰面上，与基体黏结并形成完整且坚韧的一层薄膜，以此保护基体表层不受侵蚀和美化建筑物。

一、涂饰工程的施工准备

1. 涂料的选择

涂料工程所用的涂料和半成品（包括施涂现场配制的），均应有品名、种类、颜色、制作时间、储存有效期、使用说明和产品合格证。

(1) 根据装饰部位选择涂料。外墙因长年处于风吹日晒、雨淋之中，所使用的涂料必须具有良好的耐久性、抗沾污性和抗冻融性，才能保证有较好的装饰效果。内墙涂料除了对色彩、平整度、丰满度等具有一定的要求外，还应具有较好的耐干、湿擦洗性能及硬度要求。地面涂料除改变水泥地面硬、冷、易起灰等弊病外，还应具有较好的隔音作用。

(2) 根据结构材料选择涂料。用于建筑结构的材料很多，如混凝土、水泥砂浆、石灰砂浆、砖、木材、钢铁和塑料等。各种涂料所适用的基层材料是不同的。例如，混凝土和水泥砂浆等无机硅酸盐底材用的涂料，必须具有较好的耐碱性，并能防止底材的碱分析出涂膜表面，造成盐析现象而影响装饰效果；钢铁和塑料底材应选用溶剂型或其他有机高分子涂料来装饰，而不能用无机涂料。

（3）根据地理位置选择涂料。建筑物所处的地理位置不同，其饰面所经受的气候条件也不同。例如，炎热多雨的南方，所用的涂料不仅要求具有较好的耐水性，而且要求具有较好的防霉性；严寒的北方，则对涂料的耐冻性有较高的要求。

（4）根据施工季节选择涂料。建筑物涂料饰面施工季节的不同，其耐久性也不同，雨期施工时，应选择干燥迅速并具有较好初期耐水性的涂料；冬期施工时，应特别注意涂料的最低成膜温度，应选择成膜温度低的涂料。

（5）根据建筑标准选择涂料。对于高级建筑，可选择高档涂料，施工时可采用三道成活的施工工艺，即底层为封闭层，中间层形成具有较好质感的花纹和凹凸状，面层则使涂膜具有较好的耐水性、耐沾污性和耐久性，从而达到最佳装饰效果。一般的建筑，可采用中档和低档涂料，采用一道或两道成活的施工工艺。

2. 基层处理的要求

基层处理是涂饰工程中非常重要的一个环节。基层的干燥程度、基底的碱性、油迹以及黏附杂物的清除、孔洞填补等情况处理得好坏，均会对涂饰施工质量带来很大影响。

涂饰工程的基层处理应符合下列要求。

（1）新建筑物的混凝土或抹灰基层应涂刷抗碱封闭底涂。

（2）旧墙面应清除疏松的旧装修层，并涂刷界面剂。

（3）混凝土或抹灰基层涂刷溶剂涂料时，含水率不得大于8%，涂刷乳液型涂料时，含水率不得大于10%；木材基层的含水率不得大于12%。

（4）基层腻子应平整、坚实、牢固，无粉化、起皮和裂缝；内墙腻子的粘贴强度应符合《建筑室内用腻子》（JG/T3049）的规定。

（5）厨房、卫生间墙面必须使用耐水腻子。

3. 施工环境条件

涂料的干燥、结膜，都需要在一定的温度和湿度条件下进行，不同类型的涂料有其最佳的成膜条件。为了保证涂层的质量，应注意施工环境条件。

（1）气温。通常溶剂型涂料宜在5～30℃的气温条件下施工，水溶性和乳液型涂料宜在10～35℃的条件下施工，最低温度不得低于5℃。冬季施工时，应采取保温和采暖措施，室温要始终保持稳定，不得骤然变化。

（2）湿度。建筑涂料适宜的施工湿度为60%～70%，在高湿或降雨之前一般不宜施工。通常情况下，湿度低有利于涂料的成膜和提高施工进度，如果湿度太低，空气太干燥，溶剂性涂料溶剂挥发过快，水溶性和乳液型涂料干燥也快，均会使结膜不够完全，因此不宜施工。

（3）太阳光。阳光照射下基层表面温度太高，脱水或溶剂挥发过快，会使成膜不良，影响涂层质量。

（4）风。大风会加速溶剂或水分的蒸发过程，使成膜不良，又会沾污尘土。当风力级别等于或超过4级时，应停止建筑涂料的施工。

（5）污染物。在施工过程中，如果发现有特殊的气味（SO_2或H_2S等强酸气体）或飞扬的尘土时，应停止施工或采取有效措施。

综上所述，建筑涂料施工以晴天为宜，当施工周围环境的温度低于5℃，雨天、浓雾、4级以上大风时应停止施工，以确保建筑涂料的施工质量。

4. 施工工具

基层处理工具如刮刀、清扫器具，涂刷工具如毛刷、涂料滚子、托盘、手提电动搅拌器等齐备。

二、涂饰施工主要操作方法

涂饰施工主要操作方法有：刷涂、滚涂、喷涂、刮涂、弹涂、抹涂等。

1. 刷涂

刷涂是人工用刷子蘸上涂料直接涂刷于被饰涂面。要求：不流、不挂、不皱、不漏、不露刷痕。刷涂一般不少于两道，应在前一道涂料表面干后再涂刷下一道。两道施涂间隔时间由涂料品种和涂刷厚度确定，一般为2～3h。刷涂法宜按先左后右、先上后下、先难后易、先边后面的顺序进行。

2. 滚涂

将蘸取漆液的毛辊先按W方式滚动，将涂料大致涂在基层上；然后，用不蘸取漆液的毛辊紧贴基层上下、左右来回滚动，使漆液在基层上均匀展开；最后，用蘸取漆液的毛辊按一定方向满滚一遍。阴角及上下口宜采用排笔刷涂找齐。

3. 喷涂

喷涂是利用压力或压缩空气将涂料涂布于墙面、顶棚面的机械化施工方法，其涂膜外观质量好、工效高、适用于大面积施工，并可通过调整涂料黏度、喷嘴大小及排气量而获得不同质感的装饰效果。其操作过程如下。

(1) 将涂料调至施工所需黏度，将其装入储料罐或压力材料筒中。

(2) 打开空压机，调节空气压力，使其达到施工压力，一般为0.4～0.8MPa。

(3) 喷涂时，手握喷枪要稳，涂料出口应与被涂面保护垂直，喷枪移动时应与喷涂面保持平行。喷距以500mm左右为宜，喷枪运行速度应保持一致。先喷涂门窗口，然后与被涂墙面作平行移动，相邻两行喷涂面重叠宽度宜控制在喷涂宽度的1/3，防止漏喷和流淌。

(4) 喷枪移动的范围不宜过大，一般直接喷涂700～800mm后折回，再喷涂下一行，也可选择横向或竖向往返喷涂。

(5) 涂层一般两遍成活，横向喷涂一遍，竖向再涂一遍。两遍之间间隔时间由涂料品种及喷涂厚度而定，要求涂膜应厚薄均匀、颜色一致、平整光滑，不出现露底、皱纹、流挂、钉孔、包泡和失光现象。

4. 刮涂

刮涂是利用刮板，将涂料厚浆均匀地批刮于涂面上，形成厚度为1～2mm的厚涂层。这种施工方法多用于地面等较厚涂料的施涂。

刮涂施工的方法如下。

(1) 腻子一次刮涂厚度一般不应超过0.5mm，孔眼应用腻子填嵌实，干透后再进行打磨，待批刮腻子全部干燥后，再涂刷面层涂料。

(2) 刮涂时应用力按刀，使刮刀与饰面成50°～60°角刮涂。刮涂时只能来回刮1～2次，不能往返多次刮涂。

(3) 遇有圆、菱形物面可用橡皮刮刀进行刮涂。

5. 弹涂

先在基层刷涂1～2道底涂层，待其干燥后通过机械的方法将色浆均匀地溅在墙面上，形成1～3mm左右的圆状色点。弹涂时，弹涂器的喷出口应垂直于被饰面，距离300～500mm，按一定速度自上而下，由左至右弹涂。选用压花型弹涂时，应适时将彩点压平。

6. 抹涂

用刷涂或滚涂方法先刷一层底层涂料做结合层，底层油漆涂饰后2h左右，即可用不锈钢抹压工具涂抹，涂层厚度（内墙饰面1.5～2mm，外墙饰面2～3mm）；抹完后，间隔1h左右，用不锈钢抹子拍抹饰面压光，使涂料中的黏结剂在表面形成一层光亮膜；涂层干燥时间一般为48h以上，未干期间应注意保护。

三、内墙、顶棚表面涂饰工程

内墙面涂饰时，应在顶棚涂饰完毕后进行，由上而下分段涂饰。涂饰分段的宽度要根据刷具的宽度以及涂料稠度而定，快干涂料慢涂宽度 150～250mm，慢干涂料快涂宽度为 450mm 左右。不管内墙涂饰还是顶棚涂饰，其工艺流程都是相似的。

1. 工艺流程

基层处理 → 第一遍满刮腻子、磨光 → 第二遍满刮腻子 → 复补腻子、磨光 → 第一遍涂料、磨光 → 第二遍涂料。

2. 施工要点

(1) 基层处理。混凝土和砂浆抹灰基层的 pH 值在 10 以下，含水率为 8%～10%。基层表面应平整，无油污、灰尘、溅沫及砂浆流痕等杂物，阴、阳角应密实，轮廓分明。基层应坚固，如有空鼓、酥松、起泡、起砂、孔洞、裂缝等缺陷，应进行处理。外墙预留的伸缩缝应进行防水密封处理。

针对使用中的不同问题，混凝土和砂浆抹灰基层表面的处理方法也是不同的。

1) 水泥砂浆基层分离的修补。一般情况下应将其分离部分铲除，重新做基层。当其分离部分不能铲除时，可用电钻钻孔，往缝隙中注入低黏度的环氧树脂，使其固结。

2) 小裂缝修补。用防水腻子嵌平，然后用砂纸将其打磨平整。对于混凝土板材出现的较深小裂缝，应用低黏度的环氧树脂或水泥浆进行压力灌浆，使裂缝被浆体充满。

3) 大裂缝处理。手持砂轮或錾子将裂缝打磨或凿成“V”形缺口，清洗干净，干燥后沿缝隙涂刷一层底层涂料，底层涂料应与密封材料相容并配套；然后，用嵌缝枪或其他工具将密封防水材料嵌填于缝隙内，用竹板等工具将其压平，在密封材料的外表用合成树脂或水泥聚合物腻子抹平；最后打磨平整。

4) 表面凹凸不平的处理。凸出部分可用錾子凿平或用砂轮机研磨平整，凹入部分用聚合物砂浆填平。待硬化后，整体打磨一次，使之平整。

5) 孔洞修补。对于直径小于 3mm 的孔洞可用水泥聚合物腻子填平，大于 3mm 的孔洞可用聚合物砂浆填充。待固结硬化后，用砂轮机打磨平整。

6) 露筋处理。可将露面的钢筋直接涂刷防锈漆，或用磨光机将铁锈全部清除后再进行防锈处理。根据实际情况，可将混凝土少量剔凿。

(2) 满刮腻子。表面清扫后，用水和乙酸乙烯乳胶（配合比为 10∶1）的稀释溶液将腻子调制到适合稠度，来填补墙面、顶棚面的洞眼、蜂窝、麻面、残缺处，腻子干透后，先用开刀将多余腻子铲平，然后用粗砂纸磨平。

1) 第一遍刮腻子及打磨。当室内墙面、顶棚面较大的缝隙填补平整后，使用批嵌工具满刮乳胶腻子一遍。所有微小砂眼及收缩裂缝均需刮满，以密实、平整、线角棱边整齐为宜；同时，应顺次沿着墙面、顶棚面横刮，不得漏刮，接头不得留槎。腻子干透后，用 1 号砂纸裹着小平木板，将腻子渣及高低不平处打磨平整，注意用力均匀，保护棱角。打磨后用清扫工具清理干净。

2) 第二遍满刮腻子及打磨。方法同第一遍腻子，但要求此遍腻子与前遍腻子刮抹方向互相垂直，即沿着墙面、顶棚面竖刮，将面层进一步满刮及打磨平整直至光滑为止。

3) 复补腻子。第二遍腻子干后，普遍检查一遍，如发现局部有缺陷，应局部复补涂料腻子一遍，并用牛角刮刀刮抹，以免损伤其他部位的漆膜。

4) 磨光。复补腻子干透后，用细砂纸将涂料面磨平、磨光，注意用力轻而匀，不得磨穿漆膜，磨后将表面清扫干净。

(3) 第一遍涂料、磨光。涂料可喷涂在混凝土、水泥砂浆、石棉水泥板和纸面石膏板等基层上。喷涂施工，尽可能一气呵成，争取到分格缝处再停歇。顶棚和墙面一般喷两遍成活，两遍时间相隔约 2h。若顶棚与墙面喷涂不同颜色的涂料时，应先喷涂顶棚，后喷涂墙面。喷涂前，用纸或塑料布将门窗扇及其他装饰物盖住，避免污染。

(4) 第二遍涂料。其涂刷顺序和第一遍相同，必须使用排笔涂刷。要求表面更美观细腻、无明显接头痕迹。大面积涂刷时应多人配合流水作业，互相衔接。

四、外墙表面涂饰工程施工

外墙表面涂饰时，无论采用什么工艺，一般均应由上而下，分段分步进行涂饰，分段分片的部位应选择在门、窗、拐角、水落管等处，这些部位易于掩盖。

1. 工艺流程

基层处理→涂刷封底漆→局部补腻子→满刮腻子→刷底涂料→涂刷面层涂料→清理保洁→自检、共检→交付成品→退场。

2. 施工要点

(1) 基层处理。首先清除基层表面尘土和其他黏附物，疏松、起壳、脆裂的旧涂层应将其铲除，黏附牢固的旧涂层用砂纸打毛，不耐水的涂层应全部铲除；较大的凹陷应用聚合物水泥砂浆抹平，较小的孔洞、裂缝用水泥乳胶腻子修补。

(2) 涂刷封底漆。如果墙面较疏松，吸收性强，可以在清理完毕的基层上用辊筒均匀地涂刷 1 至 2 遍胶水打底（丙烯酸乳液或水溶性建筑胶水加 3～5 倍水稀释即成），不可漏涂，也不能涂刷过多造成流淌或堆积。

(3) 局部补腻子。基层打底干燥后，用腻子找补不平之处，干后用磨砂纸打磨平滑。成品腻子使用前应搅匀。

(4) 满刮腻子。将腻子置于托板上，用抹子或橡皮刮板进行刮涂，先上后下。根据基层情况和装饰要求刮涂 2～3 遍腻子，每遍腻子不可过厚。腻子干后应及时用砂纸打磨，不得磨出波浪形，也不能留下磨痕，打磨完毕后扫去浮灰。

(5) 刷底涂料。将底涂料搅拌均匀，如涂料较稠，可按产品说明书的要求进行稀释。用滚筒刷或排笔刷均匀涂刷一遍，注意不要漏刷，也不要刷的过厚。底涂料干后如有必要可局部复补腻子，干后用磨砂纸打磨平滑。

(6) 刷面层涂料。将面层涂料按产品说明书要求的比例进行稀释并搅拌均匀。墙面需分色时，先用粉线包或墨斗弹出分色线，涂刷时在交色部位留出 10～20mm 的余地。一人先用滚筒刷蘸涂料均匀涂布，另一人随即用排笔刷展平涂痕和溅沫，防止透底和流坠。每个涂刷面均应从边缘开始向另一侧涂刷，并一次完成，以免出现接痕。第 1 遍干透后，再涂第 2 遍涂料。一般涂刷 2～3 遍涂料，视不同情况而定。

五、涂料工程施工质量

涂料工程施工，必须保证工程施工质量。施工前应充分做好施涂的准备工作，按设计要求正确选择涂料品种、颜色、图案、施涂方法及操作程序。在施涂溶剂型涂料时，后一遍涂料必须在前一遍涂料干燥后进行；在施涂水性和乳液涂料时，后一遍涂料必须在前一遍涂料表面干后进行。每一遍涂料应施涂均匀，颜色一致，各层结合牢固等。涂料工程完成后，应进行检查验收，并注意成品保护。有关分项工程、子分部工程的质量验收和检验批检验的具体内容如主控项目、一般项目及检验方法可参见《建筑工程施工质量验收统一标准》(GB 50300—2001)、《建筑装饰装修工程质量验收规范》(GB 50210—2001)。

第九节 裱 糊 工 程

裱糊饰面工程是指在室内平整光滑的墙面、顶棚面、柱面和室内其他构件表面，用壁纸、墙布等材料裱糊的装饰工程，具有色彩丰富、质感性强，既耐用又易清洗的特点。裱糊工程是我国历史悠久的一种传统装饰工艺。常用的裱糊材料有纸基塑料壁纸和玻璃纤维墙布等。

一、施工准备

1. 作业条件

(1) 混凝土和墙面抹灰已完成，并达到高级抹灰的质量标准，且经过干燥，含水率不高于8%，木材制品不大于12%。面层清扫干净，如有凸凹不平、缺棱掉角或局部面层损坏者，提前修补好并应干燥，预制混凝土表面提前刮石膏腻子找平。

(2) 已完成水电及设备、顶棚、墙面上预埋件的留设。

(3) 门窗油漆工作已完成。

(4) 有水磨石地面的房间，出光、打蜡已完成，并将水磨石面层保护好。

(5) 事先将突出墙面的设备部件等卸下收存好，待壁纸或墙布粘贴完后再将其部件重新装好复原。

(6) 为保证裱糊质量，各种壁纸、墙布及胶黏剂的质量应符合设计要求和相应的国家标准。对湿度较大的房间和经常潮湿的墙体应采用防水性的壁纸及胶黏剂，有酸性腐蚀的房间应采用防酸壁纸及胶黏剂。

(7) 如房间较高应提前准备好脚手架，房间不高，应提前钉设木凳；对施工人员进行技术交底时，应强调技术措施和质量要求。大面积施工前应先做样板间，经鉴定合格后，方可组织班组施工。

(8) 在裱糊施工过程中及裱糊饰面干燥之前，应避免气温突变或吹穿堂风。施工环境温度一般应大于15℃，空气相对湿度一般应小于85%。

2. 材料准备及要求

(1) 壁纸和墙布。对于玻璃纤维布及无纺贴墙布，遇水后无伸缩变形，所以裱糊前不需要浸水湿润，只要用温湿毛巾涂擦后即可。对于复合纸基壁纸，严禁闷水处理，为达到软化目的，可在壁纸背面均匀涂刷胶黏剂，静置5～8min即可。对于塑料壁纸，应在水槽内先浸泡2～3min，取出后抖去余水，将纸面用净毛巾沾干。而金属壁纸，裱糊前需做短时润纸处理，浸2min左右，取出后再静置5～8min，便可进行裱糊操作。

(2) 胶黏剂。可以用聚乙酸乙烯乳液、羧甲基纤维素等自行掺配，也可以购买专用胶黏剂。现场调制的胶黏剂应当日用完。胶黏剂应满足建筑物的防火要求，避免在高温下因胶黏剂失去黏结力使壁纸脱落而引起火灾。

(3) 腻子与底层涂料。嵌缝腻子用作修补、填平基层表面麻点和孔眼等。为了避免基层吸水过快，将胶水迅速吸掉，使其失去黏结能力，或因干得太快而来不及裱贴操作，裱糊前应在基层面上先刷一遍底层涂料，作为封闭处理。

二、裱糊饰面工程

裱糊的基本顺序，原则上是先垂直面后水平面，垂直面先上后下，先长墙面后短墙面，水平面是先高后低；先细部后大面；先保证垂直后对花拼缝。

1. 工艺流程

基层处理→找规矩、弹线→壁纸处理→涂刷胶黏剂→裱糊。

2. 施工要点

(1) 基层处理。如混凝土墙面可根据原基层质量的好坏，在清扫干净的墙面上满刮 1～2 道石膏腻子，干后用砂纸磨平、磨光；若为抹灰墙面，可满刮大白腻子 1～2 道找平、磨光，但不可磨破灰皮；若为纸面石膏板墙，则用嵌缝腻子将缝堵实堵严，粘贴玻璃网格布，然后局部刮腻子补平。

(2) 吊垂直、套方、找规矩、弹线。首先将房间四角的阴阳角通过吊垂直、套方、找规矩，确定从哪个阴角开始按照壁纸的尺寸进行分块弹线。一般做法是从进门左阴角处开始铺贴第一张。有挂镜线的按挂镜线，没有挂镜线的按设计要求弹线控制。

(3) 计算用料、裁纸。裁纸时以上口为准，下口可比规定尺寸略长 10～20mm，按此尺寸计算用料、裁纸。一般应在案子上裁割，将裁好的纸用温湿毛巾擦后，折好待用。

(4) 刷胶、糊纸。应分别在壁纸背面及墙上刷胶，其刷胶宽度应相吻合，墙上刷胶一次不应过宽，一般比预贴的壁纸宽 20～30mm。裱糊时按已画好的垂直线，从墙的阴角处开始铺贴第一张，从上往下用手铺平，刮板刮实，并用小辊子将上、下阴角处压实。第一张粘好留 10～20mm (留槎)，然后粘铺第二张，依同法压平、压实，要自上而下对缝，拼花要端正，用刮板将搭槎处刮平。

用钢板尺和壁纸裁割刀在搭接处的中间将双层壁纸切透，再分别撕掉切断的两幅壁纸边条，用刮板和毛巾从上而下均匀地赶出气泡和多余的胶液使之贴实，挤出的胶液用温湿毛巾擦净。用同法将连接顶棚和踢脚的壁纸边切割整齐，并带胶压实。墙面上遇有电门、插销盒时，应在其位置上破纸作为标记。

裱糊时，阳角不允许甩槎接缝，应包角压实，壁纸裹过阳角不小于 20mm。阴角处必须裁纸搭缝，不允许整张纸铺贴，避免产生空鼓与皱折。一般先裱糊压在里面的壁纸，再粘贴面层壁纸，搭接面根据阴角垂直度而定，宽度不小于 3mm。

(5) 花纸拼接。花纸拼缝处要注意花形和纸的颜色一致（图 8-54)。拼接如出现困难时，接槎应尽量甩到不显眼的阴角处，大面不应出现错槎和花形混乱的现象。

(6) 壁纸修整。裱糊壁纸后应认真检查，对墙纸的翘边、翘角、气泡、皱折及胶痕未擦净等及时处理和修整，使之完善。

图 8-54　阴角处裱糊

3. 成品保护

(1) 裱糊完成的房间应及时清理干净，不准做料房或休息室，避免污染和损坏。

(2) 在整个裱糊的施工过程中，严禁非操作人员随意触摸壁纸。

(3) 电气和其他设备等在进行安装时，应注意保护，防止污染和损坏。

(4) 铺贴壁纸时，必须严格按照规程施工。施工操作时要做到干净利落，边缝要切割整齐，胶痕必须及时清擦干净。

(5) 严禁在已裱糊好壁纸的顶棚、墙面上剔眼打洞。若纯属设计变更，也应采取相应的措施，施工时要小心保护，施工后要及时认真修复，以保证壁纸的完整。

4. 应注意的问题

(1) 上、下端缺纸。主要是裁纸时尺寸未量好或切割时未压住钢板尺而走刀将纸裁小。

(2) 边缘翘起。主要是接缝处胶刷得少或局部没刷胶或边缝没压实，干后出现翘边、翘缝等现象。发现后应及时刷胶、辊压、修补好。

(3) 墙面不洁净，斜视有胶痕。主要是未及时用温湿毛巾将胶痕擦净或擦拭不彻底、不认真或由于其他工序造成面纸污染等。

（4）壁纸表面不平，斜视有疙瘩。主要是基层墙面清理不彻底，表面仍有积尘、腻子包、水泥斑痕、小砂粒、胶浆疙瘩等，使得粘贴壁纸后出现小疙瘩；或由于抹灰砂浆中含有未熟化的生石灰颗粒，石灰熟化后将壁纸拱起小包。处理时应将壁纸切开取出污物，再重新刷胶粘贴好。

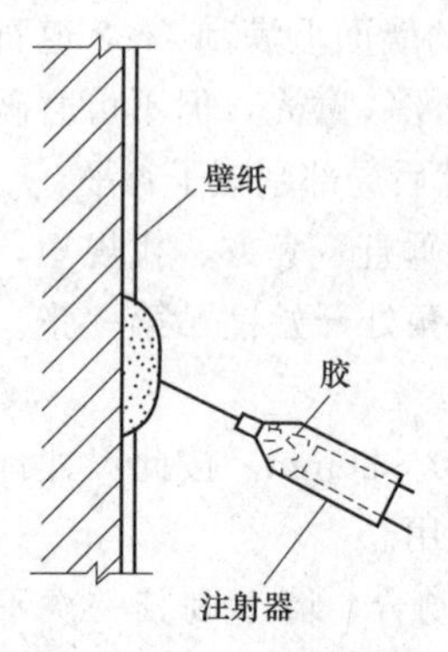

图 8-55　气泡处理

（5）壁纸起泡。由于基层含水率大，而抹灰层被封闭，多余水分散发不出来，汽化后将壁纸拱起成泡。处理时可用注射器将泡刺破并注入胶液，用辊子压实（图 8-55）。

（6）阴阳角壁纸空鼓、阴角处有断裂。阳角处的粘贴大多采用整张纸，它要照顾到两个面、一个角，都要求尺寸到位、表面平整、粘贴牢固，是有一定难度的，阴角比阳角稍好处理一些。粘贴质量的好坏都与基层抹灰质量有直接关系，只要胶不漏刷，赶压到位，是可以防止空鼓的。如要防止阴角断裂，关键是阴角壁纸接槎时必须超过阴角 10～20mm，这样就不会由于时间长、壁纸收缩，而造成阴角处壁纸断裂。

三、裱糊工程的质量规定

（1）壁纸、墙布必须粘贴牢固，表面色泽一致，不得有气泡、空鼓、裂缝、翘边、皱折和污斑，斜视时无胶痕。

（2）表面平整，无波纹起伏。壁纸、墙布与挂镜线、贴脸板和踢脚板紧接，不得有缝隙。

（3）各幅拼接按横平竖直，拼接处花纹、图案吻合，不离缝、不搭接，距墙面 1.5m 处正视，不显拼缝。

（4）阴阳角垂直，棱角分明，阴角处搭接顺光，阳角处无拼缝。

（5）壁纸、墙布边缘平直整齐，不得有边毛、飞刺。

（6）不得有漏贴、补贴和脱层等缺陷。

第十节　幕　墙　工　程

建筑幕墙是由支承结构体系与面板组成的，可相对主体结构有一定位移能力，但不分担主体结构荷载与作用的建筑外围护结构或装饰性结构。建筑幕墙要求轻质且满足自身强度、保温、防水、防风砂、防火、隔音、隔热等许多要求。

一、建筑幕墙的分类

1. 按建筑幕墙的面板材料分类

（1）玻璃幕墙。

1）框支承玻璃幕墙：玻璃面板周边由金属框架支承的玻璃幕墙。主要包括：明框玻璃幕墙——金属框架的构件显露于面板外表面的框支承玻璃幕墙；隐框玻璃幕墙——金属框架完全不显露于面板外表面的框支承玻璃幕墙；半隐框玻璃幕墙——金属框架的竖向或横向构件显露于面板外表面的框支承玻璃幕墙。

2）全玻璃幕墙：由玻璃肋和玻璃面板构成的玻璃幕墙。

3）点支承玻璃幕墙：由玻璃面板、点支承装置和支承结构构成的玻璃幕墙。

（2）金属幕墙：面板为金属板材的建筑幕墙。

（3）石材幕墙：由石板支承结构（铝横梁立柱、钢结构、玻璃肋等）组成，不承担主体结构载荷与作用的建筑围护结构。

（4）组合幕墙：由玻璃、金属、石材等不同板材组成的建筑幕墙。

2. 按幕墙施工方法分类

(1) 单元式幕墙。

(2) 构件式幕墙。

二、玻璃幕墙

玻璃幕墙是指将专用装饰玻璃悬挂于建筑物外墙面，使之形成犹如帷幕一样的装饰围护墙。玻璃幕墙装饰效果好，但易受大气污染，对环境易造成光污染。

1. 作业条件

(1) 安装施工之前，主体结构已完工并办理了质量验收手续，同时幕墙安装操作用脚手架和起重运输机械设备，设置完毕并正式验收合格。

(2) 构件进场应按品种、规格储存，在特制储存架上依照安装顺序排列，储存架必须具有足够的承载能力和刚度。

(3) 与主体结构连接的预埋件，应在主体结构施工时按设计要求埋设，预埋件的位置与设计位置偏差不应大于20mm。为防止预埋件在混凝土浇捣过程中产生位移，应将预埋件与钢筋或模板连接固定；在混凝土浇捣过程中，派专人跟踪观察；若有偏差，应及时纠正。如偏差过大或未设预埋件时，应制订补救措施或可靠连接方案，经业主、土建设计单位同意后方可实施。

(4) 与幕墙主体连接的主体混凝土强度≥C30。幕墙与砌体结构连接时，宜在连接部位的主体结构上增设钢筋混凝土或钢结构梁、柱。轻质填充墙不应作幕墙的支承结构。

(5) 幕墙工程的安装施工组织设计已完成（其主要内容包括工程进度计划；与主体结构施工、设备安装、装饰装修的协调配合方案；搬运、吊装方法；测量方法；安装方法和顺序；构件、组件和成品的现场保护方法；检查验收；安全措施等），并经有关部门审核批准。

(6) 已对幕墙安装的操作人员进行了详细的书面技术交底，并制定了质量标准和技术保证措施，同时强调工种配合和成品保护。

2. 材料准备及要求

(1) 铝合金型材。铝合金牌号有LD30和LD31等，其中玻璃幕墙多采用LD31。这种材料多为高温挤压成型、快速冷却并人工时效状态经阳极氧化表面处理的型材。型材主要受力构件的截面宽度为40～100mm，截面高度为100～210mm，壁厚为3～5mm；次要受力构件截面宽度为40～60mm，截面高度为40～150mm，壁厚为1～3mm。铝合金型材的表面应清洁，不允许有裂纹、起皮、腐蚀和气泡存在，允许有轻微压坑、碰伤、擦伤和划伤存在，但其深度不应超过规范的规定。经阳极氧化的型材其氧化膜厚度应符合有关规范的要求，表面不允许有腐蚀点、电灼伤、黑斑、氧化膜脱落等缺陷存在。

(2) 钢材。用于玻璃幕墙结构的钢型材有不锈钢、碳素钢和低合金钢。处于严重腐蚀环境的钢型材，截面形式有槽钢、工字钢、等边和不等边角钢、圆钢等。钢材的力学性能和截面尺寸偏差应满足现行规范的有关规定。

(3) 玻璃。玻璃幕墙采用中空玻璃时，其厚度为（$6+d+5$）mm、（$6+d+6$）mm、（$8+d+8$）mm等（d为空气厚度，可取6mm、9mm、12mm）。使用时除应符合现行国家标准《中空玻璃》(GB/T11944) 的规定外，还要求中空玻璃气体层厚度不小于9mm，应采用双道密封。玻璃幕墙采用夹层玻璃时，其厚度一般为（6＋6）mm、（8＋8）mm，中间夹聚氯乙烯醇缩丁醛胶片，干法合成。玻璃幕墙采用单片低辐射镀膜玻璃时，应使用在线热喷涂低辐射镀膜玻璃。

(4) 建筑密封材料。密封材料在玻璃装配中起到密封作用，同时有缓冲、黏结的功效，它是一种过渡材料（图8-56）。隐框、半隐框幕墙所采用的结构黏结材料必须是中性硅酮结构密封胶。硅酮结构密封胶使用前，应经国家认可的检测机构进行与接触材料的相容性和剥离黏结性试验，并应

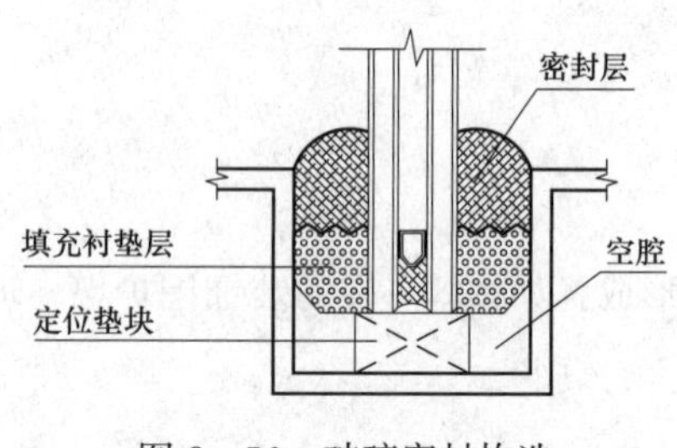

图 8-56 玻璃密封构造

对邵氏硬度、标准状态拉伸黏结性能进行复检。进口硅酮结构密封胶还应具有商检报告。注意硅酮结构密封胶必须在有效期内使用。

(5) 其他材料。玻璃幕墙宜采用聚乙烯发泡材料作填充材料，填充材料应具有良好的稳定性、弹性、透气性、防水性、耐酸碱性和耐老化性，同时宜采用岩棉、矿棉、玻璃棉、防火板等不燃或难燃材料作隔热保温材料，每个螺栓连接点的垫片既要有一定的柔性，又要有一定的硬度，还应具备耐热、耐久性和防腐、绝缘性能。

3. 有框玻璃幕墙的安装施工

(1) 工艺流程：弹线→立柱安装→横梁安装→幕墙组件安装→幕墙上开启窗扇的安装→防火保温构造→密封→清洁。

(2) 施工要点。

1) 弹线。根据幕墙分格大样图和土建施工单位给出的标高点、进出口线及轴线位置，采用重锤、钢丝线、标准钢卷尺及水准仪等测量工具在主体结构上弹出幕墙平面、立柱、分格及转角等基准线，并用经纬仪进行调校、复测。幕墙分格轴线的测量放线应与主体结构测量放线相配合，水平标高要逐层从地面引上，以免误差积累。误差大于规定的允许偏差时，应在监理、设计人员同意后，适当调整幕墙的轴线，使其符合幕墙装饰设计和构造要求。

在测量放线的同时，应对预埋件的偏差进行检查，标高允许偏差±10mm、与设计位置允许偏差±20mm。超差的预埋件必须办理设计变更，与设计单位洽商，进行适当的处理后方可进行安装施工。

2) 幕墙立柱安装。立柱安装的准确性和质量，将影响整个玻璃幕墙的安装质量，是幕墙施工的关键工序之一。安装前应认真核对立柱的规格、尺寸、数量、编号是否与施工图纸一致。立柱一般 2 层 1 根，上、下立柱之间应留有不小于 20mm 的缝隙，闭口型材可采用长度不小于 250mm 的芯柱连接，芯柱与立柱应紧密配合。安装时应将立柱先与连接件连接，然后连接件再与主体预埋件采用膨胀螺栓连接和焊接连接，并进行调整和固定（图 8-57）。注意：在立柱与连接件接触面之间一定要加防腐隔离垫片。

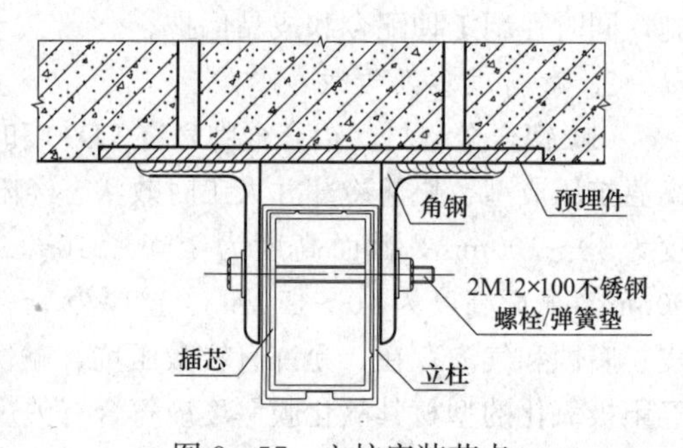

图 8-57 立柱安装节点

立柱安装就位后应及时调整（上下与楼层标高线核实，左右与两侧轴线尺寸相对应），自下而上分层校对安装至顶层，用经纬仪总体校正调整正确无误后，紧固螺栓、螺母、垫圈且用电焊固定。清除焊渣、焊点并刷两道防锈漆。立柱按偏差要求初步定位，应进行检查验收，合格后正式焊接牢固，同时做好防腐处理。立柱安装牢固后，必须取掉上下立柱之间用于定位伸缩缝的标准块，并在伸缩缝处打密封胶。

3) 幕墙横梁安装。幕墙横梁安装必须在土建湿作业完成及立柱安装后进行，大楼从上而下安装，同一层的横梁安装应由下而上进行。这里的横梁安装是指明框玻璃幕墙中横梁的安装，一般分段在立柱中嵌入连接。用木支撑将立柱撑开，装入横梁（此时横梁两端与立柱连接处加弹性防水橡胶垫），取下木支撑，横梁两端橡胶垫即被压紧。粗调定位，穿螺栓，等水平仪精调后紧固螺栓。注意：横梁与立柱接缝处应灌与立柱、横梁颜色相近的密封胶。而一些隐框玻璃幕墙的横梁不是分段与立柱连接的，而是作为铝框的一部分，与玻璃组成一个整体组件后，再与立柱连接。如果横竖杆件均是型钢一类的材料，可以采用焊接（现场焊点应进行防锈处理），也可以采用螺栓或其他方法连接。如果横竖杆件均是铝合金型材，一般多用角铝作为连接件。角铝的一条肢固定横向杆件，另一条肢固定竖向杆件。当安装完一层高度时，应进行整体检查、调整、校正，符合标准后做最后固定。

4）幕墙组件安装。玻璃的安装，因玻璃幕墙的结构类型不同，固定的方法也有所不同。如果是钢结构骨架，因为型钢没有镶嵌玻璃的凹槽，故先将玻璃安装在铝合金窗框上，再将窗框与骨架连接。铝合金型材的窗框在成型过程中，已经将固定玻璃的凹槽随同整个断面一次挤压成型，所以玻璃安装很方便。

明框玻璃幕墙在玻璃安装前应将表面尘土和污物擦拭干净；玻璃四周与构件凹槽底应保持一定空隙，不得直接接触，每块玻璃下应设不少于两块的弹性定位垫块，垫块宽度与槽口宽度相同，长度不小于100mm，并用胶条或密封胶将玻璃与槽口两侧之间进行密封。

隐框玻璃幕墙用经过设计确定的铝合金立柱，用不锈钢螺钉固定玻璃组合件（玻璃与铝合金副框之间通过结构胶黏结），然后在玻璃拼缝处用发泡聚乙烯垫条填充空隙。塞入的垫条表面应凹入玻璃外表面5mm左右，再用耐候密封胶封缝，一般注入深度5mm左右，胶缝必须均匀、饱满，并使用修胶工具修整，然后揭除遮盖压边胶带并清理玻璃及主框表面。玻璃副框与主框间设橡胶条隔离，其断口留在四角，斜面断开后应拼成预定的设计角度，并应用胶黏剂黏结牢固后嵌入槽内(图8-58)。

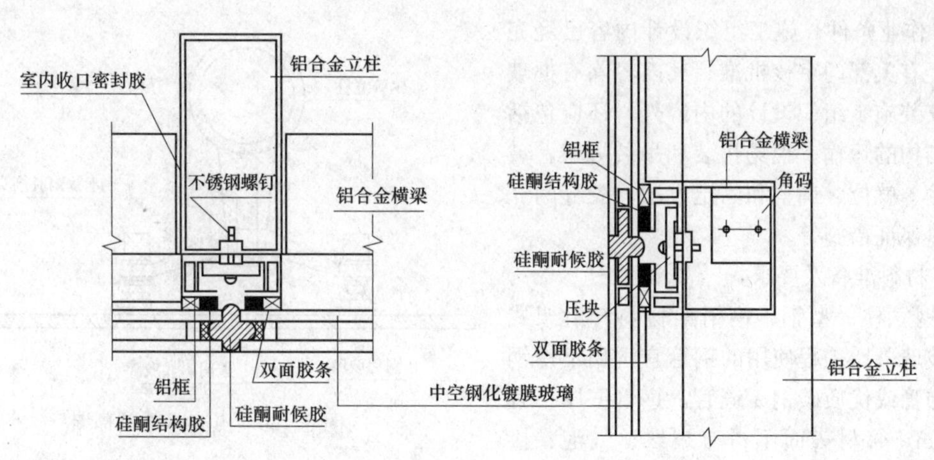

图8-58 隐框玻璃幕墙节点

5）幕墙上的开启窗扇安装。在窗扇安装前进行必要的清洁，然后按设计要求在幕墙上规定位置安装开启窗。安装时应注意窗扇与窗框的上下、左右、前后的配合间隙，以保证其密封型。窗扇连接件的规格、品种、质量一定要符合设计要求，并采用不锈钢和轻金属制品。严禁私自减少连接用自攻螺钉等紧固件的数量，并严格控制自攻螺钉的直径。

6）防火保温（图8-59)。防火保温材料的安装应严格按设计要求施工，固定防火保温材料的防火衬板应采用厚度不小于1.5mm的镀锌钢板，防火材料宜采用整块岩棉。幕墙四周与主体结构之间的缝隙，应采用防火保温材料堵塞，填装防火保温材料时一定要填实填平，不允许留有空隙，并采用铝箔或塑料薄膜包扎，防止保温材料受潮失效。

7）密封。玻璃或玻璃组件安装完毕后，应及时用耐候硅酮密封胶嵌缝，以保证玻璃幕墙的气密性和水密性。耐候硅酮密封胶在缝内应形成相对两面黏结，不得三面黏结，较深的密封槽口底部

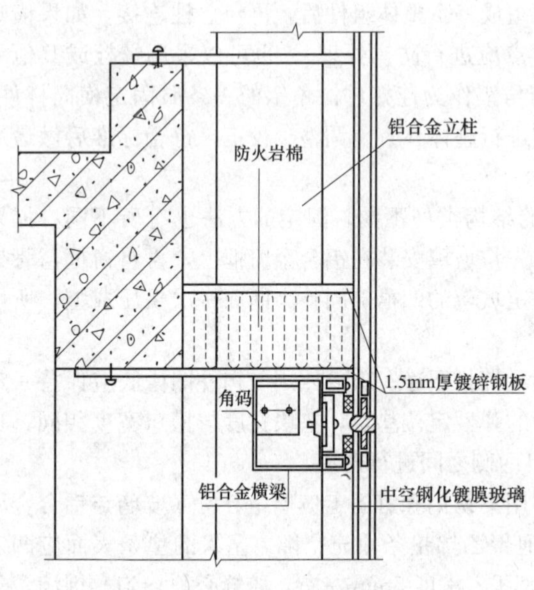

图 8-59 隐框玻璃幕墙防火构造

应采用聚乙烯发泡材料填塞。耐候硅酮密封胶的施工厚度应大于 3.5mm，施工宽度不应小于厚度的 2 倍。注胶后应将胶缝表面刮平，去掉多余的密封胶。

8）清洁。安装完毕后、拆除脚手架之前，应对整个幕墙作最后一次检查，对幕墙及构件表面的黏附物、灰尘等应及时清除，以保证幕墙安装和密封胶缝、结构安装质量。

4. 点支承玻璃幕墙施工

点支承玻璃幕墙（图 8-60）是近年来国内发展较快的一种玻璃幕墙形式，由于幕墙上的各种荷载通过钢爪、连接件传递给钢梁、桁架、张拉钢索等，它具有安全可靠、视觉通透、室内外装饰效果好等特点，被广泛应用在建筑外墙装饰工程上。就其支承结构形式可分为钢梁式点支承玻璃幕墙、桁架式点支承玻璃幕墙、张拉索点支承玻璃幕墙及以上几种混合应用等形式。本节以桁架式点支式玻璃幕墙为例说明点支承玻璃幕墙的施工。

(1) 作业条件。施工组织设计内容已经完成，并经有关部门审核批准。其内容除有框玻璃幕墙安装施工组织设计的内容外，还应包括支承钢结构的运输，现场拼装和吊装方案，玻璃的运输、就位、调整和固定方法，胶缝的充填及质量保证措施等。

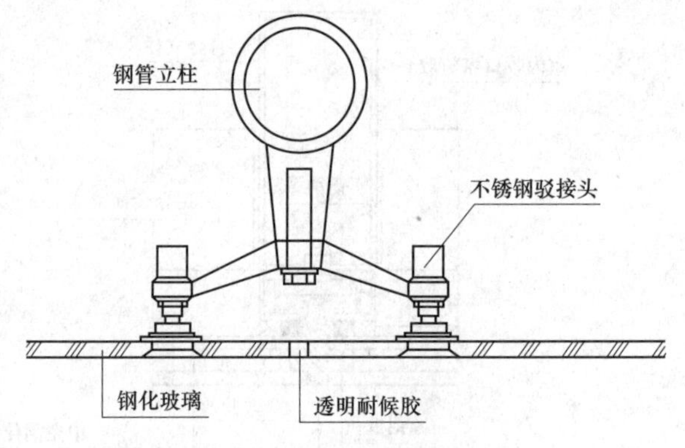

图 8-60 点支承玻璃幕墙

(2) 材料准备及要求。

1）钢立柱、型钢、钢桁架材料。桁架式点支式玻璃幕墙工程使用的钢管宜选用不锈钢无缝装饰管或优质碳钢无缝管，钢管壁厚不宜小于 5mm，管材表面不得有裂纹、气泡、接疤、泛锈、夹渣、起皮等现象，材料的材质、规格及壁厚应符合设计要求。型钢材料的性能应符合国家现行规定。

2）面板玻璃。面板玻璃应采用钢化玻璃、夹胶玻璃或钢化中空玻璃，其厚度和玻璃的大小尺寸应根据设计确定。点支式玻璃幕墙采用夹层玻璃时，应采用聚乙烯醇缩丁醛（PVB）胶片干法加工合成技术，且胶片厚度不得小于 0.76mm。当固定玻璃采用沉头螺栓时，面板玻璃的厚度不得小于 10mm；夹层玻璃和钢化中空玻璃的主要受力层玻璃厚度不得小于 8mm。玻璃颜色应均匀一致。

3）钢爪。钢爪为定型产品，一般为不锈钢，按其外形和固定点数可分为 4 类：四点爪、三点爪、两点爪、单点爪。爪件按常用孔距可分为 204mm、224mm 和 250mm。点支式玻璃幕墙的支承装置应符合现行行业标准《点支式玻璃幕墙支承装置》(JG1378) 的规定。

4）连接件。连接件为定型产品，一般为不锈钢。按构造可分为活动式、固定式，按外形可分为沉头式和浮头式。中空玻璃连接件的形式如图 8-61 所示。与玻璃面板接触的垫圈和垫片应采用尼龙或纯铝等材料。

5) 密封材料。点支式玻璃幕墙的耐候密封材料应采用硅酮建筑密封胶。当采用非镀膜玻璃时，可采用酸性硅酮建筑密封胶，其性能应符合现行国家标准《幕墙玻璃接缝用密封胶》(JC/T882) 的规定。密封胶应根据设计要求选用与玻璃相近的颜色。

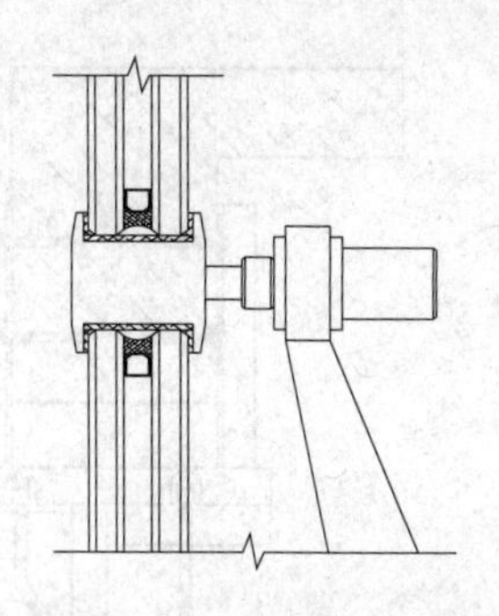

图 8-61 中空玻璃连接件

(3) 点支承玻璃幕墙的安装工艺流程：

预埋件位置、尺寸的检查 → 测量放线 → 安装预埋件 → 安装幕墙立柱、边框 → 立柱的调整与紧固 → 挂件安装 → 玻璃板安装 → 灌注嵌缝硅胶 → 幕墙表面清洗。

(4) 施工要点。

1) 弹线。根据建筑物的轴线弹出纵横两个方向的幕墙基准线和标高控制线。

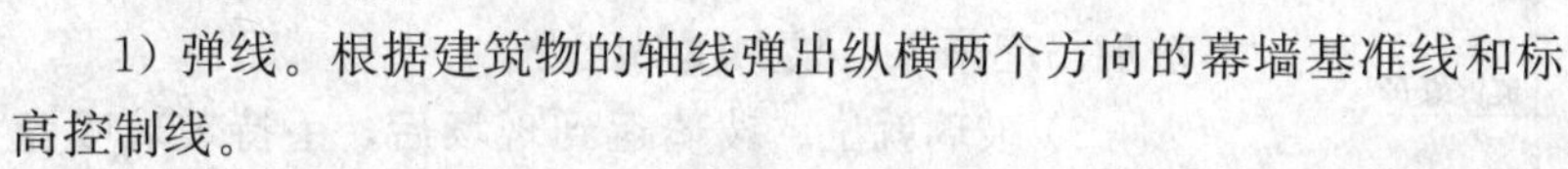

2) 安装连接件。把连接件按设计要求的位置临时点焊在预埋铁件上。若主体结构上没有预埋铁件，可以用膨胀螺栓将铁件与主体结构连接，并应在现场做拉拔试验。以幕墙基准线为准，从幕墙中心线向两边安装幕墙立柱和边框，与连接铁件临时固定。

3) 立柱的调整与紧固。幕墙立柱及边框全部就位后，做一次全面检查，对局部不合适的位置做最后调整，使立柱的垂直度及间距达到设计要求；然后对临时点焊的位置正式焊接，紧固连接螺栓，对没有防松动措施的螺栓均应点焊；所有焊缝应清理干净并做防锈处理。

4) 挂件安装。将不锈钢挂件按设计要求安装在幕墙立柱上，并用与玻璃同尺寸、同孔径的模具校正每个挂件的位置，以确保无误。

5) 玻璃板安装。在平台上将驳接头固定在玻璃定位孔中，注意连接件不得与玻璃面板直接接触，应加装衬垫材料，衬垫材料面积不应小于点支承装置与玻璃的结合面；然后采用吊架自上而下地将支点装置的玻璃板安装在焊于立柱设计位置的爪挂件上。用吊具和吸盘调整玻璃前后、左右位置，使四周的缝隙达到设计要求值，用扳手上紧连接件的螺栓；最后用硅酮结构密封胶对玻璃板块之间的缝隙进行密封处理，并及时清理玻璃板缝处的多余胶迹。

6) 清理。安装完毕拆架前应对玻璃幕墙进行一次全面检查与清理，以保证玻璃板安装和胶缝密封质量及幕墙表面的整洁。

5. 全玻璃幕墙施工

全玻璃幕墙是指面板和肋均为玻璃的幕墙，面板和肋之间用透明硅酮胶黏结，能创造出一种独特的通视透明效果。当玻璃高度小于 4m 时，可以不加玻璃肋；当玻璃高度大于 4m 时，就应用玻璃肋来加强，玻璃肋的厚度应不小于 19mm。全玻璃幕墙可分为坐地式和悬挂式两种。坐地式幕墙构造简单、造价低，主要靠底座承重，但玻璃在自重作用下容易产生弯曲变形，造成视觉上失真。在玻璃高度大于 6m 时，就必须采用悬挂式即用特殊的金属夹具将大块玻璃和玻璃肋悬挂吊起，构成没有变形的大面积连续玻璃幕墙。用这种方法可以消除由自重引起的玻璃挠曲，创造出既美观又安全可靠的空间效果（图 8-62）。

(1) 作业条件。现场土建设计资料的收集和土建结构尺寸的测量；设计和施工方案的确定；检查主要材料如玻璃的尺寸规格、金属结构构件的材质等；主要施工机具如玻璃吊装和运输机具、各种电动和手动工具等的检查；脚手架的搭设要完成。

(2) 材料准备及要求。钢吊架和钢横梁等受力构件主要采用型钢，钢材应符合有关现行国家标准。全玻璃幕墙使用非镀膜玻璃时，其耐候密封可采用酸性硅酮建筑密封胶。全玻璃幕墙的玻璃边缘应倒棱并细磨，外露玻璃的边缘应精磨。采用钻孔安装时，孔边缘应进行倒角处理，并不应出现崩边。

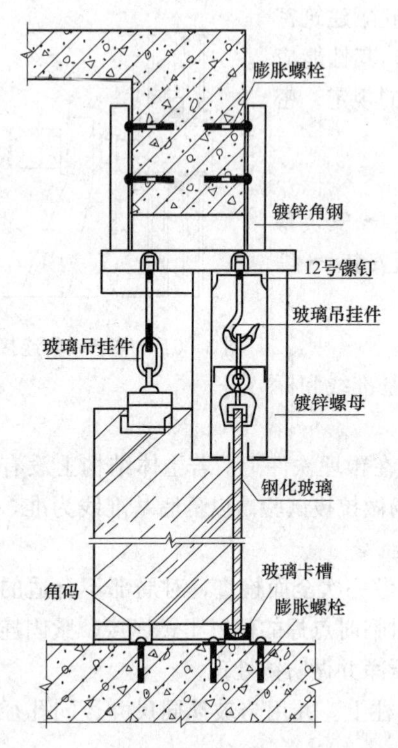

图 8-62 全玻璃悬挂式幕墙竖向剖面构造

（3）安装工艺流程：底框和顶框安装 → 玻璃就位 → 玻璃固定 → 缝隙处理 → 施工玻璃肋 → 清洁。

（4）施工要点。

1）底框和顶框安装。按设计要求将全玻璃幕墙的底框焊在楼地面的预埋铁件上，将顶框焊在主体结构的预埋铁件上。当没有埋设预埋铁件时，可用膨胀螺栓将角钢连接件与楼地面或主体结构连接，再把金属底框和顶框焊于角钢上。当高度为 4m 以上的全玻璃幕墙时，顶部应安装夹吊具，将全玻璃幕墙的大块玻璃吊起来，以减少底部压力。

2）玻璃就位。玻璃运到现场后，手持玻璃吸盘由工人将其搬运到安装地点，然后用玻璃吸盘安装机在玻璃一侧将玻璃吸牢，接着用起重机械将吸盘安装机连同玻璃一起提升到一定高度，再转动吸盘，将横卧的玻璃转至竖直，并将玻璃插入顶框或吊夹具内，再继续往上提升，使玻璃下端对准底框槽内，将其放入底框内的垫块上，使其支承在设计标高位置。

3）玻璃固定。往底框、顶框内玻璃两侧填嵌填充料（玻璃肋位置除外）至距缝口 10mm 位置，然后用密封胶注射枪向缝内均匀、连续、严密注入密封胶，上表面与玻璃或框表面成 45°角，多余的胶迹清理干净。

4）幕墙玻璃板之间的缝隙处理。向幕墙玻璃板之间的缝隙注入密封胶，胶体与幕墙玻璃面平。密封胶的注入要连续、饱满、密实、均匀、无气泡，接缝处应光滑、平整。

5）粘贴肋玻璃。在幕墙玻璃上及肋玻璃的相应位置刷结构胶，然后将肋玻璃放入相应的顶、底框内，调整好位置后，向幕墙玻璃上刷胶位置轻轻推压，使其黏结牢固；最后向底、顶框内肋玻璃两侧的缝隙内填嵌填充料，注入密封胶。密封胶注入要连续、饱满、密实、均匀、无气泡，深度大于 8mm。

6）肋玻璃端头处理。肋玻璃底框、顶框端头位置的垫块、密封条要固定，其缝隙用密封胶封死。

7）清洁。拆架前应对玻璃幕墙做最后一次全面检查，以保证幕墙表面的整洁。

三、石材幕墙

石材幕墙不同于传统的外墙饰面，而是采用干挂工艺，它是当代石材墙面装饰通过长期施工实践，经发展改进而形成的一种新型的施工工艺，也是目前外墙石材饰面最常用的一种施工方法。该方法是用一组高强、耐腐蚀的金属连接件，将石材板与主体结构可靠连接，而形成的空间层不作灌浆处理，具有施工速度快，石材表面不泛碱的优点。

1. 作业条件

（1）检查进场石材的品种、规格、数量、质量、力学性能及物理性能是否符合设计要求，并进行表面处理。发现石材颜色明显不一致、破损较严重的，应单独堆放，以便退回厂家。验收合格的石材，应按编号分类竖直码放在仓库内的垫木上。

（2）石材表面一般情况下应干燥、洁净，采用干净的棉布或海绵及喷壶将防护剂均匀涂布到表面，第一遍涂布晾干 1h（按防护剂的使用说明书要求）后，再涂第二遍。涂布后阴干 6h 以上即可使用。

(3) 审查幕墙施工图与建筑、结构图在几何尺寸、坐标、标高、说明等方面是否一致，复核幕墙各组件的强度、刚度和稳定性是否满足要求，施工组织设计是否编制完成，幕墙施工单位技术人员对现场施工人员是否进行了技术交底等。

2. 材料准备及要求

(1) 石材。由于幕墙工程属于室外墙面装饰，要求石材具有良好的耐久性，通常选用厚度为25～30mm的花岗石。石材表面的处理方法，应根据环境和用途而定，一般采用机械加工，加工后的表面用高压水冲洗或用水和刷子清理，严禁使用溶剂型的化学溶剂清洗。

(2) 金属骨架。金属材料应以铝合金为主，铝合金型材骨架表面必须经阳极氧化处理。为避免腐蚀，骨架也可采用不锈钢骨架，但目前较多项目采用碳素结构钢。采用碳素结构钢应进行热浸镀锌防腐蚀处理，并在设计中避免用现场焊接连接，以保证其耐久性。

(3) 金属挂件。金属挂件按材料分有不锈钢和铝合金两种。不锈钢挂件主要用于无骨架体系和碳素钢骨架体系中，厚度不应小于 3.0mm，铝合金挂件厚度不应小于 4.0mm。金属挂件应有良好的抗腐蚀能力，挂件种类要与骨架材料相匹配，不同类金属不宜同时使用，以免发生电化学腐蚀。

3. 石材幕墙施工

根据干挂方案的不同，石材幕墙可分为无龙骨体系和有龙骨体系两种，以下介绍目前应用较多的有龙骨体系。

有龙骨体系是由主龙骨和次龙骨构成的。主龙骨可选用镀锌方钢、槽钢和角钢，其间距应考虑石板规格、墙面大小、结构强度计算和刚度验算等综合因素。该体系适用于各种结构形式。框架结构时，主龙骨（一般为竖向龙骨）应与框架连梁可靠连接（与预埋铁件焊接或用膨胀螺栓固定）。若上下两道框架边梁间距较大时，竖向龙骨中间常需固定，而一般填充墙的强度不能满足要求。此时，应结合建筑立面设计，在适当位置增设混凝土条带，如在门窗洞口的上下位置增设。当墙面为钢筋混凝土且立面变化较多时，主龙骨（视需要竖向或横向布置）可直接固定在墙上。次龙骨多用角钢，间距由石材规格确定，通常直接焊接在主龙骨上。这种体系整体性好，受力均匀，且易于调整板材整体垂直度、平整度及凹凸变化。但是由于骨架在建成后不便于维护，因此骨架的防腐很重要。

饰面板与龙骨的连接方式目前应用较多的有连接件式和背栓式，连接件式就是将连接件通过防腐、防锈螺栓固定或焊接在龙骨上（图 8-63）。

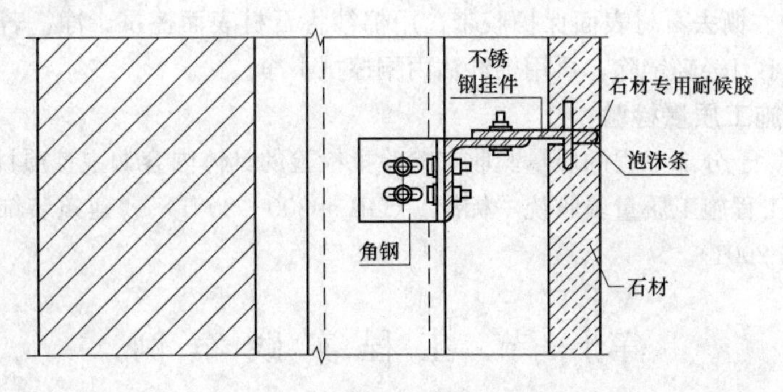

图 8-63 骨架式干挂石材幕墙

(1) 工艺流程：预埋件位置尺寸检查→安装预埋件→复测预埋件位置尺寸→测量放线→绘制工程翻样图→金属骨架加工→钢结构刷防锈漆→金属骨架安装→安装防火保温棉→隐蔽工程

验收→石材饰面板加工→石材表面防护→石材饰面板安装→安装质量检查→板缝处理→幕墙表面清洗。

（2）施工要点。

1）预埋件安装。预埋件应在土建施工时埋设，幕墙施工前要根据该工程基准轴线和中线以及基准水平点对预埋件进行检查和校核。当设计无明确要求时，预埋件的标高偏差不应大于10mm，预埋件位置偏差不应大于20mm。如有预埋件位置超差而无法使用或漏放时，应根据实际情况提出选用膨胀螺栓的方案，并报设计单位审核批准且在现场做拉拔试验，做好记录。

2）测量放线。根据设计和施工现场实际情况准确弹出幕墙的外边线和水平、垂直控制线，然后将骨架竖框的中心线按设计分格尺寸弹到结构上。

3）骨架安装。按弹线位置准确无误地将经过防锈处理的型钢竖框焊接或用螺栓固定在连接件上。安装竖框时一般先安装同立面两端的竖框，然后拉通线顺序安装中间竖框。焊接时要采用对称焊，以减少因焊接产生的变形。焊缝不得有夹渣和气孔，敲掉焊渣后对焊缝应进行防锈处理。安装完竖框后将各施工水平控制线引至竖框上，并用水平尺校核，然后将横梁按设计要求固定在立柱相应位置上。安装完毕后全面检查立柱和横梁的中心线及标高。

4）防火、保温材料安装。在每层楼板与石板幕墙之间用厚度不小于1.5mm的镀锌钢板和防火棉形成防火带。北方寒冷地区，在金属骨架内填塞保温层，要求严密牢固。

5）石材饰面板安装。施工时一般先按幕墙面基准线安装好底层第一皮石材板，然后自下而上进行挂贴。金属挂件应紧托上皮饰面板，而与下皮饰面板之间留有间隙。石材与金属挂件间应采用环氧树脂型石材专用胶黏结，以保证石材面板与挂件的可靠性。挂件插入石材板销孔深度应大于20mm。

6）板缝处理。干挂石材间均留有板缝，以保证石材的自由伸缩并满足抗震要求。板缝处理方法分为明缝和暗缝两种。明缝，石材之间的缝隙不用任何材料填塞，允许雨水通过板缝流入挂板后的空间，并从构造上采取措施以排走进入的雨水。暗缝，则在板缝两侧沿石材边缘贴纸面胶带纸，以避免嵌缝胶污染石材表面。在石材板缝内嵌直径略大于缝宽的泡沫塑料圆垫条，以保证胶缝的最小宽度和均匀性，然后用注射枪向石材板缝均匀注入膨胀密封胶，边打胶边用专用工具勾缝，使嵌缝胶呈微弧形凹面。石材板间的胶缝是石材幕墙的第一道防水措施，同时又使石材幕墙形成一个整体。为了减少由于日晒等原因引起的石材内外表面温差对石材造成的应力不均，可在窗上沿石材接缝处的适当位置设置通气孔，使石材饰面内外空气得以流通。若内部有潮气也可排出，同时通气孔也可作为冷凝水滴孔。

7）清洗和保护。撕去石材表面保护胶带，用棉纱将石材表面擦拭干净。若有胶迹或其他黏结牢固的杂物，可用小刀轻轻铲除，再用棉纱沾丙酮擦拭干净。

四、幕墙工程施工质量检验

有关分项工程、子分部工程的质量验收和检验批检验的具体内容如主控项目、一般项目及检验方法可参见《建筑工程施工质量验收统一标准》（GB 50300—2001）、《建筑装饰装修工程质量验收规范》（GB 50210—2001）。

第十一节 工程实践案例

【案例1】 干挂花岗岩施工案例

1. 工程概况

安泰县“新建办公、营业、住宅综合楼”工程，位于安泰县台州大道与金都大道交汇处，总建

筑面积 $7890m^2$，地上十三层，地下一层。裙楼外墙采用干挂花岗石，其面积为 $2500m^2$。该分项工程于2012年10月6日正式施工。

2. 外墙干挂石材工艺流程

测量放线→镀锌钢板的安装→立柱的安装→横梁的安装→安装挂件→石板开槽→安装面层石板→嵌缝打胶→验收。

3. 施工要点

(1) 测量放线。

1) 弹好水平标高线及中心线。

2) 根据给定的基准线按设计要求进行分格，确定镀锌钢板的位置，弹出立柱与横梁位置。横梁间距由面层石板的大小确定。

3) 依据每面墙壁的面积大小、凹凸情况，分别在墙的上、下两侧及中部设置测量控制点。

4) 用铁丝拉挂水平垂直控制线，并做好相邻墙面阴阳角转折兜方控制。

5) 用线锤从上至下将石材墙面、柱面找出垂直，按图纸弹出石材外廓尺寸线，此线为第一层石材安装的基准线。

(2) 镀锌钢板的安装。

1) 根据已弹出的主龙骨位置线及石材设计要求画出镀锌钢板的位置。

2) 根据镀锌钢板的位置，用电锤钻洞。

3) 镀锌钢板采用200mm×300mm×12mm镀锌钢板，混凝土梁、砼柱上使用四孔镀锌钢板，砖砌墙使用两孔镀锌钢板，钢板与墙、柱之间用M12×100膨胀螺栓连接固定。

(3) 立柱的安装。

1) 先将角码焊接固定在镀锌钢板上，角码用∟50mm×50mm×5mm镀锌角钢。

2) 立柱采用8号镀锌槽钢，立柱的间距根据现场柱、墙分格确定，并不大于1.2m。先将镀锌槽钢点焊在镀锌钢板上，但要确认牢固后，用托线板检查垂直，拉通线检查平整，校正后进行焊接，且焊接面边缘不小于75mm。阴阳角必须设有立柱。

3) 所有主龙骨安装完后要进行检查，达到要求后再进行除渣。除渣完毕后，所有焊接部位刷防锈漆两遍进行防锈防腐处理。

(4) 横梁的安装。

1) 横梁采用∟50mm×50mm×5mm镀锌角钢，横梁的间距根据面层石板的大小确定。

2) 将墙面上横梁位置线引到立柱上。在安装横梁之前，根据施工图要求，定出镀锌角钢挂件连接位置，并用台钻钻洞，再将横梁与立柱固定连接。

3) 所有横梁安装完后要进行检查，然后调平固定。

4) 横梁安装必须设有不小于15mm的变形缝，横梁变形缝的间距根据分格的位置进行调整设置，以满足钢框架的变形要求。

(5) 安装挂件。在横梁上预先钻好的孔内插入M10×30螺栓，将镀锌挂蝶形件固定在次龙骨上。

(6) 石板开槽。按设计要求在板端面需开槽的位置预先画线，集中开槽。石板上下各两个镀锌蝶形挂件，镀锌蝶形挂件每边两个。开槽后应将石材背面槽壁用钢錾剔出槽位以便埋卧挂件。

(7) 安装面层石板。

1) 石材采用25mm厚蝴蝶绿花岗岩，石材安装一般从下至上进行，根据石材水平缝隙的标高，按通线安装石材，石板缝宽根据设计要求确定。

2) 将挂件的螺母完全拧紧，调整就位，检查平整度、垂直度、接缝宽度等。

3）经检查合格后，再用结构胶将挂件与板固定。

4）缝隙清理。石材安装完后，经“自检、互检、专检”检查合格后，再进行缝隙清理，主要清理缝隙间的残留杂物等。

(8) 嵌缝打胶。

1）嵌缝泡沫条的嵌入深度不宜过深也不宜过浅，打胶厚度约为8mm。

2）嵌完泡沫条后，再开始贴分色胶带纸，缝的宽窄必须一致。胶带纸贴完后开始打硅酮耐候胶嵌缝。

3）胶打完后，要用小圆棒（或胶瓶后座）将胶抹光，一般呈U形，随后将胶纸撕去，不要污染石材表面。

4）等嵌缝耐候胶硬化后，将石材表面上的防污条掀掉，用棉丝将石板擦净，若有胶或其他黏结牢固的杂物，可用开刀轻轻铲除，用棉丝沾丙酮擦至干净。

(9) 验收。石材安装完毕，经自检合格后通知业主、监理进行验收。

【案例2】 环氧树脂地坪施工案例

1. 工程概况

本工程位于北华市泰珠工业园北组团B1地块，一期拟建车间办公区一栋3层，建筑面积约1850m²；隔离开关厂一栋1层，建筑面积约4424m²；中压厂房一栋1层，建筑面积约5400m²；车间办公区采用钢筋混凝土框架结构，厂房采用钢结构；本工程厂房地坪采用2mm厚环氧树脂地坪。环氧树脂地坪（EPOXYFLOOR）是一种高强度，耐磨损、耐辗压、洁净、防尘、美光的工业地坪。具有无缝、防菌、耐药品性佳，保养方便，维护费低，是CLEAN ROOM首选的地坪。

2. 工艺流程

基层处理层→环氧底涂层→环氧砂浆层→中涂腻子批补→打磨处理→贴铜箔→环氧防静电腻子层→环氧防静电自流平面涂层。

3. 施工要点

(1) 基层处理层。用打磨吸尘机打磨新水泥基面，松散水泥疙瘩，清除破裂的缝隙及灰浆某附着物，并吸干灰尘，有机油有其他污染之基面，必须用化学方法处理干净，同时把裂缝及小坑小洞用环氧砂浆修补平整。潮湿的地方，必须烘干或加防水底涂处理。

(2) 环氧底涂层。把EPOXY底涂主剂和固化剂按正确比例混合后一个小时，让其充分反应，然后用平刀刮平于基面上，5h表干后可进行下一工序。

(3) 环氧砂浆层。把EPOXY中涂＋固化剂＋5号石英砂按正确比例混合后，用平刀全面刮批一遍，5h表干后，可进行下一工序。

(4) 中涂腻子批补。把EPOXY中涂＋固化剂＋腻子粉按正确比例混合后，用平刀全面刮批5h表干后，可进行下一工序。

(5) 打磨处理层。轻磨、吸尘。

(6) 贴铜箔。先在每个房间四周贴铜箔母线，然后按5m×5m间隔铺设铜箔。

(7) 环氧防静电腻子层。把EPOXY中涂＋固化剂按正确比例混合后，用平刀全面刮批5h表干后，可进行下一工序（刮两遍）。

(8) 环氧防静电自流平面涂层。把EPOXY面涂＋固化剂按正确比例混合后，用镘刀均匀地镘在地面上，12h表干即可。

(9) 清理施工现场。场内杂务及空罐必须清理干净。

4. 施工结构示意图

施工结构示意图如下：

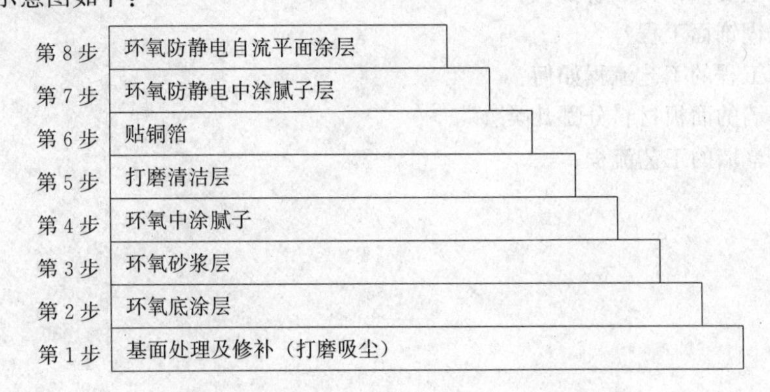

复习思考题

1. 谈谈你对建筑装饰装修的了解程度。
2. 建筑装饰装修工程包含哪些内容？
3. 建筑装饰装修工程今后的发展方向如何？
4.《建筑装饰装修工程施工质量验收规范》(GB 50210）中涉及施工的一般规定有哪些？
5. 高级抹灰和普通抹灰的适用范围和做法要求有什么区别？
6. 抹灰层一般由哪几层组成？各有什么作用？
7. 抹灰的材料有哪些？如何把关？
8. 室外抹灰顺序如何？
9. 写出内墙抹灰施工工艺流程，并说出施工要点。
10. 一般抹灰工程主控项目有哪些？
11. 写出内墙面砖粘贴施工工艺流程，并说出施工要点。
12. 写出大理石、花岗石干挂施工的工艺流程。
13. 饰面砖粘贴工程主控项目有哪些？
14. 饰面板安装工程主控项目有哪些？
15. 说说铝合金门窗的安装流程和安装要点。
16. 说说塑钢门窗的安装流程和安装要点。
17. 楼地面按面层材料分类有哪些？
18. 写出水泥砂浆地面面层的工艺流程和施工要点。
19. 写出细石混凝土地面面层的工艺流程和施工要点。
20. 写出环氧树脂面层的工艺流程和施工要点。
21. 写出陶瓷地砖面层的工艺流程和施工要点。
22. 写出花岗石板楼地面面层的工艺流程和施工要点。
23. 写出木地板面层的工艺流程和施工要点。
24. 轻质隔墙的种类有哪些？
25. 吊顶工程由哪三部分组成？
26. 说说木骨架罩面板吊顶的工艺流程和工艺要点。

27. 涂饰工程的基层处理有哪些要求?
28. 涂饰施工主要操作方法有哪些?
29. 什么是裱糊饰面工程?
30. 裱糊饰面工程的工艺流程如何?
31. 按建筑幕墙的面板材料分哪几类?
32. 写出石材幕墙的工艺流程。

第九章　建筑节能工程

本章学习要求

掌握外墙外保温系统构造、施工工艺和质量控制；掌握屋面防水保温一体化体系的构造、施工工艺和质量控制；熟悉门窗节能的材料、施工工艺和质量控制；了解幕墙节能的材料、施工工艺和质量控制；熟悉建筑节能工程的检测与评估；了解建筑节能的防火。

第一节　建筑节能概述

一、建筑节能的背景与意义

（一）建筑节能的背景

由于人类的高速发展和过度开发，因而对自然资源的需求越来越多，同时造成地球上化石能源的开采越来越频繁。过度的能源消耗排放，造成大气污染、地球变暖、气候的不断恶化，并通过农业生产力的降低、用水危机的加剧、极端自然灾害的频发、生态系统的崩溃等形式表现出来，直接影响了人类的生活和生存环境（图 9-1）。

根据权威部门统计，由于地球上能源的有限性，全球主要能源未来可开采的情况如下：石油还可以开采 40 年、天然气还可以开采 60 年、煤工业还可以开采 200 年。

我国现在正处在工业化、城市化、市场化、国际化步伐加快、经济持续快速发展的时期，也是资源消耗加剧的时期，面临着严峻的资源与环境问题。

自 20 世纪 80 年代以来，我国建筑业取得了突飞猛进的发展。然而建筑节能水平远低于发达国家，其中单位面积采暖能耗相当于国际上气候条件相近发达国家的 3 倍，甚至更高，而且我国住宅的室内舒适程度远低于发达国家水平。再加上目前我国 400 多亿平方的建筑中，95%都属于高能耗建筑，而且在今后 15 年内，每年建成房屋将达 16 亿～20 亿 m^2。随着人们生活水平的不断提高，对建筑物热舒适性的要求也越来越高，采暖和空调的使用越来越广泛，如果不采取必要的建筑节能措施，带来的后果势必是大量能源的浪费。

图 9-1　工业和生活能耗导致大量废气排放

（二）建筑节能的意义

节能减排指的是节约资源、减少排放、保护环境。我国“十二五”规划纲要提出总体目标是：“到 2015 年，全国化学需氧量和二氧化硫排放总量分别控制在 2347.6 万 t、2086.4 万 t，比 2010 年的 2551.7 万 t、2267.8 万 t 各减少 8%，分别新增削减能力 601 万 t、654 万 t；全国氨氮和氮氧化物排放总量分别控制在 238 万 t、2046.2 万 t，比 2010 年的 264.4 万 t、2273.6 万 t 各减少 10%，分别新增削减能力 69 万 t、794 万 t。”这是贯彻落实科学发展观、构建社会主义和谐社会的重大举措；是建设资源节约型、环境友好型社会的必然选择。

节约资源是基本国策，降耗减排是全民行动。国家将采取更有力的措施推进节能减排，一是强化节能减排目标责任制，落实严格的问责制和“一票否决制”；二是抓好重点企业节能和重点工程建设；三是完善相关政策，制定和修订一批高耗能产品能耗限额强制性国家标准；四是积极发展循环经济；五是强化对污染的防治。节能减排主要涉及工业、建筑、交通运输等领域，因此建筑节能是节能减排的重要组成部分。

我们通过大量数据统计得出以下结论：在全社会总能耗直接的能耗中，工业能耗约占到总能耗的35%；建筑能耗约占到总能耗的28%；交通能耗约占到总能耗的30%；其他能耗约占到总能耗的7%。而人类从自然界获取的物质原料大约有半数以上用于各类建筑，也就是说这些建筑在规划设计、材料生产、建设施工、运行管理、销毁再生等全生命周期中大约消耗世界能源总量的一半。

因此，加快建筑节能的步伐，提高建筑节能水平，提高能源利用率，减少废气排放是我国可持续发展和全面贯彻科学发展观的重要举措。

二、建筑节能的主要组成部分

根据建筑物建筑构造和能耗的特点，建筑节能主要分为三种情况：一是建筑围护结构节能，主要包括屋面、墙面、楼地面、门窗（包括玻璃幕墙）等；二是采暖、空调、照明设施节能，主要包括空调机械、供热设备、照明用具等；三是可再生能源利用和建筑物的用能管理，其中可再生能源主要包括：太阳能、地热源等（图9-2）。

目前，我国建筑物围护结构保温性能差，采暖空调设备消耗的能量一大部分是用来补充这些能量的损失，建筑用能浪费严重。因此，建筑物围护结构节能是建筑节能各项措施中最重要且最易见成效的措施，是建筑节能的根本所在。

建筑物围护结构能量损失比重如图9-3所示。

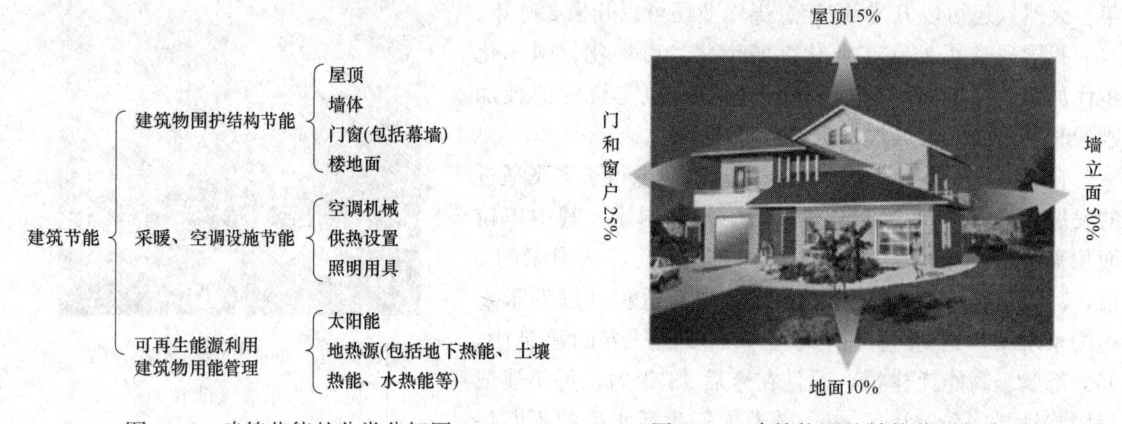

图9-2 建筑节能的分类分解图

图9-3 建筑物围护结构能量损失比重

其中，外墙立面约占50%，外门窗约占25%，屋面约占15%，地面约占10%。

建筑物在冬、夏两季由于室内、外温差较大导致能量以热量的形式通过围护结构和门窗缝隙的空气渗透向外散失或向室内传入（冬季为散失，夏季为传入）。

由图9-3可见，建筑物围护结构节能重点在于墙体节能、门窗节能（包括幕墙）和屋顶节能。

三、建筑节能与绿色建筑

所谓建筑节能，即在建筑中合理使用和有效利用能源，不断提高能源利用效率。也就是在建筑工程设计和建造中依照国家有关法律、法规的规定，采用节能型的建筑材料、产品和设备，提高建筑物围护结构的保温隔热性能和采暖空调设备的能效比，减少建筑使用过程中的采暖、制冷、照明能耗，合理有效地利用能源。

所谓节能建筑，是指遵循气候设计和节能的基本方法，对建筑规划分区，群体和单体，建筑朝向、间距、太阳辐射、风向以及内部空间环境进行研究后，设计出的低能耗建筑，其主要指标有：建筑规划和平面布局要有利于自然通风，绿化率不低于35%，建筑间距应保证每户不少于一个居住空间在大寒日能获得满窗日照2h，最小日照距离不低1.1H；窗墙面积比不宜大于0.35，建筑外墙体传热系数K值小于该地区节能标准规定值。

要求节能指标比20世纪80年代初，砖混结构多层住宅达到舒适热环境效果的同时节能50%及以上。其中，建筑节能50%是指在当地1980—1981年住宅通用设计能耗水平的基础上节能50%；建筑节能65%就是指在节能50%的基础上再节能30%，也就是在当地1980—1981年住宅通用设计能耗水平的基础上节能65%。

绿色建筑是指在建筑物的全生命周期包括规划设计、施工安装、使用管理及拆除的整个过程中，能够以最节约能源（节能、节地、节水、节材）、最有效利用资源的方式，建造出对地球环境影响最小，同时能提供安全、健康、效率及舒适的居住空间建筑，达到人及环境与建筑的共生共荣和永续发展。而建筑节能则是绿色建筑的核心内容，也是绿色建筑中最易实现和见效的部分。

四、可再生能源概述

自然界的能源是无限的，能源按其形成的条件可分为两大类：一类是自然界中天然存在的，如煤、石油、天然气、油页岩、核燃料、植物秸秆、太阳能、风能、水能、地热能、海洋能、潮汐能等，称为一次能源；另一类是由一次能源直接或间接转化而成的能源，如煤气、焦炭、人造石油、汽油、煤油、重油、电力、蒸汽、热水、酒精、沼气、氢气、激光等，称为二次能源。

建筑要开发利用可再生能源。建筑用能要优先使用太阳能、地下热能、土壤热能、水热能等可再生能源。采用新技术，提高可再生能源的利用效率，充分利用可再生能源。以下简要介绍与建筑用能相关的几种可再生能源。

1. 太阳能

太阳能一般是指太阳光的辐射能量，氢原子核在超高温时聚变释放的巨大能量。地球上的生物主要依靠太阳提供的热和光生存，而自古人类就懂得以阳光晒干物件，并作为保存食物的方法，如制盐和晒咸鱼等。在化石燃料逐渐减少的情况下，才有意让太阳能进一步发展。太阳能的利用有被动式利用（光热转换）和光电转换两种方式。太阳能发电是一种新兴的可再生能源。广义上的太阳能是地球上许多能量的来源，如风能、化学能、水的势能，等等。

太阳能在建筑上的应用主要是太阳能热水器，重点是太阳能与建筑的一体化设计与应用。目前已在我国建筑领域得到广泛应用。

2. 地热

地热能是指来自地球内部的热能资源。我们生活的地球是一个巨大的热库，仅地下10km厚的一层，储热量就达1.05×10^{26}kJ，相当于3.58×10^{15}t标准煤所释放的热量。地热能是在其演化进程中储存下来的，是独立于太阳能的又一自然能源，它不受天气状况等条件因素的影响，未来的发展潜力也相当大。

目前，在建筑上应用的主要是地源热泵。地源热泵是一种利用浅层地热资源（也称地能，包括地下水、土壤或地表水等）的既可供热又可制冷的高效节能空调设备。地源热泵通过输入少量的高品位能源（如电能），实现由低温位热能向高温位热能转移。地能在冬季作为热泵供热的热源，在夏季作为制冷的冷源，即在冬季，把地能中的热量取出来，提高温度后，供给室内采暖；夏季，把室内的热量取出来，释放到地能中去。

第二节　墙体节能工程材料、构造、施工工艺和质量控制

一、常用建筑节能保温材料

保温材料是指对热流具有显著阻抗性的材料或材料复合体。材料保温性能的好坏是由材料导热系数的大小决定的。导热系数越小，则通过材料传达的热量越少，保温隔热性能就越好。材料的导热系数决定于材料的成分、内部结构、表观密度等，也决定传热时的平均温度和材料的含水量等。

一般来说，表观密度越小导热系数就越小。但对于松散的纤维材料并非如此（与压实情况有密切关系），当表观密度小于最佳表观密度时，导热系数随着表观密度减小而增大。只有当表观密度大于最佳表观密度时，才符合表观密度越小导热系数越小的规律。当材料的成分、表观密度、结构等条件完全相同时，多孔材料的导热系数随着平均温度和含水量的增大而增大，随着温湿度的减少而减少。

用于建造节能建筑的各种保温材料统称为建筑保温材料，主要有屋面、墙面、地面保温材料及节能型门、窗（包括幕墙）材料。

（一）保温材料

保温材料的品种很多，一般均为轻质、疏松、多孔、纤维材料。按材质一般可分为无机保温材料、有机保温材料两大类，有机保温材料的保温隔热性能较无机保温材料好，但无机保温材料较有机保温材料具有耐久性好和耐火性能好等优点；按形态可分为纤维状、多孔（微孔、气泡）状、层状等。

目前常用的保温材料有以下几类。

1. 膨胀珍珠岩制品

膨胀珍珠岩俗称珠光砂，又名珍珠岩粉，是以珍珠岩矿石经过破碎、筛分、预热，在高温（1260℃）中悬浮瞬间焙烧、体积骤然膨胀加工而成的一种白色或灰白色的中性无机砂状材料，颗粒结构呈蜂窝泡沫状，重量特轻，风吹可扬。膨胀珍珠岩具有表观密度小，导热系数小，低温隔热性能好、在常压或真空度下保冷性能好、吸声性能好，吸湿性小、化学稳定性好、无味、无毒、不燃烧、抗菌、耐腐蚀、施工方便等特点。

膨胀珍珠岩是制作无机轻集料保温砂浆和建筑保温砂浆的主要原料。

2. 无机轻集料保温砂浆

无机轻集料保温砂浆以无机轻集料（憎水型膨胀珍珠岩、玻化微珠、闭孔珍珠岩、膨胀蛭石、陶砂等）为保温材料、以水泥等无机胶凝材料为主要胶结料并掺加高分子聚合物及其他功能性添加剂而制成的建筑保温干粉砂浆。它具有抗裂性强、防火等级高，耐冲击性能好，隔热性能优良、施工简易方便等特点。与无机保温砂浆相似的建筑保温砂浆的主要区别在于采用的轻质无机骨料不同。无机保温砂浆具有良好的耐久性，虽吸水率相对较大，但通过防水或憎水处理仍可以满足要求。特别适用于外墙内保温，也可用于外墙外保温。

3. 岩棉

岩棉是以精选的玄武岩、辉绿岩为主要原料，外加一定数量的辅助料，经高温熔融后，由高速离心设备（或喷吹设备）加工制成的人造无机纤维，具有质轻、不燃、无毒、导热系数小、吸声性能好、绝缘、化学稳定性好、使用周期长等特点，是国内外公认的理想保温材料。其主要类型有岩棉板、岩棉毡、岩棉带、岩棉管壳等。

用于外围护结构建筑保温的岩棉主要是岩棉板。按生产工艺不同，岩棉板可分为沉降法岩棉、摆锤法岩棉和三维法岩棉。

4. 泡沫塑料

泡沫塑料是以各种树脂为基料，加入发泡剂、稳定剂、催化剂等经加热发泡等工艺加工而成，

是一种多孔状的轻质、保温、隔热、吸声、防震材料，适用于建筑工程的吸声、保温与绝热等。泡沫塑料的种类很多，常以所用树脂取名，如聚苯乙烯泡沫塑料、聚乙烯泡沫塑料、聚氯乙烯泡沫塑料、聚氨酯泡沫塑料等。

(1) 胶粉聚苯颗粒保温浆料。胶粉聚苯颗粒保温浆料是由胶粉料和聚苯乙烯颗粒组成并且聚苯乙烯颗粒体积比不小于80%的保温浆料。

(2) 膨胀聚苯板（EPS板）和挤塑聚苯板（XPS板）。膨胀聚苯板（EPS板）是由可发性聚苯乙烯珠粒经加热预发泡后在模具中加热成型而制得的具有闭孔结构的聚苯乙烯泡沫塑料板材。特点有：质轻、保温、吸声、隔振性能好；吸水性小，耐酸碱性好，耐低温性好，燃烧性能差；透气性能较好，做外保温材料时易排出基层墙面的多余水分，不易产生湿胀；容易加工，成本低。

挤塑聚苯板（XPS板）是以聚苯乙烯树脂或其共聚物为主要成分，添加少量添加剂，通过热挤塑成型而制得的具有闭孔结构的硬质泡沫塑料。特点有：质轻、抗压强度高、吸水率低、透气性差；高热阻、低线膨胀率；耐腐蚀、耐老化性能好，无毒、不易霉变；不耐有机化学试剂。

挤塑聚苯板（XPS板）与膨胀聚苯板（EPS板）相比具有以下优点：挤塑聚苯板具有比膨胀聚苯板较密的表层及闭孔结构内层，其导热系数大大低于同厚度的膨胀聚苯板，因此具有膨胀聚苯板更好的保温隔热性能；由于内层的闭孔结构，因此挤塑聚苯板具有良好的抗湿性，在潮湿的环境中，仍可保持良好的保温隔热性能；适用于冷库等对保温有特殊要求的建筑，在采用良好防火措施和满足防火构造要求的前提下也可用于外墙饰面材料为面砖或石材的建筑，适用范围更广；由于挤塑聚苯板与基层墙体的固定方式主要是采用机械固定件，在冬季可照常施工。

(3) 聚氨酯泡沫塑料。以A组分料和B组分料混合反应形成的具有防水和保温隔热等功能的硬质泡沫塑料，称为聚氨酯硬质泡沫，简称聚氨酯硬泡。其中，A组分料是指由组合多元醇（组合聚醚或聚酯）及发泡剂等添加剂组成的组合料，俗称白料，是形成聚氨酯硬泡的必要原料之一。B组分料是指主要成分为异氰酸酯的原材料，俗称黑料，也是形成聚氨酯硬泡的必要原料之一。聚氨酯硬泡的优点是相对密度小、比强度高、具有独立闭孔、导热系数低、吸声隔振性能好、耐化学腐蚀等；缺点是紫外线照射容易变质，耐火性能很差，一般通过添加阻燃剂等方法使其表面形成耐火保护层，隔绝氧气达到阻燃目的。

聚氨酯硬泡保温板是指在工厂的专业生产线上生产的、以聚氨酯硬泡为芯材、两面覆以某种非装饰面层的保温板材。面层一般是为了增加聚氨酯硬泡保温板与基层墙面的粘接强度，防紫外线和减少运输中的破损及建筑防火等需要而设置。

5. 泡沫玻璃

泡沫玻璃是一种以废平板玻璃和瓶罐玻璃为原料，经高温发泡成型的多孔无机非金属材料，具有防火、防水、防蛀、无毒、耐腐蚀、不老化、无放射性、绝缘、防磁波、防静电等特性。机械强度高，与各类泥浆黏结性好，具有良好的保温性能，密度仅130～180kg/m^3，是一种性能稳定的建筑外墙和屋面隔热、隔声、防水材料。

6. 超薄真空绝热保温板

超薄真空绝热保温板，保温效果优异，导热系数最低可达0.004W/（m·K），保温效果相当于常规聚苯板的5倍，挤塑板的4倍，聚氨酯的2.8倍，胶粉聚苯颗粒，保温砂浆，玻化微珠，发泡水泥等浆体类材料的6～10倍。保温材料为无机保温材料，防火不燃。而且单位质量轻，施工方便，安全性高，不易脱落，绿色环保，与建筑同寿命，理论寿命80年。

用1～2cm厚就能达到65%的节能要求。建筑中使用超薄真空绝热板保温材料，与使用传统保温材料相比，可增加1%～3%得房率，减少公摊面积，增加使用面积。

薄抹灰超薄真空绝热保温板外墙外保温系统是一种良好的外墙节能保温方式。目前已经在各工业和民用建筑中广泛应用。

（二）保温辅助材料

1. 界面处理剂

界面处理剂分为基层墙体界面处理剂和保温板界面处理剂。基层墙体界面处理剂有基层墙体界面处理砂浆和聚氨酯防潮底漆等。保温板界面处理剂主要有膨胀聚苯板界面砂浆、挤塑聚苯板界面砂浆、聚氨酯界面砂浆、岩棉板界面砂浆等。

(1) 基层墙体界面砂浆（简称界面砂浆）：由基层界面剂、中细砂和水泥混合配制而成，用于提高胶粉聚苯颗粒（或无机保温砂浆）与墙体的黏结力。

(2) 聚氨酯防潮底漆：以聚氨酯为主要成膜物质，采用各种助剂调配而成，可有效防止水及水蒸气对聚氨酯发泡产生不良影响。

(3) 膨胀聚苯板界面砂浆：由聚苯板界面剂、中细砂和水泥混合配制而成，以增强抹灰层、黏结层或钢筋混凝土墙体与聚苯板之间的黏结力。

(4) 聚氨酯界面砂浆：由与聚氨酯具有良好黏结性能的合成树脂乳液、多种助剂、填料配制的聚氨酯界面剂与水泥混制而成，以增强抹灰层与聚氨酯保温层之间的黏结力。

(5) 岩棉板界面砂浆：由防水乳液、填料、助剂、中砂按一定比例混合制成的砂浆，用以提高岩棉板的表面硬度、黏结能力以及提高钢丝网的防腐黏结能力。

2. 保温材料胶黏剂

(1) 聚氨酯胶黏剂：由黏合粉和固化剂两种组分构成，用于粘贴聚氨酯板材。

(2) 聚苯板胶黏剂：由聚合物乳液和水泥等配制而成，用于把聚苯板粘贴在基层墙体上。

(3) 聚苯板接缝用密封胶：由高分子聚合物和助剂、填料配制而成，用于聚苯板之间边角、企口搭接处的黏结。

3. 抗裂防护层材料

(1) 抗裂砂浆：由弹性聚合物乳液、多种助剂配制而成的抗裂剂与中细砂和水泥混合配制而成，用于提高保温系统抗裂能力。

(2) 抗裂石膏：由半水石膏加入少量无机水硬性材料、保水剂、增塑剂等配制而成，用于提高内墙保温抗裂能力。

(3) 耐碱玻纤网格布：由耐碱玻璃纤维制成，与抗裂砂浆配套使用，用于提高保温系统的抗裂能力和抗冲击能力。

(4) 热镀锌电焊网：与抗裂砂浆配套使用，用于提高面砖饰面外保温系统的抗裂能力和抗荷载能力，通过塑料锚栓将面层荷载传递到基层墙体上。

(5) 塑料锚栓：由螺钉和带圆盘塑料膨胀套管两部分组成。金属螺钉应采用不锈钢或经过表面防腐处理的金属制成，塑料螺钉和带圆盘的塑料套管应采用聚酰胺、聚乙烯或聚丙烯等制成，不得使用再生材料。

4. 高分子乳液弹性底层涂料

由高分子乳液加多种助剂配制而成，用在抗裂砂浆表面形成弹性防水保护层。

5. 柔性耐水腻子

柔性耐水腻子由弹性聚合物乳液、多种助剂、抗裂纤维、水泥、无机填料等配制而成。用于外墙饰面涂料底层的找平、修补，具有一定变形性能。

6. 饰面层材料

(1) 外保温饰面涂料：应与保温系统相容，其性能应符合国家和行业相关标准，并满足涂料抗裂性能指标的要求。

(2) 面砖勾缝料：由具有优良黏结性及弹性的合成树脂、水泥、各种填料、助剂等配制而成，使用时加入25%（质量比）左右的水搅拌均匀。

(3) 防紫外线涂料：由丙烯酸树脂和太阳光反射率高的复合颜料配制而成，具有一定的降温功能，主要用于屋面保护层。

二、建筑节能的外墙保温系统分析

（一）墙体耗能模式

夏天，太阳辐射强烈，室外气温较高。太阳辐射热作用到外墙表面时，部分被反射，部分被吸收，使其温度升高（高达70～80℃），并逐渐进入墙体内部，然后通过其内表面（50～60℃）向室内传递。同时，室外空气的热量也会通过墙体向室内传递（图9-4）。冬季的墙体传热方式则与夏季相反，室内温度高，室外温度低，室内通过墙体向外传递和散失热量，也就产生能量损耗。也就是墙体保温隔热的性能主要是在冬季主要起到保温作用，在夏季主要起到隔热作用。

因此，室内温度的高低基本上由室内空调设备、太阳辐射热和室外传导热来决定。室内在同等舒适度要求下，要降低空调负荷，减少墙体能量损耗，提高能源利用率，必须通过墙体保温隔热措施来实现。

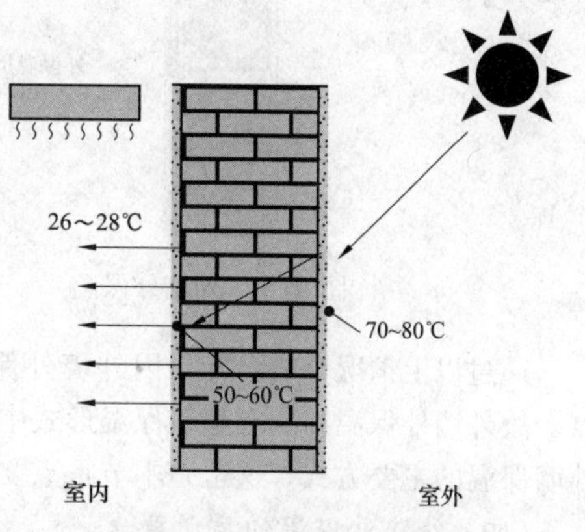

图9-4 墙体能耗示意图

（二）墙体保温隔热系统的分类

采取外墙保温隔热措施，提高其保温隔热性能，降低建筑物的采暖、空调使用能耗。目前，常用的保温隔热方式按部位形式可分为外保温、内保温、自保温和夹芯保温方案；按材料分可分为：无机保温系统、有机保温系统、复合型保温系统。

（三）墙体保温隔热形式的优缺点分析比较

1. 外墙内保温

墙体保温构造如图9-5所示。其优点是：造价经济；对外墙面装饰压力减轻。其缺点是：内保温容易产生墙体内部冷凝，使墙体内部湿度增大，降低原有的保温性能；有冷热桥存在，节能效果不够理想，同时影响墙体结构稳定；内保温会减少建筑室内使用面积；二次装修困难，在装修时，房屋内保温层往往会遭到破坏且内保温的墙面上难以吊挂物件。

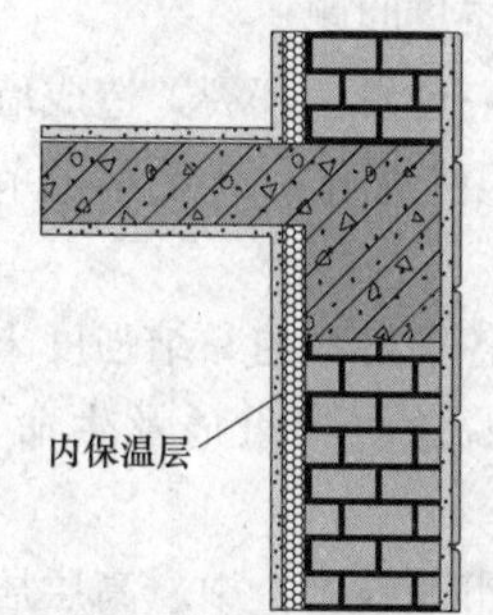

图9-5 外墙内保温

2. 外墙外保温

墙体保温构造如图9-6所示。

外墙外保温的优点如下。

(1) 外保温能在很大程度上消除外墙的热桥，而内保温无法做到，所以外保温的保温、隔热效果好。

(2) 外保温能保护主体结构，使外墙结构层处于相对稳定的常温状态，避免了结构层的冷热变化，可在很大程度上消除温差裂缝，延长其使用寿命。

(3) 外保温能减少外墙内表面温度变化，进而提高室内的热稳定性。

外墙外保温的缺点如下。

(1) 外保温工程质量要求高（室外环境）。

(2) 相对内保温造价要高。

3. 外墙自保温

外墙自保温墙体保温构造如图 9－7 所示。其优点是：造价低廉、施工简单。其缺点是：无法消除冷热桥，节能效果较上述系统差；砌体收缩性大、易开裂；砌体表面难粉刷、易空鼓；砌体与梁柱体积膨胀系数不同，开裂隐患大。

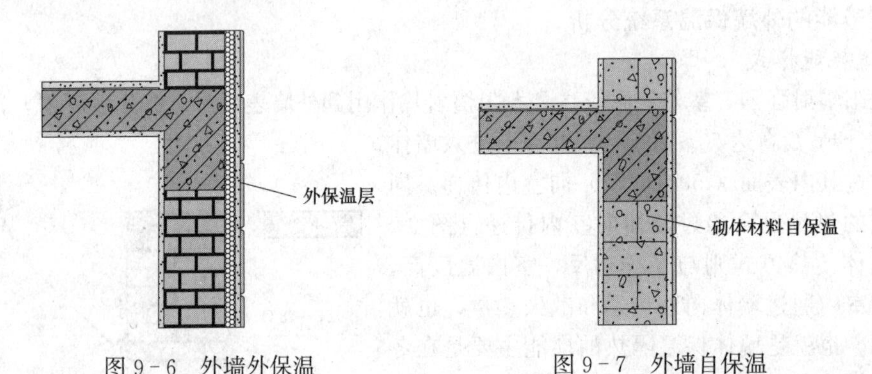

图 9－6　外墙外保温　　图 9－7　外墙自保温

通过以上情况分析可知，因外墙外保温在保温效果及对保护建筑物安全、耐久方面有很多优点，故外墙外保温在所有建筑保温形式中有较大的优势。目前，建设部重点推荐用外墙外保温作为外墙保温的主要方式，这也是本节重点要讨论的课题。

（四）外墙外保温的质量要求

外墙外保温是一项先进的外墙节能技术，但由于外保温系统位于建筑物的外表面，直接面向室外大气环境。系统在满足外墙保温隔热的要求下，其可靠性、安全性和耐久性更为重要，因此必须达到以下质量要求。

（1）保温材料自身结构要紧密，要有一定的机械强度和质量稳定性。

（2）保温材料与各界面层之间黏结牢固可靠，系统材料间相容性好。

（3）保温材料的体积稳定性要好，特别是热稳定性能要好。

（4）系统的消防安全性要好。

如果外墙外保温工程未按质量要求选材和施工，必将导致保温工程以下质量问题。

（1）保温层开裂。保温层、保护层一旦发生开裂，造成墙体大面积渗水，其保温性能就会发生很大变化，满足不了节能设计要求，甚至会危及墙体的安全。

（2）保温层脱落。由于保温系统内各层材料的黏结强度未能满足国家规范的规定值，一旦发生脱落将严重危及生命、财产安全。

（3）保温层燃烧引起火灾。我国城市建筑中，中、高层居多，对保温系统的防火性要有严格的要求，一旦发生火灾其后果不堪设想（图 9－8）。

图 9－8　外墙外保温失火

由此可见，外墙外保温工程既要考虑工程造价的经济性，更要重视工程的质量和系统的消防安全性。

三、外墙外保温系统构造、施工工艺和质量控制

（一）胶粉聚苯乙烯颗粒保温砂浆外保温系统

1. 材料组成

由胶粉料、聚苯乙烯颗粒集料和砂浆料组成，并且聚苯

乙烯颗粒体积比不小于80%的保温灰浆（图9-9）。

2. 主要材料性能

（1）无机有机复合料：有机料（聚苯乙烯颗粒）起保温作用，而无机料聚合物（砂浆）起黏结作用。

（2）配比不同、性能不同：有机料成分越多其保温性能越好，无机料成分越多其黏结强度越大（其湿密度应≤420kg/m³、180kg/m³≤干密度≤250kg/m³）。

（3）材料自身是松散体、易开裂：主要靠有机添加剂—胶粉增加保温体的结构强度，且胶粉用量宜≥8kg/m³。

（4）导热系数较大：λ≤0.06W/m·K。

（5）吸水率较大。

图9-9 胶粉聚苯乙烯颗粒保温砂浆组成

3. 系统构造

系统构造见表9-1。

表9-1 系统构造（一）

基层墙体	系统基本构造			构造示意图
	保温层	抹面层	饰面层	
混凝土墙体或各种砌体墙体+找平抹灰层*	胶粉聚苯乙烯颗粒保温砂浆	专用抹面砂浆（复合耐碱网布）（外贴面砖时采用热镀锌钢丝网）	涂料	结构墙体 墙面粉刷层 胶粉颗粒保温砂浆 抹面砂浆 耐碱网格布 饰面层

其优点是：现场成型，不受墙体外形的约束，施工适应性好；系统造价低。

其缺点是：按节能标准要求，工程实际所需保温层厚度较大；干燥慢、施工难、周期较长；保温层厚度较难控制；易干裂、易脱落，工程质量难控制；吸水性强、墙体渗漏隐患大；系统抗拔拉强度低、剪切承重能力差，不宜采用面砖做外饰面层。

*：墙体平整度≤5mm时，可免去找平抹灰层，经界面处理后直接施工。

4. 施工流程、工艺和质量控制和验收

（1）施工流程。

1）涂料系统：

基层处理 → 吊外墙垂线、拉控制线、贴饼 → 喷涂界面砂浆 → 分层抹胶粉聚苯颗粒保温浆料 → 抹第一遍抗裂砂浆+铺压耐碱玻纤网格布+抹第二遍抗裂砂浆 → 涂刷高分子乳液弹性底涂

→刮抗裂柔性耐水腻子→面层涂料施工

2）面砖系统：

基层处理→吊外墙垂线、拉控制线、贴饼→喷涂界面砂浆→分层抹胶粉聚苯颗粒保温浆料→抹第一遍抗裂砂浆＋铺压热镀锌钢丝网（钉锚固件）＋抹第二遍抗裂砂浆→面砖施工

（2）施工工艺。

1）基层墙面处理。墙面应清理干净无油渍、浮尘等，旧墙面松动、风化部分应剔凿清除干净，墙表面凸起物≥10mm铲平。对要求作界面剂处理的基层应满涂界面砂浆，用滚刷或扫帚将界面砂浆均匀涂刷。

2）吊垂线、拉厚度控制线、贴饼。吊垂直、套方找规矩、拉厚度控制线，拉垂直、水平通线、套方作口，按厚度线用胶粉聚苯颗粒保温浆料作标准厚度灰饼冲筋。

3）胶粉聚苯颗粒保温浆料配制。按产品使用说明书规定的配合比及要求配制。先开动搅拌机，接着将水倒入搅拌机内，再倒入一定量的胶粉料搅拌3～5min，最后倒入一定量的聚苯颗粒轻骨料继续搅拌3min以上。胶粉聚苯颗粒保温浆料拌制必须在搭设的搅拌棚内进行，必须设专人搅拌，以便控制搅拌时间，确保配比准确。

4）胶粉聚苯颗粒保温浆料施工。胶粉聚苯颗粒保温浆料应分层施工，抹灰施工时应用力压实，不得来回反复涂抹，最后一遍操作时应达到冲筋厚度并用大杠搓平，墙面及门窗口等平整度、垂直度应达到要求。一般第一层以10～15mm为宜，第二层以15～20mm为宜，最后一层以10mm左右为宜，具体分层厚按工程实际确定。每遍间隔一般应在24h以上（具体可按企业标准或施工方案确定）。抹灰层总厚度一般以小于35mm为宜，特殊情况下不应超过40mm。保温层固化干燥（用手按不动表面为宜，一般为5d，具体可按企业标准或施工方案确定）后，方可进行抗裂保护层施工。

5）作分格线条和滴水槽。根据设计需要，分格缝一般应分层设置，分块面积单边长度不大于15m为宜，按设计要求在胶粉聚苯颗粒保温浆料层上弹出分格线和滴水槽的位置，用壁纸刀沿弹好的分格线开出设定的凹槽，在凹槽中嵌满抗裂砂浆，将塑料分格条、滴水槽嵌入凹槽中，与抗裂砂浆黏结牢固，用该砂浆抹平槎口，宽度超过5cm的装饰分格缝，应采用现场成型法施工。具体做法是在保温层上开好分格缝槽，尺寸比设计要求宽10mm，深5mm。

6）抹面层施工。

① 抹面层施工主要包括抹抗裂砂浆及铺压玻纤网格布。

② 玻纤网格布应事先裁好，抹抗裂砂浆一般分两遍完成，第一遍厚度为3～4mm，随即竖向铺贴玻纤网格布，用抹子将玻纤网格布压入抗裂砂浆，搭接宽度不应小于50mm，先压入一侧，再压入另一侧，严禁干搭。玻纤网格布铺贴要平整无褶皱，饱满度应达到100%，随即抹第二遍找平抗裂砂浆，抹平压实，平整度要求应符合要求。建筑物首层应铺贴双层玻纤网格布，第一层应铺贴加强型玻纤网格布，铺贴方法与前述方法相同，但应注意铺贴加强型网格布时宜对接，随即可进行第二层普通网格布的铺贴施工。铺贴普通网格布的方法要求与前述相同，但应注意两层网格布之间抗裂砂浆应饱满，严禁干贴。

③ 建筑物首层外保温墙阳角应在双层玻纤网格布之间加专用金属护角，护角高度一般为2m。在第一遍玻纤网格布施工后加入，其余各层阴角、阳角、门窗口角应用双层玻纤网格布包裹增强，包角网格布单边长度不应小于15cm。

④ 抗裂砂浆达到一定强度后应适当喷水养护。

⑤ 变形缝、女儿墙、雨篷、空调机搁板等部位的处理应符合设计或相应标准图集的要求。

7）饰面层施工。胶粉聚苯颗粒外墙外保温系统饰面层做法与有机板材类薄抹灰外墙外保温系统的饰面层做法相同。

8）养护。保护层施工 24h 后，应养护 3d，养护期间应避免太阳暴晒，保证墙面潮湿，严禁撞击、震动。

（3）成品保护。已完工的外保温墙体应采取成品保护措施，杜绝污染，不得随意开孔打洞。如确因施工需要，应在砂浆达到设计强度后方可进行。安装物件完毕后其周围应恢复原状。

（4）质量控制和验收。

1）质量控制要点。

① 基层处理。基层墙体垂直、平整度应达到结构工程质量要求。墙面清洗干净，无浮土、无油渍，空鼓及松动、风化部分剔掉，界面均匀，黏结牢靠。

② 胶粉聚苯颗粒黏结浆料的厚度控制。要求达到设计厚度，墙面平整，阴阳角、门窗洞口垂直、方正。

③ 抗裂砂浆的厚度控制。抗裂砂浆层最大厚度为 7～9mm，墙面无明显接槎、抹痕，墙面平整，门窗洞口、阴阳角垂直、方正。

④ 热镀锌四角钢网与抗裂砂浆握裹力强，玻纤网布与抗裂砂浆握裹力小，面砖饰面不应采用抗裂砂浆复合玻纤网做法。

⑤ 热镀锌四角钢网铺设平整，阳角部位钢网不得断开，搭接网边应被角网压盖，胀栓数量、锚固位置符合要求。

2）质量验收。质量验收符合《建筑节能工程施工质量验收规范》（GB 50411—2007）及《胶粉聚苯颗粒外墙外保温系统》（JG 158—2013）要求。

（二）无机保温砂浆外保温系统

1. 材料组成

以玻化微珠或闭孔珍珠岩或微晶、胶凝材料、砂浆为主要成分，掺加其他功能组分制成的干拌混合物（图 9-10）。

图 9-10 无机保温砂浆组成

2. 材料性能

（1）导热系数较高：λ≤0.07W/m·K，按设计标准要求，保温层厚度最大。达到节能 50%标准（夏热冬冷地区）保温层厚度约需 30mm，达到节能 65%标准，保温层厚度约需 70mm 以上。

（2）搅拌施工时，破损率较大（≥15%），实际购料时应多考虑损失系数，设计计算时要多考虑修正系数（≥1.3）。

（3）强度较聚苯颗粒大，施工较方便，但有较大的干收缩系数，易开裂。

（4）吸水率较大，墙体易渗漏。

3. 系统构造

系统构造见表 9-2。

表 9-2 系统构造（二）

基层墙体	系统基本构造			构造示意图
	保温层	抹面层	饰面层	
混凝土墙体或各种砌体墙体＋找平抹灰层*	无机保温砂浆	专用抹面砂浆（复合耐碱网布或钢丝网）	面砖或涂料	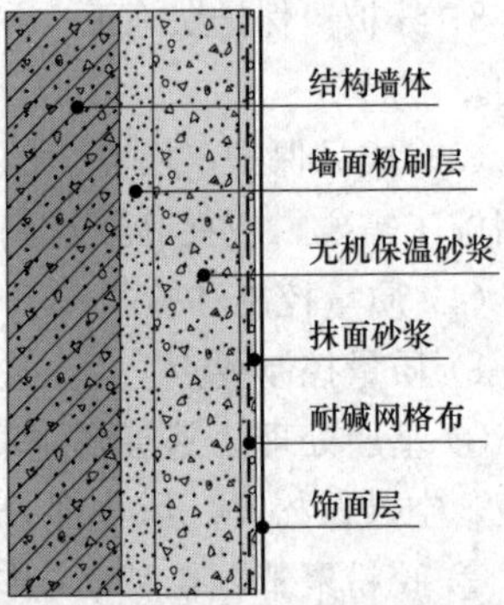 结构墙体 墙面粉刷层 无机保温砂浆 抹面砂浆 耐碱网格布 饰面层

其优点是：因保温材料为难燃材料，系统消防安全性好；系统整体强度也高于胶粉聚苯乙烯颗粒外墙外保温系统。

其缺点是：按节能标准要求，保温层所需厚度最大，外墙承重大；存在开裂、渗水隐患；抗裂抹面砂浆层要求较高，特别要注意抗裂和防水。

注意：墙体平整度≤5mm 时，可免去找平抹灰层，经界面处理后直接施工。

4. 施工流程、工艺及质量控制和验收

(1) 施工流程。

1) 涂料系统：

基层处理 → 吊外墙垂线、拉控制线、贴饼 → 喷涂界面砂浆 → 无机保温砂浆施工 → 抹第一遍抗裂砂浆＋铺压耐碱玻纤网＋抹第二遍抗裂砂浆 → 涂刷高分子乳液弹性底涂 → 刮柔性耐水腻子 → 面层涂料施工

2) 面砖系统：

基层处理 → 吊外墙垂线、拉控制线、贴饼 → 喷涂界面砂浆 → 无机保温砂浆施工 → 抹第一遍抗裂砂浆＋铺压热镀锌钢丝网（钉锚固件）＋抹第二遍抗裂砂浆 → 面砖施工

(2) 施工工艺。

1) 基层处理。基层墙体质量验收合格，门窗框或辅框应安装完毕并有防污染措施，伸出墙面的消防梯、落水管、各种进户管线和空调器等的预埋件、连接件应安装完毕，并按保温系统厚度留出间隙。

各种基层墙面必须坚实、平整、清洁，无油污、脱模剂等妨碍黏结的附着物，空鼓和疏松部位应剔除并用 1∶3 水泥砂浆补平及拉毛，缺棱掉角及孔洞均需补平，墙面凸起物≥10mm 应铲平。墙面的平整度和立面垂直度应达到一般抹灰的质量验收标准，否则应采用 1∶3 水泥砂浆找平，找平层表面应横向扫毛或划出纹道，以增强与保温层的黏结。梁底、柱与墙不同材料之间钉钢丝网。

2) 吊垂线、套方、拉控制线、贴饼。吊垂直、套方找规矩、拉厚度控制线，按设计厚度用保温砂浆做标准厚度搭饼，以免形成热桥。护角宜采用金属护角，厚度与保温层相同。

3) 配制、涂刷界面砂浆。按生产厂商提供的配合比配制界面砂浆，做到计量准确，机械搅拌，搅拌均匀。一次配制量应控制在可操作时间内用完，超过可操作时间后不准再度加水（胶）使用。

界面砂浆施工前基层由上而下冲洗干净，时间以提前一天为宜，要求是内部潮湿，外部风干，界面砂浆应均匀涂刷基层面。

4）保温砂浆配制。保温砂浆应按照生产厂商提供的企业标准要求配置，配制无机保温砂浆时，现场搅拌 5～7min，搅拌时间不宜过长，以避免材料的体积损失。拌和好的浆料应注意防晒避风，以免水分蒸发过快，并在 2.5h 内用完，配好的料严禁在中途二次加水使用。

5）保温砂浆施工。

① 保温砂浆施工应在界面砂浆干燥固化前分层施工，保温层与基层之间及各层之间黏结必须牢固，不应脱层、空鼓和开裂。

② 保温砂浆应分层粉刷，两次粉刷时间相隔为 48h（根据气候情况可适当调整）。分层粉刷底层与次层的接触面用笤帚扫毛，以保障与层黏结牢固。

第一遍的批抹要有一定力度，保证与基层面的黏结强度，避免产生空鼓、开裂的现象。第二遍批抹，要控制（减小）批抹力度，且避免反复的揉搓，以免产生空鼓现象。

收头时间控制在砂浆不塌落，表面仍泛浆时进行。

批抹达控制高度后约 4h 用刮尺刮平（严禁在无机保温砂浆初凝后用铝合金尺刮平），批抹质量达到二级抹灰即可。

③ 施工后 24h 内应做好保温砂浆的养护，严禁水冲、撞击和振动。

6）抹面层施工。

① 按生产厂商提供的配合比配制抗裂砂浆，做到计量准确，机械搅拌均匀。搅拌时间为 7～10min。配好的料注意防晒避风。搅拌好的材料应在可操作时间内（一般在 2h 内）用完。

② 抹第一遍抗裂砂浆厚度约 3mm，随即铺贴耐碱玻纤网格布。间隔 12～24h，抹第二遍抗裂砂浆，厚度以能盖住网格布即可，网格布应处于中间偏外以充分发挥其防裂的作用。抗裂砂浆层厚度一般控制在 6～8mm。搅拌好的保温砂浆应在 2h 内用完，过时不可上墙。网格布左右搭接宽度不小于 100mm，上下搭接宽度不小于 80mm，阴阳角处、门窗洞口和外窗处应加铺一层网格布。采用加强网格布时，只对接，不搭接（包括阴阳墙角部位）；网格布铺贴应平整，无褶皱，砂浆饱满度 100%，严禁网格布干搭接。

③ 变形缝、女儿墙、雨篷、空调机搁板等部位的处理应符合设计或相应标准图集的要求。

7）饰面层施工。无机保温砂浆外墙外保温系统饰面层做法详见外墙装饰工程有关章节内容。

8）养护。保护层施工 24h 后，喷水养护 3d，养护期间应保证墙面潮湿，严禁撞击、震动。

（3）成品保护。保温施工应有防晒、防风雨、防冻、防施工污染措施。外保温完成后严禁在墙体处近距离高温作业。严禁重物或尖物撞击墙面和门窗框，以免损伤破坏，对碰撞坏的墙面及门窗框应及时修复。

（4）质量控制和验收。参考胶粉聚苯乙烯颗粒保温砂浆外墙外保温系统的相关内容。

（三）膨胀聚苯乙烯泡沫板（EPS）薄抹灰外保温系统

1. 材料组成

由可发性聚苯乙烯颗粒经加热预发泡后在模具中加热成型而制得的具有闭孔结构的聚苯乙烯泡沫塑料板材（图 9－11）。

图 9－11 EPS 成型过程图

2. 材料性能

(1) EPS属热塑性泡沫，耐热度≤70℃。高温状态下易造成苯板的二次发泡或变形，导致板缝开裂。

(2) 隔热效果优良，导热系数 $\lambda \leq 0.042 \mathrm{W/(m \cdot K)}$。

(3) 火灾危险性大，EPS遇火受热后产生收缩熔化，然后滴落燃烧，极易产生火焰蔓延和轰燃事故。

(4) 强度：抗压 $p \geq 100\mathrm{kPa}$，（密度＞$18\mathrm{kg/m^3}$），抗拉 $p \geq 100\mathrm{kPa}$ 。

3. 系统构造

系统构造见表9-3。

表9-3　　系统构造（三）

基层墙体	系统基本构造					构造示意图
	黏结层	保温层	抹面层	锚固件	饰面层	
混凝土墙体或各种砌体墙体+找平抹灰层	专用黏结砂浆	膨胀聚苯乙烯泡沫板（EPS）	专用抹面砂浆（复合耐碱网格布）	塑料锚栓	涂料	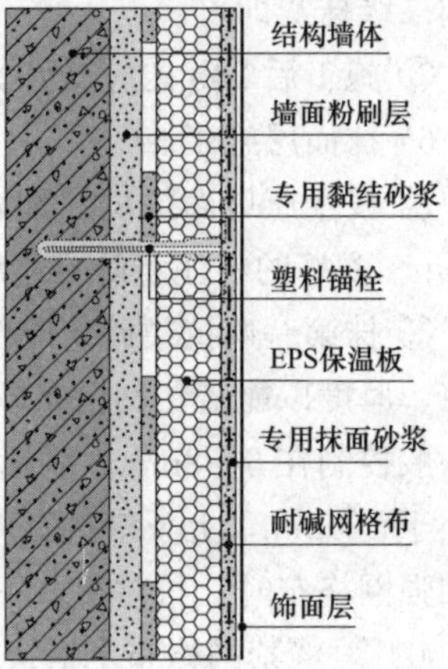 结构墙体 墙面粉刷层 专用黏结砂浆 塑料锚栓 EPS保温板 专用抹面砂浆 耐碱网格布 饰面层

其优点是：节能效果好；施工便捷（湿贴法）。

其缺点是：黏结性差，需经表面处理；热稳定性差，易开裂、脱落；消防性能差，有严重的火灾隐患；不适合于高层建筑，只适合于低层、单体建筑。

4. 施工流程、工艺及质量控制和验收

(1) 施工流程。

1) 涂料系统：

基层处理 → 涂刷界面剂、墙面粉刷找平 → 弹、挂控制线 → 抹专用黏结砂浆 → 粘贴翻包网格布 → 材料工具准备 → 配制专用黏结砂浆 → 粘贴EPS板 → 检查校平 → 钉锚固钉 → 填塞板缝 → 打磨找平 → 抹第一遍专用抹面砂浆+铺压耐碱玻纤网格布+抹第二遍专用抹面砂浆 → 涂刷高分子乳液弹性底涂 → 刮柔性耐水腻子 → 面层涂料施工

2) 面砖系统：

基层处理 → 涂刷界面剂、墙面粉刷找平 → 弹、挂控制线 → 抹专用黏结砂浆 → 粘贴翻包网格布 → 材料工具准备 → 配制专用黏结砂浆 → 粘贴EPS板 → 检查校平 → 填塞板缝 → 打磨找平 → 抹第一遍专用抹面砂浆+铺压热镀锌钢丝网（钉锚固件）+抹第二遍专用抹面砂浆

→面砖施工

(2) 施工工艺。

1) 基层处理。基层墙体的墙面应清理干净，去除油渍、浮尘，施工孔洞架眼或残缺部分应用水泥砂浆或细石混凝土修补整齐，墙面平整度应符合要求。

2) 涂刷界面层、墙面粉刷找平。按生产厂商提供的配合比配制界面砂浆，均匀涂刷于已处理好的墙体基层上。一次界面砂浆配制量应控制在可操作时间内用完。用水泥砂浆找平，厚度根据设计要求。

3) 弹、挂控制线。根据设计要求确定保温层的底标高截止位置，沿建筑物的周边弹好底标高水平基准线，沿水平基准线安装。在外墙转角（阴、阳角）、窗口、阳台栏板根等部位按全高挂好垂直控制线。根据 EPS 板尺寸弹好纵横控制线。

4) 配制专用黏结砂浆。按生产厂商提供的配合比配制专用黏结砂浆，做到计量准确，机械搅拌均匀。配好的料注意防晒避风，一次配制量应控制在可操作时间内用完，超过可操作时间后不准再度加水（胶）使用。

5) 粘贴翻包网格布。粘贴 EPS 板前应对保温层的截止部位（如门、窗洞口、管道根或其他设备须穿墙的洞口处、阳台栏板、雨棚板根部、变形缝、女儿墙等部位）做翻包网格布（采用标准网）处理。粘贴翻包网格布时，在需翻包部位涂抹 70mm 宽、2mm 厚的专用黏结砂浆，迅速将网格布的一端 70mm 用钢抹压入专用黏结砂浆内，压至泛出的胶浆盖住网格布无外漏为止，余下部分甩出备用。甩出部分的长度绕过板端露于板面的部分不应小于 100mm。已粘贴完的翻包网格布应采取翻转或遮盖等成品保护措施。

6) 粘贴 EPS 板。外保温用 EPS 板标准尺寸有 600mm×900mm 、600mm×1200mm 两种，非标准尺寸或局部不规则处可现场裁切，但必须注意切口与板面垂直。整块墙面的边角处应用最小尺寸超过 300mm 的 EPS 板。门窗洞口角部应用整块 EPS 板切割成 L 形粘贴，角部不得拼接，板间接缝距四角的距离不应小于 200mm。遇有突出管线、埋件时，应用整幅板套割吻合，不得用非整板拼凑。

EPS 板粘贴自上而下进行，粘贴时上下排板应错缝 1/2 板长粘贴（图 9-12）。布胶前应先试排板面，试排合格后方可布胶。专用黏结砂浆的布胶方式有点粘法和条粘法，点粘法适用于平整度较差的墙面，条粘法适用于平整度较好的墙面。

布胶后应立即粘贴，粘贴时用双手对称地托住板的对角端，缓慢地将板平贴靠在墙面上，通过双手对称的揉动、均匀的挤压使板面平整、对缝紧密；压实后专用黏结砂浆的粘贴面积不应小于整幅板面面积的 40%。揉压板面时不得用力猛压板的一端，造成另一端翘起；当遇有一面粘贴不平、不牢时，应立即取下重贴。EPS 板安装完毕后，应立即刮除板缝和板侧面挤出的残留胶浆，板间接缝处严禁抹专用黏结砂浆，随时用 2m 长靠尺对已粘贴完的工作面进行压平、修整。

粘贴时宜从墙体的角部开始，先粘贴每一施工面水平方向的两块截止板，在两块截止板的上口挂水平线，然后沿水平方向按顺砌的方式粘贴其他板面；如施工连续面过长，应在中间部位预粘一块聚苯板，保持线的平直。遇有门、窗洞口时应自洞口处向外排活。外墙转角两侧的聚苯板应垂直交错咬槎按垂线粘贴（图 9-12）。

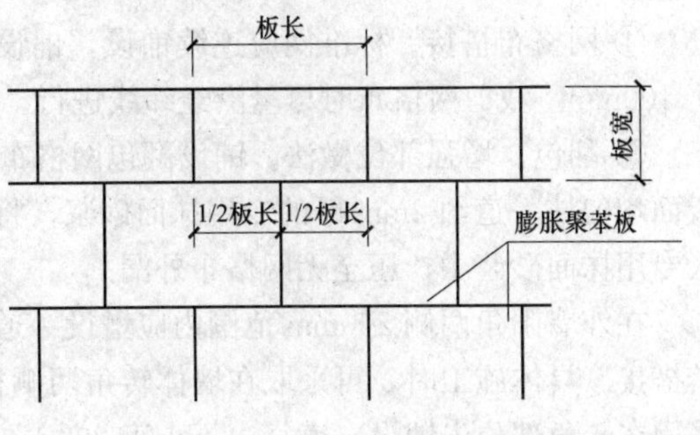

图 9-12 膨胀聚苯板排列图

7) 板间接缝。EPS 板间应对缝紧密，板间缝隙宽度不应大于 2mm，板间高差不应大于 1.5mm，大于 2mm 的板缝应用相应宽度的聚苯板条挤塞堵严。

8）打磨、修平。EPS 板安装完毕 24h 后方可进行打磨、修平工序的施工。打磨时应采用打磨搓板或其他打磨工具，以轻柔的圆周运动磨平板面，不应沿与板缝平行的方向打磨；打磨时散落的碎屑应随时用笤帚清理干净。打磨的同时应检查苯板黏结是否牢固，检查板间接缝、高差、板面平整和阴阳角垂直等项目；如发现板面有松动现象应立即取下重贴；对于板间高差大于 1.5mm、平整误差大于 4mm 的板面应做磨平处理，阴阳角也应按线打磨至方正、顺直。

9）安装锚固钉。安装锚固钉时先用电钻按照锚固钉的外径钻出相应尺寸的垂直于墙体的孔洞，拧入、敲入锚固钉，敲入锚固钉时，应有防止 EPS 板破损的措施。锚固钉安装完毕后，钉头和钉帽不应超出聚苯板面。锚固钉的数量、型号、锚固深度应依据设计要求确定。

10）配制专用抹面砂浆。按生产厂商提供的配合比配制专用抹面砂浆，要求与配制黏结胶浆相同。

11）抹面层施工。

① 抹面层施工应由上而下进行，施工前应先清除掉板面的附屑、附尘或其他有碍粘贴的物质。如遇保温层施工时间间隔过长，EPS 板暴露自然状态下过久，表面产生发黄氧化现象，应对苯板表面采取打磨或其他方式处理后方可进行保护层的施工。

② 抹面层的做法为“一布二浆”，在设计有加强要求的部位做法为“两布三浆”，保护层施工时应先铺设翻包网格布和加强网格布，然后进行墙面标准网的施工。

图 9－13　抹抗裂砂浆铺贴网格布

③ 铺贴网格布（图 9－13）。铺贴网格布时，先在 EPS 板上涂抹第一道约 1.6～2mm 厚的底层专用抹面砂浆，将预先裁好的网格布弯曲面朝向墙面，沿水平方向抻紧、抻平，立即用钢抹子自中央向四周将网格布压入湿的专用抹面砂浆中，将网格布抻紧、压平，使泛出的胶浆盖住网格布，如局部还有裸露，应补刮修补，直至网格布完全被覆盖住；待底层专用抹面砂浆施工完毕底层胶浆干硬后（一般为 4h，具体可按企业标准或施工方案确定），用钢抹或刮板抹第二道 1～2mm 厚的面层专用抹面砂浆，抹面层专用抹面砂浆时禁止反复不停揉搓；面层专用抹面砂浆抹完后应表面光滑、洁净、接槎平整，“二布三浆”做法同上。成活后专用抹面砂浆的厚度“一布二浆”为 3～5mm，“二布三浆”为 5～7mm。网格布应处于两道抹面胶浆的中间位置。

铺设网格布时严禁出现纤维松弛不紧、倾斜、错位等现象，网格布不应有空鼓、皱褶、翘曲等现象。面层专用抹面砂浆抹完后严禁出现网格布外漏、显影，抹面不应出现明显抹痕、接槎等痕迹。

④ 网格布搭接。标准网应连续铺设，铺设标准网需断开时，应保证标准网间的搭接长度不小于 100mm。裁剪网格布时尽量沿经纬线进行。

⑤ 翻包、增强部位做法。铺设翻包网格布时，将翻包部位板的端面及距板端 100mm 范围内的板面均匀抹一道约 2mm 厚的专用抹面砂浆，将甩出部分的网格布沿端面翻转，立即用钢抹将其压入专用抹面砂浆中，压至无网格布外漏。

在外墙阳角两侧 200mm 范围内应增设一道标准网，标准网在阳角水平方向 200mm 范围以内严禁搭接。具体施工时，可采取在墙体转角两侧标准网双向互相包绕过角 200mm 以上的做法；也可采用在转角部位先铺设一道每边不小于 200mm 的护角标准网的做法。

门窗洞口四角沿45°角方向应增设一道长300mm、宽200mm的标准网（图9-14）。门窗洞口四角内侧处增设一道长400mm与门、窗口等宽的标准网。

底层墙体有抗撞击设计要求的部位需增设一道加强网，加强网应顶边对接铺设，且应对缝紧密，标准网应覆盖在加强网上。

⑥除常规施工之外，如变形缝、女儿墙、雨篷、空调机搁板等零星部位的细部处理应符合设计或相应标准图集的要求。

12）饰面层施工。先涂刷高分子乳液防水弹性底漆（图9-15），涂刷应均匀，不得漏涂。后刮柔性耐水腻子（图9-16）应在抗裂防护层干燥后施工，应做到平整光洁。再涂刷饰面涂料。具体施工做法与普通涂料做法相同。

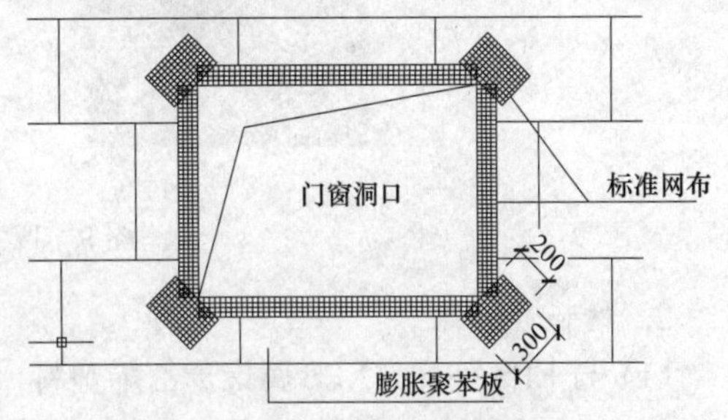

图9-14 门窗洞口四角加强网图

图9-15 涂刷高分子弹性底层涂料

图9-16 刮柔性耐水腻子

以上几种外墙保温工程在高层建筑中应用时外饰面材料不宜采用面砖。若外墙采用面砖作饰面层时，面砖的性能指标应符合相关规定的要求，面砖在抹灰基层达到面砖粘贴施工要求后方可施工，施工方法与普通墙面砖粘贴工艺相同。需要注意的是，采用面砖时，一般用热镀锌钢丝网代替耐碱玻纤网，面砖专用黏结砂浆和勾缝料应由生产厂商统一提供。

铺设热镀锌钢丝网一般应养护48h后施工。钢丝网应拉直绷平，边角处的热镀锌电焊网施工前预先折成直角再铺贴；钢丝网搭接宽度不小于50mm，搭接部位用连接锚栓固定，局部不平整的部位可用12号镀锌铅丝临时做U形卡子调整直到平整为止；在每平方米钢丝网内需均布不少于5个专用连接锚栓；在规定的位置用电钻钻孔，钻孔直径8.0mm，锚固件有效锚固深度应不小于25mm；锚固件的数量为每平方米不少于6～8个。采用直径不小于5.5mm的保温锚栓，塑料圆盘直径不小于50mm，单个锚栓抗拉承载力标准值≥0.8kN。

热镀锌电焊网应顺应张开方向依次分段铺贴，长度最长不应超过3m。在裁剪热镀锌电焊网过程中不得形成死折，在铺贴过程不得形成网锹兜。

13）养护。保护层施工24h后，喷水养护3d，养护期间应保证墙面潮湿，严禁撞击、震动。

（3）成品保护。已完工的外保温墙体应采取成品保护措施，杜绝污染，不得随意开孔打洞。如确因施工需要，应在胶浆达到设计强度后方可进行。安装物件完毕后其周围应恢复原状。

（四）挤塑板（XPS）外保温系统

1. 材料组成

挤塑板是以聚苯乙烯树脂加上其他的原辅料与聚合物，通过加热混合同时注入催化剂，然后挤塑压出成型而制造的硬质泡沫塑料板（图9-17）。

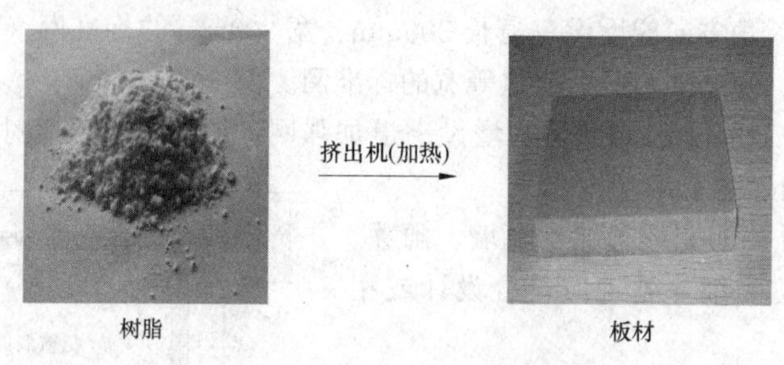

图 9-17　XPS形成过程图

2. 材料性能

(1) 与EPS一样，XPS属聚苯乙烯塑料，为热塑性、憎水性泡沫体。

(2) XPS板强度（抗压、抗拉）较高，抗压≥250kPa，抗拉≥200kPa。

(3) XPS板导热系数较低，$\lambda \leqslant 0.031$W/(m·K)。

(4) XPS板热稳定性较差，小于等于70℃，易形变挠曲，特别是再生塑料添加板。

(5) XPS板与EPS板一样存在火灾危险性。

3. 系统构造

系统构造见表9-4。

表 9-4　　系统构造（四）

基层墙体	系统基本构造					构造示意图
	黏结层	保温层	抹面层	锚固件	饰面层	
混凝土墙体或各种砌体墙体+找平抹灰层	专用黏结砂浆	挤塑聚苯乙烯泡沫板（XPS）	专用抹面砂浆（复合耐碱网格布或钢丝网）	塑料锚栓	面砖或涂料	结构墙体 墙面粉刷层 专用黏结砂浆 塑料锚栓 XPS保温板 专用抹面砂浆 耐碱网格布 饰面层

其优点是：系统强度（理论上）较高，可贴瓷面砖；隔热效果好，系统厚度较薄。

其缺点是：憎水性表面难黏结，黏结前必须进行界面处理且符合要求；耐热形变性大，使用环境温度低，墙体表面温度大于70℃的地方不宜使用；有火灾危险性。

4. 施工流程、工艺和质量

XPS板同EPS板抹灰技术系统的做法。

(五) 硬泡聚氨酯保温系统

硬泡聚氨酯是双组分液体（俗称黑、白料）充分混合后，产生快速化学反应固化（几十秒至几分钟），在发泡剂、催化剂、匀泡剂等添加剂作用下发泡成高闭孔率>90%、呈网状结构的轻质泡沫体，属热固性泡沫（图9-18）。

硬泡聚氨酯保温系统的材料性能包括以下几个方面。

图 9-18 硬泡聚氨酯发泡过程图

(1) 导热系数低、绝热性能好。导热系数 $\lambda\approx$ 0.022W/(m·K)，而 EPS $\lambda\approx$0.04W/(m·K)，XPS 板 $\lambda\approx$0.031W/(m·K)。在同等节能指标的前提下，可减小保温板的厚度，提高保温系统的质量稳定性（图 9-19）。

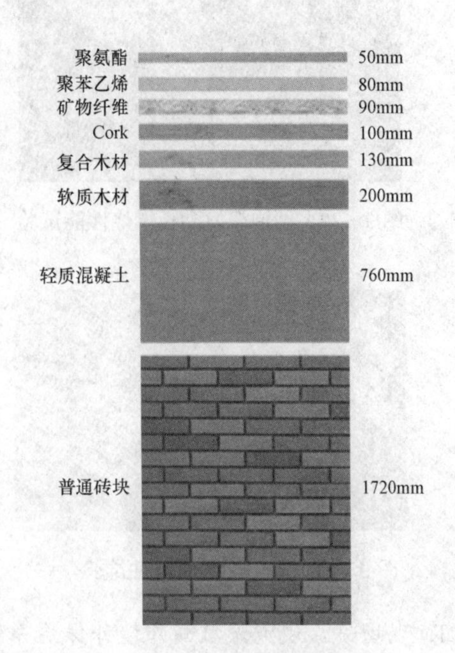

图 9-19 不同材质达到同样保温效果的材料厚度示意图

(2) 机械强度高，结构稳定性好。硬泡聚氨酯呈网状结构，属交联热固性树脂泡沫，抗压、抗拉强度大（抗压≥250kPa），结构稳定，抗老化，使用寿命长。

(3) 热稳定性好。硬泡聚氨酯的温度使用范围广，它的热稳定性可高达 120℃，而苯板只有 70℃。因此，在夏季高温状态下硬泡聚氨酯不易产生形变、挠曲现象。

(4) 表面结合能大、黏结性好。硬泡聚氨酯与各种不同的材料如混凝土、石材、木材、金属等都有良好的黏结性，易粘贴施工（而苯板不易粘贴）。因此，采用硬泡聚氨酯作为外墙外保温材料，不易产生开裂、空鼓、脱落现象，系统成型后结构的稳定性好（图 9-20、图 9-21）。

图 9-20 硬泡聚氨酯板 80℃12h 后状态

图 9-21 聚苯板 80℃12h 后状态

(5) 具有较好的防火性能。硬泡聚氨酯属热固性材料，其燃烧机理是受热燃烧后即形成碳化层，隔断了热量及氧气的进一步窜入，阻碍了泡沫体的进一步燃烧，不易产生火灾蔓延事故。而聚苯乙烯泡沫属于热塑性材料，受热后产生收缩熔化，然后滴落燃烧，不能产生碳化阻碍层，极易产生火焰蔓延和轰燃事故（图 9-22、图 9-23）。

(6) 耐腐蚀性能好。硬泡聚氨酯耐水、耐油、耐溶剂。而聚苯乙烯耐水但不耐溶剂，对苯、酯类溶剂极其敏感，易产生快速腐蚀（图 9-24、图 9-25）。

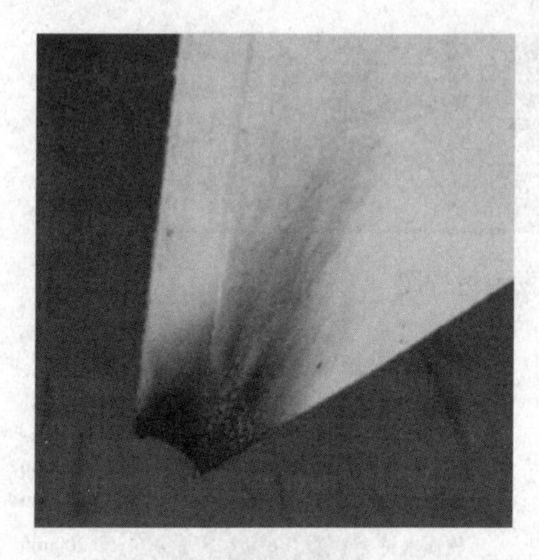

图 9-22　硬泡聚氨酯板燃烧性能试验

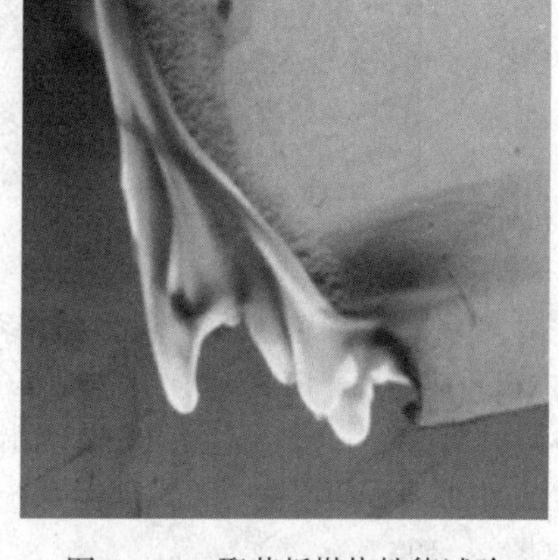

图 9-23　聚苯板燃烧性能试验

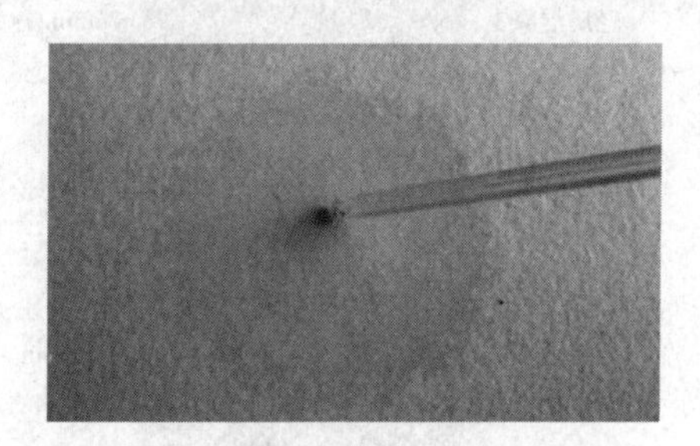

图 9-24　聚氨酯的腐蚀性试验（一）

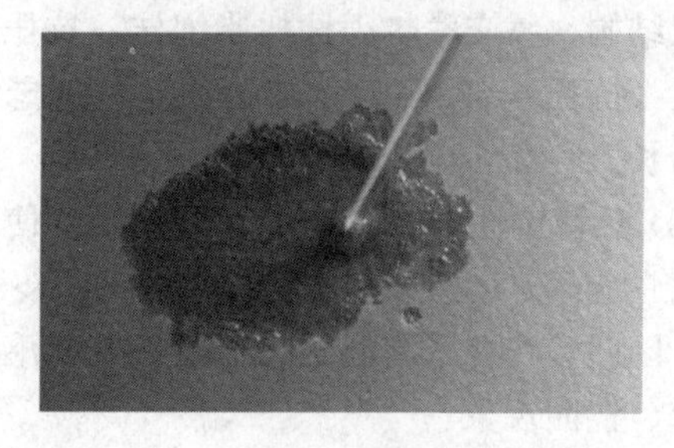

图 9-25　聚氨酯的腐蚀性试验（二）

1. 现场喷涂硬泡聚氨酯外墙外保温系统

(1) 施工流程。

1) 涂料系统：

基层处理 → 吊垂线，粘贴边角聚氨酯预制件 → 涂刷聚氨酯防潮底漆 → 喷涂聚氨酯硬泡体保温层 → 保温层修平 → 喷涂界面砂浆 → 抹第一遍抗裂砂浆＋铺压耐碱玻纤网格布＋抹第二遍抗裂砂浆 → 涂刷高分子乳液弹性底涂 → 刮柔性耐水腻子 → 面层涂料施工

2) 面砖系统：

基层处理 → 吊垂线，粘贴边角聚氨酯预制件 → 涂刷聚氨酯防潮底漆 → 喷涂聚氨酯硬泡体保温层 → 保温层修平 → 喷涂界面砂浆 → 抹第一遍抗裂砂浆＋铺压热镀锌钢丝网（钉锚固件）＋抹第二遍抗裂砂浆 → 面砖施工

(2) 施工工艺。

1) 基层处理。基层墙体的墙面应清理干净，去除油渍、浮尘，施工孔洞架眼或残缺部分应用水泥砂浆或细石混凝土修补整齐，墙面平整度应符合要求。

2) 吊垂线、弹控制线。在建筑物顶部与底部墙面设膨胀螺栓，用经纬仪打点挂线，大线坠吊细钢丝挂线，用紧线器勒紧。在墙体大阴、阳角安装钢垂线，钢垂线距墙体的距离为保温层的总厚度。每层首先用 2m 杠尺检查墙面平整度，用 2m 托线板检查墙面垂直度。

3) 粘贴、锚固聚氨酯预制件。在阴阳角或门窗口处，粘贴聚氨酯预制件，并达到标准厚度，对于门窗洞口、装饰线角、女儿墙边沿等部位，用聚氨酯预制件沿边口粘贴。墙面宽度不足

900mm 处不宜喷涂施工，可直接用相应规格尺寸的聚氨酯预制件粘贴。

预制件之间应拼接严密，缝宽超出 2mm 时，用相应厚度的聚氨酯片堵塞。

粘贴时用抹子或灰刀沿聚氨酯预制件周边涂抹配制好的黏结剂胶浆，要求黏结牢固，无翘起、脱落现象。

聚氨酯预制件粘贴完成 24h 后，用电锤在聚氨酯预制件表面向内打孔，拧或钉入尼龙胀栓，钉头不得超出板面，锚栓有效锚固深度不小于 25mm，每个预制件一般 2 个。

4）门窗口等部位的遮挡。聚氨酯预制件粘贴完成后喷涂聚氨酯之前，应充分做好遮挡工作。

5）喷涂聚氨酯防潮底漆。用喷或涂刷将聚氨酯防潮底漆均匀喷刷，无透底现象，喷涂两遍，时间间隔为 2h。湿度大的天气，适当延长时间间隔，以第一遍表干为标准。

6）喷涂硬泡聚氨酯保温层。聚氨酯硬泡外墙外保温体系主要采用现场喷涂法施工，将聚氨酯硬泡用专用机械现场高压连续喷涂在基层外侧作为保温层。开启聚氨酯喷涂机将硬泡聚氨酯均匀地喷涂于墙面之上，当厚度达到约 10mm 时，按 300mm 间距、梅花状分布插定厚度标杆，然后继续喷涂至与标杆齐平。施工喷涂可多遍完成，每次厚度宜控制在 10mm 以内。

7）保温层修整。喷涂 50min 后用裁纸刀、手锯等工具清理、修整遮挡部位以及超过保温层总厚度的突出部分。

8）喷刷聚氨酯界面砂浆。聚氨酯保温层修整完毕并且在喷涂 4h 内，用喷斗或滚刷均匀地将聚氨酯界面砂浆喷刷在硬泡聚氨酯保温层表面。

9）抹面层施工。

① 抹面层应在保温层充分固化后（一般不少于 3d，具体以生产厂商提供的产品说明书为准）施工。保温层应采取防护措施，不得在太阳光下暴晒。

② 抹面层的做法为“一布二浆”，在设计有加强要求的部位做法为“二布三浆”，保护层施工时应先铺设翻包网格布和加强网格布，然后进行墙面标准网的施工。

③ 抗裂砂浆配制。按生产厂商提供的配合比配制抗裂砂浆，做到计量准确，机械二次搅拌，搅拌均匀。配好的料注意防晒避风，一次配制量应控制在可操作时间内用完。

④ 抹抗裂砂浆，铺压玻纤网格布。铺压网格布时，先在聚氨酯保温层上涂抹第一道 1.6～2mm 厚的底层抗裂砂浆，将预先裁好的网格布弯曲面朝向墙面，沿水平方向抻紧、抻平，立即用钢抹子自中央向四周将网格布压入湿的抗裂砂浆中，将网格布抻紧、压平，使泛出的胶浆盖住网格布，如局部还有裸露，应补刮修补，直至网格布完全被覆盖住；待底层抗裂砂浆施工完毕，底层胶浆干硬后（一般为 4h，具体可按企业标准或施工方案确定），用钢抹或刮板抹第二道 1～2mm 厚的面层抹面胶浆，抹面层抗裂砂浆时禁止反复不停揉搓；面层抗裂砂浆抹完后应表面光滑、洁净、接槎平整，“二布三浆”做法同上。成活后抗裂砂浆的厚度“一布二浆”为 3～5mm，“两布三浆”为 5～7mm。网格布应处于两道抗裂砂浆的中间位置。

铺设网格布时严禁出现纤维松弛不紧、倾斜、错位等现象，网格布不应有空鼓、皱褶、翘曲等现象。面层抗裂砂浆抹完后严禁出现网格布外漏、显影，抹面不应出现明显抹痕、接槎等痕迹。

网格布应连续铺设，铺设标准网需断开时，应保证标准网间的搭接长度不小于 100mm。裁剪网格布时尽量沿经纬线进行。

⑤ 变形缝、女儿墙、雨篷、空调机搁板等零星部位的细部处理应符合设计或相应标准图集的要求。

10）饰面层施工。喷涂硬泡聚氨酯外墙外保温系统饰面层做法与有机板材类薄抹灰外墙外保温系统的饰面层做法相同。

11）养护。保护层施工24h后，喷水养护3d，养护期间应保证墙面潮湿，严禁撞击、震动。

（3）成品保护。已完工的外保温墙体应采取成品保护措施，杜绝污染，不得随意开孔打洞。如确因施工需要，应在胶浆达到设计强度后方可进行。安装物件完毕后其周围应恢复原状。

2. 硬泡聚氨酯保温板外保温系统

（1）硬泡聚氨酯保温板分类。

1）普通硬泡聚氨酯保温板。是工厂化条件下A组分料和B组分料按一定比例大体积发泡经切割加工而成的硬质聚氨酯泡沫板，性能优异且价格适中，保温性能和防火性能优于其他保温板（如EPS、XPS）。

2）硬泡聚氨酯保温复合板。是指在工厂专业生产线上生产的、以聚氨酯硬泡为芯材、两面覆以无纺布粘贴界面层的保温复合板材。提高了板体的自身强度、板与基层墙面的黏结强度，系统安全性大提高，产品适用范围广，是加强型保温板体（图9－26）。

3）硬泡聚氨酯保温装饰一体化复合板。是指将聚氨酯硬泡保温板和装饰面层在工厂加工制成具有保温和装饰功能的复合板材，在现场可以采用干挂、粘锚结合及粘贴的工艺进行施工（图9－27）。

图9－26　硬泡聚氨酯保温复合板

图9－27　硬泡聚氨酯保温装饰一体化复合板

（2）普通硬泡聚氨酯保温板外保温系统

1）系统构造见表9－5。

表9－5　　系统构造（五）

基层墙体	系统基本构造					构造示意图
	黏结层	保温层	抹面层	锚固件	饰面层	
混凝土墙体或各种砌体墙体＋找平抹灰层	专用黏结砂浆	聚氨酯工厂预制板	专用抹面砂浆（嵌网格布或钢丝网）	塑料锚栓	面砖或涂料	结构墙体 黏结砂浆 PU保温板 塑料锚栓 抹面砂浆 增强网片 饰面层

2）系统性能见表9－6。

表 9-6 **系统性能（一）**

板体分类	保温性能	防水性能	抗裂性能	抗剪切承重	抗风压负载	消防安全性
聚氨酯工厂预制板	优	优	良	良（≥30kg/m²）	优	优

3）施工工艺。同薄抹灰聚苯板薄抹灰外墙外保温系统。

（3）硬泡聚氨酯保温装饰集成板外保温系统。

1）系统构造见表 9-7。

表 9-7 **系统构造（六）**

基层墙体	系统基本构造					构造示意图
	黏结层	连接件	保温层	饰面层	勾缝处理	
混凝土墙体或各种砌体墙体+找平抹灰层	专用黏结砂浆	专用挂件	工厂预制保温板	涂料	单组分 PU 发泡及耐候密封胶	结构墙体 墙面粉刷 单组分PU发泡 密封耐候胶 专用挂件 锚固螺栓 PUB·S-H保温装饰集成板 装面层

2）系统性能见表 9-8。

表 9-8 **系统性能（二）**

保温性能	防水性能	抗裂性能	抗剪切承重	抗风压负载	消防安全性
优	优	优	优	优	优

3）系统特点：保温装饰一体化、装饰豪华、造价经济、施工简捷。

4）施工工艺：根据工程进度及现场情况，安装干挂型外墙外保温装饰板由下到上施工，进行流水作业。

① 聚氨酯干挂复合保温饰面板施工工艺流程如下：

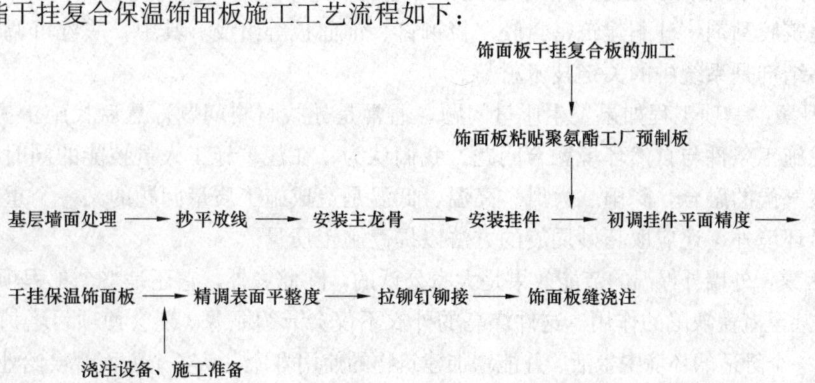

② 聚氨酯干挂饰面板现场浇注聚氨酯施工工艺流程如下：

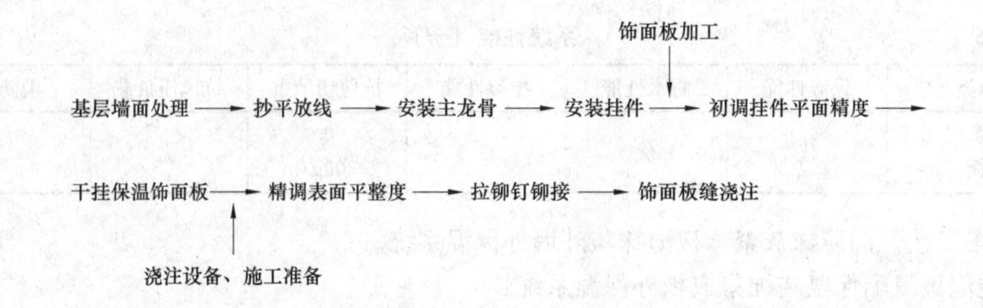

③ 聚氨酯硬泡预制板干挂技术基本构造。聚氨酯硬泡预制板干挂的构造层次主要包括：三维可调镀锌金属组合挂件、保温与隔热材料、建筑黏结剂、建筑胶黏剂、硅酮建筑密封胶、饰面板等产品及安装（图 9-28、图 9-29）。

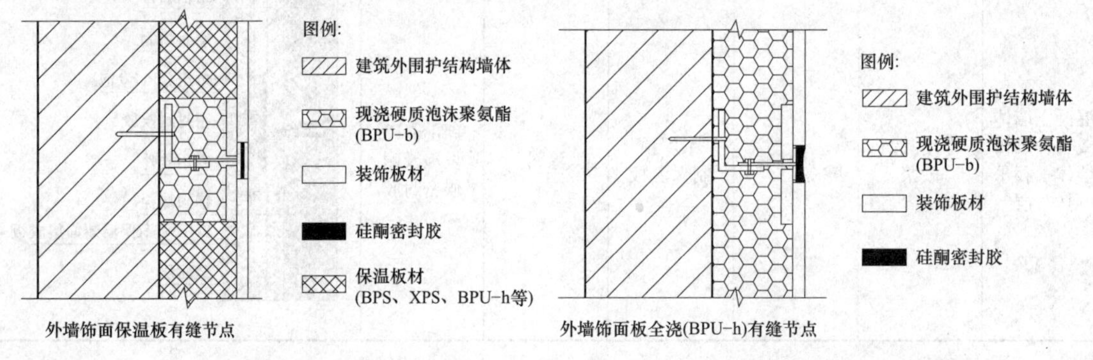

图 9-28　聚氨酯硬泡预制板干挂节点（一）　　图 9-29　聚氨酯硬泡预制板干挂节点（二）

④ 聚氨酯硬泡预制板干挂技术常见质量问题分析。聚氨酯硬泡预制板干挂外保温工程同其他专业工程一样，都是由设计、产品、施工、工程维护构成的系统工程，任何一个环节不合理或欠缺，都会造成外保温工程的质量缺陷，而留下工程质量隐患。影响外墙外保温工程质量关键有四要素，即设计因素、材料因素、施工因素、经济因素。

a. 设计因素：外墙外保温设计一定要根据当地气候条件、建筑布局进行慎重的计算，并选择好一个安全可靠的保温体系，否则就会在节能建筑的旗号下产生达不到节能标准的“次品建筑”。

b. 材料因素：外墙外保温系统基本上是由三维可调镀锌金属组合挂件、保温与隔热材料、建筑黏结剂、建筑胶黏剂、硅酮建筑密封胶、拉铆钉、饰面板等组成。其中，三维可调镀锌金属组合挂件、建筑黏结剂是系统中的关键技术材料。

c. 施工因素：一项工程如果发生质量问题，通常是先找材料问题，然后找施工操作人员问题，很少有人考虑施工条件与自然环境融合问题。我们认为，在注重施工人员技能的同时，必须注重施工环境与自然气候的融合，降雨、大风、高温、低温是造成施工质量问题的又一个重要因素。除尽可能避免外界环境外，还应取巧妙周旋的方法以提高施工质量。

d. 经济因素：外墙外保温的节能效果是大家公认的，除此之外，它还是整个工程项目的外衣，有着美化、装饰甚至掩盖缺陷的作用。这件漂亮的外衣不仅会节约能源，还会使项目增值，增加使用面积，使用户在一个舒适的环境中生活。并能增加建筑物的使用寿命，从各个方面都会给业主带来一定的经济利益。但一些业主为了追求利益的最大化，一味地压低工程造价，引起建筑市场恶性竞争。

(4) 硬泡聚氨酯节能幕墙板外保温系统。

1) 系统构造见表 9-9。

表 9-9　系统构造（七）

基层墙体	系统基本构造				构造示意图
	连接件	保温层	饰面层	勾缝处理	
混凝土墙体或各种砌体墙体+找平抹灰层	专用挂件	BPU·S-T节能幕墙板		单组分PU发泡及耐候密封胶	结构墙体 墙面粉刷 单组分PU发泡 密封耐候胶 专用挂件 金属螺栓 PUB·S-T节能幕墙板

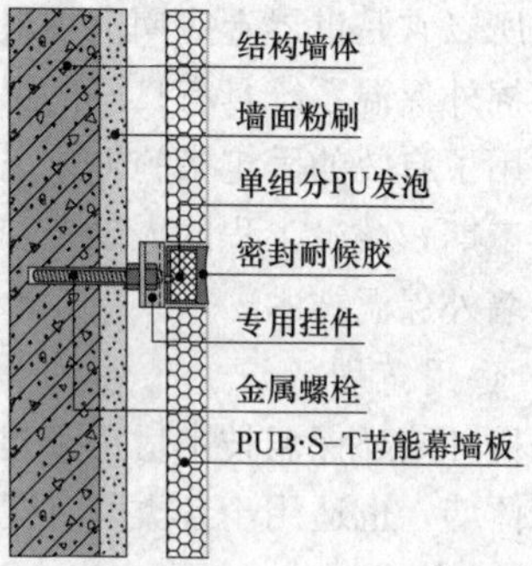

2）系统性能见表 9-10。

表 9-10　系统性能（三）

保温性能	防水性能	抗裂性能	抗剪切承重	抗风压负载	消防安全性
优	优	优	优	优	优

3）系统特点：保温装饰一体化、装饰豪华、造价经济、施工简捷。

4）施工工艺：参考薄抹灰聚苯板薄抹灰外墙外保温系统及相关章节的外墙装饰工程做法。

(5) 石质幕墙、金属幕墙填充式聚氨酯保温系统。

1）系统构造见表 9-11。

表 9-11　系统构造（八）

基层墙体	系统基本构造					构造示意图
	黏结层	保温层	抹面层	龙骨架	饰面层	
混凝土墙体或各种砌体墙体	黏结砂浆	现场喷涂聚氨酯泡沫或工厂预制的聚氨酯板材	柔性抹面砂浆一道	按设计施工	按设计施工	结构墙体 干挂连接件 密封胶 黏结砂浆 聚氨酯保温板 抹面砂浆 干挂饰面

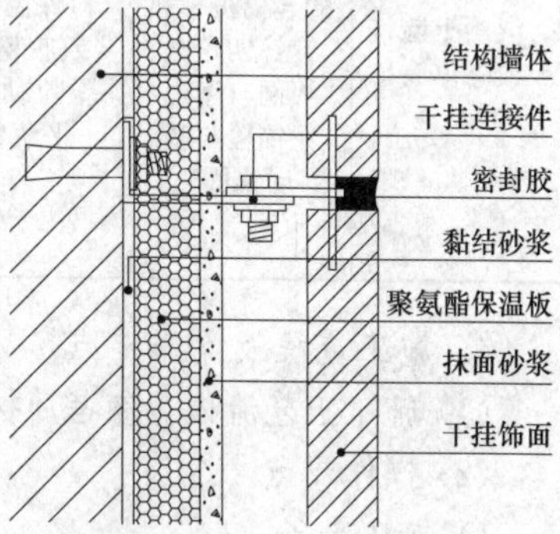

2）系统性能见表 9-12。

表 9-12　系统性能（四）

保温性能	操作性	防水性	抗承重剪切	抗风压负载	消防安全性
优	好	不存在	不存在	不存在	优

3）施工工艺。参考硬泡聚氨酯现场喷涂外墙外保温系统及相关章节的外墙装饰工程做法。

（六）岩棉外墙外保温系统

1. 材料特点

岩棉生产技术在20世纪30年代就已投入工业化生产，因其在各种保温材料中具有突出的防火性能，所以它是世界上应用范围最广、最普及的建筑保温材料。

岩棉外保温系统具有良好的保温性能、抗裂性能、防火性能和耐久性能，同时，岩棉板与基层墙体采用了有效的固定措施，抗风荷载性能优异；采用岩棉板锚固技术施工速度快、工艺简单，可以缩短工期，减少工程的人工费和劳动强度，降低施工成本。绿色环保，造价适中，是一种值得推广的外墙外保温技术。

2. 适用范围

岩棉外墙外保温技术适用于建筑物外墙装饰面为涂料饰面的外保温工程，外墙可为混凝土墙及各种砌体墙，也适用于各类既有建筑的节能改造工程。

3. 基本构造

岩棉外墙外保温系统以岩棉为主保温材料，用塑料胀栓等锚固件配合热镀锌钢丝网固定岩棉板，热镀锌钢丝网与岩棉板表面之间加有垫片，使热镀锌钢丝网与岩棉板之间存在一定的距离，有利于岩棉板表面的抹灰处理；岩棉板固定后又对岩棉板表面进行了界面处理，增强了岩棉板的防水性和表面强度，同时有效解决了岩棉板与胶粉聚苯颗粒找平层的黏结难题。面层抹胶粉聚苯颗粒保温浆料找平，克服了岩棉板表面负荷不宜太大，同时又使之具有质轻、阻燃防火、防裂、降低成本等特性。抗裂防护层采用抗裂砂浆复合涂塑耐碱玻纤网格布构成抗裂防护层，具有良好的抗裂性能，涂刷可有效阻止液态水进入的弹性底涂，饰面层刮柔性耐水腻子、涂刷弹性涂料（表9-13）。

表9-13 基本构造

基层墙体①	系统的基本构造				构造示意图
	保温层②	找平层③	抗裂防护层④	饰面层⑤	
混凝土墙或砌体墙	经岩棉板界面砂浆处理的岩棉板＋热镀锌四角电焊网（用尼龙锚栓与基层锚固）	胶粉聚苯颗粒保温浆料（或胶粉聚苯颗粒黏结找平浆料）	抗裂砂浆复合耐碱网布＋弹性底涂	柔性耐水腻子＋涂料	① ② ③ ④ ⑤

4. 施工流程及操作要点

(1) 施工工艺流程：参考薄抹灰聚苯板薄抹灰外墙外保温系统施工工艺流程。

(2) 操作要点。

1) 施工准备。

① 基层墙体应符合《混凝土结构工程施工质量验收规范》［GB 50204—2002（2010版）］和《砌体工程施工质量验收规范》(GB 50203—2011) 及相应基层墙体质量验收规范的要求，保温施工前应会同相关部门做好结构验收的确认。如基层墙体偏差过大，则应抹砂浆找平。

② 房屋各大角的控制钢垂线安装完毕。高层建筑及超高层建筑时，钢垂线应用经纬仪检验合格。

③ 外墙面的阳台栏杆，雨漏管托架，外挂消防梯等安装完毕，并应考虑到保温系统厚度的影响。

④ 外窗的辅框安装完毕。

⑤ 墙面脚手架孔，穿墙孔及墙面缺损处用相应材料修整好。

⑥ 混凝土梁或墙面的钢筋头和凸起物清除完毕。

⑦ 主体结构的变形缝应提前做好处理。

⑧ 根据工程量、施工部位和工期要求制订施工方案，要样板先行，通过样板确定定额消耗，由甲方、乙方和材料供应商协商确定材料消耗量，保温施工前施工负责人应熟悉图纸。

⑨ 组织施工队进行技术培训和交底，做好安全教育。

⑩ 材料配制应指定专人负责，配合比、搅拌机具与操作应符合要求，严格按厂家说明书配制，严禁使用过时浆料和砂浆。

⑪ 根据需要准备一间搅拌站及一间堆放材料的库房，搅拌站的搭建需要选择背风方向，靠近垂直运输机械，搅拌棚需要三侧封闭，一侧作为进出料通道。有条件的地方可使用散装罐。库房的搭建要求防水、防潮、防阳光直晒。材料采取离地架空堆放。

⑫ 施工时气温应大于5℃，风力不大于4级。雨天不得施工，应采取防护措施。

2）基层界面处理。墙面应清理干净、清洗油渍、清扫浮灰等。墙面松动、风化部分应剔除干净。墙表面凸起物大于10mm时应剔除。堵脚手眼和废弃的孔洞时，应将洞内杂物、灰尘等物清理干净，浇水湿润，然后用1∶3水泥砂浆将其补齐砌严。

3）吊垂直、弹控制线。根据建筑物高度确定放线的方法，高层建筑及超高层建筑可利用墙大角、门窗口两边，用经纬仪打直线找垂直。多层建筑或中高层建筑，可从顶层用大线坠吊垂直，绷铁丝找规矩，横向水平线可依据楼层标高或施工±0.000向上500mm线为水平基准线进行交圈控制。根据调垂直的线及保温厚度，每步架大角两侧弹上控制线，再拉水平通线做标志块。

4）安装岩棉板（尼龙锚栓钻孔型锚固法）。

① 确定岩棉板定位线，铺设岩棉板，根据施工图在锚栓安装部位钻孔，敲入带圆盘的尼龙套管，压紧岩棉板。每平方米墙面上至少设置3个锚固件，且每一块岩棉板上至少2个锚固件，锚栓应按图纸排列（图9-30）。

图9-30 岩棉板锚固

② 沿窗户四周，每边至少应设置3个锚固件。

③ 把预先切割规整的钢丝网片弯成“凵”型和“L”型，在铺设岩棉板的同时，以“凵”型网片把墙体底部包边，以“L”型网片把门窗侧壁、墙体转角处包边。把螺钉敲入尼龙套管中，固定钢丝网。

④ 使用直角边条板弯制加强用的钢丝网。

⑤ 岩棉板必须对接和相互挤紧，不能有缝隙，镶嵌用的窄条岩棉板，其宽度不得少于150mm，至少应有一个锚固件穿过，使岩棉板紧贴墙面。

⑥ 岩棉板铺设完毕后，从下至上铺设钢丝网，钢丝网单孔搭接时用铅丝绑结或用锚栓固定，绑接时每米不少于4处，对边搭接时用铅丝连接，间隔不大于150mm。锚栓固定时，间隔不大于600mm。

⑦ 整修全部接缝，并用卡钉把钢丝网突起部位压平。

⑧ 保温层安装完毕后经检验合格可进行界面层的施工。

5）界面层的施工。

① 将塑料垫片安放在钢丝网下，将钢丝网垫起5mm。每平方米设置4个塑料垫片，按梅花形

进行布置。

② 采用专用喷枪将配制好的界面砂浆均匀喷到岩棉板表面及钢丝网上（图 9-31）。

图 9-31 喷涂界面砂浆

6）找平层施工。

① 做灰饼，冲筋，在距楼层顶部约 100mm 和距楼层底部约 100mm，同时距大墙阴或阳角约 100mm 处，根据垂直控制通线做垂直方向灰饼（楼层较高时应两人共同完成），作为基准灰饼，再根据两垂直方向基准灰饼之间的通线，做墙面找平层厚度灰饼，每灰饼之间的距离按 1.5m 左右间隔粘贴。灰饼可用胶粉聚苯颗粒浆料做，也可用废聚苯板裁成 50mm×50mm 小块粘贴。待垂直方向灰饼固定后，在两水平灰饼间拉水平控制通线，具体做法是将带小线的小圆钉插入灰饼，拉直小线，使小线控制比灰饼略高 1mm，在两灰饼之间按 1.5m 左右间隔水平粘贴若干灰饼或冲筋。每层灰饼粘贴施工作业完成后水平方向用 5m 小线拉线检查灰饼的一致性，垂直方向用 2m 托线板检查垂直度，并测量灰饼厚度，冲筋厚度应与灰饼厚度一致。用 5m 小线拉线检查冲筋厚度的一致性，并作记录。

② 抹胶粉聚苯颗粒保温浆料找平（图 9-32）。抹胶粉聚苯颗粒保温浆料时，其平整度偏差不应大于±4mm，抹灰厚度略高于灰饼的厚度。保温浆料抹灰按照从上至下，从左至右的顺序抹。涂抹整个墙面后，用杠尺在墙面上来回搓抹，去高补低。最后再用铁抹子压一遍，使表面平整，厚度一致。保温面层凹陷处用稀浆料抹平，对于凸起处可用抹子立起来将其刮平。待抹完保温面层 30min 后，用抹子再赶抹墙面，先水平后垂直，再用托线尺检测后达到验收标准。保温浆料施工时要注意清理落地灰，落地灰应及时少量多次重新搅拌使用。

图 9-32 胶粉聚苯颗粒保温浆料找平

③ 阴阳角找方应按下列步骤进行。用木方尺检查基层墙角的直角度，用线坠吊垂直检验墙角的垂直度。保温浆料抹灰后应用木方尺压住墙角浆料层上下搓动，使墙角保温浆料基本达到垂直。然后用阴阳角抹子压光。保温浆料大角抹灰时要用方尺，抹子反复测量抹压修补操作确保垂直度±2mm，直角度±2mm。门窗边框与墙体连接应预留出保温层的厚度，并做好门窗框表面的保护。窗户辅框安装验收合格后方可进行窗口部位的保温抹灰施工，门窗口施工时应先抹门窗侧口，窗台和窗上口再抹大面墙。施工前应按门窗口的尺寸截好单边八字靠尺，做口应贴尺施工以保证门窗口处方正与内、外尺寸的一致性。

7）抹抗裂砂浆，铺贴耐碱网格布（图 9-33）。找平层施工完成 3～7 天且保温层施工质量验收以后，即可进行抗裂层施工。耐碱网格布长度不大于 3m，尺寸事先裁好，网格布包边应剪掉。抹抗裂砂浆时，厚度应控制在 3～4mm，抹宽度、长度与网格布相当的抗裂砂浆后应按照从左至右、从上到下的顺序立即用铁抹子压入耐碱网格布。在窗洞口等处应沿 45°方向提前增贴一道网格布（400mm×300mm）。耐碱网格布之间搭接宽度不应小于 50mm，严禁干搭接。阴角处耐碱网格布要压槎搭接，其宽度≥50mm；阳角处也应压槎搭接，其宽度≥200mm。耐碱网格布铺贴要平整，无褶皱，砂浆饱满度达到 100%，同时要抹平、找直，保持阴阳角处的方正和垂直度(图 9-34)。

首层墙面下部应铺贴双层耐碱网格布，第一层铺贴网格布，网布与网布之间采用对接方法，严禁网布在阴阳角处对接，对接部位距离阴阳角处不小于200mm。然后进行第二层网格布铺贴，铺贴方法如前所述，两层网格布之间抗裂砂浆应饱满，严禁干贴。

图9-33　抹抗裂砂浆抹网格布

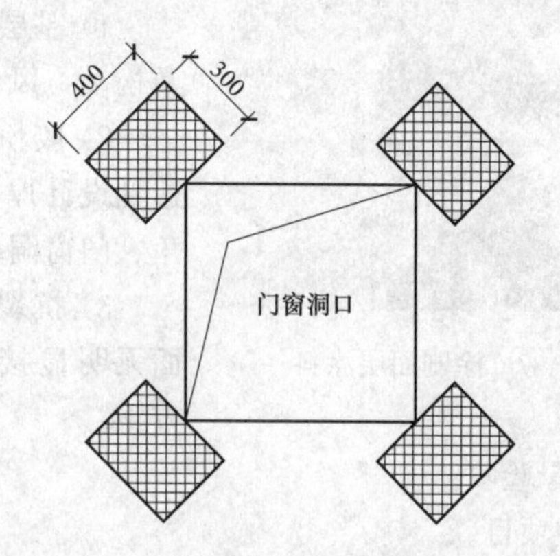

图9-34　门窗洞口处网格布斜铺示意图

建筑物首层下部外保温应在阳角处双层网格布之间设专用金属护角，护角高度一般为2m。在第一层网格布铺贴好后，应放好金属护角，用抹子在护角孔处拍压出抗裂砂浆，抹第二遍抗裂砂浆包裹住护角。保证护角安装牢固。

抗裂砂浆抹完后，严禁在此面层上抹普通水泥砂浆腰线、口套线等，严禁刮涂刚性腻子等非柔性材料。

8）涂刷弹性底涂（图9-35）。在抗裂层施工完2h后即可涂刷弹性底涂，涂刷应均匀，不得有漏底现象。

9）刮柔性耐水腻子（图9-36）。大墙面刮腻子，宜采用400～600mm长的刮板，门窗口角等面积较小部位宜用200mm长的刮板。第一遍修局部补坑洼部位，第二遍进行满刮，第三遍耐水腻子半干状态时，大面用长木方板绑400～600mm长的砂石板绑零号砂纸打磨，门窗口角用短的砂石板绑零号砂纸打磨。第四遍要求满刮，第五遍耐水腻子半干状态时，大面用长木方板绑400～600mm长的砂石板绑零号砂纸打磨，门窗口角用短的砂石板绑零号砂纸打磨。若平整度达不到要求时，再分别增加一遍刮腻子和打磨的工序，直至达到平整度要求。

图9-35　涂刷弹性底涂

图9-36　刮涂腻子

10）涂刷底漆，刷面层涂料（图9-37）。涂刷工具采用优质短毛滚筒。上底漆前做好分格处理，墙面用分线纸分格代替分格缝。每次涂刷应涂满一格，避免底漆出现明显接痕。底漆涂刷均匀一至两遍，完全干燥12h。底漆完全干透后，用造型滚筒滚面漆时用力均匀让其紧密贴附于墙面，蘸料均匀，按涂刷方向和要求一次成活。

图 9－37　涂刷面层涂料

5. 质量验收要求

（1）质量控制要点。

1）基层处理。要求墙面清洗干净，无浮土，无油渍、空鼓及松动，风化部分剔掉。

2）胶粉聚苯颗粒浆料的厚度控制与岩棉板平整度控制要求达到设计厚度，无空鼓、无开裂、无脱落，墙面平整，阴阳角、门窗洞口垂直、方正。

3）抗裂砂浆的厚度控制。抗裂砂浆层厚度为 3～5mm，墙面无明显接槎、抹痕，墙面平整，门窗洞口、阴阳角垂直、方正。

（2）质量验收。

1）主控项目。

① 所用材料品种、配比、规格、性能应符合设计要求（附有材料检测报告和出厂合格证）。

② 保温层厚度及构造做法应符合建筑节能设计要求。

③ 保温层与墙体以及各构造层之间必须黏结牢固，无脱层、无裂缝，面层无粉化、起皮、爆灰。

2）一般项目。

① 基层表面平整、洁净，接槎平整、线角顺直、清晰，毛面纹路均匀一致。

② 墙面所有门窗口、孔洞、槽、盒位置和尺寸正确，表面整齐洁净，管道后面抹灰平整。

③ 有分格缝时，分格缝宽度、深度均匀一致，分格缝平整光滑、棱角整齐，横平竖直、通顺。滴水线（槽）流水坡向正确，线（槽）顺直。

④ 胶粉聚苯颗粒找平层要求黏结牢固，不得有起鼓现象。

⑤ 抗裂砂浆复合耐碱网格布层要求平整无皱褶、翘边。网格布不能有外露之处。

3）允许偏差。岩棉外墙外保温系统允许偏差和检验方法，见表 9－14。

表 9－14　　岩棉外墙外保温系统允许偏差和检验方法　　mm

项　目	允许偏差	检验方法
立面垂直	4	用 2m 托线板检查
表面平整	4	用 2m 靠尺及塞尺检查
阴阳角垂直	4	用 2m 托线板检查
阴阳角方正	4	用 200mm 方尺及塞尺检查
分格条（缝）平直	3	拉 5m 小线和尺量检查
立面总高度垂直度	H/1000 且≤20	用经纬仪、吊线检查
岩棉板保温层厚度	负偏差≤10%	用探针、钢尺检查

（七）超薄绝热保温板外墙外保温系统简介

1. 无缝拼接技术的应用

无缝拼接在超薄真空绝热保温板中有很高的应用价值，无缝拼接技术是通过对成品板的深加工二次处理实现的，通过这种技术将现有的边缝由 2.5～5cm 缩小到 0.3～0.5cm，同时还确保了密封的牢固性，两块板安装时搭界仅小于 0.5cm（图 9－38），完全符合国家不留冷热桥的标准，而且不带大的边缝有利于施工，大大减少了破损率，施工出来的墙体平整度远远高于布边过大的产品。业界都认可这种小边缝产品的好处，但是很多厂家误导代理商，原因是代理商从厂家进产品的时候边缝是不算钱的，而安装到甲方墙上以后是按照平米数给甲方验收的，综合结果就是 1000m^2 的地方再加上人为的拉大布边距离导致 700m^2 成品都不到，其他地方都用布边下面填抹聚苯颗粒或者玻化微珠等浆料掩盖，这样产生了很大一块利润，然而这种误导消费的后果很严重，大面积的冷热桥将导致保暖性大大下降，还会使房子内部容易霉变长毛。

2. 锚固技术的应用

因为超薄绝热保温板与墙体黏结材料为铝箔玻璃纤维布，这种布耐酸耐碱但非常光滑不容易与墙体黏结，再好的黏结砂浆与之结合都留有安全隐患，而产品的布边本身也是真空范围不得钉锚，所以特有的锚固技术诞生，增加了产品的安全系数，同时为重量大的饰面如石材、面砖等上墙提供了可行的技术保障。由于超薄绝热保温板重量轻，所以无须大面积预留锚固孔，可根据外饰面的不同饰面材料经计算按照一定比例每平方米预留多少锚固孔即可，锚固时使用 8mm×6cm、8mm×8cm 等规格的带圆环的专用保温胀栓即可（图 9-39）。

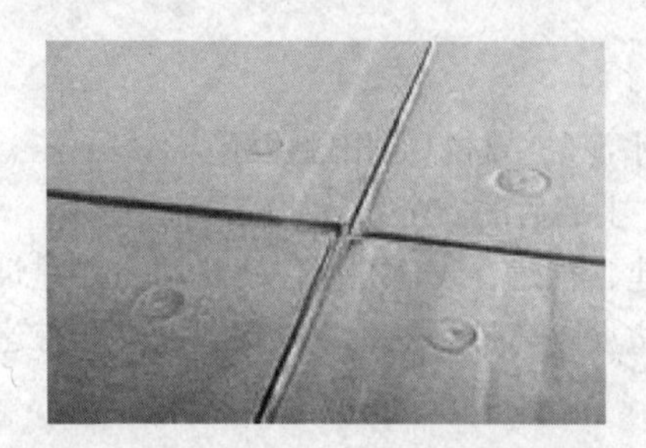

图 9-38 超薄绝热保温板的拼接图

图 9-39 超薄绝热保温板的锚固

3. 防涨袋处理技术的应用

防涨袋处理技术是指在超薄绝热保温板抽真空以前，预制一层特制的结合剂，抽真空后通过深加工处理将芯材与真空袋之间黏结为一体的生产工艺。这种工艺把原本分离的真空袋和芯材牢牢结合在一起，上墙后减少了破损机会同时大大降低了膨胀系数，利于安装，便于墙体找平，也降低了安全隐患（图 9-40）。

超薄绝热板外墙外保温系统的保温层采用的是超薄绝热板。该板源于国际上应用的一种新型高效保温材料——真空绝热板（图 9-41）。该产品是通过将无机硅质材料和无机纤维材料与高强复合阻气膜抽真空封装制成的。该板材抗拉强度高、导热系数低，燃烧性能达到 A 级，属于不燃材料，完全可以满足“公安部与住房和城乡建设部印发的公通字〔2009〕46 号文——《民用建筑外墙外保温系统和外墙装饰防火暂行规定》”的要求，并具有质量轻、保温效果好、防火等特点，是一种新型的、不燃型建筑保温材料。

图 9-40 超薄绝热保温板制成品

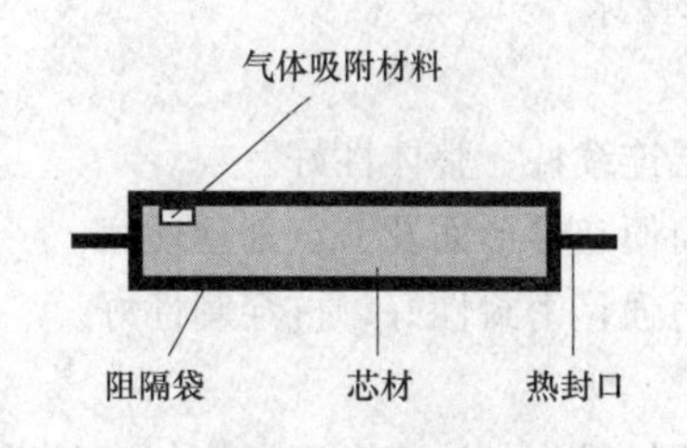

图 9-41 超薄绝热保温板解剖示意图

4. 超薄绝热保温板的发展

国外真空绝热板的研究是从20世纪70年代初开始的，主要是日本和欧洲国家。真空绝热板在制冷行业及冰箱中已普遍使用。目前欧洲国家，如德国慕尼黑在建筑中已开始应用，从工程的应用跟踪检测结果显示，用真空绝热板的保温工程，其每年平均能耗是建筑平均能耗的1/10。根据德国的检测表明，该产品使用寿命约为60年。

国内真空绝热板的应用原主要集中在冰箱、远洋运输冷藏箱，近两年在部分地区也开展了建筑外墙外保温产品的研发应用工作。

5. 超薄绝热保温板系统特点

本系统以STP超薄绝热保温板为保温隔热层材料，采用粘、钉结合工艺施工的不燃型建筑节能外墙外保温系统。该系统具有以下特点。

(1) 热阻大、保温效果优异。10～20mm绝热板能满足65%节能要求。

(2) 系统属于无机不燃型外墙外保温系统，彻底杜绝了有机材料外墙外保温系统由于易燃而引起的火灾隐患。

(3) 系统较轻、较薄，抗震、抗风压能力高。

(4) 系统的STP超薄绝热板稳定性好，并与水泥黏结材料的相融性好。

(5) 系统单位面积质量轻，热胀冷缩系数小，上墙后的安全系数比较高。

本系统适用范围广，构造完善，可应用于新建、扩建、改建的居住建筑和公共建筑外墙的节能保温工程，包括外墙外保温、非透明幕墙保温及防火隔离带；工业建筑保温以及既有建筑的节能改造在技术条件相同时也可采用。

6. 质量控制

超薄绝热保温板外墙外保温系统质量控制由于无法现场裁切，一旦裁切，真空腔就漏气，失去保温效果，故施工过程中应特别注意做好产品的成品保护，并且在施工前应事先做好排板设计，然后再施工。

7. 超薄绝热保温板外墙保温系统的施工流程和工艺

参考聚苯板薄抹灰外墙外保温系统。

第三节 屋面节能工程

屋面防水与屋面保温有着密切的联系，如果屋面出现渗漏，不但影响住户的使用功能，而且屋面的保温效果会大大降低。加上有些保温材料自身也有防水功能，故屋面的防水保温结合在一起进行论述更有现实意义。目前，有很多屋面都采用防水保温一体化的建筑节能体系，故讲屋面的保温问题首先应从屋面防水谈起。

一、常规屋面防水工程成败因素分析

(一) 涂膜防水

1. 优点

(1) 防水层连续性、整体性好。

(2) 操作简便，异形面及节点处理便宜。

(3) 附着力强，密封性好，抗穿刺性好。

2. 缺点

(1) 人工现场操作，涂膜厚度和均匀度难以控制。

(2) 基层和环境因素影响大。

1）涂膜防水外来破坏因素：基层开裂→涂膜开裂→渗水。

2）涂膜防水失败的根本性原因：抗裂性能差（图 9-42）。

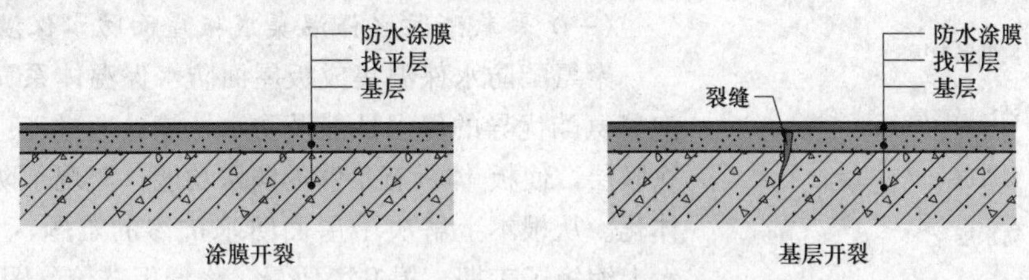

图 9-42 涂料屋面防水层开裂的主要形式

（二）卷材防水

1．优点

（1）防水层厚度均匀、机械强度高。

（2）幅面大，施工方便。

（3）与基层有一定间隙，抗裂性好。

2．缺点

（1）搭接粘贴要求高，隐患多。

（2）异形面及节点施工处理难。

卷材防水外来破坏因素：卷材穿刺破坏大面积窜水。卷材防水失败的根本性原因是抗穿刺性能差（图 9-43）。

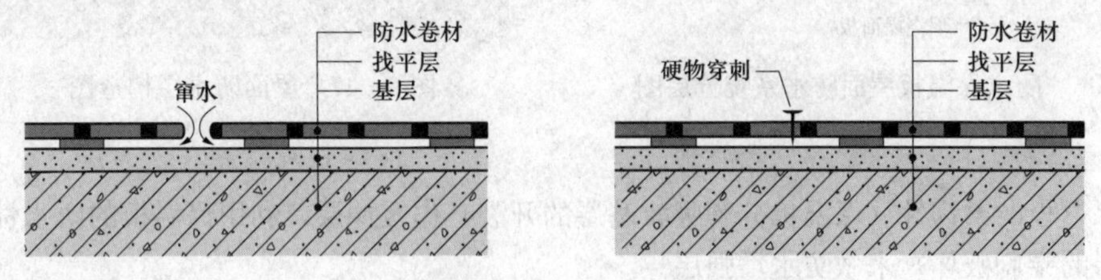

图 9-43 卷材屋面防水层开裂的主要形式

二、常规屋面防水保温施工方法分析

（一）正置式屋面

由于防水层设置在保温层的上面，保温层和防水层之间须有一层附加找平层，使构造复杂化。而该附加找平层强度往往不足，对防水层破坏性大，易造成防水层开裂和刺破。事实上，雨水从上到下由装饰层进入刚性保护层，从油毡隔离层到防水层，因防水层的渗漏雨水继而进入附加找平层、保温层、找平（找坡）层、现浇屋面板。由此可想而知，现浇屋面板一旦产生裂缝、渗漏，雨水就直接进入室内，未能从根本上解决屋面防水难题。同时，保温层中的含水率大大增加，使得实际保温效果急剧下降，正置式屋面防水保温分层做法如图 9-44 所示。

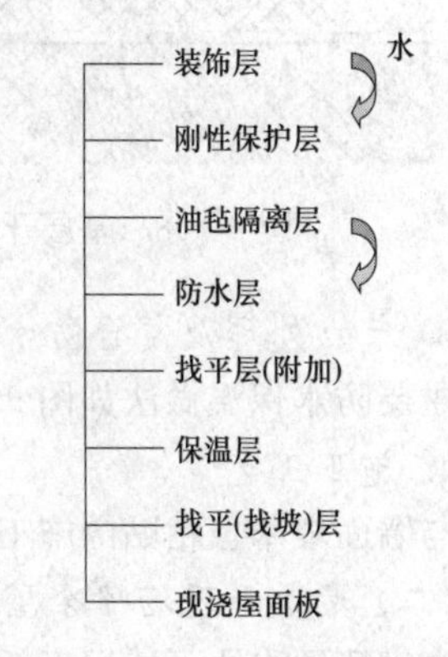

图 9-44 正置式屋面分层图

（二）倒置式屋面

由于将保温层设置在防水层上的屋面，防水层受到保护，避免热应力、紫外线以及其他因素对防水层的破坏，构造比正置式屋面简化。但由于雨水从上到下由装饰层进入刚性保护层、油毡隔离层、保温层，再到防水层，使保温层处于浸水状态中，降低了保温层的实际保温效果，达不到节能设计要求，倒置式屋面防水保温分层做法如图 9－45 所示。

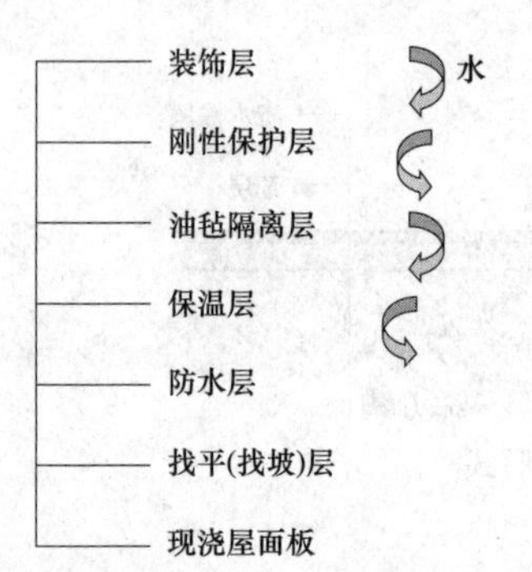

图 9－45 倒置式屋面防水保温分层图

三、屋面防水保温一体化体系

（一）聚氨酯防水保温集成板屋面防水保温体系

聚氨酯防水保温集成板屋面防水保温体系充分利用了硬泡聚氨酯优异的保温性能及防水性能，通过工厂化复合防水涂膜层，使板 体具有足够的防水功能，实现了防水保温的一体化。从根本上解决了屋面防水抗渗的难题，且构造简单，大大缩短了工期，提升了质量，降低了造价（图 9－46、图 9－47）。

1. 产品构造

（1）防水层。

（2）保温层。

（3）黏结层。

三层一次性复合，形成防水保温板。

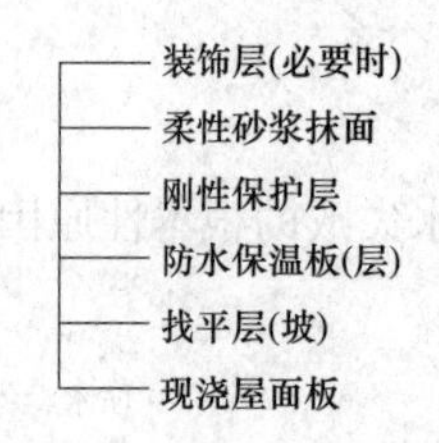

图 9－46 防水保温板屋面防水系统分层图

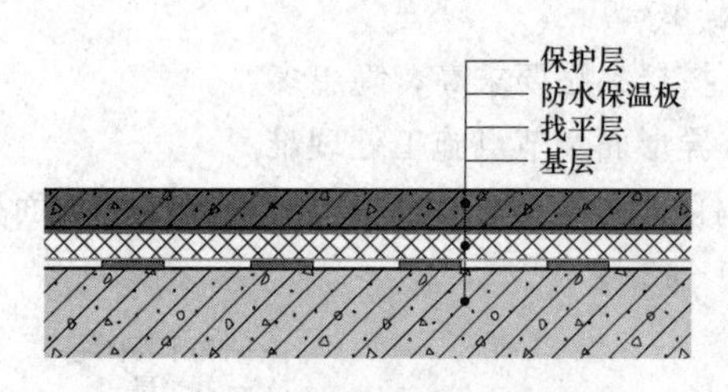

图 9－47 屋面防水层构造图

2. 原理分析

利用保温板的柔韧性（保温板分解吸收基层的开裂）作缓冲层，利用保温板的防水性（保温板补充防水层的穿刺破坏）来做防水增强层。

能解决防水层抗开裂、抗穿刺难题（图 9－48、图 9－49）。

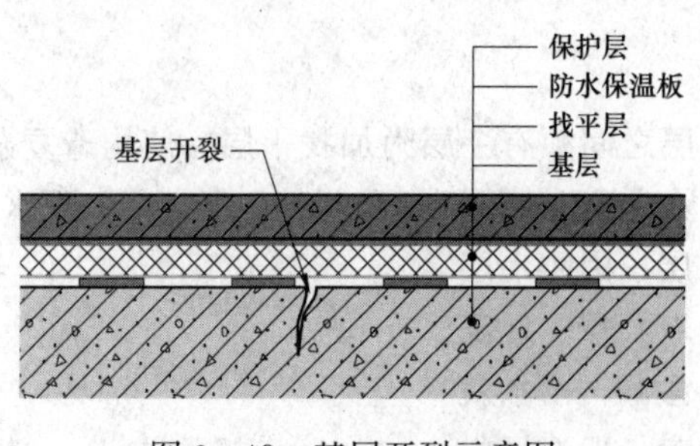

图 9－48 基层开裂示意图

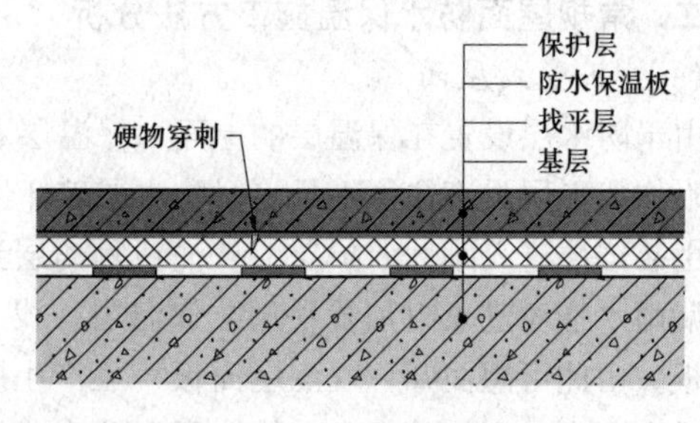

图 9－49 硬物穿刺示意图

3. 节点处理及复合防水

主要防水保温做法如图 9－50 所示。

4. 施工工艺

与墙面聚苯板粘贴的施工工艺类似。

（二）聚氨酯现场喷涂屋面保温防水一体化系统

聚氨酯硬泡体可适用于任何形状的屋面防水保温工程，该系统集防水和保温于一体。它不仅适合于新建建筑屋面的防水保温，对既有建筑的围护结构节能改造也有其独到之处，而且施工简便，

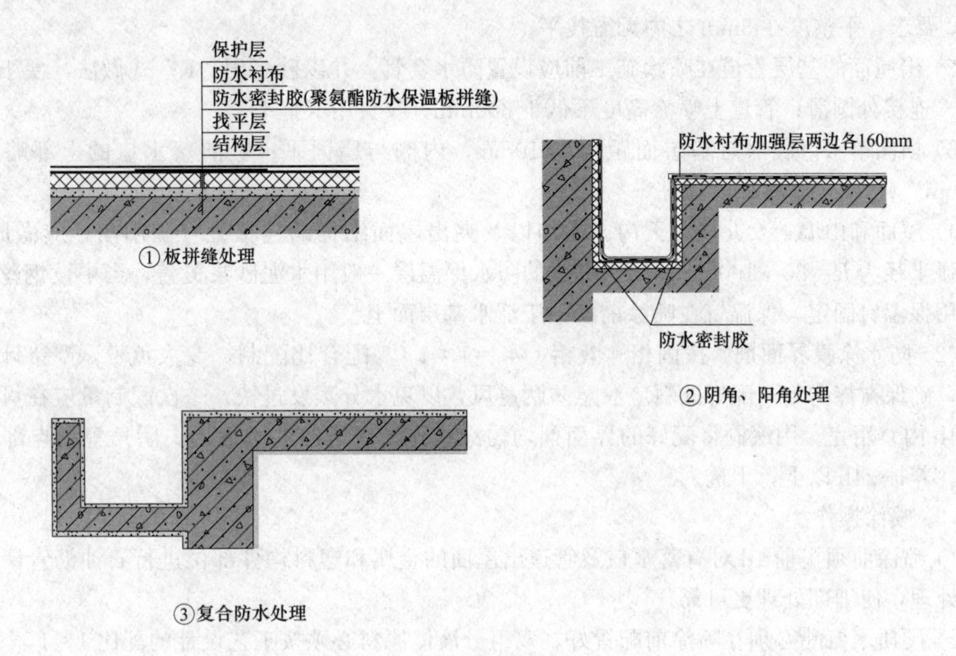

图 9-50 屋面防水节点图

周期短，适用范围广、材料配套齐全，能满足我国不同气候条件下的建筑节能施工要求。该系统在屋面防水保温工程中的优势较为突出。

1. 材料组成

聚氨酯硬泡体以组合聚醚和异氰酸酯为主要材料，通过专用设备喷涂而成，具有优异的保温性。又因采用现场喷涂施工，形成一层连续的低吸水性的泡沫体，故防水性优良。聚氨酯硬泡体在整个体系中是至关重要的，不仅要在产品的配方上考虑到发泡率、抗拉和抗压强度、导热系数、吸水率等技术指标，更要在施工过程中掌握其发泡时间、发泡的平整度和厚度，所以对施工设备和施工人员有一定的技术要求。

纤维增强抗裂腻子主要起表面保护和找平作用，它是以固体水溶性高分子聚合物和无机硅酸盐材料为主要黏合材料，添加各种助剂、抗裂增强纤维，在特定的干粉混合设备内高速分散而成的。解决了常规腻子在保温板表面黏结力差，易产生龟裂等问题。

2. 施工流程及工艺要求

施工流程如下：

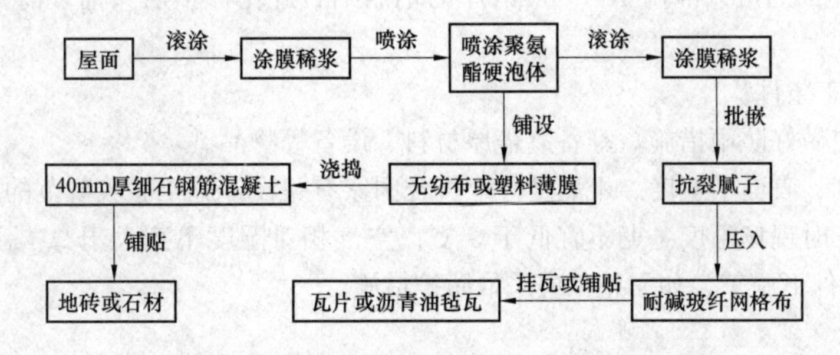

如果挂瓦片，须在喷涂聚氨酯之前预埋钢筋。

(1) 基层要求。

1) 聚氨酯现场发泡体对基层最基本的要求是干燥，达到国家屋面工程质量验收规范（GB 50207—

2012）要求，平整度在5mm之内无需找平。

2）出屋面的基层管道在喷涂施工前应设置防水套管，并以砂浆用“R”式做法，便于喷涂施工均匀、连接处圆滑；管道上喷涂高度不低于300mm，收头用卡箍卡紧。

3）横向落水口底部与基层面距离为10mm，内侧与墙面平；竖向落水口的上部略高于基层面5mm。

4）屋面和山墙、女儿墙、天沟、檐沟以及突出屋面结构的连接处（阴阳角）应做成圆弧形，其圆弧半径为R=80～100mm；泛水部位的防水保温层一般用水泥砂浆覆盖，当中设钢丝网，钢丝网采用保温钉固定，保温钉在喷涂前胶粘于泛水基层面上。

（2）防水涂膜界面剂。按固相∶液相∶水=1∶1∶1配合比配制，专人负责，严格计量，机械搅拌，确保搅拌均匀。配好的料应注意防晒避风，以免水分蒸发过快。一次配制量应在可操作时间内（4h内）用完。用滚刷将配好的界面剂均匀涂刷在清理干净的基面上，阴角等结点部位应重点涂刷。养护24h以上，干透。

（3）喷涂操作。

1）喷涂前须提前1d对有落水口及管道出屋面的金属和塑料构件部位进行石油沥青聚氨酯涂料涂膜处理，使细部处理更可靠。

2）硬质聚氨酯必须在喷涂前配置好，双组分液体原料必须按工艺设计的配比1∶1，专人负责，准确计量，混合应均匀，热反应须充分，输送管道不得渗漏，同时根据施工条件作适当的调整。

3）根据聚氨酯的厚度，使用专业施工设备，进行现场喷涂，喷涂时喷枪与施工基面间距为500～700mm。一个施工作业面可分遍喷涂完成，每遍的成形后厚度应小于等于15mm。

4）硬质聚氨酯喷涂24h后，用手提刨刀或钢锯进行修整。

（4）施工要点。

1）喷涂操作时枪手应时刻掌握好喷涂方向、与施工面的距离、喷涂角度、喷出压力以及发泡厚度等要求。

2）现场喷涂之中随时检查设备压力及出料状况、泡沫体的现场发泡质量情况，一旦发现异常马上停枪调整。

3）屋面上的异形部位应按“细部构造”进行喷涂施工。特别是节点部位如落水口、烟道、出屋面管道、女儿墙、檐沟、泛水处，一旦发现漏喷、空洞以及厚度不足应及时进行补喷。同时对出现起壳、空鼓的地方进行挖除后补喷。

4）聚氨酯硬泡体的发泡稳定及固化时间约为20min，因此施工后20min内严禁上人，防止损坏。

5）聚氨酯发泡体喷涂完工24h后，不上人屋面的即可涂刷界面剂后批嵌抗裂腻子（内压入玻纤网格布）；上人屋面的可以浇捣40～60mm厚的钢筋细石砼作保护层（铺设前先用无纺布或塑料薄膜作隔离层）。

（5）季候性施工条件。

1）雨期施工应做好防雨措施，准备遮盖原材料、设备等物品。

2）基面的强度、表面平整度、干燥度等应符合国家有关设计施工验收规范的要求。

3）聚氨酯施工时现场温度冬期不宜低于5℃。空气相对湿度不宜大于90%。不宜在5级及5级以上大风气候条件下施工，如需施工应采取防护措施。

3．质量控制

聚氨酯硬泡体屋面防水保温系统的质量验收标准参照执行国家标准《屋面工程质量验收规范》（GB 50207—2002），同时还须满足以下几点。

（1）防水保温层厚度确定。设计聚氨酯硬泡体防水保温的层厚度，应根据基层、建筑防水与保温层隔热性能等要求来制定。根据国家有关《夏热冬冷地区的居住（公共）建筑节能设计标准》（JGJ 75—2003/GB 50189—2005）要求，屋面的 K 值要求须小于等于 1.0 W/(m^2·K)，一般情况下聚氨酯保温层的厚度在 2～2.5cm，就能达到节能标准。不需保温部位（如山墙、女儿墙泛水及突出屋面结构）的结构表面，屋面聚氨酯硬泡体防水保温层应用厚度不得小于 10mm。

(2) 聚氨酯屋面防水保温系统与基面应黏结牢固，其拉伸黏结强度应大于 0.20 MPa，玻纤网格布的搭接长度必须满足国家有关规范的要求。

(3) 现场喷涂使用专用设备，每次喷涂聚氨酯的厚度不得大于 15mm，整体完工后聚氨酯泡沫体最薄处厚度不得低于设计厚度，并不得出现负偏差，平均厚度大于设计值。最后对聚氨酯波峰大于 5mm 的地方，用手提刨刀或锯条进行修正。

(4) 聚氨酯屋面防水保温系统必须黏结牢固，无脱层、空鼓、孔洞及裂缝，网格布不得外露。

(5) 无爆灰和裂缝等缺陷，其外观应表面洁净，接槎平整。

(6) 屋面防水保温层的允许偏差见表 9-15。

表 9-15　　屋面防水保温层的允许偏差

项次	项目	允许偏差（mm）	检验方法
1	表面平整	4	用 2m 靠尺、楔形塞尺进行检查
2	阴阳角垂直	4	用 2m 托线板检查
3	阳角方正	4	用 200mm 方尺检查
4	伸缩缝（装饰线）平直	3	拉 5m 线和直尺检查

4. 成品保护

(1) 外墙外保温或屋面防水保温施工完成后，后续工序应注意对成品进行保护。禁止在防水保温屋面上随意剔凿，避免尖锐物件撞击。

(2) 因工序穿插、操作失误、使用不当或其他原因，致使防水保温系统出现破损的，可按以下程序进行修补。

1) 用锋利的刀具割除破损处，割除面积略大于破损面积，形状大致整齐。注意防止损坏周围的纤维增强抗裂腻子、网格布和硬质聚氨酯。

2) 仔细把破损部位四周约 100mm 宽范围内的涂料和纤维增强抗裂腻子磨掉。注意不得伤及网格布，如果不小心切断了网格布，打磨面积应继续向外扩展。

3) 在修补部位四周贴不干胶纸带，以防造成污染。

4) 修补处聚氨酯表面应与周围硬质聚氨酯齐平，对修补部位做界面处理，滚涂防水涂膜，喷涂聚氨酯。

5) 用纤维增强抗裂腻子补齐破损部位的纤维增强抗裂腻子，用毛刷清理不整齐的边缘。对没有新抹纤维增强抗裂腻子的修补部位做界面处理。

6) 从修补部位中心向四周抹纤维增强抗裂腻子，做到与周围面层顺平，同时压入网格布，并满足网格布和原网格布的搭接要求。

7) 纤维增强抗裂腻子干后，在修补部位补做外饰面，其材料、纹路、色泽尽量与周围装饰一致。

8) 待外面干燥后，撕去不干胶纸带。

第四节　门窗节能工程

随着城市建设的不断发展，建筑的门窗形式和类别也越来越多，材料在不断更新，门窗的性能越来越好。然而，建筑的现代化却带来了门窗面积的大幅度增加，这对节能是相当不利的。由于门窗的传热系数大大高于墙体，所以门窗面积的增加一定会增加采暖能耗；太阳可以通过门窗玻璃直接进入室内，从而增加夏季空调的负荷，增大空调能耗。但也不能因为节能而过分限制开窗的面积，随着玻璃制造技术的进步，玻璃的保温能力和遮阳能力也大幅度提高，使建筑门窗的保温隔热性能不断提高，为增加建筑开窗尺度创造了一些条件。另外，炎热地区的自然通风也是非常有效的节能措施，适当面积的开窗有利于自然通风。所以，单方面限制开窗面积是没有必要的，关键是在门窗中采取必要的、满足要求的节能措施，采用合适的节能型门窗（图 9-51、图 9-52）。

图 9-51 建筑门窗工程（一）

图 9-52 建筑门窗工程（二）

一、门窗材料质量控制

根据使用材质的不同，建筑门窗可分为木门窗、金属门窗和塑料门窗及组合门窗四大类。金属门窗根据使用材料的不同又可分为钢门窗、铝合金门窗、彩钢板门窗。组合门窗可分为铝木组合和铝塑组合等门窗。根据开启形式不同可分为推拉、平开、上悬、中悬、内倒等各种形式。

门窗中采用的玻璃品种也比较丰富。从组成结构讲，玻璃种类有单层玻璃、双层中空玻璃、三层中空玻璃、夹层玻璃、夹层中空玻璃等；单片玻璃又分为透明玻璃、吸热玻璃、镀膜玻璃（包括低辐射镀膜 Low-E 玻璃、阳光控制玻璃）等。

为了满足夏季的保温隔热要求，门窗外侧经常设计有遮阳设施。一般遮阳设施的形式有水平遮阳板、垂直遮阳板、卷帘遮阳、百叶遮阳、带百叶中空玻璃、外推拉百叶窗等。建筑节能设计标准中对门窗的遮阳系数、传热系数、可见光透射比、气密性等都有相关要求。为了保证正常使用功能，在热工方面对门窗还有抗结露、通风换气要求等。所有这些都需要在门窗工程的深化设计中去体现，需要合格的门窗产品来保证，需要高质量的安装来实现。

根据《建筑节能工程施工质量验收规范》（GB 50411—2007）要求，门窗材料质量控制的主要内容如下。

(1) 建筑门窗进场后，应对其外观、品种、规格及附件等进行检查验收，对质量证明文件进行核查。建筑外门窗的品种、规格应符合设计要求和相关标准的规定。

对建筑外门窗的品种、规格符合设计要求和相关标准的规定，这是一般性的要求，应该得到满足。门窗的品种一般包含了型材、玻璃等主要材料的信息，也包含一定的性能信息，规格包含了尺寸、分格信息等。

门窗的品种中包含了型材、玻璃等主要材料的信息，也隐含着各种配件、附件的信息。

门窗不同的开启形式、采用的不同密封方式，其气密性能和热工性能指标均可能不同。门窗规格大小不同，热工性能就会发生变化。如大窗的玻璃面积相对大，传热系数受框的影响就小一些，而遮阳系数就会大一些。所以应该核查门窗的品种、规格。检查门窗的规格可以采用测量门窗的特征尺寸的办法。

通过对门窗质量证明文件的核查，可以核对门窗的品种、性能参数等是否与设计要求一致。通过对质量证明文件的核查，可以确定产品是否得到生产企业的合格保证。门窗的质量证明文件一般包括：产品合格证、性能检测报告或门窗节能标识证书、玻璃合格证明文件、型材合格证明文件等。

门窗的特征尺寸采用尺量检查；产品外观质量采用目测观察；门窗的品种、规格等技术资料和性能检测报告等质量文件与实行一一核查。

验收的内容主要包括：门窗的品种、规格是否正确，外观质量是否符合要求，质量证明文件是否齐全，是否满足设计要求和节能标准的规定。

（2）建筑外窗的气密性、保温性能、中空玻璃露点、玻璃遮阳系数和可见光透射比应符合设计要求。

一定规格尺寸门窗的传热系数可以通过实验室测试确定，可以通过核查检测报告来检验。实际工程中门窗的尺寸是很多的，各种尺寸门窗的传热系数只能依靠计算确定。即将发布的有关建筑门窗玻璃幕墙热工计算的规程，对门窗的热工计算问题提供了详细的计算方法。

玻璃的遮阳系数、可见光透射比对于门窗都是主要的节能指标要求，更应该强制满足设计要求。中空玻璃露点应满足产品标准要求，以保证产品的质量和性能的耐久性。

测试门窗的传热系数应采用《建筑外门窗保温性能分级及检测方法》（GB/T 8484—2008），测试气密性能应采用《建筑外门窗气密、水密、抗风压性能分级及检测方法》（GB/T 7106—2008）。建设部正在试行门窗的节能性能标识，标识证书也可以作为质量证明文件，其中的指标可作为性能证明。

测量玻璃系统的相关热工参数应采用测试和计算相结合的办法。首先应测量组成玻璃系统单片玻璃的全太阳光谱范围内：透射比、前反射比、后反射比和两个表面的远红外半球发射率，然后采用建筑门窗玻璃幕墙热工计算规程所提供的方法计算玻璃的遮阳系数、可见光透射比。

中空玻璃的露点测试主要是测试玻璃中空层的密封状况。测试方法采用《中空玻璃》（GB/T 11944—2012）中提供的方法。

核查门窗、玻璃等产品质量证明文件。夏热冬冷地区，还应核查有关气密性、传热系数、玻璃遮阳系数、可见光透射比、中空玻璃露点等指标的复验报告，是否符合设计要求。检查核对应覆盖所有的外门窗品种。检验的数量是同一厂家同一品种同一类型的产品应各抽查不少于3樘。

（3）建筑门窗采用的玻璃品种应符合设计要求。

中空玻璃应采用双道密封。建筑门窗用玻璃应为建筑级浮法玻璃或以其原片加工而成的各种玻璃制品，也可采用夹丝玻璃、压花玻璃。建筑门窗玻璃的外观质量和性能应符合《平法玻璃》（GB 11614—2009）等现行国家和行业标准的规定：建筑门窗玻璃厚度应按《建筑玻璃应用技术规程》（JGJ 113—2009）取定或经设计计算取定，宜采用安全玻璃，地弹簧门或有特殊要求的门应采用安全玻璃。钢化玻璃必须经过二次热处理，减少钢化玻璃安装后自爆的可能性。门窗玻璃采用中空玻璃时，除符合《中空玻璃》（GB/T 11944—2012）的有关规定外，还应符合下列规定。

1）中空玻璃应采用双道密封，一道材料应采用丁基热熔密封胶，隐框窗用中空玻璃的二道密封应采用硅酮结构密封胶，其他用中空玻璃的二道密封宜采用聚硫类中空玻璃密封胶，二道密封应采用专用打胶机进行混匀注胶。中空玻璃间隔铝板可采用连续折弯型或插角型，间隔铝板中的干燥剂应采用专用设备装填。

2）中空玻璃单片面积超过 $2m^2$ 加工及转运过程中应采取充气或均压处理，消除玻璃表面可能产生的凹凸现象。

玻璃门窗采用夹层玻璃时，应采用干法加工合成，其胶片应采用聚乙烯醇缩丁醛（PVB）胶片。夹层玻璃合片时，应严格控制温湿度，且应在无尘密闭车间合片、压片。

在线喷涂低辐射镀膜玻璃可单片使用，也可合成中空玻璃使用；离线镀膜低辐射玻璃应加工成中空玻璃使用，镀膜面应朝向中空空气层。

中空玻璃二道采用硅酮结构密封胶应对玻璃进行相容性测试，以保证结构黏结强度。

门窗的节能很大程度上取决于门窗所用玻璃的形式（如单玻、双玻、三玻等）、种类（普通平板玻璃、浮法玻璃）及加工工艺（如单道密封、双道密封等），为了达到节能要求，建筑门窗采用的玻璃品种应符合设计要求。

为了提高保温性能，玻璃可以镀 Low－E 膜，中空层内还可以充惰性气体。

为了降低遮阳系数，可以采用特殊的玻璃，玻璃也可以镀各种膜，包括采用吸热玻璃、热反射玻璃、遮阳型 Low－E 玻璃等。玻璃的品种应进行核对。

检验采用的方法主要是外观观察检查和核对产品的质量保证文件。

玻璃的品种可以通过与已经测试过的留样样品进行观察来检验。在质量证明文件中应核对玻璃的单片品种，镀膜玻璃应核对镀膜的编号是否与设计选择的一致。

中空玻璃的密封是否采用双道密封则主要通过观察。普通中空玻璃主要看是否有丁基胶密封和密封胶密封两道密封。

验收内容主要是核查玻璃验收检验单，核对玻璃品种是否符合设计要求。

（4）外窗遮阳设施的性能、尺寸应符合设计和产品标准要求。

在夏季炎热的地区应用外窗遮阳设施是很好的节能措施。遮阳设施的性能主要是其遮挡阳光的能力，这与其形状、尺寸、颜色、透光性能等均有很大关系，还与其调节能力有关，这些性能均应符合设计要求。

检验内容主要是核对质量证明文件，必要时包括性能检测报告。

（5）特种门的性能应符合设计和产品标准要求。

特种门与节能有关的性能主要包括密封性能和保温性能。对于人员出入频繁的门，其自动启闭、阻挡空气渗透的性能也很重要。自动启闭的门有旋转门、平移推拉门等，有的出入口采用消防逃生门。这些特殊品种的门，其产品的性能也有其特殊性。对照设计文件和产品质量证明文件，核对这些产品的性能是否符合要求。

（6）门窗扇密封条和玻璃镶嵌的密封条，其物理性能应符合相关标准中的规定。

建筑门窗玻璃密封用密封材料包括硅酮密封胶和橡胶制品两大类。

建筑门窗框扇间用密封材料应选用橡胶系列密封条或经过硅化处理密封毛条。

衬垫料橡胶制品宜采用三元乙丙橡胶、氯丁橡胶、硅橡胶类制品。密封条应为挤出成型，橡胶块应为压模成型。

建筑门窗与洞口之间的缝隙宜采用聚氨酯发泡密封材料填充密实。

硅酮密封胶和橡胶制品密封材料应满足《建筑用硅酮结构密封胶》（GB 16776—2005）等国家标准的规定。

检验采用方法主要是核查密封条的质量证明文件，包括物理性能检测报告。

（7）门窗镀（贴）膜玻璃的安装方向应正确，中空玻璃的均压管应密封处理。

检验内容：现场观察检查玻璃的安装方向；验收玻璃时检查均压管（如有设置）是否在安装前被封闭。现场检验数量：按照巡查的方式全部检查，重点部位仔细检查。

二、施工过程质量控制

(1) 金属外门窗隔断热桥措施应符合设计要求和产品标准的规定，金属副框的隔断热桥措施应与门窗框的隔断热桥措施相当。

金属窗的隔热措施非常重要，直接关系到其传热系数的大小。金属框的隔断热桥措施一般采用穿条式隔热型材、注胶式隔热型材，也有部分采用连接点断热措施。所以施工时应检查金属外门窗隔断热桥措施是否符合设计要求和产品标准的规定。

隔热型材的隔热条、隔热材料（一般为发泡材料）等，隔热条的尺寸和隔热条的导热系数对框的传热系数影响很大，所以隔热条的类型、标称尺寸必须符合设计的要求。

有些金属门窗采用先安装副框的干法安装方法。可以在土建基本施工完成后安装门窗，因而门窗的外观质量得到了很好的保护。但金属副框经常会形成新的热桥，应该引起足够的重视。在夏热冬冷地区，金属副框的隔热措施就很重要了。这些部位可以采用发泡材料进行填充，使得金属副框不同时直接接触室外和室内的金属窗框。为了达到隔热效果，不影响门窗的热工性能，隔热措施所产生的效果应与窗的隔热措施效果相当。

(2) 外门窗框与副框之间以及门窗框或副框与洞口之间间隙的密封也是影响建筑节能的一个重要因素，如果控制不好，容易导致透水、形成热桥，所以外门窗框或副框与洞口之间的间隙应采用弹性闭孔材料填充饱满，使用密封胶密封。

外门窗框与副框之间的缝隙应使用密封胶密封。处理门窗缝隙的保温，现在多采用现场注发泡胶，然后采用密封胶密封防水。《塑料门窗工程技术规程》(JGJ 103—2008) 要求，窗框与洞口之间的伸缩缝内腔应采用闭孔泡沫塑料、发泡聚苯乙烯等弹性材料分层填塞，填塞不宜过紧。

(3) 外窗遮阳设施的安装应位置正确、牢固，满足安全和使用功能的要求。

遮阳设施主要是遮挡太阳的直射，这与位置也有很大的关系。目前，遮阳系数的计算主要由建筑设计完成，建筑设计图中对遮阳设施的位置以及遮阳设施的形状有明确的图纸或要求。为保证达到遮阳设计要求，遮阳设施应安装在正确的位置。

由于遮阳设施安装在室外效果好，而室外往往有较大的风荷载，遮阳设施的牢固问题非常重要。目前多数采用外墙外保温的情况下，活动外遮阳设施的固定往往成了难以解决的问题。所以，遮阳设施在设计中应进行荷载核算，保证遮阳设施自身的安全。

(4) 天窗安装的位置、坡度应正确，封闭严密，嵌缝处不得渗漏。

天窗节能有关的性能均与普通门窗类似，天窗的传热系数、遮阳系数、可见光透射比、气密性能等均应该满足普通门窗的要求，前面的条款均应得到满足。

天窗与普通窗最大的不同是安装的角度。由于角度的不同往往会导致在水密性方面的巨大差别，所以天窗的安装位置、坡度等均应正确，可保证雨水密封的性能。安装后的天窗应保证封闭严密，不渗漏雨水。

(5) 门窗扇密封条和玻璃镶嵌密封条的安装位置应正确，镶嵌牢固，不得脱槽，接头处不得开裂。关闭门窗时密封条应接触严密。

门窗扇和玻璃的密封条的安装对门窗节能有很大的影响，使用中经常由于断裂、收缩、低温变硬等缺陷而造成门窗渗水、漏气。

门窗开启部位的密封条尤为重要。平开窗主要采用各种空心的橡胶密封条，而推拉窗则采用带胶片毛条，或采用空心橡胶条。

密封条安装完整、位置正确、镶嵌牢固对于保证门窗的密封性能均很重要。保障密封条的完整性对于密封质量也是非常关键的，所以密封条不能开裂。

关闭门窗时应能保证密封条的接触严密，不脱槽。这就要求门窗安装好后，门窗关闭时密封条应能保持被压缩的状态。毛条的压缩应超过10%以上，橡胶密封条应保持与铝型材紧密接触。

(6) 外门窗遮阳设施调节应灵活、能调节到位。活动遮阳设施的调节机构是保证活动遮阳设施发挥作用的重要部件，有人工的，也有电动的。有卷帘形式，有线拉形式等。这些部件应灵活，能够将遮阳板等调节到位。检验采取的方法主要是现场试验的方法，每个遮阳设施至少有一个来回的试验。

三、施工质量验收

建筑节能门窗施工过程和交工验收时均应按《建筑节能工程施工验收规范》(GB 50411) 要求进行验收。

(1) 建筑外门窗工程施工中，应对门窗框与墙体接缝处的保温填充做法进行隐蔽工程验收，并应有隐蔽工程验收记录和必要的图像资料。

(2) 门窗各分项工程的检验批应按下列规定划分。

1) 同一品种、类型和规格的木门窗、金属门窗、塑料门窗及门窗玻璃每100樘应划分为一个检验批，不足100樘也应划分一个检验批。

2) 同一品种、类型和规格的特种门每50樘应划分为一个检验批，不足50樘也应划分为一个检验批。

3) 对于异型或有特殊要求的门窗，检验批的划分应根据其特点和数量，由监理(建设)单位和施工单位协商确定。

(3) 外门窗工程的检查数量需满足《建筑节能工程施工质量验收规范》(GB 50411) 关于门窗节能工程一般规定的要求。

(4) 夏热冬冷地区的建筑外窗，应对其气密性做现场实体检验，检测结果应满足设计要求。比方说在夏热冬冷地区的浙江省，应符合住房和城乡建设部标准《夏热冬冷地区居住建筑节能设计标准》(JGJ 134) 和浙江省的相关规定，建筑物1～6层的外窗及阳台门的气密性等级，不应低于现行国家标准《建筑外门窗气密、水密、抗风压性能分级及检测方法》(GB/T 7106—2008) 规定的3级，7层及7层以上的外窗及阳台门的气密性等级，不应低于该标准规定的4级。

节能门窗的施工工艺详见本书第八章　建筑装饰装修工程。

第五节　幕墙节能工程

随着城市建设的现代化发展，越来越多的建筑开始使用建筑幕墙。建筑幕墙以其美观、轻质、耐久、易维修等优良特性不断地被建筑师、业主所青睐。虽然大量使用玻璃幕墙对建筑节能非常不利，但在建筑中结合金属幕墙、石材幕墙、人造板材幕墙等也能很好地解决建筑节能问题，达到既轻质、美观，又能满足节能的要求（图9-53、图9-54）。

图9-53　玻璃幕墙建筑（一）

图9-54　玻璃幕墙建筑（二）

一、幕墙材料质量控制

建筑幕墙应用材料品种繁多、复杂。随着新技术、新工艺、新材料的不断研发和应用，许多新型材料被应用到建筑幕墙上，根据应用体系的划分建筑幕墙材料可分为以下几大类。

(1) 饰面系统材料。主要分为透明材料和非透明材料。透明材料是指玻璃及其制品。包括透明玻璃、镀（贴）膜玻璃及其他的组合制品中空玻璃、夹胶玻璃等。非透明材料包括金属类铝塑复合板、纯铝板、铝蜂窝板、不锈钢板、搪瓷板及石材类花岗石、大理石、人造石、凝灰石、页岩、陶土板，等等。

(2) 保温系统材料。主要包括胶粉聚苯颗粒、无机保温砂浆、采取了有效防火措施和构造的有机材料类保温材料（如聚苯板- EPS 板、挤塑板- XPS 板、聚氨酯泡沫塑料板、聚氨酯现场喷涂）、各种类型保温岩棉（矿棉）板、STP 超薄绝热保温板等及其辅助类固定件（片）、连接钉类材料等。

(3) 其他还有做承重构件的铝型材及附材、五金件等材料。所有材料质量均需满足相关的行业质量标准。

二、施工过程质量控制

(1) 建筑幕墙的气密性能指标是幕墙节能的重要指标。一般幕墙设计均规定有气密性能的等级要求，幕墙产品应该符合要求。由于建筑幕墙的气密性能与节能关系重大，所以当所设计的建筑幕墙面积超过一定量后，应该对幕墙的气密性能进行检测。

当幕墙面积大于建筑外墙面积 50%或 3000m² 时，应现场抽取材料和配件，在检测试验室安装制作试件进行气密性能检测。气密性能检测应对一个单位工程中面积超过 1000m² 的每一种幕墙均抽取一个试件进行检测。

由于一栋建筑中的幕墙往往比较复杂，可能由多种幕墙组合成组合幕墙，也可能是多幅不同的幕墙。对于组合幕墙，只需要进行一个试件的检测即可；而对于不同幕墙幅面，则要求分别进行检测。对于面积比较小的幅面，则可以不分开对其进行检测。

气密性能检测试件应包括幕墙的典型单元、典型拼缝、典型可开启部分。试件应按照幕墙工程施工图进行设计。试样设计应经建筑设计单位项目负责人、监理工程师同意并确认。气密性能的检测按照国家标准《建筑幕墙气密、水密、抗风压性能检测方法》(GB/T 15527)。

(2) 遮阳设施的安装位置应满足设计要求。遮阳设施的安装应牢固。

1) 幕墙的遮阳设施若要满足节能的要求，一般应该安置在室外。由于对太阳光的遮挡是按照太阳的高度角和方位角来设计的，所以遮阳设施的安装位置对于遮阳而言非常重要。只有安装在合适位置、合适尺寸的遮阳装置，才能满足节能的设计要求。

2) 由于遮阳设施一般安装在室外，而且是突出建筑物的构件，遮阳设施很容易受到风荷载的吹袭。在工程中，大型的遮阳设施的抗风往往需要进行专门的研究。所以，在设计安装遮阳设施的时候应考虑到各个方面的因素，合理设计，牢固安装。

3) 遮阳设施的安装位置应采用钢直尺、钢卷尺测量，误差一般应控制在 30mm 以内。遮阳设施的角度也应符合设计要求。安装位置的检查应检查全数的 10%，并不少于 5 处。

4) 遮阳设施的牢固程度通过观察连接紧固件，手扳大致检查等。遮阳设施不能有松动现象，紧固件应符合设计要求，紧固件所固定处的承载能力应满足设计要求。由于遮阳设施的安全问题非常重要，所以要进行全数的检查。必要时可以进行现场荷载试验，以确定遮阳板的固定是否满足要求。

(3) 幕墙工程热桥部位的隔断热桥措施应符合设计要求，断热节点的连接应牢固。幕墙工程热桥部位的隔断热桥措施是幕墙节能设计的重要内容，在完成了幕墙面板中部的传热系数和遮阳系数设计的情况下，隔断热桥则成为主要矛盾。这些节点设计如果不理想，首要的问题是容易引起结露。如果大面积的热桥问题处理不当，则会增大幕墙的实际传热系数，使得通过幕墙的热损耗大大增加。判断隔断热桥措施是否可靠主要是看固体的传热路径是否被有效隔断，这些路径包括：金属型材截面、金属连接件、螺钉等紧固件、中空玻璃边缘的间隔条等。

型材截面的断热节点主要是通过采用隔热型材或隔热垫来实现的，其安全性取决于型材的隔热条、发泡材料或连接紧固件。通过幕墙连接件、螺钉等紧固件的热桥则需要进行转换连接的方式，通过一个尼龙件或类似材料的附件进行连接的转换，隔断固体的热传递途径。由于这些转换连接都多了一个连接，所以其是否牢固则成为安全隐患问题，应进行相关的检查和确认。这些节点应该经过严格的计算，在现场应按照设计进行检查。

(4) 幕墙隔汽层应完整、严密、位置正确，穿透隔汽层处的节点构造应采取密封措施。非透明幕墙设置隔汽层是为了避免幕墙部位内部结露，结露的水很容易使保温材料发生性状的改变，如果结冰，则问题更加严重。如果非透明幕墙保温层的隔汽好，幕墙与室内侧墙体之间的空间内就不会有凝结水，为了实现这个目标，隔汽层必须完整，隔汽层必须在保温材料靠近水蒸气气压较高的一侧（冬季为室内）。如果隔汽层放错了位置，不但起不到隔气作用，而且有可能使结露加剧。一般冬季比较容易结露，所以隔汽层应放在保温材料靠近室内的一侧。

幕墙的非透明部分常常有许多需要穿透隔汽层的部件，如连接件等。对这些节点构造采取密封措施很重要，应该进行密封处理，以保证隔汽层的完整。

(5) 冷凝水的收集和排放应通畅，并不得渗漏。幕墙的凝结水收集和排放构造是为了避免幕墙结露的水渗漏到室内，防止室内的装饰发霉、变色、腐烂等。为了确保凝结水不破坏室内的装饰，不影响室内环境，冷凝水收集、排放系统应该发挥有效的作用。

冷凝水的收集系统应该包括收集槽、集流管和排水口等。在严寒地区，排水管应该在室内温度较高的区域内，往室外的排水口应进行必要的保温处理，避免结冰而堵塞排水口。

(6) 当采用单元式幕墙板块时，幕墙板块是工厂内组装完成运送到现场的。运送到现场的单元板块一般都将密封条、保温材料、隔汽层、冷凝水收集装置都安装完毕（或者在吊装前安装好）。所以幕墙板块到现场后或安装前，应对这些安装好的部分进行检查。密封条的尺寸规格正确，才能保证缝隙的配合和密封。密封条的长度应该有富余，避免安装时密封条因损坏或弹性收缩而搭接不到位。密封条接缝处应按照设计要求进行必要的处理，保证搭接处的密封效果。

许多单元式幕墙的保温材料到达现场后已经固定完毕，所以在吊装前应进行必要的检验。保温材料的安装应该牢固，其厚度应符合设计要求。否则，应视为单元加工不符合节能要求。

同样，安装好的隔汽层、冷凝水排水系统应进行检验，隔汽层应密封完整、严密，排水系统应通畅，无渗漏。

(7) 幕墙周边与墙体缝隙部位虽然不是幕墙能耗的主要部位，但处理不好，也会大大影响幕墙的节能。由于幕墙边缘一般都会是金属边框，所以存在热桥问题，应采用弹性闭孔材料填充饱满。弹性闭孔材料一般为泡沫棒，填塞后可用密封胶密封。此外，幕墙有气密、水密性能要求，所以应采用耐候胶进行密封。耐候胶应与墙体的饰面材料很好黏结，以保证周边的水密性。

(8) 伸缩缝、沉降缝、防震缝的保温或密封做法应符合设计要求。幕墙的构造缝、沉降缝、热桥部位、断热节点等，如果处理不好，也会影响到幕墙的节能和产生结露。这些部位主要有密封问题和热桥问题，密封问题对于冬季节能非常重要，热桥则容易引起结露。

幕墙的缝隙多采用活动的错位搭接或采用伸缩性强的构件。对于面板的错位搭接，密封是非常重要的问题，应仔细对照设计图纸检查。当采用伸缩构件（如风琴板）时，伸缩构件的连接和密封应进行检查。

(9) 活动遮阳幕墙是采用较多的一种遮阳形式。活动遮阳设施的调节机构是保证活动遮阳设施发挥作用的重要部件。这些部件应灵活，能够将遮阳板、百叶等调节到位，使遮阳设施发挥最大的作用。

三、施工质量验收

(1) 在幕墙节能工程中，附着于主体结构上的隔汽层、保温层应在主体结构工程质量验收合格后施工。施工过程中应及时进行质量检查、隐蔽工程验收和检验批验收，施工完成后应进行幕墙节能分项工程验收。

有些幕墙的非透明部分的隔汽层附着在建筑主体的实体墙上。需在主体结构上涂防水涂料、喷涂防水剂、铺设防水卷材等。

有些幕墙的保温层也附着在建筑主体的实体墙上。这些保温层在铺设时需要主体结构的墙面已经施工完毕，主体结构有平整的施工面。对于这类建筑幕墙，隔汽层和保温材料需要在实体墙的墙面质量满足要求后才能进行施工作业。

(2) 幕墙节能工程施工中对以下部件或项目应进行隐蔽工程验收，并应有详细的文字记录和必要的图像资料：被封闭的保温材料厚度和保温材料的固定；幕墙周边与墙体的接缝外保温材料的填充；构造缝、沉降缝；隔汽层；热桥部位、断热节点；单元式幕墙板块间的接缝构造；凝结水收集和排放构造；幕墙的通风换气装置。

幕墙保温材料可以粘贴在幕墙的面板上。许多铝板幕墙都是这样固定超细玻璃棉保温材料的，固定后用铝箔密封。保温材料也可以固定在幕墙的背板上。幕墙背板位于幕墙面板后侧，一般采用镀锌钢板或铝合金板。幕墙背板多数用于室内侧的密封。

在节能方面，背板既可以用于固定保温材料，也起到密封或隔汽层的作用。保温材料的厚度必须得到保证，否则节能指标很难满足要求。保温材料越厚，传热系数越小，所以要严格控制，厚度不得小于设计值。

幕墙周边与墙体接缝外保温的填充，幕墙的构造缝、沉降缝、热桥部位、断热节点等，这些部位虽然不是幕墙能耗的主要部位，但处理不好，也会大大影响幕墙的节能。这些部位主要有密封问题和热桥问题。密封问题对于冬季节能非常重要，热桥则容易引起结露和发霉，所以必须将这些部位处理好。接缝处应采用弹性闭孔材料填充饱满，并采用耐候密封胶密封。

节能幕墙的施工工艺详见本书第八章　建筑装饰装修工程。

第六节　建筑节能工程的检测与评估

建筑节能工程在实施过程中需要进行节能材料和节能特殊工序的检测和检验，节能工程完成后也需要进行工程质量的检验和节能效果的检测和评价，故建筑节能的检测和评估是确保建筑节能的工程质量和反映建筑节能工程实施效果的依据。

一、建筑节能的检测

建筑节能的检测，即用适当的设备对建筑保温材料及建筑保温系统、建筑保温现场等进行实验和测试。它是建筑节能材料是否合格，建筑保温系统是否有效，建筑节能是否达标的依据。

我国建筑节能水平在不断提高，已经制定了多部建筑节能设计标准，包括《严寒和寒冷地区居住建筑节能设计标准（含光盘）》(JGJ 26)、《夏热冬冷地区居住建筑节能设计标准》(JGJ 134) 和《公共建筑节能设计标准》(GB 50189) 等。

为落实建筑节能设计标准，保证和检测节能建筑的效果，我国制定了《居住建筑节能检测标准》(JGJ/T 132—2009)。同时，为了加强建筑节能工程的施工质量管理，统一建筑节能工程施工质量验收，提高建筑的节能工程实施效果，我国编制了《建筑节能工程施工质量验收规范》(GB

50411—2007）。

节能工程施工质量验收规范及能耗标识体系的建立都涉及节能建筑的现场检测问题。目前，节能检测主要包括节能系统的检测、节能产品的检测，节能材料的检测、施工过程及竣工验收前的现场检测等。其中，最重要的一项指标是建筑保温隔热墙体的传热系数检测。

建筑节能现场检测的方法主要是热流计法。热统计法是国家检测标准首选的方法，在国际上也是公认的方法；但是它只能在采暖期进行测试，这样就限制了它的使用范围，在其他季节检测还有待进一步深入研究。因为以上原因《建筑节能工程施工质量验收规范》（GB 50411）未把该检测方法作为检测依据。目前，国际标准《建筑构件热阻和传热系数的现场测量》（ISO 9869）、美国标准《建筑维护结构构件热流和温度的现场测量》（ASTMC1046—1995）和《由现场数据确定建筑维护结构构件热阻》（ASTMC 1155）都对热流计法作了详细规定。热流计法现场检测的内容包括热流密度，室内、外气温，保温隔热墙体的内外表面温度以及热流计的两表面温度。所用的仪器主要包括热流计和热电耦。在实践中发现该方法具有稳定、易操作、精度高、重复性好等优点。如何在夏热冬冷的非冬季及夏热冬暖地区进行热工性能现场测试，是建筑节能检测领域今后的研究课题之一。

（一）建筑外围护结构系统节能性能检测

建筑节能工程的系统检测是判断节能系统是否有效，节能系统的耐久性和各种性能最可靠的检测方法，对建筑节能系统的质量安全保障有重要的实用价值。建筑节能系统主要需进行以下几项检验与检测：系统耐候性试验；系统抗风荷载性能试验；系统耐冻融性能试验；系统抗冲击性试验；系统吸水量试验；抗拉强度试验；拉伸黏结强度试验；系统热阻试验；抹面层不透水性试验方法；水蒸气渗透性能试验；玻纤网耐碱拉伸断裂强度试验。

具体详见《外墙外保温工程技术规程》（JGJ 144）的相关条文要求。

（二）建筑节能材料的性能检测

各保温系统材料均需提供按相关的国家、行业规范要求的出厂合格证、形式检验报告、材料检验报告等，部分材料还需进行现场的材料抽检。现场材料抽检的批次和数量需按《建筑节能工程施工质量验收规范》（GB 50411）进行，界面剂、粘砖胶液、勾缝剂、保温材料等所有材料和产品均须达到规范合格标准后方可应用到工程中。

（三）建筑外围护结构现场实体检验

对已完工的工程进行实体检验，是验证工程质量的有效手段之一，目前仅对涉及安全或重要功能的部位采取这种方法验证。围护结构建筑节能虽然在施工过程中采取了多种质量控制手段，进行了分层次的验收，但是其节能效果到底如何仍难以确认。此时采取现场实体检验的方法对已完工程的节能效果抽取少量试样进行验证，就成为一种必要而且行之有效的手段。

围护结构现场实体检验应在建筑节能建筑围护结构施工完成后、节能分部工程验收前进行。围护结构包括外墙、屋面、门窗和楼地面4部分。外墙及屋面、楼地面检测内容为：节能构造（保温层厚度及做法的现场抽检），现行的国家建筑节能施工质量验收规范要求外墙构造采用“围护结构钻芯法检验节能做法”；外门窗的检测现场检测内容为：气密性现场抽检。外墙、屋面、楼地面的传热系数和外门窗的传热系数现场检测未列入本次规范内容，今后在技术和现场条件具备的情况下也可以进行该方面的检测。

具体检测方法详见《建筑节能工程施工质量验收规范》（GB 50411—2007）的相关条文要求。

二、建筑节能的评估方法

建筑节能的评估是根据现场检测结果评价建筑节能是否达标的方法。通过对建筑节能现场检测取得节能技术指标与参数，用以评价建筑物的节能效果。

常用的评价方法有两种：热源法，即在热源或冷源处直接测取采暖耗煤量和耗电量，然后求得建筑物的耗热量指标或耗冷量指标；建筑热工法，即在建筑物中直接测取建筑物的耗热量指标、耗冷量指标，然后求出采暖耗煤量指标或耗电量指标。目前大多采用建筑热工法。建筑节能的评价主要通过节能软件计算作为分析的依据。

下面简要介绍一下建筑节能的能耗模拟分析软件。

建筑能耗的模拟和分析是进行建筑节能设计和评估的重要手段，相关的软件在国外已有广泛的应用，如 EnergyPlus、DOE-2、ASEAM、ALBST、BLAST、TAS 等。

EnergyPlus 是一个用来模拟建筑物及其相关的供热、通风和空调等设备的软件，于 1996 年开始研制开发，2001 年投入使用。该软件是美国劳伦斯伯克利国家实验室等科研机构最新开发的能耗分析软件。

DOE-2 是美国劳伦斯伯克利国家实验室开发的能耗分析模拟软件。是目前世界上最为流行的建筑全能耗分析软件，包括负荷计算模块、空气系统模块、机房模块、经济分析模块。其中，负荷模块利用建筑描述信息以及气象数据计算建筑全年逐时冷热负荷，包括湿热和潜热，与室外气温、湿度、风速、太阳能辐射、人员辐射、人员班次、灯光、设备、渗透、建筑的传热系数及遮阳等因素相关。

目前，多部国家和地区节能设计标准中以 DOE-2 作为性能型指标计算的内核，中国建筑科学研究院为配合现有建筑节能设计标准的实施，以 DOE-2 作为软件研发的内核，开发了 PBECA 建筑节能设计分析软件，并已在全国近 20 个省市确定软件推广协议，全面地配合各地节能计算和评价工作。

软件的基础算法即为 DOE-2 的反应系数法。目前，PBECA 可实现居住建筑和公共建筑同一版本，帮助建筑师快速方便地对居住建筑和公共建筑实施建筑节能设计，完成建筑物的能耗分析，最终生成详尽的设计说明和计算报告。

软件的规定性指标计算包括建筑的体形系数、窗墙比和围护结构的热工性能计算。PBECA 软件基于 AutoCAD 平台上开发，可以使设计师在自己熟悉的操作平台便捷地完成模型的建立，这一技术很好地解决了长期以来国外能耗分析软件（DOE-2 软件等）所共同的模型输入烦琐瓶颈问题。对于比较复杂建筑体形情况，如露台、底层架空、中庭、天井、凸窗及转角窗等情况，软件也有相应的功能可以完成建模。

三、建筑能效测评和标识

从 1992 年以来，美国及欧洲许多国家陆续实施了建筑能耗标识体系（Home Energy Rating System，HERS），目前我国也正在准备开始实施建筑能耗标识体系。

住房和城乡建设部颁布了《民用建筑能效测评标识管理暂行办法》和《民用建筑能效测评标识技术导则》（试行），根据相关资料可知，我国建筑能效测评和标识的原则：一是定性与定量相结合。对居住建筑和一般性公共建筑，建筑能效标识测评机构主要根据设计、施工、竣工验收等资料，作出定性评估，并经软件计算得出结论；对大型公共建筑，在进行上述工作的基础上，建筑能效标识测评机构要对影响建筑能效的主要方面进行检测后，方可得出相关结论。二是强制标识和自愿标识相结合。所有新建建筑都必须进行能效标识，以督促建设单位接收社会监督；更低能耗建筑采用自愿标识原则，开发商可按照相关规定，依据建筑能效标识测评机构提供的数据报告，获得更高等级的建筑能效标识。三是第三方原则。建筑能效标识是一项技术性很强的工作，必须由专门的中介机构来完成，以体现公平和独立的精神。建筑能效标识证书由国家授权的建筑能效标识测评机构依据规定的格式和内容制发。

建筑能效标识的适用对象是新建居住和公共建筑以及实施节能改造后的既有建筑，实施节能改造前的既有建筑可参照执行。居住建筑和公共建筑应分别进行测评，以单栋建筑为测评对象，测评机构由建设行政主管部门认定。居住建筑和一般性公共建筑的测评应在建筑物竣工验收备案之前进行，大型公共建筑和政府办公建筑的测评应在建筑物竣工验收之前进行。建设单位是建筑能效标识的责任主体，应依据建筑能效标识测评机构提供的数据报告在相关文件中载明建筑能耗状况，并将建筑能效标识证书在建筑显著位置张贴。

第七节 建筑节能的防火

近年来，随着建筑节能工作在全国的全面铺开，节能材料的防火问题成为引人关注的问题。据有关媒体报道，南京某国际广场、济南某奥中心、北京央视新址某文化中心、上海某教师公寓、沈阳皇朝某大厦等在建筑保温工程施工过程中相继发生建筑外保温材料火灾，造成严重人员伤亡和财产损失，建筑易燃可燃外保温材料已成为一类新的火灾隐患，由此引发的火灾已呈多发势头（图 9-55）。为此，相关部门正在抓紧制定有关标准和规定。本着对国家和人民生命财产安全高度负责的态度，为遏制当前建筑易燃可燃外保温材料火灾高发的势头，把好火灾防控源头关，公安部和住房和城乡建设部发布了公通字〔2009〕46 号文，即关于印发《民用建筑外保温系统及外墙装饰防火暂行规定》的通知。有关内容叙述如下。

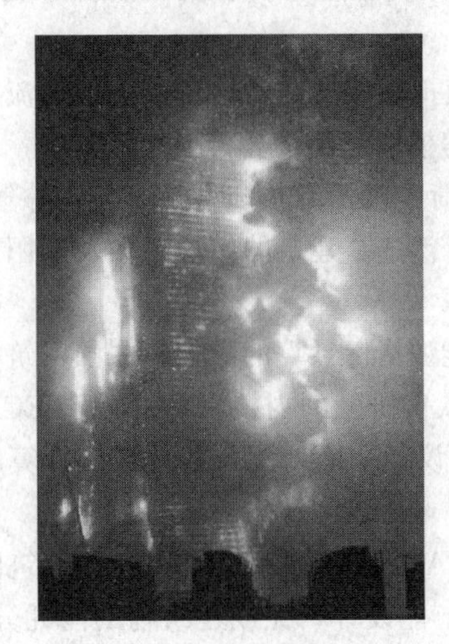

图 9-55 北京某大楼因墙体保温材料燃烧现场

根据《民用建筑外保温系统及外墙装饰防火暂行规定》，对建筑墙体保温材料及非幕墙式建筑要求如下。

一、建筑墙体保温材料防火规定

(1) 住宅建筑规定如下。

1) 高度大于等于 100m 的建筑，其保温材料的燃烧性能应为 A 级。

2) 高度大于等于 60m 小于 100m 的建筑，其保温材料的燃烧性能不应低于 B2 级。当采用 B2 级保温材料时，每层应设置水平防火隔离带。

3) 高度大于等于 24m 小于 60m 的建筑，其保温材料的燃烧性能不应低于 B2 级。当采用 B2 级保温材料时，每两层应设置水平防火隔离带。

4) 高度小于 24m 的建筑，其保温材料的燃烧性能不应低于 B2 级。其中，当采用 B2 级保温材料时，每三层应设置水平防火隔离带。

(2) 其他民用建筑应符合下列规定。

1) 高度大于等于 50m 的建筑，其保温材料的燃烧性能应为 A 级。

2) 高度大于等于 24m 小于 50m 的建筑，其保温材料的燃烧性能应为 A 级或 B1 级。其中，当采用 B1 级保温材料时，每两层应设置水平防火隔离带。

3) 高度小于 24m 的建筑，其保温材料的燃烧性能不应低于 B2 级。其中，当采用 B2 级保温材料时，每层应设置水平防火隔离带。

(3) 外保温系统应采用不燃或难燃材料作防护层。防护层应将保温材料完全覆盖。首层的防护层厚度不应小于 6mm，其他层不应小于 3mm。

(4) 采用外墙外保温系统的建筑，其基层墙体耐火极限应符合现行防火规范的有关规定。

二、幕墙式建筑防火规定

(1) 建筑高度大于等于24m时，保温材料的燃烧性能应为A级。

(2) 建筑高度小于24m时，保温材料的燃烧性能应为A级或B1级。其中，当采用B1级保温材料时，每层应设置水平防火隔离带。

(3) 保温材料应采用不燃材料作防护层。防护层应将保温材料完全覆盖。防护层厚度不应小于3mm。

(4) 采用金属、石材等非透明幕墙结构的建筑，应设置基层墙体，其耐火极限应符合现行防火规范关于外墙耐火极限的有关规定；玻璃幕墙的窗间墙、窗槛墙、裙墙的耐火极限和防火构造应符合现行防火规范关于建筑幕墙的有关规定。

(5) 基层墙体内部空腔及建筑幕墙与基层墙体、窗间墙、窗槛墙及裙墙之间的空间，应在每层楼板处采用防火封堵材料封堵。

(6) 按本规定需要设置防火隔离带时，应沿楼板位置设置宽度不小于300mm的A级保温材料。防火隔离带与墙面应进行全面粘贴。

(7) 建筑外墙的装饰层，除采用涂料外，应采用不燃材料。当建筑外墙采用可燃保温材料时，不宜采用着火后易脱落的瓷砖等材料。

三、屋顶工程防火规定

(1) 对于屋顶基层采用耐火极限不小于1h的不燃烧体的建筑，其屋顶的保温材料不应低于B2级；其他情况，保温材料的燃烧性能不应低于B1级。

(2) 屋顶与外墙交界处、屋顶开口部位四周的保温层，应采用宽度不小于500mm的A级保温材料设置水平防火隔离带。

(3) 屋顶防水层或可燃保温层应采用不燃材料进行覆盖。

四、金属夹芯复合板材

用于临时性居住建筑的金属夹芯复合板材，其芯材应采用不燃或难燃保温材料。

五、施工及使用的防火规定

(一) 建筑外保温系统的施工过程防火规定

(1) 保温材料进场后，应远离火源。露天存放时，应采用不燃材料完全覆盖。

(2) 需要采取防火构造措施的外保温材料，其防火隔离带的施工应与保温材料的施工同步进行。

(3) 可燃、难燃保温材料的施工应分区段进行，各区段应保持足够的防火间距，并宜做到边固定保温材料边涂抹防护层。未涂抹防护层的外保温材料高度不应超过3层。

(4) 幕墙的支撑构件和空调机等设施的支撑构件，其电焊等工序应在保温材料铺设前进行。确需在保温材料铺设后进行的，应采取在电焊部位的周围及底部铺设防火毯等防火保护措施。

(5) 不得直接在可燃保温材料上进行防水材料的热熔、热黏结法施工。

(6) 施工用照明等高温设备靠近可燃保温材料时，应采取可靠的防火保护措施。

(7) 聚氨酯等保温材料进行现场发泡作业时，应避开高温环境。施工工艺、工具及服装等应采取防静电措施。

(8) 施工现场应设置室内外临时消火栓系统，并满足施工现场火灾扑救的消防供水要求。

(9) 外保温工程施工作业工位应配备足够的消防灭火器材。

(二) 建筑外保温系统的日常使用规定

(1) 与外墙和屋顶相贴近的竖井、凹槽、平台等，不应堆放可燃物。

(2) 火源、热源等火灾危险源与外墙、屋顶应保持一定的安全距离，并加强对火源、热源的管理。

(3) 不宜在采用外保温材料的墙面和屋顶上进行焊接、钻孔等施工作业。确需施工作业的，应采取可靠的防火保护措施，并在施工完成后，及时将裸露的外保温材料进行防护处理。

(4) 电气线路不应穿过可燃外保温材料。确需穿过时，应采取穿管等防火保护措施。

第八节 工程实践案例

本节是杭州市某建设部建筑节能试点示范项目的案例分析。

一、项目概况

该项目共 15 个建筑单体，其中 9 幢为 25 层高层建筑，6 幢为 11 层小高层，全框架和框架剪力墙结构。其中，建筑底层为架空层。项目总建筑面积约为 25.5 万 m^2。本项目外墙饰面做法为：外墙饰面做法大部分为 45mm×95mm 的外墙瓷质通体砖，其中裙房及商铺部分为石材干挂，阳台及线条部分为涂料（图 9-56、图 9-57）。

图 9-56 项目中心效果图

图 9-57 工程项目鸟瞰图

二、主要试点内容及质量的过程控制

(一) 外墙外保温工程

(1) 饰面砖部分外墙采用了胶粉聚苯颗粒外墙外保温系统，保温隔热层厚度为 30mm，外墙保温面积约为 10 万 m^2。

(2) 石材干挂部分外墙采用了现场喷涂硬质聚氨酯泡沫，保温层隔热厚度为 20mm，外墙保温面积约为 1.1 万 m^2。

(3) 架空层底板保温工程。架空层底板采用了胶粉聚苯颗粒内保温系统，保温层厚度为 30mm，架空层底板的保温隔热层面积约为 1.0 万 m^2。

(4) 屋面保温防水工程。屋面采用现场喷涂硬质聚氨酯泡沫保温防水工程一体化，保温隔热层厚度为 30mm，屋面保温隔热面积约为 1.8 万 m^2。

(5) 铝合金门窗工程。采用断桥隔热铝合金中空玻璃，空气层厚度为 12mm，即采用 5+12A+5 的组合方式，节能铝合金窗的使用面积约为 5 万 m^2。

(二) 过程控制

1. 做好开工前的技术培训工作

各施工承包方主要技术负责人、项目经理、监理机构总监、总监代表，建设单位的现场管理人员均多次参加省、市建设主管部门主办的建筑节能专题讲座。各方责任主体均充分认识到节能工作的必要性和重要性，在思想上首先树立起节能工作的质量意识。并且各施工方对参加保温工程施工班组进行认真的培训和详细的技术交底（图 9－58、图 9－59）。

图 9－58　保温工程专题会议

图 9－59　保温工程技术交底

2. 完善外墙保温的技术方案

建设单位根据要求专门组织了建筑节能工程的外墙外保温工程研讨会，听取了各方面专家的意见，进一步优化了建筑节能外保温工程方案（图 9－60）。

建设单位会同监理及保温厂家根据外墙保温行业标准和技术规程对原建筑节点详图进行了节点设计细化。经原建筑设计单位认可，对施工单位进行细部节点技术交底，明确了保温工程具体做法，增加了保温工程的可操作性。通过技术交流和讨论使各参与人员均提高了专业知识及节点做法，为确保外墙保温工程实施做好了充分的技术准备。

3. 强化工序验收，严把质量关

建设单位项目部从 2006 年 5 月初开始，除开展外墙外保温图纸会审工作，组织施工单位进行保温工程培训工作外，在施工过程中与监理机构共同组成检查组，对现场工程质量根据验收方法要求每道工序进行四方检验，上道工序未验收合格前不得进入下道工序的施工。并根据现场工程质量动态签发了二十个技术管理等内容的质量整改单。把建设部试点小区工作落到实处，并优质高效地做好建筑节能施工过程管理工作（图 9－61）。

图 9－60　建筑节能外墙保温研讨会

图 9－61　正在进行钢网锚钉的拉拔试验

4. 严格控制进场材料质量

按规范做好各类材料检验及工程的现场检测。建设单位项目部与监理公司、总承包方对进入现场的材料进行严格检查。所有进场材料须按设计及厂家提供的技术方案中要求的材料，未经保温系统技术提供方的同意，不得采用其他替代产品。

分别委托浙江省建筑科学研究院、浙江大学、浙江建材所进行相关试验。严格按相关规范和规程的要求对现场界面剂、胶粉聚苯颗粒、找平胶液、粘砖胶液、勾缝剂等进行相关材料性能试验。对TOX钉现场进行拔拉试验，进行每个幢号的面砖现场拔拉试验。每个幢号进行门窗的气密性、水密性、抗风压性、保温性能“四性”试验。

工程竣工验收前由中国建科院检测中心对各个幢号进行了现场检测，根据检测结果，经节能评估本项目符合国标《夏热冬冷地区居住建筑节能设计标准》(JGJ 134—2010)，达到了浙江省《居住建筑节能设计标准》(DB 33/1015—2003) 的要求。

三、外墙保温工程的施工过程控制

（一）严把材料进场关

根据《建筑节能工程施工质量验收规范》(GB 50411) 要求，材料进场前需要检查材料的外观质量需满足设计要求，还要求厂家提供保温系统各产品的出厂合格证及保温隔热材料的导热系数、密度、抗压强度或压缩强度、燃烧性能等须符合设计要求。

墙体节能工程采用的保温材料和黏结材料等，进场时应对其下列性能进行复检，复检应为见证取样送检。

(1) 保温材料的导热系数、密度、抗压强度或压缩强度。

(2) 黏结材料的黏结强度。

(3) 增强网的力学性能、抗腐蚀性能。

材料进场后还要小心卸货、整齐堆放，对雨水有影响的或对日照有影响的材料必须做好有效的遮盖措施（图9-62～图9-65）。

图9-62 保温材料进场及卸货（一）

图9-63 保温材料进场及卸货（二）

图9-64 保温工程材料堆放（一）

图9-65 保温工程材料堆放（二）

（二）做好施工前的准备工作及严把材料计量和搅拌关

(1) 基层墙体应符合《混凝土结构工程施工质量验收规范》[GB 50204—2002 (2010版)] 和

《砌体工程施工质量验收规范》（GB 50203—2011）及相应基层墙体质量验收规范的要求，保温施工前应会同相关部门做好结构验收的确认。如基层墙体偏差过大，则应抹砂浆找平。

（2）房屋各大角的控制钢垂线安装完毕。高层建筑及超高层建筑时，钢垂线应用经纬仪检验合格。

（3）外墙面的阳台栏杆，雨漏管托架，外挂消防梯等安装完毕，并应考虑到保温系统厚度的影响。

（4）外窗的辅框安装完毕。

（5）墙面脚手架孔，穿墙孔及墙面缺损处用相应材料修整好。

（6）混凝土梁或墙面的钢筋头和凸起物清除完毕。

（7）主体结构的变形缝应提前做好处理。

（8）材料配制应指定专人负责，配合比、搅拌机具与操作应符合要求，严格按厂家说明书配制，严禁使用过时浆料和砂浆。

（9）根据需要准备一间搅拌站及一间堆放材料的库房，搅拌站的搭建需要选择背风方向，靠近垂直运输机械，搅拌棚需要三侧封闭，一侧作为进出料通道。有条件的地方可使用散装罐。库房的搭建要求防水、防潮、防阳光直晒。材料采取离地架空堆放。

（10）施工时气温应大于5℃，风力不大于4级。雨天不得施工，应采取防护措施。

材料搅拌要均匀，运输过程要平稳、有序（图9-66～图9-69）。

图9-66 保温砂浆正在进行充分搅拌

图9-67 搅拌完成的保温浆料

图9-68 保温浆料现场运输（一）

图9-69 保温浆料现场运输（二）

（三）抹胶粉聚苯颗粒保温浆料保温层

1. 基层墙面处理

墙面应清理干净、清洗油渍、清扫浮灰等。墙面松动、风化部分应剔除干净。墙表面凸起物大于10mm时应剔除。

为使基层界面附着力均匀一致，墙面均应做到界面处理无遗漏。基层界面砂浆可用喷枪或滚刷喷刷。砖墙、加气混凝土墙在界面处理前要先淋水润湿，堵脚手眼和废弃的孔洞时，应将洞内杂物、灰尘等物清理干净，浇水湿润，然后按要求将其补齐砌严。

2. 吊垂直、弹控制线

根据建筑物高度确定放线的方法，高层建筑及超高层建筑可利用墙大角、门窗口两边，用经纬仪打直线找垂直。多层建筑或中高层建筑，可从顶层用大线坠吊垂直，绷铁丝找规矩，横向水平线可依据楼层标高或施工±0.000向上500mm线为水平基准线进行交圈控制。根据调垂直的线及保温厚度，每步架大角两侧弹上控制线，再拉水平通线做标志块。

3. 做灰饼、冲筋

在距楼层顶部约100mm和距楼层底部约100mm，同时距大墙阴角或阳角约100mm处，根据垂直控制通线做垂直方向灰饼（楼层较高时应两人共同完成），作为基准灰饼，再根据两垂直方向基准灰饼之间的通线，做墙面找平层厚度灰饼，每灰饼之间的距离按1.5m左右间隔粘贴。灰饼可用胶粉聚苯颗粒浆料做，也可用废聚苯板裁成50mm×50mm小块粘贴。待垂直方向灰饼固定后，在两水平灰饼间拉水平控制通线，具体做法是将带小线的小圆钉插入灰饼，拉直小线，使小线控制比灰饼略高1mm，在两灰饼之间按1.5m左右间隔水平粘贴若干灰饼或冲筋。

每层灰饼粘贴施工作业完成后水平方向用5m小线拉线检查灰饼的一致性，垂直方向用2m托线板检查垂直度，并测量灰饼厚度，冲筋厚度应与灰饼厚度一致。用5m小线拉线检查冲筋厚度的一致性，并作好记录。

4. 抹胶粉聚苯颗粒保温浆料保温层

(1) 界面砂浆基本干燥后即可进行保温浆料的施工。

(2) 在施工现场搅拌质量可以通过测量湿表观密度并观察其可操作性、抗滑坠性、膏料状态等方法判断。

(3) 保温浆料应分层作业施工完成，每次抹灰厚度宜控制在20mm左右，保温浆料底层抹灰时顺序按照从上至下，从左至右抹灰，抹至距保温标准贴饼差10mm左右为宜。每层施工间隔为24h。

(4) 保温浆料面层抹灰厚度要抹至与标准贴饼一平。涂抹整个墙面后，用大杠在墙面上来回搓抹，去高补低，最后再用铁抹子压一遍，使表面平整，厚度一致。

(5) 保温层修补应在面层抹灰2～3h之后进行，施工前应用杠尺检查墙面平整度，墙面偏差应控制在±2mm。保温面层抹灰时应以修为主，对于凹陷处用稀浆料抹平，对于凸起处可用抹子立起来将其刮平，最后用抹子分遍再赶抹墙面，先水平后垂直，再用托线尺，2m杠尺检测后达到验收标准。

(6) 保温施工时，在墙角处铺彩条布接落地灰，落地灰应及时清理，落地灰少量分批掺入新搅拌的浆料中及时使用。

(7) 阴阳角找方、门窗侧口、滴水线应按下列步骤进行。

1) 用木方尺检查基层墙角的直角度，用线坠吊垂直检验墙角的垂直度。

2) 保温浆料面层大角抹灰时要用方尺压住墙角浆料层上下搓动，抹子反复检查抹压修补，基本达到垂直。然后用阴、阳角抹子压光，以确保垂直度偏差≤±2mm，直角度偏差≤±2mm。

3) 门窗口施工时应先抹门窗侧口、窗台和窗上口，再抹大面墙。施工前应按门窗口的尺寸截好单边八字靠尺，做口应贴尺施工以保证门窗口处方正（图9-70～图9-75）。

4) 当墙面保温层施工完毕干透后（3天左右），方可进行成品滴水槽的粘贴施工，施工部位应根据设计节点统一位置进行施工，成品塑料滴水线尺寸为10mm（宽），8mm（高）。

图 9-70 砖及混凝土墙面基层界面处理

图 9-71 保温层的现场粉刷（一）

图 9-72 保温层的现场粉刷（二）

图 9-73 保温层的现场粉刷（三）

图 9-74 完成粉刷的保温砂浆面层（一）

图 9-75 完成粉刷的保温砂浆面层（二）

（四）抗裂砂浆层及热镀锌钢丝网的绑扎和固定

待保温层施工完成 3～7d 且保温层施工质量验收合格以后，即可进行抗裂砂浆层施工。

施工时抹第一遍抗裂砂浆，厚度控制在 2～3mm。热镀锌电焊网分段进行铺贴，热镀锌电焊网的长度最长不应超过 3m，为使边角施工质量得到保证，施工前预先用钢网展平机、剪网机及折角机对热镀锌电焊网进行预处理。先用钢丝网展平机将钢丝网展平并用剪网机裁剪四角网，用折角机将边角处的四角网预先折成直角。铺贴时应沿水平方向，按先下后上的顺序依次平整铺贴，铺贴时先用 U 形卡子卡住四角网使其紧贴抗裂砂浆表面，然后按双向间距 500mm 梅花状分布用尼龙胀栓将四角网锚固在基层墙体上，有效锚固深度不得小于 25mm，局部不平整处用 U 形卡子压平。热镀锌电焊网之间搭接宽度不应小于两个网格，搭接层数不得大于 3 层，搭接处用 U 形卡子、钢丝固定。所有阳角钢网不应断开，窗口侧面、女儿墙、沉降缝等钢丝网收头处应用水泥钉加垫片使钢丝网固定在主体结构上。

四角网铺贴完毕应重点检查阳角钢网连接状况，再抹第二遍抗裂砂浆，并将四角网包覆于抗裂砂浆之中，抗裂砂浆的最大总厚度宜控制在 7～9mm，抗裂砂浆面层应平整（图 9-76～图 9-81）。

图 9-76　粉刷防水抗裂层砂浆（一）

图 9-77　粉刷防水抗裂层砂浆（二）

图 9-78　热镀锌钢丝的固定（一）

图 9-79　热镀锌钢丝的固定（二）

图 9-80　保温层现场施工节点（一）

图 9-81　保温层现场施工节点（二）

（五）粘贴面砖

1. 粘贴面砖

(1) 饰面砖工程深化设计。饰面砖粘贴前，应首先对涉及未明确的细部节点进行辅助深化设计，按不同基层做出样板墙或样板件，确定饰面砖排列方式、缝宽、缝深、勾缝形式及颜色、防水及排水构造、基层处理方法等施工要点。饰面砖的排列方式通常有对缝排列、错缝排列、菱形排列、尖头形排列等几种形式；勾缝通常有平缝、凹平缝、凹圆缝、倾斜缝、山形缝等几种形式。确定黏结层及勾缝材料、调色矿物辅料等的施工配合比，外墙饰面砖不得采用密缝，留缝宽度不应小于 5mm；一般水平缝 10～112mm，竖缝 6～8mm，凹缝勾缝深度一般为 2～3mm。排砖原则确定后，现场实地测量层结构尺寸，综合考虑找平层及黏结层的厚度，进行排砖设计，条件具备时应采用计算机辅助计算和制图。做黏结强度试验，经建设、设计、监理各方认可后以书面的形式进行确定。

(2) 弹线分格。抗裂砂浆基层验收后即可按图纸要求进行分段分格弹线。同时进行粘贴控制面砖的工作，以控制面砖出墙尺寸和垂直度、平整度。注意每个立面的控制线应一次弹完。每个施工单元的阴阳角，门窗口，柱中、柱角都要弹线。控制线应用墨线弹制，验收合格后班组才能局部放细线施工。

(3) 排砖。排砖时宜满足以下要求：阳角、窗口、大墙面、通高的柱垛等主要部位都要排整砖，非整砖要放在不明显处，且不宜小于1/2整砖；墙面阴阳角处最好采用异型角砖，如不采用异型砖，宜留缝或将阳角两侧砖边磨成45°角后对接；横缝要与窗台平齐；墙体变形缝处，面砖宜从缝两侧分别排列，留出变形缝；外墙饰面砖粘贴应设置伸缩缝，竖向伸缩缝宜设置在洞口两侧或与墙边、柱边对应的部位，横向伸缩缝可设置在洞口上下或与楼层对应处，伸缩缝应采用柔性防水材料嵌缝；对于女儿墙、窗台、檐口、腰线等水平阳角处，顶面砖应压盖立面砖，立面底皮砖应封盖底平面面砖，可下突3～5mm兼作滴水线，底平面面砖向内翘起以便于滴水。

(4) 浸砖。吸水率大于0.5%的瓷砖应浸泡后使用。吸水率小于0.5%的瓷砖不需要浸砖。瓷砖浸水后应晾干后方可使用。

(5) 贴砖。贴砖施工作业前，应在粘贴基层上充分用水湿润；贴砖作业一般是从上至下进行。高层建筑大墙面贴砖应分段进行。每段贴砖施工应由下至上进行。先固定好靠尺板贴最下一皮砖，面砖贴上后用灰铲柄轻轻敲击砖面使之附线，轻敲表面固定；用开刀调整竖缝，用小杠尺通过标准点调整平整度和垂直度，用靠尺随时找平找方；在黏结层初凝时，可调整面砖的位置和接缝宽度，初凝后严禁振动或移动面砖。砖缝宽度可用自制米厘条控制，如符合模数也可采用标准成品缝卡。墙面突出的卡件、水管或线盒处宜采用整砖套割后套贴，套割缝口要小，圆孔宜采用专用开孔器来处理，不得采用非整砖拼凑镶贴。粘贴施工时，当室外气温大于35℃，应采取遮阳措施。贴砖时背面打灰要饱满，黏结灰浆中间略高四边略低，粘贴时要轻轻揉压，压出灰浆最后用铁铲剔除灰浆，黏结灰浆厚度宜控制在3～5mm左右。面砖的垂直、平整应与控制面砖一致。

粘贴纸面砖时应事先制定与纸面砖相应的模具，将模具套在纸面砖上，然后将模具后面刮满黏结砂浆厚度为2～5mm，取下模具，从下口粘贴线向上粘贴纸面砖，并压实拍平，应在黏结砂浆初凝前，将纸面砖纸板刷水润透，并轻轻揭去纸板，应及时修补表面缺陷，调整缝隙，并用黏结砂浆将未填实的缝隙嵌实（图9-82、图9-83）。

图9-82 认真粘贴饰面砖（一）

图9-83 认真粘贴饰面砖（二）

2. 面砖勾缝

(1) 保温系统瓷砖勾缝施工应用专用的勾缝胶粉。按要求加水搅拌均匀制成专用勾缝砂浆。

(2) 勾缝施工应在面砖施工检查合格后进行。黏结层终凝后可按照样板墙确定的勾缝材料、缝深、勾缝形式及颜色进行勾缝，勾缝要视缝的形成使用专用工具；勾缝宜先勾水平缝再勾竖缝，纵横交叉处要过渡自然，不能有明显痕迹。砖缝要在一个水平面上，缝深2～3mm，连续、平直、深浅一致、表面压光；采用成品勾缝材料应按厂家说明操作。

(3) 缝勾完后应立即用棉丝或海绵蘸水或清洗剂擦洗干净，勾缝完毕对大面积外墙面进行检查，保证整体工程的清洁美观（图9-84、图9-85）。

图 9-84 完成后的饰面砖（一）

图 9-85 完成后的饰面砖（二）

复习思考题

1. 结合建筑节能的背景和意义，请您提议在工作和生活中有利节能的建议和做法。

2. 简述建筑节能的主要组成部分。

3. 简述外墙保温的主要保温材料和辅助材料。

4. 外墙外保温与内保温的优点和缺点都有哪些？

5. 简述无机保温砂浆外墙外保温系统的施工工艺。

6. 聚氨酯硬泡预制板干挂外墙外保温系统的主要质量问题有哪些？

7. 屋面聚氨预制板现场喷涂聚氨酯硬泡防水保温一体化体系的优点有哪些？

8. 简述门窗节能工程施工质量控制要点。

9. 现行《建筑节能工程施工质量验收规范》中的外围护结构现场实体检测的内容是什么？请简要论述现场试验的方法。

10. 我国公安部、住房和城乡建设部印发的公通字〔2009〕46 号文关于住宅建筑墙体保温材料防火的规定有哪些？

11. 请完成一个外墙保温项目调研，写一篇外墙外保温做法的报告（要求 5000 字左右）。

12. 学习了本章内容后，对于中国建筑节能事业您有什么合理化建议？

参 考 文 献

[1] 建筑施工手册编写组．建筑施工手册．5 版［M］．北京：中国建筑工业出版社，2012.

[2] 杨嗣信．建筑工程模板施工手册．2 版［M］．北京：中国建筑工业出版社，2004.

[3] 中国建筑工业出版社，中华人民共和国住房和城乡建设部．建筑施工模板安全技术规范［M］．北京：中国建筑工业出版社，2008.

[4] 建筑工程施工质量验收统一标准（GB 50300—2013）．北京：中国建筑工业出版社，2013.

[5] 混凝土结构工程施工规范（GB 50666—2019）．北京：中国建筑工业出版社，2019.

[6] 混凝土泵送施工技术规程（JGJ/T 10—2011）．北京：中国建筑工业出版社，2011.

[7] 混凝土强度检验评定标准（GB/T 50107—2010）．北京：中国建筑工业出版社，2010.

[8] 普通混凝土配合比设计规程（JGJ 55—2011）．北京：中国建筑工业出版社，2011.

[9] 混凝土结构工程施工质量验收规范（GB 50204—2015）．北京：中国建筑工业出版社，2015.

[10] 建筑地基基础工程施工质量验收规范（GB 50202—2018）．北京：中国建筑工业出版社，2018.

[11] 土方与爆破工程施工及验收规范（GB 50201—2012）．北京：中国建筑工业出版社，2012.

[12] 地下防水工程质量验收规范（GB 50208—2011）．北京：中国建筑工业出版社，2012.

[13] 屋面工程质量验收规范（GB 50207—2012）．北京：中国建筑工业出版社，2012.

[14] 地下工程防水技术规程（GB 50108—2008）．北京：中国建筑工业出版社，2008.

[15] 屋面防水工程技术规程（GB 50345—2012）．北京：中国建筑工业出版社，2012.

[16] 建筑外墙防水防护技术规程（JGJ/T 235—2011）．北京：中国建筑工业出版社，2011.

[17] 砌体结构工程施工质量验收规范（GB 50203—2019）．北京：中国建筑工业出版社，2019.

[18] 建筑装饰装修工程质量验收规范（GB 50210—2018）．北京：中国建筑工业出版社，2018.

[19] 塔式起重机混凝土基础工程技术规程（JGJ/T 187—2009）．北京：中国建筑工业出版社，2009.

[20] 建筑施工扣件式钢管脚手架安全技术规范（JGJ 130—2011）．北京：中国建筑工业出版社，2011.

[21] 复合土钉墙基坑支护技术规范（GB 50739—2011）．北京：中国建筑工业出版社，2012.

[22] 预应力工程实例应用手册［M］．北京：中国建筑工业出版社，1994.

[23] 卢循，林奇．建筑施工技术［M］．北京：中国建筑工业出版社，1995.

[24] 魏瞿霖，王松成．建筑施工技术［M］．北京：清华大学出版社，2006.

[25] 朱勇年．砌体结构施工［M］．北京：高等教育出版社，2005.

[26] 姚谨英．建筑施工技术．4 版．北京：中国建筑工业出版社，2012.

[27] 陈肇元，崔京浩．土钉支护在基坑工程中的应用．2 版［M］．北京：中国建筑工业出版社，2000.

[28] 严寒和寒冷地区居住建筑节能设计标准（JGJ 26—2010）．北京：中国建筑工业出版社，2010.

[29] 夏热冬冷地区居住建筑节能设计标准（JGJ 134—2010）．北京：中国建筑工业出版社，2010.

[30] 居住建筑节能检测标准（JGJ 132—2009）．北京：中国建筑工业出版社，2009.

[31] 建筑节能工程施工质量验收标准（GB 50411—2019）．北京：中国建筑工业出版社 ，2019.

[32] 杨惠忠．建筑节能新技术研究与工程应用［M］．北京：中国建筑工业出版社，2009.

[33] 中国建筑标准设计研究院．墙体节能建筑构造（06J123），2011.

[34] 中国建筑科学研究院，中华人民共和国建设部，科技部．绿色建筑技术导则．2005.

[35] 刘继业，刘福臣．建筑施工质量问题与防治措施［M］．北京：中国建材工业出版社，2003.

[36] 高层建筑专项施工方案实务模拟［M］．北京：中国建筑工业出版社，2009.

[37] 江正容．建筑地基与基础施工手册．2 版［M］．北京：中国建筑工业出版社，2005.

[38] 卢小文．建筑地基基础工程施工与质量验收实用手册［M］．北京：中国建材工业出版社，2004.

[39] 李志新．地基与基础工程施工［M］．北京：中国建筑工业出版社，2006.

[40] 中国建筑标准设计研究院．预应力混凝土管桩［M］．北京：中国计划出版社，2010.

[41] 浙江省标准设计站．钻孔灌注桩［M］．北京：中国建筑工业出版社，2004.

[42] 高竞．平法制图的钢筋加工下料计算［M］．北京：中国建筑工业出版社，2004.